JN255742

理工系の基礎

物理学 II

物理学 編集委員会 編

齋藤 晃一／半澤 克郎／渡辺 一之／二国 徹郎 著

丸善出版

刊行にあたって

　科学における発見は我々の知的好奇心の高揚に寄与し，また新たな技術開発は日々の生活の向上や目の前に山積するさまざまな課題解決への道筋を照らし出す．その活動の中心にいる科学者や技術者は，実験や分析，シミュレーションを重ね，仮説を組み立てては壊し，適切なモデルを構築しようと，日々研鑽を繰り返しながら，新たな課題に取り組んでいる．

　彼らの研究や技術開発の支えとなっている武器の一つが，若いときに身に着けた基礎学力であることは間違いない．科学の世界に限らず，他の学問やスポーツの世界でも同様である．基礎なくして応用なし，である．

　本シリーズでは，理工系の学生が，特に大学入学後1，2年の間に，身に着けておくべき基礎的な事項をまとめた．シリーズの編集方針は大きく三つあげられる．第一に掲げた方針は，「一生使える教科書」を目指したことである．この本の内容を習得していればさまざまな場面に応用が効くだけではなく，行き詰ったときの備忘録としても役立つような内容を随所にちりばめたことである．

　第二の方針は，通常の教科書では複数冊の書籍に分かれてしまう分野においても，1冊にまとめたところにある．教科書として使えるだけではなく，ハンドブックや便覧のような網羅性を併せ持つことを目指した．

　また，高校の授業内容や入試科目によっては，前提とする基礎学力が習得されていない場合もある．そのため，第三の方針として，講義における学生の感想やアンケート，また既存の教科書の内容などと照らし合わせながら，高校との接続教育という視点にも十分に配慮した点にある．

　本シリーズの編集・執筆は，東京理科大学の各学科において，該当の講義を受け持つ教員が行った．ただし，学内の学生のためだけの教科書ではなく，広く理工系の学生に資する教科書とは何かを常に念頭に置き，上記編集方針を達成するため，議論を重ねてきた．本シリーズが国内の理工系の教育現場にて活用され，多くの優秀な人材の育成・養成につながることを願う．

2015 年 4 月

東京理科大学　学長

藤　嶋　　昭

序　文

　相対性理論と量子力学が前世紀に発見され，それ以降に構築された物理学を「現代物理学」とよぶようになった．また，量子力学に基づく理論体系を「量子物理学」，相対性理論を含むその他の物理学を「古典物理学」に分類することもある．既刊の『理工系の基礎　物理学I』で「力学」と「電磁気学」を取り上げたのに引き続き，本書では「量子力学」と「熱統計力学」を学ぶ．原子や素粒子などの微視的な系を扱うためには，古典物理学の枠組みを越えて量子の概念を導入する必要がある．「量子力学」では，量子概念の導入から多粒子系の量子論までを解説し，さらに相対論的量子力学も扱う．「熱統計力学」は巨視的な系を扱うためにきわめて有用な理論体系であり，熱力学と統計力学，さらに量子統計力学の基礎と応用を学ぶ．

　第I部は，現代の科学技術や物理学の基礎となる量子力学の基本事項をやさしく簡潔にまとめることを目的としており，全15章からなっている．また，本文では多くの量子現象に触れながら，次第に量子力学的な考え方が身につくようにいろいろなテーマが配置されている．1〜5章で量子力学の概念と基礎を学ぶ．まず，1章で古典力学からミクロの世界の新しい力学への転換の必要性を解説する．2章ではその力学（シュレーディンガー方程式）を発見法的に導き，古典力学とはまったく違う，量子力学独自の特徴を簡潔にまとめる．3, 4章は，量子力学の考え方に慣れるため，空間を1次元に限った場合の典型的な具体例を用いて，それらの問題を考察する．5章では，量子力学の基盤をより一般化するため，線形代数を用いた量子力学の基礎をディラックの記法を用いてまとめる．6章からはより現実的な3次元空間での粒子の運動を扱う．13章までは，主として原子に束縛された電子の量子状態と周期律の関係，および角運動量で記述される多重項構造を理解することを目標としており，7章で水素原子の電子状態，8章で角運動量とスピン，12章で角運動量の合成，13章でスピン軌道相互作用を考慮して原子の多重項構造を扱う．9章では摂動論と変分法による近似計算の方法を，10章で時空の対称性から保存則が導かれること，11章でシュレーディンガー表示とハイゼンベルク表示（および相互作用表示）の関係に触れる．14章では，多粒子系の量子論の基礎と，その応用例として超伝導のBCS理論を学ぶ．15章では，電子に対する相対論的量子力学から電子スピンやスピン軌道相互作用が自然に導かれること，さらにその反粒子としての陽電子の存在が予言されることを示す．14章で取り上げた超伝導の平均場近似計算は，量子多体系のフェルミおよびボース統計性の本質を理解する上で格好の例題になっている．また，超伝導のBCS理論は，その基底状態と素励起が相対論的量子力学に

iv 序文

よる電子・陽電子の描像との強い類似性をもつという意味でも，きわめて重要である．

　第Ⅱ部の「熱統計力学」は熱現象を巨視的な側面から説明する熱力学と，微視的な側面から理解しようとする統計力学の二つからなる．前半の熱力学は，多粒子系の力学状態に立ち入ることはせずに経験法則を前提にして理論を展開するので，"理解できた"という実感が湧きにくいが，一方で，化学，生物学，工学など数多くの分野で扱う現象の普遍性を説明する重要な学問である．1章では必要最小限の基礎数学と熱力学を構築する上で前提とする考え方を説明する．2章と3章で熱力学第1法則と第2法則をまとめ，4章では理想気体ではみられず実在気体ではじめて現れる現象について学ぶ．5章は常磁性体，6章は相転移について，応用例を通して解説する．後半の統計力学は熱力学とは対照的に，熱現象を多粒子系の微視的力学状態から出発して理解しようとするものである．ただし，きわめて多くの粒子の運動を追跡する代わりに，確率を導入して巨視的な熱力学量を決定することになる．まず準備として，7章と8章で確率の理論と必要な力学（古典力学と量子力学）を復習する．9章の巨視的体系と統計集団では，統計力学の基本的な考え方を詳しく説明する．統計集団として，10章と11章ではミクロカノニカル集団とカノニカル集団の方法をそれぞれ説明する．12章で，格子振動（固体の中の原子振動）と空洞放射（電磁場の振動）の統計力学的手法について触れる．ここで登場するプランク分布関数は13章で導出されるボース分布関数の一つである．統計力学の後半は量子的粒子からなる系の統計力学（いわゆる量子統計力学）を学ぶ．13章でグランドカノニカル集団の方法によって理想量子気体のフェルミ分布関数とボース分布関数を導出し，14章と15章でフェルミ気体とボース気体それぞれの基礎と応用を解説する．

　本書は理工系の基礎シリーズの中の1冊である．学部2〜4年生向けの本書は，量子力学と熱統計力学の全体を網羅しているので，教科書または参考書としてだけでなく，すでに学習した人が全体を俯瞰する目的でハンドブック的に活用するのにも適している．執筆は，第Ⅰ部1〜5章を齋藤が，6〜15章を半澤が，第Ⅱ部1〜11章を渡辺が，12〜15章を二国がそれぞれ担当した．最後に，本書の作成には，東京理科大学の同僚を含め多くの方のご協力をいただいた．また，諏佐海香氏，安平 進氏をはじめとして丸善出版株式会社の方々には，大変お世話になった．ここに厚く御礼申し上げる．

2018年2月

齋　藤　晃　一
半　澤　克　郎
渡　辺　一　之
二　国　徹　郎

目　次

第 1 部 量子力学

1. 古典力学とミクロの世界の力学　　2

1.1　新しい力学の必要性 —————— 2
　1.1.1　黒体放射　　2
　1.1.2　光電効果　　3
　1.1.3　コンプトン散乱　　3

　1.1.4　原子の構造　　4
1.2　物質の二重性 —————— 4

2. ミクロの世界の力学のしくみ　　7

2.1　1 次元の弦の波動方程式 —————— 7
2.2　シュレーディンガー方程式 —————— 8
2.3　波動関数の確率解釈とその性質 —————— 9
2.4　エネルギーが保存される系のシュレーディンガー方程式 —————— 11

2.5　物理量と演算子 —————— 12
　2.5.1　演算子　　12
　2.5.2　物理量の期待値とエルミート演算子　　13
　2.5.3　演算子の交換関係と不確定性原理　　14

3. 1 次元の簡単な系　　17

3.1　階段状ポテンシャルによる粒子の散乱 – 17
　3.1.1　粒子のエネルギーが $E < V_0$ の場合　　17
　3.1.2　粒子のエネルギーが $E \geq V_0$ の場合　　19
　3.1.3　有限の幅のポテンシャルの壁による粒子の散乱　　20
3.2　ディラックのデルタ関数 —————— 21
3.3　井戸型ポテンシャルに束縛された粒子 – 23
　3.3.1　無限に深い穴の中の粒子　　23

　3.3.2　左右の対称性　　25
　3.3.3　有限の深さの穴の中の粒子　　25
3.4　調和振動子型ポテンシャルに束縛された粒子 —————— 26
　3.4.1　級数展開による解法　　27
　3.4.2　代数的手法による解法　　28
3.5　縮　退 —————— 30

vi 目 次

4. 波束とその性質 32

4.1 自由空間における波束の運動 ——— 32　4.2 エーレンフェストの定理 ——— 34

5. 量子力学の行列形式 36

5.1 ディラックの記法 ——— 36

5.2 演算子とエルミート共役 ——— 37

5.3 基底ケットと行列表現 ——— 38
　5.3.1 離散的な固有ケットを基底とする場合 38
　5.3.2 連続的な固有ケットを基底とする場合 39
　5.3.3 行列力学の具体的な例 40

5.4 ユニタリー変換と行列の対角化 ——— 42
　5.4.1 基底の変更とユニタリー変換 42
　5.4.2 連続的な固有ケットを基底とする場合の基底の変更 43
　5.4.3 行列の対角化 43

6. 3次元のシュレーディンガー方程式 45

6.1 3次元のシュレーディンガー方程式（直交座標表示）——— 45
　6.1.1 位置座標と時間の変数分離 45
　6.1.2 位置座標の変数分離 45
　6.1.3 平面波解 46

　6.1.4 固定端境界条件の解 46
　6.1.5 周期境界条件の解 46

6.2 極座標表示のシュレーディンガー方程式 ——— 47

7. 水素原子 49

7.1 中心力場における一体問題と球面調和関数 ——— 49
　7.1.1 固有関数の動径部分と角度部分への変数分離 49
　7.1.2 角度部分の関数の変数分離 49
　7.1.3 $\Phi(\varphi)$ の解 50
　7.1.4 $\Theta(\theta)$ の解 50
　7.1.5 球面調和関数 51
　7.1.6 立方調和関数 52

7.2 水素（様）原子の動径関数 ——— 53
　7.2.1 $u(r) = rR(r)$ についての微分方程式 53
　7.2.2 $F(\rho) = e^{\alpha\rho}u(\rho)$ についての微分方程式と解 53
　7.2.3 動径関数の一般形とラゲールの陪多項式 54

7.3 元素の電子エネルギー構造と周期律 ——— 56

8. 角運動量とスピン 59

8.1 軌道角運動量—交換関係と昇降演算子 - 59
　8.1.1 交換関係 59

　8.1.2 L^2 と L_z の同時固有状態 59
　8.1.3 昇降演算子 60

目 次　vii

8.2	**軌道角運動量演算子の極座標表示** —— 61	**8.3**	**一般の角運動量** —— 62

8.2.1　極座標系の単位ベクトル　　61

8.2.2　極座標表示の位置ベクトルとベクトル偏微分演算子　　61

8.2.3　L^2 の極座標表示　　61

8.4　スピン（spin）角運動量 —— 63

8.4.1　スピン角運動量の行列表示とパウリ行列　　63

8.4.2　パウリ行列の対角化　　64

9.　摂動論と変分法　　66

9.1　定常状態の摂動論—縮退のない場合 —— 66

9.1.1　摂動展開　　66

9.1.2　1次摂動　　67

9.1.3　2次摂動　　67

9.1.4　展開係数の対角成分　　67

9.2　定常状態の摂動論—縮退している場合 – 69

9.2.1　摂動展開　　69

9.2.2　1次摂動　　69

9.2.3　2次摂動　　69

9.3　時間に依存する摂動論 —— 70

9.3.1　波動関数の展開　　71

9.3.2　係数の摂動展開　　71

9.3.3　遷移確率　　71

9.3.4　フェルミの黄金律　　72

9.4　変　分　法 —— 72

9.4.1　変分原理　　72

9.4.2　試行関数と変分パラメータの決定　　73

10.　対称性と保存則　　75

10.1　演算子の期待値の時間変化とエネルギー保存則 —— 75

10.1.1　演算子の期待値の時間変化　　75

10.1.2　エネルギー保存則　　75

10.1.3　シュレーディンガー方程式への対称操作　　76

10.1.4　時間推進の対称操作　　76

10.2　座標の対称操作（並進, 回転）と運動量および角運動量の保存則 —— 77

10.2.1　無限小空間並進の対称操作　　77

10.2.2　運動量保存則　　77

10.2.3　有限の空間並進の対称操作　　77

10.2.4　無限小空間回転の対称操作　　77

10.2.5　角運動量保存則　　77

10.2.6　有限の空間回転の対称操作　　78

11.　シュレーディンガー表示とハイゼンベルク表示　　79

11.1　シュレーディンガー表示 —— 79

11.1.1　シュレーディンガー方程式の形式解　　79

11.1.2　期待値の時間変化　　79

11.2　ハイゼンベルク表示 —— 80

11.2.1　ハイゼンベルクの運動方程式　　80

11.2.2　状態ベクトルの時間変化と相互作用表示　　81

11.2.3　相互作用表示における積分方程式　　81

12. 角運動量の合成 83

12.1 二つのスピンの合成 ―――― 83
12.1.1 合成スピン（1重項と3重項） 83
12.1.2 ハイゼンベルクの交換相互作用 84
12.1.3 交換演算子 84

12.2 スピンと軌道角運動量の合成 ――― 85

12.2.1 全角運動量 85
12.2.2 合成角運動量の固有状態 85

12.3 一般の角運動量の合成―クレブシュ・ゴルダン係数 ―――― 86

13. 原子の多重項構造 88

13.1 スピン軌道相互作用（結合）―――― 88
13.1.1 スピン軌道相互作用による準位の分裂 88
13.1.2 np（$l=1$）および nd（$l=2$）準位の分裂 89

13.2 原子の多重項構造 ―――――― 90
13.2.1 原子の電子配置 90

13.2.2 フントの規則 90

13.3 ゼーマン効果とランデの g 因子 ――― 91
13.3.1 軌道磁気モーメントとスピン磁気モーメント 92
13.3.2 ランデの g 因子 92

14. 多粒子系の波動関数と第2量子化 94

14.1 同種粒子系の波動関数 ――― 94
14.1.1 2粒子系の波動関数 94
14.1.2 ボース粒子とフェルミ粒子 95
14.1.3 N 粒子系の波動関数 95
14.1.4 座標交換による2, 3粒子波動関数の表現 95
14.1.5 量子数交換による N 粒子波動関数の表現 96

14.2 スレーター行列式とハートリー・フォック近似 ――――― 97
14.2.1 スレーター行列式 97
14.2.2 原子を構成する電子系のハミルトニアン 98
14.2.3 2電子系におけるハートリー・フォック近似 98
14.2.4 クーロン項と交換項 99
14.2.5 フントの第1規則の原因 99
14.2.6 N 電子系のハートリー・フォック方程式 100

14.3 生成・消滅演算子 ―――――― 101
14.3.1 真空と1粒子および2粒子状態 101

14.3.2 交換関係と反交換関係 101
14.3.3 フェルミ粒子の数演算子 101
14.3.4 ボース粒子の数演算子 102
14.3.5 N 粒子状態の数表示 102

14.4 場の演算子 ―――――――― 103
14.4.1 フェルミ場とボース場の演算子 104
14.4.2 第2量子化法でのハミルトニアン 104

14.5 超伝導のBCS理論 ――――― 105
14.5.1 電子系のハミルトニアン 105
14.5.2 BCSハミルトニアンとクーパー対 106
14.5.3 BCS模型の平均場近似とボゴリューボフ変換 106
14.5.4 ボゴリューボフの逆変換と対角化 106
14.5.5 BCS基底状態と準粒子励起 107
14.5.6 ギャップパラメータの温度依存性 108
14.5.7 準粒子スペクトルと状態密度 109

15. 電子スピンの起源 111

15.1 ディラック方程式 ——— 111
15.1.1 ディラックの仮定 **111**
15.1.2 ディラック行列 **111**
15.1.3 相対論的量子力学のハミルトニアン **112**

15.2 電子の磁気モーメント ——— 113
15.2.1 電子の運動量の保存則 **113**
15.2.2 軌道角運動量 l と $\hat{H}$ の交換関係 **113**
15.2.3 パウリ行列と $\hat{H}$ の交換関係 **113**
15.2.4 全角運動量保存則 **114**
15.2.5 電子の速度 **114**
15.2.6 Zitterbewegung（震え運動） **114**

15.3 スピン軌道相互作用 ——— 116
15.3.1 電磁場のもとでのディラック方程式 **116**

15.3.2 非相対論的極限 **116**
15.3.3 スピン磁気モーメントのゼーマン項 **117**
15.3.4 軌道磁気モーメントのゼーマン項 **117**
15.3.5 負のエネルギー部分からくる補正項 **117**
15.3.6 スピン軌道相互作用ハミルトニアン **117**
15.3.7 ダーウィン項 **117**

15.4 粒子と反粒子（電子と陽電子）——— 118
15.4.1 真空（ディラックの海） **118**
15.4.2 空孔理論と電子陽電子対の生成 **119**
15.4.3 荷電共役対称性 **119**
15.4.4 Zitterbewegung と不確定性関係 **119**
15.4.5 場の量子論における電子の描像 **120**

第 II 部
熱統計力学

1. 熱平衡状態と温度 　　　124

1.1 熱力学で使う数学のまとめ —— 124
1.1.1 偏微分と全微分　　124
1.1.2 完全微分と線積分　　124

1.2 熱力学第 0 法則 —— 126

1.3 温度と熱 —— 126
1.3.1 温度とは　　126

1.3.2 熱とは　　127

1.4 状態方程式と熱力学変数 —— 127
1.4.1 状態変数と状態方程式　　127
1.4.2 示量変数と示強変数　　127

1.5 準 静 的 過 程 —— 128

2. 熱力学第 1 法則 　　　129

2.1 熱と仕事とエネルギー —— 129
2.1.1 熱力学第 1 法則誕生までの背景　　129
2.1.2 熱力学第 1 法則の誕生　　129
2.1.3 熱力学第 1 法則と状態変化　　130

2.2 熱力学第 1 法則の関係式 —— 131
2.2.1 比熱の式　　131
2.2.2 理想気体への応用　　131
2.2.3 理想気体のする仕事　　132

3. 熱力学第 2 法則 　　　134

3.1 永久機関とカルノーサイクル —— 134
3.1.1 第 1 種永久機関と第 2 種永久機関　　134
3.1.2 カルノーサイクル　　134

3.2 熱力学第 2 法則の二つの原理 —— 135
3.2.1 クラウジウスの原理とトムソンの原理　　135
3.2.2 等価性の証明　　136
3.2.3 可逆過程と不可逆過程　　136

3.3 カルノーの定理 —— 137

3.4 熱力学的絶対温度 T —— 137

3.5 クラウジウスの不等式とエントロピー 139
3.5.1 クラウジウスの不等式　　139

3.5.2 エントロピー　　139

3.6 熱機関と熱効率 —— 141
3.6.1 オットーサイクルとディーゼルサイクル　　141
3.6.2 冷凍機の性能指数　　142

3.7 熱 力 学 関 数 —— 142
3.7.1 熱力学ポテンシャルとルジャンドル変換　　143
3.7.2 マクスウェルの関係式　　143
3.7.3 ギブス・デュエムの関係　　144
3.7.4 系がする仕事と状態変化の方向　　144

3.8 熱力学第 3 法則 —— 145

4. 実在気体の熱力学　146

4.1 ファン・デル・ワールスの状態方程式 146
4.1.1 分子間力　146
4.1.2 ファン・デル・ワールス気体の熱力学量　146
4.1.3 ファン・デル・ワールス気体がするカルノーサイクル　147

4.2 マクスウェルの等面積則 148

4.3 クラペイロン・クラウジウスの式 150
4.4 ジュール・トムソン効果 150
4.4.1 ジュール・トムソンの実験　150
4.4.2 ジュール・トムソン効果の理論　151
4.4.3 ジュール・トムソン冷却　151

5. 常磁性体の熱力学　153

5.1 常磁性体のエントロピーと断熱消磁法 153

5.2 常磁性体のカルノーサイクルとカルノーの定理 154

6. 相転移の熱力学　156

6.1 ギブスの相律 156
6.2 1 次 相 転 移 157
6.2.1 ギブスの自由エネルギーから　157
6.2.2 p–V 図とファン・デル・ワールスの状態方程式から　158

6.3 2 次相転移とランダウの理論 159
6.3.1 エーレンフェストの関係式　159
6.3.2 ランダウの理論　159

7. 確率論とエントロピー　162

7.1 離散的確率事象 162
7.1.1 コイン投げ　162
7.1.2 サイコロ振り　162
7.1.3 統計的に相関した実験　163

7.2 連続的確率事象 163
7.2.1 ブラウン運動　163

7.3 平均値とモーメント 164

7.3.1 確率空間，確率変数，確率関数　164
7.3.2 平均値　164
7.3.3 特性関数　164

7.4 エントロピー 165
7.4.1 エントロピーの基本的性質　165
7.4.2 エントロピーと変分　166
7.4.3 ガウス分布とエントロピー　167

xii 目次

8. 微視的力学状態　169

8.1　古典力学：正準形式理論と位相空間 — 169
　8.1.1　1粒子の力学　169
　8.1.2　多粒子系の力学　170

8.2　量子力学 — 171
　8.2.1　不確定性原理　171

　8.2.2　量子状態とシュレーディンガー方程式　171

8.3　状態数と状態密度 — 173
　8.3.1　古典粒子系の状態数　173
　8.3.2　量子状態数　174

9. 巨視的体系と統計集団　176

9.1　統計力学の基本的な考え方 — 176

9.2　巨視的体系の力学的記述 — 177
　9.2.1　時間に依存した多粒子系の微視的力学状態　177
　9.2.2　ビリアル定理　178

9.3　統計集団と統計的記述 — 179
　9.3.1　時間平均から集団平均へ　179
　9.3.2　リウヴィルの定理　180
　9.3.3　エルゴード仮説　181

10. ミクロカノニカル集団　183

10.1　ミクロカノニカル分布 — 183
　10.1.1　古典系に対する等重率の仮定　183
　10.1.2　量子系に対する等重率の仮定　183

10.2　ミクロカノニカル分布のエントロピー
　　　　　　　　　　　　　　　　　— 184
　10.2.1　状態数とエントロピー　184
　10.2.2　理想気体のエントロピー　185
　10.2.3　1次元調和振動子系のエントロピー　187
　10.2.4　スピン系のエントロピー　188

10.3　温度，圧力，化学ポテンシャルの統計力学的定義 — 188

　10.3.1　熱平衡条件　188
　10.3.2　τ, p, μ の物理的意味について　189

10.4　ミクロカノニカル分布の熱力学関係式
　　　　　　　　　　　　　　　　　— 190
　10.4.1　理想気体　190
　10.4.2　調和振動子系　190
　10.4.3　スピン系　191

10.5　種々の熱力学ポテンシャル — 193

11. カノニカル集団　194

11.1　序 — 194

11.2　カノニカル分布の導出 — 194
　11.2.1　確率分布と分配関数　194

　11.2.2　カノニカル分布とヘルムホルツの自由エネルギー
　　　　　　　　　　　　　　　　　195

11.3　分配関数の性質 — 196

11.3.1 多粒子（多自由度）系の分配関数とボルツマンカウンティング **196**

11.3.2 分配関数と状態密度の関係 **196**

11.4 カノニカル分布による熱力学関係式の導出 ——— **197**

11.4.1 分配関数とヘルムホルツの自由エネルギー **197**

11.4.2 熱力学関数のヘルムホルツの自由エネルギーによる表現 **197**

11.5 種々の物理学系への応用 ——— **198**

11.6 ミクロカノニカル集団とカノニカル集団の方法の関係 ——— **202**

11.6.1 カノニカル分布におけるゆらぎ **202**

11.6.2 分配関数と状態密度 **203**

11.6.3 等価な熱力学ポテンシャル **203**

11.7 マクスウェル速度分布則とエネルギー等分配則 ——— **204**

11.7.1 マクスウェル速度分布則 **204**

11.7.2 一般化されたエネルギー等分配則 **204**

11.7.3 固体比熱，デュロン・プティの法則 **205**

12. 格子振動と空洞放射 **207**

12.1 格子振動 ——— **207**

12.1.1 格子比熱：アインシュタイン模型 **207**

12.1.2 格子比熱：デバイモデル **207**

12.2 空洞放射 ——— **212**

12.2.1 空洞中の電磁場のハミルトニアン **212**

12.2.2 空洞中の電磁場の熱力学的性質 **213**

13. 縮退量子気体 **217**

13.1 同種粒子系の量子状態 ——— **217**

13.1.1 同種粒子の波動関数 **217**

13.1.2 自由粒子の波動関数 **218**

13.2 グランドカノニカル分布 ——— **220**

13.2.1 グランドカノニカル分布の導出 **221**

13.2.2 グランドカノニカル分布における熱力学関係式 **222**

13.3 理想量子気体 ——— **224**

13.3.1 縮退量子気体の大分配関数と熱力学ポテンシャル **224**

13.3.2 ボース分布とフェルミ分布 **224**

13.3.3 1粒子状態密度 **225**

13.3.4 理想量子気体の熱力学量 **226**

14. 縮退理想フェルミ気体 **229**

14.1 理想フェルミ気体の基底状態と熱励起状態 ——— **229**

14.1.1 フェルミ球 **229**

14.1.2 理想フェルミ気体の熱励起状態 **230**

14.2 縮退理想フェルミ気体の熱力学量 — **232**

14.3 自由電子気体の応用：白色矮星，半導体 ——— **234**

14.3.1 白色矮星 **234**

14.3.2 半導体 **237**

15. 縮退理想ボース気体 240

15.1 ボース・アインシュタイン凝縮転移温度 ——— 240

15.2 理想ボース気体の熱力学量 ——— 242

15.3 その他の縮退ボース粒子系 ——— 244

15.3.1 ボース・アインシュタイン凝縮と超流動, 超伝導 244

15.3.2 一般的なべき的依存性をもつ状態密度の場合 244

索引 ——— 249

第 I 部
量 子 力 学

1. 古典力学とミクロの世界の力学

20世紀の初めに物理学における大革命が起こった．それまでにゆるぎない信頼を獲得してきた古典力学には限界があることがわかり，分子，原子，原子核，素粒子などのミクロの世界を記述するための新しい力学が構築された．それが量子力学である．この革命によって，今まで連続的に変化しうると思われてきた物理量が不連続な値となることがわかり，決定論的な力学から不確定性を基礎とする力学へ移行することになった．

1.1 新しい力学の必要性

物理学の大変革は，それ以前から始まっていた産業革命や実験技術の急速な発展と無縁ではない．この節では，新しい力学がどのようにして勃興してきたかをいくつかの例を示してみていこう．

1.1.1 黒体放射

最初の例は，鉄を精錬するときの溶鉱炉の温度の問題である．良質の鉄を生産するには溶鉱炉の温度をうまく調整しなければならない．高温の炉の中では，いろいろな波長の光が充満しており，炉の壁との間で熱平衡の状態にある．あらゆる波長の光をまんべんなく吸収・放射する物体を黒体（blackbody）という．また，このような光の放射を黒体放射（blackbody radiation）という．

炉を黒体とみなし，その温度 T が一定のとき，空洞内にはどのような振動数の光（電磁波）が存在するだろうか？ 実際の測定では，炉内の電磁波の振動数を ν とし，ν と $\nu + \Delta\nu$ の間にある電磁波のエネルギー密度を $u(\nu, T)$ とすると，そのスペクトルはある特定の振動数（ν_{max}）でピークをもつ山形の分布となることがわかった（図1.1の実線）．

このような実験結果に対して，ウィーン（Wien）は，温度が上がると ν_{max} が大きな方へシフトすること，あるいは，その振動数の光の波長 λ_{max} が T に反比例するという性質（ウィーンの変位則）に興味をもち，巧みな熱力学的考察を駆使して，ウィーンの公式

$$u(\nu, T) \propto B\nu^3 e^{-b\nu/T}$$

を1896年に提案した．ここで，B と b は定数である．この公式は，実際の炉の中のエネルギー密度を比較的よく再現したが，低振動数の領域で不完全なものであった（図1.1の破線）．

その後，1905年にレイリー（Rayleigh）とジーンズ（Jeans）はその当時の物理学の最先端である古典電磁気学と統計学を駆使して，電磁波のエネルギー密度 $u(\nu, T)$ を

$$u(\nu, T) \propto A(T)\nu^2$$

と算出した（レイリー・ジーンズの公式）．ここで，$A(T)$ は温度に依存する定数である．しかし，この振動数のスペクトルでは ν の2乗に比例してエネルギー密度は発散してしまい，低振動数の領域以外では実際の $u(\nu, T)$ の測定結果が再現できなかった（図1.1の点線）．

一方，プランク（Planck）は，きわめて斬新なアイデアを19世紀の最後の年，1900年に提出した．彼は，すべての物質は最小単位としての原子からできているように，電磁波のエネルギーにも同様に単位があるだろう，と考えた．そこで，エネルギーの単位を

$$E = h\nu$$

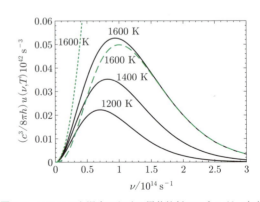

図1.1 いろいろな温度における黒体放射のエネルギー密度 点線はレイリー・ジーンズの公式，破線はウィーンの公式，実線はプランクの公式の結果を示している．$c \approx 2.998 \times 10^8$ m/s は光速である．プランクの公式の結果は実際の測定値をよく再現している．

と仮定した．ここで，$h \approx 6.626 \times 10^{-34}$ J s はプランク定数とよばれる定数である．統計力学では，温度 T でエネルギー E の状態は $e^{-E/k_B T}$（$k_B \approx 1.381 \times 10^{-23}$ J/K はボルツマン定数）の確率で出現するので，高い振動数のエネルギー密度は強く抑制されることが期待できる．このようにして，プランクはエネルギー密度を

$$u(\nu, T) \propto \frac{C\nu^3}{e^{h\nu/k_B T} - 1}$$

と予想した．ここで，C は定数である．このプランクの公式（Planck's law）は，温度一定で振動数が小さければレイリー・ジーンズの公式を再現し，振動数が大きければウィーンの公式を再現することができる．また，この公式は実際の振動数スペクトルの観測結果をよく再現した（図 1.1 の実線）．

ここで仮定されたこと，つまり，電磁波のエネルギーには単位があるということは画期的なことであった．光は干渉するので，当時は光は波であると考えるのが主流であったが，エネルギーに単位を仮定することで，そのエネルギー単位をもつ 1 個の光という粒子の概念がもち込まれたことになる．

アインシュタイン（Einstein）はこのような考えを発展させ，1905 年に光量子仮説を提唱した．その説で，アインシュタインは光を $h\nu$ のエネルギーをもつ粒子の集団とみなし，その粒子を光量子または光子（photon）とよんだ．光子のエネルギーは角振動数 $\omega = 2\pi\nu$ を使うと

$$E = \hbar\omega, \quad \hbar \equiv \frac{h}{2\pi}$$

とも書ける．ここで，$\hbar$ はプランク定数を 2π で割った値である．

1.1.2　光電効果

次に，光電効果（photoelectric effect）を取り上げよう．金属表面に光を照射すると電子が飛び出してくる．このような現象を光電効果という．ミリカン（Millikan）らは，1916 年に飛び出してくる電子の運動エネルギー E_k と照射する光の振動数 ν との関係を詳しく調べて

$$E_k = \frac{mv^2}{2} = h\nu - W$$

という直線関係を見出した．ここで，m, v は電子の質量と速さ，W は電子が金属から飛び出すのに必要な最小エネルギー（仕事関数）である．

この実験結果はアインシュタインの光量子仮説による光電効果の理論の正当性を立証することとなった．光量子仮説では，光は $h\nu$ のエネルギーをもつ粒子であり，その値から仕事関数を除いたエネルギーが飛び出す電子のもちうるエネルギーである．したがって，光の強度が強くても，その振動数に伴う光のエネルギーが W より小さければ，決して電子は金属から飛び出さない．

1.1.3　コンプトン散乱

光の粒子性を示す実験は，他にもいろいろ知られている．ここでは，もう一つの代表例として，光（X 線）と電子の散乱を取り上げる．このような反応をコンプトン散乱（Compton scattering）という．X 線は通常の可視光よりも振動数の大きな電磁波である．単なる波が電子のような障害物に衝突するだけなら，散乱後も入射時の振動数と同じ振動数の波が散乱波として観測されるはずである．しかし，1923 年に最初に報告されたコンプトン散乱の実験結果は，X 線と電子がビリヤードのボールのように衝突することを示唆していた．つまり，入射する光は粒子（光子）であり，そのエネルギーは $h\nu$，運動量は相対論的な粒子の運動力学との類推から $p = h\nu/c$ とすることができる．このような光子は電子と衝突して電子を跳ね飛ばすので，散乱した X 線は失ったエネルギーだけ振動数が小さくなって出てくる．また，反跳を受けた電子のエネルギーや運動量も計算することができる．光量子仮説は，ここでも実験結果をよく説明することができた．

マックス・プランク

ドイツの物理学者．「量子論の父」ともよばれる量子論の創始者の一人．エネルギー量子の発見による物理学進展の貢献により，1918 年ノーベル物理学賞を受賞．（1858–1947）

アルベルト・アインシュタイン

ドイツの物理学者．現代物理学の父とよばれ，相対性理論，揺動散逸定理，光量子仮説による光の二重性などを見出した．1921 年，光量子仮説による光電効果の理論的解明によりノーベル物理学賞を受賞．（1879–1955）

1.1.4 原子の構造

最後に，原子の安定性を考えてみよう．1911年にラザフォード（Rutherford）は，α線と原子の散乱実験から原子の中心に原子核があることを発見した．これ以降，原子は中心にプラスの電荷をもつ原子核があり，その周囲を電子が回る，という一般的な概念が確立された．ただし，これを古典力学と電磁気学で解釈しようとすると，原子は安定な状態を取りえないことになってしまう．電子は原子核の周囲を回っているので，マクスウェル（Maxwell）の方程式に従って電磁波を放出するため，自分自身のエネルギーをしだいに失っていく．その結果，最終的には原子核内に落ち込んでしまうと考えられる．しかし，実際の原子は非常に安定で，そのようなことは起こらない．この事実は，原子のしくみを理解しようとするときに，古典力学と電磁気学では説明しきれないため，何か新しい発想が必要なことを示している．

そこで，ボーア（Bohr）は，原子の安定性とスペクトルの実験を説明するために，1913年にボーア模型（Bohr model）を提案した．彼は，原子の中で運動する電子の軌道はとびとびであり，古典電磁気学で許されるような連続的な軌道の変化は排除されるべきだと主張した．この新しいアイデアは，原子の安定性とそこから放射される光のスペクトルの実験事実をうまく説明することができた．

以上のいくつかの例では，光は$\hbar\omega$のエネルギーをもつ粒子として振る舞う，という考え方を強く支持しているようにみえる．しかし，光は回折や干渉現象を起こすので，そのような振る舞いは光が波であることを示している．この二つの一見相反する事実を古典力学と電磁気学のみで理解しようとすることは，非常に困難である．

アーネスト・ラザフォード

ニュージーランド出身の物理学者．α線とβ線を発見．α線の散乱実験（ラザフォード散乱）により原子核を発見．「原子物理学の父」とよばれる．（1871–1937）

ニールス・ボーア

デンマークの物理学者．「量子論の育ての親」とよばれ，ボーア模型に代表される前期量子論を展開し，量子力学の確立に貢献している．1922年，ノーベル物理学賞を受賞した．（1885–1962）

1.1 節のまとめ

- 黒体放射のエネルギー密度はプランクの斬新なアイデアで説明できる．つまり，電磁波のエネルギーには単位がある．
- ミリカンらの光電効果の実験結果は，光量子仮説を用いたアインシュタインの説明で理解することができる．
- コンプトン散乱の実験により光量子仮説は立証された．
- ラザフォードらによるα線と原子の散乱実験により，原子の構造が明らかにされた．この構造を古典力学で理解することは困難である．ボーアによる新しいアイデア（ボーア模型）は，原子の安定性やスペクトルの実験をうまく説明することができる．

1.2 物質の二重性

前節では，主に光に焦点をあてて，その性質を理解することの困難さを示した．光は波動性と粒子性の二つの性質を同時にもち合わせているようにみえる．このような性質をもつことを二重性（duality）があるという．

このような困難は光に特有なものなのだろうか？ そこで，この節では主に電子のもつ性質を考察してみる．電子は負の電気素量$-e \approx -1.602 \times 10^{-19}\,\text{C}$をもつので，その量を単位として電子を数えることができる．この事実は，電子を粒子とみなすことができることを示している．

しかし，電子も光と同じように波動性をもつとい

とはありえないだろうか？ 1805年頃, ヤング（Young）は, 細いスリットから出た光を二つに分け, それらが最終的にスクリーン上で干渉することを示して, 光が波であることを確認した. したがって, 電子の波動性を端的に調べるためには, ヤングの実験あるいは二重スリットの実験（double-slit experiment）と同様の実験を電子を使って行えばよい（図1.2）.

そのような実験を実際に行うのは難しいが, 1989年の外村彰の電子線を使った巧みな実験において, 電子の場合でも光の場合と同様に見事な干渉縞が出現することが示された. この実験事実は, 電子が波動として振る舞うことを明確に示している.

この実験の特徴は, 電子源 S から出る電子線をしだいに弱めていくことで, 電子源とスクリーン C の間の空間にただ 1 個の電子しか存在しないような状況を作ることができることである. そのような状況で右方のスクリーン C 上に電子を計測するための装置 D をたくさん並べて実験を行うと, 最終的に電子はある位置 x に到達するので, その場所の計測装置が作動して電子到達の信号を発することになる. したがって, 電子がスクリーン上で測定されるときには, 電子は粒子的な振る舞いをする. しかし, このときの電子の到達位置はさまざまである. たとえ, 左方の電子源から出る電子の速度を正確に測ったとしても, それをもとに電子の到達位置を予測することはできない.

この事実は, 古典力学の場合（ニュートン方程式に従う物体の場合）と大きく異なる点である. したがって, 電子源 S を出た電子の到達場所 x を初期状態から予測することは不可能であり, むしろ到達位置の予測は確率的な分布として与えられることになる. さらに, このような（空間中に電子1個しか存在しないような）実験を何回も繰り返し行うと, そのつどいろいろな場所に電子は到達するが, 最終的にその分布をスクリーン上で描いてみると, ヤングの実験のときと同様に, 干渉縞が現れてくる. よって, この実験では, 複数個の電子が干渉現象を起こすのではなく, ただ 1 個の電子それ自身が干渉を起こす性質をもっていることを示している. これらの事実を古典力学や電磁気学のみで理解しようとすることはきわめて困難である.

すべての物質が波動性をもつという斬新なアイデアを最初に提案したのはド・ブロイ（de Broglie）であり, 1924年のことである. ミクロな物質に付随するそのような波を物質波（matter wave）あるいはド・ブロイ波（de Broglie wave）とよぶ. このアイデアに触発され, 1927年, デビソン（Davison）, ジャーマー（Germer）やトムソン（Thomson）らは電子と結晶の散乱実験を行い, 電子の波が X 線の場合と同様に回折干渉を起こすことを発見した. これらの実験結果も電子の波動性を示唆していて, X 線と電子の実験の比較から, 運動量 p の電子は波長 $\lambda = h/p$ の波の性質をもつことがわかった.

このような実験やそれを理解しようとする理論の積み重ねにより, 光のみならず, 電子を含むミクロな物質はすべて, 粒子性と波動性の二重性をもつことがわかってきた. そのような性質をもつ粒子を総称して量子（quantum）とよぶ.

ここで, 物質波の特徴をまとめておくと, 粒子性を特徴付けるエネルギーや運動量（E, p）と, 波動性を特徴付ける振動数や波長（ν, λ）の間には

$$E = h\nu = \hbar\omega, \quad p = \frac{h}{\lambda} = \hbar k \quad (1.1)$$

という関係があることがわかった. ここで, $k = 2\pi/\lambda$ を波数（wave number）（長さ 2π 中に入っている波の数）という. この二つの関係式をアインシュタイン・ド・ブロイの関係式といい, E と ω, p と k はプランク定数 $\hbar$ で結ばれていることがわかる. このようなきれいな対称性があることは興味深いことである.

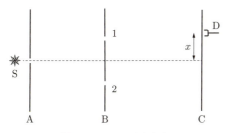

図1.2　電子の干渉実験

電子は電子源 S から出てスクリーン A で右方向に絞られ, スクリーン B 上の二重スリット 1 と 2 を通り, スクリーン C 上の中心軸から x の位置にある計測装置 D に到達する.

ルイ・ド・ブロイ

フランスの物理学者. ド・ブロイの仮説は彼の博士論文. この学説は当時は孤立していたが, 後の実験的証明などにより認められた. 1929年, 電子の波動性の発見によりノーベル物理学賞を受賞した.（1892–1987）

6   1. 古典力学とミクロの世界の力学

1.2節のまとめ

- 物質を構成する粒子（原子核や電子）は，波動性と粒子性を同時にもち合わせているようにみえる．二重スリットの実験結果はこのような不思議な性質を端的に表している．
- ミクロの世界では，すべての物質はそれに付随した特徴的な波動性と粒子性の二重性をもつ．ド・ブロイはこのような波を物質波とよんだ．波動性と粒子性をつなぐ式をアインシュタイン・ド・ブロイの関係式とよぶ：$E = h\nu = \hbar\omega,\ p = h/\lambda = \hbar k$.

2. ミクロの世界の力学のしくみ

この章では，ミクロの世界の力学を簡潔にまとめることにする．要点をつかむため，空間1次元＋時間1次元の系を考察する．

2.1　1次元の弦の波動方程式

古典的な波動の例として，バイオリンやギターなどの弦の振動を考えてみよう．長さ L の弦を x 軸に沿ってピンと張り，$x=0$ と $x=L$ の位置で両端を固定する．このとき，弦の張力を T とし，線密度（弦の単位長さあたりの質量）を σ とする（図2.1）．弦をはじくと，弦は x 軸に対して垂直方向（y 軸方向）に振動する．そのときの振動の振幅を $y(x,t)$ で表すと，それは場所 x と時間 t の2変数関数となる．

古典力学でこの弦の振動を考察するには，弦の微小部分（場所 x の近傍の長さ Δx の部分）における y 軸方向の振動をニュートンの運動方程式を使って表現すればよい．この微小部分の質量は $\sigma \Delta x$ であり，その部分に作用する y 軸方向の力は

$$F = T\left(\left.\frac{\partial y(x,t)}{\partial x}\right|_{x+\Delta x} - \left.\frac{\partial y(x,t)}{\partial x}\right|_{x}\right)$$

で与えられる．ここでは振幅があまり大きくないことを想定している．この力を用いて $\Delta x \to 0$ の無限小区間の運動方程式を立てると

$$\frac{\partial^2 y(x,t)}{\partial t^2} = \left(\frac{T}{\sigma}\right)\frac{\partial^2 y(x,t)}{\partial x^2} = v^2\frac{\partial^2 y(x,t)}{\partial x^2} \tag{2.1}$$

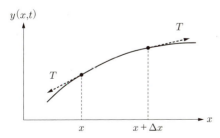

図 2.1　場所 x の近傍の弦の振幅 $y(x,t)$
振幅は大きくないとして，張力 T の方向と水平方向の間の角度を θ とすると，$\tan\theta = \partial y/\partial x \approx \sin\theta$ と近似できる．

を得る．これは弦を伝わる横波を表す古典的な波動方程式（wave equation）であり，$v = \sqrt{T/\sigma}$ は横波の伝わる速さである．

例題 2-1

古典的な波動方程式 (2.1) の解を考察する．

方程式 (2.1) の解は正弦関数あるいは余弦関数

$$y(x,t) = A\sin(\pm kx - \omega t), \quad A\cos(\pm kx - \omega t)$$

で与えられる．ここで，A は振幅，k は波数，ω は角振動数である．また，k の前の符号 $\pm$ は $\pm x$ 方向に進む進行波に対応している．さらに，オイラー（Euler）の公式

$$e^{ix} = \cos x + i\sin x$$

を使うと，$y(x,t) = A\exp[i(\pm kx - \omega t)]$ もまた解となる．

実際にこれらの関数を波動方程式 (2.1) に代入してみると，波数と角振動数との間に

$$\omega^2 = v^2 k^2 \quad \text{または} \quad \omega = vk \tag{2.2}$$

の関係が成り立てば，これらが解となっていることが確かめられる．このとき，式 (2.2) は分散関係（dispersion relation）とよばれ，時間に関する振動と空間に関する振動の間の関係を表している．また，この分散関係に現れる波の速さ v は位相速度（phase velocity）とよばれる．位相速度は波の位相が一定の所（例えば波の山や谷の部分）の動く速さである．波の山が時刻 t で場所 x にあり，短い時間 Δt の後にその山が $x + \Delta x$ に移動したとすると，それらの場所の波の位相は一致するので $kx - \omega t = k(x + \Delta x) - \omega(t + \Delta t)$ が成り立つ．この関係式から

$$v = \lim_{\Delta t \to 0} \frac{\Delta x}{\Delta t} = \frac{\omega}{k}$$

となり，分散関係（式 (2.2)）を確認することができる．

以上の考察から，古典的な波動方程式 (2.1) の解を表現するには，正弦関数，余弦関数，あるいはオイラーの公式を使った指数関数のいずれを使ってもよいことがわかる．

8   2. ミクロの世界の力学のしくみ

2.1 節のまとめ
- 古典的な弦を伝わる波を記述する波動方程式は，三角関数や指数関数で表される進行波解をもつ.
- 波数と角振動数の関係を分散関係という．進行波解で位相が一定の所の進む速度を，位相速度という.

2.2 シュレーディンガー方程式

この節では，電子などのミクロな物質が従う基本的な方程式を発見法的に導くことにする．その方程式が正しいものかどうかは，最終的には，さまざまな実験結果がうまく再現できるかどうかで決定されるべきである.

まず，簡単のため，質量 m の自由な粒子（例えば，電子）を考える．自由粒子であるから，粒子的な描像でみたときの（運動）エネルギーは $E = p^2/2m$ であり，その運動量は $p = mv$ である．一方で，波動的な描像でこの粒子をみると，物質波の考えから，エネルギーは $E = \hbar\omega$，運動量は $p = \hbar k$ と表される．そこで，$E = p^2/2m$ に $E = \hbar\omega$，$p = \hbar k$ を代入すると

$$\hbar\omega = \frac{\hbar^2 k^2}{2m} \tag{2.3}$$

という関係式を得る.

この式は，波動の時間的な振動を表す ω と空間的な振動を表す k の関係を与えているから，この粒子の満たすべき分散関係とみなすことができる．前節で議論した古典的な波動方程式の分散関係は $\omega^2 = v^2 k^2$ であった．これは波動方程式が時間・空間に関してそれぞれ 2 階の微分を含んでいたからである．ここで，これからみつけ出そうとする波動方程式の解も，自由空間中の正弦関数，余弦関数，あるいは指数関数などの進行波で表されると仮定しよう．今考えているミクロな粒子は分散関係（式 (2.3)）を満たしていて，その関係式では ω のべきは 1 次，波数 k のべきは 2 次である．このことは，新しい方程式が時間に関する 1 階微分，空間に関する 2 階微分を含むことを示唆している.

そこで，分散関係 (2.3) を再現するために

$$A\frac{\partial}{\partial t}\Psi(x,t) = B\frac{\partial^2}{\partial x^2}\Psi(x,t) \tag{2.4}$$

という波動方程式を想定してみよう．ここで，A，B は定数とし，$\Psi(x,t)$ は粒子の波動を表す 2 変数関数である．これを粒子の波動関数（wave function）とよぶことにする．前述のように，われわれはこの方程式の解として正弦関数，余弦関数の進行波解を期待したのであるが，実際にこれらを方程式 (2.4) に代入して

みれば容易にわかるように，それらの関数は方程式の解とはなりえない.

残された可能性は指数関数型

$$\Psi(x,t) = Ce^{i(\pm kx - \omega t)} \tag{2.5}$$

である．ここで，C は定数である．指数関数は何回微分してもその関数形を変えないので，この波動関数は方程式 (2.4) の解として採用することができる．実際にこの波動関数を方程式に代入し，分散関係 (2.3) を満たすように定数 A，B を決定すると

$$i\hbar\frac{\partial}{\partial t}\Psi(x,t) = -\frac{\hbar^2}{2m}\frac{\partial^2}{\partial x^2}\Psi(x,t)$$

を得る．これで，必要な分散関係を満たす新しい波動方程式がみつかったが，その解は正弦関数や余弦関数などのような実数の関数ではなく，虚数を含む解（式 (2.5)）となってしまった．このことは古典的な波動方程式と大きく異なる点であり，新しいミクロの世界の力学，量子力学（quantum mechanics）の際立った特徴である．つまり，量子力学を数式で表現するためには，複素数が本質的に必要となるのである．式 (2.5) のような波動関数を平面波（plane wave）ともよぶ.

今まで自由な粒子を考察してきたが，粒子がポテンシャル $V(x,t)$ の中で運動する場合に波動方程式を拡張することは困難なことではない．そのような場合，全エネルギーは運動エネルギーとポテンシャルエネルギーの和

$$E = \frac{p^2}{2m} + V(x,t)$$

となるので，自由粒子の場合と同様に，ポテンシャルが存在する場合の波動方程式を導出すると

$$i\hbar\frac{\partial}{\partial t}\Psi(x,t) = \left[-\frac{\hbar^2}{2m}\frac{\partial^2}{\partial x^2} + V(x,t)\right]\Psi(x,t) \tag{2.6}$$

となる．これが 1 次元空間で運動するミクロな粒子の波動方程式であり，1926 年にこの方程式を提唱したシュレーディンガー（Schrödinger）にちなんで，（時間を含む）シュレーディンガー方程式（Schrödinger equation）とよぶ.

ここで導いたシュレーディンガー方程式は空間的には x 軸上で運動する粒子についてのものであるが，空

間を3次元に拡張することは容易である．ポテンシャルがない場合は3次元空間 (x,y,z) は等方的であること，また，ポテンシャルエネルギーが存在する場合は，一般にそれは3次元の位置ベクトルと時間に依存することから，式 (2.6) は，勾配ベクトル

$$\boldsymbol{\nabla} \equiv \left(\frac{\partial}{\partial x}, \frac{\partial}{\partial y}, \frac{\partial}{\partial z}\right),$$

$$\boldsymbol{\nabla}^2 \equiv \boldsymbol{\nabla} \cdot \boldsymbol{\nabla} = \frac{\partial^2}{\partial x^2} + \frac{\partial^2}{\partial y^2} + \frac{\partial^2}{\partial z^2}$$

を用いて

$$i\hbar \frac{\partial}{\partial t} \Psi(\boldsymbol{r},t) = \left[-\frac{\hbar^2}{2m}\boldsymbol{\nabla}^2 + V(\boldsymbol{r},t)\right] \Psi(\boldsymbol{r},t) \tag{2.7}$$

と拡張されることになる（第6章参照）．

次に，シュレーディンガー方程式の主な特徴をまとめておこう．

- シュレーディンガー方程式は線形である．つまり，方程式に含まれる波動関数 $\Psi(x,t)$ のべきは1次である．したがって，シュレーディンガー方程式の解 Ψ に複素数 c を乗じたもの $c\Psi$ も解となる．また，シュレーディンガー方程式の解が二つ (Ψ_1, Ψ_2) みつかったとすると，その線形結合 $\Psi = c_1\Psi_1 + c_2\Psi_2$ も解である．ここで，c_1, c_2 は複素定数である．これを，重ね合わせの原理（superposition principle）が成り立つという．
- 時間については1階微分のみを含むので，波動関数をある時刻で決定すると，それ以後の時刻の波動関数はシュレーディンガー方程式から一意的に決まる．
- 第4章では重ね合わせの原理を使って波束（wave packet）を議論する．波束はさまざまな波数の波を重ね合わせた状態で，波束の中心の運動は古典力学で記述される粒子の運動と一致する．これを対応原理（correspondence principle）とよぶ．

エルヴィン・シュレーディンガー

オーストリアの物理学者．波動形式の量子力学である波動力学を提唱．シュレーディンガーの波動方程式，シュレーディンガーの猫などを発表し，量子力学（量子化学）に深く貢献した．1933年，ノーベル物理学賞を受賞．(1887–1961)

2.2節のまとめ

- 量子の振る舞いを記述する波動方程式はシュレーディンガー方程式である：

$$i\hbar \frac{\partial}{\partial t} \Psi(x,t) = \left[-\frac{\hbar^2}{2m}\frac{\partial^2}{\partial x^2} + V(x,t)\right] \Psi(x,t).$$

- シュレーディンガー方程式は本質的に複素数の解をもちうる．
- シュレーディンガー方程式は線形なので，重ね合わせの原理が成り立つ．また，ある時刻で初期波動関数を与えると，それ以降の波動関数は一意的に決定される．
- 量子力学と古典力学は対応原理で関係付けられる．

2.3 波動関数の確率解釈とその性質

前節で，ミクロの世界を記述するシュレーディンガー方程式を導いた．この方程式は時間について1階，空間について2階の微分方程式なので，波動方程式というよりは拡散方程式である．また，きわめて特徴的なことは，粒子の状態を表す波動関数が複素数を含むということである．しかし，一方で，実際に測定する量（物理量（observable））は実数である．それでは，これら二つの量を関連付けるためにはどうしたらよいのであろうか．

この節では，ボルン（Born）やボーアの提案した波動関数の確率解釈について簡潔に述べる．前章の二重スリットの問題のときにも述べたように，現在，波動関数の解釈としてはこの確率的解釈が最も一般的で，さまざまな実験結果とも矛盾しないことがわかっている．

空間1次元（x 軸方向），時間1次元に限定して話を進める．位置 x における粒子の存在確率 $P(x,t)$ を次のように定めよう．つまり，位置 $x+dx$ と x の間の微小区間 dx 中に粒子を見出す確率は波動関数 Ψ を使って

$$P(x,t) = \Psi^*(x,t)\Psi(x,t)\,dx = |\Psi(x,t)|^2\,dx$$

で与えられる．ここで Ψ^* は波動関数の複素共役である．また，$|\Psi(x,t)|^2$ は**確率密度**（probability density）$\rho(x,t)$ とよばれる量で，単位長さあたりの確率を与える．このように，波動関数の絶対値の 2 乗が確率を与えるので，全空間における確率の和（積分）は 1 とならなければならない（全空間のどこかには必ず電子が 1 個存在する）．そこで，波動関数に適当な複素係数を乗じてもその関数はシュレーディンガー方程式の解となることを利用して

$$\int_{-\infty}^{\infty} |c\Psi(x,t)|^2\,dx = 1 \tag{2.8}$$

となるように一定の複素数 c を決定することにする．このような条件を波動関数の**規格化**（normalization）という．一般に，複素数は極座標表示で $c = |c|e^{i\theta}$ と表すことができるので，c の絶対値は規格化で決まるが，位相（角度）θ は 1 粒子の規格化だけでは決めることができない．

ここで，もう一度二重スリットの問題に立ち返って波動関数の確率解釈を考察してみよう．電子源から出た電子は中間の壁の二つのスリットを通って右方のスクリーンに到達するとしよう．中間の壁の二つのスリットから出てくる電子の波動関数が Ψ_1，Ψ_2 で表されるとすると，スクリーン上の場所 x での電子の波動関数は，重ね合わせの原理から

$$\Psi(x,t) = \Psi_1(x,t) + \Psi_2(x,t)$$

で与えられる．この波動関数を使うと，右方のスクリーン上の場所 x に到達する電子の確率密度は

$$|\Psi(x,t)|^2 = |\Psi_1(x,t) + \Psi_2(x,t)|^2$$
$$= (\Psi_1(x,t) + \Psi_2(x,t))^*(\Psi_1(x,t) + \Psi_2(x,t))$$
$$= |\Psi_1(x,t)|^2 + |\Psi_2(x,t)|^2$$
$$+ \Psi_1^*(x,t)\Psi_2(x,t) + \Psi_1(x,t)\Psi_2^*(x,t)$$
$$= |\Psi_1(x,t)|^2 + |\Psi_2(x,t)|^2$$
$$+ 2|\Psi_1(x,t)||\Psi_2(x,t)|\cos(\theta_1 - \theta_2)$$

となる．ここで，右辺の最初の 2 項はスリット 1 と 2 から出てくる電子の独立事象としての確率密度であり，最後の項は二つのスリットから出てきた電子の干渉現象を表している．このような干渉現象が現れるときにはそれぞれの波動関数 $\Psi_1 = |\Psi_1|e^{i\theta_1}$，$\Psi_2 = |\Psi_2|e^{i\theta_2}$ の積が関与するので，それぞれの位相部分 $e^{i\theta_1}$，$e^{i\theta_2}$ が物理量に影響を与えることになる．このような波動関数の振る舞いから，電子自身の干渉縞を確率解釈を用いて説明することができる．

シュレーディンガー方程式は粒子の波動関数の時間発展を記述する．古典力学（ニュートン方程式）は，未来のある時刻での粒子の位置などを原理的には正確に予測することができるが，量子力学では，ある時刻に粒子がどこに存在するかを確定的に予測することはできない．ただ，ある時刻で粒子の位置が確率的にどのように分布するのかを予測するのみである．

ある時刻で，例えば粒子の位置を測定することを考えてみる．測定するという行為は，測定しようとする粒子に測定で用いる粒子（例えば光子や電子など）をあてて，その反応（散乱）を観測することである．ミクロの世界の場合は，測定しようとする粒子と，測定に用いる粒子とは同程度の大きさ，質量をもつため，測定（散乱）後の測定しようとする粒子の状態は，測定する前の粒子の状態と違ってしまう可能性がある．このような状況を考えると，ミクロの世界の力学は常にマクロの世界につながる "測定" という行為とは切り離せないものとなる．

ここで議論したシュレーディンガー方程式が正しいと考えられている根拠は，この方程式が 20 世紀以降なされてきた多くの実験事実を見事に説明することができるということである．現在までのところ，さまざまな実験結果と量子力学の結論の間に矛盾は生じていない．この事実によって，量子力学は確固たる，ゆるぎないものとなっている．

マックス・ボルン

ドイツ・英国の物理学者．量子力学の礎を築いた一人．第二次世界大戦中は英国に渡るが戦後にドイツへ帰国．1926 年量子力学の確率（統計的）解釈を発表．1954 年，この解釈の提唱によりノーベル物理学賞を受賞した．（1882–1970）

2.3 節のまとめ

- 波動関数の絶対値の2乗は，その場所での粒子の存在確率密度を与える．波動関数は規格化されなければならない．
- 二重スリットの干渉縞は波動関数を使って説明することができる．

2.4 エネルギーが保存される系のシュレーディンガー方程式

1次元空間の問題に限ると，シュレーディンガー方程式は式 (2.6) で与えられることがわかった．このとき，ポテンシャルは時間に依存してもよいのであるが，そのような系のエネルギーは一般に保存されない．

したがって，当面，エネルギーが保存される系を取り扱うことにすれば，ポテンシャルは時間に依存しないものとなる．そのような場合，シュレーディンガー方程式は時間にのみ依存する部分と，空間にのみ依存する部分の二つの部分に完全に分離できる．まず，求めたい波動関数 $\Psi(x,t)$ が $\Psi(x,t) = f(t) \times \psi(x)$ と書けると仮定してみる．この波動関数をシュレーディンガー方程式 (2.6) に代入すると

$$i\hbar \frac{\partial}{\partial t} f(t)\psi(x) = \left[-\frac{\hbar^2}{2m} \frac{\partial^2}{\partial x^2} + V(x) \right] f(t)\psi(x)$$

となる．ここで，左辺の $\psi(x)$ は時間微分には関係がない．また，右辺の $f(t)$ に空間微分は作用しない．したがって，両関数がゼロにならないと仮定して，両辺を $f(t)\psi(x)$ で割ると

$$\frac{i\hbar}{f(t)} \frac{d}{dt} f(t) = \frac{1}{\psi(x)} \left[-\frac{\hbar^2}{2m} \frac{d^2}{dx^2} + V(x) \right] \psi(x)$$

を得る．この方程式は，左辺，右辺がそれぞれ時間，空間のみに依存する量であり，それらが時間・空間に関係なく常に等しくなることを示している．したがって，左辺，右辺それぞれの量は定数でなければならない．つまり，

$$\frac{d}{dt} f(t) = -\frac{i}{\hbar} E f(t) \tag{2.9}$$

$$\left[-\frac{\hbar^2}{2m} \frac{d^2}{dx^2} + V(x) \right] \psi(x) = E\psi(x) \tag{2.10}$$

である．ここで，定数を E とおいた．

式 (2.9) は容易に解くことができ，解は比例定数を除いて

$$f(t) = \exp\left[-\frac{i}{\hbar} E t \right]$$

で与えられる．

一方，式 (2.10) は具体的にポテンシャルが与えられないと解くことはできない．しかし，自由粒子（$V(x) = 0$）の場合には，三角関数 $\sin kx$, $\cos kx$ や指数関数 e^{ikx} などが解となることは容易にわかる．実際，指数関数を式 (2.10) に代入してみると

$$E = \frac{\hbar^2 k^2}{2m} \tag{2.11}$$

を得るが，これはアインシュタイン・ド・ブロイの関係式 (1.1) から自由粒子の運動エネルギーと解釈できるので，定数 E はエネルギーを表している．この系ではエネルギーは保存されるので定数である．よって，時間部分の解 $f(t)$ と空間部分の指数関数を使うと，自由粒子の波動関数

$$\Psi(x,t) = \exp[i(\pm kx - \omega t)] \tag{2.12}$$

を再現することができる．ここで再び，アインシュタイン・ド・ブロイの関係式 (1.1) を用いた．自由粒子の波数 k は式 (2.11) から定数 E を使って

$$k = \frac{\sqrt{2mE}}{\hbar} \tag{2.13}$$

で与えられる．

このように，エネルギーが保存される系では，いつでも時間に関する部分と空間に関する部分に波動関数を分離することができる．上で議論したように，時間部分の解は指数関数で与えられることがわかるので，実質的には空間部分の方程式 (2.10) を解くことが問題となる．この方程式 (2.10) を（時間を含まない）シュレーディンガー方程式という．したがって，エネルギーが保存される系の波動関数は，一般に

$$\Psi(x,t) = e^{-iEt/\hbar} \psi(x) = e^{-i\omega t} \psi(x) \tag{2.14}$$

で与えられる．このときの粒子の存在確率密度は

$$|\Psi(x,t)|^2 = |e^{-iEt/\hbar} \psi(x)|^2 = |\psi(x)|^2$$

となるので，時間には依存しない．このような状態を定常状態（stationary state）という．

12　2.　ミクロの世界の力学のしくみ

2.4節のまとめ

- エネルギーが保存される系では，波動関数を時間と空間座標に依存する二つの部分に分離できる：

$$\frac{d}{dt}f(t) = -\frac{i}{\hbar}Ef(t), \quad \left[-\frac{\hbar^2}{2m}\frac{d^2}{dx^2} + V(x)\right]\psi(x) = E\psi(x).$$

- 分離後の空間座標にのみ依存する部分は，定常状態の波動関数を与える．

2.5　物理量と演算子

2.5.1　演算子

　時間を含まないシュレーディンガー方程式 (2.10) をよくみると，左辺の波動関数に作用する部分は微分操作を含んでいる．このように波動関数に何らかの作用をおよぼす部分を演算子（operator）という．一般に，微分を含むような演算子が波動関数に作用すると，その波動関数自体は関数形が変化する．しかし，シュレーディンガー方程式の場合は，左辺の演算子が作用しても波動関数の形は変わらずに，右辺のように，定数（エネルギー）E と同じ形の波動関数の積となる．このような関係を保つ微分方程式を一般に（線形代数では）固有値方程式（eigenvalue equation）とよぶ．このとき，定数 E を固有値（eigenvalue），波動関数を固有関数（eigenfunction）あるいは固有状態（eigenstate）という．

　シュレーディンガー方程式の左辺の演算子は，右辺がエネルギーを与えることから，ハミルトニアン（Hamiltonian）とよばれる．以後，演算子を ^（hat または caret）を付けた記号で表すことにすると，シュレーディンガー方程式は

$$\hat{H}\psi(x) \equiv \left[-\frac{\hbar^2}{2m}\frac{d^2}{dx^2} + V(x)\right]\psi(x) = E\psi(x) \tag{2.15}$$

あるいは，たんに $\hat{H}\psi(x) = E\psi(x)$ のように書くことができる．ハミルトニアン演算子は $\hat{H}$ で表されている．

　ここで，この固有値方程式の意味を考えてみよう．固有状態 $\psi(x)$ にハミルトニアンを作用させると，その状態のエネルギー固有値が得られ，状態そのものは変化しない（波動関数は形を変えない）．このことから，固有状態のエネルギーを知るためには，エネルギーに対応した演算子（ハミルトニアン演算子）を波動関数に作用させればよいことがわかる．つまり，量子力学では，物理量（エネルギー）は演算子（ハミルトニア

ン）で表される．

　以上は，シュレーディンガー方程式を例として話を進めたが，エネルギー以外にもさまざまな物理量がありうる．任意の物理量 A に対応する演算子を $\hat{A}$ とすると，その固有関数 $\psi_a(x)$（この状態はハミルトニアンの固有状態でない場合もありうる）が存在するとき，固有値方程式は

$$\hat{A}\psi_a(x) = a\psi_a(x) \tag{2.16}$$

となり，a はこの方程式の固有値となる．つまり，固有状態 $\psi_a(x)$ の物理量 A を知りたければ，その状態に演算子 $\hat{A}$ を作用させればよい．そのときの固有値 a がその物理量の値となる．固有値方程式が成り立つときには，何回演算子 $\hat{A}$ を作用させても同じ固有値が出てきて状態は変化しないので，このときの物理量 A の値は確定している．つまり，A の値は確率的に分布するわけではない．上述の時間に依存しないシュレーディンガー方程式の場合にはエネルギーが保存されるので，ハミルトニアン演算子の固有状態が存在して固有値が確定する（エネルギーが確定する）ことは当然である．

例題 2-2

　自由な粒子のハミルトニアンを求め，その固有関数が平面波解となることを確かめる．

　一般のハミルトニアンは方程式 (2.15) から

$$\hat{H} = -\frac{\hbar^2}{2m}\frac{d^2}{dx^2} + V(x)$$

と与えられる．今の場合は自由粒子であるから，そのハミルトニアンはポテンシャルがゼロで

$$\hat{H}_0 = -\frac{\hbar^2}{2m}\frac{d^2}{dx^2}$$

となる．ここで，自由粒子であることを示すために，ハミルトニアンにゼロをつけておくことにする．このときの固有関数（波動関数）を平面波

$$\psi_0(x) = Ce^{\pm ikx} \tag{2.17}$$

とすると（C は定数），シュレーディンガー方程式

$\hat{H}_0\psi_0(x) = E\psi_0(x)$ に代入して $E = \hbar^2 k^2/2m = p^2/2m$ を得る．ここで，物質波の条件式 (1.1) を用いた．これは確かに自由粒子の運動エネルギーとなっているので，自由粒子のハミルトニアンの固有関数は平面波解である．このときの固有値方程式の固有値はエネルギー E であり，波数 k は連続変数であるから，エネルギーも連続的な正の値となる．

例題 2-3

自由粒子の場合は，系の並進対称性から運動量も保存される．このことは第 10 章の「対称性と保存則」でより詳しく議論する．よって，エネルギーが保存される場合と同じように，平面波解を利用して運動量に対応する演算子 $\hat{p}$ を以下のように決定することができる．

運動量が保存されるので，式 (2.17) を用いて，固有値方程式

$$\hat{p}(Ce^{\pm ikx}) = \pm\hbar k(Ce^{\pm ikx}) = \pm p(Ce^{\pm ikx})$$

が成り立つような演算子 $\hat{p}$ をみつければよい．固有関数を x について微分すると係数 $\pm ik$ が固有関数の前に出てくるので，運動量演算子としては

$$\hat{p} = \frac{\hbar}{i}\frac{d}{dx} \qquad (2.18)$$

を採用すればよいことがわかる．

自由粒子のハミルトニアン H_0 は式 (2.18) を用いると

$$\hat{H}_0 = -\frac{\hbar^2}{2m}\frac{d^2}{dx^2} = \frac{\hat{p}^2}{2m}$$

のように，古典的な運動エネルギーの式と同形になる．よって，古典力学から量子力学に移行するには，置換 $p \to \hat{p}$ によって物理量の中の運動量を演算子化すればよいことがわかる．

2.5.2 物理量の期待値とエルミート演算子

一般的な波動関数は，特定の物理量に対する固有状態となっているとは限らない．ある物理量 A の演算子 $\hat{A}$ についての固有値方程式が満たされない場合，そのような状態における物理量 A は確定値をもたない．つまり，測定値は状態を記述する波動関数で決まる確率に従って分布することになる．そのような場合は，物理量 A を確定的に予言することはできないが，多数回の測定で得られる A の平均的な値を予言することはできる．このような値を期待値（expectation value）とよび，$\langle A \rangle$ で表す．ある状態 $\psi(x)$ における A の期待値は

$$\langle A \rangle \equiv \int \psi^*(x)\hat{A}\psi(x)dx \qquad (2.19)$$

で定義される．したがって，例えば，運動量の期待値は式 (2.18) を使って

$$\langle p \rangle = \int \psi^*(x)\hat{p}\psi(x)\,dx$$

で与えられる．

このような期待値 $\langle A \rangle$ は測定可能な量なので，実数でなければならない．つまり，一般に，物理量を表す演算子 $\hat{A}$ は $\langle A \rangle = \langle A \rangle^*$ を満たすようなものでなければならない．よって

$$\int \psi^*(x)\hat{A}\psi(x)dx = \left[\int \psi^*(x)\hat{A}\psi(x)dx\right]^*$$
$$= \int [\hat{A}\psi(x)]^*\psi(x)dx \qquad (2.20)$$

である．この条件について考察してみよう．

波動関数 $\psi(x)$ は，より一般的には複数の波動関数の線形結合 $\psi(x) = \alpha\phi(x) + \beta\varphi(x)$ で表される．ここで，α と β は任意の複素定数，$\phi(x)$ と $\varphi(x)$ は無限遠方（$|x| \to \infty$）で速やかにゼロに近づくような任意の波動関数とする．この波動関数を式 (2.20) に代入し，両辺を展開して比較してみると，この条件は波動関数 $\phi(x)$ と $\varphi(x)$ に対する関係式

$$\int \phi^*(x)\hat{A}\varphi(x)dx = \int [\hat{A}\phi(x)]^*\varphi(x)dx \qquad (2.21)$$

を満たすことと同値であることがわかる．この式の左辺では，演算子 $\hat{A}$ は波動関数 $\varphi(x)$ に作用する．一方，右辺では $\hat{A}$ は $\phi(x)$ に作用する．したがって，任意の $\hat{A}$ がこの条件を常に満たすわけではない．

ところで，任意の波動関数 $\phi(x)$ と $\varphi(x)$ に対して

$$\int \phi^*(x)\hat{A}\varphi(x)dx = \int [\hat{B}\phi(x)]^*\varphi(x)dx \qquad (2.22)$$

が成り立つような右辺の演算子 $\hat{B}$ が存在するとしよう．そのような $\hat{B}$ を演算子 $\hat{A}$ のエルミート共役（hermitian conjugate）な演算子とよび，$\hat{B}$ を $\hat{A}^\dagger$ と書くことにする．このエルミート共役な演算子 $\hat{A}^\dagger$ を使うと，物理量が実数でなければならないという条件 (2.21) は $\hat{A}^\dagger = \hat{A}$ を満たすことと同値であることがわかる．この条件を満たすような演算子 $\hat{A}$ をエルミート演算子（hermitian operator）という．つまり，測定可能な量に対応する演算子はエルミート（演算子）でなければならない．エルミート共役については 5.2 節でも議論する．

例題 2-4

運動量演算子 $\hat{p}$（式 (2.18)）がエルミート演算子で

あることを証明する.

座標軸上のある領域に局在する波動関数 $\phi(x)$ と $\varphi(x)$ を考える. したがって, 波動関数は無限遠方でゼロとなる. このような状態を使って, 運動量演算子 $\hat{p}$ のエルミート性を考察する. 式 (2.22) の左辺は $\hat{A} = \hat{p}$ と部分積分を使うと

$$\int_{-\infty}^{\infty} \phi^*(x)\hat{p}\varphi(x)dx = \int_{-\infty}^{\infty} \phi^*(x)\left[\frac{\hbar}{i}\frac{d}{dx}\right]\varphi(x)dx$$

$$= \frac{\hbar}{i}\left[\phi^*(x)\varphi(x)\right]_{-\infty}^{\infty} - \frac{\hbar}{i}\int_{-\infty}^{\infty}\left[\frac{d}{dx}\phi^*(x)\right]\varphi(x)dx$$

$$= \int_{-\infty}^{\infty}\left[\frac{\hbar}{i}\frac{d}{dx}\phi(x)\right]^*\varphi(x)dx$$

$$= \int_{-\infty}^{\infty}[\hat{p}\phi(x)]^*\varphi(x)dx$$

と計算できる. したがって, 式 (2.22) の右辺の演算子 $\hat{B}$ を $\hat{A}^\dagger$ と書き直すと, $\hat{A}^\dagger = \hat{p}^\dagger = \hat{p}$ であることがわかる. これは運動量演算子がエルミートであることを示している.

2.5.3 演算子の交換関係と不確定性原理

例題 2–2, 2–3 の結果から, 平面波の解はハミルトニアン $\hat{H}_0$ と運動量の両方の演算子に関する固有値方程式の解であることがわかった. 自由粒子の場合は, 時間・空間に関する並進対称性からエネルギーと運動量の保存が保証されているので, このことは当然の結果といえる (第 10 章参照). このような場合は, 系のエネルギーと運動量の測定値を同時に確定することができる. 一般に, 複数の物理量が同時に確定するような固有関数を, それらの演算子の同時固有関数 (simultaneous eigenfunction) という. したがって, 平面波解はハミルトニアン $\hat{H}_0$ と運動量 $\hat{p}$ の同時固有関数の例である.

ここで, 二つの物理量を表す演算子 $\hat{A}$ と $\hat{B}$ の同時固有関数をさらに考えてみよう. 二つの演算子の交換関係 (commutation relation) を

$$[\hat{A}, \hat{B}] \equiv \hat{A}\hat{B} - \hat{B}\hat{A} \qquad (2.23)$$

で定義しておく. この関係式は, 古典的には解析力学のポアソン括弧式 (Poisson bracket) に対応する.

さて, 演算子 $\hat{A}$ の固有状態で固有値 a をもつ状態を $\psi_a(x)$ とすると, 固有値方程式 $\hat{A}\psi_a(x) = a\psi_a(x)$ が成り立つ. 一方で, 演算子 $\hat{B}$ の固有状態で固有値 b をもつ状態を $\psi_b(x)$ とすると, $\hat{B}\psi_b(x) = b\psi_b(x)$ も成り立つ. このとき, これらの演算子の交換関係を $[\hat{A}, \hat{B}] = 0$ と仮定し, $[\hat{A}, \hat{B}]$ を $\psi_a(x)$ と $\psi_b(x)$ に作用させると

$$\hat{A}(\hat{B}\psi_a(x)) = a(\hat{B}\psi_a(x))$$

$$\hat{B}(\hat{A}\psi_b(x)) = b(\hat{A}\psi_b(x))$$

を得る. この結果は, 状態 $\hat{B}\psi_a(x)$ が演算子 $\hat{A}$ の固有状態であること, つまり, 状態 $\psi_a(x)$ に比例することを, また, 状態 $\hat{A}\psi_b(x)$ が状態 $\psi_b(x)$ に比例することを意味している. つまり, $\psi_a(x)$ は演算子 $\hat{B}$ の固有状態でもあり, $\psi_b(x)$ は演算子 $\hat{A}$ の固有状態でもある. よって, 二つの演算子が交換可能な場合は同時固有関数が存在することになり, そのような状態は両者の演算子で表される物理量が同時に確定値をもつ状態である.

次に, 二つの演算子が交換しない場合を具体的に議論するために, 演算子のもう一つの例として, 位置の演算子 $\hat{x}$ を考察しておこう. 位置の演算子は, 座標 x の関数として表される波動関数に作用して, 粒子の位置座標を波動関数に乗ずる演算子として定義される. 粒子の位置が $x = a$ と確定している場合, 演算子 $\hat{x}$ の固有値方程式は

$$\hat{x}\psi(x) = a\psi(x) \qquad (2.24)$$

である. ここで, 固有値 $x = a$ は粒子が局在している座標値であり, 波動関数 $\psi(x)$ 自身も $x = a$ に局在していなければならない. このような波動関数は, 3.2 節や 5.3 節で議論する.

したがって, 平面波の解は位置の演算子の固有関数とはなりえない. 実際, 平面波解は式 (2.17) で与えられ, この波動関数の絶対値の 2 乗は粒子の位置の確率密度

$$|\psi_0(x)|^2 = \psi_0^*(x)\psi_0(x) = |C|^2 = 一定$$

を与えるので, 粒子の位置は確定していない. それどころか, 粒子の存在確率密度は x 軸上のどの場所でも一定である. 一方, 平面波解の運動量の大きさは例題 2–3 で議論したように確定している. つまり, 平面波の状態では粒子の位置はまったくわからないが, 運動量は正確に知ることができる.

位置と運動量は正準共役な変数 (canonical variables) とよばれるが, このような量を同時に正確に知ることは不可能である. つまり, 位置と運動量の演算子の交換関係は $[\hat{x}, \hat{p}] \neq 0$ であり, 平面波はこれら二つの演算子の同時固有関数とはなりえない. 現実の世界では粒子の存在確率がどの場所でも一定ということはありえないので, 平面波の解はある意味で理想化された解であるといえる.

平面波の状態に限らず, 一般にどのような状態においても位置と運動量は同時に確定できないが, それらの不確定さ Δx と Δp の間には

$$(\Delta x)(\Delta p) \geq \frac{\hbar}{2} \qquad (2.25)$$

という**不確定性関係**（uncertainty relation）が成り立つ．このようなミクロの世界の粒子がもつ奇妙さは，1927年に**ハイゼンベルク**（Heisenberg）によって初めて見出された．位置と運動量に限らず，正準共役な変数の不確定さにおいて普遍的に不確定性関係が成り立つことを**不確定性原理**（uncertainty principle）とよぶ．

例題 2-5

位置の演算子 $\hat{x}$ と運動量演算子 $\hat{p}$ の交換関係 $[\hat{x}, \hat{p}]$ を求める．

任意の波動関数 $\psi(x)$ に左から演算子 $\hat{x}\hat{p}$ を作用させると

$$\hat{x}\hat{p}\psi(x) = x\frac{\hbar}{i}\frac{d}{dx}\psi(x) = \frac{\hbar}{i}x\psi'(x)$$

となる．ここで，$\psi'(x)$ は波動関数の座標についての微分を表す．一方，演算子の順序を入れ替えて $\hat{p}\hat{x}$ を波動関数に作用させると

$$\hat{p}\hat{x}\psi(x) = \frac{\hbar}{i}\frac{d}{dx}(x\psi(x)) = \frac{\hbar}{i}(\psi(x) + x\psi'(x))$$

を得る．したがって，両者の差をとると

$$[\hat{x}, \hat{p}]\psi(x) = (\hat{x}\hat{p} - \hat{p}\hat{x})\psi(x) = i\hbar\psi(x)$$

となり

$$([\hat{x}, \hat{p}] - i\hbar)\psi(x) = 0$$

である．任意の波動関数に対して，この関係が成り立つためには

$$[\hat{x}, \hat{p}] = i\hbar \tag{2.26}$$

が成り立たなければならない．演算子 $\hat{x}$ と $\hat{p}$ の順序は交換できない．

ヴェルナー・カール・ハイゼンベルク

ドイツの物理学者．マトリックス力学，不確定性原理などを導いて，量子力学に深く貢献している．1932年，31歳の若さでノーベル物理学賞を受賞．1946〜1970年の多年にわたり，マックス・プランク物理学研究所所長を歴任．（1901–1976）

さらに議論を進めるために，一般の物理量 A の不確定さ ΔA を明確に定義しよう．ある状態における A の期待値は式 (2.19) で与えられる．この状態が物理量 A の固有値方程式を満たさない場合は，物理量 A が確定値をもたないので，その不確定さ ΔA はゼロではない．そこで，物理量 A の不確定さの 2 乗 $(\Delta A)^2$ を A の期待値からのずれの 2 乗の平均（分散）

$$(\Delta A)^2 = \langle (A - \langle A \rangle)^2 \rangle = \langle A^2 \rangle - \langle A \rangle^2$$

で与えることにしよう．つまり，不確定さは標準偏差

$$\Delta A = \sqrt{\langle A^2 \rangle - \langle A \rangle^2} \tag{2.27}$$

で定義される．

ここで，二つの物理量 A, B の不確定さの積 $(\Delta A)(\Delta B)$ を考察する．まず，これらの物理量を表す演算子 $\hat{A}, \hat{B}$ を使って二つのエルミート演算子 $\hat{\alpha} = \hat{A} - \langle A \rangle$，$\hat{\beta} = \hat{B} - \langle B \rangle$ を定義する．次に，任意の波動関数 $\psi(x)$ にこれらを作用させ，新しい関数 $g(x) = (\hat{\alpha} + i\lambda\hat{\beta})\psi(x)$ を作る（λ は実数）．このとき

$$\int |g(x)|^2 dx$$
$$= \int [(\hat{\alpha} + i\lambda\hat{\beta})\psi(x)]^* [(\hat{\alpha} + i\lambda\hat{\beta})\psi(x)] dx$$
$$= \langle \beta^2 \rangle \lambda^2 - \langle \gamma \rangle \lambda + \langle \alpha^2 \rangle \geq 0 \tag{2.28}$$

である．ここで，$(\hat{A}\hat{B})^\dagger = \hat{B}^\dagger \hat{A}^\dagger$ を用いると（式 (5.5) 参照），$\hat{\gamma} \equiv -i[\hat{\alpha}, \hat{\beta}] = -i[\hat{A}, \hat{B}] = \hat{\gamma}^\dagger$ から $\hat{\gamma}$ もエルミート演算子なので，$\langle \gamma \rangle$ は実数である．不等式 (2.28) が任意の λ で成り立つためには，条件 $\langle \gamma \rangle^2 \leq 4 \langle \beta^2 \rangle \langle \alpha^2 \rangle$ が満たされなければならない．よって

$$(\Delta A)(\Delta B) \geq \frac{1}{2}|\langle [\hat{A}, \hat{B}] \rangle| \tag{2.29}$$

を得る．ここで，$\langle [\hat{A}, \hat{B}] \rangle$ は交換関係 $[\hat{A}, \hat{B}]$ の期待値である．

したがって，二つの演算子が交換しない場合，それらの物理量の不確定さの積は式 (2.29) の不確定性関係に従う．このような性質は量子力学の本質である．例として，式 (2.29) で $\hat{A} = \hat{x}$，$\hat{B} = \hat{p}$ とすると，$[\hat{x}, \hat{p}] = i\hbar$ から式 (2.25) が得られる．

2.5 節のまとめ

- 物理量は粒子の状態を表す波動関数に作用する演算子で表される．例えば，ハミルトニアン $\hat{H}$，運動量演算子 $\hat{p}$，位置の演算子 $\hat{x}$ などがある．
- 物理量 A の期待値は $\langle A \rangle = \int dx\, \psi^*(x) \hat{A} \psi(x)$ で定義される．これは測定値に対応するから実数である．このことから，物理量を表す演算子はエルミート演算子（$\hat{A} = \hat{A}^\dagger$）でなければならない．

16   2. ミクロの世界の力学のしくみ

- 波動関数が物理量を表す演算子の固有値方程式を満たすとき，その状態での物理量の測定値は固有値で与えられる．平面波の解は，運動量演算子と自由粒子のハミルトニアンの同時固有関数である．一般に，二つの物理量を表す演算子が交換する場合，それらの物理量に関する同時固有関数が存在する．一方，二つの演算子が交換しない場合は，両者の物理量を同時に確定することはできない．

- 物理量 A の不確かさは，A の期待値と A^2 の期待値を使ってその標準偏差 $\Delta A = \sqrt{\langle A^2 \rangle - \langle A \rangle^2}$ で与えられる．一般に，二つの演算子の不確定さの間には

$$(\Delta A)(\Delta B) \geq \frac{1}{2}|\langle [\hat{A}, \hat{B}] \rangle|$$

なる不等式が成り立つ．これをハイゼンベルクの不確定性関係という．

- 交換しない演算子の例として $[\hat{x}, \hat{p}] = i\hbar$ がある．したがって，両者の不確かさの間には $(\Delta x)(\Delta p) \geq \hbar/2$ が成り立つ．

3. 1次元の簡単な系

この章では，今まで議論してきた空間1次元のシュレーディンガー方程式を用いて，いろいろな系を具体的に考察してみよう．実際の計算を通してミクロの世界の不思議さを実感することがこの章のねらいである．

まず，シュレーディンガー方程式の自由粒子に対する一般解を求めておこう．自由粒子の解は例題2-2で議論したように，式 (2.12) から

$$\Psi(x,t) \propto e^{i(\pm kx - \omega t)}$$

であり，これらはそれぞれ $\pm x$ 方向に進む波を表している．違った方向に進む波は独立であるから（一方を他方では表せない），シュレーディンガー方程式の解の線形性から，一般解は（複素）定数 A_1, A_2 を使って

$$\begin{aligned}\Psi(x,t) &= A_1 e^{i(kx-\omega t)} + A_2 e^{-i(kx+\omega t)} \\ &= A_1 \left[e^{i(kx-\omega t)} + B e^{-i(kx+\omega t)} \right]\end{aligned} \quad (3.1)$$

で与えられる．ここで，$B = A_2/A_1$ である．この波動関数は，$+x$ 方向に進む波と $-x$ 方向に進む波が $1:|B|$ の割合で混ざっていることを表している．したがって，この解は運動量演算子 $\hat{p}$ の固有状態ではありえないので，運動量は確定していない（この状態はハミルトニアン演算子 $\hat{H}$ の固有関数であることは簡単に確かめられる）．もしこの状態で表される粒子の運動量を測定すれば，測定値は一定とはならず，測定のたびに $+k\hbar$ または $-k\hbar$ を得るが，その出現頻度は $1:|B|^2$ となる．

次に，$B = \pm 1$ の場合を考えてみよう．この場合は，A を定数としてオイラーの公式を使うと，波動関数は

$$\Psi(x,t) = A \cos kx \, e^{-i\omega t} \quad \text{または} \quad A \sin kx \, e^{-i\omega t}$$

となる．ここで，粒子の位置の確率密度は $|\Psi(x,t)|^2 \propto \cos^2 kx$ または $\sin^2 kx$ となるので，時間に依存しないことがわかる．この結果は，この状態が $\pm x$ 方向に進む波の同重率の重ね合わせで成り立っていることを考えると納得することができる．このような状態の波を**定在波**（stationary wave）という．

以下で具体的な系を考察しよう．

3.1 階段状ポテンシャルによる粒子の散乱

3.1.1 粒子のエネルギーが $E < V_0$ の場合

最初は，1次元のポテンシャルが階段状となっている系である（図3.1）．ポテンシャル $V(x)$ を式で表すと

$$V(x) = \begin{cases} V_0, & 0 \leq x \\ 0, & 0 > x \end{cases} \quad (3.2)$$

の場合である．ここで，図3.1 の左側からエネルギー E（$<V_0$）の粒子が入射したとする．この粒子が古典力学に従うならば，粒子は $x = 0$ でポテンシャルの壁にぶつかり，反射して左方へ飛び去っていくことになる．したがって，粒子は $x > 0$ の領域には決して入り込めない．

それでは，量子力学に従うような波動性をもつ粒子ならばどうなるだろうか？ そのような粒子の運動を解明するために，領域を $x < 0$ と $x > 0$ の部分に分割して，それぞれの領域でシュレーディンガー方程式 (2.15) を解いてみよう．まず，$x < 0$ の部分を領域1とよぶことにする．そこではポテンシャルはゼロだから，シュレーディンガー方程式の解は自由粒子のそれと同一である．つまり，時間部分を除いた空間部分の解を $\psi_1(x)$ とすると，式 (3.1) から（不定な）定数 A_1, A_2 を使って

$$\psi_1(x) = A_1 e^{ikx} + A_2 e^{-ikx} \quad (3.3)$$

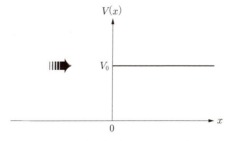

図3.1 階段状ポテンシャルの系
左無限遠方から粒子が入射する．

18 3. 1次元の簡単な系

である．ここで，右辺の最初の項は $+x$ 方向に進む波（入射波）を，2項目は $-x$ 方向に進む波（反射波）を表している．

次に，$x > 0$ の部分を領域2として，そこでのシュレーディンガー方程式を立てると

$$\left[-\frac{\hbar^2}{2m}\frac{d^2}{dx^2} + V_0\right]\psi_2(x) = E\psi_2(x) \quad (3.4)$$

となる．この方程式を整理して

$$\kappa = \frac{\sqrt{2m(V_0 - E)}}{\hbar} \quad (3.5)$$

とおくと，シュレーディンガー方程式は

$$\frac{d^2}{dx^2}\psi_2(x) = \kappa^2\psi_2(x)$$

となる．この方程式は指数関数の解をもつことが知られているので，領域2の一般解は不定の定数 B_1, B_2 を使って

$$\psi_2(x) = B_1 e^{\kappa x} + B_2 e^{-\kappa x} \quad (3.6)$$

で与えられる．ここで波動関数の絶対値の2乗は確率密度を与えることを思い出すと，右辺第1項目の $e^{\kappa x}$ の項は $x \to \infty$ で確率密度が発散してしまうことになる．この事実は波動関数の確率的解釈にそぐわないので，$B_1 = 0$ として第1項は取り除くべきである．このように，解に課されるべき物理的条件を境界条件（boundary condition）とよぶ．したがって，領域2の境界条件は $x \to \infty$ で

$$\psi_2(x) \to 0$$

ということであり，物理的に意味のある解は

$$\psi_2(x) = B_2 e^{-\kappa x} \quad (3.7)$$

となる．このようにして，領域1と2で3個の定数を含む解を求めることができた．それでは，これらの定数はどのように決定されるのだろうか．

このことを議論するために，$x = 0$ での波動関数の振る舞いについて少し詳しく考察してみよう．領域1と2で求められた波動関数（式 (3.3)，式 (3.7)）は一般に $x = 0$ で不連続である．このことは，$x = 0$ で局所的に粒子の存在確率が不連続となることを意味する．場所 $x = 0$ で粒子が生成したり消滅したりする要因となるものが存在する場合は粒子の存在確率がその場所で不連続となる可能性があるが，今の場合はそのような状況を想定していないので，波動関数は $x = 0$ で連続関数でなければならない．つまり

$$\psi_1(0) = \psi_2(0) \quad (3.8)$$

という条件を波動関数に課すことにする．このような条件を接続条件とよぶことにする．

次に，一般にポテンシャル $V(x)$ は $-\infty < x < +\infty$ で発散しないと仮定する．図3.1のポテンシャルは $x = 0$ で不連続であるが，発散はしていない．このポテンシャルを含むシュレーディンガー方程式を $x = 0$ のまわりの無限小の幅 ε の区間 $[-\varepsilon, +\varepsilon]$ で積分することを考える．つまり

$$-\frac{\hbar^2}{2m}\int_{-\varepsilon}^{\varepsilon}\frac{d^2}{dx^2}\psi(x)dx = \int_{-\varepsilon}^{\varepsilon}(E - V(x))\psi(x)dx$$

である．ここで，左辺は $\varepsilon \to 0$ の極限で

$$(左辺) = -\frac{\hbar^2}{2m}\lim_{\varepsilon \to 0}(\psi_2'(\varepsilon) - \psi_1'(-\varepsilon))$$

となり（$\psi'(x)$ は x に関する波動関数の1次微分），右辺は

$$(右辺) \to [E - V(0)]\psi(0) \times 2\varepsilon \to 0$$

となる．ここで，$V(0)$ を $x = 0$ の前後のポテンシャルの平均値とすると，それは有限の値をもつ．したがって，もう一つの波動関数についての接続条件

$$\frac{d}{dx}\psi_2(0) = \frac{d}{dx}\psi_1(0) \quad (3.9)$$

を得る．つまり，$x = 0$ で波動関数の微係数（$d\psi(0)/dx$）も連続でなければならない．しかし，ポテンシャルが発散する場合は $\varepsilon \to 0$ で右辺がゼロになるとは限らないので，その場所で波動関数の微分が不連続となってもよい．

さて，これらの接続条件（式 (3.8)，式 (3.9)）を使って波動関数の定数 A_2, B_2 を A_1 で表すと

$$A_2 = e^{-2i\delta}A_1, \quad B_2 = \frac{2k}{\sqrt{k^2 + \kappa^2}}e^{-i\delta}A_1 \quad (3.10)$$

を得る（例題3–1参照）．ここで，$\cos\delta = k/\sqrt{k^2 + \kappa^2}$ である．このことから，入射した粒子は階段状のポテンシャル障壁にぶつかり，いったんポテンシャル中に侵入した後，位相のずれ -2δ を伴って $-x$ 方向に反射波として出ていくことになる．粒子がポテンシャル中に侵入できるのは，それ自身が波動性をもつからである．残された定数 A_1 は波動関数の規格化で決定されるべきであるが，2.5.3項でも議論したように，平面波の確率密度は一定となってしまうので，式 (2.8) の規格化は不可能である．これについては3.2節で詳しく議論する．

仮にポテンシャルの壁が無限に高ければ（$V_0 \to \infty$），$\kappa \to \infty$ となり，粒子はポテンシャル障壁の内部に侵入できなくなる．このときの領域1の波動関数は正弦波となる．この場合，領域1と2の波動関数の微分値は $x = 0$ で不連続である．

例題 3-1

式 (3.3) の定数 A_2 と式 (3.7) の B_2 を A_1 で表す. また, $V_0 \to \infty$ のとき, 領域 1 の波動関数が正弦波となることを確かめる.

波動関数に課される接続条件 (3.8) と (3.9) から定数は

$$A_1 + A_2 = B_2, \quad ikA_1 - ikA_2 = -\kappa B_2$$

を満たさなければならない. これらを解いて

$$A_2 = \frac{k - i\kappa}{k + i\kappa} A_1, \quad B_2 = \frac{2k}{k + i\kappa} A_1 \quad (3.11)$$

が得られる. ここで, 複素平面の極座標表示を用いると

$$k \pm i\kappa = \sqrt{k^2 + \kappa^2}\, e^{\pm i\delta}, \quad \cos\delta = \frac{k}{\sqrt{k^2 + \kappa^2}} \quad (3.12)$$

であり, この関係式を式 (3.11) に代入すれば式 (3.10) が得られる.

ポテンシャル障壁の高さが $V_0 \to \infty$ のときは, 式 (3.5) から $\kappa \to \infty$ となるので, 式 (3.12) より $\cos\delta = 0$ となり, $\delta = \pi/2$ を得る. したがって, 式 (3.10) から $A_2 = -A_1$, $B_2 = 0$ となり, 領域 1 と 2 の波動関数は

$$\psi_1(x) = 2iA_1 \sin kx, \quad \psi_2(x) = 0$$

となる. このとき, 波動関数の微分は $x = 0$ の両側で不連続である.

3.1.2 粒子のエネルギーが $E \geq V_0$ の場合

ポテンシャルは式 (3.2) と同形で, 左遠方から入射する粒子のエネルギーが $E \geq V_0$ の場合を考察しよう. この場合も領域 1 の波動関数は式 (3.3) で与えられる. 一方, 領域 2 の波動関数は波数が $k' = \sqrt{2m(E - V_0)}/\hbar$ で与えられる平面波となる. ただし, 領域 2 では物理的に $-x$ 方向に進む波は存在せず, $+x$ 方向に進む透過波のみなので

$$\psi_2(x) = B_2 e^{ik'x}$$

とおくことにする. また, 波動関数に課される二つの接続条件 (式 (3.8), 式 (3.9)) から, 波動関数は定数 A_1 を使って

$$\psi_1(x) = A_1\left[e^{ikx} + \left(\frac{k - k'}{k + k'}\right)e^{-ikx}\right], \quad (3.13)$$

$$\psi_2(x) = A_1\left(\frac{2k}{k + k'}\right)e^{ik'x} \quad (3.14)$$

と書ける.

ここで, ポテンシャル障壁による粒子の反射率, 透過率を議論するために確率の流れ (probability current) $j(x,t)$ を導入しよう. まず, 時間を含むシュレーディ

ンガー方程式 (2.6) に波動関数の複素共役を掛けた式から, シュレーディンガー方程式の複素共役に波動関数を掛けた式を引くと

$$\psi^* i\hbar \frac{\partial \psi}{\partial t} + i\hbar \frac{\partial \psi^*}{\partial t} \psi$$
$$= -\psi^* \frac{\hbar^2}{2m} \frac{\partial^2 \psi}{\partial x^2} + \frac{\hbar^2}{2m} \psi \frac{\partial^2 \psi^*}{\partial x^2} \quad (3.15)$$

を得る. ここで, ポテンシャルに関する項は, ポテンシャルが実数関数で与えられると仮定すると, 相殺されてしまう. また, この式の左辺は確率密度 $\rho(x,t) = |\psi|^2$ を使うと, $i\hbar(\partial\rho/\partial t)$ で与えられる. したがって, 確率の流れ j を

$$j(x,t) = \frac{\hbar}{2im}\left(\psi^* \frac{\partial \psi}{\partial x} - \frac{\partial \psi^*}{\partial x} \psi\right)$$

と定義すると, 式 (3.15) は

$$\frac{\partial \rho(x,t)}{\partial t} + \frac{\partial j(x,t)}{\partial x} = 0$$

となる. これは (空間 1 次元で) 確率の保存を微分形で表した式である. 同様に, 空間 3 次元のシュレーディンガー方程式 (2.7) を使うと, 3 次元の確率の保存を次のように表すことができる.

$$\frac{\partial \rho(\boldsymbol{r},t)}{\partial t} + \nabla \cdot \boldsymbol{j}(\boldsymbol{r},t) = 0. \quad (3.16)$$

ここで, $\boldsymbol{j}(\boldsymbol{r},t)$ は空間 3 次元での確率の流れ

$$\boldsymbol{j}(\boldsymbol{r},t) = \frac{\hbar}{2im}[\psi^* \boldsymbol{\nabla}\psi - (\boldsymbol{\nabla}\psi^*)\psi]$$

である. 式 (3.16) を連続の方程式 (equation of continuity) とよぶ.

この確率の流れを式 (3.13) の入射波 (右辺の第 1 項) を用いて計算すると, 入射粒子の確率の流れ

$$j_i(x,t) = \frac{\hbar k}{m}|A_1|^2 \quad (3.17)$$

を得る. ここで, 右辺の $\hbar k/m$ は古典的には入射粒子の速さに対応する量である. 同様に, 式 (3.13) の反射粒子の確率の流れは

$$j_r(x,t) = \frac{\hbar k}{m}\left(\frac{k - k'}{k + k'}\right)^2 |A_1|^2 \quad (3.18)$$

となる. したがって, 式 (3.17) と式 (3.18) の比を反射率 R とすれば

$$R = \frac{j_r(x,t)}{j_i(x,t)} = \left(\frac{k - k'}{k + k'}\right)^2 < 1 \quad (3.19)$$

を得る. また, 透過波 (3.14) を使って透過粒子の確率の流れ j_t を求めると

20　3. 1次元の簡単な系

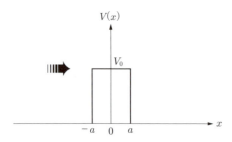

図 3.2　有限の幅の壁状ポテンシャルの系
左無限遠方から粒子が入射する.

$$j_t(x,t) = \frac{\hbar k'}{m}\left(\frac{2k}{k+k'}\right)^2 |A_1|^2$$

となるので, j_t と j_i の比を透過率 T とすると

$$T = \frac{j_t(x,t)}{j_i(x,t)} = \frac{4kk'}{(k+k')^2} < 1 \quad (3.20)$$

を得る. さらに, 式 (3.19) と式 (3.20) から確率の保存 ($R+T=1$) を容易に確認することができる.

3.1.3　有限の幅のポテンシャルの壁による粒子の散乱

階段状ポテンシャルによる粒子の散乱の最後の例として, 図 3.2 のような幅が $2a$, 高さが V_0 のポテンシャルの壁を考える. つまり

$$V(x) = \begin{cases} V_0, & -a \leq x \leq a \\ 0, & a < |x| \end{cases}$$

である. 粒子のエネルギーが $E<V_0$ の場合, 古典力学的には左方から入射した粒子が壁を透過して $x>a$ の領域に存在することは許されない. ところが, ミクロの世界では粒子自体が波動性をもつため, 壁をある確率で透過することができる. このような現象を**トンネル効果**（tunneling effect）とよぶ.

実際にこの系の粒子の波動関数を求めてみよう. 左遠方から粒子が入射するとき, 領域 $x<-a$ と $x>a$ ではポテンシャルがゼロなので, シュレーディンガー方程式の一般解は平面波解（式 (3.3)）で与えられる. さらに, 領域 $x>a$ では $-x$ 方向に進む波は物理的に存在しないはずなので, そのような波は解として採用しないことにする. したがって, 領域 $|x|>a$ での波動関数は

$$\psi(x) = \begin{cases} A_1 e^{ikx} + A_2 e^{-ikx}, & x \leq -a \\ C e^{ikx}, & a < x \end{cases}$$

となる (A_1, A_2, C は未定の定数).

また, 領域 $-a \leq x \leq a$ での波動関数は, 粒子のエネルギーが $E<V_0$ であることから, 式 (3.6) で与えら

れる. この系ではポテンシャルの幅が有限なので, 式 (3.6) で定数 $B_1 = 0$ を要請する必要はない.

したがって, この系での未定定数は A_1, A_2, B_1, B_2, C の 5 個となる. 一方, 接続条件として波動関数とその 1 次微分の連続性を $x = \pm a$ で要請すると, 5 個の定数が満たすべき 4 個の方程式を得ることになる. よって, 4 個の定数 A_2, B_1, B_2, C を入射波の振幅 A_1 で表すことができる. 系の散乱の反射率や透過率を議論する際には, 式 (3.19), 式 (3.20) のように, 確率の流れ j の比を求めればよいので, 最終的な反射率や透過率の値は振幅 A_1 に依存しない. 多少の計算を経て, この系の透過率（トンネル効果の確率）は

$$T = \left|\frac{C}{A_1}\right|^2 = \left[1 + \frac{V_0^2 \sinh^2 2\kappa a}{4E(V_0 - E)}\right]^{-1} \quad (3.21)$$

となる（例題 3-2 参照）. また, 反射率は $R=1-T$ である. 特に, ポテンシャル V_0 が粒子のエネルギーと比較して非常に高い場合（$V_0 \gg E$）の透過率は近似的に

$$T \simeq \left(\frac{16E}{V_0}\right) e^{-4\kappa a}$$

で与えられる.

例題 3-2

ポテンシャルの壁の透過率 T（式 (3.21)）と反射率 R を計算し, $T+R=1$ となることを確かめる.

波動関数とその微分は $x = \pm a$ で連続でなければならないから, 定数 A_1, A_2, B_1, B_2, C は

$$A_1 e^{-ika} + A_2 e^{ika} = B_1 e^{-\kappa a} + B_2 e^{\kappa a} \quad (3.22)$$

$$B_1 e^{\kappa a} + B_2 e^{-\kappa a} = C e^{ika} \quad (3.23)$$

$$ikA_1 e^{-ika} - ikA_2 e^{ika} = \kappa B_1 e^{-\kappa a} - \kappa B_2 e^{\kappa a} \quad (3.24)$$

$$\kappa B_1 e^{\kappa a} - \kappa B_2 e^{-\kappa a} = ikC e^{ika} \quad (3.25)$$

を満たさなければならない. まず, 式 (3.23) の κ 倍と式 (3.25) の和と差から

$$B_1 = \left(\frac{\kappa + ik}{2\kappa}\right) e^{-\kappa a} e^{ika} C \quad (3.26)$$

$$B_2 = \left(\frac{\kappa - ik}{2\kappa}\right) e^{\kappa a} e^{ika} C \quad (3.27)$$

を得る. さらに, 式 (3.22) の ik 倍と式 (3.24) の和から

$$2ik e^{-ika} A_1 = (\kappa + ik) e^{-\kappa a} B_1 - (\kappa - ik) e^{\kappa a} B_2 \quad (3.28)$$

となるので, 式 (3.28) の右辺に式 (3.26), (3.27) を代入すると, 定数 A_1 と C の関係式

$$\frac{C}{A_1} = \frac{4i\kappa k\, e^{-2ika}}{(\kappa+ik)^2 e^{-2\kappa a} - (\kappa-ik)^2 e^{2\kappa a}} \quad (3.29)$$

が得られる．したがって，透過率 T は式 (2.13) と (3.5) を使って

$$T = \left|\frac{C}{A_1}\right|^2 = \frac{(4\kappa k)^2}{|(\kappa+ik)^2 e^{-2\kappa a} - (\kappa-ik)^2 e^{2\kappa a}|^2}$$
$$= \left[1 + \frac{V_0^2 \sinh^2 2\kappa a}{4E(V_0-E)}\right]^{-1} \quad (3.30)$$

となる．

次に，反射率 R を計算する．式 (3.22) に式 (3.26)，(3.27) を代入し，式 (3.29) を使うと，定数 A_1 と A_2 の関係式

$$\frac{A_2}{A_1} = \frac{2(\kappa^2+k^2)e^{-2ika}\sinh 2\kappa a}{(\kappa+ik)^2 e^{-2\kappa a} - (\kappa-ik)^2 e^{2\kappa a}}$$

を得る．したがって，反射率は

$$R = \left|\frac{A_2}{A_1}\right|^2 = \frac{4(\kappa^2+k^2)^2 \sinh^2 2\kappa a}{|(\kappa+ik)^2 e^{-2\kappa a} - (\kappa-ik)^2 e^{2\kappa a}|^2}$$
$$= \frac{V_0^2 \sinh^2 2\kappa a}{4E(V_0-E) + V_0^2 \sinh^2 2\kappa a}$$
$$= \left[1 + \frac{4E(V_0-E)}{V_0^2 \sinh^2 2\kappa a}\right]^{-1} \quad (3.31)$$

となる．式 (3.30) と (3.31) から $T + R = 1$ を示すことができる．

エネルギー E がポテンシャル障壁の高さ V_0 より高い場合も同様の計算で反射率や透過率を計算することができる．結果は，式 (3.30) と (3.31) の中で，置換 $V_0 - E \to E - V_0$, $\sinh^2 2\kappa a \to \sin^2 2\kappa a$ を行ったものとなる．

3.1 節のまとめ

- シュレーディンガー方程式を解く際には，物理的な条件としての境界条件，接続条件を課す．ポテンシャルに無限大の飛びがない場合には，波動関数とその微分は連続でなければならない．無限大の飛びがある場合には，その場所で波動関数の微分は連続とならなくてもよい．
- 確率の保存を表す連続の方程式が成り立つ．確率の流れを使ってポテンシャルによる粒子の反射率や透過率が計算できる．
- 古典力学では運動が許されない領域でも，ミクロの世界では粒子の運動が許される場合がある．トンネル効果はその代表例である．

3.2 ディラックのデルタ関数

この節では，ディラック（Dirac）によって導入されたデルタ関数（δ function）を紹介し，それを使って平面波の規格化を行うことにする．

ディラックのデルタ関数 $\delta(x-x')$ は，滑らかな任意の関数 $f(x)$ を使って

$$\int_a^b f(x)\delta(x-x')dx = \begin{cases} f(x'), & a < x' < b \\ 0, & x' < a,\ b < x' \end{cases}$$

で定義される．このような関数 $f(x)$ をテスト関数とよぶ．このことから，デルタ関数は $x = x'$ 以外では値がゼロで，x' のところでのみ無限大となり，デルタ関数自身の積分は

$$\int_{-\infty}^{\infty} \delta(x)dx = 1 \quad (3.32)$$

を満たす．しかし，このような関数は通常の解析学では定義できないので，超関数（generalized functions, distributions, hyperfunctions）とよばれている．デルタ関数は特定の位置に局在した波動関数ともみなすことができるので，位置の演算子 $\hat{x}$ の固有関数である（式 (2.24) 参照）．

その他に，デルタ関数を関数列で定義する方法もある．例えば，関数 $g_\varepsilon(x)$ を

$$g_\varepsilon(x) = \begin{cases} \dfrac{1}{2\varepsilon}, & a-\varepsilon < x < a+\varepsilon \\ 0, & x < a-\varepsilon,\ a+\varepsilon < x \end{cases} \quad (3.33)$$

ポール・ディラック

英国の物理学者．相対論的量子力学の提唱，量子電磁力学の基礎付け，反粒子の予言など理論物理の発展に貢献．ディラックのデルタ関数など数学分野でも活躍．1933 年シュレーディンガーとともにノーベル物理学賞を受賞．（1902–1984）

22　3. 1次元の簡単な系

のように定義すると，この関数は $a - \varepsilon < x < a + \varepsilon$ での
み $1/2\varepsilon$ の値をもち，それ以外はゼロである．ここで，
$\varepsilon \to 0$ となるような ε についての関数の列を考え，そ
の極限をとると，デルタ関数 $\delta(x - a) = \lim_{\varepsilon \to 0} g_\varepsilon(x)$
を得る．このような関数列でデルタ関数を定義する場
合，用いる関数はいろいろ選択できる．例えば，

$$\delta(x - a) = \lim_{\varepsilon \to 0} \frac{\varepsilon}{\pi(\varepsilon^2 + (x - a)^2)}$$
$$= \lim_{L \to \infty} \frac{\sin L(x - a)}{\pi(x - a)} \quad (3.34)$$

などもデルタ関数の定義を満たす．

デルタ関数は，任意の関数 $f(x)$ に対して $f(x)$
$\delta(x - a) = f(a)\delta(x - a)$ を満たす．特に，$x\delta(x - a) =$
$a\delta(x - a)$ が成り立つことから，式 (2.24) で議論した
ように，位置の演算子 $\hat{x}$ の固有値が a のときの固有関
数はデルタ関数 $\delta(x - a)$ である．また，次のような性
質がある：

$$\delta(x) = \delta(-x), \ \delta'(x) = -\delta'(-x), \ \delta(bx) = \frac{1}{|b|}\delta(x).$$

デルタ関数やその微分 $\delta'(x)$ は，それぞれ偶関数や奇
関数のように振る舞う．

階段関数（step function）

$$\theta(x) = \begin{cases} 1, & 0 < x \\ 0, & x < 0 \end{cases}$$

はデルタ関数の定積分

$$\theta(x) = \int_{-\infty}^{x} \delta(y)dy$$

で定義できるので，$\delta(x) = d\theta(x)/dx$ が成り立つ．

デルタ関数は一般に次元をもつので注意しなければ
ならない．このことは，x を座標とすると，式 (3.32)
から容易に理解できる．したがって，$(\delta(x))^2 \neq \delta(x)$
である．一般に，同じ引数をもつ超関数の 2 乗は意味
のある結果を導かない．

例題 3-3

$\delta(b(x - a)) = \delta(x - a)/|b|$ が成り立つことを確かめ
る．ただし，$b \neq 0$ とする．

任意の関数 $f(x)$ を使うと

$$\int_{-\infty}^{\infty} f(x)\delta(b(x - a))dx$$
$$= \frac{1}{|b|} \int_{-\infty}^{\infty} f\left(a + \frac{t}{b}\right)\delta(t)dt$$
$$= \frac{1}{|b|}f(a) = \frac{1}{|b|} \int_{-\infty}^{\infty} f(x)\delta(x - a)dx$$

を得る．ここで，置換 $t = b(x - a)$ を行った．した

がって

$$\int_{-\infty}^{\infty} f(x)\left[\delta(b(x - a)) - \frac{1}{|b|}\delta(x - a)\right]dx = 0$$

が任意の関数 $f(x)$ で成り立たなければならないから

$$\delta(b(x - a)) = \frac{1}{|b|}\delta(x - a)$$

である．

例題 3-4

階段関数 $\theta(x - a)$ の微分はデルタ関数 $\delta(x - a)$ と
なることを確かめる．

領域 $[b, c]$ を $b < a < c$ のようにとる．滑らかな任意
の関数 $f(x)$ を使って階段関数を積分すると，部分積分
により

$$\int_{b}^{c} f(x)\left[\frac{d\theta(x - a)}{dx}\right]dx$$
$$= [f(x)\theta(x - a)]_b^c - \int_{b}^{c}\left[\frac{df(x)}{dx}\right]\theta(x - a)dx$$
$$= f(c) - \int_{a}^{c}\left[\frac{df(x)}{dx}\right]dx = f(a)$$
$$= \int_{b}^{c} f(x)\delta(x - a)dx$$

を得る．よって

$$\int_{b}^{c} f(x)\left(\left[\frac{d\theta(x - a)}{dx}\right] - \delta(x - a)\right)dx = 0$$

が任意の関数 $f(x)$ で成り立たなければならないから

$$\frac{d\theta(x - a)}{dx} = \delta(x - a)$$

である．

別の証明として，関数列の方法を用いてみよう．階
段関数 $\theta(x - a)$ を関数

$$h_\varepsilon(x) = \begin{cases} 0, & x \leq a - \varepsilon \\ \dfrac{1}{2\varepsilon}(x - a + \varepsilon), & a - \varepsilon < x < a + \varepsilon \\ 1, & a + \varepsilon \leq x \end{cases}$$
$$(3.35)$$

を使って，その関数列の極限

$$\theta(x - a) = \lim_{\varepsilon \to 0} h_\varepsilon(x)$$

で表すことにする．階段関数の微分は関数 $h_\varepsilon(x)$ の微
分の極限で与えられるとすると，式 (3.35) の微分は式
(3.33) の関数 $g_\varepsilon(x)$ となるので，階段関数の微分はデ
ルタ関数となることが理解できる．

ここで，平面波の規格化を考察する．平面波の確率
密度は場所によらずに一定となることを 2.5.3 項で議
論したが，このことから平面波を式 (2.8) のように規格

化することはできない．その代わりに，平面波はディラックのデルタ関数を使って規格化する．このことは，運動量演算子 $\hat{p}$ の固有値（運動量）が連続的に分布することと関連している．デルタ関数による規格化の合理性は 5.3.2 項と 5.4.2 項で議論する．

さて，波数 k，規格化定数 A_k の平面波を $\psi_k(x) = A_k e^{ikx}$ として，波数の違う平面波との積を積分すると

$$\int_{-\infty}^{\infty} \psi_{k'}^*(x)\psi_k(x)dx = A_{k'}^* A_k \int_{-\infty}^{\infty} e^{i(k'-k)x}dx$$

$$= A_{k'}^* A_k \lim_{L\to\infty} \int_{-L}^{L} e^{i(k'-k)x}dx$$

$$= 2\pi A_{k'}^* A_k \lim_{L\to\infty} \frac{\sin L(k'-k)}{\pi(k'-k)}$$

$$= 2\pi |A_k|^2 \delta(k-k')$$

を得る．ここで，デルタ関数の定義式 (3.34) を用いた．したがって，$k \neq k'$ のときには積分はゼロとなる．一方，$k = k'$ の場合は積分値は 1 ではなく，デルタ関数で表されることになる．このとき，規格化定数を $A_k = (2\pi)^{-1/2}$ と選ぶと，1 次元での波数 k の平面波解は $\psi_k(x) = (2\pi)^{-1/2}e^{ikx}$ で，規格直交性（3.3.1 項，5.3.2 項参照）

$$\int_{-\infty}^{\infty} \psi_{k'}^*(x)\psi_k(x)dx = \delta(k'-k)$$

を満たす．運動量 p を用いて平面波を表す場合は，波数の場合と $\hbar$ だけ表示が異なるので，波動関数は $\psi_p(x) = (2\pi\hbar)^{-1/2}e^{ipx/\hbar}$ である．

同様に，3 次元への拡張を考えると，各方向は独立だから，波数 $\boldsymbol{k}$ の平面波解は $\psi_{\boldsymbol{k}}(\boldsymbol{r}) = (2\pi)^{-3/2}e^{i\boldsymbol{k}\cdot\boldsymbol{r}}$ となり，規格直交性は

$$\int_{-\infty}^{\infty} \psi_{\boldsymbol{k}'}^*(\boldsymbol{r})\psi_{\boldsymbol{k}}(\boldsymbol{r})d\boldsymbol{r} = \delta^3(\boldsymbol{k}'-\boldsymbol{k})$$

である．ここで，

$$\delta^3(\boldsymbol{k}'-\boldsymbol{k}) = \delta(k_x'-k_x)\delta(k_y'-k_y)\delta(k_z'-k_z)$$

は 3 次元のデルタ関数である．

3.2 節のまとめ
- デルタ関数は，テスト関数や関数列を用いて定義される．
- 階段関数の微分はデルタ関数を与える．
- 平面波はデルタ関数で規格化する：

$$\int_{-\infty}^{\infty} \psi_{k'}^*(x)\psi_k(x)dx = \delta(k'-k).$$

3.3 井戸型ポテンシャルに束縛された粒子

3.1 節では 1 次元ポテンシャルによる粒子の散乱問題を解説した．この節では，ポテンシャルによる粒子の束縛問題を取り扱おう．

最も簡単な束縛問題は，井戸型ポテンシャル（square-well potential）による 1 粒子束縛系であろう．井戸型ポテンシャルとは，ポテンシャル $V(x)$ の形が

$$V(x) = \begin{cases} 0, & |x| < a \\ V_0, & |x| \geq a \end{cases} \quad (3.36)$$

で与えられるものをいう（図 3.3）．ここで，V_0 はポテンシャル（井戸）の深さ，$2a$ はその幅である．この井戸の穴の中に質量 m の粒子を閉じ込めたい．粒子のエネルギーを E とすると，$E > V_0$ の場合は粒子は無限遠方まで飛び去ってしまうので，穴の中にとどめておくことはできない．しかし，$0 \leq E < V_0$ の場合は，粒子の閉じ込めは可能である．

3.3.1 無限に深い穴の中の粒子

最初にポテンシャルの穴が無限に深い場合を考えてみよう．つまり，$V_0 \to \infty$ である．この場合は，粒子の波動関数を解析的に求めることができる．まず，ポ

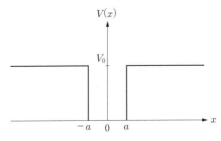

図 3.3 1 次元の井戸型ポテンシャル

24 3. 1次元の簡単な系

テンシャルの穴の部分 ($|x| < a$) とその外部 ($|x| \geq a$) を区別して解を考察する．いずれの領域でも，ポテンシャル（式 (3.36)）中の粒子の従うシュレーディンガー方程式は

$$\left[-\frac{\hbar^2}{2m}\frac{d^2}{dx^2} + V(x) \right]\psi(x) = E\psi(x) \quad (3.37)$$

であるが，外部 ($|x| \geq a$) でポテンシャルが有限の値 V_0 のときは式 (3.4) と同じ形になる．したがって，その解は $\psi(x) = Be^{-\kappa|x|}$ で与えられる．ここで，$V_0 \to \infty$ とすると式 (3.5) から $\kappa \to \infty$ となり，結局，外部での波動関数はゼロとなる．つまり，井戸の外に粒子が浸み出ることはない．

一方，井戸の内部 ($|x| < a$) ではポテンシャルがゼロだから，シュレーディンガー方程式の解は自由粒子の解（式 (3.3)）と一致する．

また，井戸の端 ($x = \pm a$) で波動関数に課せられる接続条件は，波動関数の連続性のみである（波動関数の 1 次微分の連続性は必要ないことに注意せよ）．したがって，波動関数が満たすべき条件は

$$\begin{aligned} A_1 e^{ika} + A_2 e^{-ika} = 0 \\ A_1 e^{-ika} + A_2 e^{ika} = 0 \end{aligned} \quad (3.38)$$

である．この条件が成り立つように係数 A_1 と A_2 を決めたい．係数が非自明な解をもつためには，平面波に関する行列式が

$$\begin{vmatrix} e^{ika} & e^{-ika} \\ e^{-ika} & e^{ika} \end{vmatrix} = 2i\sin 2ka = 0$$

を満たす必要がある．したがって，n を正の整数値 $n = 1, 2, 3, \cdots$ とすると，波数は $k = n\pi/2a$ となる．このように，束縛系の場合，波数（あるいは運動量 $p = \hbar k$）は連続量ではなく "とびとび" の値となる．この離散化現象は量子化（quantization）とよばれ，n を量子数（quantum number）とよぶ．波数は量子数 n で指定されるとびとびの値なので，今後は k に添え字 n を付けて k_n と書くことにする．

量子化された波数 k_n を式 (3.38) に代入すると，係数 A_1 と A_2 の関係式 $A_2 = (-1)^{n+1}A_1$ を得る．したがって，求めたい波動関数は

$$\psi_n(x) = A_1\left[e^{ik_n x} + (-1)^{n+1}e^{-ik_n x} \right] \quad (3.39)$$

となる．ここで，波動関数自身も量子数 n によって具体的な関数形が指定されるので，添え字 n を付けておく．式 (3.39) から容易にわかるように，波動関数は n が奇数のときは余弦関数，偶数のときは正弦関数の定在波となる：$\psi_n(x) \propto \cos k_n x \ (n = 1, 3, 5, \cdots)$，$\psi_n(x) \propto \sin k_n x \ (n = 2, 4, 6, \cdots)$．ここで，それぞ

れの n における比例定数を波動関数が規格化されるように決めれば，解の具体的な形は

$$\psi_n(x) = \frac{1}{\sqrt{a}}\begin{cases} \cos k_n x & (n = 1, 3, 5, \cdots) \\ \sin k_n x & (n = 2, 4, 6, \cdots) \end{cases} \quad (3.40)$$

となる．また，任意の量子数で指定される二つの状態 ψ_m^* と ψ_n の積の積分は

$$\int_{-\infty}^{\infty} \psi_m^*(x)\psi_n(x)dx = \delta_{nm} \quad (3.41)$$

で与えられる．ここで，δ_{nm} はクロネッカー（Kronecker）のデルタ記号

$$\delta_{nm} = \begin{cases} 1 & (n = m) \\ 0 & (n \neq m) \end{cases}$$

である．このように，$n \neq m$ の波動関数の積の積分値がゼロになるとき，波動関数は直交（orthogonal）しているという．したがって，この式は，$n = m$ のときは波動関数の規格化を意味し，$n \neq m$ のときは二つの状態が直交していることを示しているので，このような波動関数の集合 $\{\psi_n(x)\}$ は規格直交系（orthonormal system）をなすことになる．

量子数 n で指定される状態の粒子のエネルギー E_n は，波動関数に自由粒子のハミルトニアンを作用させれば容易に

$$E_n = \left(\frac{\hbar^2\pi^2}{8ma^2} \right)n^2$$

となることがわかる．これらの値は離散的なので，エネルギーも量子化されている．エネルギーが最低の状態は $n = 1$ で与えられ，この状態を基底状態（ground state）とよぶ．一方，量子数が $n \geq 2$ の場合は，エネルギーは n^2 に比例して増加する．このような状態を励起状態（excited state）とよぶ．エネルギーが n とともに増加するに従い，波動関数の節（node）も増加することが波数 $k = n\pi/2a$ の n 依存性から理解できる．

基底状態に注目すると，そのエネルギーは $E_1 > 0$ でありゼロではない．このエネルギーを零点振動エネルギー（zero-point energy）とよぶ．基底状態のエネルギーが正の値をもつことは，粒子が静止できない（運動エネルギーがゼロにならない）ことに対応している．この事実は 2.5 節の最後で触れたハイゼンベルクの不確定性関係に関連している．つまり，粒子の位置の不確定さはゼロとはなりえないのである．この事実は古典力学におけるエネルギーとの大きな相違点である．

ここで，基底状態の波動関数 $\psi_1(x)$ を使って粒子の位置，運動量，それらの 2 乗の期待値を計算し，ハイゼンベルクの不確定性関係（式 (2.25)）を確かめてみよう．式 (3.40) から，それぞれの値は $\langle x \rangle = \langle p \rangle = 0$，

$\langle x^2 \rangle = (1/3 - 2/\pi^2)a^2$, $\langle p^2 \rangle = \pi^2 \hbar^2/4a^2$ となる．よって，式 (2.27) から

$$(\Delta x)(\Delta p) = \pi \sqrt{\frac{1}{3} - \frac{2}{\pi^2}} \times \frac{\hbar}{2} \approx 1.14 \times \frac{\hbar}{2}$$

を得る．したがって，不確定性関係は基底状態において成り立っている．

3.3.2 左右の対称性

パリティー（parity：偶奇性）の考え方を紹介しよう．パリティーとは，簡単には系の左右の対称性と考えてもよい．ここで考察している量子系は図 3.3 で示されたもので，座標の原点はポテンシャルの穴の中心にとられている．座標自体は人間が勝手に設定するものであるから，本来，原点をどこに設定しても物理的な結論は変わらない．したがって，系を考察する際には最も利便性が高くなるように座標を選択するのが賢明である．この系では，座標の原点をポテンシャルの中心にとることで，粒子の状態を表す波動関数が量子数に依存して余弦関数か正弦関数かのいずれかで与えられることになる．これは，ポテンシャルが原点に対して左右対称であることから，左右それぞれの領域で起こる物理現象も対称となるべきである，という考え方による．例えば，式 (3.40) の波動関数を使って粒子の存在確率密度を図示すると，いずれの場合も左右対称となることが容易に理解できる．したがって，このような左右の対称性をもつ定常状態では，波動関数は余弦関数か正弦関数のいずれかであり，両者が混ざりあうことはない．つまり，系（あるいはポテンシャル）のもつ対称性は粒子の波動関数に反映される．波動関数が余弦関数（偶関数）の場合，パリティーは "偶（even）"（あるいは +1）であるといい，正弦関数の場合は "奇（odd）"（-1）であるという．仮に，ポテンシャルが対称にならないように座標軸を設定したとすると，波動関数は複雑な位相をもつ三角関数となり，偶関数でも奇関数でもなくなる．

さて，この井戸型ポテンシャルに閉じ込められた粒子の運動量を考えてみよう．粒子の運動量は波動関数に運動量演算子 $\hat{p}$ を作用させれば得られる．式 (3.40) で示されたように，各量子数の波動関数は余弦関数か正弦関数のいずれかであり，それらに運動量演算子を作用させると関数形が変化してしまう．つまり，これらの状態は運動量演算子の固有状態ではない．それでは，粒子はどのような運動量をもつのだろうか？　余弦関数と正弦関数は，オイラーの公式を使うと，それぞれ $(e^{ik_n x} + e^{-k_n x})/2$ と $(e^{ik_n x} - e^{-k_n x})/2i$ のよう

に平面波の線形結合で表される．したがって，波動関数 (3.40) は $\pm x$ 方向に進む進行波の重ね合わせ状態である．このとき，それぞれの方向に進む平面波の前に付く係数の絶対値の 2 乗は等しいので，二つの平面波は等重量で重ね合わされている．つまり，量子数 n の状態の粒子の運動量を測定すると，運動量の値は確定せずに，$p_n = \pm \hbar k_n$ の値が等確率で観測されることになる．

3.3.3 有限の深さの穴の中の粒子

次に，ポテンシャルの深さが有限の場合を考察しよう．ポテンシャル自体は図 3.3，あるいは，式 (3.36) で与えられ，V_0 は有限の正の値である．この場合，粒子のエネルギーが $E < V_0$ であれば，粒子はポテンシャル中にとどまる．このときの粒子の満たすべきシュレーディンガー方程式は，再び，式 (3.37) で与えられる．ポテンシャルの内部では粒子はやはり自由粒子として振る舞うが，外部では有限な一定の高さのポテンシャル中を運動するので，式 (3.4) に従うことになる．したがって，ポテンシャル内部の波動関数は式 (3.3) で与えられ，外部では式 (3.6) となる．さらに，パリティーの考え方から，ポテンシャル内部での波動関数は再び余弦関数（$A \cos kx$）か正弦関数（$A \sin kx$）の定在波である．また，前にも考察したように，確率解釈の観点からポテンシャルの外部で波動関数が発散することは許されないので，外部の波動関数を

$$\psi(x) = B \begin{cases} e^{-\kappa x} & (x > a) \\ e^{\kappa x} & (x < -a) \end{cases}$$

と選ぶことにする．

今の場合はポテンシャルの高さが有限なため，波動関数は $x = \pm a$ でそれ自身とその 1 次微分が連続でなければならない．したがって，偶パリティーの場合，波動関数は接続条件

$$A \cos ka - B e^{-\kappa a} = 0$$
$$Ak \sin ka - B\kappa e^{-\kappa a} = 0$$

を満たす必要がある．このとき，定数 A と B が非自明な解をもつためには，k と κ が方程式

$$k \tan ka = \kappa \tag{3.42}$$

を満たさなければならない．同様にして，奇パリティーの場合には，k と κ の満たすべき条件は

$$k \cot ka = -\kappa \tag{3.43}$$

となる．ここで，V_0 や a の値が具体的に与えられれば，波数 k や κ はエネルギー E の関数となるので，式 (3.42) と式 (3.43) はパリティーの偶奇状態それぞれの E を決定するための方程式とみなすことができる．い

ずれの場合も，これ以上の解析的な議論はできないので，具体的なエネルギーや波動関数を求めるためには数値計算を行う必要がある．結果的には，有限な高さの井戸型ポテンシャルの系でもエネルギーは量子化されることが確認できる．

例題 3-5

エネルギー固有値を決める式 (3.42)，(3.43) のおよその解を求める方法を考察する．

式 (3.42) や式 (3.43) を解析的に解くことはできないが，図を使っておよそのエネルギー固有値を求めることは可能である．そのために，次元をもたない量

$$\xi = ka, \quad \eta = \kappa a$$

を用いると，k と κ の定義式 (2.13)，式 (3.5) から

$$\xi^2 + \eta^2 = \frac{2ma^2V_0}{\hbar^2} = R^2 \quad (3.44)$$

を得る．この式は，図 3.4 のように ξ, η を座標軸にとって図を描くと，半径が $R\ (= a\sqrt{2mV_0}/\hbar)$ の円を表している．半径 R は与えられたポテンシャルの深さや幅で決まる定数である．また，k, κ の満たすべき方程式 (3.42)，式 (3.43) は ξ, η を用いて

$$\eta = \xi \tan \xi \quad (3.45)$$
$$\eta = -\xi \cot \xi \quad (3.46)$$

と書ける．したがって，偶パリティーの場合のエネルギー固有値は，図 3.4 の円（式 (3.44)）と式 (3.45) の曲線（実線）の第 1 象限での交点で与えられる．同様に奇パリティーの場合は，図 3.4 の円と式 (3.46) の曲

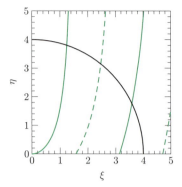

図 3.4　井戸型ポテンシャルのエネルギー固有値の図　実線は式 (3.45) の偶パリティーの場合，破線は式 (3.46) の奇パリティーの場合を示している．円（式 (3.44)）の半径は $R = 4$ とした．この場合は，偶パリティーの解が 2 個，奇パリティーの解が 1 個存在する．

線（破線）の交点となる．これらの交点の位置座標からおよそのエネルギー固有値が求められる．

偶，奇それぞれのパリティーでのエネルギー準位の個数は，ポテンシャルの形状，つまり，図中の円の半径によって決まる．円の半径がどんなに小さくてもエネルギー固有値は少なくとも 1 個存在し，その状態は偶パリティーをもつ．この状態は系の基底状態で，波動関数は節をもたない．一般に

$$(n-1)\pi\hbar \leq 2a\sqrt{2mV_0} < n\pi\hbar \quad (3.47)$$

の条件では，エネルギー固有値が $n\ (= 1, 2, 3, \cdots)$ 個存在する．

3.3 節のまとめ

- ポテンシャルの中に束縛された粒子のエネルギースペクトルは離散的である．このような状態を "量子化される" という．量子化されたエネルギーや波動関数は量子数で区別される．波動関数は規格直交系をなす：

$$\int_{-\infty}^{\infty} \psi_m^*(x)\psi_n(x)dx = \delta_{nm}.$$

- 基底状態にある粒子のエネルギーを零点エネルギーとよぶ．基底状態においても粒子は静止できない．
- パリティーとは偶奇性のことである．系が適切に設定された座標軸に対して左右対称であれば，粒子の波動関数やその他の性質は系のその対称性を反映する．

3.4　調和振動子型ポテンシャルに束縛された粒子

束縛状態のもう一つの重要な例として，調和振動子（harmonic oscillator）型のポテンシャルに閉じ込められた粒子の運動を考察する．この系は，古典的には，バネに繋がれた粒子のつり合いの位置を中心とする往復運動に対応している．調和振動子型ポテンシャル $V(x)$ は，座標原点をポテンシャルの底にとると

$$V(x) = \frac{1}{2}kx^2 = \frac{1}{2}m\omega^2 x^2$$

で与えられる．ここで，m は粒子の質量，k はバネ定数，ω $(=\sqrt{k/m})$ は角振動数である．この粒子が従うシュレーディンガー方程式は

$$\left[-\frac{\hbar^2}{2m}\frac{d^2}{dx^2} + \frac{1}{2}m\omega^2 x^2\right]\psi(x) = E\psi(x) \quad (3.48)$$

で，粒子はポテンシャルの中心からの距離に比例する引力を受けて運動している．ポテンシャルが左右対称な形となるように座標を選ぶと，この場合にも前節で議論したパリティーの考え方が使えるので，シュレーディンガー方程式の解は偶関数と奇関数で分類できることになる．

3.4.1 級数展開による解法

調和振動子型ポテンシャルの場合，シュレーディンガー方程式の解は三角関数や指数関数などの単項式で表すことはできない．このような場合は，まず，$|x| \to \infty$ での解の漸近形をみつけることから始めるとよい．$|x|$ が大きくなるとポテンシャル項が他の項と比べて大きくなるので，シュレーディンガー方程式は

$$\left[\frac{d^2}{dx^2} - \left(\frac{m^2\omega^2}{\hbar^2}\right)x^2\right]\psi(x) = 0$$

で近似できる．この方程式の解は $|x| \to \infty$ でガウス関数

$$\psi(x) \sim \exp\left(-\frac{m\omega}{2\hbar}x^2\right)$$

となる．これはシュレーディンガー方程式の遠方での漸近的な解となっているので，最終的に求めたい解を

$$\psi(x) = u(x)\exp\left(-\frac{m\omega}{2\hbar}x^2\right) \quad (3.49)$$

とおくと，新しい関数 $u(x)$ の満たすべき方程式は式 (3.49) を式 (3.48) に代入して

$$u''(x) - \left(\frac{2m\omega}{\hbar}\right)xu'(x)$$
$$+ \left(\frac{2mE}{\hbar^2} - \frac{m\omega}{\hbar}\right)u(x) = 0 \quad (3.50)$$

となる．さらに，方程式を解きやすくするために，変数 x を無次元化して新しい変数 y を

$$y = \frac{x}{\xi}, \qquad \xi = \sqrt{\frac{\hbar}{m\omega}}$$

と定義する．ここで，ξ は長さの次元をもつ．この変数を使うと，方程式 (3.50) は

$$u''(y) - 2yu'(y) + 2\alpha u(y) = 0 \quad (3.51)$$

となる（$u'(y)$ は y についての微分を表す）．ここで，α は無次元量 $\alpha = E/\hbar\omega - 1/2$ である．この方程式を**エルミート（Hermite）の微分方程式**という．

さて，エルミートの微分方程式の解を整級数展開

$$u(y) = \sum_{\ell=0}^{\infty} c_\ell y^\ell \quad (3.52)$$

で与えて，係数 c_ℓ $(\ell = 0, 1, 2, \cdots)$ を求めることにする．この級数展開を式 (3.51) に代入すると，係数間の関係式

$$c_{\ell+2} = \left[\frac{2(\ell - \alpha)}{(\ell+1)(\ell+2)}\right]c_\ell, \quad (\ell = 0, 1, 2, \cdots) \quad (3.53)$$

を得る．このような係数間の関係式を**漸化式（recursion relation）**という．この漸化式で，例えば初めに任意定数 c_0 を与えると，偶数番の係数 $c_{2,4,\cdots}$ が順に決まっていく．したがって，このシリーズの係数で与えられる関数 $u(y)$ は式 (3.52) から偶関数となる．一方，初めに c_1 を任意に与えると，奇数番の係数 $c_{1,3,\cdots}$ が決まることになる．この係数を使うと関数 $u(y)$ は奇関数となる．本来，エルミートの微分方程式は 2 階の微分方程式なので，解を決定するためには 2 個の未定係数を与える必要がある．今の場合は $c_{0,1}$ をそれぞれ与えることで，パリティーの考察で期待されるように，解は偶関数，奇関数に分類される．つまり，偶パリティーの解の組は $c_0 \neq 0$，$c_1 = 0$ で与えられ，奇パリティーの解の組は $c_0 = 0$，$c_1 \neq 0$ で与えられる．

このようにして決定される係数 c_ℓ は，式 (3.51) の α がゼロを含む正の整数でない場合，決してゼロとはならない．その結果，解 $u(y)$ は無限級数となり，$|y| \to \infty$ で e^{y^2} と同程度の発散を示すことがわかる．一方，α がゼロ以上の整数 $(\alpha = n = 0, 1, 2, \cdots)$ の場合は式 (3.53) から $c_{n+2} = 0$ となり，それ以上の番号の係数はすべてゼロとなる．よって，関数 $u(y)$ は有限な級数となる．これらの考察から，波動関数 (3.49) が $|x| \to \infty$ でゼロとなるためには $\alpha = n$ でなければならない．つまり，粒子のエネルギー E は量子数 n で番号付けられ

$$E_n = \left(n + \frac{1}{2}\right)\hbar\omega \quad (n = 0, 1, 2, \cdots) \quad (3.54)$$

となり，量子化されることがわかる．

エネルギーが量子化されるのに対応して，波動関数 (3.49) や関数 $u(y)$ も n で番号付けられる．関数 $u_n(y)$ の一般形は（波動関数の規格化定数を A_n とすると）**エルミート多項式（hermite polynomials）** $H_n(y)$ を用いて $u_n(y) = A_n H_n(y)$ で与えられる．ここで，エルミート多項式は

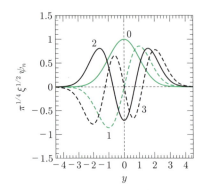

図 3.5 調和振動子型ポテンシャル中の粒子の波動関数 ψ_n. 実線は偶パリティー状態, 破線は奇パリティー状態に対応している. 各曲線に付けた数字は量子数 n を表している.

$$H_n(y) = (-1)^n e^{y^2} \frac{d^n}{dy^n} e^{-y^2} \quad (3.55)$$

で定義される. このエルミート多項式は, 全体の係数を除けば, 本質的には漸化式 (3.53) から得られる多項式と同じものである. したがって, 規格化を行うと, 調和振動子型ポテンシャルで束縛された粒子の波動関数の一般形は

$$\psi_n(x) = (\sqrt{\pi}\, 2^n n!\, \xi)^{-1/2} H_n(y) e^{-y^2/2} \quad (3.56)$$

で与えられる (図 3.5). 例えば, 基底状態の波動関数は, $H_0(y) = 1$ から

$$\psi_0(x) = \left(\frac{m\omega}{\pi\hbar}\right)^{1/4} \exp\left(-\frac{m\omega}{2\hbar}x^2\right) \quad (3.57)$$

となる. 式 (3.56) の解の集合 $\{\psi_n(x)\}$ も, 井戸型ポテンシャルの場合 (式 (3.41)) と同様に, 規格直交系をなしている.

ここで, 基底状態の波動関数 $\psi_0(x)$ を使ってハイゼンベルクの不確定性関係 (式 (2.25)) を考察しよう. 式 (3.57) から, 位置, 運動量, それらの 2 乗の期待値を計算すると $\langle x \rangle = \langle p \rangle = 0$, $\langle x^2 \rangle = \hbar/2m\omega$, $\langle p^2 \rangle = m\hbar\omega/2$ となる. よって, 式 (2.27) から

$$(\Delta x)(\Delta p) = \frac{\hbar}{2}$$

を得る. この関係式は, 調和振動子の場合でも位置と運動量の不確定さを同時になくすことはできないことを表している. しかし, 調和振動子型ポテンシャルの基底状態の波動関数 (ガウス関数) は位置と運動量の不確定性関係 (式 (2.25)) を最小にする状態であることがわかる.

例題 3-6

漸化式 (3.53) を使って, 基底状態と第 1, 第 2, 第 3 励起状態の波動関数 $u(y)$ を具体的に求める.

基底状態は $\alpha = n = 0$ で表される. 基底状態は偶パリティーの状態だから, $c_0 \neq 0$ として式 (3.53) を使うと

$$c_2 = \left[\frac{2(\ell - 0)}{(\ell + 1)(\ell + 2)}\right]_{\ell = 0} c_0 = 0$$

となり, c_2 以降の偶数番係数はすべてゼロとなる. したがって, 基底状態の波動関数 u は $u_0(y) = c_0$ である.

第 1 励起状態は $n = 1$ で表され, 奇パリティーをもつので, $c_1 \neq 0$ として式 (3.53) を使うと

$$c_3 = \left[\frac{2(\ell - 1)}{(\ell + 1)(\ell + 2)}\right]_{\ell = 1} c_1 = 0$$

となり, c_3 以降の奇数番係数はすべてゼロとなる. よって, 第 1 励起状態の波動関数 u は $u_1(y) = c_1 y$ である.

第 2 励起状態は $n = 2$ で表され, 偶パリティーをもつので

$$c_2 = \left[\frac{2(\ell - 2)}{(\ell + 1)(\ell + 2)}\right]_{\ell = 0} c_0 = -2c_0$$

$$c_4 = \left[\frac{2(\ell - 2)}{(\ell + 1)(\ell + 2)}\right]_{\ell = 2} c_2 = 0$$

となる. よって, c_4 以降の偶数番係数はすべてゼロとなる. 第 2 励起状態の波動関数 u は $u_2(y) = c_0(1 - 2y^2)$ である.

第 3 励起状態は $n = 3$ で表され, 奇パリティーをもつので

$$c_3 = \left[\frac{2(\ell - 3)}{(\ell + 1)(\ell + 2)}\right]_{\ell = 1} c_1 = -\frac{2}{3} c_1$$

$$c_5 = \left[\frac{2(\ell - 3)}{(\ell + 1)(\ell + 2)}\right]_{\ell = 3} c_3 = 0$$

となる. よって, c_5 以降の奇数番係数はすべてゼロとなる. 第 3 励起状態の波動関数 u は $u_3(y) = c_1(y - 2y^3/3)$ である.

このように, 一般の量子数 n の波動関数 $u_n(y)$ は, 任意定数 c_0 または c_1 で表される. ここで求めた $u_n(y)$ は, 式 (3.55) のエルミート多項式 $H_n(y)$ と定数を除いて一致することは容易に確認できる.

3.4.2 代数的手法による解法

調和振動子型ポテンシャルの問題を演算子の交換関係を使った代数的手法を用いて議論してみよう. 系のハミルトニアンは, $y = \sqrt{m\omega/\hbar}\, x$ として

$$\hat{H} = -\frac{\hbar^2}{2m}\frac{d^2}{dx^2} + \frac{1}{2}m\omega^2 x^2$$
$$= \frac{1}{2}\hbar\omega\left(y^2 - \frac{d^2}{dy^2}\right) \qquad (3.58)$$

と書くことができる.

ここで, 新しい演算子 $\hat{a}$ と $\hat{a}^\dagger$ を

$$\hat{a} = \frac{1}{\sqrt{2}}\left(y + \frac{d}{dy}\right) \qquad (3.59)$$

$$\hat{a}^\dagger = \frac{1}{\sqrt{2}}\left(y - \frac{d}{dy}\right) \qquad (3.60)$$

で定義する. 演算子 $\hat{a}^\dagger$ は $\hat{a}$ のエルミート共役であるが, $\hat{a} \neq \hat{a}^\dagger$ である. 例題2-5を参考にして, これらの演算子の交換関係 (式 (2.23) 参照) を計算すると

$$[\hat{a}, \hat{a}^\dagger] = 1, \quad [\hat{a}, \hat{a}] = [\hat{a}^\dagger, \hat{a}^\dagger] = 0$$

を得る. また, $\hat{a}^\dagger\hat{a} = (y^2 - d^2/dy^2)/2 - 1/2$ であるから, ハミルトニアンを新しい演算子で表すと

$$\hat{H} = \hbar\omega\left(\hat{a}^\dagger\hat{a} + \frac{1}{2}\right) = \hbar\omega\left(\hat{n} + \frac{1}{2}\right) \quad (3.61)$$

となる. ここで数演算子 (number operator) $\hat{n}$ を $\hat{n} \equiv \hat{a}^\dagger\hat{a}$ で定義した.

ハミルトニアンの固有関数を $\psi_\alpha(x)$, その固有値 (エネルギー) を E_α とすると, 固有値方程式は

$$\hat{H}\psi_\alpha(x) = \hbar\omega\left(\hat{n} + \frac{1}{2}\right)\psi_\alpha(x)$$
$$= E_\alpha\psi_\alpha(x)$$
$$= \hbar\omega\left(\alpha + \frac{1}{2}\right)\psi_\alpha(x)$$

で表される. この段階では α は数演算子 $\hat{n}$ の固有値 (実数) で, その固有値方程式は

$$\hat{n}\psi_\alpha(x) = \alpha\psi_\alpha(x)$$

である.

ここで, 新しい状態 $\hat{a}^\dagger\psi_\alpha(x)$ を考察しよう. この状態は数演算子 $\hat{n}$ の固有状態であることが, 次のようにしてわかる. つまり

$$\hat{n}\hat{a}^\dagger\psi_\alpha(x) = \hat{a}^\dagger(\hat{a}^\dagger\hat{a} + 1)\psi_\alpha(x)$$
$$= (\alpha + 1)\hat{a}^\dagger\psi_\alpha(x) \qquad (3.62)$$

である. ここで, 交換関係 $[\hat{n}, \hat{a}^\dagger] = \hat{a}^\dagger\hat{a}\hat{a}^\dagger - \hat{a}^\dagger\hat{a}^\dagger\hat{a} = \hat{a}^\dagger[\hat{a}, \hat{a}^\dagger] = \hat{a}^\dagger$ を使った. 式 (3.62) は, 状態 $\hat{a}^\dagger\psi_\alpha(x)$ が固有値 $\alpha + 1$ をもつ固有状態 $\psi_{\alpha+1}(x)$ に比例していることを示している. 式 (3.62) で行った操作を繰り返すと, 状態 $(\hat{a}^\dagger)^m\psi_\alpha(x)$ $(m = 0, 1, 2, \cdots)$ はやはり数演算子 $\hat{n}$ の固有状態

$$\hat{n}(\hat{a}^\dagger)^m\psi_\alpha(x) = (\alpha + m)(\hat{a}^\dagger)^m\psi_\alpha(x) \quad (3.63)$$

であることがわかる. したがって, 状態 $(\hat{a}^\dagger)^m\psi_\alpha(x)$ は固有値 $\alpha + m$ をもつ固有状態 $\psi_{\alpha+m}(x)$ に比例している.

同様に, 状態 $\hat{a}\psi_\alpha(x)$ では, 交換関係 $[\hat{n}, \hat{a}] = -\hat{a}$ を使って

$$\hat{n}\hat{a}\psi_\alpha(x) = \hat{a}(\hat{a}^\dagger\hat{a} - 1)\psi_\alpha(x)$$
$$= (\alpha - 1)\hat{a}\psi_\alpha(x) \qquad (3.64)$$

が成り立つ. よって, $\hat{a}\psi_\alpha(x)$ は固有値 $\alpha - 1$ をもつ固有状態 $\psi_{\alpha-1}(x)$ に比例している. さらに, 状態 $(\hat{a})^m\psi_\alpha(x)$ は固有値 $\alpha - m$ をもつ数演算子 $\hat{n}$ の固有状態 $\psi_{\alpha-m}(x)$ に比例していることがわかる.

ところで, 式 (2.22) を使うと, 積分

$$\int \psi_\alpha^*(x)(\hat{a}^\dagger\hat{a})\psi_\alpha(x)dx = \int |\hat{a}\psi_\alpha(x)|^2 dx$$
$$= \alpha \int |\psi_\alpha(x)|^2 dx \qquad (3.65)$$

の値は負にはならないので, $\alpha \geq 0$ でなければならない. また, α がゼロまたは正の整数でない場合, その固有値をもつ固有状態 $\psi_\alpha(x)$ に多数回 $\hat{a}$ を演算した状態を用いて式 (3.65) の積分を行うと, 式 (3.64) の下で考察したことから, 積分値が負となる波動関数が必ず現れてしまうことがわかる. この矛盾を避けるためには, α は $\alpha = n = 0, 1, 2, \cdots$ の整数でなければならない. このような理由から, エネルギー E_α は量子化されて E_n となり, 量子数 n は非負の整数値をとることになる (式 (3.54) 参照).

この系の基底状態は $n = 0$ のときで, 波動関数 $\psi_{n=0}(x)$ は式 (3.65) から

$$\hat{a}\psi_0(y) = \frac{1}{\sqrt{2}}\left(y + \frac{d}{dy}\right)\psi_0(y) = 0 \quad (3.66)$$

を満たし, エネルギーは $E_0 = \hbar\omega/2$ である. 方程式 (3.66) は容易に解けて, 解は

$$\psi_0(y) \propto \exp\left(-\frac{1}{2}y^2\right) = \exp\left(-\frac{m\omega}{2\hbar}x^2\right) \quad (3.67)$$

である. 比例定数は規格化で決定すればよい. 結果は式 (3.57) と一致する. 第 m 励起状態 $(m \geq 1)$ の波動関数は式 (3.63) などで議論したように, 基底状態 $\psi_0(x)$ に演算子 $\hat{a}^\dagger$ を m 回作用させ, 最後に規格化を行えばよい. 結果は式 (3.56) となり, エネルギーは式 (3.54) で与えられる.

例題 3-7

演算子 $\hat{a}^\dagger$ を使って基底状態 (3.67) から第1, 第2, 第3励起状態の波動関数を求める.

基底状態は定数を除いてガウス関数 (式 (3.67)) で

30 3. 1次元の簡単な系

与えられる．第1励起状態は，このガウス関数に $\hat{a}^\dagger$ を作用させて

$$\hat{a}^\dagger \psi_0(y) \propto \left(y - \frac{d}{dy} \right) \exp\left(-\frac{1}{2} y^2 \right)$$

$$\propto y \exp\left(-\frac{1}{2} y^2 \right)$$

となる．したがって，第1励起状態の波動関数は，定数を除いて $\psi_1(y) \propto y \exp(-y^2/2)$ で与えられる．

第2励起状態も同様に求められる．波動関数 $\psi_1(y)$ に再度 $\hat{a}^\dagger$ を作用させて

$$\hat{a}^\dagger \psi_1(y) \propto \left(y - \frac{d}{dy} \right) y \exp\left(-\frac{1}{2} y^2 \right)$$

$$= (2y^2 - 1) \exp\left(-\frac{1}{2} y^2 \right)$$

となる．よって，第2励起状態の波動関数は $\psi_2(y) \propto (2y^2 - 1) \exp(-y^2/2)$ である．

第3励起状態は $\psi_2(y)$ にさらに $\hat{a}^\dagger$ を作用させて

$$\hat{a}^\dagger \psi_2(y) \propto \left(y - \frac{d}{dy} \right) (2y^2 - 1) \exp\left(-\frac{1}{2} y^2 \right)$$

$$= (4y^3 - 6y) \exp\left(-\frac{1}{2} y^2 \right)$$

となる．したがって，第3励起状態の波動関数は $\psi_3(y) \propto (4y^3 - 6y) \exp(-y^2/2)$ である．

ここで得た波動関数は，例題3–6で計算した波動関数 $u_n(y) \times \exp(-y^2/2)$ と比例定数を除いて一致している．波動関数全体の比例定数は規格化で決めればよい．

3.4節のまとめ

- 級数展開や代数的手法を用いてシュレーディンガー方程式を解くことができる．無限遠方で波動関数がゼロとなる境界条件から，量子化されたエネルギースペクトルを得ることができる．波動関数はエルミート多項式を含む形で表すことができる．

- 代数的解法では，演算子 $\hat{a}$，$\hat{a}^\dagger$，$\hat{n}$ が重要な役目を果たす．第14章ではこのような考え方を使って場の量子論を展開していく．

- 調和振動子型ポテンシャルにおける波動関数を使って，ハイゼンベルクの不確定性関係を具体的に確認することができる．基底状態では，位置と運動量の不確定性関係が最小となる．

3.5 縮 退

一般的な量子力学の系では，いろいろな定常状態の中には，同じエネルギーをもつが，それ以外の物理量で区別できるような状態が複数個存在することがある．そのようなとき，そのエネルギーは縮退 (degenerate) しているという．また，同一エネルギーをもつ異なる状態を縮退した状態という．例えば，エネルギー以外の2個の保存する物理量があるとき，それらの演算子が交換しなければ，系のエネルギーは一般に縮退する．このような状況は，第6章以降 (3次元の系) で頻出することになる．しかし，3.3節，3.4節で議論したような1次元束縛問題では，離散スペクトルのあらゆるエネルギーレベルは縮退しない．つまり，そのようなすべての状態はエネルギーを決める量子数のみで区別できる．

例題3–8

1次元束縛問題では，離散スペクトルのあらゆるエネルギーレベルは縮退しないことを示す．

仮にあるエネルギー E が縮退しているとして，同一エネルギーをもつ異なる状態 $\psi_1(x)$ と $\psi_2(x)$ が存在するとする．それぞれの状態はシュレーディンガー方程式 (2.10) を満たすので

$$\frac{\psi_1''}{\psi_1} = \frac{2m(V - E)}{\hbar^2} = \frac{\psi_2''}{\psi_2}$$

または，$\psi_1'' \psi_2 - \psi_2'' \psi_1 = 0$ を得る．これを部分積分すると

$$\psi_1' \psi_2 - \psi_2' \psi_1 = c$$

となる．ここで，c は定数である．束縛系の波動関数の無限遠方での値はゼロなので，この定数 c はゼロでなければならない．よって

$$\frac{\psi_1'}{\psi_1} = \frac{\psi_2'}{\psi_2}$$

である．これを積分すると $\psi_1 = c' \psi_2$ （c' は定数）となり，結局，$\psi_1(x)$ と $\psi_2(x)$ は同じ状態とならなければならない．この矛盾はエネルギー E が縮退していると仮定したからである．

3.5節のまとめ

- エネルギーが縮退しているとは，同じエネルギーをもつがそれ以外の物理量で区別できる状態が複数個存在する場合をいう．
- 1次元系の束縛問題では，あらゆる離散エネルギースペクトル状態は縮退しない．縮退の概念は，3次元の系で重要となる．

4. 波束とその性質

3.1 節では，主に平面波を用いて粒子の散乱の問題を取り扱った．しかし，平面波の波動関数では粒子の位置が不確定なので，定常的な状態の議論しかできなかった．そこで，この章では 1 次元の自由空間に局在した波動関数を作り，その時間変化を調べることにする．このような局在した波動関数を波束とよぶ．

4.1 自由空間における波束の運動

自由空間で時間発展を含んだ平面波解は $\exp[i(\pm kx - \omega t)]$ で与えられることを 2.4 節で議論した．重ね合わせの原理から，違った波数の平面波解の線形結合も時間を含むシュレーディンガー方程式 (2.6) の解となるので，この節では

$$\Psi(x,t) = \int_{-\infty}^{\infty} g(k) \exp\left[i\left(kx - \frac{\hbar k^2}{2m}t\right)\right] dk \tag{4.1}$$

のような形の波動関数を考えよう．この解は，いろいろな波数の平面波解に重み関数 $g(k)$ を掛けて足し合わせたものと理解することができる．ここでは，重み

$$g(k) = A \exp\left[-\frac{a^2}{2}(k - k_0)^2\right] \tag{4.2}$$

を採用しよう．A は規格化定数である．この重み関数は，Ψ が $k = k_0$ の波数成分を最も多く含み，波数分布の広がりは定数 a で与えられることを意味している．

この重み関数を式 (4.1) に代入して積分を実行する．被積分関数は指数関数で，k は高々 2 次であるから，積分は変数変換を行ってガウス関数の積分に帰着させることができる．最終的に規格化された波動関数

$$\Psi(x,t) = \sqrt{\frac{a}{\left(a^2 + i\dfrac{\hbar t}{m}\right)\sqrt{\pi}}}$$

$$\times \exp\left[-\frac{(x - ia^2 k_0)^2}{2\left(a^2 + i\dfrac{\hbar t}{m}\right)} - \frac{a^2}{2}k_0^2\right] \tag{4.3}$$

となる（例題 4–1 参照）．これはガウス関数であるが，物理的なイメージをつかむために時刻 t での粒子の位置の確率密度を計算してみると

$$\begin{aligned}\rho(x,t) &= |\Psi(x,t)|^2 \\ &= \frac{1}{\sqrt{\pi\left(a^2 + \dfrac{\hbar^2 t^2}{m^2 a^2}\right)}} \\ &\quad \times \exp\left[-\frac{\left(x - \dfrac{\hbar k_0}{m}t\right)^2}{a^2 + \dfrac{\hbar^2 t^2}{m^2 a^2}}\right]\end{aligned} \tag{4.4}$$

を得る．

初めに，$t = 0$ の初期状態での波動関数や確率密度の性質を考察しよう．このときの波動関数は式 (4.3) より

$$\Psi(x, t=0) = \frac{1}{\sqrt{a\sqrt{\pi}}} \exp\left[-\frac{x^2}{2a^2} + ik_0 x\right] \tag{4.5}$$

となり，その確率密度 $\rho(x)$ は

$$\rho(x) = \frac{1}{\sqrt{\pi}\,a} \exp\left[-\frac{x^2}{a^2}\right]$$

である．これは単純なガウス関数であり，期待したとおり，$x = 0$ を中心とし，幅が a で与えられる局在した粒子の密度分布となっている（図 4.1）．

この状態の不確定性関係を考察してみよう．2.5.3 項で議論した位置と運動量の不確定さを式 (4.5) を使って計算すると $\Delta x = a/\sqrt{2}$, $\Delta p = \hbar/\sqrt{2}a$ を得るので，不確定性関係は $(\Delta x)(\Delta p) = \hbar/2$ となる．よって，この波動関数は再び，不確定さの積が最小となるようなものであることがわかる．

式 (4.1) で $t = 0$ のとき，波動関数 $\Psi(x)$ は重み関数 $g(k)$ のフーリエ変換で与えられるとみることもできるので，$\Psi(x)$ の逆フーリエ変換を行えば $g(k)$ が得られることになる．このような関係を通して $\Psi(x)$ と $g(k)$ は 1 対 1 に対応しているので，$\Psi(x)$ は座標空間（x 空間）の波動関数，$g(k)$ は波数空間（k 空間，あるいは，$p = \hbar k$ より運動量空間（p 空間））の波動関数とみな

4.1 自由空間における波束の運動　33

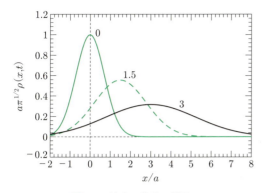

図 4.1　波束の移動の様子

縦軸, 横軸はそれぞれ $a\sqrt{\pi}\rho(x,t)$, x/a で, $a^2 k_0^2 = 1$ の場合を図示した. 各曲線に付けた数字は $\tau = \hbar k_0 t / ma$ の値を表している.

すこともできる. このような波動関数 $\Psi(x)$, $g(k)$ はガウス関数で与えられているが, それらの a 依存性は正反対であることに注意したい. つまり, a が大きいときは $g(k)$ のガウス関数の幅は狭くピークは鋭いが, $\Psi(x)$ の幅は広くなる. 一方, a が小さいときは, その逆の状況となる. このような性質は上で議論した不確定性関係と矛盾しない.

さて, $t > 0$ のときには自由空間の波束はどのような運動をするだろうか？ 式 (4.4) から, 粒子の位置の密度も基本的にはガウス関数で与えられ, そのピーク ($x_p = \langle x \rangle$) は指数関数の引数がゼロとなる点である. つまり, $p_0 = \hbar k_0$ とおくと, $x_p = (\hbar k_0/m)t = (p_0/m)t = v_g t$ である. したがって, 自由粒子の確率密度のピークは速さ v_g ($= p_0/m$) で等速直線運動をする. このような v_g を**群速度**（group velocity）という. ここで p_0 は波束に最も多く寄与している波数 k_0 (式 (4.2) をみよ) に対応する運動量であることから, このような直線運動を直感的に理解することは困難なことではない. また, 波束の運動は量子力学に従う粒子の運動を古典的にイメージしようとするときの手助けにもなる (図 4.1).

一方, 波束の幅は時間とともにどのような変化を示すだろうか？ 式 (4.4) から, $t > 0$ での位置の不確定さを計算すると

$$\Delta x(t) = \sqrt{\frac{a^2}{2} + \frac{\hbar^2 t^2}{2m^2 a^2}} = \frac{a}{\sqrt{2}}\sqrt{1 + \frac{\hbar^2 t^2}{m^2 a^4}}$$

を得る. したがって, 位置の不確定さは時間とともに増大し, 波束が崩れていく様子がわかる. 不確定さの中の時間に依存する項には $\hbar$ が含まれているので, この時間依存性は純粋に量子力学的な効果であるといえる.

位置の不確定さ $\Delta x(t)$ の平方根の中の第 1 項目は, 波束が最初にもっていた広がり $\Delta x(0) = a/\sqrt{2}$ に対応する. 一方, 第 2 項目は, 古典的な解釈を与えるとすれば, 波束が最初にもっていた速度の不確定さ $\Delta v(0) = \Delta p(0)/m = \hbar/2m\Delta x(0) = \hbar/\sqrt{2}ma$ と時間の積で与えられる量とみなすことができる. このように, 自由空間での波束のピークは等速直線運動をしながら, その幅を増加させていく.

例題 4-1

式 (4.1) の積分を実行して式 (4.3) を導く.

式 (4.1) に式 (4.2) を代入すると

$$\Psi(x,t) = A\int_{-\infty}^{\infty}\exp\left[-\frac{a^2}{2}(k-k_0)^2 + i\left(kx - \frac{\hbar k^2}{2m}t\right)\right]dk$$

を得る. ここで, 指数関数の引数は波数 k の 2 次関数だから, k について平方完成を行うと

$$-\frac{a^2}{2}(k-k_0)^2 + i\left(kx - \frac{\hbar k^2}{2m}t\right)$$
$$= -\frac{1}{2}\left(a^2 + i\frac{\hbar t}{m}\right)\left[k - \frac{a^2 k_0 + ix}{a^2 + i\frac{\hbar t}{m}}\right]^2$$
$$+ \frac{(a^2 k_0 + ix)^2}{2\left(a^2 + i\frac{\hbar t}{m}\right)} - \frac{a^2}{2}k_0^2$$

となる. したがって, 積分は

$$\Psi(x,t) = A\exp\left[\frac{(a^2 k_0 + ix)^2}{2\left(a^2 + i\frac{\hbar t}{m}\right)} - \frac{a^2}{2}k_0^2\right]$$
$$\times \int_{-\infty}^{\infty}\exp\left[-\frac{1}{2}\left(a^2 + i\frac{\hbar t}{m}\right)\left(k - \frac{a^2 k_0 + ix}{a^2 + i\frac{\hbar t}{m}}\right)^2\right]dk$$

と書ける.

次に, 変数変換

$$z = k - \frac{a^2 k_0 + ix}{a^2 + i\frac{\hbar t}{m}}$$

を行うと, 積分は z についての複素積分

$$\Psi(x,t) = A\exp\left[\frac{(a^2 k_0 + ix)^2}{2\left(a^2 + i\frac{\hbar t}{m}\right)} - \frac{a^2}{2}k_0^2\right]$$

$$\times \int_{-\infty - iz_0}^{\infty - iz_0} \exp\left[-\frac{1}{2}\left(a^2 + i\frac{\hbar t}{m}\right)z^2\right]dz$$

となる．ここで

$$z_0 = \frac{x - \frac{\hbar k_0}{m}t}{a^2 + \frac{\hbar^2 t^2}{a^2 m^2}}$$

とおいた．この積分の経路は，正確には実軸から虚軸方向に z_0 だけ下がった $(-\infty - iz_0, \infty - iz_0)$ であるが，ガウス関数の正則性から，積分を実軸上の $(-\infty, \infty)$ で実行しても正しい結果を得ることができる．よって，積分公式

$$\int_{-\infty}^{\infty} e^{-a^2 x^2}dx = \frac{\sqrt{\pi}}{a}$$

を用いると，波動関数は

$$\Psi(x,t) = A\sqrt{\frac{2\pi}{a^2 + i\frac{\hbar t}{m}}}\exp\left[\frac{(a^2 k_0 + ix)^2}{2\left(a^2 + i\frac{\hbar t}{m}\right)} - \frac{a^2}{2}k_0^2\right]$$

$$(4.6)$$

となる．

さらに，規格化定数 A を決めるために，波動関数の絶対値の2乗 $|\Psi(x,t)|^2$ を計算しよう．波動関数の絶

対値の2乗の中に現れる指数関数の引数は

$$-\frac{(x - ia^2 k_0)^2}{2\left(a^2 + i\frac{\hbar t}{m}\right)} - \frac{(x + ia^2 k_0)^2}{2\left(a^2 - i\frac{\hbar t}{m}\right)} - a^2 k_0^2$$

$$= -\frac{1}{\left(a^2 + \frac{\hbar^2 t^2}{a^2 m^2}\right)}\left(x - \frac{\hbar k_0}{m}t\right)^2$$

と書ける．よって，規格化は

$$\int_{-\infty}^{\infty} |\Psi(x,t)|^2 dx = |A|^2 \frac{2\pi}{a\sqrt{a^2 + \frac{\hbar^2 t^2}{a^2 m^2}}}$$

$$\times \int_{-\infty}^{\infty} \exp\left[-\frac{1}{\left(a^2 + \frac{\hbar^2 t^2}{a^2 m^2}\right)}\left(x - \frac{\hbar k_0}{m}t\right)^2\right]dx$$

$$= \frac{2\pi\sqrt{\pi}}{a}|A|^2 = 1$$

となるので，規格化定数

$$A = \sqrt{\frac{a}{2\pi\sqrt{\pi}}}$$

を得る．これを式 (4.6) に代入すると，式 (4.3) を導くことができる．

4.1 節のまとめ

- いろいろな波数の平面波を適切な重みを付けて重ね合わせることにより，波束を作ることができる．波束は量子効果により崩れていくので，位置の不確定さは時間とともに増大する．
- 群速度は，波束で与えられる粒子の確率密度のピークの速度である．

4.2 エーレンフェストの定理

前節で自由空間における波束の運動について考察した．この節では，量子力学的な粒子がポテンシャル中を運動する場合の，少し一般的な議論を展開することにする．

任意の実数ポテンシャル $V(x,t)$ のもとで運動する粒子を考える．その粒子の運動を記述する，時間を含むシュレーディンガー方程式 (2.6) の解を $\Psi(x,t)$ とする．このとき，粒子の位置の期待値 $\langle x \rangle$ の時間微分は，シュレーディンガー方程式 (2.6) とその複素共役の式を使って

$$\frac{d}{dt}\langle x(t) \rangle$$

$$= \int_{-\infty}^{\infty}\left[\dot{\Psi}^*(x,t)x\Psi(x,t) + \Psi^*(x,t)x\dot{\Psi}(x,t)\right]dx$$

$$= -\frac{i}{\hbar}\frac{\hbar^2}{2m}\int_{-\infty}^{\infty}[(\partial^2\Psi^*(x,t))x\Psi(x,t)$$

$$- \Psi^*(x,t)x\partial^2\Psi(x,t)]dx$$

と書ける．ここで，$\dot{\Psi}$ は波動関数の時間微分を表し，$\partial^n = \partial^n/\partial x^n$ $(n = 1, 2, 3, \cdots)$ と略記した．シュレーディンガー方程式に含まれていたポテンシャルは実数の条件により打ち消しあうので，結果には現れてこない．また，この場合の波動関数は，前節で議論した波束のように局所的であるとし，$|x| \to \infty$ では速やかにゼロに収束すると仮定する．このとき，右辺第1項を2回部分積分すると，位置の期待値の時間微分は

$$\frac{d}{dt}\langle x(t) \rangle = \frac{1}{m}\int_{-\infty}^{\infty}\Psi^*(x,t)\left(\frac{\hbar}{i}\frac{\partial}{\partial x}\right)\Psi(x,t)dx$$

$$= \frac{\langle p(t) \rangle}{m} \quad (4.7)$$

となる．式 (4.7) は古典力学における速度のイメージと一致する．

さらに，シュレーディンガー方程式 (2.6) と部分積分を繰り返し行うことで，位置の期待値の時間に関する 2 次微分を計算することができる．その結果は

$$m\frac{d^2}{dt^2}\langle x(t)\rangle = -\int_{-\infty}^{\infty} \Psi^*(x,t)\left[\frac{\partial}{\partial x}V(x,t)\right]\Psi(x,t)dx$$
$$= -\left\langle \frac{\partial}{\partial x}V(x,t) \right\rangle \quad (4.8)$$

となる（例題 4–2 参照）．この式の左辺は，古典的には粒子の質量と加速度の積に対応している．また，右辺は粒子に作用する力とみなすことができる．したがって，この関係式はニュートン力学の第 2 法則を表している．このような量子力学における物理量の期待値と古典力学との対応を**エーレンフェスト（Ehrenfest）の**定理（Ehrenfest theorem）という．これが，2.2 節の最後で議論した "対応原理" である．

ポール・エーレンフェスト

オランダの物理学者，数学者．ボルツマンの影響を受け理論物理学の道に進む．1927 年に提唱されたエーレンフェストの定理は，量子力学と古典力学の関係を取り扱うときに使われる．（1880–1933）

例題 4-2

式 (4.8) を導く．

式 (4.7) をもう一度，時間で微分すると

$$m\frac{d^2}{dt^2}\langle x(t)\rangle = \frac{\hbar}{i}\int_{-\infty}^{\infty}\big[\dot{\Psi}^*(x,t)\partial^1\Psi(x,t)$$
$$+ \Psi^*(x,t)\partial^1\dot{\Psi}(x,t)\big]dx \quad (4.9)$$

となる．ここで，シュレーディンガー方程式 (2.6) とその複素共役を使うと，式 (4.9) はさらに

$$m\frac{d^2}{dt^2}\langle x(t)\rangle = \frac{\hbar^2}{2m}\int_{-\infty}^{\infty}\big[\Psi^*(x,t)\partial^3\Psi(x,t)$$
$$- (\partial^2\Psi^*(x,t))\partial^1\Psi(x,t)\big]dx$$
$$+ \int_{-\infty}^{\infty}\big[\Psi^*(x,t)V(x)\partial^1\Psi(x,t)$$
$$- \Psi^*(x,t)\partial^1 V(x)\Psi(x,t)\big]dx$$

と変形できる．波動関数が局所的であることを利用して，この式の右辺第 2 項で Ψ^* に作用する微分を部分積分の繰り返しで取り除くと，右辺第 1 項と 2 項は相殺されることがわかる．したがって，最終的には右辺第 3, 4 項から

$$m\frac{d^2}{dt^2}\langle x(t)\rangle = -\int_{-\infty}^{\infty}\Psi^*(x,t)\left(\frac{\partial}{\partial x}V(x,t)\right)\Psi(x,t)dx$$

を導くことができる．

4.2 節のまとめ

- 量子力学と古典力学の対応原理を与えるのがエーレンフェストの定理である．
- 量子力学での物理量の期待値は，その古典的な物理量に対応している．

5. 量子力学の行列形式

今までは，いくつかの具体的な例に即して，量子力学をシュレーディンガー方程式を用いて解説してきた．しかし，最初の量子力学の理論は行列を使った形でハイゼンベルクとボルンによって定式化され，後にディラックによって一般化された．したがって，このような量子力学の代数的な側面を理解することは重要である．この章では，そのような観点からの量子力学の枠組みをディラックにならって紹介する．

■ 5.1 ディラックの記法

ディラックは，線形（複素）ベクトル空間を使って量子力学を理解しようと試みた．量子力学では，一般の物理状態はベクトル空間内のベクトルで与えられる．そのようなベクトルを状態ベクトルともよぶ．例えば，3.3 節で考察した無限に深い井戸型ポテンシャルの場合，閉じ込められた粒子の波動関数の集合は，ベクトル空間の基底ベクトルとみなすことができる．この場合のベクトル空間は無限次元となるので，そのような空間をヒルベルト空間（Hilbert space）とよぶ．ディラックは，物理状態を表すヒルベルト空間内の任意のベクトルをケット（ket）あるいはケットベクトル（ket vector）とよび，$|\alpha\rangle$ と記した．ここで，α は状態を区別する指標である．また，注意しなければならないのは，ある状態 $|\alpha\rangle$ とその任意定数倍のケット $c|\alpha\rangle$ は物理的には同じ状態を表すということである．つまり，物理的な意味はベクトルの方向にあり，その長さ（大きさ）には物理的な意味はない．

ケットベクトルの例として，井戸型ポテンシャルの場合は，エネルギーが n 番目の状態をケットベクトル $|n\rangle$ $(n = 1, 2, 3, \cdots)$ と書くことができる．これらのケット $|n\rangle$ の集合 $\{|n\rangle\}$ はハミルトニアンの固有状態であり，固有ケット（eigenket）ともよばれる．これらの固有ケットをベクトル空間の基底とみなすと，任意のベクトル $|\alpha\rangle$ はこれらの基底で展開できて $|\alpha\rangle = \sum_n c_n |n\rangle$ と書くことができる．ここで，c_n は（複素）定数であり，ベクトル $|\alpha\rangle$ のこの基底における座標（coordinates）である．このように，任意の状態が基底ケットベクト

ルの組 $\{|n\rangle\}$ の線形結合で表せるとき，$\{|n\rangle\}$ は完全系（complete set）をなすという．

このようなケットベクトルで構成される空間をケット空間（ket space）ともよぶ．他方で，ケット空間に双対（dual）となるベクトル空間としてブラ空間（bra space）を導入しよう．この空間内のベクトルをブラ（bra）あるいはブラベクトル（bra vector）とよび，$\langle\beta|$ と書くことにする．そして，ケット空間のベクトルとブラ空間のベクトルの間には 1 : 1 の対応関係が存在することにしよう．その対応関係は c_1 と c_2 を複素定数とすると

$$c_1|\alpha\rangle + c_2|\beta\rangle \quad \leftrightarrow \quad c_1^*\langle\alpha| + c_2^*\langle\beta|$$

である．ここで ↔ は双対関係を表す．

ブラ空間とケット空間のそれぞれから選んだベクトルの内積（スカラー積）(inner product, scalar product) を $\langle\beta|\alpha\rangle$ で表す．これは一般に複素数なので，この内積の複素共役を

$$\langle\beta|\alpha\rangle^* = \langle\alpha|\beta\rangle \tag{5.1}$$

で与えることにする．また，$\langle\alpha|\alpha\rangle$ は実数であり，ベクトルの長さの 2 乗を表すので，非負（$\langle\alpha|\alpha\rangle \geq 0$）である．ベクトルの長さを 1 に規格化するには，規格化されたベクトルを $|\tilde{\alpha}\rangle$ として

$$|\tilde{\alpha}\rangle = \frac{|\alpha\rangle}{\sqrt{\langle\alpha|\alpha\rangle}}$$

を採用すればよい．ベクトル $|\tilde{\alpha}\rangle$ と $|\alpha\rangle$ は長さは違うが方向は一致しているので，本質的に同じ状態を表す．

二つのケットベクトル $|\alpha\rangle$ と $|\beta\rangle$ は，$|\beta\rangle$ に対応するブラ空間のベクトル $\langle\beta|$ を使って，$\langle\beta|\alpha\rangle = 0$ のとき直交しているという．この関係式は自動的に $\langle\alpha|\beta\rangle = 0$ をも意味している．したがって，任意の二つのケット $|\alpha\rangle$ と $|\beta\rangle$ が

$$\langle\beta|\alpha\rangle = \delta_{\alpha\beta} \tag{5.2}$$

のとき，二つのケットは規格直交系をなしている．この関係式は，例えば，無限に深い井戸型ポテンシャルの場合の式 (3.41) に対応している．つまり，内積は二つの波動関数の積の積分を意味し，波動関数とブラ，

ケットは

$$\psi_n \sim |n\rangle, \qquad \psi_m^* \sim \langle m| \qquad (5.3)$$

のような対応関係があるとみなすことができる. よっ

て, 式 (3.41) は $\langle m|n\rangle = \delta_{nm}$ と同値である (5.3 節参照).

5.1 節のまとめ

- ヒルベルト空間 (ケット空間) 中の状態ベクトルをケットベクトルで表す. そのケット空間に双対なブラ空間を用意し, その中の状態ベクトルをケットベクトルと対応させ, それをブラベクトルとよぶ.
- ケットベクトルの内積をブラベクトルを利用して定義する.

5.2 演算子とエルミート共役

物理的な観測量はケットに左から作用する演算子 $\hat{A}|\alpha\rangle$, または, ブラに右から作用する演算子 $\langle\beta|\hat{B}$ によって表される. 演算子は (時間反転の演算子を除いて) すべて線形性

$$\hat{A}(c_1|\alpha\rangle + c_2|\beta\rangle) = c_1\hat{A}|\alpha\rangle + c_2\hat{A}|\beta\rangle$$

をもつ.

ケットベクトル $\hat{A}|\alpha\rangle$ とブラベクトル $\langle\alpha|\hat{A}$ は, 一般には双対関係とはならない. そこで, 双対となるような演算子 $\hat{A}^\dagger$ を

$$\hat{A}|\alpha\rangle \;\leftrightarrow\; \langle\alpha|\hat{A}^\dagger \qquad (5.4)$$

で定義する. ここで, 演算子 $\hat{A}^\dagger$ は, 2.5 節で議論した, $\hat{A}$ のエルミート共役な演算子である. 演算子が $\hat{A} = \hat{A}^\dagger$ のとき, $\hat{A}$ はエルミート演算子である.

演算子の積 $\hat{A}\hat{B}$ は意味をもつが, 演算子の順序を入れ替えると元の演算子とは別の作用を状態ベクトルに及ぼすことになるので, 一般に演算子の積は交換できない. つまり

$$\hat{A}\hat{B} \neq \hat{B}\hat{A}$$

である. また, 演算子の積 $\hat{A}\hat{B}$ のエルミート共役 $(\hat{A}\hat{B})^\dagger$ は任意の $|\alpha\rangle$ に対して

$$\hat{A}\hat{B}|\alpha\rangle = (\hat{A}\hat{B})|\alpha\rangle = \hat{A}(\hat{B}|\alpha\rangle)$$
$$\leftrightarrow (\langle\alpha|\hat{B}^\dagger)\hat{A}^\dagger = \langle\alpha|\hat{B}^\dagger\hat{A}^\dagger = \langle\alpha|(\hat{A}\hat{B})^\dagger$$

より

$$(\hat{A}\hat{B})^\dagger = \hat{B}^\dagger\hat{A}^\dagger \qquad (5.5)$$

となる.

一般に, $\hat{A}|\alpha\rangle$ と $|\alpha\rangle$ のベクトルの方向は一致しない. しかし, 演算子 $\hat{A}$ の固有状態とよばれる特殊なケット (固有ケット) $|a\rangle$, $|a'\rangle$, $\cdots$ が存在する場合は, 例えば, 固有値方程式

$$\hat{A}|a\rangle = a|a\rangle \qquad (5.6)$$

が成り立つ. ここで, a, a', $\cdots$ は固有値である. このような関係式は, 式 (2.16) に対応する.

今, 演算子 $\hat{A}$ がエルミートであるとすると, ブラ空間で双対な固有値方程式は

$$\langle a'|\hat{A}^\dagger = \langle a'|\hat{A} = a'^*\langle a'| \qquad (5.7)$$

となる. そこで, 固有状態は縮退していないとして, 式 (5.6) に左からブラ $\langle a'|$ を掛け, 式 (5.7) の右からケット $|a\rangle$ を掛けて, それぞれの差をとると

$$(a - a'^*)\langle a'|a\rangle = 0$$

を得る. ここで, $a = a'$ とすると, $\langle a|a\rangle$ はゼロではないので, $a = a^*$ でなければならない. これはエルミート演算子 $\hat{A}$ の固有値が実数となることを示している. よって, 測定可能な物理量は実数だから, それを表す演算子は少なくともエルミートでなければならない (2.5.2 項参照). また, $a \neq a'$ のときは, $a \neq a'^*$ より $\langle a'|a\rangle = 0$ となる. よって,

$$\langle a'|a\rangle = \delta_{aa'} \qquad (5.8)$$

であり, それぞれの固有状態は規格直交系をなしている.

38　5. 量子力学の行列形式

> **5.2節のまとめ**
> - 物理量を表す演算子はケットベクトルに対して線形性をもつ. 演算子 $\hat{A}$ のエルミート共役な演算子 $\hat{A}^\dagger$ は双対関係を利用して定義する. 演算子 $\hat{A}$ が $\hat{A} = \hat{A}^\dagger$ のとき, $\hat{A}$ はエルミートである.
> - エルミート演算子の固有値は実数である. 固有ケットは規格直交性をもつ.

▌5.3　基底ケットと行列表現

5.3.1　離散的な固有ケットを基底とする場合

演算子 $\hat{A}$ の離散的な固有値スペクトルをもつ固有ケットの集合 $\{|a\rangle\}$ が, 完全規格直交系をなすとしよう. 前にも述べたように, ケット空間内の任意のベクトル $|\alpha\rangle$ は固有ケットの線形結合で

$$|\alpha\rangle = \sum_a c_a |a\rangle \tag{5.9}$$

と展開できる. このような固有ケットはベクトル空間の基底の役目を果たすので, 基底ケットともよばれる. この式に左からブラ $\langle a'|$ を掛けて規格直交性 (5.8) を使うと, $c_{a'} = \langle a'|\alpha\rangle$ を得る. これを式 (5.9) に代入すると

$$|\alpha\rangle = \sum_a |a\rangle\langle a|\alpha\rangle = \left\{ \sum_a |a\rangle\langle a| \right\} |\alpha\rangle \tag{5.10}$$

となる. この式の右辺の $\{(\text{ケット}) \times (\text{ブラ})\}$ は, ある状態ベクトルを違うベクトルに移し替える性質をもつことから, ケット $|\alpha\rangle$ に作用する演算子とみなすことができる. 実際, $|a\rangle\langle a|$ を演算子とみてケット $|\alpha\rangle$ に作用させると, 状態は $|\alpha\rangle$ から $|a\rangle$ に変わり, $|\alpha\rangle$ の $|a\rangle$ 方向の成分を取り出したことになる. つまり, 演算子 $|a\rangle\langle a|$ は基底ケット $|a\rangle$ への射影演算子 (projection operator) $\hat{\Lambda}_a \ (= |a\rangle\langle a|)$ であり, その成分 (座標) は $\langle a|\alpha\rangle$ で与えられる.

式 (5.10) では $|\alpha\rangle$ が任意のケットであることから, この演算子は

$$\sum_a |a\rangle\langle a| = \hat{1} \tag{5.11}$$

なる恒等演算子 (identity operator) $\hat{1}$ でなければならない. 式 (5.11) は完備性 (completeness) あるいは閉包 (closure) とよばれる. この完備性は射影演算子を使って $\sum_a \hat{\Lambda}_a = \hat{1}$ と書くこともできる.

演算子 $\hat{A}$ の固有ケットの集合 $\{|a\rangle\}$ を基底ケットとして, 状態を表すケットや演算子 $\hat{X}$ を列ベクトルや行列で表現してみよう. 演算子などを行列表現するとき, $\hat{A}$ の固有ケットを基底として用いる表現を **A 表示** (A-representation) とよぶことにする (別の演算子 $\hat{B}$ の固有ケットを用いて行列を表現するときは B 表示などとよぶ). 以下では, $\hat{A}$ の固有ケットや固有値を順に $|a_i\rangle$, $a_i \ (i = 1, 2, 3, \cdots)$ のように量子数で番号付けすることにする.

ケット $|\alpha\rangle$ が演算子 $\hat{X}$ によってケット $|\beta\rangle$ に変わったとすると

$$|\beta\rangle = \hat{X}|\alpha\rangle \tag{5.12}$$

と書ける. ここで, ケット $|\beta\rangle$ の基底 $|a_i\rangle$ 方向の成分 (座標) は $\langle a_i|\beta\rangle$ だから, 式 (5.12) の左から $\langle a_i|$ を作用させ, $\hat{X}$ と $|\alpha\rangle$ の間に閉包を挟むと

$$\langle a_i|\beta\rangle = \langle a_i|\hat{X}|\alpha\rangle = \sum_j \langle a_i|\hat{X}|a_j\rangle\langle a_j|\alpha\rangle \tag{5.13}$$

を得る. そこで, ケット $|\alpha\rangle$ の基底ケットによる展開係数 (座標) を列ベクトルの形に並べたもので $|\alpha\rangle$ を "表現" すると

$$|\alpha\rangle = \begin{pmatrix} \langle a_1|\alpha\rangle \\ \langle a_2|\alpha\rangle \\ \langle a_3|\alpha\rangle \\ \vdots \end{pmatrix} \tag{5.14}$$

となる. ケット $|\beta\rangle$ も同様に, $\langle a_i|\beta\rangle$ を並べた列ベクトルで表現できる. 一方, 演算子 $\hat{X}$ の表現として式 (5.13) 中の $\langle a_i|\hat{X}|a_j\rangle$ を採用すると, これは行と列が i と j で指定される行列と解釈できる. つまり

$$\hat{X} = \begin{pmatrix} \langle a_1|\hat{X}|a_1\rangle & \langle a_1|\hat{X}|a_2\rangle & \cdots \\ \langle a_2|\hat{X}|a_1\rangle & \langle a_2|\hat{X}|a_2\rangle & \cdots \\ \vdots & \vdots & \ddots \end{pmatrix} \tag{5.15}$$

である. したがって, 一般に, 基底ケットが決まると, それに対応して, 状態ケットは列ベクトル, 演算子は行列で表現することができる. 式 (5.13) は, このようにして表現された列ベクトルと行列の演算を表している. 特に, $\hat{X} = \hat{A}$ の場合の演算子を表す行列は, 対角行列である.

ここで, 演算子 $\hat{X}$ を表現する行列の任意の要素 $\langle a_i|\hat{X}|a_j\rangle$ は, 式 (5.1) と式 (5.4) を使うと

$$\langle a_i|\hat{X}|a_j\rangle = \langle a_i|(\hat{X}|a_j\rangle) = \{(\langle a_j|\hat{X}^\dagger)|a_i\rangle\}^*$$

$$= \langle a_j | \hat{X}^\dagger | a_i \rangle^*$$

と変形できる．よって，演算子 $\hat{X}^\dagger$ の行列表現は $\hat{X}$ の表現の転置複素共役 (adjoint) をとったものである．演算子がエルミートであれば，この関係式は $\langle a_i | \hat{X} | a_j \rangle = \langle a_j | \hat{X}^\dagger | a_i \rangle^* = \langle a_j | \hat{X} | a_i \rangle^*$ となる．この関係が成り立つような行列をエルミート行列 (hermitian matrix) という．

式 (5.12) と同様に，ブラベクトルの関係式

$$\langle \beta | = \langle \alpha | \hat{X}$$

に対して右からケット $|a_i\rangle$ を作用させ，閉包を使うと

$$\langle \beta | a_i \rangle = \sum_j \langle \alpha | a_j \rangle \langle a_j | \hat{X} | a_i \rangle$$

を得るので，ブラベクトルの表現は行ベクトル

$$\langle \alpha | = (\langle \alpha | a_1 \rangle, \langle \alpha | a_2 \rangle, \langle \alpha | a_3 \rangle, \cdots)$$
$$= (\langle a_1 | \alpha \rangle^*, \langle a_2 | \alpha \rangle^*, \langle a_3 | \alpha \rangle^*, \cdots)$$

で表されるべきである．このとき，ベクトルの内積 $\langle \beta | \alpha \rangle$ はそれぞれを表す行ベクトルと列ベクトルの積

$$\langle \beta | \alpha \rangle = \sum_i \langle \beta | a_i \rangle \langle a_i | \alpha \rangle$$

$$= (\langle a_1 | \beta \rangle^*, \langle a_2 | \beta \rangle^*, \cdots) \begin{pmatrix} \langle a_1 | \alpha \rangle \\ \langle a_2 | \alpha \rangle \\ \vdots \end{pmatrix}$$

で与えられる．

5.3.2 連続的な固有ケットを基底とする場合

今まで，観測量は離散的な固有値スペクトルをもつと仮定してきた．しかし，連続的な固有値（連続スペクトル）をとる観測量もある．例えば，位置や運動量である．ここでは，これらの演算子の固有ケットを基底ケットに使った場合の表示について考察してみよう．

まず，位置の演算子 $\hat{x}$ の固有ケット $|x\rangle$ は固有値方程式

$$\hat{x} | x \rangle = x | x \rangle \tag{5.16}$$

を満たす．ここで，x は（連続的な）固有値である．このような固有ケットの集合 $\{|x\rangle\}$ の元はデルタ関数を使った直交条件

$$\langle x' | x \rangle = \delta(x' - x) \tag{5.17}$$

を満たし，その完備性は

$$\int | x \rangle \langle x | \, dx = \hat{1}$$

で与えられるとする．

このような固有ケット $\{|x\rangle\}$ を基底にとると，任意

の状態ケット $|\alpha\rangle$ は $\{|x\rangle\}$ で展開できて

$$| \alpha \rangle = \int | x \rangle \langle x | \alpha \rangle dx \tag{5.18}$$

となるので，状態 $|\alpha\rangle$ の式 (5.14) に対応する列ベクトル表現は式 (5.18) の展開係数 $\langle x | \alpha \rangle$ を使って表されるが，これは連続的な指標 x をもつことになる．このような表示を座標表示，または，x 表示という．

式 (5.18) において，状態 $|\alpha\rangle$ に左からブラベクトル $\langle \alpha' |$ を掛けると，式 (5.1)，式 (5.2) より

$$\int | \langle x | \alpha \rangle |^2 dx = 1 \qquad (\alpha = \alpha') \tag{5.19}$$

$$\int \langle \alpha' | x \rangle \langle x | \alpha \rangle dx = 0 \qquad (\alpha \neq \alpha') \tag{5.20}$$

を得る．式 (5.19) は $|\langle x | \alpha \rangle|^2 dx$ が区間 dx 内に粒子を見出す確率を与えることを意味しているので，式 (5.18) の展開係数 $\langle x | \alpha \rangle$ は状態 $|\alpha\rangle$ の座標表示での波動関数 $\psi_\alpha(x)$ と解釈できる．つまり，

$$\langle x | \alpha \rangle = \psi_\alpha(x) \tag{5.21}$$

$$\langle \alpha | x \rangle = \langle x | \alpha \rangle^* = \psi_\alpha^*(x) \tag{5.22}$$

であり，これは式 (5.3) の対応関係の座標表示でもある．よって，式 (5.19)，式 (5.20) は波動関数が規格直交系をなすことを表している（例えば，式 (3.41) に対応している）．

ここで，式 (5.10) を波動関数を使って表してみよう．式 (5.10) の左からブラ $\langle x |$ を掛けると

$$\langle x | \alpha \rangle = \sum_a \langle x | a \rangle \langle a | \alpha \rangle$$

となるが，式 (5.21) を使って波動関数で書き直せば

$$\psi_\alpha(x) = \sum_a c_a \phi_a(x)$$

と表すことができる．ここで，$\phi_a(x) = \langle x | a \rangle$，$c_a = \langle a | \alpha \rangle$ である．任意の波動関数 $\psi_\alpha(x)$ は演算子 $\hat{A}$ の固有関数の集合 $\{\phi_a(x)\}$ で展開でき，その展開係数は状態 $|a\rangle$ が状態 $|\alpha\rangle$ の中に見出される確率振幅 $\langle a | \alpha \rangle$ で与えられる．

次に，演算子 $\hat{X}$ の行列表現 (5.15) における行列要素を波動関数 $\{\phi_a(x)\}$ で表してみよう．行列要素 $\langle a_i | \hat{X} | a_j \rangle$ に閉包を2回使うと

$$\langle a_i | \hat{X} | a_j \rangle = \iint \langle a_i | x \rangle \langle x | \hat{X} | x' \rangle \langle x' | a_j \rangle dx dx'$$

$$= \iint \phi_{a_i}^*(x) \langle x | \hat{X} | x' \rangle \phi_{a_j}(x') dx dx'$$

となる．したがって，行列要素を完成させるためには，座標表示による $\hat{X}$ の行列要素 $\langle x | \hat{X} | x' \rangle$ を知る必要がある．座標表示では，位置の演算子は式 (5.16), (5.17)

40　5. 量子力学の行列形式

より

$$\langle x|\hat{x}|x'\rangle = x'\delta(x-x') \quad (5.23)$$

であり，運動量の演算子は

$$\langle x|\hat{p}|x'\rangle = \frac{\hbar}{i}\frac{d}{dx}\delta(x-x') \quad (5.24)$$

と書ける．したがって，$\hat{X}$ が位置や運動量の演算子の関数であるなら，それらを固有値 x や微分で置き換えればよい．ただし，微分演算を含む場合には x と微分が交換しないため，それらの順序については注意を払う必要がある（式 (2.26) 参照）．

連続固有値スペクトルをもつ物理量の二つ目の例として，運動量演算子 $\hat{p}$ の固有ケットの集合 $\{|p\rangle\}$ を考察する．この場合も位置の演算子と同様に，固有ケットは固有値方程式

$$\hat{p}|p\rangle = p|p\rangle \quad (5.25)$$

を満たす．この固有ケットの集合 $\{|p\rangle\}$ はデルタ関数を使った直交条件

$$\langle p'|p\rangle = \delta(p'-p) \quad (5.26)$$

を満たし，その完備性は

$$\int |p\rangle\langle p|\,dp = \hat{1}$$

であるとする．固有ケットの集合 $\{|p\rangle\}$ をベクトル空間の基底にとると，つまり運動量表示，あるいは，p 表示を採用すると，任意の状態ケット $|\alpha\rangle$ は

$$|\alpha\rangle = \int |p\rangle\langle p|\alpha\rangle dp \quad (5.27)$$

と展開できる．展開係数の絶対値の 2 乗 $|\langle p|\alpha\rangle|^2$ は，x 表示のときと同様に，状態 $|\alpha\rangle$ の粒子が $p+dp$ と p の間の運動量をもつ確率密度と解釈できるので，$\langle p|\alpha\rangle$ は運動量空間での波動関数 $\langle p|\alpha\rangle = \psi_\alpha(p)$ とみなすことができる．

運動量表示での運動量の演算子は式 (5.25)，式 (5.26) より

$$\langle p|\hat{p}|p'\rangle = p'\delta(p-p') \quad (5.28)$$

であり，座標の演算子は

$$\langle p|\hat{x}|p'\rangle = i\hbar\frac{d}{dp}\delta(p-p') \quad (5.29)$$

となる．これらの表現は，x 表示での演算子 $\hat{x}$, $\hat{p}$ の表現をちょうど交換したような形となっている．また，これら x, p 表示の 3 次元への一般化は，各方向を独立に扱うことができるので，容易である．

このように表示によって式の形は変化するが，以後のほとんどの議論は座標表示で行われる．

5.3.3　行列力学の具体的な例

3.4 節で議論した調和振動子型ポテンシャル中の粒子の力学を行列形式で議論しよう．式 (3.59)，式 (3.60) で導入した演算子 $\hat{a}$, $\hat{a}^\dagger$ を用いると，ハミルトニアンは式 (3.61) で与えられる．ハミルトニアンの固有ケットの集合を $\{|n\rangle\}$ とする．この固有ケットの x 表示は，式 (5.21) で議論したように，座標空間での波動関数 $\langle x|n\rangle = \psi_n(x)$ である．このとき，量子数 n は状態ベクトルの満たすべき条件から，ゼロまたは正の整数値 $n = 0, 1, 2, \cdots$ であることはすでに 3.4 節で議論した．

ハミルトニアンの固有値方程式は，エネルギー $E_n = \hbar\omega\left(n+\frac{1}{2}\right)$ を用いると

$$\hat{H}|n\rangle = \hbar\omega\left(\hat{n}+\frac{1}{2}\right)|n\rangle = \hbar\omega\left(n+\frac{1}{2}\right)|n\rangle$$

であり，$\hat{n} = \hat{a}^\dagger\hat{a}$ は数演算子である．よって，$\hat{a}^\dagger\hat{a}|n\rangle = n|n\rangle$ が成り立っている．

この数演算子の固有値方程式は，左からブラ $\langle n|$ を掛け，状態ベクトルの完備性と規格直交性を使うと

$$n = \langle n|\hat{a}^\dagger\hat{a}|n\rangle = \sum_m \langle n|\hat{a}^\dagger|m\rangle\langle m|\hat{a}|n\rangle \quad (5.30)$$

と書ける．ところで，式 (3.62) や式 (3.64) のところで演算子の交換関係を使って議論したように，$\hat{a}$ や $\hat{a}^\dagger$ が作用した状態はそれぞれの量子数が 1 だけ減じた状態や増えた状態に比例しているので，比例定数 $c_\pm$ を使って

$$\hat{a}|n\rangle = c_-|n-1\rangle \quad \leftrightarrow \quad \langle n|\hat{a}^\dagger = c_-^*\langle n-1| \quad (5.31)$$

$$\hat{a}^\dagger|n\rangle = c_+|n+1\rangle \quad \leftrightarrow \quad \langle n|\hat{a} = c_+^*\langle n+1| \quad (5.32)$$

と書くことができる．よって，式 (5.30) に式 (5.31) を代入すると

$$n = c_- c_-^* \sum_m \langle n-1|m\rangle\langle m|n-1\rangle$$
$$= |c_-|^2 \sum_m \delta_{m,n-1} = |c_-|^2$$

を得るので，比例定数が実数と仮定すると $c_- = \sqrt{n}$ となる．

同様に，$[\hat{a}, \hat{a}^\dagger] = 1$ を使うと

$$n+1 = \langle n|\hat{a}\hat{a}^\dagger|n\rangle = \sum_m \langle n|\hat{a}|m\rangle\langle m|\hat{a}^\dagger|n\rangle$$

なので，式 (5.32) を代入して

$$n+1 = c_+ c_+^* \sum_m \langle n+1|m\rangle\langle m|n+1\rangle = |c_+|^2$$

となる．これより，比例定数を再び実数と仮定すると $c_+ = \sqrt{n+1}$ を得る．

したがって，演算子 $\hat{a}$ と $\hat{a}^\dagger$ を異なる状態ベクトル

で挟むと

$$\langle m|\hat{a}|n\rangle = \sqrt{n}\,\delta_{m,n-1}$$
$$\langle m|\hat{a}^\dagger|n\rangle = \sqrt{n+1}\,\delta_{m,n+1}$$

となることがわかる.

ここで, 基底ケットとして集合 $\{|n\rangle\}$ を採用し, 式 (5.15) を参考にすると, 第 m 行 n 列の演算子 $\hat{a}$ の行列要素は $\langle m|\hat{a}|n\rangle$ となるから, $n, m = 0, 1, 2, \cdots$ に注意して

$$\hat{a} = \begin{pmatrix} 0 & \sqrt{1} & 0 & 0 & \cdots \\ 0 & 0 & \sqrt{2} & 0 & \cdots \\ 0 & 0 & 0 & \sqrt{3} & \cdots \\ 0 & 0 & 0 & 0 & \cdots \\ \vdots & \vdots & \vdots & \vdots & \ddots \end{pmatrix} \quad (5.33)$$

のように無限次元の行列で表現できることがわかる. このとき, 基底ベクトルは無限次元の列ベクトル (式 (5.14) 参照)

$$|n\rangle = \begin{pmatrix} 0 \\ \vdots \\ 0 \\ 1 \\ 0 \\ \vdots \end{pmatrix}$$

で与えられる. 列ベクトルの成分は $n+1$ 行目のみ 1 で, それ以外はゼロである.

同様に, 演算子 $\hat{a}^\dagger$ の行列表現は

$$\hat{a}^\dagger = \begin{pmatrix} 0 & 0 & 0 & 0 & \cdots \\ \sqrt{1} & 0 & 0 & 0 & \cdots \\ 0 & \sqrt{2} & 0 & 0 & \cdots \\ 0 & 0 & \sqrt{3} & 0 & \cdots \\ \vdots & \vdots & \vdots & \vdots & \ddots \end{pmatrix} \quad (5.34)$$

となる. 演算子 $\hat{a}$ と $\hat{a}^\dagger$ は互いにエルミート共役である. つまり, 一方の演算子の行列表現の転置複素共役をとると, 他方の行列表現となっている. しかし, それぞれはエルミート行列ではない.

これらの行列表現を使って数演算子 $\hat{n}$ の行列表現を求めると

$$\hat{n} = \hat{a}^\dagger\hat{a} = \begin{pmatrix} 0 & 0 & 0 & 0 & \cdots \\ 0 & 1 & 0 & 0 & \cdots \\ 0 & 0 & 2 & 0 & \cdots \\ 0 & 0 & 0 & 3 & \cdots \\ \vdots & \vdots & \vdots & \vdots & \ddots \end{pmatrix}$$

となるので, ハミルトニアンの行列表現は

$$\hat{H} = \hbar\omega\left(\hat{n} + \frac{1}{2}\right)$$
$$= \frac{\hbar\omega}{2}\begin{pmatrix} 1 & 0 & 0 & 0 & \cdots \\ 0 & 3 & 0 & 0 & \cdots \\ 0 & 0 & 5 & 0 & \cdots \\ 0 & 0 & 0 & 7 & \cdots \\ \vdots & \vdots & \vdots & \vdots & \ddots \end{pmatrix}$$

である. 基底ケットとしてハミルトニアンの固有ケットを採用したので, ハミルトニアンの行列表現が対角行列となっているのは当然のことである. また, 行列の対角成分がハミルトニアンの固有値で, 調和振動子型ポテンシャルに束縛された粒子のエネルギースペクトルを与えている.

ここで, $\hat{a}$ と $\hat{a}^\dagger$ は式 (3.59), (3.60) を用いると

$$\hat{a} = \sqrt{\frac{m\omega}{2\hbar}}\,\hat{x} + i\frac{\hat{p}}{\sqrt{2\hbar m\omega}}$$
$$\hat{a}^\dagger = \sqrt{\frac{m\omega}{2\hbar}}\,\hat{x} - i\frac{\hat{p}}{\sqrt{2\hbar m\omega}}$$

と書ける. したがって, 位置と運動量の演算子を $\hat{a}$ と $\hat{a}^\dagger$ で表すと

$$\hat{x} = \sqrt{\frac{\hbar}{2m\omega}}\,(\hat{a}^\dagger + \hat{a})$$
$$\hat{p} = i\sqrt{\frac{\hbar m\omega}{2}}\,(\hat{a}^\dagger - \hat{a})$$

となる. これらの式に式 (5.33) と式 (5.34) を代入すると, 位置と運動量の演算子は

$$\hat{x} = \sqrt{\frac{\hbar}{2m\omega}}\begin{pmatrix} 0 & \sqrt{1} & 0 & 0 & \cdots \\ \sqrt{1} & 0 & \sqrt{2} & 0 & \cdots \\ 0 & \sqrt{2} & 0 & \sqrt{3} & \cdots \\ 0 & 0 & \sqrt{3} & 0 & \cdots \\ \vdots & \vdots & \vdots & \vdots & \ddots \end{pmatrix}$$

$$\hat{p} = \sqrt{\frac{\hbar m\omega}{2}}\begin{pmatrix} 0 & -i & 0 & 0 & \cdots \\ i & 0 & -\sqrt{2}\,i & 0 & \cdots \\ 0 & \sqrt{2}\,i & 0 & -\sqrt{3}\,i & \cdots \\ 0 & 0 & \sqrt{3}\,i & 0 & \cdots \\ \vdots & \vdots & \vdots & \vdots & \ddots \end{pmatrix}$$

のように行列で表現することができる. これらの行列から, 位置と運動量の演算子がエルミート演算子であることと, 交換関係 $[\hat{x}, \hat{p}] = i\hbar I$ を確認することは容易である. ここで, I は単位行列である.

5.3 節のまとめ

- 離散的なスペクトルをもつケットの集合をケット空間の基底ベクトルとすることができる。基底ケットの集合は完備性（閉包）をもつ。任意のケット $|\alpha\rangle$ はその基底で展開でき、その座標を並べて作った列ベクトルがケット $|\alpha\rangle$ の表現となる。同様に、任意のブラはその座標を用いた行ベクトルとなり、演算子も基底ケットを使って行列で表現できる。したがって、演算子のケット $|\alpha\rangle$ への作用は、通常の行列演算で表現することができる。
- 物理量 A の固有ケットの集合を基底ベクトルに採用した場合、それによる表現を A 表示とよぶ。
- エルミート演算子の行列表現はエルミート行列である。エルミート行列の固有値は実数である。
- 基底ベクトルとして連続的なスペクトルをもつケットの集合を選んでもよい。連続スペクトルの基底による表示の例としては、座標 (x) 表示、運動量 (p) 表示などがある。
- 調和振動子型ポテンシャル問題は無限次元の行列を用いて解くことができる。行列表現には 3.4.2 項の代数的な方法を使うと便利である。

5.4 ユニタリー変換と行列の対角化

5.4.1 基底の変更とユニタリー変換

今までは、主に、状態空間の基底ケットを演算子 $\hat{A}$ の（離散的な）固有ケット $\{|a_i\rangle\}$ ($i = 1, 2, 3, \cdots$) にとって議論してきた。ここで、別の演算子 $\hat{B}$ の固有ケット $\{|b_i\rangle\}$ も $\{|a_i\rangle\}$ と同時に存在するとしよう。このケットを基底に選ぶこともできる。つまり、ヒルベルト空間は 2 種類の基底ケットのどちらでも張ることができる。任意の演算子の行列表現を A 表示から B 表示へ変える場合の基底ケットの組の交換を基底（表示）の変更という。二つの表示間の関係を明らかにすることは重要である。

二つの基底ケットの組はそれぞれ規格直交系をなし、完備性をもつとする。このとき、集合 $\{|a_i\rangle\}$ の元と $\{|b_i\rangle\}$ の元を結び付ける演算子

$$\hat{U}^\dagger = \sum_k |b_k\rangle\langle a_k|$$

が存在する。実際、$\hat{U}^\dagger$ を任意の元 $|a_j\rangle$ に作用させると、規格直交性から明らかに $|b_j\rangle = \hat{U}^\dagger|a_j\rangle$ となる。この関係式に双対な関係式は $\langle b_j| = \langle a_j|\hat{U}$ なので、任意の $\langle a_j|$ でこの関係式が成り立つためには $\hat{U} = \sum_k |a_k\rangle\langle b_k|$ でなければならない。したがって、基底ケットの直交性と完備性から

$$\hat{U}\hat{U}^\dagger = \hat{U}^\dagger\hat{U} = \hat{1}$$

は恒等変換となる。これより、$\hat{U}^\dagger = \hat{U}^{-1}$ である。このような性質をもつ演算子をユニタリー演算子（unitary

operator）という。

ユニタリー演算子 $\hat{U}^\dagger$ の基底ケット $\{|a_i\rangle\}$ での行列表現は、$\langle a_i|\hat{U}^\dagger|a_j\rangle = \langle a_i|b_j\rangle$ から

$$\hat{U}^\dagger = \begin{pmatrix} \langle a_1|b_1\rangle & \langle a_1|b_2\rangle & \cdots \\ \langle a_2|b_1\rangle & \langle a_2|b_2\rangle & \cdots \\ \vdots & \vdots & \ddots \end{pmatrix} \quad (5.35)$$

と書ける。このような行列をユニタリー行列（unitary matrix）とよぶ。ここで、任意の状態ケット $|\alpha\rangle$ を $\{|a_i\rangle\}$ で展開すると $|\alpha\rangle = \sum_j |a_j\rangle\langle a_j|\alpha\rangle$ であった。一方、このケットベクトルを $\{|b_i\rangle\}$ で展開したときの展開係数（座標）は、式 (5.35) から

$$\langle b_k|\alpha\rangle = \sum_j \langle b_k|a_j\rangle\langle a_j|\alpha\rangle$$
$$= \sum_j \langle a_k|\hat{U}|a_j\rangle\langle a_j|\alpha\rangle \quad (5.36)$$

となる。したがって、基底ケット $\{|b_i\rangle\}$ での状態 $|\alpha\rangle$ の表現（列ベクトル）は、基底ケット $\{|a_i\rangle\}$ での列ベクトルに $\hat{U}$ の行列表現を作用させたものとなっていることがわかる。演算子 $\hat{U}^\dagger$ の行列表現（式 (5.35)）を、基底 $\{|a_i\rangle\}$ から基底 $\{|b_i\rangle\}$ への変換行列という。

一般の演算子 $\hat{X}$ の行列表現を基底 $\{|a_i\rangle\}$ から基底 $\{|b_i\rangle\}$ へ変換することも容易である。基底 $\{|b_i\rangle\}$ での $\hat{X}$ の行列要素は $\langle b_j|\hat{X}|b_i\rangle$ であるから、$\{|a_i\rangle\}$ の閉包を二度用いて

$$\langle b_j|\hat{X}|b_i\rangle = \sum_{k,n} \langle b_j|a_k\rangle\langle a_k|\hat{X}|a_n\rangle\langle a_n|b_i\rangle$$
$$= \sum_{k,n} \langle a_j|\hat{U}|a_k\rangle\langle a_k|\hat{X}|a_n\rangle\langle a_n|\hat{U}^\dagger|a_i\rangle$$

$$(5.37)$$

となる．ここで，新しい基底 $\{|b_i\rangle\}$ での行列表現には $'$（prime）を付けるとすると，式 (5.37) は行列表現として

$$\hat{X}' = \hat{U}\hat{X}\hat{U}^\dagger \tag{5.38}$$

と書ける．このような関係が成り立つとき，行列 $\hat{X}'$ と $\hat{X}$ は相似（similar）であるという．また，このような $\hat{X}'$ と $\hat{X}$ の間の変換をユニタリー変換（unitary transformation）という．

演算子 $\hat{X}$ のトレース（trace）は表現行列における対角成分の和で定義される．しかし，トレースは

$$\begin{aligned}
\mathrm{tr}(\hat{X}) &= \sum_i \langle a_i|\hat{X}|a_i\rangle \\
&= \sum_{i,j,k} \langle a_i|b_j\rangle\langle b_j|\hat{X}|b_k\rangle\langle b_k|a_i\rangle \\
&= \sum_{j,k} \langle b_k|b_j\rangle\langle b_j|\hat{X}|b_k\rangle \\
&= \sum_k \langle b_k|\hat{X}|b_k\rangle
\end{aligned}$$

と変形できるので，表示に依存しない量である．

5.4.2 連続的な固有ケットを基底とする場合の基底の変更

これまでは離散的な基底固有ケット間の変換を考察した．ここで，連続的な基底固有ケット間の変換の例として，座標表示と運動量表示の交換を考えてみよう．

任意の状態 $|\alpha\rangle$ の座標空間での波動関数 $\langle x|\alpha\rangle$ と運動量空間での波動関数 $\langle p|\alpha\rangle$ を考える．式 (5.18) の p 表示と式 (5.27) の x 表示は

$$\langle p|\alpha\rangle = \int \langle p|x\rangle\langle x|\alpha\rangle dx \tag{5.39}$$

$$\langle x|\alpha\rangle = \int \langle x|p\rangle\langle p|\alpha\rangle dp \tag{5.40}$$

となるが，これらはそれぞれの基底の変更を表す式であり，離散系の式 (5.36) に対応する．このとき，$\langle p|x\rangle$ と $\langle x|p\rangle$ はそのような変換を表す連続的な行列要素とみなすことができる（式 (5.35) 参照）．このような $\langle p|x\rangle$，$\langle x|p\rangle$ を変換関数とよぶ．式 (5.39)，式 (5.40) 中の積分操作は，式 (5.36) の離散スペクトルの場合の行列計算の和の操作に対応している．

ここで，変換関数を具体的に求める．運動量演算子を x と p のブラ，ケットで挟んだ量を式 (5.24) と式 (5.25) を使って計算すると

$$\begin{aligned}
\langle x|\hat{p}|p\rangle &= \int \langle x|\hat{p}|x'\rangle\langle x'|p\rangle dx' \\
&= \frac{\hbar}{i}\frac{d}{dx}\int \delta(x-x')\langle x'|p\rangle dx'
\end{aligned}$$

$$= \frac{\hbar}{i}\frac{d}{dx}\langle x|p\rangle = p\langle x|p\rangle$$

を得る．これは変換関数 $\langle x|p\rangle$ についての微分方程式を与えており，規格直交条件 $\int \langle p'|x\rangle\langle x|p\rangle dx = \delta(p-p')$ を考慮してこれを解くことは容易である．式 (5.1) より，結果は

$$\langle p|x\rangle = \frac{e^{-ipx/\hbar}}{\sqrt{2\pi\hbar}}, \qquad \langle x|p\rangle = \frac{e^{ipx/\hbar}}{\sqrt{2\pi\hbar}} \tag{5.41}$$

となる．式 (5.39)，式 (5.40) にこれらの変換関数を代入してみると，波動関数の表示の変更はフーリエ変換やその逆変換で与えられることがわかる．

ここで，一般の演算子 $\hat{X}$ についての表示の変更を考察しよう．離散的なスペクトルの場合の変更（式 (5.37) と式 (5.38)）を参考にすると，例えば，$\hat{X}$ の x 表示から p 表示への変更は，閉包と式 (5.41) を使うと

$$\begin{aligned}
\langle p|\hat{X}|p'\rangle &= \iint \langle p|x\rangle\langle x|\hat{X}|x'\rangle\langle x'|p'\rangle dxdx' \\
&= \iint \frac{e^{i(p'x'-px)/\hbar}}{2\pi\hbar}\langle x|\hat{X}|x'\rangle dxdx' \tag{5.42}
\end{aligned}$$

で与えられる．この場合も，フーリエ変換やその逆変換が表示の変更を与えている．$\hat{X}$ の p 表示から x 表示への変更も同様にして得られる．

例題 5-1

演算子 $\hat{p}$ の座標表示から運動量表示への変更を行う．

式 (5.42) で $\hat{X} = \hat{p}$ とおき，$\hat{p}$ の x 表示（式 (5.24)）と部分積分を使うと

$$\begin{aligned}
\langle p|\hat{p}|p'\rangle &= \iint \frac{e^{i(p'x'-px)/\hbar}}{2\pi\hbar}\langle x|\hat{p}|x'\rangle dxdx' \\
&= \frac{-i}{2\pi}\iint e^{i(p'x'-px)/\hbar}\frac{d}{dx}\delta(x-x')dxdx' \\
&= \frac{i}{2\pi}\iint \delta(x-x')\frac{d}{dx}e^{i(p'x'-px)/\hbar}dxdx' \\
&= \frac{p}{2\pi\hbar}\iint \delta(x-x')e^{i(p'x'-px)/\hbar}dxdx' \\
&= \frac{p}{2\pi\hbar}\int e^{i(p'-p)x/\hbar}dx \\
&= p\,\delta(p-p') = p'\delta(p-p')
\end{aligned}$$

となる．ここで，部分積分における表面項はデルタ関数により落とすことができる．この結果は式 (5.28) と一致する．

5.4.3 行列の対角化

再び，離散的なスペクトルをもつ演算子 $\hat{A}$ の固有ケットの組を基底とする．このとき，$\hat{A}$ の行列表現は対角行列となり，その対角成分には $\hat{A}$ の固有値が並ぶ．他

方，演算子 $\hat{B}$ の行列要素が基底 $\{|a_i\rangle\}$ で表されているとき，$\hat{B}$ の固有ケット $\{|b_i\rangle\}$ と固有値 $\{b_i\}$ は具体的にはどのようにして得られるだろうか？

まず，演算子 $\hat{B}$ の固有値方程式 $\hat{B}|b_i\rangle = b_i|b_i\rangle$ から出発して，左からブラ $\langle a_j|$ を作用させ，閉包を使うと

$$\sum_k \langle a_j|\hat{B}|a_k\rangle\langle a_k|b_i\rangle = b_i\langle a_j|b_i\rangle$$

を得る．指標 j を動かして，これを行列で表現すると

$$\begin{pmatrix} B_{11} & B_{12} & \cdots \\ B_{21} & B_{22} & \cdots \\ \vdots & \vdots & \ddots \end{pmatrix} \begin{pmatrix} C_1^i \\ C_2^i \\ \vdots \end{pmatrix} = b_i \begin{pmatrix} C_1^i \\ C_2^i \\ \vdots \end{pmatrix}$$

となる．ここで

$$B_{jk} = \langle a_j|\hat{B}|a_k\rangle, \qquad C_k^i = \langle a_k|b_i\rangle \quad (5.43)$$

である．このときのベクトル $(C_1^i, C_2^i, \cdots)$ は固有ケット $|b_i\rangle$ の基底 $\{|a_i\rangle\}$ での座標であり，それがゼロベクトルでないための条件は，線形代数でよく知られているように，永年方程式（secular equation）

$$\det(B - \lambda I) = 0 \qquad (5.44)$$

を満たすことである．

式 (5.44) は λ についての代数方程式であり，その解が固有値 $\{b_i\}$ を与える．いったん固有値の組が求まると，それぞれの固有値に対応する固有ケットの表現は，その長さを除いて決定することができる（長さは規格化条件で決まる）．固有ケット $|b_i\rangle$ の座標は式 (5.43) から $\langle a_k|b_i\rangle$ $(k = 1, 2, 3, \cdots)$ で与えられ，これはまさに基底変換のユニタリー行列（式 (5.35)）の i 列目の要素となっている．したがって，ここで得られた座標 $(C_1^i, C_2^i, \cdots)$ $(i = 1, 2, 3, \cdots)$ で表されるベクトルを新しい基底とすれば，それによる演算子 $\hat{B}$ の行列表現は対角形となる．

基底の変換や行列の対角化は 3 次元の問題（角運動量やスピンなど）で具体的に取り扱われる．例えば，例題 8–1 などを参照されたい．

5.4 節のまとめ

- 基底の変更は表示の変更である．ユニタリー演算子（行列）により，状態ベクトルや演算子の表現の変更ができる．
- 連続的なスペクトルをもつ基底の変更，例えば，座標表示と運動量表示の変更はフーリエ変換やその逆変換で行われる．物理量の行列表現の変更も同様である．
- 行列の対角化は永年方程式 $\det(B - \lambda I) = 0$ を用いて行える．

6. 3次元のシュレーディンガー方程式

この章では，3次元空間での粒子の運動を扱う．第2章で触れたように，1次元のシュレーディンガー方程式を直交座標系（rectangular coordinate system）を用いた表示で3次元に拡張することは容易で，位置座標 x と運動量演算子 $\hat{p} = -i\hbar(\partial/\partial x)$ を，それぞれ

$$\boldsymbol{r} = (x, y, z) \tag{6.1}$$

$$\boldsymbol{p} = -i\hbar\boldsymbol{\nabla} = -i\hbar\left(\frac{\partial}{\partial x}, \frac{\partial}{\partial y}, \frac{\partial}{\partial z}\right) \tag{6.2}$$

に置き換えればよい．ここで，$\boldsymbol{r}$（とその成分），$\boldsymbol{p}$ は本来，演算子として $\hat{\boldsymbol{r}}$，$\hat{\boldsymbol{p}}$ と表すべきだが，簡単のため以降は $\boldsymbol{r}$，$\boldsymbol{p}$ と記す．この3次元直交座標表示のシュレーディンガー方程式について6.1節で扱う．

水素原子に束縛された電子の運動のような，中心力ポテンシャル $V(r)$ のもとでの粒子の運動を扱うためには，極座標系（polar coordinate system）を用いた表示でのシュレーディンガー方程式を求める必要がある．この場合については6.2節で扱う．

6.1 3次元のシュレーディンガー方程式（直交座標表示）

ハミルトニアンの運動エネルギー項 $\hat{H}_0 = \boldsymbol{p}^2/2m$ は，3次元の直交座標表示で

$$\hat{H}_0 = -\frac{\hbar^2}{2m}\boldsymbol{\nabla}^2 = -\frac{\hbar^2}{2m}\left(\frac{\partial^2}{\partial x^2} + \frac{\partial^2}{\partial y^2} + \frac{\partial^2}{\partial z^2}\right) \tag{6.3}$$

と表される．このとき，シュレーディンガー方程式は

$$i\hbar\frac{\partial\Psi(\boldsymbol{r}, t)}{\partial t} = \hat{H}_0\Psi(\boldsymbol{r}, t) = -\frac{\hbar^2}{2m}\boldsymbol{\nabla}^2\Psi(\boldsymbol{r}, t) \tag{6.4}$$

で与えられる．

6.1.1 位置座標と時間の変数分離

シュレーディンガー方程式 (6.4) を解くために，まず波動関数が，位置座標 $\boldsymbol{r}$ と時間 t について変数分離（separation of variables）形で書けると仮定して

$$\Psi(\boldsymbol{r}, t) = \psi(\boldsymbol{r})f(t) \tag{6.5}$$

とおき，これを方程式 (6.4) に代入して整理すると

$$i\hbar\frac{\dfrac{df(t)}{dt}}{f(t)} = \frac{-\dfrac{\hbar^2}{2m}\boldsymbol{\nabla}^2\psi(\boldsymbol{r})}{\psi(\boldsymbol{r})} = (\text{定数}) \equiv \varepsilon \tag{6.6}$$

が得られる（ここでは，後の便宜のために，定数を E ではなく ε と記した）．$f(t)$ についての微分方程式は1次元の場合と同じであり，その解は定数 ε，または $\omega = \varepsilon/\hbar$ を用いて

$$f(t) = f(0)e^{-i\varepsilon t/\hbar} = f(0)e^{-i\omega t} \tag{6.7}$$

と表される．$\psi(\boldsymbol{r})$ を求めるためには，固有値方程式

$$-\frac{\hbar^2}{2m}\boldsymbol{\nabla}^2\psi(\boldsymbol{r}) = \varepsilon\psi(\boldsymbol{r}) \tag{6.8}$$

を解く必要がある．

6.1.2 位置座標の変数分離

固有値方程式 (6.8) においても，変数分離形

$$\psi(\boldsymbol{r}) = \psi(x, y, z) = X(x)Y(y)Z(z) \tag{6.9}$$

を仮定し，式 (6.8) に代入して整理すると

$$\frac{\boldsymbol{\nabla}^2\psi(\boldsymbol{r})}{\psi(\boldsymbol{r})} = \frac{X''(x)}{X(x)} + \frac{Y''(y)}{Y(y)} + \frac{Z''(z)}{Z(z)} = -\frac{2m}{\hbar^2}\varepsilon$$

となる（ここで，$X''(x) = d^2X(x)/dx^2, \cdots$）．この式が任意の x, y, z について成り立つためには，$X''(x)/X(x)$，$Y''(y)/Y(y)$，$Z''(z)/Z(z)$ の各項がそれぞれ定数でなければならない．エネルギーの次元をもつ定数 ε_x，ε_y，ε_z を用いて，微分方程式が次のように書ける．

$$\frac{d^2X(x)}{dx^2} = -\frac{2m}{\hbar^2}\varepsilon_x X(x) = -k_x^2 X(x) \tag{6.10a}$$

$$\frac{d^2Y(y)}{dy^2} = -\frac{2m}{\hbar^2}\varepsilon_y Y(y) = -k_y^2 Y(y) \tag{6.10b}$$

$$\frac{d^2Z(z)}{dz^2} = -\frac{2m}{\hbar^2}\varepsilon_z Z(z) = -k_z^2 Z(z) \tag{6.10c}$$

ここで，$\varepsilon_{x,y,z} > 0$ のときに振動解（波動解）が得られることを考慮して，右辺の係数を $-k_x^2$，$-k_y^2$，$-k_z^2$ とおいた．$X(x)$ に対する微分方程式 (6.10a) の一般解は

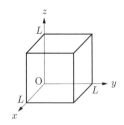

図 6.1　1 辺 L の立方体の箱

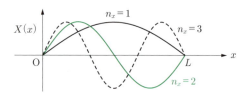

図 6.2　固定端境界条件の解 $X(x)/D_x = \sin(\pi n_x x/L)$

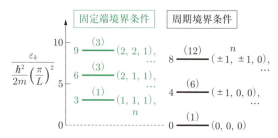

図 6.3　定在波および進行波の低エネルギー固有値

$$X(x) = A_x e^{ik_x x} + B_x e^{-ik_x x} \quad (6.11)$$

と表される．

6.1.3　平面波解

式 (6.11) で，k_x は負の値を含む任意の実数をとりうるとし，進行波 (progressive wave) の解として $X(x) = A_x e^{ik_x x}$ を採用する．同様にして，$Y(y) = A_y e^{ik_y y}$, $Z(z) = A_z e^{ik_z z}$ が得られるので，固有値方程式 (6.8) の解は

$$\psi(\boldsymbol{r}) = A_x A_y A_z e^{i\boldsymbol{k}\cdot\boldsymbol{r}} = A e^{i\boldsymbol{k}\cdot\boldsymbol{r}} \quad (6.12)$$

と表される．ここで，$\boldsymbol{k} = (k_x, k_y, k_z)$ を波数ベクトル (wave vector) とよび，ε_x, ε_y, ε_z, および ε との関係は

$$\varepsilon = \varepsilon_x + \varepsilon_y + \varepsilon_z = \frac{\hbar^2}{2m}(k_x^2 + k_y^2 + k_z^2) = \frac{\hbar^2 \boldsymbol{k}^2}{2m}$$

である．このようにして，シュレーディンガー方程式 (6.4) の解は，式 (6.7) と式 (6.12) を用いて

$$\Psi(\boldsymbol{r}, \boldsymbol{t}) = \frac{1}{\sqrt{V}} e^{i(\boldsymbol{k}\cdot\boldsymbol{r} - \omega t)} \quad (6.13)$$

と求められる．ここで，波動関数を空間の体積 V あたりで規格化した．この自由粒子についての解 (6.13) は平面波 (plane wave) を表す．

6.1.4　固定端境界条件の解

図 6.1 のような 1 辺 L の立方体 $(0 \leq x, y, z \leq L)$ の箱に，粒子が閉じ込められている場合を考えよう．これは，粒子に対するポテンシャルが，立方体の中ではゼロ，立方体の外では ∞ であり，波動関数に固定端境界条件 (fixed boundary condition)：$X(0) = X(L) = 0$, $Y(0) = Y(L) = 0$, $Z(0) = Z(L) = 0$ を課すことに対応する．まず $X(x)$ について，式 (6.11) を書き換えて $(C_x \equiv A_x + B_x,\ D_x \equiv i(A_x - B_x)$ を用いて)

$$X(x) = C_x \cos(k_x x) + D_x \sin(k_x x) \quad (6.14)$$

とし，境界条件 $X(0) = 0$ から $C_x = 0$, $X(L) = 0$ から $\sin(k_x L) = 0$, ゆえに $k_x L = \pi n_x$ $(n_x = 1, 2, \cdots)$, すなわち $X(x) = D_x \sin(\pi n_x x/L)$ と定まる．$X(x)$ を $n_x = 1, 2, 3$ について図示すると，図 6.2 のようになる．これは定在波 (standing wave) であり，時間的に $e^{-i\omega t}$ で振動するので，$n_x = -1, -2, \cdots$ は $n_x = 1, 2, \cdots$ に対して独立な解を与えない．

$X(x)$ と同様に $Y(y)$, $Z(z)$ を求め，規格化すると

$$\psi_{\boldsymbol{k}}(\boldsymbol{r}) = \left(\frac{2}{L}\right)^{3/2} \sin(k_x x) \sin(k_y y) \sin(k_z z)$$
$$(6.15\text{a})$$

$$\boldsymbol{k} = \left(\frac{\pi}{L} n_x, \frac{\pi}{L} n_y, \frac{\pi}{L} n_z\right) \quad (6.15\text{b})$$

$$n_{x,y,z} = 1, 2, \cdots \quad (6.15\text{c})$$

が得られる．

6.1.5　周期境界条件の解

固定端境界条件の代わりに，周期境界条件 (periodic boundary condition)：$X(x) = X(x+L)$, $Y(y) = Y(y+L)$, $Z(z) = Z(z+L)$ を採用することもできる．この条件から $e^{ik_x L} = 1$, ゆえに $k_x L = 2\pi n_x$ $(n_x = 0, \pm 1, \pm 2, \cdots)$ と定まり，次式が得られる．

$$\psi_{\boldsymbol{k}}(\boldsymbol{r}) = \left(\frac{1}{L}\right)^{3/2} e^{i\boldsymbol{k}\cdot\boldsymbol{r}} \quad (6.16\text{a})$$

$$\boldsymbol{k} = \left(\frac{2\pi}{L} n_x, \frac{2\pi}{L} n_y, \frac{2\pi}{L} n_z\right) \quad (6.16\text{b})$$

$$n_{x,y,z} = 0, \pm 1, \pm 2, \cdots \quad (6.16\text{c})$$

これは進行波であり，$n_x = 0, \pm 1, \pm 2, \cdots$ はすべて独立な解を与える．

この周期境界条件のときの解 (6.16a–c) と，固定端境界条件のときの解 (6.15a–c) では，とりうる波数ベ

クトルの値や範囲にも違いがある．それらの基底状態と第1・第2励起状態のエネルギースペクトルを図6.3に示した（括弧の中の数字は縮退度を表す）．このよう

な違いにもかかわらず，N 粒子系（$N \approx 10^{23}$）の状態数を数えたり，状態密度などを求める場合，両者は同じ結果を与える．

6.1 節のまとめ

- 3次元直交座標表示において，運動量は $\boldsymbol{p} = -i\hbar\boldsymbol{\nabla} = -i\hbar\left(\dfrac{\partial}{\partial x}, \dfrac{\partial}{\partial y}, \dfrac{\partial}{\partial z}\right)$ で与えられる．したがって，ハミルトニアンの運動エネルギー項は次のように表される．

$$\hat{H}_0 = \frac{\boldsymbol{p}^2}{2m} = -\frac{\hbar^2}{2m}\boldsymbol{\nabla}^2 = -\frac{\hbar^2}{2m}\left(\frac{\partial^2}{\partial x^2} + \frac{\partial^2}{\partial y^2} + \frac{\partial^2}{\partial z^2}\right)$$

- $\hat{H} = \hat{H}_0$ に対するシュレーディンガー方程式は次式で与えられる．

$$i\hbar\frac{\partial\Psi(\boldsymbol{r},t)}{\partial t} = \hat{H}_0\,\Psi(\boldsymbol{r},t) = -\frac{\hbar^2}{2m}\boldsymbol{\nabla}^2\,\Psi(\boldsymbol{r},t)$$

- 波動関数が $\Psi(\boldsymbol{r},t) = \psi(\boldsymbol{r})f(t)$ と変数分離形で表されると仮定し，シュレーディンガー方程式に代入し整理して次式を得る．

$$-\frac{\hbar^2}{2m}\boldsymbol{\nabla}^2\psi(\boldsymbol{r}) = \varepsilon\psi(\boldsymbol{r}) \quad [\text{固有値方程式}] \quad (\varepsilon：定数（エネルギー固有値）)$$

$$i\hbar\frac{df(t)}{dt} = \varepsilon f(t) \quad \Rightarrow \quad \Psi(\boldsymbol{r},t) = \psi(\boldsymbol{r})e^{-i\varepsilon t/\hbar} = \psi(\boldsymbol{r})e^{-i\omega t} \quad (\varepsilon = \hbar\omega)$$

- 固有関数を $\psi(\boldsymbol{r}) = \psi(x,y,z) = X(x)Y(y)Z(z)$ と変数分離して，固有値方程式を解くことができる．エネルギー固有値は $\varepsilon = \varepsilon_{\boldsymbol{k}} = \dfrac{\hbar^2\boldsymbol{k}^2}{2m} = \dfrac{\hbar^2}{2m}(k_x^2 + k_y^2 + k_z^2)$，固有状態として次の (1)–(3) を得る．

(1) 自由な運動：$\psi_{\boldsymbol{k}}(\boldsymbol{r}) = \dfrac{1}{\sqrt{V}}e^{i\boldsymbol{k}\cdot\boldsymbol{r}}$（平面波解），$\boldsymbol{k} = (k_x, k_y, k_z)$，$(k_x, k_y, k_z)$ は任意の実数；

(2) 固定端境界条件：$\psi_{\boldsymbol{k}}(\boldsymbol{r}) = \left(\dfrac{2}{L}\right)^{3/2}\sin(k_x x)\sin(k_y y)\sin(k_z z)$，$\boldsymbol{k} = \dfrac{\pi}{L}(n_x, n_y, n_z)$，$n_{x,y,z} = 1, 2, \cdots$；

(3) 周期境界条件：$\psi_{\boldsymbol{k}}(\boldsymbol{r}) = \left(\dfrac{1}{L}\right)^{3/2}e^{i\boldsymbol{k}\cdot\boldsymbol{r}}$，$\boldsymbol{k} = \dfrac{2\pi}{L}(n_x, n_y, n_z)$，$n_{x,y,z} = 0, \pm 1, \pm 2, \cdots$．

6.2 極座標表示のシュレーディンガー方程式

座標原点 O を中心にもつ中心力ポテンシャル $V(r)$（ここで $r = \sqrt{x^2 + y^2 + z^2}$）のもとでの粒子の運動は，$x$, y, z による直交座標表示ではなく，これらと

$$x = r\sin\theta\cos\varphi, \ y = r\sin\theta\sin\varphi, \ z = r\cos\theta$$

で関係付けられる r, θ, φ による極座標表示で議論する必要がある．ポテンシャル $V(r)$ はすでに極座標表示されているので，運動エネルギー項 $\boldsymbol{p}^2/2m$ を極座標表示すればよい．そのために次式を用いる．

$$\boldsymbol{p}^2 = \frac{1}{r^2}\left\{(\boldsymbol{r}\cdot\boldsymbol{p})^2 - i\hbar\boldsymbol{r}\cdot\boldsymbol{p} + \boldsymbol{L}^2\right\} \quad (6.17)$$

ここで，$\boldsymbol{L}$ は角運動量（angular momentum）演算子

$$\boldsymbol{L} = \boldsymbol{r}\times\boldsymbol{p} = (yp_z - zp_y, zp_x - xp_z, xp_y - yp_x)$$

であり，式 (6.1) および (6.2) を用いて

$$
\begin{aligned}
\boldsymbol{L}^2 = -\hbar^2\Bigg\{ &\left(y\frac{\partial}{\partial z} - z\frac{\partial}{\partial y}\right)^2 + \left(z\frac{\partial}{\partial x} - x\frac{\partial}{\partial z}\right)^2 \\
&+ \left(x\frac{\partial}{\partial y} - y\frac{\partial}{\partial x}\right)^2\Bigg\}
\end{aligned}
$$
$$(6.18)$$

と表される．

なお，式 (6.17) は，式 (6.1)，式 (6.2)，式 (6.18) および $r^2 = x^2 + y^2 + z^2$ を用いて，直交座標表示で証明することができる（$[(\boldsymbol{r}\cdot\boldsymbol{p})^2 + (\boldsymbol{r}\times\boldsymbol{p})^2]$ を計算すると，それが $[r^2\boldsymbol{p}^2 + i\hbar\boldsymbol{r}\cdot\boldsymbol{p}]$ に等しいことがわかる）．

3次元空間の極座標表示で (r, θ, φ) で表される点で，各成分が増加する方向を向く単位ベクトル (unit vector) を e_r, e_θ, e_φ とする．これらを用いて，位置ベクトル (position vector) r とベクトル偏微分演算子 (vector differential operator) ∇ （ナブラ）は

$$r = r e_r \tag{6.19}$$

$$\nabla = e_r \frac{\partial}{\partial r} + e_\theta \frac{1}{r} \frac{\partial}{\partial \theta} + e_\varphi \frac{1}{r \sin\theta} \frac{\partial}{\partial \varphi} \tag{6.20}$$

と表される．e_r, e_θ, e_φ は互いに直交するので

$$r \cdot p = r \cdot (-i\hbar \nabla) = -i\hbar r \frac{\partial}{\partial r}$$

となる．これを，式 (6.17) に代入して整理すると，ハミルトニアンの運動エネルギー項 $\hat{H}_0 = p^2/2m$ は

$$\hat{H}_0 = -\frac{\hbar^2}{2m} \frac{1}{r^2} \frac{\partial}{\partial r} \left(r^2 \frac{\partial}{\partial r} \right) + \frac{L^2}{2mr^2} \tag{6.21}$$

と求められる．L^2 は，極座標表示では

$$L^2 = -\hbar^2 \left\{ \frac{1}{\sin\theta} \frac{\partial}{\partial \theta} \left(\sin\theta \frac{\partial}{\partial \theta} \right) + \frac{1}{\sin^2\theta} \frac{\partial^2}{\partial \varphi^2} \right\} \tag{6.22}$$

と表される．これらの式，特に (6.20) と (6.22) は，8.1 節で角運動量について詳しく議論した後に，8.2 節であらためて導出する．

次章で，極座標表示のハミルトニアンの式 (6.21) および式 (6.22) の固有値問題を解くことで，水素原子に束縛された電子の量子状態を調べよう．

6.2 節のまとめ

- 極座標表示のハミルトニアンの運動エネルギー項は，$p^2 = \dfrac{1}{r^2}\left\{ (r \cdot p)^2 - i\hbar r \cdot p + (r \times p)^2 \right\}$, $r = r e_r$, $p = -i\hbar \left(e_r \dfrac{\partial}{\partial r} + e_\theta \dfrac{1}{r} \dfrac{\partial}{\partial \theta} + e_\varphi \dfrac{1}{r \sin\theta} \dfrac{\partial}{\partial \varphi} \right)$, $L = r \times p$ （角運動量）を用いて，次のように求められる．

$$\hat{H}_0 = \frac{p^2}{2m} = -\frac{\hbar^2}{2m} \frac{1}{r^2} \frac{\partial}{\partial r} \left(r^2 \frac{\partial}{\partial r} \right) + \frac{L^2}{2mr^2}$$

$$L^2 = -\hbar^2 \left\{ \left(y \frac{\partial}{\partial z} - z \frac{\partial}{\partial y} \right)^2 + \left(z \frac{\partial}{\partial x} - x \frac{\partial}{\partial z} \right)^2 + \left(x \frac{\partial}{\partial y} - y \frac{\partial}{\partial x} \right)^2 \right\}$$

$$= -\hbar^2 \left\{ \frac{1}{\sin\theta} \frac{\partial}{\partial \theta} \left(\sin\theta \frac{\partial}{\partial \theta} \right) + \frac{1}{\sin^2\theta} \frac{\partial^2}{\partial \varphi^2} \right\}$$

7. 水素原子

原子番号（atomic number）Z の原子は，Ze の電荷をもつ原子核（nucleus）と $-e$ の電荷をもつ Z 個の電子（electron）からなる．原子核から電子に作用するクーロンポテンシャルは，座標原点を原子核の位置にとって，次式で与えられる．

$$V(r) = -\frac{Ze^2}{4\pi\varepsilon_0}\frac{1}{r} \qquad (7.1)$$

水素原子（hydrogen）では，$Z=1$ で，原子核（陽子）と電子の二体問題なので，原子核が静止しているときの電子状態は一体問題に帰着し正確に求めることができる．その他の原子（$Z \geq 2$）では，電子間のクーロン斥力（Coulomb repulsion）も考慮する必要があり多体問題となる．この多粒子系の波動関数を正確に求めることは困難で，近似計算を用いる必要がある．その方法については第 14 章であらためて議論する．

このように，水素原子以外の電子の束縛エネルギーや波動関数を厳密に記述することは難しいが，式 (7.1) のポテンシャルのもとでの 1 電子問題を解くことは，水素様原子（hydrogen-like atom）の固有値問題といわれ，元素の周期律を理解するうえできわめて有用である．極座標表示のハミルトニアンの固有値問題は，その固有（波動）関数 $\Psi(r,\theta,\varphi)$ を，$\Psi(r,\theta,\varphi)=R(r)Y(\theta,\varphi)$ のように，動径部分 $R(r)$ と角度部分 $Y(\theta,\varphi)$ に変数分離して解くことができる．そのうち，角度部分の関数 $Y(\theta,\varphi)$ は，式 (7.1) を含むすべての中心力ポテンシャル $V(r)$ の場合に共通であり，7.1 節で中心力場における一体問題の解として導く．水素（様）原子の電子の固有エネルギー E_n と動径関数 $R(r)$ は 7.2 節で求める．

7.1 中心力場における一体問題と球面調和関数

ポテンシャルが中心力場 $V(r)$ で与えられるときの極座標表示のハミルトニアンは

$$\hat{H} = -\frac{\hbar^2}{2m}\frac{1}{r^2}\frac{\partial}{\partial r}\left(r^2\frac{\partial}{\partial r}\right) + \frac{\boldsymbol{L}^2}{2mr^2} + V(r) \quad (7.2)$$

で与えられ，固有値方程式は

$$\hat{H}\Psi(r,\theta,\varphi) = E\Psi(r,\theta,\varphi) \qquad (7.3)$$

と表すことができる．

7.1.1 固有関数の動径部分と角度部分への変数分離

固有関数 $\Psi(r,\theta,\varphi)$ を，動径部分と角度部分に

$$\Psi(r,\theta,\varphi) = R(r)Y(\theta,\varphi) \qquad (7.4)$$

のように変数分離できると仮定して，固有値方程式 (7.3) に代入し整理すると，次式が得られる．

$$\frac{\left\{\frac{1}{r^2}\frac{\partial}{\partial r}\left(r^2\frac{\partial}{\partial r}\right) + \frac{2m}{\hbar^2}(E-V)\right\}R}{\frac{R}{r^2}} = \frac{\boldsymbol{L}^2 Y}{\hbar^2 Y} \equiv \lambda$$

$$(7.5)$$

ここで，r のみの関数と，θ，φ の関数が常に等しいためには，それらが同じ定数（λ とする）でなければならないことを用いた．$R(r)$ についての方程式は 7.2 節で扱う．$Y(\theta,\varphi)$ についての方程式は $-\boldsymbol{L}^2 Y/\hbar^2 + \lambda Y = 0$ となり，$\boldsymbol{L}^2$ について式 (6.22) を適用すると

$$\frac{1}{\sin\theta}\frac{\partial}{\partial\theta}\left(\sin\theta\frac{\partial Y}{\partial\theta}\right) + \frac{1}{\sin^2\theta}\frac{\partial^2 Y}{\partial\varphi^2} + \lambda Y = 0$$

$$(7.6)$$

が得られる．

7.1.2 角度部分の関数の変数分離

式 (7.6) は，さらに変数分離形

$$Y(\theta,\varphi) = \Theta(\theta)\Phi(\varphi) \qquad (7.7)$$

を仮定して代入し，整理して

$$\frac{\sin\theta\frac{d}{d\theta}\left(\sin\theta\frac{d\Theta}{d\theta}\right)}{\Theta} + \lambda\sin^2\theta = -\frac{\frac{d^2\Phi}{d\varphi^2}}{\Phi} \equiv \mu$$

$$(7.8)$$

ここで再び，θ のみの関数と φ のみの関数が常に等しいためには，それらが同じ定数（μ とする）でなければならないという条件を得る．このようにして，Θ と

Φ が満たすべき方程式として，次の2式を得る．

$$\frac{1}{\sin\theta}\frac{d}{d\theta}\left(\sin\theta\frac{d\Theta}{d\theta}\right) + \left(\lambda - \frac{\mu}{\sin^2\theta}\right)\Theta = 0 \quad (7.9)$$

$$\frac{d^2\Phi}{d\varphi^2} + \mu\Phi = 0 \qquad (7.10)$$

7.1.3 $\Phi(\varphi)$ の解

まず，単振動を含む基本的な2階の微分方程式である式 (7.10) の解 $\Phi(\varphi)$ を求めよう．その解は μ の値によって（$A,\,B$ を定数として）

(1) $\mu = 0 \rightarrow \Phi(\varphi) = A + B\varphi$

(2) $\mu < 0 \rightarrow \Phi(\varphi) = Ae^{\sqrt{-\mu}\varphi} + Be^{-\sqrt{-\mu}\varphi}$

(3) $\mu > 0 \rightarrow \Phi(\varphi) = Ae^{i\sqrt{\mu}\varphi} + Be^{-i\sqrt{\mu}\varphi}$

の3通りの場合がある．(2) の指数関数の解は適切でなく，波動解としては (3) および (1) で $B = 0$ の場合が適切である．ここでは基本解を求めるので，

$$\mu \equiv m^2 \geq 0, \quad (m \text{ は任意の実数})$$

とおいて，$\Phi(\varphi) = Ae^{im\varphi} \equiv \Phi_m(\varphi)$ とすればよい．極軸（z 軸）のまわりの回転角 φ に関しては 2π の周期性をもつ必要がある．すなわち，$\Phi_m(\varphi) = \Phi_m(\varphi + 2\pi)$（あるいは $\Phi_m(0) = \Phi_m(2\pi)$）から m は整数でなければならないことがわかる．さらに，$\Phi_m(\varphi)$ に規格化条件 $\int_0^{2\pi} |\Phi_m(\varphi)|^2 d\varphi = 1$ を課して A を定めると

$$\Phi_m(\varphi) = \frac{1}{\sqrt{2\pi}}e^{im\varphi}, \quad (m = 0, \pm1, \pm2, \cdots)$$

$$(7.11)$$

と求められる．

この固有（波動）関数 $\Phi_m(\varphi)$ は，φ 方向の回転運動に関する角運動量 $r\sin\theta p_\varphi$ の固有関数になっている．すなわち，

$$r\sin\theta p_\varphi \Phi_m(\varphi) = -i\hbar\frac{\partial}{\partial\varphi}\Phi_m(\varphi) = m\hbar\Phi_m(\varphi)$$

これは，「原子内の電子の円運動（回転運動）に関する角運動量は $\hbar = h/2\pi$ の自然数倍になっていなければならない」という「ボーアの量子化条件」の証明になっている．

7.1.4 $\Theta(\theta)$ の解

次に，式 (7.9) を用いて $\Theta(\theta)$ を求めよう．$\Theta(\theta)$ は，結果として θ の三角関数（$\cos\theta$ または $\sin\theta$）で表される．このことは，次のようにしてわかる．まず，

$$\Theta(\theta) \rightarrow P(\cos\theta) = P(w), \quad (w \equiv \cos\theta)$$

と，関数および変数を置き換える．ここで，

$$\frac{d}{d\theta} = \frac{dw}{d\theta}\frac{d}{dw} = -\sin\theta\frac{d}{dw}, \quad \sin^2\theta = 1 - w^2,$$

また，式 (7.11) から $\mu = m^2$（$m = 0, \pm1, \pm2, \cdots$）であることを用いて式 (7.9) を書き換えると，次式になる．

$$\frac{d}{dw}\left\{(1-w^2)\frac{dP(w)}{dw}\right\} + \left(\lambda - \frac{m^2}{1-w^2}\right)P(w) = 0$$

$$(7.12)$$

この微分方程式は，$m^2/(1-w^2)$ の項のために，w の値域 $-1 \leq w \leq 1$ の両端 $w = \pm1$ に特異性をもつ．それを除去するために，$P(w)$ を次のようにおいて

$$P(w) \equiv (1-w^2)^\alpha v(w) \qquad (7.13)$$

式 (7.12) に代入し，$(1-w^2)^{-\alpha}$ を掛けて次式を得る．

$$(1-w^2)\frac{d^2v(w)}{dw^2} - 2(2\alpha+1)w\frac{dv(w)}{dw}$$

$$+ \left(\lambda - 2\alpha - 4\alpha^2\frac{\dfrac{m^2}{4\alpha^2} - w^2}{1-w^2}\right)v(w) = 0 \quad (7.14)$$

ここで，$m^2/4\alpha^2 = 1$ すなわち $\alpha = |m|/2$ であれば $1/(1-w^2)$ の特異性は消える．したがって，式 (7.14) で $\alpha = |m|/2$ とおき，$v(w)$ が w の整級数で

$$v(w) = \sum_{\nu=0,1,2,\cdots} \beta_\nu w^\nu \qquad (7.15)$$

と表せると仮定して代入し整理すると，各 w^ν の項の係数が 0 になるという条件から，β_ν についての漸化式

$$\beta_{\nu+2} = \frac{(\nu+|m|)(\nu+|m|+1) - \lambda}{(\nu+1)(\nu+2)}\beta_\nu \quad (7.16)$$

が得られる．この漸化式は，$\nu \rightarrow \infty$ で $\beta_{\nu+2}/\beta_\nu \rightarrow 1$ となるので，$v(w)$ が $w = \pm1$ で発散しないためには，有限の ν で途切れて，$\beta_\nu \neq 0$，$\beta_{\nu+2} = 0$，すなわち $(\nu+|m|)(\nu+|m|+1) - \lambda = 0$ となっていなければならない．$\nu + |m| = 0, 1, 2, \cdots$ なので，$l \equiv \nu + |m|$ とおいて，λ は次の値に定められる．

$$\lambda = l(l+1), \quad l = 0, 1, 2, \cdots, \quad |m| \leq l \quad (7.17)$$

また，漸化式 (7.16) は β_ν と $\beta_{\nu+2}$ を関係付けるので，$v(w)$ したがって $P(w)$ は偶関数または奇関数のいずれかであることがわかる．この漸化式を用いて，各々の $l,\,m$ の場合に係数 β_ν の組を定めていくと，微分方程式 (7.12) の解 $P(w)$ は

$$P = P_l^m(w) = (1-w^2)^{|m|/2}\frac{d^{|m|}}{dw^{|m|}}P_l(w)$$

$$P_l(w) = \frac{1}{2^l l!}\frac{d^l}{dw^l}(w^2-1)^l$$

表 7.1 球面調和関数：$Y_l^m(\theta, \varphi)$

l	m	$\sqrt{\frac{4\pi}{2l+1}} Y_l^m(\theta, \varphi)$
0	0	1
1	0	$\cos\theta$
1	± 1	$\mp \frac{1}{\sqrt{2}} \sin\theta e^{\pm i\varphi}$
2	0	$\frac{1}{2}(3\cos^2\theta - 1)$
2	± 1	$\mp\sqrt{\frac{3}{2}} \sin\theta\cos\theta e^{\pm i\varphi}$
2	± 2	$\frac{\sqrt{3}}{2\sqrt{2}} \sin^2\theta e^{\pm i2\varphi}$
3	0	$\frac{1}{2}(5\cos^3\theta - 3\cos\theta)$
3	± 1	$\mp\frac{\sqrt{3}}{2^2} \sin\theta(5\cos^2\theta - 1)e^{\pm i\varphi}$
3	± 2	$\frac{\sqrt{3\cdot 5}}{2\sqrt{2}} \sin^2\theta\cos\theta e^{\pm i2\varphi}$
3	± 3	$\mp\frac{\sqrt{5}}{2^2} \sin^3\theta e^{\pm i3\varphi}$

表 7.2 立方調和関数：$C_l^\mu(x, y, z)$

l	μ	$\sqrt{\frac{4\pi}{2l+1}} C_l^\mu(x,y,z)$	$(C_l^\mu=) \sum_m c_{lm}^\mu Y_l^m$
s	1	1	Y_0^0
p	1	x	$\frac{1}{\sqrt{2}}(-Y_1^1 + Y_1^{-1})$
p	2	y	$\frac{i}{\sqrt{2}}(Y_1^1 + Y_1^{-1})$
p	3	z	Y_1^0
d	1	$\frac{1}{2}(3z^2 - r^2)$	Y_2^0
d	2	$\frac{\sqrt{3}}{2}(x^2 - y^2)$	$\frac{1}{\sqrt{2}}(Y_2^2 + Y_2^{-2})$
d	3	$\sqrt{3} yz$	$\frac{i}{\sqrt{2}}(Y_2^1 + Y_2^{-1})$
d	4	$\sqrt{3} zx$	$\frac{1}{\sqrt{2}}(-Y_2^1 + Y_2^{-1})$
d	5	$\sqrt{3} xy$	$\frac{i}{\sqrt{2}}(-Y_2^2 + Y_2^{-2})$
f	1	$\sqrt{3\cdot 5}\, xyz$	$\frac{i}{\sqrt{2}}(-Y_3^2 + Y_3^{-2})$
f	2	$\frac{1}{2}x(5x^2 - 3r^2)$	*1)
f	3	$\frac{1}{2}y(5y^2 - 3r^2)$	*2)
f	4	$\frac{1}{2}z(5z^2 - 3r^2)$	Y_3^0
f	5	$\frac{\sqrt{3\cdot 5}}{2}x(y^2 - z^2)$	*3)
f	6	$\frac{\sqrt{3\cdot 5}}{2}y(z^2 - x^2)$	*4)
f	7	$\frac{\sqrt{3\cdot 5}}{2}z(x^2 - y^2)$	$\frac{1}{\sqrt{2}}(Y_3^2 + Y_3^{-2})$

*1) $\frac{1}{2^2}[\sqrt{5}(-Y_3^3 + Y_3^{-3}) + \sqrt{3}(Y_3^1 - Y_3^{-1})]$
*2) $\frac{i}{2^2}[\sqrt{5}(-Y_3^3 - Y_3^{-3}) + \sqrt{3}(-Y_3^1 - Y_3^{-1})]$
*3) $\frac{1}{2^2}[\sqrt{3}(Y_3^3 - Y_3^{-3}) + \sqrt{5}(Y_3^1 - Y_3^{-1})]$
*4) $\frac{i}{2^2}[\sqrt{3}(-Y_3^3 - Y_3^{-3}) + \sqrt{5}(Y_3^1 + Y_3^{-1})]$

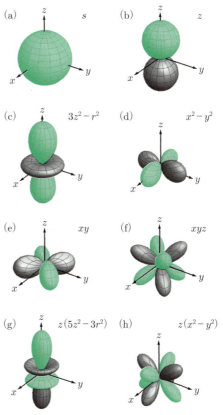

図 7.1 立方調和関数 $C_l^\mu(x, y, z)$

$$P_l^m(w) = \frac{(1-w^2)^{|m|/2}}{2^l l!} \frac{d^{l+|m|}}{dw^{l+|m|}} (w^2 - 1)^l \tag{7.18}$$

と求められる．ここで，$P_l(w)$ は**ルジャンドルの多項式** (Legendre polynomials)，$P_l^m(w)$ は**ルジャンドルの陪関数** (associated Legendre functions) とよばれる．$\Theta(\theta) = \Theta_l^m(\theta)$ に規格化条件 $\int_0^\pi |\Theta_l^m(\theta)|^2 \sin\theta\, d\theta = 1$ を課して，係数を定め次式を得る．

$$\Theta_l^m(\theta) = (-1)^{(m+|m|)/2} \sqrt{\frac{2l+1}{2} \frac{(l-|m|)!}{(l+|m|)!}} P_l^m(\cos\theta) \tag{7.19}$$

7.1.5 球面調和関数

このようにして，角度部分の波動関数 $Y(\theta, \varphi)$ は，式 (7.11) と式 (7.19) を用いて，$Y_l^m(\theta, \varphi) = \Theta_l^m(\theta)\Phi_m(\varphi)$，すなわち次のように表される．

$$Y_l^m(\theta, \varphi) = (-1)^{(m+|m|)/2} \sqrt{\frac{2l+1}{4\pi} \frac{(l-|m|)!}{(l+|m|)!}}$$
$$\times P_l^m(\cos\theta) e^{im\varphi} \tag{7.20}$$

$$l = 0, 1, 2, \cdots$$
$$m = -l, -l+1, \cdots, 0, \cdots, l-1, l$$

この $Y_l^m(\theta, \varphi)$ は**球面調和関数** (spherical harmonics) とよばれ，次の規格直交関係を満たす．

$$\int_0^\pi \int_0^{2\pi} Y_{l'}^{m'*}(\theta, \varphi) Y_l^m(\theta, \varphi) \sin\theta\, d\theta d\varphi = \delta_{ll'}\delta_{mm'} \tag{7.21}$$

52 7. 水素原子

ここで，$l=0, 1, 2, \cdots$ であるが，$l=0$ の関数を s 軌道，$l=1$ の関数を p 軌道，$l=2$ の関数を d 軌道，$l=3$ の関数を f 軌道といい，以下，次のような記号を用いる．

$$l = 0, 1, 2, 3, 4, 5, 6, 7, 8, 9, 10, \cdots$$
$$s, p, d, f, g, h, i, k, l, m, n, \cdots \quad (7.22)$$

$l=0, 1, 2, 3$ の場合の具体的な関数形は，表 7.1 のように与えられる．

7.1.6 立方調和関数

球面調和関数 $Y_l^m(\theta, \varphi)$ は一般に複素数値関数であるが，表 7.2 に示す線形結合 $\left(\sum_m c_{lm}^\mu Y_l^m\right)$ をとると，立方調和関数（cubic harmonics）とよばれる実関数で表すことができる．立方調和関数 C_l^μ の変数は

$$\left(\frac{x}{r}, \frac{y}{r}, \frac{z}{r}\right) \equiv (\sin\theta\cos\varphi, \sin\theta\sin\varphi, \cos\theta)$$

であるが，表 7.2 では簡単のため $(x/r, y/r, z/r)$ を (x, y, z) と表した．（この表記で $\frac{1}{2}(3z^2 - r^2)/r^2$ は $\frac{1}{2}(3z^2 - 1)$ となるが，$\frac{1}{2}(3z^2 - r^2)$ と記した．）

図 7.1 の (a) に s 軌道，(b)–(h) にいずれも z 軸を主軸とする (b) p 軌道，(c)–(e) d 軌道，(f)–(h) f 軌道の立方調和関数 $C_l^\mu(x, y, z)$ の空間依存性を示した．(d) $\leftrightarrow$ (e) と (h) $\leftrightarrow$ (f) は，z 軸のまわりに $\pm\pi/4$ だけ回転して互いに移り変わる．また，表 7.2 のその他の関数は，(b)，(e)，(g)，(h) の (x, y, z) 軸を (z, x, y) 軸または (y, z, x) 軸と読み替えた空間依存性をもつ．

7.1 節のまとめ

- 中心力場のもとでの固有値方程式は，次のように与えられる．

$$\left\{-\frac{\hbar^2}{2m}\frac{1}{r^2}\frac{\partial}{\partial r}\left(r^2\frac{\partial}{\partial r}\right) + \frac{\boldsymbol{L}^2}{2mr^2} + V(r)\right\}\Psi(r, \theta, \varphi) = E\Psi(r, \theta, \varphi)$$

- 固有関数を $\Psi(r, \theta, \varphi) = R(r)Y(\theta, \varphi)$ と変数分離して，次の動径および角度部分の関数の方程式を得る．

$$\frac{1}{r^2}\frac{\partial}{\partial r}\left(r^2\frac{\partial R}{\partial r}\right) + \frac{2m}{\hbar^2}(E - V)R = \frac{\lambda}{r^2}R \quad (\lambda：定数)$$

$$-\frac{\boldsymbol{L}^2}{\hbar^2}Y + \lambda Y = \frac{1}{\sin\theta}\frac{\partial}{\partial\theta}\left(\sin\theta\frac{\partial Y}{\partial\theta}\right) + \frac{1}{\sin^2\theta}\frac{\partial^2 Y}{\partial\varphi^2} + \lambda Y = 0$$

- 角度部分の関数を $Y(\theta, \varphi) = \Theta(\theta)\Phi(\varphi)$ と変数分離し，角度部分の方程式に代入し整理して次式を得る．

$$\frac{1}{\sin\theta}\frac{d}{d\theta}\left(\sin\theta\frac{d\Theta}{d\theta}\right) + \left(\lambda - \frac{\mu}{\sin^2\theta}\right)\Theta = 0, \quad \frac{d^2\Phi}{d\varphi^2} + \mu\Phi = 0 \quad (\mu：定数)$$

- $\dfrac{d^2\Phi}{d\varphi^2} + \mu\Phi = 0$ の規格化された波動解は，$\mu = m^2$ とおいて，$\Phi_m(\varphi) = \dfrac{1}{\sqrt{2\pi}}e^{im\varphi}$ $(m = 0, \pm 1, \pm 2, \cdots)$．

- $\Theta(\theta)$ の方程式は，$\Theta(\theta)$ を $P(\cos\theta) = P(w)$ とおいて，

$$\frac{d}{dw}\left\{(1 - w^2)\frac{dP}{dw}\right\} + \left(\lambda - \frac{m^2}{1 - w^2}\right)P = 0$$

これは，$\lambda = l(l+1)$，$l = 0, 1, 2, \cdots$，$(m = -l, \cdots, -1, 0, 1, \cdots, l)$ のとき $w = \pm 1$ で有限な解（次式）をもつ．

$$P = P_l^m(w) = \frac{(1 - w^2)^{|m|/2}}{2^l l!}\frac{d^{l+|m|}}{dw^{l+|m|}}(w^2 - 1)^l \quad [ルジャンドルの陪関数]$$

規格化された解は，

$$\Theta = \Theta_l^m(\theta) = (-1)^{(m+|m|)/2}\sqrt{\frac{2l+1}{2}\frac{(l-|m|)!}{(l+|m|)!}}P_l^m(\cos\theta)$$

と求められる．

- $Y(\theta, \varphi)$ の解は球面調和関数：$Y_l^m(\theta, \varphi) = (-1)^{(m+|m|)/2}\sqrt{\dfrac{2l+1}{4\pi}\dfrac{(l-|m|)!}{(l+|m|)!}}P_l^m(\cos\theta)e^{im\varphi}$ （→ 表 7.1）

- 立方調和関数（実関数）：$C_l^\mu = \sum_m c_{lm}^\mu Y_l^m$ （→ 表 7.2, 図 7.1）

7.2 水素（様）原子の動径関数

水素様原子の動径関数 $R(r)$ を求める方程式は，式 (7.5) の左辺が $\lambda = l(l+1)$ に等しいことから

$$\frac{1}{r^2}\frac{d}{dr}\left(r^2\frac{dR}{dr}\right) + \frac{2m}{\hbar^2}[E-V]R = \frac{l(l+1)}{r^2}R \quad (7.23)$$

となる．これを解くために，$u(r) = rR(r)$，すなわち

$$R(r) = \frac{u(r)}{r} \quad (7.24)$$

とおいて，式 (7.23) を $u(r) = rR(r)$ についての微分方程式に書き換える．

7.2.1 $u(r) = rR(r)$ についての微分方程式

式 (7.23) に $R(r) = u(r)/r$ を代入して，その左辺第 1 項が

$$\frac{d}{dr}\left(r^2\frac{dR}{dr}\right) = r\frac{d^2u}{dr^2}$$

となることを用いると，式 (7.23) は $u(r)$ についての微分方程式（固有値方程式）

$$-\frac{\hbar^2}{2m}\frac{d^2u}{dr^2} + \left[V + \frac{\hbar^2 l(l+1)}{2mr^2}\right]u = Eu \quad (7.25)$$

に書き換えられる．ここで，$V(r)$ として式 (7.1) を代入する．r はボーア半径（Bohr radius）

$$a_0 \equiv \frac{4\pi\varepsilon_0\hbar^2}{me^2} \quad (7.26)$$

を用いて，無次元量

$$\rho \equiv \frac{Z}{a_0}r \quad (7.27)$$

で置き換え，$u(r) \to u(\rho)$ とすると，式 (7.25) は

$$\frac{d^2u(\rho)}{d\rho^2} + \left\{\frac{2}{\rho} - \frac{l(l+1)}{\rho^2} + \eta\right\}u(\rho) = 0 \quad (7.28)$$

となる．ここで，η は次式で定義される．

$$\eta \equiv \frac{(4\pi\varepsilon_0)^2 2\hbar^2}{Z^2 me^4}E \quad (7.29)$$

水素様原子ポテンシャル式 (7.1) は，$V(r) < 0$（$r \to \infty$ で $V(r) \to 0$）なので，$E < 0$ ゆえ $\eta < 0$ の場合に束縛状態が得られる．したがって，$\eta \equiv -\alpha^2$（$\alpha^2 > 0$）とおくと，式 (7.29) から，α^2 と E の関係式

$$\alpha^2 = -\frac{(4\pi\varepsilon_0)^2 2\hbar^2}{Z^2 me^4}E \quad (7.30)$$

を得る．この α^2 を用いて，式 (7.28) は

$$\frac{d^2u(\rho)}{d\rho^2} + \left\{\frac{2}{\rho} - \frac{l(l+1)}{\rho^2} - \alpha^2\right\}u(\rho) = 0 \quad (7.31)$$

と書ける．この微分方程式は，$\rho \to \infty$（$r \to \infty$）で

$$\frac{d^2u(\rho)}{d\rho^2} - \alpha^2 u(\rho) = 0$$

となり，この極限での解は，減衰解 $u(\rho) \sim e^{-\alpha\rho}$ となることがわかる．このことを考慮して，$u(\rho)$ を

$$u(\rho) \equiv e^{-\alpha\rho}F(\rho) \quad (7.32)$$

とおいて，新たな関数 $F(\rho)$ を導入する．

7.2.2 $F(\rho) = e^{\alpha\rho}u(\rho)$ についての微分方程式と解

式 (7.32) を式 (7.31) に代入し整理すると，$F(\rho)$ についての微分方程式として，次式が得られる．

$$\frac{d^2F(\rho)}{d\rho^2} - 2\alpha\frac{dF(\rho)}{d\rho} + \left\{\frac{2}{\rho} - \frac{l(l+1)}{\rho^2}\right\}F(\rho) = 0 \quad (7.33)$$

この微分方程式の解は，$F(\rho)$ が ρ の整級数

$$F(\rho) = \rho^\gamma \sum_{\nu = 0,1,2,\cdots} \beta_\nu \rho^\nu \quad (7.34)$$

で表されると仮定して，係数 β_ν を定めることによって求められる．ρ^γ において，$\gamma \geq 1$ でなければならない．この γ の値の制限は，動径関数 $R(r)$ について

$$R(r) = \frac{u(r)}{r} \propto \frac{u(\rho)}{\rho} = e^{-\alpha\rho}(\beta_0\rho^{\gamma-1} + \beta_1\rho^\gamma + \cdots)$$

が，$r \to 0$（$\rho \to 0$）で発散しないための条件からくる．$F(\rho)$ の ρ に関する最低次の項は $\beta_0\rho^\gamma$ なので，式 (7.33) の $F(\rho)$ に $\beta_0\rho^\gamma$ を代入して β_0 で割ると

$$\gamma(\gamma-1)\rho^{\gamma-2} - 2\alpha\gamma\rho^{\gamma-1} + 2\rho^{\gamma-1} - l(l+1)\rho^{\gamma-2} = 0$$

を得る．$\rho^{\gamma-1}$ の項は $\beta_1\rho^{\gamma+1}$ の項からもくるが，最低次の $\rho^{\gamma-2}$ の項は $\gamma(\gamma-1)\rho^{\gamma-2} - l(l+1)\rho^{\gamma-2}$ のみなので，$\gamma(\gamma-1) - l(l+1) = 0$，すなわち

$$\gamma = l+1$$

でなければならない．したがって，$F(\rho)$ は

$$F(\rho) = \sum_{\nu = 0,1,2,\cdots} \beta_\nu \rho^{l+\nu+1} \quad (7.35)$$

54　7. 水素原子

と表される. 式 (7.35) を (7.33) に代入し, $\rho^{l+\nu}$ の項を求めることによって, その係数はゼロという条件から, β_ν についての漸化式が次のように求められる.

$$\beta_{\nu+1} = \frac{2\{\alpha(l+\nu+1)-1\}}{(l+\nu+2)(l+\nu+1)-l(l+1)}\beta_\nu \tag{7.36}$$

この漸化式は, 有限の ν で途切れている, すなわち $\beta_\nu \neq 0$, $\beta_{\nu+1}=0$ となっていなければならない. これは, 式 (7.36) が $\nu \to \infty$ で

$$\beta_{\nu+1} \simeq \frac{2\alpha}{l+\nu+2}\beta_\nu \simeq \frac{(2\alpha)^{\nu+1}}{(l+\nu+2)!}\beta_0$$

となるので, 整級数が無限に続くとすると $\rho \to \infty$ で

$$F(\rho) \sim e^{2\alpha\rho} \quad \therefore \quad u(\rho) = e^{-\alpha\rho}F(\rho) \sim e^{\alpha\rho} \to \infty$$

と発散してしまうからである. このようにして

$$\alpha(l+\nu+1)-1 = 0$$
$$\therefore \quad \alpha = \frac{1}{l+\nu+1} = \frac{1}{n} \tag{7.37}$$

と定められる. ここで, $n \equiv l+\nu+1$ とおいた. $l = 0, 1, 2, \cdots$, $\nu = 0, 1, 2, \cdots$ なので

$$n = 1, 2, 3, \cdots \geq l+1 \tag{7.38}$$

であることがわかる. したがって, 式 (7.30) を用いて

$$\alpha^2 = \frac{1}{n^2} = -\frac{(4\pi\varepsilon_0)^2 2\hbar^2}{Z^2 me^4}E$$

すなわち, 固有エネルギー E が

$$E = E_n = -\frac{Z^2 me^4}{(4\pi\varepsilon_0)^2 2\hbar^2}\frac{1}{n^2} \tag{7.39}$$

と求められる. 水素原子の基底状態の固有エネルギーは, $Z=1$ で $n=1$ のときのエネルギーであり

$$E_1 = -\frac{me^4}{(4\pi\varepsilon_0)^2 2\hbar^2} = -13.6\,\text{eV} = -2.18 \times 10^{-18}\,\text{J}$$

の値をとる.

7.2.3　動径関数の一般形とラゲールの陪多項式

動径固有関数 $R(r) = R_{nl}(r)$ は, 漸化式 (7.36) と規格化条件 $\int_0^\infty R_{nl}^2(r)r^2 dr = 1$ によって, 係数 β_ν を定めて求めることができる. 結果は,

$$R_{nl}(r) = -\sqrt{\left(\frac{2}{na}\right)^3 \frac{(n-l-1)!}{2n[(n+l)!]^3}}e^{-r/na}$$
$$\times \left(\frac{2r}{na}\right)^l L_{n+l}^{2l+1}\left(\frac{2r}{na}\right) \tag{7.40}$$

のようにまとめられている. ここで, $a \equiv a_0/Z$,

表7.3　動径関数：$R_{nl}(r)$

nl	$a^{3/2}R_{nl}(r)$
1s	$2e^{-r/a}$
2s	$\frac{1}{\sqrt{2}}\left(1-\frac{1}{2}\frac{r}{a}\right)e^{-r/2a}$
2p	$\frac{1}{2\sqrt{2\cdot3}}\frac{r}{a}e^{-r/2a}$
3s	$\frac{2}{3\sqrt{3}}\left(1-\frac{2}{3}\frac{r}{a}+\frac{2}{3^3}\frac{r^2}{a^2}\right)e^{-r/3a}$
3p	$\frac{2\sqrt{2}}{3^3\sqrt{3}}\frac{r}{a}\left(1-\frac{1}{2\cdot3}\frac{r}{a}\right)e^{-r/3a}$
3d	$\frac{2\sqrt{2}}{3^4\sqrt{3\cdot5}}\frac{r^2}{a^2}e^{-r/3a}$
4s	$\frac{1}{2^2}\left(1-\frac{3}{2^2}\frac{r}{a}+\frac{1}{2^3}\frac{r^2}{a^2}-\frac{1}{2^6\cdot3}\frac{r^3}{a^3}\right)e^{-r/4a}$
4p	$\frac{\sqrt{5}}{2^4\sqrt{3}}\frac{r}{a}\left(1-\frac{1}{2^2}\frac{r}{a}+\frac{1}{2^4\cdot5}\frac{r^2}{a^2}\right)e^{-r/4a}$
4d	$\frac{1}{2^6\sqrt{5}}\frac{r^2}{a^2}\left(1-\frac{1}{2\cdot3}\frac{r}{a}\right)e^{-r/4a}$
4f	$\frac{1}{2^8\cdot3\sqrt{5\cdot7}}\frac{r^3}{a^3}e^{-r/4a}$
5f	$\frac{2^3\sqrt{2}}{3\cdot5^5\sqrt{5\cdot7}}\frac{r^3}{a^3}\left(1-\frac{1}{2^2\cdot5}\frac{r}{a}\right)e^{-r/5a}$

$$L_p^k(\zeta) = \sum_{s=0}^{p-k}(-1)^{k+s}\frac{(p!)^2}{(p-k-s)!\,(k+s)!\,s!}\zeta^s \tag{7.41}$$

であり, $L_p^k(\zeta)$ はラゲールの陪多項式（associated Laguerre polynomials）とよばれる（注意：ラゲールの陪多項式の定義には $L_p^k(\zeta)$ を $L_{p-k}^k(\zeta)$ と記したり, $p!$ で割っている場合がある）.

$R_{nl}(r)$ の表式 (7.40) の中の多項式 $L_{n+l}^{2l+1}(2r/na)$ の次数は $[(n+l)-(2l+1)] = (n-l-1)$ であり, $R_{nl}(r)$ は $r=0$ 以外に $n-l-1$ 個の節またはノード（node）とよばれる $R_{nl}(r)=0$ となるゼロ点をもつ. このことが, 同じ l をもつ関数 $R_{nl}(r)$ の間に, 次の直交関係が成り立つことを保証している.

$$\int_0^\infty R_{nl}(r)R_{n'l}(r)r^2 dr = \delta_{nn'} \tag{7.42}$$

また, 式 (7.41) からわかるように, $L_{n+l}^{2l+1}(2r/na)$ は定数項（$s=0$）から始まるので, 式 (7.40) から $r \to 0$ で $R_{nl}(r) \propto r^l$ である.

$R_{nl}(r)$ の $n=4$ までの具体的な表式は, 7.1 節で述べたように, $l=0, 1, 2, 3$ に対して式 (7.22) の記号（s, p, d, f）を用い, また $a \equiv a_0/Z$ として, 表7.3 のように表される（後の議論のために R_{5f} も記した）. これらの関数を, 図7.2 に示した. 前に述べたように, $r \to 0$ で $R_{nl}(r) \propto r^l$, また各々 $r=0$ 以外に $n-l-1$ 個の節（ノード）をもつことが確認できる. 電子密度の広がりをみるには, $R_{nl}(r)^2 r^2$ で定義される動径確率分布（図7.3）を参照するのがよい.

$R_{nl}(r)$ における r^k（k は整数）の平均値

$$\langle r^k \rangle_{nl} \equiv \int_0^\infty r^k [R_{nl}(r)]^2 r^2 dr \tag{7.43}$$

7.2 水素（様）原子の動径関数 55

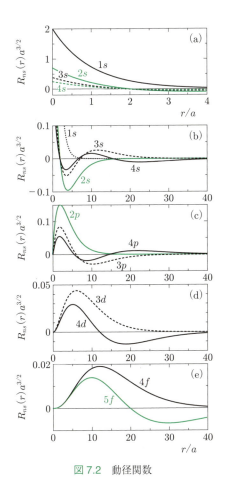

図 7.2 動径関数

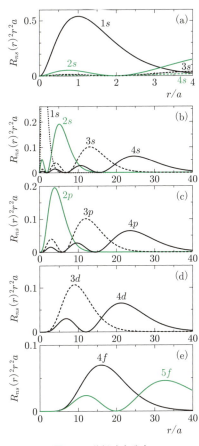

図 7.3 動径確率分布

は，原子の超微細構造などを解析するときに有用である．例えば，スピン軌道相互作用定数は $\langle r^{-3} \rangle_{nl}$ に比例する．$\langle r^k \rangle_{nl}$ は $k = 2, 1, -1, -2, -3$ について，表 7.4 のように計算される．

表 7.4 r^k の動径関数による期待値：$\langle r^k \rangle_{nl}$

k	$\langle r^k \rangle_{nl} / a^k$
2	$\frac{n^2}{2}[5n^2 + 1 - 3l(l+1)]$
1	$\frac{1}{2}[3n^2 - l(l+1)]$
-1	$\frac{1}{n^2}$
-2	$\frac{1}{n^3(l+\frac{1}{2})}$
-3	$\frac{1}{n^3 l(l+1)(l+\frac{1}{2})}$

7.2 節のまとめ

- 水素様原子の動径関数 $R(r)$ は，方程式 $\frac{1}{r^2}\frac{d}{dr}\left(r^2\frac{dR}{dr}\right) + \frac{2m}{\hbar^2}\left(E + \frac{Ze^2}{4\pi\varepsilon_0}\frac{1}{r}\right)R = \frac{l(l+1)}{r^2}R$ を，以下の過程で解いて求められる．

  $u(r) = rR(r)$，$\rho = \frac{Z}{a_0}r$，$a_0 = \frac{4\pi\varepsilon_0 \hbar^2}{me^2}$ [ボーア半径]，$\alpha^2 = -\frac{(4\pi\varepsilon_0)^2 2\hbar^2}{Z^2 me^4}E$，$u(\rho) = e^{-\alpha\rho}F(\rho)$ とおいて，$\frac{d^2 F(\rho)}{d\rho^2} - 2\alpha\frac{dF(\rho)}{d\rho} + \left\{\frac{2}{\rho} - \frac{l(l+1)}{\rho^2}\right\}F(\rho) = 0$ を得る．ここで，$F(\rho) = \sum_{\nu=0,1,\cdots} \beta_\nu \rho^{l+\nu+1}$ とおいて β_ν を漸化式で定めることにより，動径関数とエネルギー固有値が次のように求められる．

56 7. 水 素 原 子

動径関数：$R_{nl}(r) = -\sqrt{\left(\dfrac{2}{na}\right)^3 \dfrac{(n-l-1)!}{2n[(n+l)!]^3}} e^{-\frac{r}{na}} \left(\dfrac{2r}{na}\right)^l L_{n+l}^{2l+1}\left(\dfrac{2r}{na}\right)$ （→ 表7.3，図7.2，図7.3）

ここで，$a = a_0/Z$,

$$L_p^k(\zeta) = \sum_{s=0}^{p-k} (-1)^{k+s} \frac{(p!)^2}{(p-k-s)!\,(k+s)!\,s!}\zeta^s$$

はラゲールの陪多項式．

エネルギー固有値：$E_n = -\dfrac{Z^2 m e^4}{(4\pi\varepsilon_0)^2 2\hbar^2} \dfrac{1}{n^2} = -\dfrac{Z^2 e^2}{(4\pi\varepsilon_0) 2a_0} \dfrac{1}{n^2}$, $(n = 1, 2, 3, \cdots)$

7.3 元素の電子エネルギー構造と周期律

電子は自転運動に対応する $s = 1/2$ のスピンをもつ．この電子スピンについては次章で詳しく調べる．ここでは，電子スピンが $s = 1/2$ で，自由度2の $m_s = \pm 1/2$ のスピン量子数（spin quantum number = spin q. n.）をもつことを考慮に入れて，元素の電子エネルギー構造と周期律の関係について考察する．

水素様原子の波動関数にスピンの自由度を考慮すると，電子の波動関数は次式で表される．

$$\Psi_{nlm}(r,\theta,\varphi)\chi_{m_s} = R_{nl}(r)Y_l^m(\theta,\varphi)\chi_{m_s} \quad (7.44)$$

ここで，χ_{m_s} はスピン関数を表す．量子数 n を主量子数（principal q. n.），l を方位量子数（azimuthal q. n.），m を磁気量子数（magnetic q. n.）とよぶ．それら n, l, m とスピン量子数 m_s がとりうる値は

$$n = 1, 2, 3, \cdots$$
$$l = 0, 1, 2, \cdots, n-1 \qquad [n\text{ 通り}]$$
$$m = -l, -l+1, \cdots, l-1, l \quad [2l+1\text{ 通り}]$$
$$m_s = -1/2, 1/2 \qquad\qquad [2\text{ 通り}]$$

である．主量子数 $n = 1, 2, 3, 4, 5, 6, \cdots$ の電子殻を，それぞれ K 殻，L 殻，M 殻，N 殻，O 殻，P 殻，$\cdots$ とよぶこともある．各々の n 電子殻の中の nl 軌道の縮退度は，$2(2l+1) = 2, 6, 14, 18, 22, \cdots$，$n$ 電子殻

の縮退度は次式で与えられる．

$$\sum_{l=0}^{n-1} 2(2l+1) = 2n^2 = 2, 8, 18, 32, 50, 72, \cdots$$

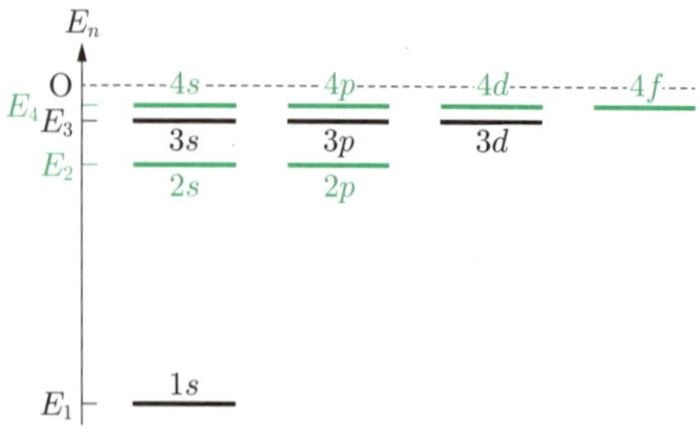

各軌道のエネルギーは，水素様原子では主量子数 n で決まり，図7.4 に示したように $1s < 2s = 2p < 3s = 3p = 3d < 4s = \cdots$ である．

しかし，実際の元素（elements）では

$1s < 2s < 2p < 3s < 3p < \underline{4s \lesssim 3d} < 4p < \underline{5s \lesssim 4d}$
$< 5p < \underline{6s \lesssim 4f \lesssim 5d} < 6p < \underline{7s \lesssim 5f \lesssim 6d} < \cdots$

の順番であることが，周期表（periodic table）からわかる．下線で示した軌道のエネルギーはほぼ等しくなっている．これは，n 電子殻の nl 軌道では，l が大きいほどエネルギーが高くなるからである．その主な原因は，電子に働く原子核からのクーロン引力が他の電子の電荷分布によって遮蔽されること，原子核付近では

表7.5 元素の基底電子配置（$Z = 1\text{–}18$）

Z	元素	（英語名）	電子配置
1	H	Hydrogen	$1s^1$
2	He	Helium	$1s^2$
3	Li	Lithium	$(\mathrm{He})2s^1$
4	Be	Beryllium	$(\mathrm{He})2s^2$
5	B	Boron	$(\mathrm{He})2s^2 2p^1$
6	C	Carbon	$(\mathrm{He})2s^2 2p^2$
7	N	Nitrogen	$(\mathrm{He})2s^2 2p^3$
8	O	Oxygen	$(\mathrm{He})2s^2 2p^4$
9	F	Fluorine	$(\mathrm{He})2s^2 2p^5$
10	Ne	Neon	$(\mathrm{He})2s^2 2p^6$
11	Na	Sodium	$(\mathrm{Ne})3s^1$
12	Mg	Magnesium	$(\mathrm{Ne})3s^2$
13	Al	Aluminum	$(\mathrm{Ne})3s^2 3p^1$
14	Si	Silicon	$(\mathrm{Ne})3s^2 3p^2$
15	P	Phosphorus	$(\mathrm{Ne})3s^2 3p^3$
16	S	Sulfur	$(\mathrm{Ne})3s^2 3p^4$
17	Cl	Chlorine	$(\mathrm{Ne})3s^2 3p^5$
18	Ar	Argon	$(\mathrm{Ne})3s^2 3p^6$

図 7.4 水素様原子のエネルギースペクトル

7.3 元素の電子エネルギー構造と周期律 **57**

表 7.6 元素の基底電子配置（$Z = 19$–54）

Z	元素	（英語名）	電子配置
19	K	Potassium	$(\mathrm{Ar})4s^1$
20	Ca	Calcium	$(\mathrm{Ar})4s^2$
21	Sc	Scandium	$(\mathrm{Ar})4s^2 3d^1$
22	Ti	Titanium	$(\mathrm{Ar})4s^2 3d^2$
23	V	Vanadium	$(\mathrm{Ar})4s^2 3d^3$
24	Cr	Chromium	$(\mathrm{Ar})4s^1 3d^5$
25	Mn	Manganese	$(\mathrm{Ar})4s^2 3d^5$
26	Fe	Iron	$(\mathrm{Ar})4s^2 3d^6$
27	Co	Cobalt	$(\mathrm{Ar})4s^2 3d^7$
28	Ni	Nickel	$(\mathrm{Ar})4s^2 3d^8$
29	Cu	Copper	$(\mathrm{Ar})4s^1 3d^{10}$
30	Zn	Zinc	$(\mathrm{Ar})4s^2 3d^{10}$
31	Ga	Gallium	$(\mathrm{Ar})4s^2 3d^{10} 4p^1$
32	Ge	Germanium	$(\mathrm{Ar})4s^2 3d^{10} 4p^2$
33	As	Arsenic	$(\mathrm{Ar})4s^2 3d^{10} 4p^3$
34	Se	Selenium	$(\mathrm{Ar})4s^2 3d^{10} 4p^4$
35	Br	Bromine	$(\mathrm{Ar})4s^2 3d^{10} 4p^5$
36	Kr	Krypton	$(\mathrm{Ar})4s^2 3d^{10} 4p^6$
37	Rb	Rubidium	$(\mathrm{Kr})5s^1$
38	Sr	Strontium	$(\mathrm{Kr})5s^2$
39	Y	Yttrium	$(\mathrm{Kr})5s^2 4d^1$
40	Zr	Zirconium	$(\mathrm{Kr})5s^2 4d^2$
41	Nb	Niobium	$(\mathrm{Kr})5s^1 4d^4$
42	Mo	Molybdenum	$(\mathrm{Kr})5s^1 4d^5$
43	Tc	Technetium	$(\mathrm{Kr})5s^2 4d^5$
44	Ru	Ruthenium	$(\mathrm{Kr})5s^1 4d^7$
45	Rh	Rhodium	$(\mathrm{Kr})5s^1 4d^8$
46	Pd	Palladium	$(\mathrm{Kr})5s^0 4d^{10}$
47	Ag	Silver	$(\mathrm{Kr})5s^1 4d^{10}$
48	Cd	Cadmium	$(\mathrm{Kr})5s^2 4d^{10}$
49	In	Indium	$(\mathrm{Kr})5s^2 4d^{10} 5p^1$
50	Sn	Tin	$(\mathrm{Kr})5s^2 4d^{10} 5p^2$
51	Sb	Antimony	$(\mathrm{Kr})5s^2 4d^{10} 5p^3$
52	Te	Tellurium	$(\mathrm{Kr})5s^2 4d^{10} 5p^4$
53	I	Iodine	$(\mathrm{Kr})5s^2 4d^{10} 5p^5$
54	Xe	Xenon	$(\mathrm{Kr})5s^2 4d^{10} 5p^6$

表 7.7 元素の基底電子配置（$Z = 55$–96）

Z	元素	（英語名）	電子配置
55	Cs	Cesium	$(\mathrm{Xe})6s^1$
56	Ba	Barium	$(\mathrm{Xe})6s^2$
57	La	Lanthanum	$(\mathrm{Xe})6s^2 5d^1$
58	Ce	Cerium	$(\mathrm{Xe})6s^2 4f^1 5d^1$
59	Pr	Praseodymium	$(\mathrm{Xe})6s^2 4f^3$
60	Nd	Neodymium	$(\mathrm{Xe})6s^2 4f^4$
61	Pm	Promethium	$(\mathrm{Xe})6s^2 4f^5$
62	Sm	Samarium	$(\mathrm{Xe})6s^2 4f^6$
63	Eu	Europium	$(\mathrm{Xe})6s^2 4f^7$
64	Gd	Gadolinium	$(\mathrm{Xe})6s^2 4f^7 5d^1$
65	Tb	Terbium	$(\mathrm{Xe})6s^2 4f^9$
66	Dy	Dysprosium	$(\mathrm{Xe})6s^2 4f^{10}$
67	Ho	Holmium	$(\mathrm{Xe})6s^2 4f^{11}$
68	Er	Erbium	$(\mathrm{Xe})6s^2 4f^{12}$
69	Tm	Thulium	$(\mathrm{Xe})6s^2 4f^{13}$
70	Yb	Ytterbium	$(\mathrm{Xe})6s^2 4f^{14}$
71	Lu	Lutetium	$(\mathrm{Xe})6s^2 4f^{14} 5d^1$
72	Hf	Hafnium	$(\mathrm{Xe})6s^2 4f^{14} 5d^2$
73	Ta	Tantalum	$(\mathrm{Xe})6s^2 4f^{14} 5d^3$
74	W	Tungsten	$(\mathrm{Xe})6s^2 4f^{14} 5d^4$
75	Re	Rhenium	$(\mathrm{Xe})6s^2 4f^{14} 5d^5$
76	Os	Osmium	$(\mathrm{Xe})6s^2 4f^{14} 5d^6$
77	Ir	Iridium	$(\mathrm{Xe})6s^2 4f^{14} 5d^7$
78	Pt	Platinum	$(\mathrm{Xe})6s^1 4f^{14} 5d^9$
79	Au	Gold	$(\mathrm{Xe})6s^1 4f^{14} 5d^{10}$
80	Hg	Mercury	$(\mathrm{Xe})6s^2 4f^{14} 5d^{10}$
81	Tl	Thallium	$(\mathrm{Xe})6s^2 4f^{14} 5d^{10} 6p^1$
82	Pb	Lead	$(\mathrm{Xe})6s^2 4f^{14} 5d^{10} 6p^2$
83	Bi	Bismuth	$(\mathrm{Xe})6s^2 4f^{14} 5d^{10} 6p^3$
84	Po	Polonium	$(\mathrm{Xe})6s^2 4f^{14} 5d^{10} 6p^4$
85	At	Astatine	$(\mathrm{Xe})6s^2 4f^{14} 5d^{10} 6p^5$
86	Rn	Radon	$(\mathrm{Xe})6s^2 4f^{14} 5d^{10} 6p^6$
87	Fr	Francium	$(\mathrm{Rn})7s^1$
88	Ra	Radium	$(\mathrm{Rn})7s^2$
89	Ac	Actinium	$(\mathrm{Rn})7s^2 6d^1$
90	Th	Thorium	$(\mathrm{Rn})7s^2 6d^2$
91	Pa	Protactinium	$(\mathrm{Rn})7s^2 5f^2 6d^1$
92	U	Uranium	$(\mathrm{Rn})7s^2 5f^3 6d^1$
93	Np	Neptunium	$(\mathrm{Rn})7s^2 5f^4 6d^1$
94	Pu	Plutonium	$(\mathrm{Rn})7s^2 5f^6$
95	Am	Americium	$(\mathrm{Rn})7s^2 5f^7$
96	Cm	Curium	$(\mathrm{Rn})7s^2 5f^7 6d^1$
⋮	⋮		⋮

$R_{nl}(r) \propto r^l$ なので l が大きいほどクーロン引力の利得が小さくなることにある．

第 14 章で詳述するが，電子はフェルミ粒子であり，パウリの排他原理（Pauli exclusion principle）に従う．したがって，原子番号 Z の元素の基底状態は，エネルギーの低い $1s$ 軌道から順に，Z 個の電子を占有させた状態である．表 7.5 から表 7.7 に，元素の基底状態の電子配置を示した．^{1}H から ^{19}K までは規則的な電子の充塡を示しているが，^{19}K から ^{30}Zn までの電子配置は $E_{4s} \lesssim E_{3d}$ であることを反映している．

58 7. 水素原子

7.3節のまとめ

- 水素様原子の電子の波動関数は，$\Psi_{nlm}(r, \theta, \varphi)\chi_{m_s} = R_{nl}(r)Y_l^m(\theta, \varphi)\chi_{m_s}$，

  $n = 1, 2, 3, \cdots$（主量子数）；$l = 0, 1, \cdots, n-1$（方位量子数）；

  $m = -l, -l+1, \cdots, l$（磁気量子数）；$m_s = -\frac{1}{2}, \frac{1}{2}$（スピン量子数）

- 元素の電子エネルギー準位構造と周期律：

$$1s < 2s < 2p < 3s < 3p < \underline{4s \lesssim 3d} < 4p < \underline{5s \lesssim 4d} < 5p < \underline{6s \lesssim 4f \lesssim 5d} < 6p < \underline{7s \lesssim 5f \lesssim 6d} < \cdots$$

  （→ 表7.5 から表7.7［元素の電子配置］（および図7.4））

8. 角運動量とスピン

前章でみたように，水素原子のような中心力ポテンシャル $V(r)$ のもとでの固有状態の角度部分は，軌道角運動量 $\boldsymbol{L} = \boldsymbol{r} \times \boldsymbol{p}$ の2乗 $\boldsymbol{L}^2$ の固有状態であり，軌道角運動量とその成分がよい量子数になる．本章では，軌道角運動量の交換関係などの諸性質をあらためて調べ，また前章で用いた $\boldsymbol{L}^2$ の極座標表示を導く．軌道角運動量が満たす交換関係などの関係式は，整数 $(\times \hbar)$ の角運動量だけでなく，半整数 $(\frac{1}{2}, \frac{3}{2}, \cdots)$ $(\times \hbar)$ を含む一般の角運動量でも満足されることをみる．さらに，半整数角運動量の基本となる $\frac{1}{2}\hbar$ のスピン角運動量に対して，パウリ行列を定義し，その固有状態を求める．

8.1 軌道角運動量—交換関係と昇降演算子

軌道角運動量 $\boldsymbol{L} = \boldsymbol{r} \times \boldsymbol{p}$ の演算子表示は，$\boldsymbol{p} = -i\hbar \boldsymbol{\nabla}$ を用いて $\boldsymbol{L} = -i\hbar \boldsymbol{r} \times \boldsymbol{\nabla}$ と表される．ここで直交座標表示をとり，x 軸，y 軸，z 軸方向を向く単位ベクトルを $\boldsymbol{e}_x$, $\boldsymbol{e}_y$, $\boldsymbol{e}_z$ とすると，$\boldsymbol{r}$ および $\boldsymbol{\nabla}$ は

$$\boldsymbol{r} = x\boldsymbol{e}_x + y\boldsymbol{e}_y + z\boldsymbol{e}_z = (x, y, z)$$

$$\boldsymbol{\nabla} = \frac{\partial}{\partial x}\boldsymbol{e}_x + \frac{\partial}{\partial y}\boldsymbol{e}_y + \frac{\partial}{\partial z}\boldsymbol{e}_z = \left(\frac{\partial}{\partial x}, \frac{\partial}{\partial y}, \frac{\partial}{\partial z} \right)$$

と表される．したがって，軌道角運動量（演算子）は

$$\boldsymbol{L} = (L_x, L_y, L_z) = -i\hbar \boldsymbol{r} \times \boldsymbol{\nabla}$$
$$= -i\hbar \left(y\frac{\partial}{\partial z} - z\frac{\partial}{\partial y}, z\frac{\partial}{\partial x} - x\frac{\partial}{\partial z}, x\frac{\partial}{\partial y} - y\frac{\partial}{\partial x} \right) \tag{8.1}$$

で与えられる．

8.1.1 交換関係

まず，式 (8.1) の $\boldsymbol{L}$ の各成分や $\boldsymbol{L}^2$ などとの間の交換関係を調べる．演算子 a と b の交換子（commutator）は次式で定義される．

$$[a, b] \equiv ab - ba \tag{8.2}$$

この定義から，交換子について以下の種々の関係が成り立つことは容易に確かめられる．

(1) $[a, b] = -[b, a]$

(2) $[a, a] = 0$

(3) $[a + b, c] = [a, c] + [b, c]$

(4) $[ab, c] = a[b, c] + [a, c]b$

(5) $[a, bc] = b[a, c] + [a, b]c$

これらの関係と，$\boldsymbol{L}$ に含まれる演算子の交換子が

$$\left[\frac{\partial}{\partial x}, x \right] = 1$$

$$\left[\frac{\partial}{\partial x}, y \right] = \left[\frac{\partial}{\partial x}, \frac{\partial}{\partial y} \right] = [x, y] = 0$$

などを満たすことを用いて，$[L_x, L_y]$ を計算すると

$$[L_x, L_y] = -\hbar^2 \left[y\frac{\partial}{\partial z} - z\frac{\partial}{\partial y}, z\frac{\partial}{\partial x} - x\frac{\partial}{\partial z} \right] = \cdots$$
$$= -\hbar^2 \left(y\frac{\partial}{\partial x} - x\frac{\partial}{\partial y} \right) = i\hbar L_z$$

を示すことができる．$[L_y, L_z]$, $[L_z, L_x]$ も同様にして

$$[L_x, L_y] = i\hbar L_z \tag{8.3a}$$

$$[L_y, L_z] = i\hbar L_x \tag{8.3b}$$

$$[L_z, L_x] = i\hbar L_y \tag{8.3c}$$

が成り立つことがわかる．また，$\boldsymbol{L}^2 = L_x^2 + L_y^2 + L_z^2$ と $\boldsymbol{L}$ の各成分との交換子は0，すなわち次式が成り立つことも容易に示すことができる．

$$[\boldsymbol{L}^2, L_x] = [\boldsymbol{L}^2, L_y] = [\boldsymbol{L}^2, L_z] = 0 \tag{8.4}$$

8.1.2 $\boldsymbol{L}^2$ と L_z の同時固有状態

$[\boldsymbol{L}^2, L_z] = 0$ より $\boldsymbol{L}^2 L_z = L_z \boldsymbol{L}^2$ なので，$\boldsymbol{L}^2$ と L_z の同時固有状態が存在する．$\boldsymbol{L}^2$ の固有値を $\hbar^2 l(l+1)$，L_z の固有値を $\hbar m$ と書き，固有状態は $|lm\rangle$ で規格化されている，すなわち次式が成り立つとする．

$$\boldsymbol{L}^2 |lm\rangle = \hbar^2 l(l+1) |lm\rangle \tag{8.5}$$

$$L_z |lm\rangle = \hbar m |lm\rangle \tag{8.6}$$

$$\langle lm|lm \rangle = 1 \tag{8.7}$$

60 8. 角運動量とスピン

8.1.3 昇降演算子

昇降演算子（raising and lowering operators）$L_\pm$ を，次のように定義する．

$$L_\pm \equiv L_x \pm iL_y \tag{8.8}$$

これらが昇降演算子（L_+ が昇，L_- が降）とよばれる理由は後でわかる．$L_\pm$ と L_z が交換関係

$$[L_z, L_\pm] = \pm\hbar L_\pm \tag{8.9}$$

$$[L_+, L_-] = 2\hbar L_z \tag{8.10}$$

を満たすことは，式 (8.3a) から (8.3c) を用いて容易に確かめられる．また，式 (8.4) から

$$[\boldsymbol{L}^2, L_\pm] = [\boldsymbol{L}^2, L_x] \pm i[\boldsymbol{L}^2, L_y] = 0$$

$$\therefore \quad \boldsymbol{L}^2 L_\pm = L_\pm \boldsymbol{L}^2$$

この両辺を $|lm\rangle$ に作用させると

$$\boldsymbol{L}^2 L_\pm |lm\rangle = L_\pm \boldsymbol{L}^2 |lm\rangle = L_\pm \hbar^2 l(l+1)|lm\rangle$$

$$\therefore \quad \boldsymbol{L}^2 L_\pm |lm\rangle = \hbar^2 l(l+1) L_\pm |lm\rangle \tag{8.11}$$

この式は，$L_\pm|lm\rangle$ も $\boldsymbol{L}^2$ の固有状態であり，固有値 $\hbar^2 l(l+1)$ をもつことを示している．

状態 $L_\pm|lm\rangle$ は $\boldsymbol{L}^2$ の固有状態なので，同時に L_z の固有状態でもあるはずで，その固有値を求めよう．式 (8.9) から導かれる $L_z L_\pm = L_\pm L_z \pm \hbar L_\pm$ を $|lm\rangle$ に作用させると

$$L_z L_\pm |lm\rangle = L_\pm L_z |lm\rangle \pm \hbar L_\pm |lm\rangle$$

$$= L_\pm \hbar m |lm\rangle \pm \hbar L_\pm |lm\rangle$$

$$\therefore \quad L_z L_\pm |lm\rangle = \hbar(m \pm 1) L_\pm |lm\rangle \tag{8.12}$$

ゆえに，$L_\pm|lm\rangle$ の L_z の固有値は $\hbar(m \pm 1)$ であり，$L_\pm|lm\rangle$ は状態 $|l \; m \pm 1\rangle$ に比例する，すなわち

$$L_\pm |lm\rangle = c_\pm |l \; m \pm 1\rangle \tag{8.13}$$

とおくことができる．この比例係数 $c_\pm$ を定めよう．

まず，式 (8.8) および (8.3a)–(8.3c) を用いて

$$L_\mp L_\pm = (L_x \mp iL_y)(L_x \pm iL_y)$$

$$= L_x^2 + L_y^2 \pm iL_x L_y \mp iL_y L_x$$

$$= L_x^2 + L_y^2 \mp \hbar L_z = \boldsymbol{L}^2 - L_z^2 \mp \hbar L_z$$

$$\therefore \quad L_\mp L_\pm = \boldsymbol{L}^2 - L_z(L_z \pm \hbar) \tag{8.14}$$

また，式 (8.8) から容易に次式を導くことができる．

$$L_x^2 + L_y^2 = \frac{1}{2}(L_+ L_- + L_- L_+) \tag{8.15}$$

式 (8.14) を $|lm\rangle$ に作用させると

$$L_\mp L_\pm |lm\rangle = \{\boldsymbol{L}^2 - L_z(L_z \pm \hbar)\}|lm\rangle$$

$$= \hbar^2 \{l(l+1) - m(m \pm 1)\}|lm\rangle$$

$$= \hbar^2(l \mp m)(l \pm m + 1)|lm\rangle$$

$$\therefore \quad \langle lm|L_\mp L_\pm |lm\rangle = \hbar^2(l \mp m)(l \pm m + 1) \tag{8.16}$$

ところで，式 (8.13) の両辺のエルミート共役は

$$[L_\pm |lm\rangle]^\dagger = [(L_x \pm iL_y)|lm\rangle]^\dagger$$

$$= \langle lm|(L_x \mp iL_y)$$

$$= \langle lm|L_\mp$$

$$[c_\pm |l \; m \pm 1\rangle]^\dagger = \langle l \; m \pm 1|c_\pm^*$$

で与えられるので，これらを式 (8.13) の両辺それぞれに作用させると

$$\langle lm|L_\mp L_\pm |lm\rangle = \langle l \; m \pm 1|c_\pm^* c_\pm |l \; m \pm 1\rangle = |c_\pm|^2$$

この左辺が式 (8.16) の右辺に等しいことを用いて

$$c_\pm = \hbar\sqrt{(l \mp m)(l \pm m + 1)}$$

ここで，$c_\pm$ を実数にとった．したがって，式 (8.13) は

$$L_\pm |lm\rangle = \hbar\sqrt{(l \mp m)(l \pm m + 1)}|l \; m \pm 1\rangle \tag{8.17}$$

と表されることがわかる．

このように，$L_\pm$ は状態 $|lm\rangle$ に作用して，m が ± 1 だけ昇降した状態 $|l \; m \pm 1\rangle$ を生じるので，昇降演算子とよばれる．

8.1 節のまとめ

- 軌道角運動量演算子 $\boldsymbol{L} = -i\hbar \boldsymbol{r} \times \boldsymbol{\nabla} = -i\hbar\left(y\dfrac{\partial}{\partial z} - z\dfrac{\partial}{\partial y}, \; z\dfrac{\partial}{\partial x} - x\dfrac{\partial}{\partial z}, \; x\dfrac{\partial}{\partial y} - y\dfrac{\partial}{\partial x}\right)$ に対して，次の交換関係が成り立つ．

$$[L_x, L_y] = i\hbar L_z, \quad [L_y, L_z] = i\hbar L_x, \quad [L_z, L_x] = i\hbar L_y, \quad [\boldsymbol{L}^2, L_x] = [\boldsymbol{L}^2, L_y] = [\boldsymbol{L}^2, L_z] = 0$$

- $\boldsymbol{L}^2$ と L_z の同時固有状態を $|lm\rangle$ とする（規格化条件 $\langle lm|lm\rangle = 1$ を課す）．

$$\boldsymbol{L}^2 |lm\rangle = \hbar^2 l(l+1)|lm\rangle, \quad L_z |lm\rangle = \hbar m |lm\rangle$$

- 昇降演算子を $L_\pm = L_x \pm iL_y$ で定義すると，次の交換関係が成り立つ．

$$[L_z, L_\pm] = \pm\hbar L_\pm, \quad [L_+, L_-] = 2\hbar L_z, \quad [\boldsymbol{L}^2, L_\pm] = 0$$

- $L_\pm$ の行列要素は，上記の交換関係を用いて，次のように求められる．

$$L_\pm|lm\rangle = \hbar\sqrt{l(l+1) - m(m \pm 1)}\,|l\,m \pm 1\rangle = \hbar\sqrt{(l \mp m)(l \pm m + 1)}\,|l\,m \pm 1\rangle$$

8.2 軌道角運動量演算子の極座標表示

軌道角運動量（演算子）$\boldsymbol{L} = -i\hbar\boldsymbol{r} \times \boldsymbol{\nabla}$ と $\boldsymbol{L}^2$ の極座標表示を導こう．なお，3次元極座標は球座標（spherical coordinate system）ともよばれる．

3次元空間のある点 P の直交座標表示における座標を (x, y, z) とする．これは，ベクトル表記では，位置ベクトル $\boldsymbol{r} = x\boldsymbol{e}_x + y\boldsymbol{e}_y + z\boldsymbol{e}_z = (x, y, z)$ と表される．ここで，$\boldsymbol{e}_x = (1,0,0)$，$\boldsymbol{e}_y = (0,1,0)$，$\boldsymbol{e}_z = (0,0,1)$ は，8.1 節で述べたように，それぞれ x 軸，y 軸，z 軸方向を向く単位ベクトルである．

8.2.1 極座標系の単位ベクトル

点 P の座標 (x, y, z) を極座標 (r, θ, φ) で表すと

$$
\begin{aligned}
x &= r\sin\theta\cos\varphi \\
y &= r\sin\theta\sin\varphi \\
z &= r\cos\theta
\end{aligned}
\tag{8.18}
$$

値域は $0 \le r < \infty$，$0 \le \theta \le \pi$，$0 \le \varphi < 2\pi$，線要素は $ds_r = dr$，$ds_\theta = rd\theta$，$ds_\varphi = r\sin\theta\,d\varphi$，体積要素は $dV = ds_r ds_\theta ds_\varphi = r^2\sin\theta\,drd\theta d\varphi$ で与えられる．点 P において r が増加する方向を向く単位ベクトルを $\boldsymbol{e}_r$（これは $\boldsymbol{r}/r$ に等しい），θ が増加する方向を向く単位ベクトルを $\boldsymbol{e}_\theta$，φ が増加する方向を向く単位ベクトルを $\boldsymbol{e}_\varphi$ とすると，これらと $\boldsymbol{e}_x$，$\boldsymbol{e}_y$，$\boldsymbol{e}_z$ の関係は次のように求められる．

$$
\begin{aligned}
\boldsymbol{e}_r &= \boldsymbol{e}_x\frac{\partial x}{\partial s_r} + \boldsymbol{e}_y\frac{\partial y}{\partial s_r} + \boldsymbol{e}_z\frac{\partial z}{\partial s_r} \\
&= \boldsymbol{e}_x\sin\theta\cos\varphi + \boldsymbol{e}_y\sin\theta\sin\varphi + \boldsymbol{e}_z\cos\theta \\
\boldsymbol{e}_\theta &= \boldsymbol{e}_x\frac{\partial x}{\partial s_\theta} + \boldsymbol{e}_y\frac{\partial y}{\partial s_\theta} + \boldsymbol{e}_z\frac{\partial z}{\partial s_\theta} \\
&= \boldsymbol{e}_x\cos\theta\cos\varphi + \boldsymbol{e}_y\cos\theta\sin\varphi - \boldsymbol{e}_z\sin\theta \\
\boldsymbol{e}_\varphi &= \boldsymbol{e}_x\frac{\partial x}{\partial s_\varphi} + \boldsymbol{e}_y\frac{\partial y}{\partial s_\varphi} + \boldsymbol{e}_z\frac{\partial z}{\partial s_\varphi} \\
&= -\boldsymbol{e}_x\sin\varphi + \boldsymbol{e}_y\cos\varphi
\end{aligned}
\tag{8.19}
$$

8.2.2 極座標表示の位置ベクトルとベクトル偏微分演算子

$\boldsymbol{e}_r$，$\boldsymbol{e}_\theta$，$\boldsymbol{e}_\varphi$ を用いて，位置ベクトルは

$$\boldsymbol{r} = r\boldsymbol{e}_r \tag{8.20}$$

ベクトル偏微分演算子（ナブラ）は

$$
\begin{aligned}
\boldsymbol{\nabla} &= \boldsymbol{e}_r\nabla_r + \boldsymbol{e}_\theta\nabla_\theta + \boldsymbol{e}_\varphi\nabla_\varphi \\
&= \boldsymbol{e}_r\frac{\partial}{\partial s_r} + \boldsymbol{e}_\theta\frac{\partial}{\partial s_\theta} + \boldsymbol{e}_\varphi\frac{\partial}{\partial s_\varphi} \\
&= \boldsymbol{e}_r\frac{\partial}{\partial r} + \boldsymbol{e}_\theta\frac{1}{r}\frac{\partial}{\partial \theta} + \boldsymbol{e}_\varphi\frac{1}{r\sin\theta}\frac{\partial}{\partial \varphi}
\end{aligned}
\tag{8.21}
$$

と表される（これらは 6.2 節ですでに用いた）．

$\boldsymbol{e}_r$，$\boldsymbol{e}_\theta$，$\boldsymbol{e}_\varphi$ は互いに直交し，$\boldsymbol{e}_r \times \boldsymbol{e}_r = \boldsymbol{0}$，$\boldsymbol{e}_r \times \boldsymbol{e}_\theta = \boldsymbol{e}_\varphi$，$\boldsymbol{e}_r \times \boldsymbol{e}_\varphi = -\boldsymbol{e}_\theta$ を満たすことを用いて，軌道角運動量演算子 $\boldsymbol{L} = -i\hbar\boldsymbol{r} \times \boldsymbol{\nabla}$ は次のように求められる．

$$\boldsymbol{L} = i\hbar\left(\boldsymbol{e}_\theta\frac{1}{\sin\theta}\frac{\partial}{\partial\varphi} - \boldsymbol{e}_\varphi\frac{\partial}{\partial\theta}\right) \tag{8.22}$$

8.2.3 $\boldsymbol{L}^2$ の極座標表示

次に，$\boldsymbol{L}^2$ の極座標表示を求めよう．そのために，あらためて $\boldsymbol{L}$ の直交座標表示

$$\boldsymbol{L} = (L_x, L_y, L_z) = (\boldsymbol{e}_x \cdot \boldsymbol{L}, \boldsymbol{e}_y \cdot \boldsymbol{L}, \boldsymbol{e}_z \cdot \boldsymbol{L})$$

の各成分について，$\boldsymbol{e}_r$，$\boldsymbol{e}_\theta$，$\boldsymbol{e}_\varphi$ と $\boldsymbol{e}_x$，$\boldsymbol{e}_y$，$\boldsymbol{e}_z$ の関係式 (8.19) と $\boldsymbol{L}$ の極座標表示 (8.22) を適用して

$$L_x = i\hbar\left(\cot\theta\cos\varphi\frac{\partial}{\partial\varphi} + \sin\varphi\frac{\partial}{\partial\theta}\right) \tag{8.23a}$$

$$L_y = i\hbar\left(\cot\theta\sin\varphi\frac{\partial}{\partial\varphi} - \cos\varphi\frac{\partial}{\partial\theta}\right) \tag{8.23b}$$

$$L_z = -i\hbar\frac{\partial}{\partial\varphi} \tag{8.23c}$$

が得られる．$\boldsymbol{L}$ の昇降演算子 $L_\pm = L_x \pm iL_y$ は

$$L_\pm = \hbar e^{\pm i\varphi}\left(\pm\frac{\partial}{\partial\theta} + i\cot\theta\frac{\partial}{\partial\varphi}\right) \tag{8.24}$$

と表される．これらを用いて

$$\boldsymbol{L}^2 = L_x^2 + L_y^2 + L_z^2$$

もしくは

$$\boldsymbol{L}^2 = \frac{1}{2}(L_+L_- + L_-L_+) + L_z^2$$

の右辺を計算すれば

$$\boldsymbol{L}^2 = -\hbar^2\left\{\frac{1}{\sin\theta}\frac{\partial}{\partial\theta}\left(\sin\theta\frac{\partial}{\partial\theta}\right) + \frac{1}{\sin^2\theta}\frac{\partial^2}{\partial\varphi^2}\right\} \tag{8.25}$$

となることを示すことができる．

8.2節のまとめ

- 軌道角運動量演算子の極座標表示は，$\boldsymbol{L} = i\hbar\left(\boldsymbol{e}_\theta \dfrac{1}{\sin\theta}\dfrac{\partial}{\partial\varphi} - \boldsymbol{e}_\varphi \dfrac{\partial}{\partial\theta}\right)$，$\boldsymbol{e}_\theta = \boldsymbol{e}_x\cos\theta\cos\varphi + \boldsymbol{e}_y\cos\theta\sin\varphi - \boldsymbol{e}_z\sin\theta$，$\boldsymbol{e}_\varphi = -\boldsymbol{e}_x\sin\varphi + \boldsymbol{e}_y\cos\varphi$ を用いて，次のように求められる．

$$\boldsymbol{L} = i\hbar\left(\cot\theta\cos\varphi\dfrac{\partial}{\partial\varphi} + \sin\varphi\dfrac{\partial}{\partial\theta},\ \cot\theta\sin\varphi\dfrac{\partial}{\partial\varphi} - \cos\varphi\dfrac{\partial}{\partial\theta},\ -\dfrac{\partial}{\partial\varphi}\right)$$

$$L_\pm = L_x \pm iL_y = \hbar e^{\pm i\varphi}\left(\pm\dfrac{\partial}{\partial\theta} + i\cot\theta\dfrac{\partial}{\partial\varphi}\right)$$

$$\boldsymbol{L}^2 = L_x^2 + L_y^2 + L_z^2 = \dfrac{L_+L_- + L_-L_+}{2} + L_z^2 = -\hbar^2\left\{\dfrac{1}{\sin\theta}\dfrac{\partial}{\partial\theta}\left(\sin\theta\dfrac{\partial}{\partial\theta}\right) + \dfrac{1}{\sin^2\theta}\dfrac{\partial^2}{\partial\varphi^2}\right\}$$

▌8.3　一般の角運動量

ここでは，8.1 節で述べた軌道角運動量 $\boldsymbol{L}$ について，$\boldsymbol{L}^2$，$\boldsymbol{L}$ の各成分 (L_x, L_y, L_z)，および $L_\pm = L_x \pm iL_y$ の間の交換関係がすべて同じように成り立つ，一般の角運動量 $\boldsymbol{J}$ を考える．すなわち，8.1 節の $\boldsymbol{L} = (L_x, L_y, L_z)$ を $\boldsymbol{J} = (J_x, J_y, J_z)$，$l$ を j として

$[J_x, J_y] = i\hbar J_z, \quad [J_y, J_z] = i\hbar J_x, \quad [J_z, J_x] = i\hbar J_y$
$[J_z, J_\pm] = \pm\hbar J_\pm, \quad [J_+, J_-] = 2\hbar J_z$
$\boldsymbol{J}^2|jm\rangle = \hbar^2 j(j+1)|jm\rangle, \quad J_z|jm\rangle = \hbar m|jm\rangle$
$J_\pm|jm\rangle = \hbar\sqrt{(j\mp m)(j\pm m+1)}|j\ m\pm 1\rangle$
(8.26)

が成り立つとする．ここで，最後の式を導く際に

$$|c_\pm|^2 = \hbar^2(j\mp m)(j\pm m+1) \geq 0 \quad (8.27)$$

であったことを用いる．式 (8.27) が成り立つのは

(a)　$j \mp m \geq 0$　かつ　$j \pm m + 1 \geq 0$，

または

(b)　$j \mp m \leq 0$　かつ　$j \pm m + 1 \leq 0$

のどちらかであるが，(b) を満たす m の範囲はない．(a) から $j \geq m \geq -(j+1)$ かつ $j+1 \geq m \geq -j$，すなわち m のとりうる範囲は

$$j \geq m \geq -j$$

と求められる．m の最大値と最小値を，それぞれ $m_{\max} = j$，$m_{\min} = -j$ と書く．

$$J_\pm|jm\rangle = \hbar\sqrt{(j\mp m)(j\pm m+1)}|j\ m\pm 1\rangle$$
(8.28)

を用いて，次の式が成り立つことがわかる．

$$J_+|jm_{\max}\rangle = J_+|j\ j\rangle = 0 \quad (8.29)$$

$$J_-|jm_{\min}\rangle = J_-|j\ -j\rangle = 0 \quad (8.30)$$

また，$J_+|j\ -j\rangle = \hbar\sqrt{2j}|j\ -j+1\rangle$ であるが，ここで $c \equiv \hbar\sqrt{2j}$ とし，J_+ を次々に作用させていくと

$$J_+|j\ -j\rangle = c|j\ -j+1\rangle$$
$$J_+^2|j\ -j\rangle = cc'|j\ -j+2\rangle$$
$$\vdots$$
$$J_+^n|j\ -j\rangle = cc'\cdots|j\ -j+n\rangle$$

($c, c', \cdots$ は 0 でない定数) となる．J_+ を n 回作用させて，$m = -j + n = m_{\max} = j$ に到達したとすると，$-j + n = j$ ゆえに $n = 2j$ である．n は J_+ を作用させる回数なので $n = 0, 1, 2, \cdots$，したがって

$$j = \dfrac{n}{2} = 0,\ \dfrac{1}{2},\ 1,\ \dfrac{3}{2},\ 2,\ \cdots$$

が得られる．すなわち，軌道角運動量 $\boldsymbol{L}$ の l を表す整数値（0 を含む自然数）

$$j = 0, 1, 2, \cdots$$

のほかに，半整数

$$j = \dfrac{1}{2},\ \dfrac{3}{2},\ \cdots$$

も可能であることがわかる．特に，$j = 1/2$ はスピン角運動量を表し，j を s，$\boldsymbol{J}$ を $\boldsymbol{s}$，m を m_s と書く．

ある j に対して，対応する角運動量ベクトル $\boldsymbol{J} = (J_x, J_y, J_z)$ の大きさは $|\boldsymbol{J}| = \sqrt{\boldsymbol{J}^2} = \hbar\sqrt{j(j+1)}$ だ

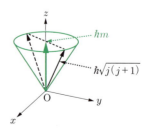

図 8.1　角運動量ベクトル

が，量子化軸方向の z 成分 J_z（正確にはその固有値または期待値）は $\hbar m$ で与えられ，最大で $\hbar j$ である．これらは同時対角化されており，ともに運動の恒量なので，角運動量ベクトルは，図 8.1 で示したように，z 軸から傾いているとみなせる．J_z の値は $\hbar m$ で確定しているが，J_x と J_y の値（期待値）は不定で，$\bm{J}$ は図 8.1 の円錐のどこにあるかはわからない．これは，交換関係 $[J_x, J_y] = i\hbar J_z$ などから帰結される不確定性であり，J_z が確定しているとき J_x と J_y はゆらいでいる．このことを，$\bm{J}$ は図 8.1 の円錐上を歳差運動していて J_x，J_y が定まらないと解釈することもできるが，規則正しい歳差運動ではない．図 8.2 に，具体例として，$j = \frac{1}{2}, 1, \frac{3}{2}$ の角運動量ベクトルを示した．

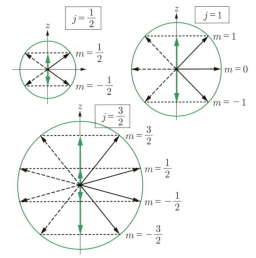

図 8.2 $j = \frac{1}{2}, 1, \frac{3}{2}$ の角運動量ベクトル

8.3 節のまとめ

- 一般の角運動量 J（$[J_x, J_y] = i\hbar J_z$, $[J_y, J_z] = i\hbar J_x$, $[J_z, J_x] = i\hbar J_y$, $[J_z, J_\pm] = \pm\hbar J_\pm$, $[J_+, J_-] = 2\hbar J_z$, $\bm{J}^2|jm\rangle = \hbar^2 j(j+1)|jm\rangle$, $J_z|jm\rangle = \hbar m|jm\rangle$, $J_\pm|jm\rangle = \hbar\sqrt{(j \mp m)(j \pm m + 1)}|j\,m\pm 1\rangle$）に対して，$|c_\pm|^2 = \hbar^2(j \mp m)(j \pm m + 1) \geq 0$ から $j \geq m \geq -j$ が導かれる．

  $|j\,m_{\min}\rangle = |j\,-j\rangle$ に J_+ を n 回作用させて $J_+^n|j\,-j\rangle = cc'\cdots|j\,-j+n\rangle$，$-j + n = m_{\max} = j$，ゆえに，$j = \dfrac{n}{2} = 0, \dfrac{1}{2}, 1, \dfrac{3}{2}, 2, \cdots$ がわかる．

8.4 スピン（spin）角運動量

スピン角運動量 $\bm{s}$（$s = \frac{1}{2}$）の固有状態 $|s\ m_s\rangle = |\frac{1}{2}\ \pm\frac{1}{2}\rangle$ は，式 (8.26) で $\bm{J}$ を $\bm{s}$，j を $s = \frac{1}{2}$ として

$$\bm{s}^2 \left|\frac{1}{2}\ \pm\frac{1}{2}\right\rangle = \hbar^2 \frac{1}{2}\frac{3}{2}\left|\frac{1}{2}\ \pm\frac{1}{2}\right\rangle$$

$$s_z \left|\frac{1}{2}\ \pm\frac{1}{2}\right\rangle = \hbar\left(\pm\frac{1}{2}\right)\left|\frac{1}{2}\ \pm\frac{1}{2}\right\rangle$$

$$s_\pm \left|\frac{1}{2}\ \pm\frac{1}{2}\right\rangle = 0$$

$$s_\pm \left|\frac{1}{2}\ \mp\frac{1}{2}\right\rangle = \hbar\left|\frac{1}{2}\ \pm\frac{1}{2}\right\rangle \quad (8.31)$$

を満たす．$|\frac{1}{2}\ \pm\frac{1}{2}\rangle$ を

$$|\alpha\rangle \equiv \left|\frac{1}{2}\ \frac{1}{2}\right\rangle, \quad |\beta\rangle \equiv \left|\frac{1}{2}\ -\frac{1}{2}\right\rangle \quad (8.32)$$

のように略記すると，s_z の行列要素は

$$\langle\alpha|s_z|\alpha\rangle = \frac{\hbar}{2}, \quad \langle\beta|s_z|\beta\rangle = -\frac{\hbar}{2}$$

$$\langle\alpha|s_z|\beta\rangle = 0, \quad \langle\beta|s_z|\alpha\rangle = 0$$

と表される．

8.4.1 スピン角運動量の行列表示とパウリ行列

スピン角運動量を，次のように行列表示する．

$$\hat{s}_z = \begin{pmatrix} \langle\alpha|s_z|\alpha\rangle & \langle\alpha|s_z|\beta\rangle \\ \langle\beta|s_z|\alpha\rangle & \langle\beta|s_z|\beta\rangle \end{pmatrix} = \frac{\hbar}{2}\begin{pmatrix} 1 & 0 \\ 0 & -1 \end{pmatrix}$$

同様に，$s_\pm$ の行列表示は

$$\hat{s}_+ = \hbar\begin{pmatrix} 0 & 1 \\ 0 & 0 \end{pmatrix}, \quad \hat{s}_- = \hbar\begin{pmatrix} 0 & 0 \\ 1 & 0 \end{pmatrix}$$

これらと $s_\pm = s_x \pm is_y$ から，s_x，s_y の行列表示は

$$\hat{s}_x = \frac{\hat{s}_+ + \hat{s}_-}{2} = \frac{\hbar}{2}\begin{pmatrix} 0 & 1 \\ 1 & 0 \end{pmatrix}$$

64 8. 角運動量とスピン

$$\hat{s}_y = \frac{\hat{s}_+ - \hat{s}_-}{2i} = \frac{\hbar}{2}\begin{pmatrix} 0 & -i \\ i & 0 \end{pmatrix}$$

と求められる. ここで, パウリ行列 (Pauli matrices) を $\hat{\boldsymbol{\sigma}} \equiv \frac{2}{\hbar}\hat{\boldsymbol{s}}$ で定義する. $\hat{\boldsymbol{\sigma}} = (\hat{\sigma}_x, \hat{\sigma}_y, \hat{\sigma}_z)$ および 2×2 (2行2列) の単位行列 $\hat{1}$ は

$$\hat{\sigma}_x = \begin{pmatrix} 0 & 1 \\ 1 & 0 \end{pmatrix}, \quad \hat{\sigma}_y = \begin{pmatrix} 0 & -i \\ i & 0 \end{pmatrix}$$

$$\hat{\sigma}_z = \begin{pmatrix} 1 & 0 \\ 0 & -1 \end{pmatrix}, \quad \hat{1} = \begin{pmatrix} 1 & 0 \\ 0 & 1 \end{pmatrix}$$

で与えられる. 任意の 2×2 行列は, これらの線形結合で表すことができる.

8.4.2 パウリ行列の対角化

物理量を表す演算子の固有値と固有関数を求める固有値問題は, パウリ行列 $\hat{\boldsymbol{\sigma}}$ のように行列表示されている場合, 行列を対角化する問題に帰着する.

$\hat{\sigma}_z$ はすでに対角表示になっているので, $\hat{\sigma}_x$ と $\hat{\sigma}_y$ の固有値問題を考える. $\eta = x, y$ として, 固有値方程式は $\hat{\sigma}_\eta|\psi\rangle = \lambda|\psi\rangle$ と表される. ここで, λ は固有値, $|\psi\rangle = a|\alpha\rangle + b|\beta\rangle$ は固有関数で, その係数 a, b は波動関数の規格化条件 $|a|^2 + |b|^2 = 1$ を満たすように決める.

固有値方程式 $\hat{\sigma}_x|\psi\rangle = \lambda|\psi\rangle$ は, 行列表示で

$$\begin{pmatrix} 0 & 1 \\ 1 & 0 \end{pmatrix}\begin{pmatrix} a \\ b \end{pmatrix} = \lambda\begin{pmatrix} a \\ b \end{pmatrix} = \begin{pmatrix} \lambda & 0 \\ 0 & \lambda \end{pmatrix}\begin{pmatrix} a \\ b \end{pmatrix}$$

$$\therefore \quad \begin{pmatrix} -\lambda & 1 \\ 1 & -\lambda \end{pmatrix}\begin{pmatrix} a \\ b \end{pmatrix} = \begin{pmatrix} 0 \\ 0 \end{pmatrix} \tag{8.33}$$

と表される. 固有値 λ は次の永年方程式 (5.4 節での表記は $\det(\hat{\sigma}_x - \lambda\hat{1})$)

$$\begin{vmatrix} -\lambda & 1 \\ 1 & -\lambda \end{vmatrix} = \lambda^2 - 1 = (\lambda+1)(\lambda-1) = 0$$

から $\lambda = 1, -1$ と求められる. 固有値 1 に対応する固有ベクトルは, 式 (8.33) に $\lambda = 1$ を代入して

$$\begin{pmatrix} -1 & 1 \\ 1 & -1 \end{pmatrix}\begin{pmatrix} a \\ b \end{pmatrix} = \begin{pmatrix} 0 \\ 0 \end{pmatrix} \quad \text{より} \quad a = b = \frac{1}{\sqrt{2}}$$

と求められる. $\lambda = -1$ に対しても同様に

$$\begin{pmatrix} 1 & 1 \\ 1 & 1 \end{pmatrix}\begin{pmatrix} a \\ b \end{pmatrix} = \begin{pmatrix} 0 \\ 0 \end{pmatrix} \quad \text{より} \quad a = -b = \frac{1}{\sqrt{2}}$$

と求められる. $\hat{\sigma}_y|\psi\rangle = \lambda|\psi\rangle$ の行列表示は

$$\begin{pmatrix} 0 & -i \\ i & 0 \end{pmatrix}\begin{pmatrix} a \\ b \end{pmatrix} = \lambda\begin{pmatrix} a \\ b \end{pmatrix}$$

永年方程式は

$$\begin{vmatrix} -\lambda & -i \\ i & -\lambda \end{vmatrix} = \lambda^2 - 1 = 0, \quad \therefore \quad \lambda = \pm 1$$

と解くことができ, 対応する固有ベクトルは

$$\lambda = 1: \begin{pmatrix} -1 & -i \\ i & -1 \end{pmatrix}\begin{pmatrix} a \\ b \end{pmatrix} = \begin{pmatrix} 0 \\ 0 \end{pmatrix} \quad \therefore \quad a = -ib = \frac{1}{\sqrt{2}}$$

$$\lambda = -1: \begin{pmatrix} 1 & -i \\ i & 1 \end{pmatrix}\begin{pmatrix} a \\ b \end{pmatrix} = \begin{pmatrix} 0 \\ 0 \end{pmatrix} \quad \therefore \quad a = ib = \frac{1}{\sqrt{2}}$$

と求められる. まとめると, 固有関数 $|\psi\rangle$ は

$\hat{\sigma}_x$ の固有値 $\lambda_x = \pm 1$ に対して $|\psi\rangle = \dfrac{|\alpha\rangle \pm |\beta\rangle}{\sqrt{2}}$

$\hat{\sigma}_y$ の固有値 $\lambda_y = \pm 1$ に対して $|\psi\rangle = \dfrac{|\alpha\rangle \pm i|\beta\rangle}{\sqrt{2}}$

例題 8-1

一般に, 方向余弦が (l, m, n) で表される方向 (ζ と記す) を向くスピンを表す行列は, パウリ行列を用いて

$$\hat{\sigma}_\zeta = l\hat{\sigma}_x + m\hat{\sigma}_y + n\hat{\sigma}_z = \begin{pmatrix} n & l - im \\ l + im & -n \end{pmatrix}$$

と表される. 極座標を用いると, $l = \sin\theta\cos\varphi$, $m = \sin\theta\sin\varphi$, $n = \cos\theta$ から

$$\hat{\sigma}_\zeta = \begin{pmatrix} \cos\theta & \sin\theta\, e^{-i\varphi} \\ \sin\theta\, e^{i\varphi} & -\cos\theta \end{pmatrix}$$

$\hat{\sigma}_\zeta$ の固有値は, $\det(\hat{\sigma}_\zeta - \lambda\hat{1}) = \lambda^2 - l^2 - m^2 - n^2 = \lambda^2 - \sin^2\theta - \cos^2\theta = \lambda^2 - 1 = 0$ から $\lambda = \pm 1$ と求められる. これは, ユニタリー変換による行列の対角化, すなわちユニタリー行列 $\hat{U}$ および $\hat{U}^\dagger (= \hat{U}^{-1})$ を用いて

$$\hat{U}\hat{\sigma}_\zeta\hat{U}^\dagger = \begin{pmatrix} 1 & 0 \\ 0 & -1 \end{pmatrix} = \hat{\sigma}_z$$

と表現できる. この行列 $\hat{U}$ を求めてみよう.

対角化する前の基底を $|\phi_1\rangle \equiv |\alpha\rangle$, $|\phi_2\rangle \equiv |\beta\rangle$ とし, 対角化された後の基底を $|\phi_1'\rangle$, $|\phi_2'\rangle$ と表すと

$$|\phi_i'\rangle = \sum_{j=1}^{2} |\phi_j\rangle\langle\phi_j|\phi_i'\rangle$$

$$= \sum_{j=1}^{2} |\phi_j\rangle(U^\dagger)_{ji} = \sum_{j=1}^{2} U_{ij}^*|\phi_j\rangle$$

ここで, $(\hat{U})_{ij} = U_{ij} = \langle\phi_i'|\phi_j\rangle = \langle\phi_j|\phi_i'\rangle^* = (U^\dagger)_{ji}^*$. したがって, 固有値 $\lambda_1 = 1$ と $\lambda_2 = -1$ に対して

$$\begin{pmatrix} \cos\theta - 1 & \sin\theta\, e^{-i\varphi} \\ \sin\theta\, e^{i\varphi} & -\cos\theta - 1 \end{pmatrix}\begin{pmatrix} U_{11}^* \\ U_{12}^* \end{pmatrix} = \begin{pmatrix} 0 \\ 0 \end{pmatrix}$$

$$\begin{pmatrix} \cos\theta + 1 & \sin\theta\, e^{-i\varphi} \\ \sin\theta\, e^{i\varphi} & -\cos\theta + 1 \end{pmatrix}\begin{pmatrix} U_{21}^* \\ U_{22}^* \end{pmatrix} = \begin{pmatrix} 0 \\ 0 \end{pmatrix}$$

が成り立つ. これらと規格化条件 $|U_{11}|^2 + |U_{12}|^2 = 1$, $|U_{21}|^2 + |U_{22}|^2 = 1$ を連立させて解くと

$$|\phi_1'\rangle = U_{11}^*|\phi_1\rangle + U_{12}^*|\phi_2\rangle$$

$$= \cos\left(\frac{\theta}{2}\right)|\alpha\rangle + \sin\left(\frac{\theta}{2}\right)e^{i\varphi}|\beta\rangle$$

$$|\phi_2'\rangle = U_{21}^*|\phi_1\rangle + U_{22}^*|\phi_2\rangle$$

$$= -\sin\left(\frac{\theta}{2}\right)e^{-i\varphi}|\alpha\rangle + \cos\left(\frac{\theta}{2}\right)|\beta\rangle$$

すなわち，ユニタリー行列 $\hat{U}$, $\hat{U}^\dagger$ として次式を得る．

$$\hat{U} = \begin{pmatrix} \cos\left(\dfrac{\theta}{2}\right) & \sin\left(\dfrac{\theta}{2}\right)e^{-i\varphi} \\ -\sin\left(\dfrac{\theta}{2}\right)e^{i\varphi} & \cos\left(\dfrac{\theta}{2}\right) \end{pmatrix}$$

$$\hat{U}^\dagger = \begin{pmatrix} \cos\left(\dfrac{\theta}{2}\right) & -\sin\left(\dfrac{\theta}{2}\right)e^{-i\varphi} \\ \sin\left(\dfrac{\theta}{2}\right)e^{i\varphi} & \cos\left(\dfrac{\theta}{2}\right) \end{pmatrix}$$

ここで，(i) $\zeta = z$ のときは，$\theta = 0$ とおいて $\hat{U} = \hat{1}$；
(ii) $\zeta = x$ のときは，$\theta = \pi/2$, $\varphi = 0$ とおいて

$$\hat{U} = \frac{1}{\sqrt{2}}\begin{pmatrix} 1 & 1 \\ -1 & 1 \end{pmatrix}, \quad \hat{U}^\dagger = \frac{1}{\sqrt{2}}\begin{pmatrix} 1 & -1 \\ 1 & 1 \end{pmatrix};$$

(iii) $\zeta = y$ のときは，$\theta = \pi/2$, $\varphi = \pi/2$ とおいて

$$\hat{U} = \frac{1}{\sqrt{2}}\begin{pmatrix} 1 & -i \\ -i & 1 \end{pmatrix}, \quad \hat{U}^\dagger = \frac{1}{\sqrt{2}}\begin{pmatrix} 1 & i \\ i & 1 \end{pmatrix}$$

となる．(ii) と (iii) から得られる $|\phi_2'\rangle$ は，前に 8.4.2 項で求めた固有状態に，それぞれ -1, $-i$ を掛けた表現になっているが，本質的に同じである．

8.4 節のまとめ

- スピン角運動量 s は $j = s = \frac{1}{2}$ の場合であり，固有状態を $|\alpha\rangle = |\frac{1}{2}\ \frac{1}{2}\rangle$, $|\beta\rangle = |\frac{1}{2}\ -\frac{1}{2}\rangle$, s_η ($\eta = x, y, z$) の行列表示を $\hat{s}_\eta = \begin{pmatrix} \langle\alpha|s_\eta|\alpha\rangle & \langle\alpha|s_\eta|\beta\rangle \\ \langle\beta|s_\eta|\alpha\rangle & \langle\beta|s_\eta|\beta\rangle \end{pmatrix}$ とするとき，パウリ行列を $\hat{\sigma} = \dfrac{2}{\hbar}\hat{s}$ と定義する．

  [パウリ行列] は，$\hat{\sigma}_x = \begin{pmatrix} 0 & 1 \\ 1 & 0 \end{pmatrix}$, $\hat{\sigma}_y = \begin{pmatrix} 0 & -i \\ i & 0 \end{pmatrix}$, $\hat{\sigma}_z = \begin{pmatrix} 1 & 0 \\ 0 & -1 \end{pmatrix}$；

  [単位行列] は $\hat{1} = \begin{pmatrix} 1 & 0 \\ 0 & 1 \end{pmatrix}$ で与えられる．

- $\hat{\sigma}_x$ の固有値 $\lambda_x = \pm 1$ に対する固有関数は，$|\psi_\pm\rangle = \dfrac{|\alpha\rangle \pm |\beta\rangle}{\sqrt{2}}$ と求められる．

  $\hat{\sigma}_y$ の固有値 $\lambda_y = \pm 1$ に対する固有関数は，$|\psi_\pm\rangle = \dfrac{|\alpha\rangle \pm i|\beta\rangle}{\sqrt{2}}$ と求められる．

9. 摂動論と変分法

量子力学で正確に解くことができない問題については，近似計算をする必要がある．この章では，まずその代表例である摂動論（perturbation theory）について考察する．

摂動論では，ハミルトニアンを

$$\hat{H} = \hat{H}_0 + \lambda \hat{H}' \tag{9.1}$$

と表す．ここで，$\hat{H}_0$ は無摂動ハミルトニアンで，その解は求められているとする．$\hat{H}'$ は摂動ハミルトニアンであり，摂動の次数を明確にするために摂動パラメータ λ を掛けておく．摂動の次数ごとに定式化した後で $\lambda = 1$ とする．

無摂動ハミルトニアン $\hat{H}_0$ は，（例えば，水素原子に束縛された電子に対するハミルトニアンのように）時間をあらわに含まず，固有値（$E_n^{(0)}$）と固有関数（ϕ_n）が求められているとする．すなわち，次式が成り立つ．

$$\hat{H}_0 \phi_n = E_n^{(0)} \phi_n \tag{9.2}$$

ここで，$n = 1, 2, 3, \cdots$ は量子数（の組）に付けた通し番号である．水素原子の問題を例にとると，n が重複してやや紛らわしいが，$n = (n, l, m, m_s)$ について $1 = (1, 0, 0, \frac{1}{2})$, $2 = (1, 0, 0, -\frac{1}{2})$, $3 = (2, 0, 0, \frac{1}{2})$, $4 = (2, 0, 0, -\frac{1}{2})$, $5 = (2, 1, 1, \frac{1}{2})$, $\cdots$ である．

このとき，シュレーディンガー方程式とその解は

$$i\hbar \frac{\partial \Phi_n}{\partial t} = \hat{H}_0 \Phi_n \tag{9.3}$$

$$\Phi_n = \phi_n e^{-iE_n^{(0)}t/\hbar} \tag{9.4}$$

で与えられる．また，固有関数 ϕ_n には規格直交関係

$$\int \phi_m^* \phi_n d\tau = \langle \phi_m | \phi_n \rangle = \langle m | n \rangle = \delta_{mn} \tag{9.5}$$

が成り立つとする．積分記号 $\int d\tau$ は，ϕ_n が位置座標 $\boldsymbol{r}$ のみの関数のときは，たんに $\iiint d^3\boldsymbol{r}$ $(= \iiint dxdydz)$ を表すが，水素原子に束縛された電子状態のように $\boldsymbol{r}$ の関数とスピン関数の積で与えられる場合は

$$\int d\tau \equiv \sum_{m_s} \iiint d^3\boldsymbol{r} \tag{9.6}$$

を表すものとし，m_s についての和も含めて「τ について積分する」と表現する．以下で摂動の効果を扱うと

きに考慮すべき自由度は，$\hat{H}_0$ の固有関数の組

$$\{\phi_n\} \equiv (\phi_1, \phi_2, \cdots) \tag{9.7}$$

もすべて備えている必要がある．このことを「$\{\phi_n\}$ は完全系をなす」といい，式 (9.5) の性質と合わせて，「$\{\phi_n\}$ は規格直交完全系をなす」という．

摂動項を含むハミルトニアン $\hat{H} = \hat{H}_0 + \lambda \hat{H}'$ に対するシュレーディンガー方程式は

$$i\hbar \frac{\partial \Psi}{\partial t} = \hat{H} \Psi = (\hat{H}_0 + \lambda \hat{H}') \Psi \tag{9.8}$$

であるが，摂動項 $\hat{H}'$ が時間 t に依存しないときは，固有値方程式 $\hat{H}\psi = E\psi$ を解けばよい．E と ψ が求められれば，定常状態の波動関数 $\Psi = \psi e^{-iEt/\hbar}$ が得られる．$\hat{H}_0$ の固有状態 ϕ_n が縮退していない場合を 9.1 節で，ϕ_n が縮退している場合を 9.2 節で扱う．

一方，摂動項 $\hat{H}'$ が時間 t に依存するときは，シュレーディンガー方程式(9.8)を直接扱う必要がある．この場合を 9.3 節で取り上げる．さらに 9.4 節では，もう一つの近似法である変分法（variational method）について述べる．

9.1 定常状態の摂動論 —縮退のない場合

無摂動状態に縮退がなく，時間に依存しない摂動が働く場合を考える．すなわち，無摂動ハミルトニアン $\hat{H}_0$ の固有値方程式 (9.2) において，固有値 $E_n^{(0)}$ のエネルギー準位には，唯一つの固有状態 ϕ_n が属する．状態 ϕ_n に対応する $\hat{H} = \hat{H}_0 + \lambda \hat{H}'$ の固有値を E_n，固有状態を ψ_n とし，固有値方程式を次式で表す．

$$(\hat{H}_0 + \lambda \hat{H}')\psi_n = E_n \psi_n \tag{9.9}$$

9.1.1 摂動展開

ψ_n と E_n を λ のべき級数で展開して

$$\psi_n = \psi_n^{(0)} + \lambda \psi_n^{(1)} + \lambda^2 \psi_n^{(2)} + \cdots \tag{9.10}$$

$$E_n = E_n^{(0)} + \lambda E_n^{(1)} + \lambda^2 E_n^{(2)} + \cdots \tag{9.11}$$

これらを固有値方程式 (9.9) に代入し整理すると

$$\hat{H}_0\psi_n^{(0)} + \lambda(\hat{H}_0\psi_n^{(1)} + \hat{H}'\psi_n^{(0)})$$
$$+ \lambda^2(\hat{H}_0\psi_n^{(2)} + \hat{H}'\psi_n^{(1)}) + \cdots$$
$$= E_n^{(0)}\psi_n^{(0)} + \lambda(E_n^{(1)}\psi_n^{(0)} + E_n^{(0)}\psi_n^{(1)})$$
$$+ \lambda^2(E_n^{(2)}\psi_n^{(0)} + E_n^{(1)}\psi_n^{(1)} + E_n^{(0)}\psi_n^{(2)}) + \cdots$$
$$\tag{9.12}$$

が得られる．式 (9.12) の λ を含まない（λ^0 の）項は

$$\hat{H}_0\psi_n^{(0)} = E_n^{(0)}\psi_n^{(0)} \tag{9.13}$$

これは式 (9.2) と同じ固有値方程式であり

$$\psi_n^{(0)} = \phi_n \tag{9.14}$$

であることは自明である．

λ を含む項に現れる $\psi_n^{(i)}$ $(i = 1, 2, \cdots)$ は，一般に，$\hat{H}_0$ の固有関数 (9.7) の線形結合で

$$\psi_n^{(i)} = \sum_{j=1}^{\infty} a_{nj}^{(i)}\phi_j \tag{9.15}$$

と表すことができる．ここで，j についての和は，一般に 1 から ∞ までだが，通常は有限個の和をとれば十分である．

9.1.2　1 次摂動

摂動項の寄与として，まず 1 次の摂動を考える．式 (9.12) の λ^1 に比例する項は

$$\hat{H}_0\psi_n^{(1)} + \hat{H}'\psi_n^{(0)} = E_n^{(1)}\psi_n^{(0)} + E_n^{(0)}\psi_n^{(1)} \tag{9.16}$$

これに式 (9.14) と (9.15) で $i = 1$ とした式を代入し，式 (9.2) を用いて整理すると

$$\sum_{j=1}^{\infty} a_{nj}^{(1)}(E_j^{(0)} - E_n^{(0)})\phi_j + \hat{H}'\phi_n = E_n^{(1)}\phi_n$$
$$\tag{9.17}$$

$\left(\sum_{j=1}^{\infty} a_{nj}^{(1)}(E_j^{(0)} - E_n^{(0)})|j\rangle + \hat{H}'|n\rangle = E_n^{(1)}|n\rangle$ とも表せる）が得られる．式 (9.17) に，左から ϕ_n^* を掛けて τ について積分する，記号で表すと

$$\int \phi_n^* \cdots d\tau \quad \text{または} \quad \langle n| \cdots$$

とする．規格直交性 (9.5) と $E_n^{(0)} - E_n^{(0)} = 0$ を用いると，1 次の摂動エネルギーとして次式を得る．

$$E_n^{(1)} = \int \phi_n^* \hat{H}'\phi_n d\tau = \langle n|\hat{H}'|n\rangle \tag{9.18}$$

波動関数の係数 $a_{nk}^{(1)}$ $(k \neq n)$ は，式 (9.17) に左から ϕ_k^* を掛けて積分して（$a_{nn}^{(1)} = 0$ は 9.1.4 項で示す）

$$(E_n^{(0)} - E_k^{(0)})a_{nk}^{(1)} = \langle k|\hat{H}'|n\rangle$$

ここで，k を j として式 (9.15) で $i = 1$ とした式に代入すると，次の 1 次摂動の波動関数が得られる．

$$\psi_n^{(1)} = \sum_{j(\neq n)} \frac{\langle j|\hat{H}'|n\rangle}{E_n^{(0)} - E_j^{(0)}}\phi_j \tag{9.19}$$

9.1.3　2 次摂動

次に，2 次摂動を考える．式 (9.12) の λ^2 の項

$$\hat{H}_0\psi_n^{(2)} + \hat{H}'\psi_n^{(1)} = E_n^{(2)}\psi_n^{(0)} + E_n^{(1)}\psi_n^{(1)} + E_n^{(0)}\psi_n^{(2)}$$

に式 (9.14) と (9.19)，および (9.15) で $i = 2$ とした式を代入し，式 (9.2) を用いて整理すると

$$\sum_j a_{nj}^{(2)}(E_j^{(0)} - E_n^{(0)})\phi_j + \sum_{j(\neq n)} \frac{\langle j|\hat{H}'|n\rangle}{E_n^{(0)} - E_j^{(0)}}\hat{H}'\phi_j$$
$$- \langle n|\hat{H}'|n\rangle \sum_{j(\neq n)} \frac{\langle j|\hat{H}'|n\rangle}{E_n^{(0)} - E_j^{(0)}}\phi_j = E_n^{(2)}\phi_n$$

これに左から ϕ_k^* を掛けて積分して次式を得る．

$$\sum_j a_{nj}^{(2)}(E_j^{(0)} - E_n^{(0)})\delta_{kj} + \sum_{j(\neq n)} \frac{\langle j|\hat{H}'|n\rangle}{E_n^{(0)} - E_j^{(0)}}\langle k|\hat{H}'|j\rangle$$
$$- \langle n|\hat{H}'|n\rangle \sum_{j(\neq n)} \frac{\langle j|\hat{H}'|n\rangle}{E_n^{(0)} - E_j^{(0)}}\delta_{kj} = E_n^{(2)}\delta_{kn}$$

この式で，$k = n$ として 2 次の摂動エネルギーが

$$E_n^{(2)} = \sum_{j(\neq n)} \frac{|\langle n|\hat{H}'|j\rangle|^2}{E_n^{(0)} - E_j^{(0)}} \tag{9.20}$$

$k \neq n$ のとき 2 次摂動の波動関数の係数が

$$a_{nk}^{(2)} = \sum_{j(\neq n)} \frac{\langle k|\hat{H}'|j\rangle\langle j|\hat{H}'|n\rangle}{(E_n^{(0)} - E_k^{(0)})(E_n^{(0)} - E_j^{(0)})}$$
$$- \frac{\langle k|\hat{H}'|n\rangle\langle n|\hat{H}'|n\rangle}{(E_n^{(0)} - E_k^{(0)})^2} \tag{9.21}$$

と求められる．この係数を波動関数（式 (9.15) で $i = 2$ とした式）に代入するときは $k \leftrightarrow j$ とする．

9.1.4　展開係数の対角成分

これまで求めた波動関数の係数 $a_{nj}^{(1)}$ および $a_{nj}^{(2)}$ は，ともに $n \neq j$ に対して与えられている．$n = j$ の対角成分は，波動関数の規格化条件を用いて，次のように定められる．摂動波動関数 ψ_n の規格化条件は

$$\int \psi_n^* \psi_n d\tau = \int \phi_n^* \phi_n d\tau$$
$$+ \lambda\left(\int \psi_n^{(1)*}\phi_n d\tau + \int \phi_n^* \psi_n^{(1)} d\tau\right)$$
$$+ \lambda^2\left(\int \psi_n^{(2)*}\phi_n d\tau + \int |\psi_n^{(1)}|^2 d\tau + \int \phi_n^* \psi_n^{(2)} d\tau\right)$$
$$+ \cdots = 1$$

と表せるが，ϕ_n 自体が規格化されているので，λ, λ^2, $\cdots$ が掛かる各項はすべて 0 でなければならない．したがって，式 (9.15) と規格直交性 (9.5) を用いて

$$a_{nn}^{(1)*} + a_{nn}^{(1)} = 2a_{nn}^{(1)} = 0 \quad \therefore \ a_{nn}^{(1)} = 0$$

$$2a_{nn}^{(2)} + \sum_{j(\neq n)} |a_{nj}^{(1)}|^2 = 0 \quad \therefore \ a_{nn}^{(2)} = -\frac{1}{2}\sum_{j(\neq n)}|a_{nj}^{(1)}|^2$$

と定められる．ここで，$a_{nn}^{(i)}$ は一般に実数にとれることを用いた（注：例えば $a_{nn}^{(1)}$ に対する条件は，$a_{nn}^{(1)}$ を純虚数としても満たされるが，λ の高次の項を含めると，それはたんに ϕ_n に位相因子 $e^{i\lambda\delta}$ を掛けることと同等である）．

例題 9-1

水素原子の分極率を摂動論で評価してみよう．大きさ E の静電場を z 軸の正の方向に掛けたとき，電子に働く摂動ハミルトニアンは，$\hat{H}' = eEz = eEr\cos\theta$ で与えられる．この電場によって，図 9.1 のように，原子核（電荷 e）を中心として球対称な電子雲（電荷 $-e$）が電場と逆方向にずれて，水素原子は分極する．

2 次までの摂動エネルギーは

$$E_n \simeq E_n^{(0)} + \langle n|\hat{H}'|n\rangle + \sum_{j(\neq n)} \frac{|\langle n|\hat{H}'|j\rangle|^2}{E_n^{(0)} - E_j^{(0)}}$$

と表される．電子は基底 1s 状態にあって

$$|n\rangle = |1s\rangle = |100\rangle = R_{1s}(r)Y_0^0(\theta,\varphi) = \frac{e^{-r/a_0}}{\sqrt{\pi a_0^3}}$$

$$E_n^{(0)} = E_{1s}^{(0)} = -\frac{me^4}{(4\pi\varepsilon_0)^2 2\hbar^2}\frac{1}{1^2} = -\frac{e^2}{(4\pi\varepsilon_0)2a_0}$$

で与えられる．1 次の摂動エネルギーは

$$\langle 1s|\hat{H}'|1s\rangle \propto \int_{-\infty}^{\infty} f(r)z\,dz \propto \int_0^\pi \cos\theta\sin\theta d\theta = 0$$

から消える．2 次の摂動エネルギーに寄与する状態は，$|j\rangle = |nlm\rangle = |n10\rangle$, $(n=2,3,\cdots)$ である．これは，$\langle n|\hat{H}'|j\rangle \propto \langle 100|\cos\theta|nlm\rangle \propto \langle 100|Y_1^0|nlm\rangle$ からわかる．$|j\rangle = |210\rangle = |2p_z\rangle$ の寄与を計算する．

$$|2p_z\rangle = |210\rangle = R_{2p}Y_1^0 = \frac{re^{-r/2a_0}}{2\sqrt{6a_0^5}}Y_1^0(\theta,\varphi)$$

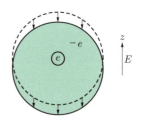

図 9.1 静電場による水素原子の分極

を用いて，$\langle 1s|\hat{H}'|2p_z\rangle = eE\langle 1s|r\cos\theta|2p_z\rangle$ は

$$\langle 1s|\hat{H}'|2p_z\rangle = eE\langle 1s|r\sqrt{\frac{4\pi}{3}}Y_1^0|2p_z\rangle$$

$$= \frac{eE}{3\sqrt{2}\,a_0^4}\int_0^\infty r^4 e^{-3r/2a_0}dr$$

ここで，

$$\int_0^\infty r^4 e^{-3r/2a_0}dr = \left(\frac{2}{3}a_0\right)^5\int_0^\infty x^4 e^{-x}dx$$

$$\int_0^\infty x^n e^{-x}dx = n! \tag{9.22}$$

を用いて，次式を得る．

$$\langle 1s|\hat{H}'|2p_z\rangle = \frac{2^7\sqrt{2}}{3^5}eEa_0$$

$E_{1s}^{(0)} - E_{2p}^{(0)} = -[e^2/(4\pi\varepsilon_0 2a_0)](3/2^2)$ から

$$E_n^{(2)} \simeq -\frac{2^{18}}{3^{11}}(4\pi\varepsilon_0)a_0^3 E^2 \simeq -1.48(4\pi\varepsilon_0)a_0^3 E^2$$

と計算される．したがって，分極率 α は

$$\alpha = -\left.\frac{d^2 E_n}{dE^2}\right|_{E=0} = 2.96(4\pi\varepsilon_0)a_0^3$$

と求められる．さらに，$|j\rangle = |np_z\rangle$ ($n=3,4,\cdots$) の寄与を含めて計算すると，$1.48.. \to 1.48.. + 0.20.. + 0.06.. + \cdots = 9/4$，すなわち $E_n^{(2)} = -\frac{9}{4}(4\pi\varepsilon_0)a_0^3 E^2 = -2.25(4\pi\varepsilon_0)a_0^3 E^2$ が得られる．このとき，分極率は

$$\alpha = 2.96(4\pi\varepsilon_0)a_0^3 \ \to \ 4.5(4\pi\varepsilon_0)a_0^3 \tag{9.23}$$

と修正される．$\alpha = 4.5(4\pi\varepsilon_0)a_0^3$ は厳密な値である．

9.1 節のまとめ

- 無摂動状態 $\Phi_n(\boldsymbol{r},t)$ とエネルギー固有値 $E_n^{(0)}$ が，次のように求められているとする．

$$i\hbar\frac{\partial \Phi_n}{\partial t} = \hat{H}_0\Phi_n, \quad \hat{H}_0\phi_n = E_n^{(0)}\phi_n, \quad \Phi_n = \phi_n e^{-iE_n^{(0)}t/\hbar}, \quad \langle\phi_m|\phi_n\rangle = \langle m|n\rangle = \delta_{mn}$$

- 無摂動状態に縮退がなく，摂動ハミルトニアン $\hat{H}'$ が時間に依存しない場合，エネルギー固有値と波動

関数は，次のように与えられる．

$$E_n = E_n^{(0)} + E_n^{(1)} + E_n^{(2)} + \cdots = E_n^{(0)} + \langle n|\hat{H}'|n\rangle + \sum_{j(\neq n)} \frac{|\langle n|\hat{H}'|j\rangle|^2}{E_n^{(0)} - E_j^{(0)}} + \cdots$$

$$\psi_n = \phi_n + \sum_{j=1}^{\infty} a_{nj}^{(1)} \phi_j + \sum_{j=1}^{\infty} a_{nj}^{(2)} \phi_j + \cdots, \qquad a_{nn}^{(1)} = 0, \quad j \neq n : a_{nj}^{(1)} = \frac{\langle j|\hat{H}'|n\rangle}{E_n^{(0)} - E_j^{(0)}}$$

$$a_{nn}^{(2)} = -\frac{1}{2} \sum_{j(\neq n)} |a_{nj}^{(1)}|^2, \quad j \neq n : a_{nj}^{(2)} = \sum_{k(\neq n)} \frac{\langle j|\hat{H}'|k\rangle \langle k|\hat{H}'|n\rangle}{(E_n^{(0)} - E_j^{(0)})(E_n^{(0)} - E_k^{(0)})} - \frac{\langle j|\hat{H}'|n\rangle \langle n|\hat{H}'|n\rangle}{(E_n^{(0)} - E_j^{(0)})^2}$$

9.2 定常状態の摂動論
―縮退している場合

　無摂動状態で縮退しているエネルギー準位がある場合，その準位の摂動エネルギーは前節の方法では求めることができない．前節の摂動展開の分母に現れるエネルギー差が，縮退する状態の間では0になってしまうためである．

　無摂動エネルギー $E_n^{(0)}$ のエネルギー準位が s 重に縮退しているとき，固有値方程式は

$$\hat{H}_0 \phi_{n\nu} = E_n^{(0)} \phi_{n\nu}, \quad (\nu = 1, 2, \cdots, s) \quad (9.24)$$

と表される．他のエネルギー準位を含めた固有関数の組（集合）$\{\phi_{n\nu}\}$ は規格直交完全系をなし

$$\langle \phi_{m\nu_m} | \phi_{n\nu} \rangle = \langle m\nu_m | n\nu \rangle = \delta_{mn} \delta_{\nu_m \nu} \quad (9.25)$$

が成り立つとする．また，摂動ハミルトニアン $\hat{H}'$ が時間 t に依存しない定常状態を考える．

9.2.1　摂動展開

　固有値方程式は前節の式 (9.9) と同じ，摂動エネルギー E_n の λ についての展開も式 (9.11) と同じでよいが，波動関数 ψ_n の展開式 (9.10) は

$$\psi_n = \sum_{\nu=1}^{s} a_{n\nu}^{(0)} \psi_{n\nu}^{(0)} + \lambda \psi_n^{(1)} + \lambda^2 \psi_n^{(2)} + \cdots$$

$$(9.26)$$

のように変える必要がある．式 (9.9) に式 (9.26) と (9.11) を代入し λ^2 まで整理すると次式を得る．

$$\sum_{\nu=1}^{s} a_{n\nu}^{(0)} \hat{H}_0 \psi_{n\nu}^{(0)} + \lambda \left(\hat{H}_0 \psi_n^{(1)} + \sum_{\nu=1}^{s} a_{n\nu}^{(0)} \hat{H}' \psi_{n\nu}^{(0)} \right)$$

$$+ \lambda^2 \left(\hat{H}_0 \psi_n^{(2)} + \hat{H}' \psi_n^{(1)} \right) = \sum_{\nu=1}^{s} a_{n\nu}^{(0)} E_n^{(0)} \psi_{n\nu}^{(0)}$$

$$+ \lambda \left(E_n^{(1)} \sum_{\nu=1}^{s} a_{n\nu}^{(0)} \psi_{n\nu}^{(0)} + E_n^{(0)} \psi_n^{(1)} \right)$$

$$+ \lambda^2 \left(E_n^{(2)} \sum_{\nu=1}^{s} a_{n\nu}^{(0)} \psi_{n\nu}^{(0)} + E_n^{(1)} \psi_n^{(1)} + E_n^{(0)} \psi_n^{(2)} \right)$$

λ^0 の方程式から $\psi_{n\nu}^{(0)} = \phi_{n\nu}$ となるのは自明である．

9.2.2　1次摂動

　λ^1 の方程式の $\psi_n^{(1)}$ は，一般に $\{\phi_{m\nu_m}\}$ のすべての状態の線形結合で表すことができる．すなわち，

$$\psi_n^{(1)} = \sum_{m\nu_m} a_{n,m\nu_m}^{(1)} \phi_{m\nu_m} \quad (9.27)$$

として λ^1 の方程式に代入し，式 (9.24) を用いると

$$\sum_{m\nu_m} a_{n,m\nu_m}^{(1)} (E_m^{(0)} - E_n^{(0)}) \phi_{m\nu_m} + \sum_{\nu=1}^{s} a_{n\nu}^{(0)} \hat{H}' \phi_{n\nu}$$

$$= \sum_{\nu=1}^{s} a_{n\nu}^{(0)} E_n^{(1)} \phi_{n\nu}$$

となる．これに左から $\phi_{n\nu'}^*$ を掛けて τ について積分し，$\{\phi_{n\nu}\}$ の規格直交性（式 (9.25)）を用いると，左辺第1項は $E_n^{(0)} - E_n^{(0)} = 0$ から消えて

$$\sum_{\nu=1}^{s} (\langle n\nu'|\hat{H}'|n\nu\rangle - E_n^{(1)} \delta_{\nu'\nu}) a_{n\nu}^{(0)} = 0 \quad (9.28)$$

となる．これは，$\nu' = 1, 2, \cdots, s$ について s 個の連立1次方程式の組を与える．s 個の摂動エネルギー $E_n^{(1)}$ は永年方程式

$$\det(\langle n\nu'|\hat{H}'|n\nu\rangle - E_n^{(1)} \delta_{\nu'\nu}) = 0 \quad (9.29)$$

（これを $\left|\langle n\nu'|\hat{H}'|n\nu\rangle - E_n^{(1)} \delta_{\nu'\nu}\right| = 0$ と表すこともある）を解いて求めることができる．

9.2.3　2次摂動

　$\langle n\nu'|\hat{H}'|n\nu\rangle$ が，$\nu \neq \nu'$ に対して0で，$\nu = \nu'$ に対して同じ値をとる場合は，1次摂動では縮退は解けない．このようなときは，導出の詳細は省略するが，状態空間を $l \neq n$ まで広げて，2次摂動の永年方程式

$$\left| \sum_{l(\neq n)\nu_l} \frac{\langle n\nu'|\hat{H}'|l\nu_l\rangle \langle l\nu_l|\hat{H}'|n\nu\rangle}{E_n^{(0)} - E_l^{(0)}} - E_n^{(2)} \delta_{\nu'\nu} \right| = 0$$

を解いて，2次摂動エネルギー $E_n^{(2)}$ を求めればよい．

例題 9-2

水素原子の L 殻 ($n=2$) の, 電場による分極を考えよう.

L 殻 ($n=2$) は, スピン縮退を除いて四重に縮退しており, $|n\nu\rangle = |nlm\rangle = |200\rangle, |211\rangle, |210\rangle, |21-1\rangle$ であるが, 第 7 章の表 7.2 の立方調和関数を用いて, $|n\nu\rangle = |2s\rangle, |2p_x\rangle, |2p_y\rangle, |2p_z\rangle$ と表せる.

これらの状態の間の, 摂動ハミルトニアン $\hat{H}' = eEz = eEr\cos\theta$ の期待値は, $\langle 2s|\hat{H}'|2p_z\rangle$ だけが 0 でないことは容易にわかる. $|2s\rangle$, $|2p_z\rangle$ は

$$|2s\rangle = R_{2s}(r)Y_0^0 = \frac{(1-r/2a_0)e^{-r/2a_0}}{\sqrt{2a_0^3}}\frac{1}{\sqrt{4\pi}}$$

$$|2p_z\rangle = R_{2p}(r)Y_1^0(\theta,\varphi) = \frac{re^{-r/2a_0}}{2\sqrt{6a_0^5}}\sqrt{\frac{3}{4\pi}}\cos\theta$$

で与えられる. $\langle 2s|\hat{H}'|2p_z\rangle$ を計算すると

$$\langle 2s|\hat{H}'|2p_z\rangle = \frac{eE}{32\pi a_0^4}\int_0^\infty r^4\left(2-\frac{r}{a_0}\right)e^{-r/a_0}dr$$
$$\times \int_0^\pi \cos^2\theta\sin\theta d\theta\int_0^{2\pi}d\varphi$$
$$= \frac{eEa_0}{16}\int_0^\infty x^4(2-x)e^{-x}dx\int_{-1}^1 y^2dy = -3ea_0E$$

となる. 固有状態を $|\psi_2^{(1)}\rangle = c_{2s}|2s\rangle + c_{2p_z}|2p_z\rangle$, 固有値を λ とおくと, 固有値方程式は

$$\begin{pmatrix} 0 & -3ea_0E \\ -3ea_0E & 0 \end{pmatrix}\begin{pmatrix} c_{2s} \\ c_{2p_z} \end{pmatrix} = \lambda\begin{pmatrix} c_{2s} \\ c_{2p_z} \end{pmatrix}$$

なので, 永年方程式を解いて固有値を求めると

$$\begin{vmatrix} -\lambda & -3ea_0E \\ -3ea_0E & -\lambda \end{vmatrix} = \lambda^2 - (-3ea_0E)^2 = 0$$

$$\therefore \quad \lambda = E_2^{(1)} = \pm 3ea_0E$$

が得られる. 摂動エネルギー $E_2^{(1)}$ と無摂動エネルギー $E_2^{(0)} = -[e^2/(4\pi\varepsilon_0 2a_0)]/2^2$ との差は

$$E_2^{(1)} - E_2^{(0)} = -3ea_0E,\ 0,\ 0,\ 3ea_0E$$

対応する規格化された固有状態は, 固有値方程式から

$$|\psi_2^{(1)}\rangle = \frac{|2s\rangle + |2p_z\rangle}{\sqrt{2}},\ |2p_x\rangle,\ |2p_y\rangle,\ \frac{|2s\rangle - |2p_z\rangle}{\sqrt{2}}$$

と求められる. この分裂の様子を図 9.2 に示した.

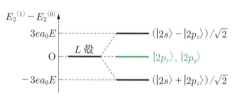

図 9.2 水素様原子の L 殻の電場による分裂

9.2 節のまとめ

- 無摂動エネルギーが $E_n^{(0)}$, 固有状態が $\phi_{n\nu}(\boldsymbol{r})$ の準位が s 重に縮退していて, 次のように表される.

$$\hat{H}_0\phi_{n\nu} = E_n^{(0)}\phi_{n\nu} \quad (\nu = 1, 2, \cdots, s), \quad \langle\phi_{m\nu_m}|\phi_{n\nu}\rangle = \langle m\nu_m|n\nu\rangle = \delta_{mn}\delta_{\nu_m\nu}$$

- $E_n^{(0)}$ の準位の s 重縮退状態空間で考えて, 時間に依存しない摂動 $\hat{H}'$ による摂動エネルギーと波動関数を $E_n = E_n^{(0)} + E_n^{(1)} + \cdots$, $\psi_n = \sum_{\nu=1}^s a_{n\nu}^{(0)}\phi_{n\nu} + \sum_{m\nu_m} a_{n,m\nu_m}^{(1)}\phi_{m\nu_m} + \cdots$ とすると, 1 次の摂動エネルギー $E_n^{(1)}$ は, 永年方程式

$$\sum_{\nu=1}^s \left(\langle n\nu'|\hat{H}'|n\nu\rangle - E_n^{(1)}\langle n\nu'|n\nu\rangle\right)a_{n\nu}^{(0)} = 0 \text{ から, } \det\left(\langle n\nu'|\hat{H}'|n\nu\rangle - E_n^{(1)}\delta_{\nu'\nu}\right) = 0$$

を解いて s 個の固有値が求められる. さらに, 固有値に対応する波動関数 (係数 $a_{n\nu}^{(0)}$ の組) も求められる.

9.3 時間に依存する摂動論

摂動ハミルトニアン $\hat{H}'$ が時間 t に依存する場合を考える. この節では, 1 次摂動によって, 粒子の散乱や光遷移などを議論する際に用いられるフェルミの黄金律 (Fermi's golden rule) を導く.

ハミルトニアン $\hat{H} = \hat{H}_0 + \lambda\hat{H}'(t)$ は t に依存するので, シュレーディンガー方程式

$$i\hbar\frac{\partial\Psi}{\partial t} = \hat{H}\Psi = [\hat{H}_0 + \lambda\hat{H}'(t)]\Psi \quad (9.30)$$

を直接扱う必要がある．したがって，$\hat{H}_0$ についても，シュレーディンガー方程式 (9.3) の解 (9.4) を用いる．

$$E_n^{(0)} \equiv \hbar \omega_n^{(0)} \tag{9.31}$$

$$\Phi_n = \phi_n e^{-i\omega_n^{(0)}t} \tag{9.32}$$

として，以下では $E_n^{(0)}$ の代わりに $\omega_n^{(0)}$ で表す．

9.3.1 波動関数の展開

式 (9.30) の解を $\Psi = \Psi_n(\bm{r}, t)$ として，それが Φ_m の重ね合わせ（線形結合）

$$\Psi_n(\bm{r}, t) = \sum_m U_{mn}(t)\phi_m e^{-i\omega_m^{(0)}t} \tag{9.33}$$

で表されるとする．これを式 (9.30) に代入すると

$$i\hbar \sum_m \left\{ \frac{dU_{mn}}{dt} \phi_m e^{-i\omega_m^{(0)}t} - i\omega_m^{(0)} U_{mn}\phi_m e^{-i\omega_m^{(0)}t} \right\}$$
$$= \sum_m \{ U_{mn} \hat{H}_0 \phi_m e^{-i\omega_m^{(0)}t} + \lambda \hat{H}' U_{mn} \phi_m e^{-i\omega_m^{(0)}t} \}$$

ここで，$\hat{H}_0 \phi_m = \hbar \omega_m^{(0)} \phi_m$ を用いて次式が得られる．

$$\sum_m \frac{dU_{mn}}{dt} \phi_m e^{-i\omega_m^{(0)}t} = \frac{\lambda}{i\hbar} \sum_m \hat{H}' U_{mn} \phi_m e^{-i\omega_m^{(0)}t}$$

この式の両辺に，左から $\phi_k^* e^{i\omega_k^{(0)}t}$ を掛けて τ について積分すると，$\langle \phi_k | \phi_m \rangle = \delta_{km}$ を用いて

$$\frac{dU_{kn}}{dt} = \frac{1}{i\hbar} \sum_m \lambda \langle \phi_k | \hat{H}' | \phi_m \rangle U_{mn} e^{i(\omega_k^{(0)} - \omega_m^{(0)})t}$$

を得る．ここで，k と m を交換し（$k \leftrightarrow m$）

$$\hat{H}'_{mk} \equiv \langle \phi_m | \hat{H}'(t) | \phi_k \rangle \tag{9.34}$$

$$\omega_{mk} \equiv \omega_m^{(0)} - \omega_k^{(0)} \tag{9.35}$$

と略記して次式を得る．

$$\frac{dU_{mn}}{dt} = -\frac{i}{\hbar} \sum_k \lambda \hat{H}'_{mk} e^{i\omega_{mk}t} U_{kn} \tag{9.36}$$

9.3.2 係数の摂動展開

求めるべき係数 U_{mn} を，λ のべき級数として

$$U_{mn}(t) = U_{mn}^{(0)}(t) + \lambda U_{mn}^{(1)}(t) + \cdots \tag{9.37}$$

と展開して式 (9.36) に代入すると，λ^1 までで

$$\frac{dU_{mn}^{(0)}}{dt} + \lambda \frac{dU_{mn}^{(1)}}{dt} \simeq 0 - \lambda \frac{i}{\hbar} \sum_k \hat{H}'_{mk} e^{i\omega_{mk}t} U_{kn}^{(0)}$$

となる．λ^0 次の（定数）項は，$dU_{mn}^{(0)}(t)/dt = 0$ であり，$U_{mn}^{(0)}$ は t に依存しない定数で与えられる．系が $t = -\infty$ で初期状態 n にあったとすると

$$U_{mn}^{(0)} = \delta_{mn} \tag{9.38}$$

と与えられる．λ^1 次の項は，$U_{kn}^{(0)} = \delta_{kn}$ を用いて

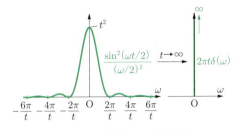

図 9.3 遷移確率の t 依存因子

$$\frac{dU_{mn}^{(1)}(t)}{dt} = -\frac{i}{\hbar} \sum_k \hat{H}'_{mk} e^{i\omega_{mk}t} \delta_{kn} = -\frac{i}{\hbar} \hat{H}'_{mn} e^{i\omega_{mn}t}$$

となり，時間に関して $-\infty$ から t まで積分して

$$U_{mn}^{(1)}(t) = -\frac{i}{\hbar} \int_{-\infty}^{t} \hat{H}'_{mn}(t') e^{i\omega_{mn}t'} dt' \tag{9.39}$$

を得る．ゆえに，$U_{mn}(t) \simeq \delta_{mn} + U_{mn}^{(1)}(t)$ である．

9.3.3 遷移確率

今，n を初期状態（initial state）の意味で i，m を n とは異なる終状態（final state）として f と書き換える．すなわち，$n \to i$, $m \to f$, $\hat{H}'_{mn} \to \langle \phi_f | \hat{H}' | \phi_i \rangle$ とすると，i から f への遷移確率（transition probability）$|U_{fi}^{(1)}(t)|^2$ は

$$|U_{fi}^{(1)}(t)|^2 = \frac{1}{\hbar^2} \left| \int_{-\infty}^{t} \langle \phi_f | \hat{H}' | \phi_i \rangle e^{i\omega_{fi}t'} dt' \right|^2$$

と表される．ここで，$\hat{H}'(t)$ の時間依存性をさらに簡単化して，$-\infty < t < 0$ では摂動が働かず $\hat{H}'(t) = 0$，$t \geq 0$ で一定の摂動が働き $\hat{H}'(t) = \hat{H}' =$ （定数）と仮定すると，行列要素は t 積分の外に出すことができ

$$|U_{fi}^{(1)}(t)|^2 = \frac{|\langle \phi_f | \hat{H}' | \phi_i \rangle|^2}{\hbar^2} \left| \int_0^t e^{i\omega_{fi}t'} dt' \right|^2$$

となる．最後の t' で積分する因子は

$$\left| \int_0^t e^{i\omega_{fi}t'} dt' \right|^2 = \left| \frac{e^{i\omega_{fi}t} - 1}{i\omega_{fi}} \right|^2 = \left\{ \frac{\sin\left(\dfrac{\omega_{fi}t}{2}\right)}{\dfrac{\omega_{fi}}{2}} \right\}^2$$

と計算される．この関数の $\omega (\equiv \omega_{fi})$ 依存性は，図 9.3 の左のようになる．今，十分時間がたった後に観測すると考えて $t \to \infty$ とすると，この因子は，図 9.3 の右に示したように，$2\pi t \delta(\omega_{fi})$ とできる．

式 (9.35) を用いて，$\delta(\omega_{fi}) = \delta(\omega_f^{(0)} - \omega_i^{(0)}) = \hbar \delta(E_f^{(0)} - E_i^{(0)})$ となるので，$i \to f$ の単位時間あたりの遷移確率は

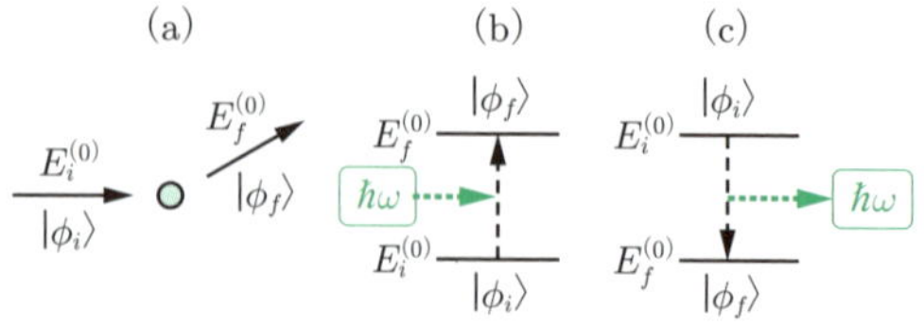

図 9.4　(a) 弾性散乱；(b) 吸収過程；(c) 放出過程

$$\frac{|U_{fi}^{(1)}(t)|^2}{t} = \frac{2\pi}{\hbar}|\langle\phi_f|\hat{H}'|\phi_i\rangle|^2\delta(E_f^{(0)} - E_i^{(0)})$$

と表すことができる. このように, $t \geq 0$ で一定の摂動が働く場合は, $E_f^{(0)} = E_i^{(0)}$ であり, エネルギーが変化しない弾性散乱などに対応する.

9.3.4　フェルミの黄金律

光などのエネルギー量子（energy quanta）の吸収（absorption）や放出（emission）も扱えるように拡張しよう. 例として光遷移を考える. 光は電磁波であり振動電磁場を伴うので, 光と電子などとの相互作用ハミルトニアンは, $\hat{H}' \to \hat{H}'e^{\pm i\omega t}$ のように表される. このときは, 上記の導出の ω_{fi} が $\omega_{fi} \pm \omega$ となる点だけが異なる. したがって, 単位時間あたりの遷移確率（transition probability per unit time）$T_{i \to f} \equiv |U_{fi}^{(1)}(t)|^2/t$ は次式で与えられる.

$$T_{i \to f} = \frac{2\pi}{\hbar}|\langle\phi_f|\hat{H}'|\phi_i\rangle|^2\delta(E_f^{(0)} - E_i^{(0)} \pm \hbar\omega) \tag{9.40}$$

ここで, $E_f^{(0)} = E_i^{(0)} \mp \hbar\omega$ はエネルギー保存則を表し, $E_f^{(0)} = E_i^{(0)} - \hbar\omega$ は $\hbar\omega$ をもつエネルギー量子（光など）の放出に, $E_f^{(0)} = E_i^{(0)} + \hbar\omega$ は吸収に対応する. 散乱の場合は, $\hbar\omega \neq 0$ のときは非弾性散乱, $\hbar\omega = 0$ のときは弾性散乱（図 9.4(a)）を表す. 図 9.4 には, また, (b) エネルギー量子 $\hbar\omega$ の吸収過程と, (c) エネルギー量子 $\hbar\omega$ の放出過程を示した.

9.3 節のまとめ

- 時間に依存する摂動 $\hat{H}'(t)$ が働くとき, 波動関数を無摂動波動関数で次のように展開し（$E_n^{(0)} = \hbar\omega_n^{(0)}$）

$$\Psi_n(\boldsymbol{r}, t) = \sum_m U_{mn}(t)\phi_m e^{-i\omega_m^{(0)}t}, \quad U_{mn}(t) = U_{mn}^{(0)}(t) + U_{mn}^{(1)}(t) + \cdots,$$ シュレーディンガー方程式に代

入し積分して次式を得る：$U_{mn}^{(0)} = \delta_{mn}$（初期条件）, $U_{mn}^{(1)}(t) = \dfrac{i}{\hbar}\displaystyle\int_{-\infty}^{t}\langle\phi_m|\hat{H}'(t')|\phi_n\rangle e^{i(\omega_m^{(0)} - \omega_n^{(0)})t'}\, dt'$

- 時間に依存する摂動が $[t < 0$ のとき $\hat{H}'(t) = 0, t \geq 0$ のとき $\hat{H}'(t) = \hat{H}'e^{\pm i\omega t}]$ と表されるとき, $U_{mn}^{(1)}(t)$ の t' 積分は, $\left|\displaystyle\int_0^t e^{i\tilde{\omega}t'}\, dt'\right|^2 = \left\{\dfrac{\sin(\tilde{\omega}t/2)}{\tilde{\omega}/2}\right\}^2$, これは $t \to \infty$ で $2\pi t\delta(\tilde{\omega})$ に近付く.（$\tilde{\omega} = \omega_m^{(0)} - \omega_n^{(0)} \pm \omega$）

- フェルミの黄金律：単位時間あたりの遷移確率（$n \to i, m \to f$）$T_{i \to f} = |U_{fi}^{(1)}(t)|^2/t$ は, 次式で与えられる.

$$T_{i \to f} = \frac{2\pi}{\hbar}|\langle\phi_f|\hat{H}'|\phi_i\rangle|^2\delta(E_f^{(0)} - E_i^{(0)} \pm \hbar\omega) \qquad (\because \delta(\tilde{\omega}) = \delta(\tilde{E}/\hbar) = \hbar\delta(\tilde{E}))$$

9.4　変 分 法

摂動論と並んで有力な近似法である変分法（variational method）を取り上げる. この方法では, 以下で示す変分原理（variational principle）が成り立ち, 適切な試行関数（trial function）を選べば, 固有エネルギーのよい近似値が得られる.

9.4.1　変分原理

解くべき系のハミルトニアン $\hat{H}$ が与えられたとき, $\hat{H}$ の任意の関数 $|\phi\rangle$ による期待値を $\langle\phi|\hat{H}|\phi\rangle$, $\hat{H}$ の真の基底状態のエネルギーを E_0 とするとき

$$E \equiv \frac{\langle\phi|\hat{H}|\phi\rangle}{\langle\phi|\phi\rangle} \geq E_0 \tag{9.41}$$

が成り立つ. これが変分原理であり, 次のように証明される.

$\hat{H}$ の固有値を E_n, 対応する固有関数を $|\phi_n\rangle$, $\{|\phi_n\rangle\}$ は規格直交完全系をなすとする. すなわち, $\hat{H}|\phi_n\rangle = E_n|\phi_n\rangle$, $\langle\phi_m|\phi_n\rangle = \delta_{mn}$ が満たされる. n は基底状態 0 から $n = 0, 1, 2, \cdots$ と番号付けする. 任意の関数 $|\phi\rangle$ は $\{|\phi_n\rangle\}$ の線形結合で表すことができるので, $|\phi\rangle = \sum_n a_n|\phi_n\rangle$ とおいて, $\langle\phi|\hat{H}|\phi\rangle$ を計算すると

$$\langle\phi|\hat{H}|\phi\rangle = \sum_n |a_n|^2 E_n \geq \sum_n |a_n|^2 E_0 = \langle\phi|\phi\rangle E_0$$

となる．ここで，$\langle\phi_m|\phi_n\rangle=\delta_{mn}, E_{n\neq 0}\geq E_0, \langle\phi|\phi\rangle=\sum_n |a_n|^2$ を用いた．このようにして，変分原理 (9.41) が導かれた．

9.4.2 試行関数と変分パラメータの決定

変分法では，未知の変分パラメータ α を含む試行関数 $|\phi(\alpha)\rangle$ を用いて

$$E(\alpha)=\frac{\langle\phi(\alpha)|\hat{H}|\phi(\alpha)\rangle}{\langle\phi(\alpha)|\phi(\alpha)\rangle} \quad (9.42)$$

を計算し，$E(\alpha)$ が極値をとる条件

$$\frac{\partial E(\alpha)}{\partial\alpha}=0,\quad \left(\frac{dE(\alpha)}{d\alpha}=0\right) \quad (9.43)$$

から α を決定し，その値を $E(\alpha)$ に代入してエネルギーを求める．よりよい試行関数を用いるほど，真の値 E_0 に近いエネルギーを得ることができる．

変分パラメータが複数あって，一般に $\boldsymbol{\alpha}=(\alpha_1, \alpha_2, \cdots)$ で与えられるときは，

$$E(\boldsymbol{\alpha})=\frac{\langle\phi(\boldsymbol{\alpha})|\hat{H}|\phi(\boldsymbol{\alpha})\rangle}{\langle\phi(\boldsymbol{\alpha})|\phi(\boldsymbol{\alpha})\rangle} \quad (9.44)$$

を計算し，$\boldsymbol{\alpha}=(\alpha_1, \alpha_2, \cdots)$ を次式から決定する．

$$\frac{\partial E(\boldsymbol{\alpha})}{\partial\boldsymbol{\alpha}}=\left(\frac{\partial E(\boldsymbol{\alpha})}{\partial\alpha_1}, \frac{\partial E(\boldsymbol{\alpha})}{\partial\alpha_2}, \cdots\right)=\boldsymbol{0} \quad (9.45)$$

例題 9-3

水素原子の分極率を，例題 9-1 では摂動論で計算した．ここでは，変分法で計算してみよう．

$\hat{H}_0$ の基底状態は $|1s\rangle=e^{-r/a_0}/\sqrt{\pi a_0^3}$，固有値方程式は $\hat{H}_0|1s\rangle=E_1^{(0)}|1s\rangle=-[e^2/(4\pi\varepsilon_0 2a_0)]|1s\rangle$，摂動ハミルトニアンは $\hat{H}'=eEz=eEr\cos\theta$ である．

$\hat{H}'$ により $|1s\rangle$ に励起状態が混じって，電子は分極する．変分関数を，α を変分パラメータとして

$$|\phi(\alpha)\rangle\equiv e^{-r/a_0}(1+\alpha z)=e^{-r/a_0}(1+\alpha r\cos\theta)$$

と仮定する．この $|\phi\rangle$ を用いて，$\langle\phi|\phi\rangle$ と $\langle\phi|\hat{H}|\phi\rangle=\langle\phi|(\hat{H}_0+\hat{H}')|\phi\rangle$ を計算し，$\langle\phi|\hat{H}|\phi\rangle/\langle\phi|\phi\rangle$ が極値をとる条件から α の値を定めて，変分エネルギーと分極率を求めればよい．

$\langle\phi|\phi\rangle$ は，公式 (9.22) などを用い，例題 9-1 と同様に極座標で積分して，次のように求められる．

$$\langle\phi(\alpha)|\phi(\alpha)\rangle=\pi a_0^3(1+\alpha^2 a_0^2) \quad (9.46)$$

$\langle\phi|(\hat{H}_0+\hat{H}')|\phi\rangle$ の計算も，z の奇関数はゼロになることなどを用いて，ほぼ同様に実行できる．ただし，$\langle 1s|z\hat{H}_0 z|1s\rangle=0$ を示すにはやや手間がかかるが，それは自習とする．計算結果として次式を得る．

$$\langle\phi(\alpha)|\hat{H}|\phi(\alpha)\rangle=\pi a_0^3(E_1^{(0)}+2eE\alpha a_0^2) \quad (9.47)$$

式 (9.46) と (9.47) を用いて

$$E_1(\alpha)\equiv\frac{\langle\phi(\alpha)|\hat{H}|\phi(\alpha)\rangle}{\langle\phi(\alpha)|\phi(\alpha)\rangle}=\frac{E_1^{(0)}+2eEa_0^2\alpha}{1+a_0^2\alpha^2}$$
$$\simeq E_1^{(0)}+2eEa_0^2\alpha-E_1^{(0)}a_0^2\alpha^2 \quad (9.48)$$

なので，変分パラメータ α は

$$\frac{dE_1(\alpha)}{d\alpha}\simeq 2a_0^2(eE-E_1^{(0)}\alpha)=0$$
$$\therefore\quad \alpha=\frac{eE}{E_1^{(0)}} \quad (9.49)$$

と定められる．

したがって，変分エネルギーは，式 (9.49) を (9.48) に代入して

$$E_1(\alpha)\simeq E_1^{(0)}+(2-1)\frac{e^2E^2a_0^2}{E_1^{(0)}}=E_1^{(0)}+\frac{e^2a_0^2}{E_1^{(0)}}E^2$$

となり，分極率は $-d^2 E_1(\alpha)/dE^2$ から次のように求められる．

$$-2\frac{e^2a_0^2}{E_1^{(0)}}=\frac{2e^2a_0^2}{e^2/(4\pi\varepsilon_0 2a_0)}=4(4\pi\varepsilon_0)a_0^3$$

この結果は，例題 9-1 で $2p_z$ 軌道の寄与を 2 次摂動計算で求めた結果 $2.96(4\pi\varepsilon_0)a_0^3$ と比べて，厳密な値 $4.5(4\pi\varepsilon_0)a_0^3$ にかなり近い．

これらの計算結果を，エネルギーの低下で比較すると図 9.5 のようになる．

このように，適切な変分関数を用いれば，変分法によってエネルギー固有値のかなりよい近似値を得ることができる．実際，さらに二つの変分パラメータ (α_1, α_2) をもつ試行関数 $|\phi(\alpha_1, \alpha_2)\rangle\equiv e^{-r/a_0}(1+\alpha_1 z+\alpha_2 zr)$ を仮定して変分計算を行うと，厳密な値 $4.5(4\pi\varepsilon_0)a_0^3$ を得ることができる．

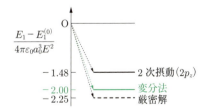

図 9.5 水素様原子の電場エネルギーの利得

9.4 節のまとめ

- 変分原理：ハミルトニアン $\hat{H}$ が与えられている．任意の関数 $|\phi\rangle$ による $\hat{H}$ の期待値を $\langle\phi|\hat{H}|\phi\rangle$，$\hat{H}$ の真の基底状態のエネルギーを E_0 とするとき，次式が成り立つ．（$|\phi\rangle = \phi(\boldsymbol{\alpha})$ については右式）

$$E = \frac{\langle\phi|\hat{H}|\phi\rangle}{\langle\phi|\phi\rangle} \geq E_0 \qquad \left(E(\boldsymbol{\alpha}) = \frac{\langle\phi(\boldsymbol{\alpha})|\hat{H}|\phi(\boldsymbol{\alpha})\rangle}{\langle\phi(\boldsymbol{\alpha})|\phi(\boldsymbol{\alpha})\rangle} \geq E_0 \right)$$

- 変分パラメータ $\boldsymbol{\alpha} = (\alpha_1, \alpha_2, \cdots)$ を含む試行関数 $|\phi(\boldsymbol{\alpha})\rangle$：変分パラメータの値は次式で決定される．

$$E(\boldsymbol{\alpha}) = \frac{\langle\phi(\boldsymbol{\alpha})|\hat{H}|\phi(\boldsymbol{\alpha})\rangle}{\langle\phi(\boldsymbol{\alpha})|\phi(\boldsymbol{\alpha})\rangle} \quad \text{に対して} \quad \left(\frac{\partial E(\boldsymbol{\alpha})}{\partial \alpha_1}, \frac{\partial E(\boldsymbol{\alpha})}{\partial \alpha_2}, \cdots \right) = \boldsymbol{0}$$

10. 対称性と保存則

物理学においては，系の対称性（symmetry）と物理量の保存則（conservation law）が密接に関連している．力学系の運動を記述する場合の対称性と保存則の対応関係は次表にまとめられる．

対称性	（対称操作）	保存則
時間の一様性	（時間推進）	エネルギー保存則
空間の一様性	（空間並進）	運動量保存則
空間の等方性	（空間回転）	角運動量保存則

これらの保存則はどれも古典力学（ニュートン力学）でなじみのものだが，時間や空間の性質（対称性）と関連していることは，解析力学で次のように明らかにされる．孤立系においてエネルギーが保存されることは，時間の一様性または均質性（homogeneity of time）から，孤立系のラグランジアン L は時間 t を陽には含まないとして導かれる．また，運動量保存則は，空間の一様性（homogeneity of space）のために，空間のすべての点 r を無限小だけ並進（translate, displace）させても L が不変であることから導かれる．さらに，角運動量保存則は，空間の等方性（isotropy of space）のために，r の無限小回転（infinitesimal rotation）に対する不変性から導かれる．

これらの保存則は量子力学でも成り立つ．ただし，量子力学では，系の状態はシュレーディンガー方程式を満足する波動関数で表されるので，古典力学の「孤立系のラグランジアン L」に対応するのは，「定常状態を与える（すなわち，t には依存しない）ハミルトニアン $\hat{H}$」である．したがって，ハミルトニアンについて上の表の対称操作（symmetric operation, transformation），すなわち時間推進（displacement in time），空間並進（displacement in space），空間回転（rotation in space）に対する不変性（invariance），および波動関数の変換性を議論する必要がある．

この章の議論ではスピン自由度は扱わないので，スピン関数は省略して，波動関数は r と t の関数 $\Psi(r, t)$ で表されるものとする．

10.1 演算子の期待値の時間変化とエネルギー保存則

エネルギー保存則は時間推進に対する $\hat{H}$ の不変性から帰結される．このことをみる前に，まず物理量を表す任意の演算子の期待値の時間変化率について考察しておこう．基本となるのはシュレーディンガー方程式であり，それを $i\hbar$ で割って，波動関数の時間変化率は次式で与えられる．

$$\frac{\partial \Psi(r, t)}{\partial t} = -\frac{i}{\hbar} \hat{H} \Psi(r, t) \qquad (10.1)$$

10.1.1 演算子の期待値の時間変化

ある物理量を表す演算子を $\hat{F}$，その期待値を $\langle \hat{F} \rangle \equiv \int \Psi^* \hat{F} \Psi dr$ とすると，$\langle \hat{F} \rangle$ の時間変化率は

$$\frac{d\langle \hat{F} \rangle}{dt} = \frac{d}{dt} \int \Psi^* \hat{F} \Psi dr$$

$$= \int \frac{\partial \Psi^*}{\partial t} \hat{F} \Psi dr + \int \Psi^* \frac{\partial \hat{F}}{\partial t} \Psi dr + \int \Psi^* \hat{F} \frac{\partial \Psi}{\partial t} dr$$

ここで，式 (10.1) とその複素共役を用い，また $\hat{H}$ がエルミートで式 (2.21) を満たすことを用いると，次式が得られる．

$$\frac{d\langle \hat{F} \rangle}{dt} = \int \Psi^* \frac{\partial \hat{F}}{\partial t} \Psi dr + \frac{i}{\hbar} \int \Psi^* [\hat{H}, \hat{F}] \Psi dr \qquad (10.2)$$

$$[\hat{H}, \hat{F}] = \hat{H}\hat{F} - \hat{F}\hat{H}$$

この式は，$\hat{F}$ が $\hat{H}$ と交換し（$[\hat{H}, \hat{F}] = 0$）かつ t に陽に依存しなければ（$\partial \hat{F}/\partial t = 0$），$\langle \hat{F} \rangle$ は保存されること（$\langle \hat{F} \rangle = $ 一定）を示している．

10.1.2 エネルギー保存則

$\hat{F}$ が $\hat{H}$ の場合は，$\langle \hat{H} \rangle = E$ すなわちエネルギーを与える．このとき，$[\hat{H}, \hat{H}] = 0$ は自明である．さらに，$\hat{H}$ が t に依存しないときは $\partial \hat{H}/\partial t = 0$ なので，$dE/dt = 0$ ゆえ $E = $ 一定，すなわちエネルギー保存則が成り立つ．$\hat{H}$ が t に依存しないときは定常状態が得られるのだか

ら，これは当然の帰結である．

このエネルギー保存則を，時間推進の対称操作について $\hat{H}$ の不変性から導き直してみよう．そのために，まず任意の対称操作 $\hat{R}$ をシュレーディンガー方程式に施したときの $\hat{H}$ と $\Psi(\boldsymbol{r}, t)$ の変換性をみておく．

10.1.3 シュレーディンガー方程式への対称操作

ある対称操作 $\hat{R}$ は t に陽には依存しないとする．$\hat{R}$ の逆操作を $\hat{R}^{-1}$ とすると，$\hat{R}\hat{R}^{-1}$ や $\hat{R}^{-1}\hat{R}$ は元に戻る操作，すなわち何もしないことを表すので，$\hat{R}\hat{R}^{-1} = \hat{R}^{-1}\hat{R} = 1$ と表せる．シュレーディンガー方程式に左から $\hat{R}$ を作用させ，$1 = \hat{R}^{-1}\hat{R}$ を用いて

$$i\hbar \frac{\partial(\hat{R}\Psi)}{\partial t} = \hat{R}\hat{H}\hat{R}^{-1}(\hat{R}\Psi) \qquad (10.3)$$

を得る．これから，波動関数は $\Psi \to \hat{R}\Psi$ と変換され，ハミルトニアンは $\hat{H} \to \hat{R}\hat{H}\hat{R}^{-1}$ と変換されることがわかる．

もし $\hat{R}$ が位置座標 $\boldsymbol{r}$ に作用する対称操作であるならば $\hat{R}\Psi(\boldsymbol{r}, t) = \Psi(\hat{R}^{-1}\boldsymbol{r}, t)$，$\hat{R}$ が時間 t に作用するならば $\hat{R}\Psi(\boldsymbol{r}, t) = \Psi(\boldsymbol{r}, \hat{R}^{-1}t)$ とすればよい．このようになる理由は，例えば前者の場合，$\hat{R}\Psi$ の点 $\boldsymbol{r}$ における関数値は，対称操作 $\hat{R}$ によって $\boldsymbol{r}$ に移ってくる点 $\hat{R}^{-1}\boldsymbol{r}$ の Ψ の関数値に等しいからである．

また，$\hat{R}\hat{H}\hat{R}^{-1} = \hat{H}$ が成り立つとき，$\hat{H}$ は対称操作 $\hat{R}$ のもとで不変であるという．$\hat{R}\hat{H}\hat{R}^{-1} = \hat{H}$ に右から $\hat{R}$ を作用させて，$\hat{R}^{-1}\hat{R} = 1$ を用いると，$\hat{R}\hat{H} = \hat{H}\hat{R}$（$\therefore [\hat{R}, \hat{H}] = 0$），すなわち $\hat{R}$ と $\hat{H}$ は交換する．

10.1.4 時間推進の対称操作

時間推進の対称操作について考察しよう．微小時間 δt だけ時間を進める対称操作を $\hat{R}(\delta t)$ とすると，それを t に作用させたとき $\hat{R}(\delta t)t = t + \delta t$，その逆操作は $\hat{R}^{-1}(\delta t)t = t - \delta t$ と表せる．$\hat{R}(\delta t)$ を波動関数 $\Psi(\boldsymbol{r}, t)$ に作用させてその時間を δt だけ進めると，注目する t の関数値は t から δt だけ遡った時刻の関数値がくる．これを式で表し，さらに δt で展開すると

$$\hat{R}(\delta t)\Psi(\boldsymbol{r}, t) = \Psi(\boldsymbol{r}, \hat{R}^{-1}(\delta t)t) = \Psi(\boldsymbol{r}, t - \delta t)$$
$$\simeq \Psi(\boldsymbol{r}, t) - \frac{\partial \Psi(\boldsymbol{r}, t)}{\partial t}\delta t = \left(1 + \frac{i}{\hbar}\delta t \hat{H}\right)\Psi(\boldsymbol{r}, t)$$

となる．ここで式 (10.1) を用いた．したがって，時間推進操作 $\hat{R}(\delta t)$ は，演算子として

$$\hat{R}(\delta t) = 1 + \frac{i}{\hbar}\delta t \hat{H} \qquad (10.4)$$

と表すことができる．

式 (10.4) は $[\hat{R}(\delta t), \hat{H}] = 0$ と $[\hat{H}, \hat{H}] = 0$ が同義であることを表しており，時間の一様性（時間推進対称性）がエネルギー保存則の起源であることがわかる．

10.1 節のまとめ

- 演算子 $\hat{F}$ の状態 $\Psi(\boldsymbol{r}, t)$ についての期待値の時間変化は，シュレーディンガー方程式から次式となる．

$$\frac{d\langle \hat{F}\rangle}{dt} = \frac{d}{dt}\int \Psi^* \hat{F}\Psi d\boldsymbol{r} = \int \Psi^* \frac{\partial \hat{F}}{\partial t}\Psi d\boldsymbol{r} + \frac{i}{\hbar}\int \Psi^*[\hat{H}, \hat{F}]\Psi d\boldsymbol{r} \qquad ([\hat{H}, \hat{F}] = \hat{H}\hat{F} - \hat{F}\hat{H})$$

- エネルギー保存則：$\hat{F} = \hat{H}$ のとき，$[\hat{H}, \hat{H}] = 0$ であり，$\hat{H}$ が t に依存しなければ $\dfrac{\partial \hat{H}}{\partial t} = 0$ なので，

$$\frac{d\langle \hat{H}\rangle}{dt} = 0,$$ すなわち，エネルギー $E = \langle \hat{H}\rangle = (一定)$［エネルギー保存則］が導かれる．

- 時間を δt だけ推進させる対称操作 $\hat{R}(\delta t)$ は，$\hat{R}(\delta t)$ を波動関数 $\Psi(\boldsymbol{r}, t)$ に作用させて，$\hat{R}(\delta t)\Psi(\boldsymbol{r}, t) = \Psi(\boldsymbol{r}, \hat{R}^{-1}(\delta t)t) = \Psi(\boldsymbol{r}, t - \delta t) \simeq \left(1 + \dfrac{i}{\hbar}\delta t \hat{H}\right)\Psi(\boldsymbol{r}, t)$ から，$\hat{R}(\delta t) = 1 + \dfrac{i}{\hbar}\delta t \hat{H}$ と求められる．

  $[\hat{R}(\delta t), \hat{H}] = 0$ と $[\hat{H}, \hat{H}] = 0$ は同義であり，時間推進対称性がエネルギー保存則の起源である．

10.2 座標の対称操作（並進, 回転）と運動量および角運動量の保存則

空間座標の対称操作について考える. 空間の一様性を反映した空間並進対称性から運動量保存則が, 空間の等方性を反映した空間回転対称性から角運動量保存則が導かれることを示す.

10.2.1 無限小空間並進の対称操作

無限小量 $\delta\boldsymbol{r}$ だけ空間座標（位置ベクトル）$\boldsymbol{r}$ を並進させる対称操作を $\hat{R}(\delta\boldsymbol{r})\boldsymbol{r} = \boldsymbol{r} + \delta\boldsymbol{r}$ とすると, その逆操作は $\hat{R}^{-1}(\delta\boldsymbol{r})\boldsymbol{r} = \boldsymbol{r} - \delta\boldsymbol{r}$ である.

$\hat{R}(\delta\boldsymbol{r})$ を $\Psi(\boldsymbol{r},t)$ に作用させ, $\delta\boldsymbol{r}$ で展開すると

$$\begin{aligned}
\hat{R}(\delta\boldsymbol{r})\,\Psi(\boldsymbol{r},t) &= \Psi(\hat{R}^{-1}(\delta\boldsymbol{r})\boldsymbol{r},t) \\
&= \Psi(\boldsymbol{r} - \delta\boldsymbol{r},t) \\
&\simeq \Psi(\boldsymbol{r},t) - \delta\boldsymbol{r}\cdot\boldsymbol{\nabla}\Psi(\boldsymbol{r},t) \\
&= \left(1 - \frac{i}{\hbar}\delta\boldsymbol{r}\cdot\boldsymbol{p}\right)\Psi
\end{aligned}$$

ここで, $\boldsymbol{p} = -i\hbar\boldsymbol{\nabla}$ を用いた. したがって, $\hat{R}(\delta\boldsymbol{r})$ は

$$\hat{R}(\delta\boldsymbol{r}) = 1 - \frac{i}{\hbar}\delta\boldsymbol{r}\cdot\boldsymbol{p} \tag{10.5}$$

と表すことができる.

10.2.2 運動量保存則

式 (10.5) は $\hat{R}(\delta\boldsymbol{r})\hat{H} = \hat{H}\hat{R}(\delta\boldsymbol{r})$ と $\boldsymbol{p}\hat{H} = \hat{H}\boldsymbol{p}$ が同義であることを表している. $\boldsymbol{p}$ と $\hat{H}$ が交換するということは, 2.5 節で述べたように, $\boldsymbol{p}$ と $\hat{H}$ の同時固有関数が存在し, その固有状態はそれらの固有値である運動量とエネルギーについて確定値をもつということである. このようにして, 空間の一様性（空間並進対称性）が運動量保存則の起源であることがわかる.

10.2.3 有限の空間並進の対称操作

無限小空間並進の対称操作式 (10.5) に基づいて, 有限の $\boldsymbol{r}$ だけ並進させる対称操作 $\hat{R}(\boldsymbol{r})$ の表現を求めることができる. $\boldsymbol{r} + d\boldsymbol{r}$ だけ並進させる操作 $\hat{R}(\boldsymbol{r} + d\boldsymbol{r})$ は, $\boldsymbol{r}$ と $d\boldsymbol{r}$ の並進を続けて行えばよいので, $\hat{R}(\boldsymbol{r} + d\boldsymbol{r}) = \hat{R}(\boldsymbol{r})\hat{R}(d\boldsymbol{r}) = \hat{R}(d\boldsymbol{r})\hat{R}(\boldsymbol{r})$ と書ける. ここで, $\hat{R}(d\boldsymbol{r})$ に式 (10.5) で $\delta\boldsymbol{r} \to d\boldsymbol{r}$ とした式を用いて

$$\hat{R}(\boldsymbol{r} + d\boldsymbol{r}) = \hat{R}(d\boldsymbol{r})\hat{R}(\boldsymbol{r}) = \left(1 - \frac{i}{\hbar}d\boldsymbol{r}\cdot\boldsymbol{p}\right)\hat{R}(\boldsymbol{r})$$

$$\simeq \hat{R}(\boldsymbol{r}) + d\boldsymbol{r}\cdot\frac{d\hat{R}(\boldsymbol{r})}{d\boldsymbol{r}}$$

$$\therefore\quad \frac{d\hat{R}(\boldsymbol{r})}{d\boldsymbol{r}} = -\frac{i}{\hbar}\boldsymbol{p}\hat{R}(\boldsymbol{r}) \tag{10.6}$$

である. これを $\boldsymbol{0}$ から $\boldsymbol{r}$ まで積分すると

$$\ln\hat{R}(\boldsymbol{r}) - \ln\hat{R}(\boldsymbol{0}) = -\frac{i}{\hbar}\boldsymbol{r}\cdot\boldsymbol{p}$$

ここで $\hat{R}(\boldsymbol{0}) = 1$ とおけるので, 次式を得る.

$$\hat{R}(\boldsymbol{r}) = e^{-i\boldsymbol{r}\cdot\boldsymbol{p}/\hbar} \tag{10.7}$$

ただし, これは形式的な表式であり, 演算子としては

$$\hat{R}(\boldsymbol{r}) = e^{-i\boldsymbol{r}\cdot\boldsymbol{p}/\hbar} = \sum_{n=0}^{\infty}\frac{1}{n!}\left(-\frac{i}{\hbar}\boldsymbol{r}\cdot\boldsymbol{p}\right)^n \tag{10.8}$$

と, 展開形で定義されていると解釈する必要がある.

この有限並進を表す演算子表現は, 結晶格子の並進対称性をもつポテンシャルのもとでの電子状態に対するブロッホの定理を導く際に用いられる.

10.2.4 無限小空間回転の対称操作

位置ベクトル $\boldsymbol{r} = (x,y,z)$ を z 軸のまわりに θ だけ回転させる操作 $\hat{R}_z(\theta)\boldsymbol{r}$ は

$$\hat{R}_z(\theta)(x,y,z) = (\cos\theta x - \sin\theta y, \sin\theta x + \cos\theta y, z)$$

と表される. 逆操作は逆回転であり, $\hat{R}_z^{-1}(\theta) = \hat{R}_z(-\theta)$ で与えられる. これらを用いて, z 軸のまわりの無限小（$\theta \ll 1$）の回転操作を波動関数に施したとき, $\hat{R}_z(\theta)\Psi(\boldsymbol{r},t) = \Psi(\hat{R}_z^{-1}(\theta)\boldsymbol{r},t)$ より

$$\begin{aligned}
\hat{R}_z(\theta)\Psi(\boldsymbol{r},t) &= \Psi(x + \theta y, y - \theta x, z, t) \\
&\simeq \Psi(x,y,z,t) + \theta\left(y\frac{\partial}{\partial x} - x\frac{\partial}{\partial y}\right)\Psi(x,y,z,t) \\
&= \left(1 - i\theta\frac{L_z}{\hbar}\right)\Psi(\boldsymbol{r},t)
\end{aligned}$$

すなわち, $\theta \ll 1$ に対する $\hat{R}_z(\theta)$ として

$$\hat{R}_z(\theta) = 1 - i\theta\frac{L_z}{\hbar} \tag{10.9}$$

が得られる.

10.2.5 角運動量保存則

式 (10.9) から $\hat{R}_z(\theta)\hat{H} = \hat{H}\hat{R}_z(\theta)$ と $L_z\hat{H} = \hat{H}L_z$ が同義である. 同様の議論が, x 軸, y 軸のまわりの回転に対してもできるので, $\hat{\boldsymbol{R}}(\theta) \equiv (\hat{R}_x(\theta), \hat{R}_y(\theta), \hat{R}_z(\theta))$ と $\boldsymbol{L} = (L_x, L_y, L_z)$ について, $\hat{\boldsymbol{R}}(\theta)\hat{H} = \hat{H}\hat{\boldsymbol{R}}(\theta)$ と $\boldsymbol{L}\hat{H} = \hat{H}\boldsymbol{L}$ が同義であるといえる.

したがって, 前と同様の議論から $\boldsymbol{L}$ と $\hat{H}$ の同時固有関数が存在し, その固有状態はそれらの固有値である角運動量とエネルギーについて確定値をもつといえる. このようにして, 空間の等方性（空間回転対称性）が角運動量保存則の起源であることが示された.

78 10. 対称性と保存則

10.2.6 有限の空間回転の対称操作

無限小空間回転の対称操作式 (10.9) を用いて，有限角 θ だけ回転させる対称操作の表現を求めよう．

有限並進のときと同様にして

$$\hat{R}_z(\theta + d\theta) = \hat{R}_z(\theta)\hat{R}_z(d\theta)$$
$$= \hat{R}_z(\theta)\left(1 - id\theta\frac{L_z}{\hbar}\right)$$
$$\simeq \hat{R}_z(\theta) + \frac{d\hat{R}_z(\theta)}{d\theta}d\theta$$

$$\therefore \frac{d\hat{R}_z(\theta)}{d\theta} = -i\frac{L_z}{\hbar}\hat{R}_z(\theta)$$

$$\therefore \hat{R}_z(\theta) = e^{-i\theta L_z/\hbar} = \sum_{n=0}^{\infty}\frac{1}{n!}\left(-\frac{i}{\hbar}\theta L_z\right)^n$$

$$\tag{10.10}$$

が得られる．同様に，x 軸，y 軸のまわりの回転に対しては $\hat{R}_x(\theta) = e^{-i\theta L_x/\hbar}$，$\hat{R}_y(\theta) = e^{-i\theta L_y/\hbar}$ であり，一般に方向余弦が (l, m, n) で表される方向を向く ζ 軸のまわりの回転に対しては $\hat{R}_\zeta(\theta) = e^{-i\theta(lL_x + mL_y + nL_z)/\hbar}$ を用いればよい．

10.2 節のまとめ

- 空間並進（無限小 $\delta\boldsymbol{r}$，有限 $\boldsymbol{r}$）の対称操作は，次のように表される．

$$\hat{R}(\delta\boldsymbol{r}) = 1 - \frac{i}{\hbar}\delta\boldsymbol{r}\cdot\boldsymbol{p}, \quad \hat{R}(\boldsymbol{r}) = e^{-i\boldsymbol{r}\cdot\boldsymbol{p}/\hbar} = \sum_{n=0}^{\infty}\frac{1}{n!}\left(-\frac{i}{\hbar}\boldsymbol{r}\cdot\boldsymbol{p}\right)^n$$

$[\hat{H}, \hat{R}(\boldsymbol{r})] = 0$ と $[\hat{H}, \boldsymbol{p}] = 0$ は同義であり，空間並進対称性から $\langle\boldsymbol{p}\rangle =$ (一定) ［運動量保存則］が導かれる．

- 空間回転の対称操作は，次のように表される．

$$\hat{R}_z(\delta\theta) = 1 - i\delta\theta\frac{L_z}{\hbar}, \quad \hat{R}_z(\theta) = e^{-i\theta L_z/\hbar} \quad \left(\hat{\boldsymbol{R}}(\delta\theta) = 1 - i\delta\theta\frac{\boldsymbol{L}}{\hbar}, \quad \hat{\boldsymbol{R}}(\theta) = e^{-i\theta\boldsymbol{L}/\hbar}\right)$$

$[\hat{H}, \hat{R}(\boldsymbol{r})] = 0$ と $[\hat{H}, \boldsymbol{L}] = 0$ は同義ゆえ，空間回転対称性から $\langle\boldsymbol{L}\rangle = $ (一定) ［角運動量保存則］が導かれる．

11. シュレーディンガー表示と ハイゼンベルク表示

これまで議論してきたシュレーディンガー方程式に基づく量子力学の定式化は，シュレーディンガー表示（representation）またはシュレーディンガー描像（picture）とよばれる．この表示では，物理量を表す演算子は時間に依存せず，波動関数が時間依存性を担う．これに対して，波動関数は時間に依存しない状態ベクトルで表し，演算子の時間変化を与える運動方程式を立てる定式化も可能で，それをハイゼンベルク表示（Heisenberg representation（picture））とよぶ．

古典力学では，例えばニュートンの運動方程式は，運動量の時間変化が力に等しいことを表しており，これを解いて運動を解析する．同じことをシュレーディンガー表示で行うには，まずシュレーディンガー方程式を解いて波動関数を求め，運動量演算子の波動関数による期待値をとって，その時間微分を調べることになり，古典力学とはかなり手順が異なる．

これに対して，ハイゼンベルク表示では運動量演算子の時間変化を直接ハイゼンベルクの運動方程式で解析する形式になっており，古典力学と，特に解析力学のハイゼンベルク形式とよい対応関係がある．

この章では，シュレーディンガー表示を状態ベクトルのユニタリー変換による時間発展として定式化し直し，それに基づいてハイゼンベルク表示を導く．これらの中間的な表示法で，多粒子系を扱うときに特に有用な相互作用表示（interaction representation（picture））もあり，11.2.2 項から 11.2.3 項で簡潔に説明する．

■ 11.1 シュレーディンガー表示

11.1.1 シュレーディンガー方程式の形式解

シュレーディンガー方程式を，状態ベクトル表記で

$$i\hbar \frac{\partial}{\partial t}|\alpha_S(t)\rangle = \hat{H}|\alpha_S(t)\rangle \qquad (11.1)$$

と表す．ここで，α_S は状態を識別する指標（ある量子数の組）である（添え字は Schrödinger の S）．

式 (11.1) を $i\hbar$ で割った式は，10.2 節の $\hat{R}(\boldsymbol{r})$ に対する式 (10.6) と本質的に同じ微分方程式であり，$\hat{H}$ が時間 t に依存しないとき，その形式解は，$\hat{R}(\boldsymbol{r})$ の解（式 (10.7) および (10.8)）と同様に，

$$|\alpha_S(t)\rangle = e^{-i\hat{H}t/\hbar}|\alpha_S(0)\rangle = \hat{U}(t)|\alpha_S(0)\rangle \quad (11.2)$$

$$\hat{U}(t) = e^{-i\hat{H}t/\hbar} = \sum_{n=0}^{\infty} \frac{1}{n!}\left(-\frac{i\hat{H}t}{\hbar}\right)^n$$

と表すことができる．ここで，$t=0$ を初期状態にとった．$\hat{U}(t) = e^{-i\hat{H}t/\hbar}$ は，状態ベクトルを $t=0$ から $t=t$ まで時間発展させる演算子と解釈できる．

ケットベクトル $|\alpha_S(t)\rangle$ に対応するブラベクトルは

$$\langle\alpha_S(t)| = \langle\alpha_S(0)|e^{i\hat{H}t/\hbar} = \langle\alpha_S(0)|\hat{U}^\dagger(t) \quad (11.3)$$

$$\hat{U}^\dagger(t) = e^{i\hat{H}t/\hbar} = \sum_{n=0}^{\infty} \frac{1}{n!}\left(\frac{i\hat{H}t}{\hbar}\right)^n$$

と表せる．$\hat{U}^\dagger(t)$ は $\hat{U}(t)$ のエルミート共役演算子であり，それらの積は

$$\hat{U}(t)\hat{U}^\dagger(t) = e^{-i\hat{H}t/\hbar}e^{i\hat{H}t/\hbar} = \hat{1}$$

$$\hat{U}^\dagger(t)\hat{U}(t) = e^{i\hat{H}t/\hbar}e^{-i\hat{H}t/\hbar} = \hat{1}$$

を満たす．したがって，$\hat{U}(t)$，$\hat{U}^\dagger(t)$ はユニタリー変換を表す演算子になっている．また，$\hat{U}^\dagger(t)\hat{U}(t) = \hat{1}$ から，$\hat{U}(t)$ が状態ベクトルを t だけ時間発展させる演算子であるのに対して，$\hat{U}^\dagger(t) = e^{i\hat{H}t/\hbar}$ は t だけ時間を遡らせる演算子であることがわかる．

ところで，10.1 節で，無限小時間 δt の時間推進の対称操作 $\hat{R}(\delta t)$ として式 (10.4) を求めた．これを有限時間 t の時間推進の対称操作 $\hat{R}(t)$ へ拡張することは容易で（10.2 節で $\hat{R}(\delta\boldsymbol{r})$ から $\hat{R}(\boldsymbol{r})$ を求めたのと同様にして），$\hat{R}(t) = e^{i\hat{H}t/\hbar} = \hat{U}^\dagger(t)$ であることが確かめられる．

なお，$t=0$ の代わりに，一般に $t=t_0$ を初期状態にとる場合もあり，そのときは $\hat{U}(t,t_0) = e^{-i\hat{H}(t-t_0)/\hbar}$，$\hat{U}^\dagger(t,t_0) = e^{i\hat{H}(t-t_0)/\hbar}$，$|\alpha_S(t_0)\rangle$ を用いればよい．

11.1.2 期待値の時間変化

物理量の期待値の時間変化については，10.1 節ですでに議論した．ここでは，シュレーディンガー表示と

80 11. シュレーディンガー表示とハイゼンベルク表示

ハイゼンベルク表示における手法を対比して理解するために，まずシュレーディンガー表示における期待値の時間変化を一般化した表記で導出し直す．

シュレーディンガー表示において，ある物理量（観測量）を表す演算子を $\hat{O}_S$ とする．その $|\alpha_S(t)\rangle$ に関する期待値 $\langle \alpha_S(t)|\hat{O}_S|\alpha_S(t)\rangle$ の時間変化率は

$$\frac{d}{dt}\langle \alpha_S(t)|\hat{O}_S|\alpha_S(t)\rangle = \left\{\frac{\partial}{\partial t}\langle \alpha_S(t)|\right\}\hat{O}_S|\alpha_S(t)\rangle$$
$$+ \langle \alpha_S(t)|\left\{\frac{\partial \hat{O}_S}{\partial t}\right\}|\alpha_S(t)\rangle + \langle \alpha_S(t)|\hat{O}_S\left\{\frac{\partial}{\partial t}|\alpha_S(t)\rangle\right\}$$

となる．ここで，期待値は位置座標 $\boldsymbol{r}$ に依存しない（積分されている）ので，左辺は t に関する常微分で表される．一方，状態ベクトルや演算子は $\boldsymbol{r}$ 依存性も含むので，右辺においては t に関する偏微分で表される．

ケットおよびブラベクトルの t に関する微分に対して，シュレーディンガー方程式 (11.1) と，そのケット

$$-i\hbar\frac{\partial}{\partial t}\langle \alpha_S(t)| = \langle \alpha_S(t)|\hat{H}^\dagger = \langle \alpha_S(t)|\hat{H}$$

を用い，右辺を整理して次式を得る．

$$\frac{d}{dt}\langle \alpha_S(t)|\hat{O}_S|\alpha_S(t)\rangle = \langle \alpha_S(t)|\frac{\partial \hat{O}_S}{\partial t}|\alpha_S(t)\rangle$$
$$-\frac{i}{\hbar}\langle \alpha_S(t)|[\hat{O}_S,\hat{H}]|\alpha_S(t)\rangle \quad (11.4\text{a})$$
$$[\hat{O}_S,\hat{H}] = \hat{O}_S\hat{H} - \hat{H}\hat{O}_S \quad (11.4\text{b})$$

これらの式は，当然ながら，10.1 節で求めた式 (10.2) と本質的に同じものであり，「$\hat{O}_S$ と $\hat{H}$ が交換し，$\hat{O}_S$ が t に陽に依存しなければ，$\langle \alpha_S(t)|\hat{O}_S|\alpha_S(t)\rangle$ は保存される」ことを示している．

11.1 節のまとめ

- シュレーディンガー方程式の形式解：$|\alpha_S(t)\rangle = \hat{U}(t)|\alpha_S(0)\rangle$, $\hat{U}(t) = e^{-i\hat{H}t/\hbar}$, $\hat{U}(t)^\dagger = e^{i\hat{H}t/\hbar}$
- 演算子 $\hat{O}_S$ の期待値の時間変化：$\dfrac{d}{dt}\langle \alpha_S(t)|\hat{O}_S|\alpha_S(t)\rangle = \langle \alpha_S(t)|\dfrac{\partial \hat{O}_S}{\partial t}|\alpha_S(t)\rangle - \dfrac{i}{\hbar}\langle \alpha_S(t)|[\hat{O}_S,\hat{H}]|\alpha_S(t)\rangle$

▌11.2 ハイゼンベルク表示

シュレーディンガー表示からハイゼンベルク表示へ移行すると，前者で波動関数が担っていた時間依存性は演算子に移される．演算子の時間変化を表す式はハイゼンベルクの運動方程式とよばれる．

11.2.1 ハイゼンベルクの運動方程式

前節では期待値 $\langle \alpha_S(t)|\hat{O}_S|\alpha_S(t)\rangle$ の時間変化を考えたが，ここでは，$\langle \alpha_S(t)|$ を $\langle \alpha'_S(t)|$ として，一般に行列要素 $\langle \alpha'_S(t)|\hat{O}_S|\alpha_S(t)\rangle$ の時間変化を考えよう．この場合も，式 (11.4a) で $\langle \alpha_S(t)|$ を $\langle \alpha'_S(t)|$ とした式

$$\frac{d}{dt}\langle \alpha'_S(t)|\hat{O}_S|\alpha_S(t)\rangle = \langle \alpha'_S(t)|\frac{\partial \hat{O}_S}{\partial t}|\alpha_S(t)\rangle$$
$$-\frac{i}{\hbar}\langle \alpha'_S(t)|[\hat{O}_S,\hat{H}]|\alpha_S(t)\rangle \quad (11.5)$$

が成り立つことは自明である．この行列要素を，11.1 節の式 (11.2) と (11.3) を用いて

$$\langle \alpha'_S(t)|\hat{O}_S|\alpha_S(t)\rangle = \langle \alpha'_S(0)|e^{i\hat{H}t/\hbar}\hat{O}_S e^{-i\hat{H}t/\hbar}|\alpha_S(0)\rangle$$
$$\equiv \langle \alpha'_H|\hat{O}_H(t)|\alpha_H\rangle \quad (11.6)$$

と書き換える．ここで，ハイゼンベルク表示の波動関数と演算子を次式で定義した．

$$|\alpha_H\rangle \equiv |\alpha_S(0)\rangle \quad (11.7)$$

$$\hat{O}_H(t) \equiv e^{i\hat{H}t/\hbar}\hat{O}_S e^{-i\hat{H}t/\hbar} \quad (11.8)$$

$|\alpha_H\rangle$ は $t = 0$ の状態ベクトルで t に依存しないので，式 (11.6) の時間微分（(11.5) の左辺）は

$$\frac{d}{dt}\langle \alpha'_S(t)|\hat{O}_S|\alpha_S(t)\rangle = \langle \alpha'_H|\frac{d\hat{O}_H(t)}{dt}|\alpha_H\rangle$$

と表される．式 (11.5) の右辺の第 1 項において

$$\frac{\partial \hat{O}_H(t)}{\partial t} \equiv e^{i\hat{H}t/\hbar}\frac{\partial \hat{O}_S}{\partial t}e^{-i\hat{H}t/\hbar} \quad (11.9)$$

と定義できる．また，$e^{\pm i\hat{H}t/\hbar}$ と $\hat{H}$ が交換することを用いると，式 (11.5) の右辺の第 2 項において

$$e^{i\hat{H}t/\hbar}[\hat{O}_S,\hat{H}]e^{-i\hat{H}t/\hbar} = [e^{i\hat{H}t/\hbar}\hat{O}_S e^{-i\hat{H}t/\hbar},\hat{H}]$$
$$= [\hat{O}_H(t),\hat{H}]$$

となることは容易に示せる．このようにして，

$$\langle \alpha'_H|\frac{d\hat{O}_H(t)}{dt}|\alpha_H\rangle = \langle \alpha'_H|\frac{\partial \hat{O}_H(t)}{\partial t}|\alpha_H\rangle$$
$$-\frac{i}{\hbar}\langle \alpha'_H|[\hat{O}_H(t),\hat{H}]|\alpha_H\rangle$$

これは，任意の $\langle \alpha'_H|$ と $|\alpha_H\rangle$ に対して成り立つので，演算子 $\hat{O}_H(t)$ の時間変化率について，

$$\frac{d\hat{O}_H(t)}{dt} = \frac{\partial \hat{O}_H(t)}{\partial t} - \frac{i}{\hbar}[\hat{O}_H(t),\hat{H}] \quad (11.10)$$

と表すことができる．式 (11.10) を，ハイゼンベルク
の運動方程式とよぶ．

11.2.2 状態ベクトルの時間変化と相互作用表示

シュレーディンガー方程式 (11.1) は，シュレーディンガー表示における状態ベクトル $|\alpha_{\mathrm{S}}(t)\rangle$ の時間変化についての方程式である．

ハイゼンベルク表示における状態ベクトル $|\alpha_{\mathrm{H}}\rangle$ は t に依存しないから，その時間微分が 0 になることは自明だが，このことを，ハイゼンベルク表示における状態ベクトルを次式で定義して導出し直してみる．

$$|\alpha_{\mathrm{H}}(t)\rangle \equiv e^{i\hat{H}t/\hbar}|\alpha_{\mathrm{S}}(t)\rangle \qquad (11.11)$$

式 (11.11) を t で微分すると

$$i\hbar\frac{\partial}{\partial t}|\alpha_{\mathrm{H}}(t)\rangle = -\hat{H}e^{i\hat{H}t/\hbar}|\alpha_{\mathrm{S}}(t)\rangle$$
$$+ e^{i\hat{H}t/\hbar}i\hbar\frac{\partial}{\partial t}|\alpha_{\mathrm{S}}(t)\rangle$$
$$= e^{i\hat{H}t/\hbar}[-\hat{H}+\hat{H}]e^{-i\hat{H}t/\hbar}|\alpha_{\mathrm{H}}(t)\rangle = 0$$

となる．ここで，右辺第 2 項でシュレーディンガー方程式 (11.1) を用いた．このようにして

$$i\hbar\frac{\partial}{\partial t}|\alpha_{\mathrm{H}}(t)\rangle = i\hbar\frac{\partial}{\partial t}|\alpha_{\mathrm{H}}\rangle = 0 \quad (11.12)$$

を示すことができる．

ハイゼンベルク表示における状態ベクトルの定義式 (11.11) に対応して，相互作用表示における状態ベクトルは次のように定義される．

$$|\alpha_{\mathrm{I}}(t)\rangle \equiv e^{i\hat{H}_0 t/\hbar}|\alpha_{\mathrm{S}}(t)\rangle \qquad (11.13)$$

ここで，$\hat{H} = \hat{H}_0 + \hat{V}$，すなわちハミルトニアンを，固有値と固有ベクトルが求められている無摂動部分 $\hat{H}_0$ と相互作用（摂動）部分 $\hat{V}$ に分離し，ハイゼンベルク表示の $e^{i\hat{H}t/\hbar}$ の代わりに $e^{i\hat{H}_0 t/\hbar}$ を用いている．

式 (11.13) を t で微分すると，ハイゼンベルクの場合と同様に計算して

$$i\hbar\frac{\partial}{\partial t}|\alpha_{\mathrm{I}}(t)\rangle$$
$$= -\hat{H}_0 e^{i\hat{H}_0 t/\hbar}|\alpha_{\mathrm{S}}(t)\rangle + e^{i\hat{H}_0 t/\hbar}i\hbar\frac{\partial}{\partial t}|\alpha_{\mathrm{S}}(t)\rangle$$
$$= e^{i\hat{H}_0 t/\hbar}[-\hat{H}_0 + \hat{H}_0 + \hat{V}]e^{-i\hat{H}_0 t/\hbar}|\alpha_{\mathrm{I}}(t)\rangle$$

ゆえに，次式を得る．

$$i\hbar\frac{\partial}{\partial t}|\alpha_{\mathrm{I}}(t)\rangle = \hat{V}_{\mathrm{I}}(t)|\alpha_{\mathrm{I}}(t)\rangle \qquad (11.14)$$

$$\hat{V}_{\mathrm{I}}(t) \equiv e^{i\hat{H}_0 t/\hbar}\hat{V}e^{-i\hat{H}_0 t/\hbar} \qquad (11.15)$$

相互作用表示における演算子は

$$\hat{O}_{\mathrm{I}}(t) \equiv e^{i\hat{H}_0 t/\hbar}\hat{O}_{\mathrm{S}}e^{-i\hat{H}_0 t/\hbar} \qquad (11.16)$$

で定義される．その運動方程式も，ハイゼンベルク表示と同様の過程で，次のように求められる．

$$\frac{d\hat{O}_{\mathrm{I}}(t)}{dt} = \frac{\partial\hat{O}_{\mathrm{I}}(t)}{\partial t} - \frac{i}{\hbar}[\hat{O}_{\mathrm{I}}(t),\hat{H}_0] \quad (11.17)$$

11.2.3 相互作用表示における積分方程式

相互作用表示は，多粒子系において相互作用 $\hat{V}$ の効果を摂動的に評価するのによく用いられる．式 (11.13) を $t = t_0$ から $t = t$ までの時間発展に書き換えると

$$|\alpha_{\mathrm{I}}(t)\rangle = e^{i\hat{H}_0 t/\hbar}|\alpha_{\mathrm{S}}(t)\rangle$$
$$= e^{i\hat{H}_0 t/\hbar}e^{-i\hat{H}(t-t_0)/\hbar}|\alpha_{\mathrm{S}}(t_0)\rangle$$
$$= e^{i\hat{H}_0 t/\hbar}e^{-i\hat{H}(t-t_0)/\hbar}e^{-i\hat{H}_0 t_0/\hbar}|\alpha_{\mathrm{I}}(t_0)\rangle$$

となるので，式 (11.14) は次式に書き換えられる．

$$i\hbar\frac{\partial}{\partial t}\hat{U}_{\mathrm{I}}(t,t_0) = \hat{V}_{\mathrm{I}}(t)\hat{U}_{\mathrm{I}}(t,t_0)$$

$$\hat{U}_{\mathrm{I}}(t,t_0) \equiv e^{i\hat{H}_0 t/\hbar}e^{-i\hat{H}(t-t_0)/\hbar}e^{-i\hat{H}_0 t_0/\hbar}$$

これを積分して，$\hat{U}_{\mathrm{I}}(t_0,t_0) = \hat{1}$ を用いると

$$\hat{U}_{\mathrm{I}}(t,t_0) = \hat{1} - \frac{i}{\hbar}\int_{t_0}^{t}\hat{V}_{\mathrm{I}}(t')\hat{U}_{\mathrm{I}}(t',t_0)dt'$$

が得られる．この積分方程式を用いて，$\hat{U}(t,t_0)$ を逐次近似で計算し，相互作用 $\hat{V}$ の効果を評価する．

例題 11-1

粒子に力 $\boldsymbol{F}$ が働いて，その運動が有限の空間に限られるとき，粒子の運動エネルギーの平均値は

$$\left\langle\frac{\boldsymbol{p}^2}{2m}\right\rangle = -\frac{1}{2}\langle\boldsymbol{r}\cdot\boldsymbol{F}\rangle = \frac{1}{2}\langle\boldsymbol{r}\cdot\boldsymbol{\nabla}V(r)\rangle (11.18)$$

の関係を満たす．これをビリアル定理（virial theorem）という（右辺の量をビリアルとよぶ）．多粒子系に対しては，たんに粒子について和をとればよい．量子力学においてもビリアル定理が成り立つことを，ハイゼンベルクの運動方程式に基づいて証明しよう．

簡単のため 1 粒子問題を考える．粒子は中心力ポテンシャル $V(r)$ のもとで運動し，ハミルトニアンが

$$\hat{H} = \frac{\boldsymbol{p}^2}{2m} + V(r) = \hat{T} + \hat{V} \qquad (11.19)$$

で与えられる場合に，演算子 $\boldsymbol{r}\cdot\boldsymbol{p}$ の時間変化率を評価する．そのシュレーディンガー表示とハイゼンベルク表示での演算子は次式で与えられる．

$$\hat{O}_{\mathrm{S}} = \boldsymbol{r}\cdot\boldsymbol{p} \qquad (11.20)$$

$$\hat{O}_{\mathrm{H}}(t) = e^{i\hat{H}t/\hbar}\,\boldsymbol{r}\cdot\boldsymbol{p}\,e^{-i\hat{H}t/\hbar} \qquad (11.21)$$

$\partial \hat{O}_\mathrm{S}/\partial t = 0$ なので，ハイゼンベルクの運動方程式は

$$\frac{d\hat{O}_\mathrm{H}(t)}{dt} = -\frac{i}{\hbar}[e^{i\hat{H}t/\hbar}\,\boldsymbol{r}\cdot\boldsymbol{p}\,e^{-i\hat{H}t/\hbar}, \hat{H}]$$

$$= -\frac{i}{\hbar}e^{i\hat{H}t/\hbar}[\boldsymbol{r}\cdot\boldsymbol{p}, \hat{H}]e^{-i\hat{H}t/\hbar} \quad (11.22)$$

ここで，$\boldsymbol{p}=(p_x, p_y, p_z)$，また $\boldsymbol{r}=(x,y,z)$ を $\boldsymbol{r}=(r_x, r_y, r_z)$ と表し，添え字 λ, μ $(=x, y, z)$ を用いて

$$[\boldsymbol{r}\cdot\boldsymbol{p}, \hat{H}] = \frac{1}{2m}\sum_{\lambda\mu}[r_\lambda p_\lambda, p_\mu^2] + \sum_\lambda[r_\lambda p_\lambda, V(r)]$$

と表せる．右辺の交換子 $[r_\lambda p_\lambda, p_\mu^2]$ と $[r_\lambda p_\lambda, V(r)]$ は

$$[r_\lambda p_\lambda, p_\mu^2] = [r_\lambda, p_\mu^2]p_\lambda = p_\mu[r_\lambda, p_\mu]p_\lambda + [r_\lambda, p_\mu]p_\mu p_\lambda$$
$$= 2i\hbar\delta_{\lambda\mu}p_\mu p_\lambda = 2i\hbar\delta_{\lambda\mu}p_\lambda^2 \quad \therefore \sum_{\lambda\mu}[r_\lambda p_\lambda, p_\mu^2] = 2i\hbar\boldsymbol{p}^2$$

$$[r_\lambda p_\lambda, V(r)] = r_\lambda[p_\lambda, V(r)] = r_\lambda\{p_\lambda V(r) - V(r)p_\lambda\}$$
$$= r_\lambda\{(p_\lambda V(r)) + V(r)p_\lambda - V(r)p_\lambda\} = (r_\lambda p_\lambda V(r))$$
$$= -i\hbar r_\lambda\frac{\partial V(r)}{\partial r_\lambda} \quad \therefore \sum_\lambda[r_\lambda p_\lambda, V(r)] = -i\hbar\boldsymbol{r}\cdot\boldsymbol{\nabla}V(r)$$

と計算されるので，次式が得られる．

$$-\frac{i}{\hbar}[\boldsymbol{r}\cdot\boldsymbol{p}, \hat{H}] = \frac{\boldsymbol{p}^2}{m} - \boldsymbol{r}\cdot\boldsymbol{\nabla}V(r) \quad (11.23)$$

ハイゼンベルクの運動方程式 (11.22) に戻って，$\hat{H}$ の固有値 E_n をもつ固有状態を $|n_\mathrm{H}\rangle$，すなわち

$$\hat{H}|n_\mathrm{H}\rangle = E_n|n_\mathrm{H}\rangle \quad (11.24)$$

が成り立つとき，式 (11.22) の両辺の，$|n_\mathrm{H}\rangle$ についての期待値を考える．左辺の期待値は

$$\langle n_\mathrm{H}|\hat{O}_\mathrm{H}(t)|n_\mathrm{H}\rangle = \langle n_\mathrm{H}|e^{i\hat{H}t/\hbar}\,\boldsymbol{r}\cdot\boldsymbol{p}\,e^{-i\hat{H}t/\hbar}|n_\mathrm{H}\rangle$$
$$= \langle n_\mathrm{H}|e^{iE_nt/\hbar}\,\boldsymbol{r}\cdot\boldsymbol{p}\,e^{-iE_nt/\hbar}|n_\mathrm{H}\rangle$$
$$= e^{iE_nt/\hbar}e^{-iE_nt/\hbar}\langle n_\mathrm{H}|\boldsymbol{r}\cdot\boldsymbol{p}|n_\mathrm{H}\rangle$$

$$= \langle n_\mathrm{H}|\boldsymbol{r}\cdot\boldsymbol{p}|n_\mathrm{H}\rangle \quad (11.25)$$

となる．ここで，$\langle\boldsymbol{r}\cdot\boldsymbol{p}\rangle \equiv \langle n_\mathrm{H}|\boldsymbol{r}\cdot\boldsymbol{p}|n_\mathrm{H}\rangle$ と略記する．これは時間 t に依存しないので，$d\langle\boldsymbol{r}\cdot\boldsymbol{p}\rangle/dt = 0$，したがって式 (11.22) の左辺はゼロになる．右辺の期待値についても，式 (11.25) と同様にして，時間依存性は消える．このようにして，次式が導かれる．

$$0 = \left\langle\frac{\boldsymbol{p}^2}{2m}\right\rangle - \frac{1}{2}\langle\boldsymbol{r}\cdot\boldsymbol{\nabla}V(r)\rangle \quad (11.26)$$

中心力ポテンシャルが $V(r) \propto r^k$ であるとき

$$\boldsymbol{r}\cdot\boldsymbol{\nabla}V(r) = \boldsymbol{r}\cdot\left(kV(r)\frac{\boldsymbol{r}}{r^2}\right) = kV(r)$$

なので，式 (11.26) は次のようにも書ける．

$$\left\langle\frac{\boldsymbol{p}^2}{2m}\right\rangle = \frac{k}{2}\langle V(r)\rangle \quad (11.27)$$

$V(r)$ がクーロンポテンシャルのときは $k = -1$ である．このとき，エネルギー固有値を $E_n \to E$，同様に $\langle\boldsymbol{p}^2/2m\rangle \to \langle\hat{T}\rangle$，$\langle V(r)\rangle \to \langle\hat{V}\rangle$ と簡略化した表記を用いて，次の諸式が成り立つ．

$$\langle\hat{T}\rangle = -\frac{1}{2}\langle\hat{V}\rangle, \quad \langle\hat{V}\rangle = -2\langle\hat{T}\rangle$$

$$E = \langle\hat{T}\rangle + \langle\hat{V}\rangle = -\langle\hat{T}\rangle = \frac{1}{2}\langle\hat{V}\rangle \quad (11.28)$$

$\langle\hat{T}\rangle > 0$ なので，$\langle\hat{V}\rangle < 0$，$E < 0$ である．すなわち，ポテンシャル $\hat{V}$ は引力項と斥力項を含んでいてよいが，全ポテンシャルは引力的で，系が定常束縛状態 $(E < 0)$ にある場合に，ビリアル定理は成り立つ．また，冒頭にも述べたように，「ビリアル定理は多粒子系で構成粒子間に相互作用が働く場合も成り立つ」ことも，上記と同様の過程で導出することができる．

11.2 節のまとめ

- [ハイゼンベルク表示] の演算子と状態ベクトル：$\hat{O}_\mathrm{H}(t) = e^{i\hat{H}t/\hbar}\hat{O}_\mathrm{S}e^{-i\hat{H}t/\hbar}$，$|\alpha_\mathrm{H}\rangle = |\alpha_\mathrm{S}(0)\rangle$

  ハイゼンベルクの運動方程式：$\dfrac{d\hat{O}_\mathrm{H}(t)}{dt} = \dfrac{\partial\hat{O}_\mathrm{H}(t)}{\partial t} - \dfrac{i}{\hbar}[\hat{O}_\mathrm{H}(t), \hat{H}]$　（$\hat{H} = \hat{H}_0 + \hat{V}$ とする）

- [相互作用表示] の演算子と状態ベクトル：$\hat{O}_\mathrm{I}(t) = e^{i\hat{H}_0t/\hbar}\hat{O}_\mathrm{S}e^{-i\hat{H}_0t/\hbar}$，$|\alpha_\mathrm{I}(t)\rangle = e^{i\hat{H}_0t/\hbar}|\alpha_\mathrm{S}(t)\rangle$

  相互作用表示の運動方程式：$\dfrac{d\hat{O}_\mathrm{I}(t)}{dt} = \dfrac{\partial\hat{O}_\mathrm{I}(t)}{\partial t} - \dfrac{i}{\hbar}[\hat{O}_\mathrm{I}(t), \hat{H}_0]$

  相互作用表示の時間発展演算子：$\hat{U}_\mathrm{I}(t, t_0) = e^{i\hat{H}_0t/\hbar}e^{-i\hat{H}(t-t_0)/\hbar}e^{-i\hat{H}_0t_0/\hbar} = \hat{1} - \dfrac{i}{\hbar}\int_{t_0}^t \hat{V}_\mathrm{I}(t')\hat{U}_\mathrm{I}(t', t_0)dt'$

12. 角運動量の合成

量子力学の種々の問題で，角運動量を合成することが必要となる．例えば，第7章で学んだように，水素様原子に束縛された電子は軌道角運動量とスピン角運動量をもつが，それらはスピン軌道相互作用（結合）(spin-orbit interaction（coupling）) によって結合する．また，水素原子以外の一般の原子は複数の電子をもち，それらの軌道およびスピン角運動量が合成されて，多重項構造を形成する．

スピン軌道相互作用や多重項構造については，次章以降で詳しく議論することにし，この章では，角運動量の合成の仕方を，二つのスピンの合成，スピンと軌道角運動量の合成，一般の角運動量の合成について順に学ぶ．（なお，この章および次章では，軌道角運動量を $\hbar\boldsymbol{l}$，スピン角運動量を $\hbar\boldsymbol{s}$ と書いて，$\boldsymbol{l}$, $\boldsymbol{s}$ は無次元量として扱う．）

■ 12.1 二つのスピンの合成

2電子系を考え，それぞれの電子スピンを $\boldsymbol{s}_1$, $\boldsymbol{s}_2$ とする．$\boldsymbol{s}_i^2$ と s_{iz} $(i=1, 2)$ の同時固有状態を α_i, β_i とすると，8.4節で導いた次の諸式（ただし，$\hbar=1$）

$$\boldsymbol{s}_i^2\alpha_i = \frac{3}{4}\alpha_i \qquad \boldsymbol{s}_i^2\beta_i = \frac{3}{4}\beta_i$$
$$s_{iz}\alpha_i = \frac{1}{2}\alpha_i \qquad s_{iz}\beta_i = -\frac{1}{2}\beta_i$$
$$s_{i+}\alpha_i = 0 \qquad s_{i+}\beta_i = \alpha_i$$
$$s_{i-}\alpha_i = \beta_i \qquad s_{i-}\beta_i = 0 \qquad (12.1)$$

が成り立つ．これらをもとに二つのスピンを合成する．

12.1.1 合成スピン（1重項と3重項）

二つのスピン $\boldsymbol{s}_1$, $\boldsymbol{s}_2$ の合成スピンを

$$\boldsymbol{S} \equiv \boldsymbol{s}_1 + \boldsymbol{s}_2 \qquad (12.2)$$

として，その z 成分 S_z の固有状態を求めよう．2スピン系は四つの基底：$\alpha_1\alpha_2$, $\beta_1\beta_2$, $\alpha_1\beta_2$, $\beta_1\alpha_2$ をもつので，それぞれに $S_z = s_{1z} + s_{2z}$ を作用させると

$$S_z\alpha_1\alpha_2 = (s_{1z}\alpha_1)\alpha_2 + \alpha_1(s_{2z}\alpha_2) = \alpha_1\alpha_2$$
$$(12.3a)$$

$$S_z\beta_1\beta_2 = (s_{1z}\beta_1)\beta_2 + \beta_1(s_{2z}\beta_2) = -\beta_1\beta_2$$
$$(12.3b)$$

$$S_z\alpha_1\beta_2 = (s_{1z}\alpha_1)\beta_2 + \alpha_1(s_{2z}\beta_2) = 0 \quad (12.3c)$$

$$S_z\beta_1\alpha_2 = (s_{1z}\beta_1)\alpha_2 + \beta_1(s_{2z}\alpha_2) = 0 \quad (12.3d)$$

となることは容易に示すことができる．

式 (12.3a) から $\alpha_1\alpha_2$ は S_z の固有値が1，式 (12.3b) から $\beta_1\beta_2$ は固有値が -1 の固有状態であることがわかる．これらは $S=1$ の固有状態（固有ケット）$|S=1\ M\rangle$ の中の $|1\ 1\rangle$ と $|1\ {-1}\rangle$ を構成することが推察される．実際 $S=1$ であることは後で示す．

第8章で調べた角運動量の一般的性質から，$|1\ \pm 1\rangle$ に加え固有ケット $|1\ 0\rangle$ があるはずだが，式 (12.3c) と (12.3d) からは，$\alpha_1\beta_2$ か $\beta_1\alpha_2$，またはそれらの線形結合なのかはわからない．$|1\ 0\rangle$ は第8章でみたように $S_-|1\ 1\rangle = c|1\ 0\rangle$ $(c$ は定数$)$ を満たすはずなので，$S_-|1\ 1\rangle$ を計算すると

$$S_-\alpha_1\alpha_2 = (s_{1-}\alpha_1)\alpha_2 + \alpha_1(s_{2-}\alpha_2) = \beta_1\alpha_2 + \alpha_1\beta_2$$

となる．これを規格化して $|1\ 0\rangle = (1/\sqrt{2})(\alpha_1\beta_2 + \beta_1\alpha_2)$ と求められる．$\{|1\ 1\rangle, |1\ 0\rangle, |1\ {-1}\rangle\}$ が三つの状態からなることを，3重項（triplet）を形成する，という．

もう一つの固有状態は $|1\ 0\rangle$ と直交する $(1/\sqrt{2})(\alpha_1\beta_2 - \beta_1\alpha_2)$ であり，これは $|S=0\ 0\rangle$ と表され，1重項（singlet）を形成する．

3重項が $S=1$，1重項が $S=0$ であることは次のようにして確かめられる．まず，$\boldsymbol{S}^2$ は

$$\boldsymbol{S}^2 = (\boldsymbol{s}_1 + \boldsymbol{s}_2)\cdot(\boldsymbol{s}_1 + \boldsymbol{s}_2) = \boldsymbol{s}_1^2 + \boldsymbol{s}_2^2 + 2\boldsymbol{s}_1\cdot\boldsymbol{s}_2$$
$$= \boldsymbol{s}_1^2 + \boldsymbol{s}_2^2 + 2s_{1x}s_{2x} + 2s_{1y}s_{2y} + 2s_{1z}s_{2z}$$
$$= \boldsymbol{s}_1^2 + \boldsymbol{s}_2^2 + s_{1+}s_{2-} + s_{1-}s_{2+} + 2s_{1z}s_{2z}$$

と表されるので，これを $\alpha_1\alpha_2$, $\beta_1\beta_2$, $\alpha_1\beta_2 \pm \beta_1\alpha_2$ に作用させて，式 (12.1) を用いると，$\boldsymbol{S}^2\alpha_1\alpha_2 = 2\alpha_1\alpha_2$, $\boldsymbol{S}^2\beta_1\beta_2 = 2\beta_1\beta_2$, $\boldsymbol{S}^2(\alpha_1\beta_2 + \beta_1\alpha_2) = 2(\alpha_1\beta_2 + \beta_1\alpha_2)$, $\boldsymbol{S}^2(\alpha_1\beta_2 - \beta_1\alpha_2) = 0$, すなわち

$$\boldsymbol{S}^2|1\ \pm 1\rangle = (1+1)1|1\ \pm 1\rangle$$
$$\boldsymbol{S}^2|1\ 0\rangle = (1+1)1|1\ 0\rangle$$

$$\boldsymbol{S}^2|0\,0\rangle = (0+1)0|0\,0\rangle$$

が成り立つことを示すことができる．

このようにして，1重項が

$$|0\,0\rangle = \frac{1}{\sqrt{2}}(\alpha_1\beta_2 - \beta_1\alpha_2) \quad (12.4)$$

3重項が

$$|1\,1\rangle = \alpha_1\alpha_2 \quad (12.5\text{a})$$

$$|1\,0\rangle = \frac{1}{\sqrt{2}}(\alpha_1\beta_2 + \beta_1\alpha_2) \quad (12.5\text{b})$$

$$|1\,-1\rangle = \beta_1\beta_2 \quad (12.5\text{c})$$

と表される．

12.1.2 ハイゼンベルクの交換相互作用

近接する二つの原子に束縛された電子の間には，ハイゼンベルクの**交換相互作用**（exchange interaction）が働く．その起源については第14章であらためて詳述する．ここでは，結果として，その有効ハミルトニアンが

$$\hat{H}_{\text{ex}} = J\boldsymbol{s}_1 \cdot \boldsymbol{s}_2 \quad (12.6)$$

と表されることを用いて，その固有値と固有状態を求めてみる．$\boldsymbol{s}_1 \cdot \boldsymbol{s}_2 = s_{1x}s_{2x} + s_{1y}s_{2y} + s_{1z}s_{2z}$ を

$$\boldsymbol{s}_1 \cdot \boldsymbol{s}_2 = \frac{1}{2}(s_{1+}s_{2-} + s_{1-}s_{2+}) + s_{1z}s_{2z}$$

と書き換えて，$\alpha_1\alpha_2, \beta_1\beta_2, \alpha_1\beta_2, \beta_1\alpha_2$ に作用させて，式 (12.1) を用いると，次のようになる．

$$\boldsymbol{s}_1 \cdot \boldsymbol{s}_2\, \alpha_1\alpha_2 = \frac{1}{4}\alpha_1\alpha_2 \quad (12.7\text{a})$$

$$\boldsymbol{s}_1 \cdot \boldsymbol{s}_2\, \beta_1\beta_2 = \frac{1}{4}\beta_1\beta_2 \quad (12.7\text{b})$$

$$\boldsymbol{s}_1 \cdot \boldsymbol{s}_2\, \alpha_1\beta_2 = -\frac{1}{4}\alpha_1\beta_2 + \frac{1}{2}\beta_1\alpha_2 \quad (12.7\text{c})$$

$$\boldsymbol{s}_1 \cdot \boldsymbol{s}_2\, \beta_1\alpha_2 = -\frac{1}{4}\beta_1\alpha_2 + \frac{1}{2}\alpha_1\beta_2 \quad (12.7\text{d})$$

式 (12.7a) および (12.7b) より，$\alpha_1\alpha_2$ と $\beta_1\beta_2$ は $\boldsymbol{s}_1 \cdot \boldsymbol{s}_2$ の（固有値が 1/4 の）固有状態であり，これらは前項 12.1.1 の $|1\,\pm1\rangle$ と一致する．残りの固有状態は $\alpha_1\beta_2$ と $\beta_1\alpha_2$ の線形結合になる．それらを求めるために，まず式 (12.7c) と (12.7d) から，固有値 λ は

$$\begin{vmatrix} -\frac{1}{4}-\lambda & \frac{1}{2} \\ \frac{1}{2} & -\frac{1}{4}-\lambda \end{vmatrix} = \left(\lambda - \frac{1}{4}\right)\left(\lambda + \frac{3}{4}\right) = 0$$

から $\lambda = 1/4, -3/4$ と求められる．

$\lambda = 1/4$ に対応する固有状態 $a\alpha_1\beta_2 + b\beta_1\alpha_2$ は

$$\begin{pmatrix} -\frac{1}{4}-\frac{1}{4} & \frac{1}{2} \\ \frac{1}{2} & -\frac{1}{4}-\frac{1}{4} \end{pmatrix}\begin{pmatrix} a \\ b \end{pmatrix} = \begin{pmatrix} 0 \\ 0 \end{pmatrix} \quad \therefore\ a = b = \frac{1}{\sqrt{2}}$$

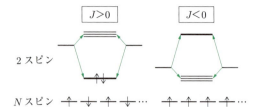

図 12.1 交換相互作用による準位の分裂

したがって，$(\alpha_1\beta_2 + \beta_1\alpha_2)/\sqrt{2}$ と求められる．これは 12.1.1 項の $|1\,0\rangle$，式 (12.5b)，である．

$\lambda = -3/4$ に対しても同様に

$$\begin{pmatrix} -\frac{1}{4}+\frac{3}{4} & \frac{1}{2} \\ \frac{1}{2} & -\frac{1}{4}+\frac{3}{4} \end{pmatrix}\begin{pmatrix} a \\ b \end{pmatrix} = \begin{pmatrix} 0 \\ 0 \end{pmatrix} \quad \therefore\ a = -b = \frac{1}{\sqrt{2}}$$

よって，$(\alpha_1\beta_2 - \beta_1\alpha_2)/\sqrt{2}$ と求められる．これは 12.1.1 項の $|0\,0\rangle$，式 (12.4)，である．

このようにして，$\{|1\,1\rangle, |1\,0\rangle, |1\,-1\rangle\}$ からなる3重項は $\hat{H}_{\text{ex}}$ の固有値として $J/4$ をもつこと，$|0\,0\rangle$ からなる1重項は固有値 $-3J/4$ をもつことがわかる．

$\hat{H}_{\text{ex}} = J\boldsymbol{s}_1 \cdot \boldsymbol{s}_2$（式 (12.6)）において，$J > 0$ のとき，1重項 $|0\,0\rangle$ が基底状態になる．この場合，合成スピン $\boldsymbol{S} = \boldsymbol{s}_1 + \boldsymbol{s}_2$ の大きさは，$S = (1/2) - (1/2) = 0$ となっていて，$\boldsymbol{s}_1$ と $\boldsymbol{s}_2$ は反対方向を向いているとみなせる．このとき，2スピン系の基底状態はスピンがゼロの1重項になるが，巨視的な3次元の格子系でこの相互作用が働いているときは，隣り合うスピンが反対方向を向く**反強磁性秩序状態**（antiferromagnetic ordered state）が実現する．そのため，$J > 0$ の $\hat{H}_{\text{ex}}$ を反強磁性交換相互作用とよぶ．

これに対応して，$J < 0$ の $\hat{H}_{\text{ex}}$ を**強磁性交換相互作用**（ferromagnetic exchange interaction）といい，$S = (1/2) + (1/2) = 1$ で，スピンが同じ方向を向いているとみなせる．この場合，2スピン系では3重項が基底状態，3次元の格子系ではすべてのスピンが同じ方向を向く強磁性秩序状態が実現する．

これらの様子を，図 12.1 に示した．

12.1.3 交換演算子

式 (12.6) の $\boldsymbol{s}_1 \cdot \boldsymbol{s}_2$ の代わりに，交換演算子

$$\hat{P} \equiv \frac{1}{2} + 2\boldsymbol{s}_1 \cdot \boldsymbol{s}_2 \quad (12.8)$$

を定義することがある．$\hat{P}$ を $\alpha_1\alpha_2, \beta_1\beta_2, \alpha_1\beta_2, \beta_1\alpha_2$ に作用させると，式 (12.7a–d) から

$$\hat{P}\alpha_1\alpha_2 = \alpha_1\alpha_2 \quad (12.9\text{a})$$

$$\hat{P}\beta_1\beta_2 = \beta_1\beta_2 \quad (12.9\text{b})$$

$$\hat{P}\alpha_1\beta_2 = \beta_1\alpha_2 \qquad (12.9\text{c})$$

$$\hat{P}\beta_1\alpha_2 = \alpha_1\beta_2 \qquad (12.9\text{d})$$

となり，$\hat{P}$ はたんにスピン状態を交換する演算子であることがわかる．式 (12.9a) と (12.9b) は固有値 1 の固有方程式を表す．式 (12.9c) と (12.9d) からは，$(\alpha_1\beta_2, \beta_1\alpha_2)$ の状態空間で，固有値が

$$\begin{vmatrix} -\lambda & 1 \\ 1 & -\lambda \end{vmatrix} = (\lambda-1)(\lambda+1) = 0 \quad \therefore \; \lambda = \pm1$$

となり，$\lambda = 1$ の固有状態が $|1\,0\rangle = (\alpha_1\beta_2 + \beta_1\alpha_2)/\sqrt{2}$，$\lambda = -1$ の固有状態が $|0\,0\rangle = (\alpha_1\beta_2 - \beta_1\alpha_2)/\sqrt{2}$ と求められる．この場合は，$\{|1\,1\rangle, |1\,0\rangle, |1\,-1\rangle\}$（3 重項）が $\hat{P}$ の固有値として $\lambda = 1$ をもち，$|0\,0\rangle$（1 重項）が固有値 $\lambda = -1$ をもつ．

12.1 節のまとめ

- $\boldsymbol{S} = \boldsymbol{s}_1 + \boldsymbol{s}_2$ と二つのスピンを合成すると，次の 1 重項 $|0\,0\rangle$ と 3 重項 $|1\,M\rangle$ が得られる．

$$|0\,0\rangle = \frac{1}{\sqrt{2}}(\alpha_1\beta_2 - \beta_1\alpha_2); \quad |1\,1\rangle = \alpha_1\alpha_2, \quad |1\,0\rangle = \frac{1}{\sqrt{2}}(\alpha_1\beta_2 + \beta_1\alpha_2), \quad |1\,-1\rangle = \beta_1\beta_2$$

- ハイゼンベルクの交換相互作用 $\hat{H}_{\text{ex}} = J\boldsymbol{s}_1 \cdot \boldsymbol{s}_2$ の固有状態は $|0\,0\rangle$ と $|1\,M\rangle$，$\hat{H}_{\text{ex}}$ の固有値は

$$\langle 0\,0|\hat{H}_{\text{ex}}|0\,0\rangle = -\frac{3}{4}J, \quad \langle 1\,M|\hat{H}_{\text{ex}}|1\,M\rangle = \frac{1}{4}J \quad (M = 1,\,0,\,-1) \quad \text{で与えられる．}$$

- 交換演算子 $\hat{P} = \dfrac{1}{2} + 2\boldsymbol{s}_1 \cdot \boldsymbol{s}_2$ の固有値は，$\langle 0\,0|\hat{P}|0\,0\rangle = -1$，$\langle 1\,M|\hat{P}|1\,M\rangle = 1$ で与えられる．

12.2 スピンと軌道角運動量の合成

中心力場にある電子が，$l = 0$ の s 軌道以外の状態を占有しているとき，その電子がもつ軌道角運動量 $\boldsymbol{l}$ とスピン角運動量 $\boldsymbol{s}$ がスピン軌道相互作用によって結合した状態を形成する．このような場合を想定して，スピン $\boldsymbol{s}$ と軌道角運動量 $\boldsymbol{l}$ との合成を考えよう．

12.2.1 全角運動量

$\boldsymbol{l}$ と $\boldsymbol{s}$ を合成した角運動量

$$\boldsymbol{j} = \boldsymbol{l} + \boldsymbol{s} \qquad (12.10)$$

を，全角運動量（total angular momentum）とよぶ．$\boldsymbol{l}^2$ と l_z の同時固有状態を $|lm\rangle$ とすると，8.1 節から

$$\boldsymbol{l}^2|lm\rangle = l(l+1)|lm\rangle \qquad (12.11\text{a})$$

$$l_z|lm\rangle = m|lm\rangle \qquad (12.11\text{b})$$

$$l_\pm|lm\rangle = \hbar\sqrt{(l\mp m)(l\pm m+1)}\,|l\,m\pm1\rangle \qquad (12.11\text{c})$$

が成り立つ．$\boldsymbol{s}$ については，$\alpha \equiv |\frac{1}{2}\,\frac{1}{2}\rangle$，$\beta \equiv |\frac{1}{2}\,-\frac{1}{2}\rangle$ として，前節の式 (12.1) を用いることができる．

$\boldsymbol{j}$ についても，8.3 節で一般の角運動量について議論したように，$\boldsymbol{j}^2$ と j_z は同時固有状態 $|jm_j\rangle$ をもち

$$\boldsymbol{j}^2|jm_j\rangle = j(j+1)|jm_j\rangle \qquad (12.12)$$

$$j_z|jm_j\rangle = m_j|jm_j\rangle \qquad (12.13)$$

と表せる．

12.2.2 合成角運動量の固有状態

$|jm_j\rangle$ を $|lm\rangle$ や α および β で表すことを考えよう．$|lm\rangle\alpha$ は $j_z = l_z + s_z$ の固有値が $m + (1/2)$ なので，これと対になる項は j_z の固有値が同じ $|l\,m+1\rangle\beta$ で

$$|j\;m+\tfrac{1}{2}\rangle = A|lm\rangle\alpha + B|l\,m+1\rangle\beta \qquad (12.14)$$
$$(A,\,B \text{ は定数})$$

と表せる．これは，j_z の固有状態であるが，同時に $\boldsymbol{j}^2$ の固有状態でもあるためには，A と B の値を定める必要がある．そのために，

$$\boldsymbol{j}^2 = \boldsymbol{l}^2 + \boldsymbol{s}^2 + l_+s_- + l_-s_+ + 2l_zs_z$$

の辺々を式 (12.14) の辺々に（左辺は左辺，右辺は右辺に）作用させる．左辺は，式 (12.12) から，$j(j+1)|j\,m+(1/2)\rangle$，すなわち

$$j(j+1)A|lm\rangle\alpha + j(j+1)B|l\,m+1\rangle\beta$$

となる．右辺は，式 (12.11) と (12.1) を用いて計算し

$$A\left\{\left[l(l+1) + \frac{3}{4} + m\right]|lm\rangle\alpha\right.$$

$$+ \sqrt{(l-m)(l+m+1)}\,|l\ m+1\rangle\beta\Big\}$$
$$+ B\Big\{\Big[l(l+1)+\frac{3}{4}-m-1\Big]|l\ m+1\rangle\beta$$
$$+ \sqrt{(l-m)(l+m+1)}\,|lm\rangle\alpha\Big\}$$

を得る. 両辺で $|lm\rangle\alpha$ および $|l\ m+1\rangle\beta$ の係数がそれぞれ等しいとおいて, 整理すると

$$\Big[j(j+1)-l(l+1)-\frac{3}{4}-m\Big]A$$
$$= \sqrt{(l-m)(l+m+1)}\,B \quad (12.15\text{a})$$

$$\Big[j(j+1)-l(l+1)-\frac{3}{4}+m+1\Big]B$$
$$= \sqrt{(l-m)(l+m+1)}\,A \quad (12.15\text{b})$$

となる. これらから, $A,\ B$ を消去して次式を得る.

$$(l-m)(l+m+1)$$
$$= \Big[j(j+1)-l(l+1)-\frac{3}{4}-m\Big]$$
$$\times \Big[j(j+1)-l(l+1)-\frac{3}{4}+m+1\Big] \quad (12.16)$$

式 (12.16) が成り立つのは, $[j(j+1)-l(l+1)-(3/4)]$ が, l または $-l-1$ のときである. 前者の l

の場合

$$j(j+1)=l(l+1)+\frac{3}{4}+l=\Big(l+\frac{1}{2}\Big)\Big(l+\frac{3}{2}\Big)$$

すなわち, $j=l+(1/2)$ となる. 後者の $-l-1$ の場合

$$j(j+1)=l(l+1)+\frac{3}{4}-l-1=\Big(l-\frac{1}{2}\Big)\Big(l+\frac{1}{2}\Big)$$

すなわち, $j=l-(1/2)$ となる.

$j=l\pm(1/2)$ に対して, 式 (12.14) を

$$\Big|l\pm\frac{1}{2}\ m+\frac{1}{2}\Big\rangle = A_\pm|lm\rangle\alpha + B_\pm|l\ m+1\rangle\beta$$

と表し, 規格化条件 $|A_\pm|^2+|B_\pm|^2=1$ と, 式 (12.15a) または (12.15b) を用いて, 係数 $A_\pm,\ B_\pm$ を定めることができる. 結果は, 次のようになる.

$$A_+ = \sqrt{\frac{l+m+1}{2l+1}} \qquad B_+ = \sqrt{\frac{l-m}{2l+1}}$$

$$A_- = -\sqrt{\frac{l-m}{2l+1}} \qquad B_- = \sqrt{\frac{l+m+1}{2l+1}}$$

また, $|l+(1/2)\ m+(1/2)\rangle$ と $|l-(1/2)\ m+(1/2)\rangle$ が直交することは, $|lm\rangle$ や $\alpha,\ \beta$ の規格直交性を用いて, 容易に確かめることができる.

12.2 節のまとめ

- スピン s と軌道角運動量 l を合成した全角運動量 $j=l+s$ の固有状態は, $j^2=l^2+s^2+l_+s_-+l_-s_++2l_zs_z$ を, $|j\ m+(1/2)\rangle=A|lm\rangle\alpha+B|l\ m+1\rangle\beta$ に作用させて, 次式のように求められる.

$$\Big|j=l\pm\frac{1}{2}\ m+\frac{1}{2}\Big\rangle = A_\pm|lm\rangle\alpha + B_\pm|l\ m+1\rangle\beta$$

$$A_+ = \sqrt{\frac{l+m+1}{2l+1}}, \quad B_+ = \sqrt{\frac{l-m}{2l+1}}, \quad A_- = -\sqrt{\frac{l-m}{2l+1}}, \quad B_- = \sqrt{\frac{l+m+1}{2l+1}}$$

12.3 一般の角運動量の合成—クレブシュ・ゴルダン係数

整数, 半整数を含めた任意の角運動量の合成について, クレブシュ・ゴルダン係数 (Clebsch-Gordan coefficient) を用いて一般的に定式化されている.

$\boldsymbol{j}_1$ と $\boldsymbol{j}_2$ について, $\boldsymbol{j}_1^2$ と j_{1z} および $\boldsymbol{j}_2^2$ と j_{2z} の固有状態を $|j_1m_1\rangle$ $(m_1=-j_1,\cdots,j_1)$, $|j_2m_2\rangle$ $(m_2=-j_2,\cdots,j_2)$ とする. $\boldsymbol{j}_1$ と $\boldsymbol{j}_2$ の和 (合成) を

$$\boldsymbol{J} = \boldsymbol{j}_1 + \boldsymbol{j}_2 \quad (12.17)$$

$\boldsymbol{J}^2$ と J_z の固有状態を $|JM\rangle$ とすると, J と M は
(1) $|j_1-j_2| \le J \le j_1+j_2$,
(2) $M = m_1 + m_2$
$(M=-J,-J+1,\cdots,J-1,J)$
の値に限定される. なお, $|JM\rangle$ は, 合成する角運動量を明記するときは $|j_1j_2JM\rangle$ と書く.

$|JM\rangle$ は $|j_1m_1\rangle|j_2m_2\rangle$ で, 次のように表される.

$$|JM\rangle = \sum_{m_1=-j_1}^{j_1}\sum_{m_2=-j_2}^{j_2}\delta_{M,m_1+m_2}$$
$$\times \langle j_1 j_2 m_1 m_2|JM\rangle|j_1 m_1\rangle_1|j_2 m_2\rangle_2$$
$$\tag{12.18}$$

ここで，係数 $\langle j_1 j_2 m_1 m_2|JM\rangle$ はクレブシュ・ゴルダン係数（CG 係数）とよばれる．（注意：$M=m_1+m_2$ を満たさない CG 係数はゼロとなるので，δ_{M,m_1+m_2} は省略してもよい．）

CG 係数は $\langle j_1 j_2 m_1 m_2|JM\rangle^* = \langle j_1 j_2 m_1 m_2|JM\rangle$ を満たす，すなわち実数で定義され，次の場合はたんに 1 になる．

(3) $\langle j_1 j_2 j_1 j_2|j_1+j_2\ j_1+j_2\rangle = 1$

(4) $\langle j 0 m 0|j m\rangle = 1$

その他，以下の符号に関する性質や直交関係を満たす．

(5) $\langle j_1 j_2 m_1 m_2|JM\rangle$
$$= (-1)^{j_1+j_2-J}\langle j_2 j_1 m_2 m_1|JM\rangle$$
$$= (-1)^{j_1+j_2-J}\langle j_1 j_2 -m_1 -m_2|J\ {-M}\rangle$$

(6) $\displaystyle\sum_{m_1=-j_1}^{j_1}\sum_{m_2=-j_2}^{j_2}\langle j_1 j_2 m_1 m_2|JM\rangle$
$$\times \langle j_1 j_2 m_1 m_2|J'M'\rangle = \delta_{JJ'}\delta_{MM'}$$

(7) $\displaystyle\sum_{J=|j_1-j_2|}^{j_1+j_2}\sum_{M=-J}^{J}\langle j_1 j_2 m_1 m_2|JM\rangle$
$$\times \langle j_1 j_2 m_1' m_2'|JM\rangle = \delta_{m_1 m_1'}\delta_{m_2 m_2'}$$

また，CG 係数は，二つの球面調和関数の積を一つの球面調和関数で表すときにも

(8) $Y_{l_1}^{m_1} Y_{l_2}^{m_2}$
$$= \sum_{L=|l_1-l_2|}^{l_1+l_2}\sum_{M=-L}^{L}\sqrt{\frac{(2l_1+1)(2l_2+1)}{4\pi(2L+1)}}$$
$$\times \langle l_1 l_2 00|L0\rangle\langle l_1 l_2 m_1 m_2|LM\rangle Y_L^M$$

のように用いられる．

例題 12-1

CG 係数の簡単な例をみてみよう．

式 (12.18) の $|JM\rangle$ の表現は，左辺の $|JM\rangle$ だけを書いたときには，どのような角運動量を合成したのかわからない．それを明確に表現するために，$|JM\rangle$ を $|j_1 j_2 JM\rangle$ と表す．この表現で，二つのスピン (1/2) を合成して，1 重項 $|\frac{1}{2}\frac{1}{2}00\rangle$ を得るために，式 (12.18) を適用すると

$$|\tfrac{1}{2}\tfrac{1}{2}00\rangle = \langle\tfrac{1}{2}\tfrac{1}{2}\tfrac{1}{2}-\tfrac{1}{2}|00\rangle|\tfrac{1}{2}\tfrac{1}{2}\rangle_1|\tfrac{1}{2}-\tfrac{1}{2}\rangle_2$$
$$+ \langle\tfrac{1}{2}\tfrac{1}{2}-\tfrac{1}{2}\tfrac{1}{2}|00\rangle|\tfrac{1}{2}-\tfrac{1}{2}\rangle_1|\tfrac{1}{2}\tfrac{1}{2}\rangle_2$$
$$= \frac{1}{\sqrt{2}}|\tfrac{1}{2}\tfrac{1}{2}\rangle_1|\tfrac{1}{2}-\tfrac{1}{2}\rangle_2 - \frac{1}{\sqrt{2}}|\tfrac{1}{2}-\tfrac{1}{2}\rangle_1|\tfrac{1}{2}\tfrac{1}{2}\rangle_2$$
$$= \frac{1}{\sqrt{2}}(\alpha_1\beta_2 - \beta_1\alpha_2)$$

となる．これは，角運動量の合成の最も簡単な例である．次章の表 13.1 に，軌道角運動量 $l=1$ とスピン $s=1/2$ の合成，および $l=2$ と $s=1/2$ の合成についての例を示す．

12.3 節のまとめ

- $\boldsymbol{j}_1$ と $\boldsymbol{j}_2$ の合成運動量 $\boldsymbol{J}=\boldsymbol{j}_1+\boldsymbol{j}_2$ の固有状態は，クレブシュ・ゴルダン係数 $\langle j_1 j_2 m_1 m_2|JM\rangle$ を用いて

$$|JM\rangle = \sum_{m_1=-j_1}^{j_1}\sum_{m_2=-j_2}^{j_2}\langle j_1 j_2 m_1 m_2|JM\rangle|j_1 m_1\rangle_1|j_2 m_2\rangle_2$$

と表される．ここで，$|j_1 - j_2| \le J \le j_1 + j_2$，$M = m_1 + m_2$ である．

13. 原子の多重項構造

原子に光を照射したとき，原子は特定の波長の光を吸収または発光するので，吸収スペクトルあるいは発光スペクトルが観測される．これは，原子内の電子準位が微細構造（fine structure）をもつためである．このとき，各エネルギー準位は一般に縮退していて多重項（multiplet）とよばれるので，多重項構造あるいは多重項分裂構造を形成しているともいう．その原因は，各々の電子のスピン軌道相互作用と電子間の相互作用（フェルミ統計性とクーロン斥力）であり，これらの効果はフントの規則（Hund rules）としてまとめられている．まず，スピン軌道相互作用による電子準位の分裂からみていこう（注意：この章でも，l, s は無次元量として扱う）．

13.1 スピン軌道相互作用（結合）

電子が原子に束縛され，n 殻の l 軌道を占めるとき，電子自身の軌道角運動量 $\hbar l$ とスピン $\hbar s$ の間に

$$\hat{H}_{\mathrm{so}} = \lambda_{nl} \boldsymbol{l} \cdot \boldsymbol{s} \qquad (13.1)$$

で表されるスピン軌道相互作用が働く．ここで，

$$\lambda_{nl} \simeq \frac{\hbar^2}{2m^2c^2} \int_0^\infty R_{nl}(r)^2 \frac{1}{r} \frac{dV(r)}{dr} r^2 dr \quad (13.2)$$

$$V(r) \simeq -\frac{Ze^2}{4\pi\varepsilon_0} \frac{1}{r} \qquad (13.3)$$

これらの式の $\simeq$ は，他の電子からの寄与を無視するという意味である．$dV(r)/dr > 0$ なので $\lambda_{nl} > 0$, したがって $\boldsymbol{l}$ と $\boldsymbol{s}$ は反平行，すなわち反対方向を向く方が $\hat{H}_{\mathrm{so}}$ の期待値（エネルギー）は低い．

$\hat{H}_{\mathrm{so}}$ の起源は電子の運動の相対性理論の効果であり，詳細は第 15 章で議論する．ただし，その物理的な意味は比較的単純で，次のように説明できる．電子は原子核のまわりを回転するが，その運動は軌道角運動量 $\boldsymbol{l}$ で特徴付けられる．この状況は，電子からみると，Ze の電荷をもつ原子核が反対方向に回転していることになる．この運動により円電流が流れて，電子の位置には $\boldsymbol{l}$ に比例した磁場を生じ，その磁場が電子スピン $\boldsymbol{s}$ にかかって，$\boldsymbol{l} \cdot \boldsymbol{s}$ に比例するエネルギーが生じる，ということである．

13.1.1 スピン軌道相互作用による準位の分裂

n 殻の l 軌道は，軌道関数が $m_l = -l, -l+1, \cdots, l$ の $2l+1$ 個，スピン関数が α と β の 2 個で，計 $2(2l+1) = 4l+2$ 個あり，$4l+2$ 重に縮退している．

このエネルギー準位の $\hat{H}_{\mathrm{so}}$ による分裂の様子をみてみよう．$\boldsymbol{l}$ と $\boldsymbol{s}$ の合成について 12.2 節で議論した．全角運動量 $\boldsymbol{j} = \boldsymbol{l} + \boldsymbol{s}$ に対して，$\boldsymbol{j}^2$ と j_z の固有状態を，12.2 節では $|jm_j\rangle$ のように書いた．ここでは，n 殻の l 軌道の l と s $(=1/2)$ から $j = l \pm (1/2)$ となることを明確にして，$|nls\ jm_j\rangle$ と表す．

$\boldsymbol{j}^2 = (\boldsymbol{l} + \boldsymbol{s})^2 = \boldsymbol{l}^2 + \boldsymbol{s}^2 + 2\boldsymbol{l} \cdot \boldsymbol{s}$ から

$$\boldsymbol{l} \cdot \boldsymbol{s} = \frac{1}{2}(\boldsymbol{j}^2 - \boldsymbol{l}^2 - \boldsymbol{s}^2) \qquad (13.4)$$

が導かれる．ここで，$|nls\ jm_j\rangle$ は $\boldsymbol{j}^2$, $\boldsymbol{l}^2$, $\boldsymbol{s}^2$ の固有状態であり，次の諸式が成り立つ．

$$\boldsymbol{j}^2|nls\ jm_j\rangle = j(j+1)|nls\ jm_j\rangle$$

$$\boldsymbol{l}^2|nls\ jm_j\rangle = l(l+1)|nls\ jm_j\rangle$$

$$\boldsymbol{s}^2|nls\ jm_j\rangle = s(s+1)|nls\ jm_j\rangle = \tfrac{3}{4}|nls\ jm_j\rangle$$

したがって，$\hat{H}_{\mathrm{so}}|nls\ jm_j\rangle = \lambda_{nl}\boldsymbol{l} \cdot \boldsymbol{s}|nls\ jm_j\rangle = (\lambda_{nl}/2)\{j(j+1) - l(l+1) - (3/4)\}|nls\ jm_j\rangle$ であり，$j = l \pm (1/2)$ を代入して，少し計算すると

$$\hat{H}_{\mathrm{so}}\left|nls\ l+\frac{1}{2}\ m_j\right\rangle = \frac{\lambda_{nl}}{2}l\left|nls\ l+\frac{1}{2}\ m_j\right\rangle$$

$$\hat{H}_{\mathrm{so}}\left|nls\ l-\frac{1}{2}\ m_j\right\rangle = -\frac{\lambda_{nl}}{2}(l+1)\left|nls\ l-\frac{1}{2}\ m_j\right\rangle$$

と，二つの準位に分裂することがわかる．

図 13.1 に示したように，$\lambda_{nl} > 0$ なので，$j = l - (1/2)$ の準位の方がエネルギーが低い．各々の準位の縮退度は $2j+1$ で与えられるので，$j = l + (1/2)$ に対して $2l+2$, $j = l - (1/2)$ に対して $2l$ である．

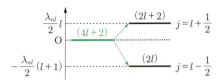

図 13.1 スピン軌道相互作用による準位の分裂

13.1.2 np ($l=1$) および nd ($l=2$) 準位の分裂

例として，まず np ($l=1$) 準位のスピン軌道相互作用による分裂を考えよう．この場合，$|nls\,jm_j\rangle = |n1\frac{1}{2}jm_j\rangle$，$j = 1 \pm \frac{1}{2} = \frac{1}{2}, \frac{3}{2}$ である．

n 殻の l 軌道の 1 電子波動関数は

$$|nls\,jm_j\rangle = R_{nl}(r)|ls\,jm_j\rangle$$

と表すことができる．以下では，動径関数 $R_{nl}(r)$ 以外の $|ls\,jm_j\rangle$ の部分を求める．

$|1\frac{1}{2}jm_j\rangle$ の具体的な表式は，CG 係数を用いた一般式 (12.18) を適用して求められる．例えば $|1\frac{1}{2}\frac{1}{2}\frac{1}{2}\rangle$ は

$$\left\langle 1\frac{1}{2}0\frac{1}{2}\middle|\frac{1}{2}\frac{1}{2}\right\rangle |10\rangle\left|\frac{1}{2}\frac{1}{2}\right\rangle + \left\langle 1\frac{1}{2}1-\frac{1}{2}\middle|\frac{1}{2}\frac{1}{2}\right\rangle |11\rangle\left|\frac{1}{2}-\frac{1}{2}\right\rangle$$

$$= -\frac{1}{\sqrt{3}}|10\rangle\left|\frac{1}{2}\frac{1}{2}\right\rangle + \sqrt{\frac{2}{3}}|11\rangle\left|\frac{1}{2}-\frac{1}{2}\right\rangle$$

$$= -\frac{1}{\sqrt{3}}Y_1^0\alpha + \sqrt{\frac{2}{3}}Y_1^1\beta$$

となる．これを含め，$|1\frac{1}{2}jm_j\rangle$ のすべての波動関数，

表 13.1　np, nd 準位のスピン軌道相互作用によって分裂した状態の波動関数（動径部分 $R_{nl}(r)$ を除く）

$|ls\,jm_j\rangle$	$\sum_m \sum_{m_s} \langle lsmm_s|jm_j\rangle Y_l^m \chi_{m_s}$
$\|1\frac{1}{2}\,\frac{1}{2}\,\frac{1}{2}\rangle$	$-\frac{1}{\sqrt{3}}Y_1^0\alpha + \sqrt{\frac{2}{3}}Y_1^1\beta$
$\|1\frac{1}{2}\,\frac{1}{2}\,-\frac{1}{2}\rangle$	$-\sqrt{\frac{2}{3}}Y_1^{-1}\alpha + \frac{1}{\sqrt{3}}Y_1^0\beta$
$\|1\frac{1}{2}\,\frac{3}{2}\,\frac{3}{2}\rangle$	$Y_1^1\alpha$
$\|1\frac{1}{2}\,\frac{3}{2}\,\frac{1}{2}\rangle$	$\sqrt{\frac{2}{3}}Y_1^0\alpha + \frac{1}{\sqrt{3}}Y_1^1\beta$
$\|1\frac{1}{2}\,\frac{3}{2}\,-\frac{1}{2}\rangle$	$\frac{1}{\sqrt{3}}Y_1^{-1}\alpha + \sqrt{\frac{2}{3}}Y_1^0\beta$
$\|1\frac{1}{2}\,\frac{3}{2}\,-\frac{3}{2}\rangle$	$Y_1^{-1}\beta$
$\|2\frac{1}{2}\,\frac{3}{2}\,\frac{3}{2}\rangle$	$-\frac{1}{\sqrt{5}}Y_2^1\alpha + \frac{2}{\sqrt{5}}Y_2^2\beta$
$\|2\frac{1}{2}\,\frac{3}{2}\,\frac{1}{2}\rangle$	$-\sqrt{\frac{2}{5}}Y_2^0\alpha + \sqrt{\frac{3}{5}}Y_2^1\beta$
$\|2\frac{1}{2}\,\frac{3}{2}\,-\frac{1}{2}\rangle$	$-\sqrt{\frac{3}{5}}Y_2^{-1}\alpha + \sqrt{\frac{2}{5}}Y_2^0\beta$
$\|2\frac{1}{2}\,\frac{3}{2}\,-\frac{3}{2}\rangle$	$-\frac{2}{\sqrt{5}}Y_2^{-2}\alpha + \frac{1}{\sqrt{5}}Y_2^{-1}\beta$
$\|2\frac{1}{2}\,\frac{5}{2}\,\frac{5}{2}\rangle$	$Y_2^2\alpha$
$\|2\frac{1}{2}\,\frac{5}{2}\,\frac{3}{2}\rangle$	$\frac{2}{\sqrt{5}}Y_2^1\alpha + \frac{1}{\sqrt{5}}Y_2^2\beta$
$\|2\frac{1}{2}\,\frac{5}{2}\,\frac{1}{2}\rangle$	$\sqrt{\frac{3}{5}}Y_2^0\alpha + \sqrt{\frac{2}{5}}Y_2^1\beta$
$\|2\frac{1}{2}\,\frac{5}{2}\,-\frac{1}{2}\rangle$	$\sqrt{\frac{2}{5}}Y_2^{-1}\alpha + \sqrt{\frac{3}{5}}Y_2^0\beta$
$\|2\frac{1}{2}\,\frac{5}{2}\,-\frac{3}{2}\rangle$	$\frac{1}{\sqrt{5}}Y_2^{-2}\alpha + \frac{2}{\sqrt{5}}Y_2^{-1}\beta$
$\|2\frac{1}{2}\,\frac{5}{2}\,-\frac{5}{2}\rangle$	$Y_2^{-2}\beta$

および nd 軌道について $|2\frac{1}{2}jm_j\rangle$ のすべての波動関数を，表 13.1 に示した．

13.1 節のまとめ

- スピン軌道相互作用 $\hat{H}_{\mathrm{so}} = \lambda_{nl}\boldsymbol{l}\cdot\boldsymbol{s}$ の結合定数 λ_{nl}（$\lambda_{nl} > 0$）は，次式で与えられる．

$$\lambda_{nl} \cong \frac{\hbar^2}{2m^2c^2}\int_0^\infty R_{nl}(r)^2 \frac{1}{r}\frac{dV(r)}{dr}r^2 dr \qquad \left(V(r) \cong -\frac{Ze^2}{4\pi\varepsilon_0}\frac{1}{r} \quad \therefore \quad \lambda_{nl} > 0\right)$$

- nl^1 殻の電子状態は，全角運動量 $\boldsymbol{j} = \boldsymbol{l} + \boldsymbol{s}$ の $\boldsymbol{j}^2$ と j_z の固有状態 $\hat{H}_{\mathrm{so}}$ であり，$\boldsymbol{l}\cdot\boldsymbol{s} = \frac{1}{2}(\boldsymbol{j}^2 - \boldsymbol{l}^2 - \boldsymbol{s}^2)$ から

$$\hat{H}_{\mathrm{so}}|nls\,j = l+\tfrac{1}{2}\,m_j\rangle = \frac{\lambda_{nl}}{2}l\left|nls\,l+\tfrac{1}{2}\,m_j\right\rangle$$

$$\hat{H}_{\mathrm{so}}|nls\,j = l-\tfrac{1}{2}\,m_j\rangle = -\frac{\lambda_{nl}}{2}(l+1)\left|nls\,l-\tfrac{1}{2}\,m_j\right\rangle$$

が示される．$2(2l+1)$ 重縮退状態が，$2(l+1)$ 重縮退状態 $\left(j = l+\tfrac{1}{2}\right)$ と $2l$ 重縮退状態 $\left(j = l-\tfrac{1}{2}\right)$ に分裂する．

90　13. 原子の多重項構造

13.2 原子の多重項構造

前節で，n 殻の l 軌道からなる $2(2l+1)$ 重に縮退したエネルギー準位が，スピン軌道相互作用によってどのように分裂するかをみた．この nl の準位は，n 殻に対する副殻とも称すべきだが，ここではたんに nl 殻とよぶことにする．

13.2.1 原子の電子配置

原子の電子配置は，nl 殻（$n=1, 2, \cdots; l=0, 1, \cdots, n-1$）に電子を占有させていくことで決まる．$nl$ 殻を m 個の電子が占有した状態を nl^m と表す．m は，$0 \leq m \leq 2(2l+1)$ の範囲の値をとる．$m=2(2l+1)$ の $nl^{2(2l+1)}$ を閉殻，それ以外を開殻とよぶ．nl^m に対して，m 個の電子の軌道角運動量とスピン角運動量について和をとり

$$\boldsymbol{L} \equiv \sum_{i=1}^{m} \boldsymbol{l}_i, \quad \boldsymbol{S} \equiv \sum_{i=1}^{m} \boldsymbol{s}_i \tag{13.5}$$

$\boldsymbol{L}$ を全軌道角運動量，$\boldsymbol{S}$ を全スピン角運動量，

$$\boldsymbol{J} = \boldsymbol{L} + \boldsymbol{S} \tag{13.6}$$

をたんに全角運動量とよぶ．

$m=1$ のときは，前節でみたように，電子状態は $|lsjm_j\rangle$ で表される．その場合は，原子核からのクーロン引力（ポテンシャル）とスピン軌道相互作用が考慮されていたが，$m>1$ のときは，さらに電子間のクーロン斥力も考慮する必要がある．この場合の m 個の電子系の量子状態も，以下で示すように，

$$\boldsymbol{L}^2 |LSJM\rangle = L(L+1)|LSJM\rangle \tag{13.7a}$$

$$\boldsymbol{S}^2 |LSJM\rangle = S(S+1)|LSJM\rangle \tag{13.7b}$$

$$\boldsymbol{J}^2 |LSJM\rangle = J(J+1)|LSJM\rangle \tag{13.7c}$$

$$J_z |LSJM\rangle = M|LSJM\rangle \tag{13.7d}$$

を満たす $|LSJM\rangle$ で特徴付けられる，すなわち，$LSJM$ がよい量子数であることがわかっている．もし L と S の値が定まったならば，$(2L+1)(2S+1)$ 個の状態が得られるが，そのときは 12.3 節の規則 (1) から，J は $|L-S| \leq J \leq L+S$ の範囲の値をとりうる．ある J をとる準位は $2J+1$ 重に縮退しており，各々を J 多重項とよび，記号 $^{2S+1}L_J$ で表す．（ただし，$L=0, 1, 2, 3, 4, 5, 6, \cdots$ に対して，$L=S, P, D, F, G, H, I, \cdots$ と記す．）各々の J 多重項は互いに異なるエネルギーをもつので，$(2L+1)(2S+1)$ 重に縮退した状態が J 多重項に分裂する．その電子準位構造を，多重項構造もしくは多重項分裂構造という．

一般に，ある原子をみたとき，$1<m<2(2l+1)$ の開殻構造をもちうるのは，エネルギーの高い一つか，多くて二つの nl 殻であり，その他の電子殻は閉殻 $nl^{2(2l+1)}$ か空（nl^0）である．閉殻 $nl^{2(2l+1)}$ は 1 重項 $|0000\rangle$ で表される．

13.2.2 フントの規則

開殻 nl^m（$0<m<2(2l+1)$）の最も安定な電子配置（最安定多重項）を決めるには，経験的に提唱され確立された次のフントの規則（フント則）が用いられる．

(1) S が最大　（パウリの排他原理を満たす範囲で）

(2) L が最大　（(1) の S をとる範囲で）

(3) LTHF $(0<m<2l+1) \rightarrow J=|L-S|$

　　MTHF $(2l+1<m<2(2l+1)) \rightarrow J=L+S$

(3) で LTHF は less than half filled（半分充填以下），MTHF は more than half filled（半分充填以上）の略であり，half filled（半分充填）は $m=2l+1$ の場合で $J=S$（$L=0$）である．

フント則 (1) の原因は「電子のフェルミ統計性により，電子間のクーロン斥力の寄与が，平行スピンをもつ電子間で交換項の分だけ小さくなるため」である．平行スピン状態がどのようにエネルギーを利得するかについて，現在は次のような理解に至っている．平行スピンをもつ電子の多体状態は，電子間のクーロン斥力が交換項の分だけ小さいため，反平行スピン状態より相対的に収縮した電荷分布をもつ．この場合，平行スピン状態における電子間のクーロン斥力エネルギーは相対的に大きな値をとりうるが，それより 1 桁以上大きい負の原子核からのクーロン引力エネルギーを大きく利得することによって，平行スピン状態が最安定状態となる（詳細は 14.2.5 項で述べる）．

フント則 (2)，(3) の原因は，端的に「スピン軌道相互作用エネルギー $\hat{H}_{\mathrm{so}} = \lambda_{nl} \boldsymbol{l} \cdot \boldsymbol{s}$（式 (13.1)）を利得するため」として解釈できる．$\lambda_{nl}>0$ なので，各電子の軌道およびスピン角運動量（$\boldsymbol{l}$ と $\boldsymbol{s}$）はできるだけ反対方向を向こう（反平行になろう）とし，また $|\boldsymbol{l} \cdot \boldsymbol{s}|$ が大きい方がよりエネルギーを利得できる．

例題 13-1

フント則に従って，np^m（m＝1-6）の最も安定な電子配置（最安定項：$^{2S+1}L_J$）を求めてみよう．

軌道およびスピン角運動量の量子化軸を共通に z 軸にとる．$m_l=1, 0, -1$ の三つの np 軌道に↑または↓のスピンをもつ電子を詰めていく．↑スピンの場合 $m_s=1/2$，↓スピンの場合 $m_s=-1/2$ である．

$\boxed{np^1}$ の場合，$\hat{H}_{\mathrm{so}}$ を利得するために，$m_l=1$ の

表 13.2 np^m の最安定項

m_l	1	0	−1
np^1			↑
np^2		↑	↑
np^3	↑	↑	↑
np^4	↑↓	↑	↑
np^5	↑↓	↑↓	↑
np^6	↑↓	↑↓	↑↓

m_l	1	0	−1
np^1	↓		
np^2	↓	↓	
np^3	↓	↓	↓
np^4	↓	↓	↑↓
np^5	↓	↑↓	↑↓
np^6	↑↓	↑↓	↑↓

表 13.3 nl^m 殻の最安定項とランデの g 因子

nl^m	$^{2S+1}L_J$	g_J	nl^m	$^{2S+1}L_J$	g_J
np^1	$^2P_{1/2}$	2/3	ns^1	$^2S_{1/2}$	2
np^2	$^3P_0$	—	ns^2	$^1S_0$	—
np^3	$^4S_{3/2}$	2	nf^1	$^2F_{5/2}$	6/7
np^4	$^3P_2$	3/2	nf^2	$^3H_4$	4/5
np^5	$^2P_{3/2}$	4/3	nf^3	$^4I_{9/2}$	8/11
np^6	$^1S_0$	—	nf^4	$^5I_4$	3/5
nd^1	$^2D_{3/2}$	4/5	nf^5	$^6H_{5/2}$	2/7
nd^2	$^3F_2$	2/3	nf^6	$^7F_0$	—
nd^3	$^4F_{3/2}$	2/5	nf^7	$^8S_{7/2}$	2
nd^4	$^5D_0$	—	nf^8	$^7F_6$	3/2
nd^5	$^6S_{5/2}$	2	nf^9	$^6H_{15/2}$	4/3
nd^6	$^5D_4$	3/2	nf^{10}	$^5I_8$	5/4
nd^7	$^4F_{9/2}$	4/3	nf^{11}	$^4I_{15/2}$	6/5
nd^8	$^3F_4$	5/4	nf^{12}	$^3H_6$	7/6
nd^9	$^2D_{5/2}$	6/5	nf^{13}	$^2F_{7/2}$	8/7
nd^{10}	$^1S_0$	—	nf^{14}	$^1S_0$	—

軌道に ↓（スピン）の電子，もしくは $m_l = -1$ の軌道に ↑ の電子を占有させればよい．前者を表 13.2 の右欄，後者を左欄に記した．両者は同等なので，以降は左欄の電子の詰め方に沿って議論する．このとき，$^{2S+1}L_J$ の S, L, J はそれぞれ，$S = 1/2\,(2S+1=2)$，$L = |-1| = 1$，$J = |-1 + (1/2)| = 1/2$ なので，最安定項は $^2P_{1/2}$ と表される．これを表 13.3 に記した（表 13.3 のランデの g 因子 g_J については次節で述べる）．

$\boxed{np^2}$ では，フント則 (1) から，2 番目の電子も同じ ↑ スピンをもつ．したがって，$S = (1/2) + (1/2) = 1$ $(2S+1=3)$ である．排他原理から，この電子は $m_l = 0$ または $m_l = 1$ の軌道に入りうるが，$m_l = 0$ の軌道に入った方が $\hat{H}_{\mathrm{so}}$ を利得する（損しない）．したがって，$L = |-1 + 0| = 1$，$J = |-1 + 0 + (1/2) + (1/2)| = 0$ となり，最安定項として $^3P_0$ を得る．これは，フント則 (3) の LTHF の場合を適用して，$J = |L - S| = |1 - 1| = 0$ と求めた結果と一致する．

$\boxed{np^3}$ は HF (half-filled) で，$L = |-1 + 0 + 1| = 0$（HF では常に $L = 0$），$S = J = 3/2$，ゆえに $^4S_{3/2}$．

$\boxed{np^4}$ では，排他原理から，4 番目の電子は ↓ スピンでなければならない．その電子の $\hat{H}_{\mathrm{so}}$ を利得するために，↓ は $m_l = 1$ の軌道に入れた方がよい．その結果，$S = (1/2) + (1/2) + (1/2) - (1/2) = 1$，$L = -1 + 0 + 1 + 1 = 1$，$J = -1 + 0 + 1 + 1 + (1/2) + (1/2) + (1/2) - (1/2) = 2$，ゆえに $^3P_2$．フント則 (3) の MTHF の場合を適用すると，$J = L + S = 1 + 1 = 2$ であるが，L と S の足し算になるのは，上記のように 1 電子の $\hat{H}_{\mathrm{so}}$ に起因する．

以下，np^5，np^6 についても同様に最安定項が求められる．表 13.3 に，nd^m，nf^m の最安定項も記載した．

13.2 節のまとめ

- nl^m 殻の電子配置は，$\boldsymbol{J} = \boldsymbol{L} + \boldsymbol{S} = \sum_{i=1}^{m} \boldsymbol{l}_i + \sum_{i=1}^{m} \boldsymbol{s}_i$ がよい量子数で，$|L - S| \leq J \leq L + S$ の値をとる．

  $|LSJM\rangle$ $(M = J, J-1, \cdots, -J)$ の $2J+1$ 重縮退状態を ［J 多重項］とよび，$\boxed{^{2S+1}L_J}$ で表す．

- 最安定 J 多重項は，次の「フントの規則：(1) → (2) → (3)」で決定される（→ 表 13.3）．

  (1) S が最大 （パウリの排他原理を満たす範囲で）

  (2) L が最大 （(1) の範囲で）

  (3) [LTHF]$(0 < m < 2l+1)$ で $J = |L - S|$；[MTHF]$(2l+1 < m < 2(2l+1))$ で $J = L + S$

13.3 ゼーマン効果とランデの g 因子

原子に外部から 磁場をかけたときの光吸収スペク

トルから，J 多重項は磁場によってすべて 1 重項に分裂することがわかる．これをゼーマン効果（Zeeman effect）とよぶ．磁束密度 $\boldsymbol{B}$ の外部磁場のもとに磁気モーメント $\boldsymbol{\mu}$ があるとき，ゼーマンエネルギーは

$$\hat{H}_Z = -\boldsymbol{\mu}\cdot\boldsymbol{B} \qquad (13.8)$$

で与えられる.

13.3.1 軌道磁気モーメントとスピン磁気モーメント

電子の軌道角運動量 $\hbar\boldsymbol{l}$ に起因する磁気モーメントを半古典的に導こう.電子が速さ v で,半径 a の円運動をしているとき,(軌道)角運動量は $\boldsymbol{r}\times\boldsymbol{p} = amv\boldsymbol{n} \equiv \hbar\boldsymbol{l}$ と表される.ここで,$\boldsymbol{n}$ は,電子が回転する向きを右ねじを回す向きにとったとき,右ねじが進む向きを向く単位ベクトルである.電子は単位時間あたり $v/(2\pi a)$ 周回るので電流に換算すると $I = -ev/(2\pi a)$,電流が囲む面積は $S = \pi a^2$ なので,この円電流は次の磁気モーメントを生じる.

$$\boldsymbol{\mu}_l \equiv IS\boldsymbol{n} = \frac{-ev}{2\pi a}\pi a^2\boldsymbol{n} = -\frac{eva}{2}\boldsymbol{n}$$

上述の $mva\boldsymbol{n} = \hbar\boldsymbol{l}$ から $va\boldsymbol{n} = \hbar\boldsymbol{l}/m$ と表せるので

$$\boldsymbol{\mu}_l = -\frac{e\hbar}{2m}\boldsymbol{l} = -\mu_B\boldsymbol{l} \qquad (13.9)$$

$$\mu_B \equiv \frac{e\hbar}{2m} \qquad (13.10)$$

を得る.μ_B を**ボーア磁子**(Bohr magneton)とよぶ.

スピン角運動量による磁気モーメントは

$$\boldsymbol{\mu}_s = -2\mu_B\boldsymbol{s} \qquad (13.11)$$

で与えられる.これは,後に第15章でみるように,量子力学の相対論的効果から導かれる.

電子の全磁気モーメントは,$\boldsymbol{\mu}_l$ と $\boldsymbol{\mu}_s$ を足して

$$\boldsymbol{\mu} = \boldsymbol{\mu}_l + \boldsymbol{\mu}_s = -\mu_B(\boldsymbol{l}+2\boldsymbol{s}) \qquad (13.12)$$

で表される.したがって,1電子のゼーマンエネルギー(13.8)は次式で与えられる.

$$\hat{H}_Z = \mu_B(\boldsymbol{l}+2\boldsymbol{s})\cdot\boldsymbol{B} \qquad (13.13)$$

13.3.2 ランデの g 因子

開殻 $(nl)^m$ に対して,式 (13.5) の全軌道角運動量と全スピン $\boldsymbol{S}$ を用いて

$$\hat{H}_Z = \mu_B(\boldsymbol{L}+2\boldsymbol{S})\cdot\boldsymbol{B} \qquad (13.14)$$

と表されることはすぐにわかる.しかし,J 多重項 $^{2S+1}L_J$ の状態 $|LSJM\rangle$ においては,L, S, J, M はよい量子数だが,$\boldsymbol{L}$ や $\boldsymbol{S}$ の成分はよい量子数ではない.したがって,各々の J 多重項に対して,式 (13.14) の $\boldsymbol{L}+2\boldsymbol{S}$ は $\boldsymbol{J}$ に比例する項で置き換え

$$\boldsymbol{L}+2\boldsymbol{S} = g_J\boldsymbol{J} \qquad (13.15)$$

とする必要がある.そのために,ある J 多重項の状態 $|LSJM\rangle$ $(M = -J, -J+1, \cdots, J)$ からなる状態空

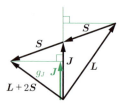

図 13.2 np^1 の最安定項 $^2P_{1/2}$ の $\boldsymbol{L}$, $\boldsymbol{S}$, $\boldsymbol{J}$ の関係

間における式 (13.14) の行列要素が

$$\langle LSJM|\hat{H}_Z|LSJM'\rangle$$
$$= \mu_B\langle LSJM|(\boldsymbol{L}+2\boldsymbol{S})|LSJM'\rangle\cdot\boldsymbol{B}$$
$$= \mu_B\langle LSJM|g_J\boldsymbol{J}|LSJM'\rangle\cdot\boldsymbol{B}$$

を満たすように定数 g_J を定める.式 (13.15) を用いて

$$\boldsymbol{J}\cdot(\boldsymbol{L}+2\boldsymbol{S}) = \boldsymbol{J}\cdot(g_J\boldsymbol{J}) = g_J\boldsymbol{J}^2$$
$$\boldsymbol{J}\cdot(\boldsymbol{L}+2\boldsymbol{S}) = \boldsymbol{J}\cdot(\boldsymbol{J}+\boldsymbol{S}) = \boldsymbol{J}^2+\boldsymbol{J}\cdot\boldsymbol{S}$$
$$= \boldsymbol{J}^2+\frac{1}{2}(\boldsymbol{J}^2+\boldsymbol{S}^2-\boldsymbol{L}^2)$$
$$\therefore\quad g_J\boldsymbol{J}^2 = \boldsymbol{J}^2+\frac{1}{2}(\boldsymbol{J}^2+\boldsymbol{S}^2-\boldsymbol{L}^2) \qquad (13.16)$$

式 (13.16) を $|LSJM\rangle$ に作用させ,式 (13.7a–c) を用いると,$g_JJ(J+1)|LSJM\rangle = \{J(J+1) + [J(J+1) + S(S+1) - L(L+1)]/2\}|LSJM\rangle$ となるので,g_J は

$$g_J = 1 + \frac{J(J+1)+S(S+1)-L(L+1)}{2J(J+1)}$$
$$(13.17)$$

と求められる.g_J は**ランデの g 因子**(Landé g factor)とよばれる.

ある特定の J 多重項 $^{2S+1}L_J$ の状態空間内で計算するときには,ゼーマンエネルギーとして

$$\hat{H}_Z = g_J\mu_B\boldsymbol{J}\cdot\boldsymbol{B} \qquad (13.18)$$

を用いればよい.また,この状態空間では,$\boldsymbol{L}+2\boldsymbol{S} = (\boldsymbol{L}+\boldsymbol{S})+\boldsymbol{S} = \boldsymbol{J}+\boldsymbol{S} = g_J\boldsymbol{J}$ $\therefore$ $\boldsymbol{S} = (g_J-1)\boldsymbol{J}$,$\boldsymbol{L} = \boldsymbol{J}-\boldsymbol{S} = \boldsymbol{J}-(g_J-1)\boldsymbol{J} = (2-g_J)\boldsymbol{J}$,すなわち

$$\boldsymbol{L} = (2-g_J)\boldsymbol{J} \qquad (13.19a)$$
$$\boldsymbol{S} = (g_J-1)\boldsymbol{J} \qquad (13.19b)$$

の関係が成り立つ.

> **例題 13-2**
>
> ランデの g 因子の例として,np^1 の最安定項 $^2P_{1/2}$ を考えよう.
>
> $S = 1/2$,$L = 1$,$J = 1/2$ を式 (13.17) に代入して,$g_J = 2/3$ を得る.今,$|\boldsymbol{L}| = \sqrt{1(1+1)} = \sqrt{2}$,

$|S| = |J| = \sqrt{(1/2)(1/2+1)} = \sqrt{3}/2$ であることを考慮して，$L + S = J$ をベクトルの関係として図示すると，図 13.2 のようになる.

さらに，図 13.2 に，全磁気モーメント $L + 2S$ の J の方向への射影が $g_J J = (2/3)J$ であることを示した.

式 (13.19a-b) の関係は，$L = (2 - g_J)J = (4/3)J$，$S = (g_J - 1)J = -(1/3)J$ となる. これらは，それぞれ L と S の J の方向への射影を表すことがわかる.

13.3 節のまとめ

- 磁束密度 B のもとでの電子系のゼーマンエネルギーは，次式で表される.

$$\hat{H}_Z = \mu_B(l + 2s) \cdot B \ [1\,\text{電子}], \quad \hat{H}_Z = \mu_B(L + 2S) \cdot B \ [\text{多電子系}] \quad \left(\mu_B = \frac{e\hbar}{2m} : \text{ボーア磁子}\right)$$

- J 多重項 $^{2S+1}L_J$ の状態空間 $\langle |LSJM\rangle \rangle$ でのゼーマンエネルギーは，ランデの g 因子 g_J を用いて

$$\hat{H}_Z = g_J \mu_B J \cdot B \quad \left(g_J = 1 + \frac{J(J+1) + S(S+1) - L(L+1)}{2J(J+1)}\right)$$

と表される. この状態空間では，軌道・スピン角運動量は $L = (2 - g_J)J$，$S = (g_J - 1)J$ で与えられる.

14. 多粒子系の波動関数と第2量子化

多粒子系の量子力学においては，同じ種類の粒子は区別できない．これは，古典力学とは根本的に異なる著しい特徴であり，量子論における**粒子の同一性**（identity of particles）とよばれる．

質点系の古典力学で，質点1の位置座標を r_1，質点2の位置座標を r_2 としたとき，各々の質点はそれぞれの個性を保持するので，r_1 と r_2 を交換するようなことは考える必要がない．一方，量子力学においては，粒子1に r_1 を，粒子2に r_2 を割り当てた波動関数と，その関数の r_1 と r_2 を交換した波動関数を対等に考慮しなければならない．そのような座標の交換に関する性質の違いにより，粒子は**ボース粒子**（boson）と**フェルミ粒子**（fermion）の2種類に分けられる．

なお，この章では，1種類の粒子のみからなる多体系，いわゆる同種粒子系だけを扱う．第9章で用いたように，粒子の座標（の組）を τ で表す．ボース粒子（厳密にはスピン0のボース粒子）に対しては，$\tau \equiv r$ でよい．フェルミ粒子（スピン $S=1/2$ をもつフェルミ粒子）に対しては，これまで $\tau \equiv r, m_s$ ($m_s = \pm 1/2$) と表したが，本章では，スピンについて変更して

$$\tau \equiv r, \sigma \quad (\sigma = \uparrow, \downarrow) \quad (14.1)$$

と表すことにする．

14.1 同種粒子系の波動関数

最初に2粒子系を考え，粒子にボース粒子とフェルミ粒子の2種類があることをみる．さらに，それを一般の N 粒子系に拡張する．

エンリコ・フェルミ

イタリアの物理学者．1935年に中性子照射によって放射性核種が生成することを示した．イタリア生まれであり，夫人がユダヤ系であったためストックホルムのノーベル賞授賞式（1938年）のあと，そのままアメリカに亡命した．(1901–1954)

14.1.1 2粒子系の波動関数

まず，二つの同種粒子からなる2粒子系を考える．粒子1の座標を τ_1，粒子2の座標を τ_2 とし，波動関数が $\Psi(\tau_1, \tau_2)$ で与えられているとする（注意：一般には，時間依存性を含めて $\Psi(\tau_1, \tau_2, t)$ とすべきだが，簡単のため t は省略する）．

$\Psi(\tau_1, \tau_2)$ の粒子1と粒子2を交換する，すなわち座標を $\tau_1 \leftrightarrow \tau_2$ とすると $\Psi(\tau_2, \tau_1)$ になる．このとき，粒子の同一性から，確率密度は $|\Psi(\tau_1, \tau_2)|^2 = |\Psi(\tau_2, \tau_1)|^2$ と等しくなければならない．したがって，

$$\Psi(\tau_1, \tau_2) = e^{i\delta} \Psi(\tau_2, \tau_1) \quad (\delta \text{ は実数}) \quad (14.2)$$

が成り立たなければならない．

粒子1と粒子2をもう一度交換すると元に戻るので
$\Psi(\tau_1, \tau_2) = e^{i\delta}\Psi(\tau_2, \tau_1) = e^{i2\delta}\Psi(\tau_1, \tau_2) = \Psi(\tau_1, \tau_2)$
ゆえに，$e^{i2\delta} = 1$, $2\delta = 2\pi n$, $(n = 0, \pm 1, \cdots)$ から $e^{i\delta} = e^{i\pi n} = \pm 1$ である．このようにして，式 (14.2) は

$$\Psi(\tau_1, \tau_2) = \pm \Psi(\tau_2, \tau_1) \quad (14.3)$$

と表される．式 (14.3) で + を満たす $\Psi(\tau_1, \tau_2)$ を**対称関数**（symmetric function），− を満たす $\Psi(\tau_1, \tau_2)$ を**反対称関数**（antisymmetric function）とよぶ．

今，1粒子波動関数の規格直交完全系 $\{\psi_{\nu_1}(\tau), \psi_{\nu_2}(\tau), \cdots\}$（$\nu_i$ は量子数（の組）を表す）が得られており，2粒子波動関数 $\Psi(\tau_1, \tau_2)$ がその中の二つ，$\psi_\nu(\tau)$ と $\psi_{\nu'}(\tau)$ で表されると仮定すると

$$\Psi_\pm(\tau_1, \tau_2) = \frac{1}{\sqrt{2}}[\psi_\nu(\tau_1)\psi_{\nu'}(\tau_2) \pm \psi_\nu(\tau_2)\psi_{\nu'}(\tau_1)] \quad (14.4)$$

と書ける．式 (14.4) は 12.1 節の二つのスピンの合成の $|1\,0\rangle$ と $|0\,0\rangle$，すなわち $(1/\sqrt{2})(\alpha_1\beta_2 \pm \beta_1\alpha_2)$ と同様の形をしている．$(1/\sqrt{2})$ の因子が規格化因子，式 (14.4) では $\Psi_\pm(\tau_1, \tau_2)$ を規格化するための因子であることも同様である．

14.1.2 ボース粒子とフェルミ粒子

2粒子波動関数の1粒子波動関数の積による展開式 (14.4) において，二つの1粒子波動関数が同じ量子状態にある場合を考えることは重要である．すなわち，式 (14.4) で $\nu = \nu'$ とおくと次式を得る．

$$\Psi_+(\tau_1, \tau_2) = \sqrt{2}\,\psi_\nu(\tau_1)\psi_\nu(\tau_2) \quad (14.5)$$
$$\Psi_-(\tau_1, \tau_2) = 0 \quad (14.6)$$

式 (14.5) は，対称関数 Ψ_+ で記述される粒子が，同じ量子状態を2個（以上）で占有できることを示している（Ψ_+ が規格化されるためには，式 (14.5) の係数 $\sqrt{2}$ は 1 でなければならない．これについては後で議論する）．

一方，式 (14.6) は，反対称関数 Ψ_- で記述される粒子が，同じ量子状態を2個以上で同時には占有できない（そのような状態が起こる確率はゼロである）ことを表している．これは，ある量子状態を一つの粒子が占有すると，他の粒子がその状態にくることを排除するともい換えられるので，パウリの排他原理（Pauli exclusion principle）といわれる．

対称関数で記述される粒子は，ボース・アインシュタイン統計（Bose-Einstein statistics）に従う粒子，略してボース粒子とよばれる．一方，反対称関数で記述される粒子は，フェルミ・ディラック統計（Fermi-Dirac statistics）に従う粒子で，フェルミ粒子とよばれる．

相対論的量子力学では，素粒子に対して広義のスピン量子数が定義され，ゼロを含む整数スピンをもつ粒子はボース粒子，半整数スピンをもつ粒子はフェルミ粒子であることが示されている．

また，複合粒子（例えば三つのクォーク（quark）からなる核子（nucleon）など）は，奇数個のフェルミ子を含むときのみフェルミ粒子として振る舞い，それ以外はボース粒子として振る舞う．これは，複合粒子が2個あるとき，それらを交換することは，構成するすべての粒子を交換することと同等であり，フェルミ粒子の交換のときだけ (-1) の因子が掛かるからである．

ヴォルフガング・エルンスト・パウリ

スイスの物理学者．オーストリア生まれ．スピンの概念やパウリの排他律を提唱し，ハイゼンベルクとともに場の量子論の基礎を築いた．ニュートリノの存在を予言したことでも知られる．1945年ノーベル物理学賞受賞．(1900–1958)

14.1.3 N 粒子系の波動関数

N 粒子系波動関数の対称・反対称性（式 (14.3)）は
$$\Psi(\cdots, \tau_i, \cdots, \tau_j, \cdots) = \pm \Psi(\cdots, \tau_j, \cdots, \tau_i, \cdots)$$
1粒子波動関数の積による展開式 (14.4) を，N 粒子系にたんに拡張すると

$$\Psi_\pm^{(N)} = \frac{1}{\sqrt{N!}} \sum_{\hat{P}} (\pm 1)^P \hat{P}\,\psi_{\nu_1}(\tau_1)\psi_{\nu_2}(\tau_2)\cdots\psi_{\nu_N}(\tau_N) \quad (14.7)$$

と表すことができる．$\hat{P}$ はあらゆる座標の交換を，$(\pm 1)^P$ の P は $\hat{P}$ での交換の回数を表す．$1/\sqrt{N!}$ は，$\sum_{\hat{P}}$ の和をとる項の数が $N!$ であることからくる規格化因子である．

式 (14.7) の表現は，フェルミ粒子系に対する反対称関数 Ψ_- については正しく規格化されている．これは，Ψ_- はすべてが異なる1粒子状態からなる，すなわち $\{\nu_1, \nu_2, \cdots, \nu_N\}$ がすべて異なる（同じ状態を一組でも含むとゼロになる）からである．しかし，ボース粒子系に対する対称関数 Ψ_+ については，（すべての1粒子量子状態が異なる場合を除いて）正確に規格化されていない，という問題点がある．

この問題は，これまで（粒子の交換）＝（座標の交換）としてきたことを，（粒子の交換）＝（量子数の交換）に改めることで解決できる．このことをみてみよう．

14.1.4 座標交換による2，3粒子波動関数の表現

2粒子波動関数 (14.4) の右辺の [ ] の中の2項目は1項目から $\tau_1 \leftrightarrow \tau_2$ として表現されている．これを，$\nu \leftrightarrow \nu'$ として表してみると次式になる．

$$\Psi_\pm(\tau_1, \tau_2) = \frac{1}{\sqrt{2}}[\psi_\nu(\tau_1)\psi_{\nu'}(\tau_2) \pm \psi_{\nu'}(\tau_1)\psi_\nu(\tau_2)] \quad (14.8)$$

この式の右辺は，2スピン合成関数 $(1/\sqrt{2})(\alpha_1\beta_2 \pm \beta_1\alpha_2)$ と同等の表現になっている．α_i, β_i による表現の方がわかりやすいので，以下ではこの表現（$\psi_\nu \to \alpha$，$\psi_{\nu'} \to \beta$，$\tau_1 \to 1$，$\tau_2 \to 2$ とする）を用いる．

状態 α, β からなる2粒子波動関数を表すために，式 (14.7) を $N=2$ の場合に適用すると

$$\Psi_\pm^{(2)}(\alpha\beta) = \frac{1}{\sqrt{2!}}[(\pm 1)^0 \alpha_1\beta_2 + (\pm 1)^1 \hat{P}_{12}\alpha_1\beta_2]$$
$$= \frac{1}{\sqrt{2}}[\alpha_1\beta_2 \pm \alpha_2\beta_1] = \frac{1}{\sqrt{2}}[\alpha_1\beta_2 \pm \beta_1\alpha_2] \quad (14.9)$$

となる. 同様に，α，β，γ からなる 3 粒子波動関数は

$$\Psi_\pm^{(3)}(\alpha\beta\gamma) = \frac{1}{\sqrt{3!}}[(\pm 1)^0 \alpha_1\beta_2\gamma_3 + (\pm 1)^1 \hat{P}_{12}\alpha_1\beta_2\gamma_3$$
$$+ (\pm 1)^2 \hat{P}_{23}\hat{P}_{12}\alpha_1\beta_2\gamma_3 + (\pm 1)^1 \hat{P}_{23}\alpha_1\beta_2\gamma_3$$
$$+ (\pm 1)^2 \hat{P}_{12}\hat{P}_{23}\alpha_1\beta_2\gamma_3 + (\pm 1)^1 \hat{P}_{13}\alpha_1\beta_2\gamma_3]$$
$$= \frac{1}{\sqrt{6}}[\alpha_1\beta_2\gamma_3 \pm \alpha_2\beta_1\gamma_3 + \alpha_3\beta_1\gamma_2$$
$$\pm \alpha_1\beta_3\gamma_2 + \alpha_2\beta_3\gamma_1 \pm \alpha_3\beta_2\gamma_1]$$
$$= \frac{1}{\sqrt{6}}[\alpha_1\beta_2\gamma_3 \pm \beta_1\alpha_2\gamma_3 + \beta_1\gamma_2\alpha_3$$
$$\pm \alpha_1\gamma_2\beta_3 + \gamma_1\alpha_2\beta_3 \pm \gamma_1\beta_2\alpha_3] \quad (14.10)$$

と求められる. 式 (14.9) および (14.10) で，二つの量子状態が同じで，$\alpha = \beta$ の場合を考えると，反対称関数は $\Psi_-^{(2)}(\alpha\alpha) = \Psi_-^{(3)}(\alpha\alpha\gamma) = 0$ でパウリの排他原理を満たす. 一方，対称関数としては次式を得る.

$$\Psi_+^{(2)}(\alpha\alpha) = \sqrt{2}\,\alpha_1\alpha_2$$

$$\Psi_+^{(3)}(\alpha\alpha\gamma) = \sqrt{\frac{2}{3}}\,[\alpha_1\alpha_2\gamma_3 + \alpha_1\gamma_2\alpha_3 + \gamma_1\alpha_2\alpha_3]$$

$\Psi_+^{(2)}(\alpha\alpha)$ は式 (14.5) と同じ式で，規格化されるためには 12.1 節の $|11\rangle = \alpha_1\alpha_2$ と同じ（$\sqrt{2} \to 1$）でなければならない. $\Psi_+^{(3)}(\alpha\alpha\gamma)$ も同様に $\sqrt{2}$ だけ大きい.

この規格化についての問題点を解決するためには，座標交換を量子数交換に置き換える必要がある.

14.1.5　量子数交換による N 粒子波動関数の表現

座標交換 $\hat{P}$ の要素 $\hat{P}_{ij}$ が作用するときは，粒子座標 τ_i と τ_j を必ず交換する. それに対して，量子数交換を考え，$\hat{P}^{(\nu)}$ と表記する. その要素 $\hat{P}_{ij}^{(\nu)}$ が作用するとき，粒子 i と j の量子数 ν_i と ν_j が異なる場合（$\nu_i \neq \nu_j$）は，座標交換と同様に，それらの量子数を交換する. しかし，量子数が同じ場合（$\nu_i = \nu_j$）は量子数を交換しても状態は変わらないので，$\hat{P}_{ij}^{(\nu)}$ は作用させない. このようにすると，$\sum_{\hat{P}^{(\nu)}}$ の和をとって得られる項の数は，$\sum_{\hat{P}}$ の和をとる項の数 $N!$ よりも少なくなる. それを補正するためには，同じ量子数 ν_i をもつ 1 粒子状態が n_i 個あるときは，規格化因子に $\sqrt{n_i!}$ を掛ける必要がある. その理由は後であらためて説明することにして，この方法で，2 粒子および 3 粒子波動関数がどのように求められるかみておこう.

この $\hat{P}^{(\nu)}$ を用いる方法で $\Psi_\pm^{(2)}(\alpha\beta)$ を求めると

$$\Psi_\pm^{(2)}(\alpha\beta) = \frac{1}{\sqrt{2!}}[(\pm 1)^0 \alpha_1\beta_2 + (\pm 1)^1 \hat{P}_{12}^{(\nu)}\alpha_1\beta_2]$$

$$= \frac{1}{\sqrt{2}}[\alpha_1\beta_2 \pm \beta_1\alpha_2]$$

となり，$\hat{P}$ を用いたときと変わりない. 一方，$\hat{P}^{(\nu)}$ を用いて $\Psi_+^{(2)}(\alpha\alpha)$ および $\Psi_+^{(3)}(\alpha\alpha\gamma)$ を求めると

$$\Psi_+^{(2)} = \sqrt{\frac{2!}{2!}}\,\alpha_1\alpha_2 = \alpha_1\alpha_2$$

$$\Psi_+^{(3)} = \sqrt{\frac{2!}{3!}}\,[\alpha_1\alpha_2\gamma_3 + \hat{P}_{23}^{(\nu)}\alpha_1\alpha_2\gamma_3 + \hat{P}_{13}^{(\nu)}\alpha_1\alpha_2\gamma_3]$$

$$= \frac{1}{\sqrt{3}}[\alpha_1\alpha_2\gamma_3 + \alpha_1\gamma_2\alpha_3 + \gamma_1\alpha_2\alpha_3]$$

となり，正しい規格化因子をもつ表現を得る.

正しい規格化因子を求めるためには，$\sum_{\hat{P}^{(\nu)}}$ の和をとる項の数を評価すればよい. 量子数が ν_1 の 1 粒子状態に n_1 個の粒子があり，ν_2 の状態に n_2 個の粒子があり，$\cdots$，という場合の項の数は，次の「同じものを含む順列の総数」（多項係数）で与えられる.

$$\frac{N!}{n_1! \, n_2! \cdots} \quad (14.11)$$

これは，$\tau_1, \tau_2, \cdots, \tau_N$ と N 個の席を 1 列に並べておき，n_1 枚の ν_1 の札，n_2 枚の ν_2 の札，$\cdots$，計 N 枚の札を各席に 1 枚ずつ置く場合の数である. N 枚の札を 1 列に並べる順列の数といってもよい.

1 粒子状態は一般に無限個あるが，n_i の総数は N で有限（$\sum_{i=1}^{\infty} n_i = N$）なので，ほとんどの n_i はゼロである. しかし，$0! = 1$ と定義されるので，式 (14.11) の分母は $n_1! \, n_2! \cdots n_\infty!$ と考えて差し支えない.

N 粒子波動関数の一般形は，規格化因子が式 (14.11) の平方根の逆数で与えられるので，次のように書ける.

$$\Psi_+^{(N)} = \sqrt{\frac{n_1! \, n_2! \cdots}{N!}} \sum_{\hat{P}^{(\nu)}} \hat{P}^{(\nu)} \psi_{\nu_1}(\tau_1) \cdots \psi_{\nu_N}(\tau_N)$$

$$(14.12)$$

この表現は，反対称関数では $n_i = 0$ または 1 で，$0! = 1! = 1$ であることを考慮すると，$\Psi_-^{(N)}$ も含めて

$$\Psi_\pm^{(N)} = \sqrt{\frac{n_1! \, n_2! \cdots}{N!}} \sum_{\hat{P}^{(\nu)}} (\pm 1)^P \hat{P}^{(\nu)} \psi_{\nu_1}(\tau_1) \cdots$$

としてもよいことがわかる.

さらに，座標交換 $\hat{P}$ を用いたときの $N!$ 個の項の中には，$n_1! \, n_2! \cdots$ 個だけ同じ項が現れる，すなわち $\sum_{\hat{P}} \cdots = (n_1! \, n_2! \cdots) \sum_{\hat{P}^{(\nu)}} \cdots$ が成り立つので，座標交換 $\hat{P}$ を用いて，次のように表すこともできる.

$$\Psi_\pm^{(N)} = \sqrt{\frac{1}{n_1! \, n_2! \cdots N!}} \sum_{\hat{P}} (\pm 1)^P \hat{P} \psi_{\nu_1}(\tau_1) \cdots$$

14.1 節のまとめ

- ボース粒子系は対称関数 Ψ_+，フェルミ粒子系は反対称関数 Ψ_- で表される．
$$\Psi_\pm(\cdots,\tau_i,\cdots,\tau_j,\cdots)=\pm\Psi_\pm(\cdots,\tau_j,\cdots,\tau_i,\cdots)\qquad (\tau_{i(j)}:i(j)\text{番目の粒子の座標})$$
1粒子波動関数の規格直交完全系を $\{\psi_{\nu_1}(\tau),\psi_{\nu_2}(\tau),\cdots\}$ とするとき，2粒子波動関数は次式で与えられる．
$$\nu\neq\nu'\text{のとき，}\ \Psi_\pm^{(2)}(\tau_1,\tau_2)=\frac{1}{\sqrt{2}}[\psi_\nu(\tau_1)\psi_{\nu'}(\tau_2)\pm\psi_\nu(\tau_2)\psi_{\nu'}(\tau_1)]$$
$$\nu=\nu'\text{のとき，}\ \Psi_-^{(2)}(\tau_1,\tau_2)=0\qquad (\text{これは，フェルミ粒子系に対するパウリの排他原理を表す})$$

- 座標交換 $\hat{P}$ による N 粒子波動関数：$\Psi_\pm^{(N)}=\sqrt{\dfrac{1}{n_1!n_2!\cdots N!}}\displaystyle\sum_{\hat{P}}(\pm 1)^P\hat{P}\psi_{\nu_1}(\tau_1)\psi_{\nu_2}(\tau_2)\cdots\psi_{\nu_N}(\tau_N)$

- 量子数交換 $\hat{P}^{(\nu)}$ による表現：$\Psi_\pm^{(N)}=\sqrt{\dfrac{n_1!n_2!\cdots}{N!}}\displaystyle\sum_{\hat{P}^{(\nu)}}(\pm 1)^P\hat{P}^{(\nu)}\psi_{\nu_1}(\tau_1)\cdots\psi_{\nu_N}(\tau_N),\ \left(\displaystyle\sum_{i=1}^\infty n_i=N\right)$

14.2 スレーター行列式とハートリー・フォック近似

多粒子系の例としてフェルミ粒子系を取り上げる．前節で扱った反対称波動関数の1粒子波動関数の規格直交完全系による展開は，スレーター行列式（Slater determinant）で表される．このような展開が有効だと仮定して，1粒子波動関数とエネルギー（ラグランジュの未定乗数）を求め，多粒子系の波動関数とエネルギーを求める方法をハートリー・フォック近似（Hartree-Fock approximation）という．この近似を，原子に束縛された N 個の電子系に適用する．

14.2.1 スレーター行列式

前節の式(14.7)のうち，反対称関数 $\Psi_-^{(N)}$ は $N\times N$ の行列式を用いて，次のように表すことができる．

$$\Psi_-^{(N)}=\frac{1}{\sqrt{N!}}\begin{vmatrix}\psi_{\nu_1}(\tau_1)&\psi_{\nu_2}(\tau_1)&\cdots&\psi_{\nu_N}(\tau_1)\\ \psi_{\nu_1}(\tau_2)&\psi_{\nu_2}(\tau_2)&\cdots&\psi_{\nu_N}(\tau_2)\\ \vdots&\vdots&\ddots&\vdots\\ \psi_{\nu_1}(\tau_N)&\psi_{\nu_2}(\tau_N)&\cdots&\psi_{\nu_N}(\tau_N)\end{vmatrix} \qquad (14.13)$$

これは，スレーター（Slater）によって導入されたので，スレーター行列式とよばれる．

電子系の場合，$i=1,2,\cdots,N$ に対して，座標は $\tau_i\equiv(\boldsymbol{r}_i,\sigma_i)$ で与えられる．最も簡単な $N=2$ の場合は，前節の式(14.8)の Ψ_- になることは簡単にわかる．もし，軌道関数 $\phi(\boldsymbol{r})$ が同じでスピンが反対，すなわち $\psi_\nu(\tau)=\phi(\boldsymbol{r})\alpha,\ \psi_{\nu'}(\tau)=\phi(\boldsymbol{r})\beta$ ならば

$$\Psi_-^{(2)}=\frac{1}{\sqrt{2}}[\psi_\nu(\tau_1)\psi_{\nu'}(\tau_2)-\psi_{\nu'}(\tau_1)\psi_\nu(\tau_2)]$$
$$=\phi(\boldsymbol{r}_1)\phi(\boldsymbol{r}_2)\frac{1}{\sqrt{2}}(\alpha_1\beta_2-\beta_1\alpha_2)\quad (14.14)$$

となる．この場合は，軌道部分は $\boldsymbol{r}_1\leftrightarrow\boldsymbol{r}_2$ に対して対称であり，スピン部分が1重項で反対称性を担う．

また，$\psi_\nu(\tau)=\phi_1(\boldsymbol{r})\alpha,\ \psi_{\nu'}(\tau)=\phi_2(\boldsymbol{r})\alpha$ ならば

$$\Psi_-^{(2)}=\frac{1}{\sqrt{2}}[\phi_1(\boldsymbol{r}_1)\phi_2(\boldsymbol{r}_2)-\phi_2(\boldsymbol{r}_1)\phi_1(\boldsymbol{r}_2)]\alpha_1\alpha_2 \qquad (14.15)$$

で，スピン部分は対称で，軌道部分が反対称性を担う．

第1の例(14.14)から，次のことがわかる：二つの電子は，それらのスピンが逆向きで1重項を形成するならば，同じ軌道（$\phi(\boldsymbol{r})$）を占有することができる．

一方，第2の例(14.15)で，$\phi_1(\boldsymbol{r})=\phi_2(\boldsymbol{r})$ のとき $\Psi_-^{(2)}=0$ となることから，スピンが同じ（平行）ならば，二つの電子は同じ軌道には入れない．また，$\phi_1(\boldsymbol{r})$ と $\phi_2(\boldsymbol{r})$ が異なる軌道であっても，$\boldsymbol{r}_1=\boldsymbol{r}_2$ では $\Psi_-^{(2)}=0$ となり，スピンが同じ電子は同じ場所には来れないことがわかる．これらの結果は，平行スピンをもつ電子

ジョン・クラーク・スレイター

米国の物理学者．原子・分子構造の電子理論，半導体に関する固体量子理論，電子工学など，広範囲で優れた論文を発表．N.H. フランクとともに，固体物理学の優れた教科書も執筆．（1900–1976）

98　14. 多粒子系の波動関数と第2量子化

の間には，フェルミ統計性（反対称性）に基づく斥力が働くと解釈することができる.

14.2.2　原子を構成する電子系のハミルトニアン

Ze の電荷をもつ原子核からのクーロン場の中にある N 個の多電子系を考えよう.（中性原子であれば $N = Z$ である.）この N 電子系のハミルトニアンは

$$\hat{H} = \sum_{i=1}^{N} \hat{h}_i + \sum_{i=1}^{N} \sum_{j<i} \hat{v}_{ij} \qquad (14.16a)$$

$$\hat{h}_i = -\frac{\hbar^2}{2m} \boldsymbol{\nabla}_i^2 - \frac{Ze^2}{4\pi\varepsilon_0 |\boldsymbol{r}_i|} \qquad (14.16b)$$

$$\hat{v}_{ij} = \frac{e^2}{4\pi\varepsilon_0 |\boldsymbol{r}_i - \boldsymbol{r}_j|} \qquad (14.16c)$$

で与えられる. この N 体問題を正確に解くことは困難であり，何らかの近似計算を行う必要がある. ここでは，原子だけでなく広範囲の問題を扱う際に用いられるハートリー・フォック近似を取り上げる.

ハートリー・フォック近似では，N 電子波動関数がスレーター行列式で表されると仮定し，変分法を用いて方程式を導く. 一般の N 電子系を扱うのはやや複雑なので，まず2電子系にハートリー・フォック近似を適用し，その要点を理解しよう.

14.2.3　2電子系におけるハートリー・フォック近似

2電子系のハミルトニアンは，式 (14.16a–c) において

$$\hat{H} = \hat{h}_1 + \hat{h}_2 + \hat{v}_{12} \qquad (14.17)$$

と与えられる. 2電子波動関数は，規格直交性を満たす（未知の）1粒子波動関数からなるスレーター行列式で表されると仮定する. $\Psi \equiv \Psi_-^{(2)}$ と簡略化して

$$\Psi = \frac{1}{\sqrt{2}} [\psi_\alpha(\tau_1)\psi_\beta(\tau_2) - \psi_\beta(\tau_1)\psi_\alpha(\tau_2)] \quad (14.18)$$

と書ける. ここで，量子数を表す記号を（後に用いる記法をわかりやすくするために）α, β とした. 1粒子波動関数の規格直交条件は，$\nu = \alpha, \beta$；$\nu' = \alpha, \beta$ として

$$\langle \nu | \nu' \rangle \equiv \int \psi_\nu^*(\tau) \psi_{\nu'}(\tau) d\tau = \delta_{\nu\nu'} \quad (14.19)$$

と表される.

ハートリー・フォック近似の要点は，$\langle \nu | \nu' \rangle = \delta_{\nu\nu'}$ を満たすという付加条件のもとで，エネルギーの期待値 $\langle \Psi | \hat{H} | \Psi \rangle$ を変分原理を用いて最小化するというものである. そのために，ラグランジュの未定乗数 $\varepsilon_{\nu\nu'}$

を導入して，次の量 W を定義し

$$W \equiv \langle \Psi | \hat{H} | \Psi \rangle - \sum_{\nu\nu'} \varepsilon_{\nu\nu'} (\langle \nu | \nu' \rangle - \delta_{\nu\nu'}) \quad (14.20)$$

その変分 δW がゼロになる条件から，1粒子波動関数と $\varepsilon_{\nu\nu'}$ を定める. この W は四つの未知の関数を含み，それらの関数形が決まると値が定まるので

$$W = W[\{\psi_\alpha^*(\tau), \psi_\beta^*(\tau), \psi_\alpha(\tau), \psi_\beta(\tau)\}] \quad (14.21)$$

と表して，**汎関数**（functional）とよぶ. τ は積分変数なので，τ_1 と τ_2 のどちらが入っても同じ関数とみなす. また，複素関数は実部と虚部，あるいは極形式で絶対値と偏角（動径と位相）の2成分をもち，それらを独立に変化させることができるので，変分をとる際，$\psi_\nu(\tau)$ と $\psi_\nu^*(\tau)$ は独立とみなすことに注意する.

$\langle \Psi | \hat{H} | \Psi \rangle$ のうち，まず1体部分については，$\langle \alpha | \alpha \rangle = \langle \beta | \beta \rangle = 1$, $\langle \alpha | \beta \rangle = \langle \beta | \alpha \rangle = 0$ を用いて

$$\langle \Psi | \hat{h}_1 | \Psi \rangle = \frac{1}{2} [\langle \alpha | \hat{h}_1 | \alpha \rangle + \langle \beta | \hat{h}_1 | \beta \rangle]$$

$$\langle \Psi | \hat{h}_2 | \Psi \rangle = \frac{1}{2} [\langle \alpha | \hat{h}_2 | \alpha \rangle + \langle \beta | \hat{h}_2 | \beta \rangle]$$

が得られる. ここで，$\langle \alpha | \hat{h}_1 | \alpha \rangle$ は

$$\langle \alpha | \hat{h}_1 | \alpha \rangle = \int \psi_\alpha^*(\tau_1) \hat{h}_1 \psi_\alpha(\tau_1) d\tau_1$$

で積分変数は τ_1，$\langle \alpha | \hat{h}_2 | \alpha \rangle$ の積分変数は τ_2 であるが，積分値は当然同じである. 先に述べたように，汎関数として扱う場合，これらは同じものとみなすので，τ_1 と τ_2 はともに τ, $\hat{h}_{1,2}$ も $\hat{h}$ として，次のように表す.

$$\langle \Psi | (\hat{h}_1 + \hat{h}_2) | \Psi \rangle = \langle \alpha(\tau) | \hat{h} | \alpha(\tau) \rangle + \langle \beta(\tau) | \hat{h} | \beta(\tau) \rangle$$

ここで，変数が τ であることを明確にする表記にした.

次に，2体相互作用部分は，式 (14.18) を用いて

$$\begin{aligned}
\langle \Psi | \hat{v}_{12} | \Psi \rangle = \frac{1}{2} [&\langle \alpha(\tau_1) | \langle \beta(\tau_2) | \hat{v}_{12} | \alpha(\tau_1) \rangle | \beta(\tau_2) \rangle \\
+ &\langle \beta(\tau_1) | \langle \alpha(\tau_2) | \hat{v}_{12} | \beta(\tau_1) \rangle | \alpha(\tau_2) \rangle \\
- &\langle \alpha(\tau_1) | \langle \beta(\tau_2) | \hat{v}_{12} | \beta(\tau_1) \rangle | \alpha(\tau_2) \rangle \\
- &\langle \beta(\tau_1) | \langle \alpha(\tau_2) | \hat{v}_{12} | \alpha(\tau_1) \rangle | \beta(\tau_2) \rangle]
\end{aligned}$$

となる. この式の右辺の [$\cdots$] の中の第1項では $\tau_1 \to \tau$, $\tau_2 \to \tau'$ とし，第2項では $\tau_1 \to \tau'$, $\tau_2 \to \tau$ として，$\hat{v}_{\tau\tau'} = \hat{v}_{\tau'\tau}$ であることを考慮すると，第1項と第2項は同じ項であることがわかる. 同様に第3項と第4項も同じ項になり，次式を得る.

$$\begin{aligned}
\langle \Psi | \hat{v}_{12} | \Psi \rangle = &\langle \alpha(\tau) | \langle \beta(\tau') | \hat{v}_{\tau\tau'} | \alpha(\tau) \rangle | \beta(\tau') \rangle \\
- &\langle \alpha(\tau) | \langle \beta(\tau') | \hat{v}_{\tau\tau'} | \beta(\tau) \rangle | \alpha(\tau') \rangle
\end{aligned}$$

このようにして，W は次のようになる.

$$W = \langle \alpha(\tau) | \hat{h} | \alpha(\tau) \rangle + \langle \beta(\tau) | \hat{h} | \beta(\tau) \rangle$$

$$+ \langle\alpha(\tau)|\langle\beta(\tau')|\hat{v}_{\tau\tau'}|\alpha(\tau)\rangle|\beta(\tau')\rangle$$
$$- \langle\alpha(\tau)|\langle\beta(\tau')|\hat{v}_{\tau\tau'}|\beta(\tau)\rangle|\alpha(\tau')\rangle$$
$$- \varepsilon_{\alpha\alpha}(\langle\alpha(\tau)|\alpha(\tau)\rangle - 1) - \varepsilon_{\alpha\beta}\langle\alpha(\tau)|\beta(\tau)\rangle$$
$$- \varepsilon_{\beta\beta}(\langle\beta(\tau)|\beta(\tau)\rangle - 1) - \varepsilon_{\beta\alpha}\langle\beta(\tau)|\alpha(\tau)\rangle$$

その変分は，$\delta W = \langle\delta\alpha(\tau)|[\cdots] + \langle\delta\beta(\tau)|[\cdots] + [\cdots]|\delta\alpha(\tau)\rangle + [\cdots]|\delta\beta(\tau)\rangle$ と表せる．このとき，W が最小になる（極値をとる）条件 $\delta W = 0$ を満たすためには，各々の $[\cdots]$ がゼロでなければならない．ここで，例えば $\langle\delta\alpha(\tau)|[\cdots]$ の項は次の意味であり

$$\langle\delta\alpha(\tau)|[\cdots] = \int \delta\psi_\alpha^*(\tau)[\cdots]d\tau$$

$[\cdots]$ の部分は，上記の W の $\langle\alpha(\tau)|$ を含む項から $\langle\alpha(\tau)|$ を取り去った項の和で与えられるので

$$\hat{h}|\alpha(\tau)\rangle + \langle\beta(\tau')|\hat{v}_{\tau\tau'}|\beta(\tau')\rangle|\alpha(\tau)\rangle$$
$$- \langle\beta(\tau')|\hat{v}_{\tau\tau'}|\alpha(\tau')\rangle|\beta(\tau)\rangle = \varepsilon_{\alpha\alpha}|\alpha(\tau)\rangle + \varepsilon_{\alpha\beta}|\beta(\tau)\rangle$$

を得る．この式で $\alpha \leftrightarrow \beta$ とした式が，$\langle\delta\beta(\tau)|[\cdots]$ の部分（$\hat{v}_{\tau\tau'}$ を含む項で $\tau \leftrightarrow \tau'$ とする）から得られる．また，残りの 2 項からは，それらの複素共役をとった式が得られる．

ここで，$\langle\nu|\nu'\rangle = \langle\nu'|\nu\rangle^*$ から $\varepsilon_{\nu\nu'} = \varepsilon_{\nu'\nu}^*$ なので，$\varepsilon_{\nu\nu'}$ は 2×2 のエルミート行列 $\hat{\varepsilon}$ を構成する．エルミート行列は，ユニタリー変換 $\hat{U}$ によって対角化できる．すなわち，$\hat{U}\hat{\varepsilon}\hat{U}^\dagger$ によって，$\varepsilon_{\nu\nu'} = \varepsilon_\nu\delta_{\nu\nu'}$ と対角化される．このとき，1 電子波動関数を成分とするベクトル $\hat{\psi}$ も，$\hat{U}\hat{\psi}$ と変換される．しかし，スレーター行列式を用いた上記の計算は変換された波動関数を用いてもそのまま成り立つ．1 電子波動関数は求めるべき未知の関数だから，$\varepsilon_{\nu\nu'} = \varepsilon_\nu\delta_{\nu\nu'}$ を満たす座標系を選んで定式化したと考えてもよい．

このようにして，2 電子系に対するハートリー・フォック方程式が，次のように求められる．

$$\left[-\frac{\hbar^2}{2m}\boldsymbol{\nabla}^2 - \frac{Ze^2}{4\pi\varepsilon_0|\boldsymbol{r}|}\right]\psi_\nu(\tau)$$
$$+ \frac{e^2}{4\pi\varepsilon_0}\left[\int\frac{|\psi_{\nu'}(\tau')|^2}{|\boldsymbol{r}-\boldsymbol{r}'|}d\tau'\right]\psi_\nu(\tau)$$
$$- \frac{e^2}{4\pi\varepsilon_0}\left[\int\frac{\psi_{\nu'}^*(\tau')\psi_\nu(\tau')}{|\boldsymbol{r}-\boldsymbol{r}'|}d\tau'\right]\psi_{\nu'}(\tau) = \varepsilon_\nu\psi_\nu(\tau)$$

$$(14.22)$$

ここで，$|\alpha(\tau)\rangle$，$\beta(\tau)\rangle$ などを元の表記に戻した．また，$(\nu, \nu') = (\alpha, \beta)$ または (β, α) である．

ハートリー・フォック方程式は，1 電子状態 $\psi_\nu(\tau)$（または $\psi_{\nu'}(\tau)$）に作用する電子間相互作用ポテンシャルに，求めるべき 1 電子状態自体が含まれており，それらを自らがつじつまが合うように決めなければならない．

このような計算方法を，自己無撞着計算（self-consistent calculation）という．

14.2.4 クーロン項と交換項

式 (14.22) の左辺の第 2 項はクーロン項（または直接項），第 3 項は交換項とよばれる．クーロン項は，他の電子の電荷分布によるクーロン斥力ポテンシャルの寄与で，いわば古典（力学）的な項である．一方，交換項は，電子波動関数の反対称性に起因する純粋に量子統計による項である．

交換項の τ' 積分のうち，スピン変数の積分（和）を実行すると，$\langle\sigma_\nu'|\sigma_{\nu'}'\rangle = \langle\uparrow|\uparrow\rangle = \langle\downarrow|\downarrow\rangle = 1$，$\langle\sigma_\nu'|\sigma_{\nu'}'\rangle = \langle\uparrow|\downarrow\rangle = \langle\downarrow|\uparrow\rangle = 0$ から，交換項は異なる（反平行）スピンをもつ電子間には働かず，同じ（平行）スピンをもつ電子間にのみ働くことがわかる．交換項は負の符号をもつので，同じスピンをもつ電子間のクーロン斥力の寄与は，異なるスピンをもつ電子間よりも小さくなる．これは，同じスピンをもつ電子は，パウリの排他原理によって，異なる軌道からなる反対称軌道関数 (14.15) を占有し，互いに避けあって運動するために，クーロン斥力の正の寄与が小さくなることを表している．その結果，電子系は互いのスピンが反平行であるよりも平行な方がエネルギーを利得して安定化する．これがフントの第 1 規則（全スピン S 最大が安定）の原因であることを，スレーターが指摘した．この「平行スピン状態は，電子間のクーロン斥力の交換項の分だけエネルギーを利得する」という表現は，次項に示すような修正が必要である．

14.2.5 フントの第 1 規則の原因

ハートリー・フォック方程式 (14.22) の 1 粒子波動関数の軌道部分がスピンが平行か反平行かにかかわらず同じ場合は，運動エネルギー項と原子核からのクーロン引力項の寄与が同じになるので，スレーターの表現は正しい．しかし，ハートリー・フォック方程式 (14.22) の電子間のクーロン斥力項は，平行スピン状態と反平行スピン状態では交換項の分だけ異なるので，自己無撞着計算で最適化した 1 粒子軌道関数も異なる．斥力項を考慮すると，電子同士は反発しあって軌道関数は広がるが，その広がりは斥力項が大きい反平行スピン状態では大きく，斥力項が小さい平行スピン状態ではそれより小さくなると期待される．この反平行スピンの拡張した状態と，平行スピンの相対的に収縮した状態でクーロン斥力エネルギーを比較すると，後者の方が正で大きくなる可能性がある．それでも平行スピン状態が安定になる理由について，少し見方を変えて，ビ

100 14. 多粒子系の波動関数と第2量子化

リアル定理に基づいて考察しよう.

ビリアル定理（例題11–1, 多粒子系でも成り立つ）から帰結される式 (11.28)：$E = \langle \hat{T} \rangle + \langle \hat{V} \rangle = -\langle \hat{T} \rangle = (1/2)\langle \hat{V} \rangle$ の $E = -\langle \hat{T} \rangle$ から, 正の運動エネルギー $\langle \hat{T} \rangle$ が大きいほど安定であることがわかる. 不確定性原理（粒子の波動性）から, 相対的に収縮した平行スピン状態の方が $\langle \hat{T} \rangle$ が（正で）大きく安定である. このとき, 実際にエネルギーを利得するのは, ポテンシャル項 $\langle \hat{V} \rangle$ $(= -2\langle \hat{T} \rangle)$ であり, その主要項は負の原子核からのクーロン引力ポテンシャルである. その大きさは, 数値計算によると, 電子間のクーロン斥力ポテンシャルよりも1桁以上大きいことが確かめられている. つまり, 電子間斥力ポテンシャルの交換項が平行スピン状態を安定にする原因ではあるが, 安定化エネルギーの主要項は原子核からの引力ポテンシャルである.（次のことを注意しておく. 平行および反平行スピン状態として同じ軌道関数を用いたとき, $\langle \hat{T} \rangle$ は同じで $\langle \hat{V} \rangle$ は異なるので, どちらか一方ではビリアル定理が破れている. ビリアル定理は, ハートリー・フォック方程式を解いて最適化した（変分原理を満たす）波動関数を用いたときに成り立つ.）

14.2.6 N 電子系のハートリー・フォック方程式

2電子系でハートリー・フォック方程式を導いた方法を N 電子系に拡張するのは, それほど難しくない.

変分をとるべき量 W は, 次のようになり

$$W = W[\{\psi_{\nu_1}^*, \cdots, \psi_{\nu_N}^*, \psi_{\nu_1}, \cdots, \psi_{\nu_N}\}]$$
$$= \langle \Psi_-^{(N)} | \hat{H} | \Psi_-^{(N)} \rangle - \sum_{\nu_i} \varepsilon_{\nu_i} \langle \nu_i | \nu_i \rangle$$

導出の途中で, $1/N!$ の因子は同等な項が $N!$ 個あることによって相殺される. $\delta W = 0$ から, 2電子系の場合と同様の過程を経て, ハートリー・フォック方程式

$$\left[-\frac{\hbar^2}{2m} \boldsymbol{\nabla}^2 - \frac{Ze^2}{4\pi\varepsilon_0 |\boldsymbol{r}|} \right] \psi_{\nu_i}(\tau)$$
$$+ \frac{e^2}{4\pi\varepsilon_0} \sum_{\nu_j} \left[\int \frac{|\psi_{\nu_j}(\tau')|^2}{|\boldsymbol{r} - \boldsymbol{r}'|} d\tau' \right] \psi_{\nu_i}(\tau)$$
$$- \frac{e^2}{4\pi\varepsilon_0} \sum_{\nu_j} \left[\int \frac{\psi_{\nu_j}^*(\tau') \psi_{\nu_i}(\tau')}{|\boldsymbol{r} - \boldsymbol{r}'|} d\tau' \right] \psi_{\nu_j}(\tau)$$
$$= \varepsilon_{\nu_i} \psi_{\nu_i}(\tau) \quad (14.23)$$

を得る. ここで, ν_j についての和は, 本来2電子系の場合と同様に $\nu_j \neq \nu_i$ の制限が付く. しかし, その制限を外しても, $\nu_j = \nu_i$ の項は, クーロン項と交換項とで相殺するので, 制限を外して計算するのが一般的である.

14.2 節のまとめ

- 反対称関数 $\Psi_-^{(N)} = \dfrac{1}{\sqrt{N!}} \sum_{\hat{P}} (-1)^P \hat{P} \psi_{\nu_1}(\tau_1) \cdots \psi_{\nu_N}(\tau_N)$ は, スレーター行列式 (14.13) で表せる.

- 反対称関数は, 軌道部分とスピン部分からなる. スピンが $\frac{1}{2}$ の2個のフェルミ粒子系の波動関数は, 2粒子が, 同じ軌道 $\phi(\boldsymbol{r})$ を占有するときは, $\phi(\boldsymbol{r}_1)\phi(\boldsymbol{r}_2)\frac{1}{\sqrt{2}}(\alpha_1\beta_2 - \beta_1\alpha_2)$ でスピン部分が反対称性を, 同じスピン α をもつときは, $\frac{1}{\sqrt{2}}[\phi_1(\boldsymbol{r}_1)\phi_2(\boldsymbol{r}_2) - \phi_2(\boldsymbol{r}_1)\phi_1(\boldsymbol{r}_2)]\alpha_1\alpha_2$ で軌道部分が反対称性を担う.

- [2電子系のハートリー・フォック方程式]（左辺第2項がクーロン（直接）項, 第3項が交換項）
$\left[-\dfrac{\hbar^2}{2m}\boldsymbol{\nabla}^2 - \dfrac{Ze^2}{4\pi\varepsilon_0|\boldsymbol{r}|} \right]\psi_\nu(\tau) + \dfrac{e^2}{4\pi\varepsilon_0}\left[\int \dfrac{|\psi_{\nu'}(\tau')|^2}{|\boldsymbol{r}-\boldsymbol{r}'|}d\tau' \right]\psi_\nu(\tau) - \dfrac{e^2}{4\pi\varepsilon_0}\left[\int \dfrac{\psi_{\nu'}^*(\tau')\psi_\nu(\tau')}{|\boldsymbol{r}-\boldsymbol{r}'|}d\tau' \right]\psi_{\nu'}(\tau)$
$= \varepsilon_\nu \psi_\nu(\tau)$

- [N 電子系のハートリー・フォック方程式]
$\left[-\dfrac{\hbar^2}{2m}\boldsymbol{\nabla}^2 - \dfrac{Ze^2}{4\pi\varepsilon_0|\boldsymbol{r}|} \right]\psi_{\nu_i}(\tau) + \dfrac{e^2}{4\pi\varepsilon_0}\sum_{\nu_j}\left[\int \dfrac{|\psi_{\nu_j}(\tau')|^2}{|\boldsymbol{r}-\boldsymbol{r}'|}d\tau' \right]\psi_{\nu_i}(\tau) - \dfrac{e^2}{4\pi\varepsilon_0}\sum_{\nu_j}\left[\int \dfrac{\psi_{\nu_j}^*(\tau')\psi_{\nu_i}(\tau')}{|\boldsymbol{r}-\boldsymbol{r}'|}d\tau' \right]$
$\times \psi_{\nu_j}(\tau) = \varepsilon_{\nu_i}\psi_{\nu_i}(\tau)$

14.3 生成・消滅演算子

ハートリー・フォック近似によって波動関数を自己無撞着に求める前節の手法は，原子に束縛された電子系のような $N \lesssim 10^2$ 程度の少数多体系に適用され，よい結果が得られている．しかし，金属の中の電子系のように，$N \approx 10^{22}$ 程度の巨視的な多体系にこのまま適用することはできない．その場合は，金属が結晶構造に基づく周期的なポテンシャルをもつことを利用した（バンド）計算で電子状態を求めることが行われる．ただし，その方法でも，電子間相互作用の効果を正確に評価することは難しい．

ここでは，N 粒子状態を表す 1 粒子波動関数を自己無撞着に求め直すことはせず，相互作用による多体効果や相転移などを扱う第 2 量子化（second quantization）法の概略を述べる．

14.3.1 真空と 1 粒子および 2 粒子状態

第 2 量子化法においては，まず取り扱おうとする粒子がまったくない真空の固有ケット $|0\rangle$ を設定する．これをたんに真空とよぶ．真空は規格化されており，真空以外のすべての状態とは直交する，すなわち

$$\langle 0|0\rangle = 1 \qquad (14.24)$$
$$\langle n|0\rangle = 0 \quad (\text{for } n \neq 0) \qquad (14.25)$$

が成り立つとする．

1 粒子状態 $\psi_\nu(\tau)$ を一つの粒子が占有するとき，その状況を生成演算子（creation operator）$\hat{a}_\nu^\dagger$ を用いて

$$\hat{a}_\nu^\dagger|0\rangle \qquad (14.26)$$

と表す．$\hat{a}_\nu^\dagger|0\rangle$ と双対関係にあるブラベクトル（共役ブラ）は

$$\langle 0|\hat{a}_\nu \qquad (14.27)$$

と表せる．ここで，$\hat{a}_\nu$ 自体は消滅演算子（annihilation operator）とよぶべき演算子であるが，その理由は後で考察する．規格化条件 $\int \psi_\nu^*(\tau)\psi_\nu(\tau)d\tau = 1$ は

$$\langle 0|\hat{a}_\nu\hat{a}_\nu^\dagger|0\rangle = 1 \qquad (14.28)$$

と書ける．

式 (14.26) の 1 粒子状態 $\hat{a}_\nu^\dagger|0\rangle$ に，さらに $\psi_{\nu'}(\tau)$ の状態も占有された 2 粒子状態は，$\hat{a}_{\nu'}^\dagger\hat{a}_\nu^\dagger|0\rangle$ と表せる．ここで，2 粒子状態は，14.1 節，式 (14.4) の対称および反対称関数（$\Psi_\pm$）の両者に対応しなければならない．したがって，対称関数 $\Psi_+^{(2)}$ は，$\hat{a}_\nu^\dagger$，$\hat{a}_{\nu'}^\dagger$ を用いて

$$\Psi_+^{(2)} = \hat{a}_\nu^\dagger\hat{a}_{\nu'}^\dagger|0\rangle = \hat{a}_{\nu'}^\dagger\hat{a}_\nu^\dagger|0\rangle \qquad (14.29)$$

と表し，反対称関数 $\Psi_-^{(2)}$ は，紛らわしさを避けるため

に，$\hat{a}_\nu^\dagger$，$\hat{a}_{\nu'}^\dagger$ を $\hat{c}_\nu^\dagger$，$\hat{c}_{\nu'}^\dagger$ に変えて

$$\Psi_-^{(2)} = \hat{c}_\nu^\dagger\hat{c}_{\nu'}^\dagger|0\rangle = -\hat{c}_{\nu'}^\dagger\hat{c}_\nu^\dagger|0\rangle \qquad (14.30)$$

と表すことができる．

14.3.2 交換関係と反交換関係

$\Psi_\pm^{(2)}$ についての式 (14.29) と (14.30) から，$(\hat{a}_\nu^\dagger\hat{a}_{\nu'}^\dagger - \hat{a}_{\nu'}^\dagger\hat{a}_\nu^\dagger)|0\rangle = 0$，$(\hat{c}_\nu^\dagger\hat{c}_{\nu'}^\dagger + \hat{c}_{\nu'}^\dagger\hat{c}_\nu^\dagger)|0\rangle = 0$，したがって

$$[\hat{a}_\nu^\dagger, \hat{a}_{\nu'}^\dagger] \equiv \hat{a}_\nu^\dagger\hat{a}_{\nu'}^\dagger - \hat{a}_{\nu'}^\dagger\hat{a}_\nu^\dagger = 0 \qquad (14.31)$$
$$\{\hat{c}_\nu^\dagger, \hat{c}_{\nu'}^\dagger\} \equiv \hat{c}_\nu^\dagger\hat{c}_{\nu'}^\dagger + \hat{c}_{\nu'}^\dagger\hat{c}_\nu^\dagger = 0 \qquad (14.32)$$

が導かれる．ここで，前者 (14.31) は既出の交換子 $[\ ,\ ]$ を用いた交換関係である．後者では，新たに反交換子 $\{\ ,\ \}$ を定義し式 (14.32) のように表して，これを反交換関係という．

ところで，1 粒子状態の規格化条件式 (14.28) と (14.24) からは，$\hat{a}_\nu\hat{a}_\nu^\dagger = 1$ であることが示唆される．しかし，これは，式 (14.31) と同様に交換子を用いた

$$[\hat{a}_\nu, \hat{a}_\nu^\dagger] = \hat{a}_\nu\hat{a}_\nu^\dagger - \hat{a}_\nu^\dagger\hat{a}_\nu = 1 \qquad (14.33)$$

の交換関係と，$|0\rangle$ に $\hat{a}_\nu$ を作用させたときに

$$\hat{a}_\nu|0\rangle = 0 \qquad (14.34)$$

となって状態がなくなる，という定義を合わせて，定式化全体がつじつまが合うようになる．式 (14.28) では，真空に $\hat{a}_\nu^\dagger$ で粒子を作り，$\hat{a}_\nu$ でその粒子を消して真空に戻っている．これを今の計算の規則で表すと，式 (14.33) と式 (14.34) を用いて次のようになる．

$$\langle 0|\hat{a}_\nu\hat{a}_\nu^\dagger|0\rangle = \langle 0|(1 + \hat{a}_\nu^\dagger\hat{a}_\nu)|0\rangle = \langle 0|0\rangle + 0 = 1$$

このような理由で，$\hat{a}_\nu$ は粒子の消滅演算子とよばれる．

生成・消滅演算子の交換・反交換関係で，右辺が 1 になるのは唯一式 (14.33) のタイプだけであり，他はすべてゼロになる．まとめると，次のように書ける．

$$[\hat{a}_\nu, \hat{a}_{\nu'}^\dagger] = \delta_{\nu\nu'}, \ [\hat{a}_\nu, \hat{a}_{\nu'}] = [\hat{a}_\nu^\dagger, \hat{a}_{\nu'}^\dagger] = 0 \qquad (14.35)$$
$$\{\hat{c}_\nu, \hat{c}_{\nu'}^\dagger\} = \delta_{\nu\nu'}, \ \{\hat{c}_\nu, \hat{c}_{\nu'}\} = \{\hat{c}_\nu^\dagger, \hat{c}_{\nu'}^\dagger\} = 0 \qquad (14.36)$$

また，生成・消滅演算子を用いて

$$\hat{n}_\nu \equiv \hat{a}_\nu^\dagger\hat{a}_\nu \qquad (14.37)$$
$$\hat{n}_\nu \equiv \hat{c}_\nu^\dagger\hat{c}_\nu \qquad (14.38)$$

と定義した演算子 $\hat{n}_\nu$ を数演算子（number operator）という．その名称の理由を，まずフェルミ粒子に対する $\hat{n}_\nu = \hat{c}_\nu^\dagger\hat{c}_\nu$ についてみてみよう．

14.3.3 フェルミ粒子の数演算子

今，固有ケットは 1 粒子状態 $\psi_\nu(\tau)$ だけに関するも

のとする. $\hat{n}_\nu = \hat{c}_\nu^\dagger \hat{c}_\nu$ を, 真空 $|0\rangle$ に作用させると

$$\hat{n}_\nu |0\rangle = \hat{c}_\nu^\dagger \hat{c}_\nu |0\rangle = 0 \ (= 0|0\rangle)$$

$\hat{c}_\nu^\dagger |0\rangle$ に作用させると (式 (14.36) の反交換関係を用いて)

$$\hat{n}_\nu \hat{c}_\nu^\dagger |0\rangle = \hat{c}_\nu^\dagger \hat{c}_\nu \hat{c}_\nu^\dagger |0\rangle = \hat{c}_\nu^\dagger (1 - \hat{c}_\nu^\dagger \hat{c}_\nu)|0\rangle = \hat{c}_\nu^\dagger |0\rangle$$

となる. さらに, $\hat{c}_\nu^\dagger \hat{c}_\nu^\dagger |0\rangle$ に作用させてみると

$$\begin{aligned}
\hat{n}_\nu \hat{c}_\nu^\dagger \hat{c}_\nu^\dagger |0\rangle &= \hat{c}_\nu^\dagger \hat{c}_\nu \hat{c}_\nu^\dagger \hat{c}_\nu^\dagger |0\rangle = \hat{c}_\nu^\dagger (1 - \hat{c}_\nu^\dagger \hat{c}_\nu)\hat{c}_\nu^\dagger |0\rangle \\
&= \hat{c}_\nu^\dagger \hat{c}_\nu^\dagger |0\rangle - \hat{c}_\nu^\dagger \hat{c}_\nu^\dagger \hat{c}_\nu \hat{c}_\nu^\dagger |0\rangle \\
&= \hat{c}_\nu^\dagger \hat{c}_\nu^\dagger |0\rangle - \hat{c}_\nu^\dagger \hat{c}_\nu^\dagger (1 - \hat{c}_\nu^\dagger \hat{c}_\nu)|0\rangle \\
&= \hat{c}_\nu^\dagger \hat{c}_\nu^\dagger |0\rangle - \hat{c}_\nu^\dagger \hat{c}_\nu^\dagger |0\rangle + 0 = 0 \quad (14.39)
\end{aligned}$$

となる. これは, 次のようにおいてよいこと

$$\hat{c}_\nu^\dagger \hat{c}_\nu^\dagger |0\rangle = (\hat{c}_\nu^\dagger)^2 |0\rangle = 0$$

すなわち, フェルミ粒子に対してはパウリの排他原理が働くことを示している.

以上をまとめると, 次のように表される.

$$|1\rangle \equiv \hat{c}_\nu^\dagger |0\rangle \tag{14.40}$$

$$\hat{n}_\nu |n_\nu\rangle = n_\nu |n_\nu\rangle, \quad (n_\nu = 0, 1) \tag{14.41}$$

また, $\hat{c}_\nu^\dagger |0\rangle = |1\rangle$, $\hat{c}_\nu |1\rangle = |0\rangle$, $\hat{c}_\nu |0\rangle = 0$, $\hat{c}_\nu^\dagger |1\rangle = 0$ の関係式も有用であり, これらをまとめて

$$\hat{c}_\nu^\dagger |n_\nu\rangle = (1 - n_\nu)|n_\nu + 1\rangle \tag{14.42a}$$

$$\hat{c}_\nu |n_\nu\rangle = n_\nu |n_\nu - 1\rangle \tag{14.42b}$$

と表すことができる.

14.3.4 ボース粒子の数演算子

ボース粒子に対する $\hat{n}_\nu = \hat{a}_\nu^\dagger \hat{a}_\nu$ と交換関係 (14.35) を用いて同様の議論をすると, フェルミ粒子の場合と異なるのは $-$ の符号が出てこないことだけである. $|0\rangle$, $|1\rangle \equiv \hat{a}_\nu^\dagger |0\rangle$ の $\hat{n}_\nu$ の固有値が 0, 1 であることなどの関係式は同じである. しかし, $\hat{n}_\nu$ を $\hat{a}_\nu^\dagger \hat{a}_\nu^\dagger |0\rangle$ に作用させたときは, 式 (14.39) とは異なり次のようになる.

$$\begin{aligned}
\hat{n}_\nu \hat{a}_\nu^\dagger \hat{a}_\nu^\dagger |0\rangle &= \hat{a}_\nu^\dagger \hat{a}_\nu \hat{a}_\nu^\dagger \hat{a}_\nu^\dagger |0\rangle = \hat{a}_\nu^\dagger (1 + \hat{a}_\nu^\dagger \hat{a}_\nu)\hat{a}_\nu^\dagger |0\rangle \\
&= \hat{a}_\nu^\dagger \hat{a}_\nu^\dagger |0\rangle + \hat{a}_\nu^\dagger \hat{a}_\nu^\dagger (1 + \hat{a}_\nu^\dagger \hat{a}_\nu)|0\rangle = 2\hat{a}_\nu^\dagger \hat{a}_\nu^\dagger |0\rangle
\end{aligned}$$

すなわち, $(\hat{a}_\nu^\dagger)^2 |0\rangle$ の $\hat{n}_\nu$ の固有値は $n_\nu = 2$ である. 以降 $(\hat{a}_\nu^\dagger)^n |0\rangle$, $(n = 3, 4, \cdots)$ に対しては, 同様の (交換関係を n 回用いる) 計算から, 固有値が $n_\nu = n$ であることは容易に確かめられる.

さらに, フェルミ粒子の場合と同様の議論に進みたい. しかし, $|0\rangle$, $|1\rangle \equiv \hat{a}_\nu^\dagger |0\rangle$ は定義 (式 (14.24), (14.28)) により規格化されているが, $(\hat{a}_\nu^\dagger)^n |0\rangle$, $(n = 2, 3, \cdots)$ は規格化されていない. 規格化因子は, $\hat{n}_\nu (\hat{a}_\nu^\dagger)^n |0\rangle = n(\hat{a}_\nu^\dagger)^n |0\rangle$ を示す場合と同様の計算をして

$$\begin{aligned}
\langle 0|(\hat{a}_\nu)^n (\hat{a}_\nu^\dagger)^n |0\rangle &= \langle 0|(\hat{a}_\nu)^{n-1} \hat{a}_\nu \hat{a}_\nu^\dagger (\hat{a}_\nu^\dagger)^{n-1}|0\rangle \\
&= \langle 0|(\hat{a}_\nu)^{n-1}(1 + \hat{a}_\nu^\dagger \hat{a}_\nu)(\hat{a}_\nu^\dagger)^{n-1}|0\rangle = \cdots \\
&= n\langle 0|(\hat{a}_\nu)^{n-1}(\hat{a}_\nu^\dagger)^{n-1}|0\rangle = \cdots = n!
\end{aligned}$$

から定められる. このようにして, $\hat{n}_\nu$ の固有ケットが

$$|n_\nu\rangle \equiv \frac{1}{\sqrt{n_\nu!}} (\hat{a}_\nu^\dagger)^{n_\nu} |0\rangle \tag{14.43}$$

$$\hat{n}_\nu |n_\nu\rangle = n_\nu |n_\nu\rangle, \quad (n_\nu = 0, 1, 2, \cdots, \infty) \tag{14.44}$$

と求められた.

生成・消滅演算子 $(\hat{a}_\nu^\dagger, \hat{a}_\nu)$ を $|n_\nu\rangle$ に作用させると

$$\hat{a}_\nu^\dagger |n_\nu\rangle = \frac{\hat{a}_\nu^\dagger (\hat{a}_\nu^\dagger)^{n_\nu}|0\rangle}{\sqrt{n_\nu!}} = \frac{\sqrt{n_\nu + 1}(\hat{a}_\nu^\dagger)^{n_\nu + 1}|0\rangle}{\sqrt{(n_\nu + 1)!}}$$

$$\begin{aligned}
\hat{a}_\nu |n_\nu\rangle &= \frac{\hat{a}_\nu (\hat{a}_\nu^\dagger)^{n_\nu}|0\rangle}{\sqrt{n_\nu!}} = \frac{(1 + \hat{a}_\nu^\dagger \hat{a}_\nu)(\hat{a}_\nu^\dagger)^{n_\nu - 1}|0\rangle}{\sqrt{n_\nu!}} \\
&= \cdots = \frac{n_\nu (\hat{a}_\nu^\dagger)^{n_\nu - 1}|0\rangle}{\sqrt{n_\nu!}} = \frac{\sqrt{n_\nu}(\hat{a}_\nu^\dagger)^{n_\nu - 1}|0\rangle}{\sqrt{(n_\nu - 1)!}}
\end{aligned}$$

となることから, ボース粒子の場合の関係式として

$$\hat{a}_\nu^\dagger |n_\nu\rangle = \sqrt{n_\nu + 1} |n_\nu + 1\rangle \tag{14.45a}$$

$$\hat{a}_\nu |n_\nu\rangle = \sqrt{n_\nu} |n_\nu - 1\rangle \tag{14.45b}$$

が得られる.

14.3.5 N 粒子状態の数表示

N 粒子状態の生成演算子による表し方を, まずフェルミ粒子系についてみてみよう.

14.2 節の式 (14.13) で, N 粒子波動関数 $\Psi_-^{(N)}$ はスレーター行列式で表されている. $\Psi_-^{(N)}$ を構成する 1 粒子状態 $\{\psi_{\nu_1}(\tau), \psi_{\nu_2}(\tau), \cdots, \psi_{\nu_N}(\tau)\}$ に対する生成演算子 $\{\hat{c}_{\nu_1}^\dagger, \hat{c}_{\nu_2}^\dagger, \cdots, \hat{c}_{\nu_N}^\dagger\}$ を用いると, $\Psi_-^{(N)}$ は固有ケットとして, 次のように表される.

$$|\Psi_-^{(N)}\rangle = \hat{c}_{\nu_1}^\dagger \hat{c}_{\nu_2}^\dagger \cdots \hat{c}_{\nu_N}^\dagger |0\rangle \tag{14.46}$$

この表現は, 量子数依存性のみをもち, スレーター行列式における 1 粒子状態の座標 $(\tau_1, \tau_2, \cdots, \tau_N)$ 依存性はなくなっている. すなわち, 多粒子系の量子論における「同種粒子は区別できない」という要請を, 自然かつ簡便な方法で満足している.

スレーター行列式では, 粒子座標を番号付けし, それらをさまざまに入れ替えることで, この要請を満足していた. このように粒子描像に波動性を導入する定式化を第 1 量子化とよぶのに対して, 粒子に番号付けする必要がない生成 (消滅) 演算子による定式化を第 2 量子化という. 第 2 量子化は波動場を量子化する方法であり (次節参照), 最初ディラックによって調和振動子や光子などのボース粒子系に対して導入された.

式 (14.46) では, N 個の 1 粒子状態のみを用いている

が，一般に1粒子状態は可付番無限（countably infinite）個ある．以下の議論のために，それらをエネルギーの低い方から順に次のように並べる．

$$\{\psi_{\nu_1}, \psi_{\nu_2}, \cdots, \psi_{\nu_{N-1}}, \psi_{\nu_N}, \psi_{\nu_{N+1}}, \psi_{\nu_{N+2}}, \cdots\}$$

ψ_{ν_i} の占有数 n_{ν_i} を n_i と略記して，固有ケットを

$$|n_1, n_2, \cdots, n_N, \cdots\rangle$$

$$\equiv (\hat{c}_{\nu_1}^\dagger)^{n_1} (\hat{c}_{\nu_2}^\dagger)^{n_2} \cdots (\hat{c}_{\nu_N}^\dagger)^{n_N} \cdots |0\rangle \quad (14.47)$$

と定義する（最後の $\cdots$ は n_∞ まで続く）．これを

$$|n_1, n_2, \cdots, n_{N-1}, n_N, n_{N+1}, n_{N+2}, \cdots\rangle$$

と書いたとき，式 (14.46) は次のように表される．

$$|1, 1, \cdots, 1, 1, 0, 0, \cdots\rangle$$

これは，N フェルミ粒子系の基底状態を表す．また，

$$|1, 1, \cdots, 1, 0, 1, 0, \cdots\rangle$$

は，第1励起状態である．

このように，各1粒子状態の占有数で表す方法を数表示（number representation）という．全粒子数を与える演算子は，次のように定義される．

$$\hat{N} \equiv \sum_{i=1}^{\infty} \hat{n}_{\nu_i} = \sum_{i=1}^{\infty} \hat{c}_{\nu_i}^\dagger \hat{c}_{\nu_i} \quad (14.48)$$

ここで，$[\hat{n}_{\nu_i}, \hat{n}_{\nu_j}] = 0$ は容易に示される．したがって，$\hat{N}$ を固有ケット $|n_1, n_2, \cdots\rangle$ に作用させると

$$\hat{N}|n_1, n_2, \cdots\rangle = \sum_{i=1}^{\infty} n_i |n_1, n_2, \cdots\rangle = N|n_1, n_2, \cdots\rangle$$

すなわち，$\hat{N}$ の固有値として，全粒子数 $N = \sum_{i=1}^{\infty} n_i$ が得られることがわかる．

生成・消滅演算子を固有ケットに作用させると

$$\hat{c}_{\nu_i}^\dagger |n_1, n_2, \cdots, n_i, \cdots\rangle$$
$$= (-1)^{\theta_i}(1 - n_i)|n_1, n_2, \cdots, n_i + 1, \cdots\rangle$$
$$\hat{c}_{\nu_i} |n_1, n_2, \cdots, n_i, \cdots\rangle$$
$$= (-1)^{\theta_i} n_i |n_1, n_2, \cdots, n_i - 1, \cdots\rangle$$
$$\theta_i \equiv n_1 + n_2 + \cdots + n_{i-1}$$

（位相因子 $(-1)^{\theta_i}$ が現れることに注意）となる．

ボース粒子系についても，同様の議論ができる．ただし，1粒子状態の占有数は任意の自然数（$n_{\nu_i} = 0, 1, 2, \cdots$）をとることができ，14.1 節の式 (14.12) は

$$|\Psi_+^{(N)}\rangle = \frac{(\hat{a}_{\nu_1}^\dagger)^{n_{\nu_1}} (\hat{a}_{\nu_2}^\dagger)^{n_{\nu_2}} \cdots |0\rangle}{\sqrt{n_{\nu_1}! \, n_{\nu_2}! \cdots}} \quad (14.49)$$

と表せる．N ボース粒子系の基底状態は，式 (14.47) の表記で，N 個の粒子がすべて1粒子基底状態を占有した

$$|N, 0, 0, \cdots\rangle$$

である．n_1 が巨視的な数（$n_1 \approx N$）であるとき，ボース粒子系はボース・アインシュタイン凝縮（Bose-Einstein condensation；BEC）相にあるといわれる．

14.3節のまとめ

- ボース粒子系の交換関係：$[\hat{a}_\nu, \hat{a}_{\nu'}^\dagger] = \hat{a}_\nu \hat{a}_{\nu'}^\dagger - \hat{a}_{\nu'}^\dagger \hat{a}_\nu = \delta_{\nu\nu'}$, $[\hat{a}_\nu, \hat{a}_{\nu'}] = [\hat{a}_\nu^\dagger, \hat{a}_{\nu'}^\dagger] = 0$, $\hat{a}_\nu |0\rangle = 0$
  （$|0\rangle$：真空）
- フェルミ粒子系の反交換関係：$\{\hat{c}_\nu, \hat{c}_{\nu'}^\dagger\} = \hat{c}_\nu \hat{c}_{\nu'}^\dagger + \hat{c}_{\nu'}^\dagger \hat{c}_\nu = \delta_{\nu\nu'}$, $\{\hat{c}_\nu, \hat{c}_{\nu'}\} = \{\hat{c}_\nu^\dagger, \hat{c}_{\nu'}^\dagger\} = 0$, $\hat{c}_\nu |0\rangle = 0$
- 数演算子 $\hat{n}_\nu = \hat{a}_\nu^\dagger \hat{a}_\nu$ $(\hat{n}_\nu = \hat{c}_\nu^\dagger \hat{c}_\nu)$ と数表示 $|n_\nu\rangle$：$\hat{n}_\nu |n_\nu\rangle = n_\nu |n_\nu\rangle$ （ボース粒子系・フェルミ粒子系で同じ）
  [ボース] $|n_\nu\rangle = \dfrac{1}{\sqrt{n_\nu!}} (\hat{a}_\nu^\dagger)^{n_\nu}|0\rangle$, $(n_\nu = 0, 1, \cdots, \infty)$, $\hat{a}_\nu^\dagger |n_\nu\rangle = \sqrt{n_\nu + 1}|n_\nu + 1\rangle$, $\hat{a}_\nu |n_\nu\rangle = \sqrt{n_\nu}|n_\nu - 1\rangle$
  [フェルミ] $|n_\nu\rangle = (\hat{c}_\nu^\dagger)^{n_\nu}|0\rangle$, $(n_\nu = 0, 1)$, $\hat{c}_\nu^\dagger |n_\nu\rangle = (1 - n_\nu)|n_\nu + 1\rangle$, $\hat{c}_\nu |n_\nu\rangle = n_\nu |n_\nu - 1\rangle$
- N 粒子状態：[ボース] $|\Psi_+^{(N)}\rangle = \dfrac{(\hat{a}_{\nu_1}^\dagger)^{n_{\nu_1}} (\hat{a}_{\nu_2}^\dagger)^{n_{\nu_2}} \cdots |0\rangle}{\sqrt{n_{\nu_1}! \, n_{\nu_2}! \cdots}}$; [フェルミ] $|\Psi_-^{(N)}\rangle = \hat{c}_{\nu_1}^\dagger \hat{c}_{\nu_2}^\dagger \cdots \hat{c}_{\nu_N}^\dagger |0\rangle$

14.4 場の演算子

場の量子論とよばれる手法では，フェルミ場またはボース場とよばれる場の演算子を導入して，量子力学を再定式化する．ここでは，次節で超伝導の BCS 理論を例に電子系を扱うことを踏まえて，主にフェルミ場について概説する．

14.4.1 フェルミ場とボース場の演算子

フェルミ場の演算子は，1粒子波動関数とその状態の生成・消滅演算子を用いて

$$\hat{\psi}(\tau) \equiv \sum_{\nu} \psi_{\nu}(\tau)\hat{c}_{\nu} \qquad (14.50\text{a})$$

$$\hat{\psi}^{\dagger}(\tau) \equiv \sum_{\nu} \psi_{\nu}^{*}(\tau)\hat{c}_{\nu}^{\dagger} \qquad (14.50\text{b})$$

と定義される．ここで，$\sum_{\nu}$ では，すべての量子数 $\nu = \nu_1, \nu_2, \cdots$ について和をとる．また，$\tau = (\boldsymbol{r}, \sigma)$ は，特定の粒子の位置座標とスピン $(\boldsymbol{r}_i, \sigma_i)$ ではなく，変数としての空間座標とスピンであることに注意する．

場の演算子は，生成・消滅演算子と同様の交換関係

$$\{\hat{\psi}(\tau), \hat{\psi}^{\dagger}(\tau')\} = \sum_{\nu} \psi_{\nu}(\tau)\psi_{\nu}^{*}(\tau') = \delta_{\tau\tau'} \quad (14.51\text{a})$$

$$(= \delta(\tau - \tau') = \delta(\boldsymbol{r} - \boldsymbol{r}')\delta_{\sigma\sigma'})$$

$$\{\hat{\psi}(\tau), \hat{\psi}(\tau')\} = \{\hat{\psi}^{\dagger}(\tau), \hat{\psi}^{\dagger}(\tau')\} = 0 \quad (14.51\text{b})$$

を満足する．また，全粒子数を表す演算子 (14.48) は

$$\hat{N} = \int d\tau \hat{\psi}^{\dagger}(\tau)\hat{\psi}(\tau) \qquad (14.52)$$

と表される．これらの関係式は，$\hat{c}_{\nu}$, $\hat{c}_{\nu}^{\dagger}$ が満たす関係式から，容易に導くことができる．

ボース場の演算子は，フェルミ場の反交換関係が交換関係に置き換わることと，座標 τ の定義だけが異なり，まとめると次のようになる．

$$\hat{\psi}(\tau) \equiv \sum_{\nu} \psi_{\nu}(\tau)\hat{a}_{\nu}$$

$$\hat{\psi}^{\dagger}(\tau) \equiv \sum_{\nu} \psi_{\nu}^{*}(\tau)\hat{a}_{\nu}^{\dagger}$$

$$[\hat{\psi}(\tau), \hat{\psi}^{\dagger}(\tau')] = \sum_{\nu} \psi_{\nu}(\tau)\psi_{\nu}^{*}(\tau') = \delta_{\tau\tau'}$$

$$[\hat{\psi}(\tau), \hat{\psi}(\tau')] = [\hat{\psi}^{\dagger}(\tau), \hat{\psi}^{\dagger}(\tau')] = 0$$

14.4.2 第2量子化法でのハミルトニアン

第1量子化法での N 粒子系のハミルトニアンを

$$\hat{H} = \sum_{i=1}^{N} \hat{T}(\tau_i) + \sum_{i=1}^{N} \sum_{j<i} \hat{V}(\tau_i, \tau_j) \quad (14.53)$$

と表す．例えば，14.2 節で扱った原子の電子系では，式 (14.16a–c) で，$\hat{T}(\tau_i) = \hat{h}_i$, $\hat{V}(\tau_i, \tau_j) = \hat{v}_{ij}$ である．

第2量子化法で粒子数を定めるには，化学ポテンシャル μ を導入し，$\hat{H}$ の代わりに $\hat{\mathcal{H}} \equiv \hat{H} - \mu\hat{N}$ をハミルトニアンのように扱って，$\hat{N}$ の期待値が N になるように μ の値を定める．

今，フェルミ粒子系を考えて，フェルミ場で $\hat{H}$ の1体部分を表すと $\langle\hat{\psi}(\tau)|\hat{T}(\tau)|\hat{\psi}(\tau)\rangle$，2体相互作用部分は $\langle\hat{\psi}(\tau)\hat{\psi}(\tau')|\hat{V}(\tau, \tau')|\hat{\psi}(\tau)\hat{\psi}(\tau')\rangle$ となる．ここで，$(\hat{\psi}(\tau)\hat{\psi}(\tau'))^{\dagger} = \hat{\psi}^{\dagger}(\tau')\hat{\psi}^{\dagger}(\tau)$ であることを考慮し

$$\sum_{i=1}^{N} \sum_{j<i} \rightarrow \frac{1}{2} \sum_{i=1}^{N} \sum_{j\neq i}$$

の置き換えを行うと，$\hat{H}$ は次のように表される．

$$\hat{H} = \int \hat{\psi}^{\dagger}(\tau)\hat{T}(\tau)\hat{\psi}(\tau)d\tau$$
$$+ \frac{1}{2}\iint \hat{\psi}^{\dagger}(\tau')\hat{\psi}^{\dagger}(\tau)\hat{V}(\tau, \tau')\hat{\psi}(\tau)\hat{\psi}(\tau')d\tau d\tau'$$

$$(14.54)$$

さらに，式 (14.54) に (14.50a–b) を代入すると

$$\hat{H} = \sum_{\nu_i} \sum_{\nu_j} \langle \nu_i|\hat{T}|\nu_j\rangle \hat{c}_{\nu_i}^{\dagger}\hat{c}_{\nu_j}$$
$$+ \frac{1}{2}\sum_{\nu_i}\sum_{\nu_j}\sum_{\nu_k}\sum_{\nu_l}\langle\nu_i\nu_j|\hat{V}|\nu_k\nu_l\rangle\hat{c}_{\nu_i}^{\dagger}\hat{c}_{\nu_j}^{\dagger}\hat{c}_{\nu_l}\hat{c}_{\nu_k}$$

$$\langle\nu_i|\hat{T}|\nu_j\rangle = \int \psi_{\nu_i}^{*}(\tau)\hat{T}(\tau)\psi_{\nu_j}(\tau)d\tau$$

$$\langle\nu_i\nu_j|\hat{V}|\nu_k\nu_l\rangle$$
$$= \iint \psi_{\nu_i}^{*}(\tau)\psi_{\nu_j}^{*}(\tau')\hat{V}(\tau, \tau')\psi_{\nu_k}(\tau)\psi_{\nu_l}(\tau')d\tau d\tau'$$

のように生成・消滅演算子を用いた表現が得られる．ここで，$\hat{H}$ の $\hat{V}$ の項における生成・消滅演算子（の添え字）の順序と，行列要素の波動関数の順序が異なることに注意が必要である．ボース場の場合も同様の表現が得られるが，この順序に注意する必要はない．

14.4 節のまとめ

- ボース場の演算子とフェルミ場の演算子： $\left(\text{粒子数演算子：} \hat{N} = \int \hat{\psi}^{\dagger}(\tau)\hat{\psi}(\tau)d\tau \right)$

 [ボース場] $\quad \hat{\psi}(\tau) = \sum_{\nu} \psi_{\nu}(\tau)\hat{a}_{\nu}, \quad \hat{\psi}^{\dagger}(\tau) = \sum_{\nu} \psi_{\nu}^{*}(\tau)\hat{a}_{\nu}^{\dagger}$

 $\qquad [\hat{\psi}(\tau), \hat{\psi}^{\dagger}(\tau')] = \delta_{\tau\tau'}, \quad [\hat{\psi}(\tau), \hat{\psi}(\tau')] = [\hat{\psi}^{\dagger}(\tau), \hat{\psi}^{\dagger}(\tau')] = 0$ （交換関係が成り立つ）

[フェルミ場] $\hat{\psi}(\tau) = \sum_\nu \psi_\nu(\tau) \hat{c}_\nu, \quad \hat{\psi}^\dagger(\tau) = \sum_\nu \psi_\nu^*(\tau) \hat{c}_\nu^\dagger$

$\{\hat{\psi}(\tau), \hat{\psi}^\dagger(\tau')\} = \delta_{\tau\tau'}, \quad \{\hat{\psi}(\tau), \hat{\psi}(\tau')\} = \{\hat{\psi}^\dagger(\tau), \hat{\psi}^\dagger(\tau')\} = 0$　（反交換関係が成り立つ）

- 第2量子化法でのハミルトニアン：

$$\hat{H} = \int \hat{\psi}^\dagger(\tau)\hat{T}(\tau)\hat{\psi}(\tau)d\tau + \frac{1}{2}\iint \hat{\psi}^\dagger(\tau')\hat{\psi}^\dagger(\tau)\hat{V}(\tau,\tau')\hat{\psi}(\tau)\hat{\psi}(\tau')d\tau d\tau'$$

$$= \sum_{\nu_i}\sum_{\nu_j}\langle\nu_i|\hat{T}|\nu_j\rangle \hat{c}_{\nu_i}^\dagger \hat{c}_{\nu_j} + \frac{1}{2}\sum_{\nu_i}\sum_{\nu_j}\sum_{\nu_k}\sum_{\nu_l}\langle\nu_i\nu_j|\hat{V}|\nu_k\nu_l\rangle \hat{c}_{\nu_i}^\dagger \hat{c}_{\nu_j}^\dagger \hat{c}_{\nu_l} \hat{c}_{\nu_k}$$

$$\langle\nu_i|\hat{T}|\nu_j\rangle = \int \psi_{\nu_i}^*(\tau)\hat{T}(\tau)\psi_{\nu_j}(\tau)d\tau, \quad \langle\nu_i\nu_j|\hat{V}|\nu_k\nu_l\rangle = \iint \psi_{\nu_i}^*(\tau)\psi_{\nu_j}^*(\tau')\hat{V}(\tau,\tau')\psi_{\nu_k}(\tau)\psi_{\nu_l}(\tau')d\tau d\tau'$$

14.5 超伝導の BCS 理論

多粒子系の問題を第 2 量子化法で扱う例として，超伝導（superconductivity）の BCS（Bardeen-Cooper-Schrieffer）理論を取り上げよう．前節で述べたように，化学ポテンシャル μ を用いて，$\hat{\mathcal{H}} \equiv \hat{H} - \mu\hat{N}$ をフェルミ場の演算子で表すと，次のように書ける．

$$\hat{\mathcal{H}} = \int \hat{\psi}^\dagger(\tau)\left(-\frac{\hbar^2}{2m}\boldsymbol{\nabla}^2 - \mu\right)\hat{\psi}(\tau)d\tau + \frac{1}{2}\iint \hat{\psi}^\dagger(\tau)\hat{\psi}^\dagger(\tau')\hat{V}(\tau,\tau')\hat{\psi}(\tau')\hat{\psi}(\tau)d\tau d\tau' \quad (14.55)$$

ここで，フェルミ場は自由電子場をとり，1 体部分は運動エネルギー項のみを考慮した．この表現を用いて超伝導転移を議論することもよくなされる．その際，相互作用を $\hat{V}(\tau,\tau') = -g$，$(g > 0)$，すなわち引力で定数と仮定して，グリーン関数を定義する．この方法の利点も多いが，ここでは，生成・消滅演算子による表現に平均場近似（一般化されたハートリー・フォック近似ともよばれる）を用いて超伝導を議論する方法を紹介しよう．

14.5.1 電子系のハミルトニアン

フェルミ場として平面波で表される自由電子場

$$\hat{\psi}(\tau) = \sum_{\boldsymbol{k},\sigma}\frac{1}{\sqrt{L^3}}e^{i\boldsymbol{k}\cdot\boldsymbol{r}}\chi_\sigma c_{\boldsymbol{k}\sigma} \quad (14.56)$$

を用いる．金属を 1 辺 L の立方体にとり，体積は L^3，$\boldsymbol{k} = (2\pi/L)(n_x, n_y, n_z)$，$(n_{x,y,z}$ は整数$)$，スピン関数は $\chi_\uparrow = \alpha$，$\chi_\downarrow = \beta$ で与えられる．また，この節では $\hat{c}_{\boldsymbol{k}\sigma} \to c_{\boldsymbol{k}\sigma}$ と簡略化して表記する．$c_{\boldsymbol{k}\sigma}$，$c_{\boldsymbol{k}\sigma}^\dagger$ は，14.3 節の式 (14.36) で $\nu = \boldsymbol{k}\sigma$，$\nu' = \boldsymbol{k}'\sigma'$ とした反交換関係を満たす．

点接触型の相互作用 $\hat{V} = V\delta(\boldsymbol{r} - \boldsymbol{r}')$ を仮定し，式 (14.56) を (14.55) に代入して，τ および τ' についての積分を実行して，$\int e^{i(\boldsymbol{k}-\boldsymbol{k}')\cdot\boldsymbol{r}}d\boldsymbol{r} = L^3\delta(\boldsymbol{k}-\boldsymbol{k}')$，$\int e^{i(\boldsymbol{k}+\boldsymbol{k}'-\boldsymbol{k}''-\boldsymbol{k}''')\cdot\boldsymbol{r}}d\boldsymbol{r} = L^3\delta(\boldsymbol{k}+\boldsymbol{k}'-\boldsymbol{k}''-\boldsymbol{k}''')$ を用いると，$\hat{\mathcal{H}}$ として次式を得る．

$$\hat{\mathcal{H}} = \sum_{\boldsymbol{k},\sigma}(\varepsilon_{\boldsymbol{k}} - \mu)c_{\boldsymbol{k}\sigma}^\dagger c_{\boldsymbol{k}\sigma} + \frac{1}{2}\sum_{\boldsymbol{k},\boldsymbol{k}',\boldsymbol{q},\sigma,\sigma'}V_{\boldsymbol{k}'\sigma'\boldsymbol{k}\sigma\boldsymbol{q}}$$

ジョン・バーディーン

米国の物理学者．クーパー，シュリーファーとともに BCS 理論を提唱．1972 年，BCS 理論の功績が認められて，3 名に対し，ノーベル物理学賞が授与された．トランジスタの発明でも同賞を受賞（1956 年）．（1908–1991）

レオン・ニール・クーパー

米国の物理学者．26 歳のときにクーパーペアを発見，バーディーン，シュリーファーとともに BCS 理論を提唱．1972 年，BCS 理論の功績が認められて，3 名に対し，ノーベル物理学賞が授与された．（1930–）

ジョン・ロバート・シュリーファー

米国の物理学者．バーディーン，クーパーとともに BCS 理論を提唱．1972 年，BCS 理論の功績が認められて，3 名に対し，ノーベル物理学賞が授与された．90 年代には高温超伝導の研究に取り組む．（1931–）

$$\times c_{\mathbf{k}+\mathbf{q}\sigma}^{\dagger} c_{\mathbf{k}'-\mathbf{q}\sigma'}^{\dagger} c_{\mathbf{k}'\sigma'} c_{\mathbf{k}\sigma} \qquad (14.57)$$

ここで, $\varepsilon_k = \hbar^2 k^2/2m$, $V_{\mathbf{k}'\sigma'\mathbf{k}\sigma\mathbf{q}} \equiv \langle \mathbf{k} + \mathbf{q}\sigma, \mathbf{k}' - \mathbf{q}\sigma' | \hat{V} | \mathbf{k}\sigma, \mathbf{k}'\sigma' \rangle$ である. 超伝導の起源は, 実際は点接触型の相互作用ではなく, ボース統計に従う素励起 (BCS 理論では格子振動) を媒介とする電子間の引力相互作用である. その場合はやや複雑な議論になるが, 弱い相互作用を考える範囲では, 式 (14.57) と同じ相互作用の波数依存性が得られる.

14.5.2 BCS ハミルトニアンとクーパー対

BCS 理論では, 式 (14.57) で $\mathbf{k}' = -\mathbf{k}$, $\mathbf{q} = \mathbf{k}' - \mathbf{k}$, $\sigma = \uparrow$, $\sigma' = \downarrow$ とおいて簡単化し, 次の (BCS) 模型

$$\hat{\mathcal{H}} = \sum_{\mathbf{k}} (\varepsilon_k - \mu)(c_{\mathbf{k}\uparrow}^{\dagger} c_{\mathbf{k}\uparrow} + c_{-\mathbf{k}\downarrow}^{\dagger} c_{-\mathbf{k}\downarrow})$$
$$+ \sum_{\mathbf{k}} \sum_{\mathbf{k}'} c_{\mathbf{k}'\uparrow}^{\dagger} c_{-\mathbf{k}'\downarrow}^{\dagger} V_{\mathbf{k}'\mathbf{k}} c_{-\mathbf{k}\downarrow} c_{\mathbf{k}\uparrow} \quad (14.58)$$

$$V_{\mathbf{k}'\mathbf{k}} \equiv \langle \mathbf{k}'\uparrow, -\mathbf{k}'\downarrow | \hat{V} | \mathbf{k}\uparrow, -\mathbf{k}\downarrow \rangle \qquad (14.59)$$

を採用した. これは, 式 (14.59) の形からわかるように, $|\mathbf{k}\uparrow, -\mathbf{k}\downarrow\rangle$ の 1 重項電子対状態を別の 1 重項電子対状態 $|\mathbf{k}'\uparrow, -\mathbf{k}'\downarrow\rangle$ に散乱させる相互作用のみを考慮したことに相当する.

この電子対は, $c_{\mathbf{k}\uparrow}^{\dagger} c_{-\mathbf{k}\downarrow}^{\dagger} |0\rangle$ (共役ブラは $\langle 0 | c_{-\mathbf{k}\downarrow} c_{\mathbf{k}\uparrow}$) で表され, クーパー対とよばれる. 今, $c_{\mathbf{k}\uparrow}$, $c_{\mathbf{k}\uparrow}^{\dagger}$ などが満たす反交換関係を用いて, クーパー対を生成または消滅する演算子の交換関係を計算してみると

$$[c_{-\mathbf{k}\downarrow} c_{\mathbf{k}\uparrow}, c_{\mathbf{k}'\uparrow}^{\dagger} c_{-\mathbf{k}'\downarrow}^{\dagger}]$$
$$= c_{-\mathbf{k}\downarrow} c_{\mathbf{k}\uparrow} c_{\mathbf{k}'\uparrow}^{\dagger} c_{-\mathbf{k}'\downarrow}^{\dagger} - c_{\mathbf{k}'\uparrow}^{\dagger} c_{-\mathbf{k}'\downarrow}^{\dagger} c_{-\mathbf{k}\downarrow} c_{\mathbf{k}\uparrow}$$
$$= \delta_{\mathbf{k}\mathbf{k}'}(1 - c_{\mathbf{k}\uparrow}^{\dagger} c_{\mathbf{k}\uparrow} - c_{-\mathbf{k}\downarrow}^{\dagger} c_{-\mathbf{k}\downarrow}) \quad (14.60)$$

$$[c_{-\mathbf{k}\downarrow} c_{\mathbf{k}\uparrow}, c_{\mathbf{k}'\uparrow} c_{-\mathbf{k}'\downarrow}] = [c_{-\mathbf{k}\downarrow}^{\dagger} c_{\mathbf{k}\uparrow}^{\dagger}, c_{\mathbf{k}'\uparrow}^{\dagger} c_{-\mathbf{k}'\downarrow}^{\dagger}] = 0$$

となることがわかる. この結果は, クーパー対はおおよそボース粒子として振る舞うことを示している.

式 (14.60) の右辺が $\delta_{\mathbf{k}\mathbf{k}'}$ ではなく $\delta_{\mathbf{k}\mathbf{k}'}(1 - n_{\mathbf{k}\uparrow} - n_{-\mathbf{k}\downarrow})$ となっているところ, また $(c_{\mathbf{k}\uparrow}^{\dagger} c_{-\mathbf{k}}^{\dagger})^2 = 0$ であるところに, 電子のフェルミ統計性の効果が残っている. そのために, 超伝導転移はクーパー対のボース (ボース・アインシュタイン) 凝縮とみなしてよいものの, エネルギーの利得はかなり小さくなる.

14.5.3 BCS 模型の平均場近似とボゴリューボフ変換

BCS ハミルトニアン (14.58) の固有状態を求めるためには, 何らかの近似計算を実行する必要がある. BCS

理論では, クーパー対を表す演算子, $c_{\mathbf{k}\uparrow}^{\dagger} c_{-\mathbf{k}\downarrow}^{\dagger}$ および $c_{-\mathbf{k}\downarrow} c_{\mathbf{k}\uparrow}$, の平均値を自己無撞着に決定する平均場近似 (mean field approximation) を採用した.

平均場近似では, クーパー対を表す演算子を

$$c_{\mathbf{k}\uparrow}^{\dagger} c_{-\mathbf{k}\downarrow}^{\dagger} = \langle c_{\mathbf{k}\uparrow}^{\dagger} c_{-\mathbf{k}\downarrow}^{\dagger} \rangle + (c_{\mathbf{k}\uparrow}^{\dagger} c_{-\mathbf{k}\downarrow}^{\dagger} - \langle c_{\mathbf{k}\uparrow}^{\dagger} c_{-\mathbf{k}\downarrow}^{\dagger} \rangle)$$
$$c_{-\mathbf{k}\downarrow} c_{\mathbf{k}\uparrow} = \langle c_{-\mathbf{k}\downarrow} c_{\mathbf{k}\uparrow} \rangle + (c_{-\mathbf{k}\downarrow} c_{\mathbf{k}\uparrow} - \langle c_{-\mathbf{k}\downarrow} c_{\mathbf{k}\uparrow} \rangle)$$

のように, 平均値と平均値からのずれ (ゆらぎ) に分けてハミルトニアンに代入し, ゆらぎの 2 乗

$$(c_{\mathbf{k}'\uparrow}^{\dagger} c_{-\mathbf{k}'\downarrow}^{\dagger} - \langle c_{\mathbf{k}'\uparrow}^{\dagger} c_{-\mathbf{k}'\downarrow}^{\dagger} \rangle)(c_{-\mathbf{k}\downarrow} c_{\mathbf{k}\uparrow} - \langle c_{-\mathbf{k}\downarrow} c_{\mathbf{k}\uparrow} \rangle)$$

を無視して, 次の平均場ハミルトニアンを得る.

$$\hat{\mathcal{H}}_{\mathrm{m}} = \sum_{\mathbf{k}} \{ \xi_k c_{\mathbf{k}\uparrow}^{\dagger} c_{\mathbf{k}\uparrow} + \xi_k c_{-\mathbf{k}\downarrow}^{\dagger} c_{-\mathbf{k}\downarrow} + \Delta_{\mathbf{k}} \langle c_{\mathbf{k}\uparrow}^{\dagger} c_{-\mathbf{k}\downarrow}^{\dagger} \rangle$$
$$- \Delta_{\mathbf{k}} c_{\mathbf{k}\uparrow}^{\dagger} c_{-\mathbf{k}\downarrow}^{\dagger} - \Delta_{\mathbf{k}}^* c_{-\mathbf{k}\downarrow} c_{\mathbf{k}\uparrow} \} \qquad (14.61)$$

$$\xi_k \equiv \varepsilon_k - \mu \qquad (14.62)$$

$$\Delta_{\mathbf{k}} \equiv -\sum_{\mathbf{k}'} V_{\mathbf{k}\mathbf{k}'} \langle c_{-\mathbf{k}'\downarrow} c_{\mathbf{k}'\uparrow} \rangle \qquad (14.63)$$

$$\Delta_{\mathbf{k}}^* \equiv -\sum_{\mathbf{k}'} V_{\mathbf{k}'\mathbf{k}} \langle c_{\mathbf{k}'\uparrow}^{\dagger} c_{-\mathbf{k}'\downarrow}^{\dagger} \rangle \qquad (14.64)$$

ここで, $\Delta_{\mathbf{k}}$ はギャップパラメータ (gap parameter) とよばれる. また, 定義により $V_{\mathbf{k}\mathbf{k}'} = V_{\mathbf{k}'\mathbf{k}}^*$ である.

この $\hat{\mathcal{H}}_{\mathrm{m}}$ を対角化するために, 生成・消滅演算子を

$$\gamma_{\mathbf{k}\uparrow} = u_k c_{\mathbf{k}\uparrow} - v_k c_{-\mathbf{k}\downarrow}^{\dagger} \qquad (14.65\mathrm{a})$$

$$\gamma_{\mathbf{k}\uparrow}^{\dagger} = u_k c_{\mathbf{k}\uparrow}^{\dagger} - v_k^* c_{-\mathbf{k}\downarrow} \qquad (14.65\mathrm{b})$$

$$\gamma_{-\mathbf{k}\downarrow} = u_k c_{-\mathbf{k}\downarrow} + v_k c_{\mathbf{k}\uparrow}^{\dagger} \qquad (14.65\mathrm{c})$$

$$\gamma_{-\mathbf{k}\downarrow}^{\dagger} = u_k c_{-\mathbf{k}\downarrow}^{\dagger} + v_k^* c_{\mathbf{k}\uparrow} \qquad (14.65\mathrm{d})$$

と定義する. ここで, 係数 u_k と v_k のうち, u_k を実数にとった. このようにしても一般性は失われない. $c_{\mathbf{k}\uparrow}$, $c_{\mathbf{k}\uparrow}^{\dagger}$ などの反交換関係を用いて, $\gamma_{\mathbf{k}\uparrow}$ と $\gamma_{\mathbf{k}\uparrow}^{\dagger}$ の反交換関係を計算すると, 次式を得る.

$$\{ \gamma_{\mathbf{k}\uparrow}, \gamma_{\mathbf{k}\uparrow}^{\dagger} \} = \gamma_{\mathbf{k}\uparrow} \gamma_{\mathbf{k}\uparrow}^{\dagger} + \gamma_{\mathbf{k}\uparrow}^{\dagger} \gamma_{\mathbf{k}\uparrow} = u_k^2 + |v_k|^2$$

この右辺が 1, すなわち

$$u_k^2 + |v_k|^2 = 1 \qquad (14.66)$$

であれば, $\gamma_{\mathbf{k}\uparrow}$ や $\gamma_{\mathbf{k}\uparrow}^{\dagger}$ もフェルミ粒子の演算子になる. このフェルミ粒子は, 後に準粒子 (quasiparticle) とよぶことになるが, 今のところ γ 粒子とよぼう. 式 (14.66) を満たす, 式 (14.65a–d) の $(c_{\mathbf{k}\uparrow}, \cdots)$ から $(\gamma_{\mathbf{k}\uparrow}, \cdots)$ への変換をボゴリューボフ変換 (Bogoliubov transformation) という. これは, 正準変換の一種である.

14.5.4 ボゴリューボフの逆変換と対角化

ボゴリューボフ変換の逆変換は, $u_k \gamma_{\mathbf{k}\uparrow} + v_k \gamma_{-\mathbf{k}\downarrow}^{\dagger} = (u_k^2 + |v_k|^2) c_{\mathbf{k}\uparrow} = c_{\mathbf{k}\uparrow}$ などの簡単な計算から

$$c_{k\uparrow} = u_k \gamma_{k\uparrow} + v_k \gamma_{-k\downarrow}^\dagger \quad (14.67a)$$

$$c_{k\uparrow}^\dagger = u_k \gamma_{k\uparrow}^\dagger + v_k^* \gamma_{-k\downarrow} \quad (14.67b)$$

$$c_{-k\downarrow} = u_k \gamma_{-k\downarrow} - v_k \gamma_{k\uparrow}^\dagger \quad (14.67c)$$

$$c_{-k\downarrow}^\dagger = u_k \gamma_{-k\downarrow}^\dagger - v_k^* \gamma_{k\uparrow} \quad (14.67d)$$

と求められる. これらを式 (14.61) の $\hat{\mathcal{H}}_m$ に代入して整理すると

$$
\begin{aligned}
\hat{\mathcal{H}}_m = \sum_k \Big\{ & 2\xi_k |v_k|^2 - \Delta_k u_k v_k^* - \Delta_k^* u_k v_k \\
& + [\xi_k(u_k^2 - |v_k|^2) + \Delta_k u_k v_k^* + \Delta_k^* u_k v_k] \\
& \times (\gamma_{k\uparrow}^\dagger \gamma_{k\uparrow} + \gamma_{-k\downarrow}^\dagger \gamma_{-k\downarrow}) + \Delta_k \langle c_{k\uparrow}^\dagger c_{-k\downarrow}^\dagger \rangle \\
& + (2\xi_k u_k v_k - \Delta_k u_k^2 + \Delta_k^* v_k^2) \gamma_{k\uparrow}^\dagger \gamma_{-k\downarrow}^\dagger \\
& + (2\xi_k u_k v_k^* - \Delta_k^* u_k^2 + \Delta_k v_k^{*2}) \gamma_{-k\downarrow} \gamma_{k\uparrow} \Big\}
\end{aligned}
$$
$$(14.68)$$

となる. この $\hat{\mathcal{H}}_m$ が対角的になるためには

$$2\xi_k u_k v_k - \Delta_k u_k^2 + \Delta_k^* v_k^2 = 0$$

が成り立てばよい. この式に Δ_k^*/u_k^2 を掛けると, $\Delta_k^* v_k/u_k$ の 2 次方程式となり, 次の解が得られる.

$$\Delta_k^* \frac{v_k}{u_k} = -\xi_k \pm \sqrt{\xi_k^2 + |\Delta_k|^2}$$

複号 $\pm$ の二つの解のうち, $+$ の解がエネルギーが最小の適切な状態を与える.($-$ の解は占有状態と非占有状態が入れ替わったエネルギー最大の状態を与える.)

$$E_k \equiv \sqrt{\xi_k^2 + |\Delta_k|^2} \quad (14.69)$$

と定義し, $\Delta_k^* v_k/u_k = E_k - \xi_k$ と規格化条件 (14.66) を用いて, 係数 u_k, v_k を求めると, 次式が得られる.

$$u_k^2 = \frac{1}{2}\left(1 + \frac{\xi_k}{E_k}\right) \quad (14.70a)$$

$$|v_k|^2 = \frac{1}{2}\left(1 - \frac{\xi_k}{E_k}\right) \quad (14.70b)$$

$$u_k v_k = \frac{\Delta_k}{2E_k} \quad (14.70c)$$

これらを式 (14.68) に代入して, $\hat{\mathcal{H}}_m$ は次の式を得る.

$$
\begin{aligned}
\hat{\mathcal{H}}_m = \sum_k \Big\{ & \xi_k - E_k + \Delta_k \langle c_{k\uparrow}^\dagger c_{-k\downarrow}^\dagger \rangle \\
& + E_k (\gamma_{k\uparrow}^\dagger \gamma_{k\uparrow} + \gamma_{-k\downarrow}^\dagger \gamma_{-k\downarrow}) \Big\}
\end{aligned}
$$
$$(14.71)$$

このようにして, $\hat{\mathcal{H}}_m$ の対角化された表式が得られた. この $\hat{\mathcal{H}}_m$ は, 演算子としては γ 粒子の数演算子

$$n_{k\uparrow}^{(\gamma)} \equiv \gamma_{k\uparrow}^\dagger \gamma_{k\uparrow} \quad (14.72)$$

$$n_{-k\downarrow}^{(\gamma)} \equiv \gamma_{-k\downarrow}^\dagger \gamma_{-k\downarrow} \quad (14.73)$$

だけを含む. これらはフェルミ統計に従う γ 粒子の数を表し, 固有値は 0 または 1 である. また E_k は γ 粒子のエネルギーを表すと考えることができる.

14.5.5 BCS 基底状態と準粒子励起

今, BCS 模型の基底状態を考え, それを $|\psi_G\rangle$ と表す. $E_k > 0$ なので, $|\psi_G\rangle$ に対する $n_{k\uparrow}^{(\gamma)}$, $n_{-k\downarrow}^{(\gamma)}$ の固有値は 0 である. したがって, 基底状態のエネルギーは式 (14.71) の 1 行目で与えられる.

$$E_G = \sum_k \big\{ \xi_k - E_k + \Delta_k \langle c_{k\uparrow}^\dagger c_{-k\downarrow}^\dagger \rangle \big\} \quad (14.74)$$

ここで, Δ_k は式 (14.63) を用いて計算される. 式 (14.63) の期待値 $\langle c_{-k'\downarrow} c_{k'\uparrow} \rangle$ は

$$
\begin{aligned}
c_{-k\downarrow} c_{k\uparrow} = & u_k v_k (1 - \gamma_{k\uparrow}^\dagger \gamma_{k\uparrow} - \gamma_{-k\downarrow}^\dagger \gamma_{-k\downarrow}) \\
& + u_k^2 \gamma_{-k\downarrow} \gamma_{k\uparrow} - v_k^2 \gamma_{k\uparrow}^\dagger \gamma_{-k\downarrow}^\dagger \quad (14.75)
\end{aligned}
$$

から, $\langle c_{-k'\downarrow} c_{k'\uparrow} \rangle = u_{k'} v_{k'} = \Delta_{k'}/2E_{k'}$, 同様に, 式 (14.71) に含まれる期待値は $\langle c_{k\uparrow}^\dagger c_{-k\downarrow}^\dagger \rangle = \Delta_k^*/2E_k$ となる. したがって, $V_{kk'}$ が具体的に与えられれば

$$\Delta_k = -\sum_{k'} V_{kk'} \frac{\Delta_{k'}}{2E_{k'}} \quad (14.76)$$

を解いて, Δ_k(の組)を自己無撞着に(つじつまが合うように)決定して基底状態エネルギーを求めることができる. $V_{kk'}$ に対して簡単化した仮定をおいて具体的に計算することは, 後で有限温度の計算を含めて行うことにして, ここでは, BCS 基底状態と基底状態からの準粒子励起について触れておく.

BCS 模型の平均場近似ハミルトニアン(式 (14.61))が, 電子数演算子とクーパー対を生成または消滅する項のみからなることから, BCS 基底状態が

$$|\psi_G\rangle = \prod_k \big(u_k + v_k c_{k\uparrow}^\dagger c_{-k\downarrow}^\dagger\big)|0\rangle \quad (14.77)$$

と表されることが示唆される. この式は, 実際はこの節で扱った正準変換(ボゴリューボフ変換)による解法が提出される前に, 元の BCS 理論で仮定された変分関数である. BCS は, 式 (14.77) で表される関数のうち, 電子数が N_e となる状態を, ラグランジュの未定乗数法を用いた変分計算によって求め, 変分パラメータ u_k, v_k が式 (14.70a-c) で与えられることを示した. 正準変換による解法は, BCS の基底状態に対する変分計算を, 次の 14.5.6 項で示すように, 有限温度でも扱えるように拡張したものともいえる.

基底状態 $|\psi_G\rangle$ では, ボゴリューボフ変換で導入された γ 粒子は存在しない. すなわち, $|\psi_G\rangle$ は γ 粒子に対しては真空の役割をする. 実際

108 14. 多粒子系の波動関数と第2量子化

$$\gamma_{\bm{k}\uparrow}|\psi_{\mathrm{G}}\rangle = 0, \quad \gamma_{-\bm{k}\downarrow}|\psi_{\mathrm{G}}\rangle = 0$$

であることは，容易に示すことができる．

一方，生成演算子 $\gamma_{\bm{k}\uparrow}^{\dagger}$ を $|\psi_{\mathrm{G}}\rangle$ に作用させてみると

$$\gamma_{\bm{k}\uparrow}^{\dagger}|\psi_{\mathrm{G}}\rangle = c_{\bm{k}\uparrow}^{\dagger}\prod_{\bm{k}'(\neq\bm{k})}\left(u_{\bm{k}'}+v_{\bm{k}'}c_{\bm{k}'\uparrow}^{\dagger}c_{-\bm{k}'\downarrow}^{\dagger}\right)|0\rangle$$

となる．この式から，次のことが理解できる．基底状態 $|\psi_{\mathrm{G}}\rangle$ で $\bm{k}\uparrow$ と $-\bm{k}\downarrow$ のクーパー対が形成されて安定化した状態は，対が空の状態 $(u_{\bm{k}})$ と対がともに占有された状態 $(v_{\bm{k}}c_{\bm{k}\uparrow}^{\dagger}c_{-\bm{k}\downarrow}^{\dagger})$ とが混じった状態である．すなわち，超伝導状態では常にクーパー対の組み換えが起こっている．その状態に $\gamma_{\bm{k}\uparrow}^{\dagger}$ または $\gamma_{-\bm{k}\downarrow}^{\dagger}$ を作用させて γ 粒子を生成させると，クーパー対が壊れて，対の一方が占有され他方が空になる．この状態は $E_{\bm{k}}$（>0）だけエネルギーが高い励起状態である．このような理由で，γ 粒子を準粒子，$\gamma_{\bm{k}\uparrow}^{\dagger}$，$\gamma_{-\bm{k}\downarrow}^{\dagger}$ によって γ 粒子が生じることを準粒子励起という．

式 (14.77) の $|\psi_{\mathrm{G}}\rangle$ を，$g_{\bm{k}}\equiv v_{\bm{k}}/u_{\bm{k}}$ と定義し，電子数を N_{e} として，次のように書き換えてみる．

$$|\psi_{\mathrm{G}}\rangle \propto \prod_{\bm{k}}\bigl(1+g_{\bm{k}}c_{\bm{k}\uparrow}^{\dagger}c_{-\bm{k}\downarrow}^{\dagger}\bigr)|0\rangle$$

$$= \prod_{\bm{k}}e^{g_{\bm{k}}c_{\bm{k}\uparrow}^{\dagger}c_{-\bm{k}\downarrow}^{\dagger}}|0\rangle = e^{\sum_{\bm{k}}g_{\bm{k}}c_{\bm{k}\uparrow}^{\dagger}c_{-\bm{k}\downarrow}^{\dagger}}|0\rangle$$

$$= \cdots + \frac{1}{(N_{\mathrm{e}}/2)!}\left(\sum_{\bm{k}}g_{\bm{k}}c_{\bm{k}\uparrow}^{\dagger}c_{-\bm{k}\downarrow}^{\dagger}\right)^{N_{\mathrm{e}}/2}|0\rangle + \cdots$$

ここで，$n\geq2$ に対して $(c_{\bm{k}\uparrow}^{\dagger}c_{-\bm{k}\downarrow}^{\dagger})^{n}=0$ を用いた．この式は，$\sum_{\bm{k}}g_{\bm{k}}c_{\bm{k}\uparrow}^{\dagger}c_{-\bm{k}\downarrow}^{\dagger}|0\rangle$ で表される一つの状態を，巨視的な数（$N_{\mathrm{e}}/2$ 個）の電子対，すなわちボース的な粒子が占有していることを表している．これは，フェルミ粒子である電子2個が対を作ってボース的な粒子になり，それらが一つの状態にボース凝縮した状態が超伝導基底状態であることを示している．

14.5.6 ギャップパラメータの温度依存性

$V_{\bm{k}\bm{k}'}$ に対して簡単化した仮定をおいてギャップパラメータを具体的に計算してみよう．この計算は，有限温度の場合を含めて計算することができる．

平均場として，これまでは基底状態における期待値をとったが，有限温度 $T\,[\mathrm{K}]$ では熱平均値をとらなければならない．第II部：熱統計力学の第15章で述べられているように，フェルミ粒子の数演算子の熱平均値は，フェルミ・ディラック分布関数（Fermi-Dirac distribution function）で与えられる．すなわち，

$$\langle n_{\bm{k}\uparrow}^{(\gamma)}\rangle = \langle n_{-\bm{k}\downarrow}^{(\gamma)}\rangle = \frac{1}{e^{\beta E_{\bm{k}}}+1}\equiv f(E_{\bm{k}})$$

ここで，$\beta\equiv k_{\mathrm{B}}T$，$k_{\mathrm{B}}$ はボルツマン定数である．また，

$\langle\gamma_{-\bm{k}\downarrow}\gamma_{\bm{k}\uparrow}\rangle = \langle\gamma_{\bm{k}\uparrow}^{\dagger}\gamma_{-\bm{k}\downarrow}^{\dagger}\rangle = 0$ は自明であり，ギャップ方程式の $c_{-\bm{k}\downarrow}c_{\bm{k}\uparrow}$ の熱平均値は，式 (14.75) を用いて

$$\langle c_{-\bm{k}\downarrow}c_{\bm{k}\uparrow}\rangle = u_{\bm{k}}v_{\bm{k}}[1-2f(E_{\bm{k}})] = \frac{\Delta_{\bm{k}}}{2E_{\bm{k}}}\tanh\left(\frac{\beta E_{\bm{k}}}{2}\right)$$

と求められる．したがって，有限温度（$\beta=k_{\mathrm{B}}T$）におけるギャップ方程式は次式で与えられる．

$$\Delta_{\bm{k}} = -\sum_{\bm{k}'}V_{\bm{k}\bm{k}'}\frac{\Delta_{\bm{k}'}}{2E_{\bm{k}'}}\tanh\left(\frac{\beta E_{\bm{k}'}}{2}\right) \quad (14.78)$$

これ以降，具体的に計算するために，相互作用行列要素 $V_{\bm{k}\bm{k}'}$ が引力で定数と仮定して次のようにおく．

$$V_{\bm{k}\bm{k}'} = \begin{cases} -g & (|\xi_{\bm{k}}|\leq\hbar\omega_{\mathrm{c}},\,|\xi_{\bm{k}'}|\leq\hbar\omega_{\mathrm{c}}) \\ 0 & (\text{otherwise}) \end{cases} \quad (14.79)$$

ここで，$g>0$，また，$\hbar\omega_{\mathrm{c}}$ は引力相互作用が働くエネルギー領域を限定する切断エネルギー（cut-off energy）で，電子間引力が格子振動によって媒介される場合 $\hbar\omega_{\mathrm{c}}\approx10\,\mathrm{meV}$ のオーダーである．これは，$\mu\simeq\varepsilon_{\mathrm{F}}\approx10\,\mathrm{eV}$ に比べて十分小さい．このことと，$V_{\bm{k}\bm{k}'}$ に対する式 (14.79) の簡単化によって $\Delta_{\bm{k}}\to\Delta$ とできることから，式 (14.78) の $\sum_{\bm{k}'}$ は一定の状態密度 ρ でのエネルギー積分で置き換えられる．したがって，式 (14.78) は

$$\Delta = -\rho\int_{-\hbar\omega_{\mathrm{c}}}^{\hbar\omega_{\mathrm{c}}}\frac{-g\Delta}{2\sqrt{\xi^{2}+\Delta^{2}}}\tanh\left(\frac{\beta\sqrt{\xi^{2}+\Delta^{2}}}{2}\right)d\xi \quad (14.80)$$

ここで，Δ は温度 T の関数なので $\Delta=\Delta(T)$ と表す．

今，$T\to0$ を考えて，$\Delta(T)\to\Delta(0)\equiv\Delta_{0}$ とおくと，式 (14.80) は

$$\frac{1}{\rho g} = \int_{0}^{\hbar\omega_{\mathrm{c}}}\frac{1}{\sqrt{\xi^{2}+\Delta_{0}^{2}}}d\xi \simeq \ln\left(\frac{2\hbar\omega_{\mathrm{c}}}{\Delta_{0}}\right) \quad (14.81)$$

となる．ここで，$\rho g\lesssim0.3$ の弱結合の場合，$\Delta_{0}\ll\hbar\omega_{\mathrm{c}}$ となることを用いた．このようにして，Δ_{0} は

$$\Delta_{0} = 2\hbar\omega_{\mathrm{c}}e^{-1/\rho g} \quad (14.82)$$

と求められる．また，超伝導基底状態のエネルギーの利得は，式 (14.74) を用いて，$E_{\mathrm{G}}-E_{\mathrm{n}}=-\rho\Delta_{0}^{2}/2$ と求められる．ここで，E_{n} は式 (14.74) で $\Delta_{\bm{k}}=0$ とした常伝導状態（normal state）のエネルギー $E_{\mathrm{n}}\equiv\sum_{\bm{k}}(\xi_{\bm{k}}-|\xi_{\bm{k}}|)=\sum_{\bm{k}}\xi_{\bm{k}}\theta(-\xi_{\bm{k}})$ である．

転移温度 T_{c} は，式 (14.80) で，$T\to T_{\mathrm{c}}$（$\beta\to\beta_{\mathrm{c}}$），$\Delta\to0$ として，次の公式を用いて求められる．

$$\tanh\left(\frac{x}{2}\right) = \sum_{n=0}^{\infty}\frac{4x}{x^{2}+(2n+1)^{2}\pi^{2}} \quad (14.83)$$

$$\psi(z) = -\gamma - \sum_{n=0}^{\infty}\left(\frac{1}{z+n}-\frac{1}{n+1}\right)$$

ここで，$\psi(z)$ はディ・ガンマ関数，$\gamma=0.5772\cdots$ はオ

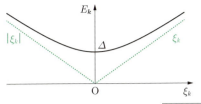

図 14.1 準粒子スペクトル $E_{\bm{k}} = \sqrt{\xi_k^2 + \Delta^2}$

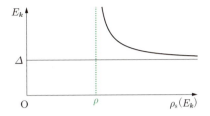

図 14.2 状態密度（横軸 $\rho_s(E_{\bm{k}})$, 縦軸 $E_{\bm{k}}$）

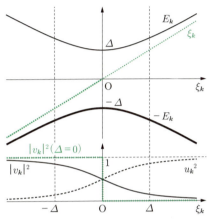

図 14.3 $\pm E_{\bm{k}}$, $u_{\bm{k}}^2$, $|v_{\bm{k}}|^2$ の ξ_k 依存性

イラー定数である．ξ 積分を実行して，$\tan^{-1} x \simeq \theta(x-1)\pi/2$ の近似を用いると

$$\frac{1}{\rho g} = \int_0^{\hbar\omega_c} \frac{1}{\xi} \tanh\left(\frac{\beta_c \xi}{2}\right) d\xi \simeq \ln\left(\frac{2e^\gamma}{\pi} \frac{\hbar\omega_c}{k_B T_c}\right)$$

となり，転移温度 T_c は次式のように求められる．

$$k_B T_c \simeq \frac{2e^\gamma}{\pi} \hbar\omega_c e^{-1/\rho g} \simeq 1.134 \hbar\omega_c e^{-1/\rho g} \tag{14.84}$$

式 (14.82) と (14.84) から，$2\Delta_0/k_B T_c = 2\pi/e^\gamma = 3.527\cdots$ は物質によらない普遍定数となる．単体元素からなる金属結晶の超伝導体では，$2\Delta_0/k_B T_c \approx 3.2 - 4.6$ の実測値が得られており，BCS の弱結合近似がおおよそ成立していると考えられる．

弱結合近似が成り立つ場合に，数値計算によって式 (14.80) を自己無撞着に解いて $\Delta(T)$ を数値的に求めることができる．$\Delta(T)$ は，温度 T の上昇とともに連続的に減少して $T = T_c$ でゼロになる．$\Delta(T)$ の T_c 近傍での温度依存性は，式 (14.83) の公式を用いて，次のように求められる．

$$\Delta(T) \simeq \pi \sqrt{\frac{8}{7\zeta(3)}} k_B T_c \sqrt{\frac{T_c - T}{T_c}} \tag{14.85}$$

ここで，$\zeta(3) = \pi^3/25.7944\cdots$, $\zeta(z) = \sum_{n=1}^\infty n^{-z}$ はリーマンのツェータ関数である．式 (14.85) の温度依存性 $(T_c - T)^{1/2}$ の指数 $1/2$ は，2 次相転移の平均場近似の場合に現れる普遍的な**臨界指数**（critical exponent）である．

14.5.7 準粒子スペクトルと状態密度

ギャップパラメータが $\bm{k}$ によらない定数のとき，準粒子スペクトル $E_{\bm{k}} = \sqrt{\xi_k^2 + \Delta^2}$ を ξ_k の関数として描画すると，図 14.1 のようになる．超伝導状態の準粒子に対する状態密度 $\rho_s(E_{\bm{k}})$ は，$\rho d\xi_k = \rho_s(E_{\bm{k}}) dE_{\bm{k}}$ および $\xi_k^2 = E_{\bm{k}}^2 - \Delta^2$ を用いて

$$\rho_s(E_{\bm{k}}) = \rho \frac{d\xi_k}{dE_{\bm{k}}} = \rho \frac{E_{\bm{k}}}{\sqrt{E_{\bm{k}}^2 - \Delta^2}} \tag{14.86}$$

と求められる．これは，図 14.2 に示したように，$E_{\bm{k}} \to$

Δ で発散する．

準粒子エネルギーは，図 14.1 のように Δ 以上の正の値のみをもつが，電子状態のエネルギーは $\pm E_{\bm{k}}$ であり，式 (14.74) からもわかるように，基底状態では負の分枝 $-E_{\bm{k}}$ に電子が分布している．電子状態は，グリーン関数を用いて解析できる．ここで，その詳細を議論する余裕はないが，グリーン関数のスペクトル（重み）関数 $A(\bm{k}, \omega)$ を求めることができて，1 粒子状態の状態密度が，常伝導状態に対して

$$\frac{A_0(\bm{k}, \omega)}{2\pi\hbar} = \delta(\hbar\omega - \xi_k)$$

超伝導状態に対して

$$\frac{A(\bm{k}, \omega)}{2\pi\hbar} = u_{\bm{k}}^2 \delta(\hbar\omega - E_{\bm{k}}) + |v_{\bm{k}}|^2 \delta(\hbar\omega + E_{\bm{k}})$$

と求められる．1 粒子状態密度はいずれも δ 関数で与えられ，常伝導状態ではエネルギー ξ_k で重率 1，超伝導状態では $-E_{\bm{k}}$ で重率 $|v_{\bm{k}}|^2$，$E_{\bm{k}}$ で重率 $u_{\bm{k}}^2$ である．図 14.3 に，ξ_k の関数として，上図は $\pm E_{\bm{k}}$ と ξ_k（緑の点線）を，下図は $|v_{\bm{k}}|^2$ と $u_{\bm{k}}^2$ を示した．$\Delta = 0$ の $|v_{\bm{k}}|^2$（緑の点線）は，絶対零度のフェルミ分布関数と同じで，常伝導状態では $\xi_k \leq 0$ の電子状態が占有されていることを表す．超伝導状態（$\Delta \neq 0$）では $|v_{\bm{k}}|^2$ は黒の実線のようになり，この ξ_k 依存性は，温度が

110   14. 多粒子系の波動関数と第2量子化

$T \simeq \Delta/k_B$ のときのフェルミ分布関数とおおよそ等しい振る舞いをしている.

外部から電子系に作用する摂動ハミルトニアンは, 一般に $\hat{H}' = \sum_{k'\sigma'k\sigma} A_{k'\sigma'k\sigma} c^{\dagger}_{k'\sigma'} c_{k\sigma}$ と書ける. このうち, 例えば $c^{\dagger}_{k'\uparrow} c_{k\uparrow}$ のような摂動が $|\psi_G\rangle$ に作用したとすると, 次のようになる.

$$c^{\dagger}_{k'\uparrow} c_{k\uparrow} |\psi_G\rangle \rightarrow u_{k'} v_k \gamma^{\dagger}_{k'\uparrow} \gamma^{\dagger}_{-k\downarrow} |\psi_G\rangle$$

この終状態では, $|k\uparrow, -k\downarrow\rangle$ と $|k'\uparrow, -k'\downarrow\rangle$ のクーパー対が壊れ, $|k\uparrow\rangle$ と $|-k'\downarrow\rangle$ は非占有（空孔）, $|-k\downarrow\rangle$ と $|k'\uparrow\rangle$ は占有状態になっている. この遷移に伴う励起エネルギーは, $E_k + E_{k'} \geq 2\Delta$ である.

14.5節のまとめ

- BCS模型：$\hat{\mathcal{H}} = \sum_k (\varepsilon_k - \mu)(c^{\dagger}_{k\uparrow} c_{k\uparrow} + c^{\dagger}_{-k\downarrow} c_{-k\downarrow}) + \sum_k \sum_{k'} c^{\dagger}_{k'\uparrow} c^{\dagger}_{-k'\downarrow} V_{k'k} c_{-k\downarrow} c_{k\uparrow}, \quad (\xi_k = \varepsilon_k - \mu)$

- 平均場近似：$\hat{\mathcal{H}}_m = \sum_k \{\xi_k c^{\dagger}_{k\uparrow} c_{k\uparrow} + \xi_k c^{\dagger}_{-k\downarrow} c_{-k\downarrow} + \Delta_k \langle c^{\dagger}_{k\uparrow} c^{\dagger}_{-k\downarrow}\rangle - \Delta_k c^{\dagger}_{k\uparrow} c^{\dagger}_{-k\downarrow} - \Delta^*_k c_{-k\downarrow} c_{k\uparrow}\}$

- ボゴリューボフ変換による対角化：$c_{k\uparrow} = u_k \gamma_{k\uparrow} + v_k \gamma^{\dagger}_{-k\downarrow}$, $c_{-k\downarrow} = u_k \gamma_{-k\downarrow} - v_k \gamma^{\dagger}_{k\uparrow}$, $u_k^2 + |v_k|^2 = 1$

  $$\hat{\mathcal{H}}_m = \sum_k \left\{ \xi_k - E_k + \Delta_k \langle c^{\dagger}_{k\uparrow} c^{\dagger}_{-k\downarrow}\rangle + E_k (\gamma^{\dagger}_{k\uparrow} \gamma_{k\uparrow} + \gamma^{\dagger}_{-k\downarrow} \gamma_{-k\downarrow}) \right\}, \quad E_k = \sqrt{\xi_k^2 + |\Delta_k|^2}$$

  $$u_k^2 = \frac{1}{2}\left(1 + \frac{\xi_k}{E_k}\right), \quad |v_k|^2 = \frac{1}{2}\left(1 - \frac{\xi_k}{E_k}\right), \quad u_k v_k = \frac{\Delta_k}{2E_k},$$

  $$\frac{A(k,\omega)}{2\pi\hbar} = u_k^2 \delta(\hbar\omega - E_k) + |v_k|^2 \delta(\hbar\omega + E_k)$$

- ギャップパラメータの温度変化：$\Delta_k = -\sum_{k'} V_{kk'} \langle c_{-k'\downarrow} c_{k'\uparrow}\rangle = -\sum_{k'} V_{kk'} \frac{\Delta_{k'}}{2E_{k'}} \tanh\left(\frac{\beta E_{k'}}{2}\right)$

15. 電子スピンの起源

量子力学の最終章では，電子スピンの起源が相対論的効果であること，また相対論的量子力学（relativistic quantum mechanics）から反粒子としての陽電子の存在が導かれることを学ぶ．この章では電子のみを扱い，その質量（静止質量）を m とする．

これまでの非相対論的量子力学において，運動エネルギーを表すハミルトニアンは次式で与えられる．

$$\hat{H} = \frac{\boldsymbol{p}^2}{2m} = -\frac{\hbar^2}{2m}\boldsymbol{\nabla}^2 \tag{15.1}$$

一方，相対性理論におけるエネルギー E は

$$E^2 = c^2\boldsymbol{p}^2 + m^2c^4$$

の関係式を満足するので，$E = \pm c\sqrt{\boldsymbol{p}^2 + m^2c^2}$ である．ここで，負のエネルギー解も意味があることが後でわかるが，とりあえず正のエネルギー解が相対論的量子力学のハミルトニアンを与えるとする，すなわち

$$\hat{H} = c\sqrt{\boldsymbol{p}^2 + m^2c^2} \tag{15.2}$$

とおく．電子の運動が遅く，$|\boldsymbol{p}| \ll mc$ であれば

$$\hat{H} = mc^2\sqrt{1 + \frac{\boldsymbol{p}^2}{m^2c^2}} \simeq mc^2 + \frac{\boldsymbol{p}^2}{2m}$$

とできるので，静止エネルギー（rest energy）を表す定数項 mc^2 を除いて，非相対論的量子力学の運動エネルギーハミルトニアン（式 (15.1)）が得られる．式 (15.1) では，$\boldsymbol{p} \to -i\hbar\boldsymbol{\nabla}$ とおいて量子論に移行した．しかし，そのような置き換えは，式 (15.2) では，平方根を含むために明確に定義できない．ディラックは式 (15.2) の右辺は，$\boldsymbol{p} = (p_x, p_y, p_z)$ の1次式でなければならないという要請をおいて，この問題を解決した．

以上の記述はやや言葉足らずであり，実際は次のような考察に基づいている．相対論においては，時間と位置座標，あるいはエネルギーと運動量が4元ベクトルの対等な変数でなければならない．後者は $(E/c, \boldsymbol{p})$ であり，量子論の演算子で表すと

$$\left(\frac{i\hbar}{c}\frac{\partial}{\partial t}, -i\hbar\boldsymbol{\nabla}\right) = \left(\frac{i\hbar}{c}\frac{\partial}{\partial t}, -i\hbar\frac{\partial}{\partial x}, -i\hbar\frac{\partial}{\partial y}, -i\hbar\frac{\partial}{\partial z}\right)$$

で与えられる．これらの演算子を対等な形で含む方程式が，ディラックによって導かれた．

15.1 ディラック方程式

15.1.1 ディラックの仮定

式 (15.2) を c で割って，$\hat{H}/c = \sqrt{\boldsymbol{p}^2 + m^2c^2}$ とした右辺が，次のように

$$\sqrt{\boldsymbol{p}^2 + m^2c^2} = \alpha_x p_x + \alpha_y p_y + \alpha_z p_z + \alpha_m mc \tag{15.3}$$

$\boldsymbol{p} = (p_x, p_y, p_z)$ の1次式で表されると，ディラックは仮定した．$(\alpha_x, \alpha_y, \alpha_z, \alpha_m)$ が普通の数（複素数）では，式 (15.3) が成り立たないのは明らかである．したがって，$(\alpha_x, \alpha_y, \alpha_z, \alpha_m)$ の要素間の順序を変えないように注意して，式 (15.3) の両辺の2乗をとる．ただし，$\boldsymbol{p} = (p_x, p_y, p_z)$ とは無関係であると仮定して

$$p_x^2 + p_y^2 + p_z^2 + m^2c^2$$
$$= \alpha_x^2 p_x^2 + \alpha_y^2 p_y^2 + \alpha_z^2 p_z^2 + \alpha_m^2 m^2c^2$$
$$+ (\alpha_x\alpha_y + \alpha_y\alpha_x)p_xp_y + (\alpha_y\alpha_z + \alpha_z\alpha_y)p_yp_z$$
$$+ (\alpha_z\alpha_x + \alpha_x\alpha_z)p_zp_x + (\alpha_x\alpha_m + \alpha_m\alpha_x)p_xmc$$
$$+ (\alpha_y\alpha_m + \alpha_m\alpha_y)p_ymc + (\alpha_z\alpha_m + \alpha_m\alpha_z)p_zmc$$

を得る．この両辺が等しいためには

$$\alpha_x^2 = \alpha_y^2 = \alpha_z^2 = \alpha_m^2 = 1,$$
$$(\alpha_x\alpha_y + \alpha_y\alpha_x) = (\alpha_y\alpha_z + \alpha_z\alpha_y)$$
$$= (\alpha_z\alpha_x + \alpha_x\alpha_z) = (\alpha_x\alpha_m + \alpha_m\alpha_x)$$
$$= (\alpha_y\alpha_m + \alpha_m\alpha_y) = (\alpha_z\alpha_m + \alpha_m\alpha_z) = 0$$

でなければならない．これらの関係式はまとめて

$$\alpha_\mu\alpha_\nu + \alpha_\nu\alpha_\mu = 2\delta_{\mu\nu} \tag{15.4}$$
$$(\mu = x, y, z, m; \ \nu = x, y, z, m)$$

と表される．

15.1.2 ディラック行列

式 (15.4) は，α_μ（$\mu = x, y, z, m$）が反交換関係を満たすことを示している．4個の反交換する量の表示を得るためには，少なくとも4行4列の行列を用いる必要がある．それら四つの行列は，次のように表される．

$$\hat{\alpha}_x = \begin{pmatrix} 0 & 0 & 0 & 1 \\ 0 & 0 & 1 & 0 \\ 0 & 1 & 0 & 0 \\ 1 & 0 & 0 & 0 \end{pmatrix} = \begin{pmatrix} \hat{0}^{(2)} & \hat{\sigma}_x^{(2)} \\ \hat{\sigma}_x^{(2)} & \hat{0}^{(2)} \end{pmatrix}$$

$$\hat{\alpha}_y = \begin{pmatrix} 0 & 0 & 0 & -i \\ 0 & 0 & i & 0 \\ 0 & -i & 0 & 0 \\ i & 0 & 0 & 0 \end{pmatrix} = \begin{pmatrix} \hat{0}^{(2)} & \hat{\sigma}_y^{(2)} \\ \hat{\sigma}_y^{(2)} & \hat{0}^{(2)} \end{pmatrix}$$

$$\hat{\alpha}_z = \begin{pmatrix} 0 & 0 & 1 & 0 \\ 0 & 0 & 0 & -1 \\ 1 & 0 & 0 & 0 \\ 0 & -1 & 0 & 0 \end{pmatrix} = \begin{pmatrix} \hat{0}^{(2)} & \hat{\sigma}_z^{(2)} \\ \hat{\sigma}_z^{(2)} & \hat{0}^{(2)} \end{pmatrix}$$

$$\hat{\alpha}_m = \begin{pmatrix} 1 & 0 & 0 & 0 \\ 0 & 1 & 0 & 0 \\ 0 & 0 & -1 & 0 \\ 0 & 0 & 0 & -1 \end{pmatrix} = \begin{pmatrix} \hat{1}^{(2)} & \hat{0}^{(2)} \\ \hat{0}^{(2)} & -\hat{1}^{(2)} \end{pmatrix}$$

ここで，五つの 2 行 2 列の行列を，$(\hat{\sigma}_x^{(2)}, \hat{\sigma}_y^{(2)}, \hat{\sigma}_z^{(2)}) \equiv \hat{\boldsymbol{\sigma}}^{(2)}$（パウリ行列），$\hat{1}^{(2)}$（単位行列），$\hat{0}^{(2)}$（零行列）と定義した．これらをまとめて表記して，次式を得る．

$$\hat{\boldsymbol{\alpha}} = \begin{pmatrix} \hat{0}^{(2)} & \hat{\boldsymbol{\sigma}}^{(2)} \\ \hat{\boldsymbol{\sigma}}^{(2)} & \hat{0}^{(2)} \end{pmatrix} \tag{15.5a}$$

$$\hat{\alpha}_m = \begin{pmatrix} \hat{1}^{(2)} & \hat{0}^{(2)} \\ \hat{0}^{(2)} & -\hat{1}^{(2)} \end{pmatrix} \tag{15.5b}$$

パウリ行列を基本とした六つの行列 $\hat{\boldsymbol{\sigma}}$ と $\hat{\boldsymbol{\rho}}$ を

$$\hat{\boldsymbol{\sigma}} \equiv \begin{pmatrix} \hat{\boldsymbol{\sigma}}^{(2)} & \hat{0}^{(2)} \\ \hat{0}^{(2)} & \hat{\boldsymbol{\sigma}}^{(2)} \end{pmatrix} \tag{15.6a}$$

$$\hat{\rho}_x \equiv \begin{pmatrix} \hat{0}^{(2)} & \hat{1}^{(2)} \\ \hat{1}^{(2)} & \hat{0}^{(2)} \end{pmatrix}, \quad \hat{\rho}_y \equiv \begin{pmatrix} \hat{0}^{(2)} & -i\hat{1}^{(2)} \\ i\hat{1}^{(2)} & \hat{0}^{(2)} \end{pmatrix}$$

$$\hat{\rho}_z \equiv \begin{pmatrix} \hat{1}^{(2)} & \hat{0}^{(2)} \\ \hat{0}^{(2)} & -\hat{1}^{(2)} \end{pmatrix} \tag{15.6b}$$

と定義すると，$(\hat{\boldsymbol{\alpha}}, \hat{\alpha}_m)$ は

$$(\hat{\boldsymbol{\alpha}}, \hat{\alpha}_m) = (\hat{\rho}_x \hat{\boldsymbol{\sigma}}, \hat{\rho}_z) \tag{15.7}$$

と表すことができる．この $(\hat{\boldsymbol{\sigma}}, \hat{\boldsymbol{\rho}})$ を用いた表現をディラック表現という．また，$\hat{\boldsymbol{\alpha}}$ と $\hat{\boldsymbol{\sigma}}$ は，次の関係式

$$\hat{\alpha}_x \hat{\alpha}_y = i\hat{\sigma}_z, \quad \hat{\alpha}_y \hat{\alpha}_z = i\hat{\sigma}_x, \quad \hat{\alpha}_z \hat{\alpha}_x = i\hat{\sigma}_y \tag{15.8}$$

を満たす．

15.1.3 相対論的量子力学のハミルトニアン

以上から，相対論的量子力学におけるハミルトニアン $\hat{H}$ とディラック方程式が，$(\boldsymbol{p} = -i\hbar \boldsymbol{\nabla}$ として$)$

$$\hat{H} = c\hat{\boldsymbol{\alpha}} \cdot \boldsymbol{p} + \hat{\alpha}_m mc^2 \tag{15.9}$$

$$(= c\hat{\rho}_x \hat{\boldsymbol{\sigma}} \cdot \boldsymbol{p} + \hat{\rho}_z mc^2)$$

$$i\hbar \frac{\partial}{\partial t} \hat{\Psi}(\boldsymbol{r}, t) = \hat{H} \hat{\Psi}(\boldsymbol{r}, t) \tag{15.10}$$

と求められた．ここで，$\hat{H}$ が 4 行 4 列の行列で表されるので，波動関数は 4 成分の列ベクトル

$$\hat{\Psi}(\boldsymbol{r}, t) = \begin{pmatrix} \Psi_1(\boldsymbol{r}, t) \\ \Psi_2(\boldsymbol{r}, t) \\ \Psi_3(\boldsymbol{r}, t) \\ \Psi_4(\boldsymbol{r}, t) \end{pmatrix} \tag{15.11}$$

でなければならない．$\hat{H}$ の $\hat{\alpha}_m mc^2$ の項からわかるように，波動関数の 4 成分のうち Ψ_1 と Ψ_2 は正の静止エネルギーを，Ψ_3 と Ψ_4 は負の静止エネルギーをもつ．前者は通常の粒子としての電子状態を表し，後者は反粒子（antiparticle）の陽電子（positron）の存在に関わるが，その詳細は 15.4 節で議論する．

Ψ_1 と Ψ_2 の状態は，次の 15.2 節でみるように，それぞれ↑スピンと↓スピンの状態に対応する．Ψ_3 と Ψ_4 も同様に↑と↓スピンの状態に対応する．

15.1 節のまとめ

- 相対論では，(ct, x, y, z) あるいは $(E/c, p_x, p_y, p_z) = (E/c, \boldsymbol{p})$ の 4 成分が対等な変数でなければならない．量子論では，$(E/c, \boldsymbol{p}) = (i\hbar \partial/\partial(ct), -i\hbar \boldsymbol{\nabla})$ であり，ディラック方程式はこれらの演算子を対等に含む．

- ディラックが仮定したハミルトニアン $\hat{H}$ は，$\hat{H}/c = \sqrt{\boldsymbol{p}^2 + m^2 c^2} = \alpha_x p_x + \alpha_y p_y + \alpha_z p_z + \alpha_m mc$. これを 2 乗した等式から，$(\alpha_x, \alpha_y, \alpha_z, \alpha_m)$ は，$\alpha_\mu \alpha_\nu + \alpha_\nu \alpha_\mu = 2\delta_{\mu\nu}$ $(\mu, \nu = x, y, z, m)$ を満足する必要があり，それらは 4×4 のディラック行列：$(\hat{\boldsymbol{\alpha}}, \hat{\alpha}_m) = (\hat{\alpha}_x, \hat{\alpha}_y, \hat{\alpha}_z, \hat{\alpha}_m)$（式 (15.5a–b)）で与えられる．

- パウリ行列を基本とした 4×4 の行列：$\hat{\boldsymbol{\sigma}}$（式 (15.6a)），$\hat{\boldsymbol{\rho}}$（式 (15.6b)）を定義する．これらを用いてディラック行列は $(\hat{\boldsymbol{\alpha}}, \hat{\alpha}_m) = (\hat{\rho}_x \hat{\boldsymbol{\sigma}}, \hat{\rho}_z)$ と表される．また，$\hat{\alpha}_x \hat{\alpha}_y = i\hat{\sigma}_z$，$\hat{\alpha}_y \hat{\alpha}_z = i\hat{\sigma}_x$，$\hat{\alpha}_z \hat{\alpha}_x = i\hat{\sigma}_y$ の関係がある．

- ディラック方程式は

$$i\hbar\frac{\partial}{\partial t}\hat{\Psi}(\boldsymbol{r},t) = \hat{H}\hat{\Psi}(\boldsymbol{r},t) = (c\hat{\boldsymbol{\alpha}}\cdot\boldsymbol{p} + \hat{\alpha}_m mc^2)\hat{\Psi}(\boldsymbol{r},t)$$

ここで，波動関数 $\hat{\Psi}(\boldsymbol{r},t) = (\Psi_1,\Psi_2,\Psi_3,\Psi_4)^t$ の4成分のうち，$(\Psi_1,\Psi_2)^t$ は正の静止質量 mc^2，$(\Psi_3,\Psi_4)^t$ は負の静止質量 $-mc^2$ をもつ．

15.2　電子の磁気モーメント

　この節で，相対論的量子力学に基づいて，電子の磁気モーメントを導く．

15.2.1　電子の運動量の保存則

　ハミルトニアン $\hat{H}$ が式 (15.9) で与えられるとき，電子の運動量 $\boldsymbol{p}$ は保存する．これは，$[\boldsymbol{p},\boldsymbol{p}] = [\boldsymbol{p},\hat{\boldsymbol{\alpha}}] = [\boldsymbol{p},\hat{\alpha}_m] = 0$ から $[\boldsymbol{p},\hat{H}] = 0$ が容易に導かれるからである．

　後の議論のために，この保存則をハイゼンベルク表示の演算子 (11.8) が満たすハイゼンベルクの運動方程式 (11.10) に基づいて導くとどうなるかをみておく．$\boldsymbol{p}$ のハイゼンベルク表示での演算子は

$$\boldsymbol{p}_{\mathrm{H}}(t) = e^{i\hat{H}t/\hbar}\boldsymbol{p}\,e^{-i\hat{H}t/\hbar}$$

であり，また $\partial\boldsymbol{p}/\partial t = 0$ なので，運動方程式は

$$\frac{d\boldsymbol{p}_{\mathrm{H}}(t)}{dt} = -\frac{i}{\hbar}[\boldsymbol{p}_{\mathrm{H}}(t),\hat{H}]$$

ここで，$[\boldsymbol{p},\hat{H}] = 0$，ゆえに $[\boldsymbol{p},e^{\pm i\hat{H}t/\hbar}] = 0$ なので

$$[\boldsymbol{p}_{\mathrm{H}}(t),\hat{H}] = [e^{i\hat{H}t/\hbar}\boldsymbol{p}\,e^{-i\hat{H}t/\hbar},\hat{H}] = [\boldsymbol{p},\hat{H}] = 0$$

$$\therefore\ \frac{d\boldsymbol{p}_{\mathrm{H}}(t)}{dt} = 0\quad \therefore\ \boldsymbol{p}_{\mathrm{H}}(t) = (\text{一定})$$

が導かれる．つまり，$\boldsymbol{p}_{\mathrm{H}}(t) = (\text{一定})$ を示すには，シュレーディンガー表示の $\boldsymbol{p}$ について $[\boldsymbol{p},\hat{H}] = 0$ を示せば十分だということである．

15.2.2　軌道角運動量 l と $\hat{H}$ の交換関係

　軌道角運動量 $\boldsymbol{l}$ と $\hat{H}$ の交換関係を調べる．以下の議論のために，8.1節の式 (8.3a) で $\boldsymbol{L}\to\boldsymbol{l}$ とした $[l_x,l_y] = i\hbar l_z$ などを次のように表す．

$$[l_\lambda,l_\mu] = i\hbar\sum_\nu \epsilon_{\lambda\mu\nu}l_\nu \qquad (15.12)$$

ここで，λ，μ，ν はそれぞれ x，y，z のいずれか，$\epsilon_{\lambda\mu\nu}$ は

$$\epsilon_{xyz} = \epsilon_{yzx} = \epsilon_{zxy} = -\epsilon_{xzy} = -\epsilon_{zyx} = -\epsilon_{yxz} = 1$$

$$\epsilon_{\lambda\mu\mu} = \epsilon_{\mu\lambda\mu} = \epsilon_{\mu\mu\lambda} = 0$$

で定義される3階の反対称単位テンソル（antisymmetric unit tensor of rank three）である．

　この記法で，$\boldsymbol{l} = \boldsymbol{r}\times\boldsymbol{p}$ は

$$l_\lambda = \sum_{\mu\nu}\epsilon_{\lambda\mu\nu}r_\mu p_\nu \qquad (15.13)$$

$((r_x,r_y,r_z)\equiv(x,y,z))$ と表される．また，式 (15.12) は，$\boldsymbol{l}\times\boldsymbol{l} = i\hbar\boldsymbol{l}$ と表すこともできる．

　$[\boldsymbol{l},\hat{H}]$ を考えると，$[\boldsymbol{l},\hat{\boldsymbol{\alpha}}] = [\boldsymbol{l},\hat{\alpha}_m] = 0$ は容易に示せるので，$[l_\lambda,\hat{H}] = \sum_\xi c\hat{\alpha}_\xi[l_\lambda,p_\xi]$ であり，ここで

$$[l_\lambda,p_\xi] = \sum_{\mu\nu}\epsilon_{\lambda\mu\nu}[r_\mu p_\nu,p_\xi] = \sum_{\mu\nu}\epsilon_{\lambda\mu\nu}[r_\mu,p_\xi]p_\nu$$

$$= \sum_{\mu\nu}\epsilon_{\lambda\mu\nu}i\hbar\delta_{\mu\xi}p_\nu = i\hbar\sum_\nu\epsilon_{\lambda\xi\nu}p_\nu$$

$$\therefore\ [l_\lambda,\hat{H}] = c\sum_\xi\hat{\alpha}_\xi[l_\lambda,p_\xi] = ic\hbar\sum_{\xi\nu}\epsilon_{\lambda\xi\nu}\hat{\alpha}_\xi p_\nu$$

が導かれる．これをベクトルで表すと，次式になる．

$$[\boldsymbol{l},\hat{H}] = ic\hbar\hat{\boldsymbol{\alpha}}\times\boldsymbol{p} \qquad (15.14)$$

すなわち，$\boldsymbol{l}$ は $\hat{H}$ と交換しないので，$\boldsymbol{l}$ は保存されない．

15.2.3　パウリ行列と $\hat{H}$ の交換関係

　次に，式 (15.6a) の $\hat{\boldsymbol{\sigma}}$（パウリ行列 $\hat{\boldsymbol{\sigma}}^{(2)}$ を対角成分にもつ）と $\hat{H}$ の交換関係を調べよう．$\hat{\boldsymbol{\sigma}}$ の成分間の交換関係は $\hat{\boldsymbol{\sigma}}^{(2)}$ と同じであるが，それらは $\hat{\boldsymbol{\sigma}}\times\hat{\boldsymbol{\sigma}} = 2i\hat{\boldsymbol{\sigma}}$，または，$\boldsymbol{l}$ に対する式 (15.12) と同じ記法で表すと

$$[\hat{\sigma}_\lambda,\hat{\sigma}_\mu] = 2i\sum_\nu\epsilon_{\lambda\mu\nu}\hat{\sigma}_\nu \qquad (15.15)$$

と書ける．$[\hat{\boldsymbol{\sigma}},\boldsymbol{p}] = [\hat{\boldsymbol{\sigma}},\hat{\alpha}_m] = 0$ なので，$[\hat{\sigma}_\lambda,\hat{H}] = \sum_\xi c[\hat{\sigma}_\lambda,\hat{\alpha}_\xi]p_\xi$ である．ここで，$[\hat{\sigma}_\lambda,\hat{\alpha}_\xi]$ は

$$[\hat{\sigma}_\lambda,\hat{\alpha}_\xi] = \begin{pmatrix}\hat{0}^{(2)} & [\hat{\sigma}_\lambda^{(2)},\hat{\sigma}_\xi^{(2)}] \\ [\hat{\sigma}_\lambda^{(2)},\hat{\sigma}_\xi^{(2)}] & \hat{0}^{(2)}\end{pmatrix} = 2i\sum_\nu\epsilon_{\lambda\xi\nu}\hat{\alpha}_\nu$$

$$\therefore\ [\hat{\sigma}_\lambda,\hat{H}] = c\sum_\xi[\hat{\sigma}_\lambda,\hat{\alpha}_\xi]p_\xi = 2ic\sum_{\xi\nu}\epsilon_{\lambda\xi\nu}p_\xi\hat{\alpha}_\nu$$

となるので，$[\hat{\boldsymbol{\sigma}},\hat{H}]$ として次式を得る．

$$[\hat{\boldsymbol{\sigma}},\hat{H}] = 2ic\boldsymbol{p}\times\hat{\boldsymbol{\alpha}} = -2ic\hat{\boldsymbol{\alpha}}\times\boldsymbol{p} \qquad (15.16)$$

15.2.4 全角運動量保存則

式 (15.16) の右辺は, 式 (15.14) の右辺と, 数因子 $-2/\hbar$ だけが異なるので, 式 (15.16) に $\hbar/2$ を掛けて式 (15.14) に加えると, 右辺は相殺して次式を得る.

$$\left[\boldsymbol{l} + \frac{\hbar}{2}\hat{\boldsymbol{\sigma}}, \hat{H}\right] = 0 \qquad (15.17)$$

したがって, スピン角運動量 $\boldsymbol{s}$ と全角運動量 $\boldsymbol{j}$ を

$$\boldsymbol{s} \equiv \frac{\hbar}{2}\hat{\boldsymbol{\sigma}} \qquad (15.18)$$

$$\boldsymbol{j} \equiv \boldsymbol{l} + \boldsymbol{s} \qquad (15.19)$$

と定義すると, $[\boldsymbol{j}, \hat{H}] = 0$ なので

$$\frac{d\boldsymbol{j}_{\mathrm{H}}(t)}{dt} = -\frac{i}{\hbar}[\boldsymbol{j}_{\mathrm{H}}(t), \hat{H}] = 0 \quad \therefore \quad \boldsymbol{j}_{\mathrm{H}}(t) = (\text{一定})$$

すなわち, 全角運動量保存則が導かれる.

非相対論的量子力学では, 中心力場 $V(r)$ のもとで, 軌道角運動量 $\boldsymbol{l}$ が保存量 ((l, m) がよい量子数) であった. 一方, 相対論的量子力学では, スピン角運動量 $\boldsymbol{s}$ の存在が自然に導かれる. また, 式 (15.9) の $\hat{H}$ にポテンシャル項 $\hat{V}(r) = V(r)\hat{1}^{(4)}$ を加えても, $[\boldsymbol{l}, \hat{V}(r)] = [\hat{\boldsymbol{\sigma}}, \hat{V}(r)] = 0$ からこの節の議論がそのまま成り立つ. したがって, 相対論的量子力学では, 中心力場のもとでは, 全角運動量 $\boldsymbol{j} = \boldsymbol{l} + \boldsymbol{s}$ が保存量になる.

15.2.5 電子の速度

これまで, $[\boldsymbol{p}, \hat{H}]$, $[\boldsymbol{l}, \hat{H}]$, $[\hat{\boldsymbol{\sigma}}, \hat{H}]$ を求めて, 運動量保存則や全角運動量保存則を議論してきた. 同様に $[\boldsymbol{r}, \hat{H}]$ を計算して, 電子の自由な運動について考察することには意味がある.

$[\boldsymbol{r}, \hat{H}]$ を考えると, $[\boldsymbol{r}, \hat{\boldsymbol{\alpha}}] = [\boldsymbol{r}, \alpha_m] = 0$ より

$$[r_\lambda, \hat{H}] = \sum_\xi c\hat{\alpha}_\xi[r_\lambda, p_\xi] = \sum_\xi c\hat{\alpha}_\xi i\hbar\delta_{\lambda\xi} = ic\hbar\hat{\alpha}_\lambda$$

$$\therefore \quad [\boldsymbol{r}, \hat{H}] = ic\hbar\hat{\boldsymbol{\alpha}}$$

が得られる. これからハイゼンベルク表示に移ると

$$[\boldsymbol{r}_{\mathrm{H}}(t), \hat{H}] = [e^{i\hat{H}t/\hbar}\boldsymbol{r}e^{-i\hat{H}t/\hbar}, e^{i\hat{H}t/\hbar}\hat{H}e^{-i\hat{H}t/\hbar}]$$
$$= e^{i\hat{H}t/\hbar}[\boldsymbol{r}, \hat{H}]e^{-i\hat{H}t/\hbar} = ic\hbar e^{i\hat{H}t/\hbar}\hat{\boldsymbol{\alpha}}e^{-i\hat{H}t/\hbar}$$

$$\therefore \quad \frac{d\boldsymbol{r}_{\mathrm{H}}(t)}{dt} = -\frac{i}{\hbar}[\boldsymbol{r}_{\mathrm{H}}(t), \hat{H}] = c\hat{\boldsymbol{\alpha}}_{\mathrm{H}}(t)$$

となるが, この表記は少々煩わしいので, 以降は添え字 H と (t) を省略し, また $d\boldsymbol{r}/dt$ は速度を表すとして

$$\boldsymbol{v} \equiv \frac{d\boldsymbol{r}}{dt} = -\frac{i}{\hbar}[\boldsymbol{r}, \hat{H}] = c\hat{\boldsymbol{\alpha}} \qquad (15.20)$$

と書く. このようにして, $\boldsymbol{v} = c\hat{\boldsymbol{\alpha}}$ が得られた.

$\hat{\boldsymbol{\alpha}}$ の各成分は元々 $\hat{\alpha}_\lambda^2 = 1$ を満たすように要請され

ており, その固有値は ± 1 だから, 速度の各成分は, $v_\lambda = \pm c$ となる.

今, 自由な電子の運動を考えており, 15.2.1 項で示したように運動量 $\boldsymbol{p}$ は保存されるので, 運動量は初期条件で決まる一定の大きさ $p = |\boldsymbol{p}|$ をもつ. 電子の質量は有限 ($m \neq 0$) だから, $|\boldsymbol{p}| < mc$ でなければならない. あるいは, 相対論で考えても, 解析力学のハミルトン方程式 ($\dot{q}_\lambda = \partial H/p_\lambda$, ここでは $q_\lambda = r_\lambda$) から

$$v_\lambda \equiv \dot{r}_\lambda = \frac{\partial E}{\partial p_\lambda} = \frac{\partial c\sqrt{\boldsymbol{p}^2 + m^2 c^2}}{\partial p_\lambda} = \frac{c^2 p_\lambda}{E} \tag{15.21}$$

($|\boldsymbol{p}| \ll mc$ のときは, $v_\lambda \approx p_\lambda/m$) が成り立つはずで, $v_\lambda = \pm c$ の結果はそれらと矛盾するようにみえる. 自由電子の運動についての, この一見矛盾する結果は, 電子の Zitterbewegung (震え運動; trembling motion) という概念に導いた.

15.2.6 Zitterbewegung (震え運動)

ディラック方程式のハミルトニアン $\hat{H}$ に対して, $[\boldsymbol{p}, \hat{H}] = 0$ から $\boldsymbol{p}$ は保存量であるが, $\boldsymbol{v} = c\hat{\boldsymbol{\alpha}}$ は $[\hat{\boldsymbol{\alpha}}, \hat{H}] \neq 0$ のために保存量ではない. $[\hat{\alpha}_\lambda, \hat{H}]$ は

$$[\hat{\alpha}_\lambda, \hat{H}] = 2\hat{\alpha}_\lambda\hat{H} - \{\hat{\alpha}_\lambda, \hat{H}\}$$
$$= 2\hat{\alpha}_\lambda\hat{H} - c\sum_\mu\{\hat{\alpha}_\lambda, \hat{\alpha}_\mu\}p_\mu$$
$$= 2\hat{\alpha}_\lambda\hat{H} - 2cp_\lambda$$

($\{\hat{\alpha}_\lambda, \hat{\alpha}_m\} = 0$ に注意) となる. したがって, ハイゼンベルク表示の $e^{i\hat{H}t/\hbar}\hat{\alpha}_\lambda e^{-i\hat{H}t/\hbar}$ を $\hat{\alpha}_\lambda(t)$ と書いて

$$\dot{\hat{\alpha}}_\lambda(t) \equiv \frac{d\hat{\alpha}_\lambda(t)}{dt} = -i\frac{2}{\hbar}\hat{\alpha}_\lambda(t)\hat{H} + i\frac{2c}{\hbar}p_\lambda \tag{15.22}$$

ここで, エネルギーと運動量は保存量なので, $\hat{H} \to E =$ (定数), $p_\lambda =$ (定数) とおいて t で微分すると

$$\frac{d\dot{\hat{\alpha}}_\lambda(t)}{dt} = -i\frac{2E}{\hbar}\dot{\hat{\alpha}}_\lambda(t)$$

$$\therefore \quad \dot{\hat{\alpha}}_\lambda(t) = \dot{\hat{\alpha}}_\lambda(0)e^{-i2Et/\hbar} \tag{15.23}$$

この式 (15.23) を式 (15.22) に代入して

$$\dot{\hat{\alpha}}_\lambda(0)e^{-i2Et/\hbar} = -i\frac{2}{\hbar}\hat{\alpha}_\lambda(t)E + i\frac{2c}{\hbar}p_\lambda$$

$$\therefore \quad \hat{\alpha}_\lambda(t) = \frac{cp_\lambda}{E} + i\frac{\hbar}{2E}\dot{\hat{\alpha}}_\lambda(0)e^{-i2Et/\hbar} \tag{15.24}$$

を得る. 式 (15.24) で $t = 0$ とおいて, 右辺第 2 項は

$$i\frac{\hbar}{2E}\dot{\hat{\alpha}}_\lambda(0) = \hat{\alpha}_\lambda(0) - \frac{cp_\lambda}{E}$$

となることを用いると, 速度 $v_\lambda(t) = c\hat{\alpha}_\lambda(t)$ は

$$v_\lambda(t) = \frac{c^2 p_\lambda}{E} + c\left(\hat{\alpha}_\lambda(0) - \frac{cp_\lambda}{E}\right) e^{-i2Et/\hbar}$$

(15.25)

と表されることがわかる.

式 (15.25) の右辺第 1 項 $c^2 p_\lambda/E$ は定数項であり, 等速直線運動 (量子論では波束の運動) を表し, 古典論 (相対論) における速度と運動量の関係を満たす.

第 2 項は振動項であり, 電子が古典的な直線運動のまわりで振動することを示している. この振動を含む運動は Zitterbewegung (震え運動) とよばれる. その振動数 $\omega = 2E/\hbar$ は, 少なくとも $2E/\hbar \geq 2mc^2/\hbar \sim 10^{21}$ Hz 程度である. $(\hat{\alpha}_\lambda(0) - cp_\lambda/E) \sim \pm 1$ なので, 電子の瞬間的な速度が $\pm c$ であることと矛盾しない. 振動項の振幅を評価するために, 式 (15.25) を t で積分して

$$r_\lambda(t) = r_\lambda(0) + \frac{c^2 p_\lambda}{E} t$$
$$+ \frac{c\hbar}{2E}\left(\hat{\alpha}_\lambda(0) - \frac{cp_\lambda}{E}\right) e^{-i(2Et/\hbar - \pi/2)}$$

(15.26)

を得る. 今, 電子が古典的な運動としては座標原点に静止していて, $r(0) = 0$, $p = 0$, したがって $E = mc^2$ のとき, 式 (15.26) は, ($\hat{\alpha}_\lambda(0) = \pm 1$ より)

$$r_\lambda(t) = \pm \frac{\hbar}{2mc} e^{-i(2mc^2 t/\hbar - \pi/2)} \quad (15.27)$$

となり, 振動項が残る. 振動項の振幅はこの静止しているときが最も大きく, $\hbar/2mc \sim 10^{-13}$ m $= 10^{-1}$ pm 程度である. この振幅は, 電子のコンプトン波長 $\lambda_C \equiv h/mc$ の $1/4\pi$ であり, 安定な電子の最小波束の大きさ (幅) と関係している. これについては, 15.4.4 項で改めて議論する.

式 (15.26) から, 電子が直線運動をして $|p_\lambda|$ が増加すると, E も増加することと合わせて, r_λ の振動項の振幅は減少する (振動数は増加する) ことがわかる. $p_\lambda = mv_\lambda/\sqrt{1 - v^2/c^2}$ から $v_\lambda \to \pm c$ で $p_\lambda \to \pm\infty$ となりうる. 少なくとも, $|p| \gg mc$ となると, $E = c\sqrt{p^2 + m^2 c^2} \to c|p_\lambda|$ となるので, 振動項の振幅は $(\hat{\alpha}_\lambda(0) - cp_\lambda/c|p_\lambda|) \to (\pm 1 \mp 1) = 0$ から 0 となる. ただし, この場合も, 運動方向に垂直な 2 方向では $p_{\lambda'} = 0$ なので, 小さな振幅 $\hbar/2|p_\lambda|$ で, 大きな振動数 $2|p_\lambda|c/\hbar$ の振動が残っている.

また, 電子の運動を, ディラック方程式の解で波束を作って解析すると, 正のエネルギーをもつ解だけで波束を構成したときは, 古典的な $c^2 p_\lambda/E$ の項だけが残り, 振動解 (Zitterbewegung) は消える. このことは, Zitterbewegung は, 正のエネルギー解と負のエネルギー解の干渉効果であることを示している. $v = c\boldsymbol{\alpha}$ に立ち返れば, そもそも $\boldsymbol{\alpha}$ は正と負のエネルギー解を結び付ける演算子なので, これは当然のことである.

15.2 節のまとめ

- $\hat{H} = c\hat{\boldsymbol{\alpha}} \cdot \boldsymbol{p} + \hat{\alpha}_m mc^2$ に対して, $[\boldsymbol{p}, \hat{H}] = 0$ から電子の運動量 $\boldsymbol{p}$ (の期待値) は保存される.

- 軌道角運動量 $\boldsymbol{l} = \boldsymbol{r} \times \boldsymbol{p}$ に対して $[\boldsymbol{l}, \hat{H}] = ic\hbar\hat{\boldsymbol{\alpha}} \times \boldsymbol{p}$, パウリ行列 $\hat{\boldsymbol{\sigma}}$ に対して $[\hat{\boldsymbol{\sigma}}, \hat{H}] = -2ic\hat{\boldsymbol{\alpha}} \times \boldsymbol{p}$ なので $[\boldsymbol{l} + (\hbar/2)\hat{\boldsymbol{\sigma}}, \hat{H}] = 0$, ゆえにスピン角運動量を $\boldsymbol{s} = (\hbar/2)\hat{\boldsymbol{\sigma}}$, 全角運動量を $\boldsymbol{j} = \boldsymbol{l} + \boldsymbol{s}$ とすると, $\boldsymbol{j}$ は保存される.

- 電子の速度と震え運動 (Zitterbewegung): 電子の位置座標 $\boldsymbol{r}$ についてのハイゼンベルクの運動方程式から $\boldsymbol{v}(t) = d\boldsymbol{r}(t)/dt = -(i/\hbar)[\boldsymbol{r}, \hat{H}] = c\hat{\boldsymbol{\alpha}}$, $\hat{\boldsymbol{\alpha}}$ の固有値は ± 1 なので, v_λ ($\lambda = x, y, z$) の固有値は $\pm c$ (光速) である.

- $dv_\lambda(t)/dt = dc\hat{\alpha}_\lambda(t)/dt = -(i/\hbar)[c\hat{\alpha}_\lambda(t), \hat{H}]$ から,

$$v_\lambda(t) = \frac{c^2 p_\lambda}{E} + c\left(\hat{\alpha}_\lambda(0) - \frac{cp_\lambda}{E}\right) e^{-i2Et/\hbar},$$

$$r_\lambda(t) = r_\lambda(0) + \frac{c^2 p_\lambda}{E} t + \frac{c\hbar}{2E}\left(\hat{\alpha}_\lambda(0) - \frac{cp_\lambda}{E}\right) e^{-i(2Et/\hbar - \pi/2)}$$

と, 振動項を含む震え運動 (Zitterbewegung) の解が得られる.

15.3 スピン軌道相互作用

第13章で原子の多重項構造を議論する際に，電子のスピン軌道相互作用（13.1節）を考慮することが必要だった．その起源が電子の運動の相対論的効果であることを示そう．

15.3.1 電磁場のもとでのディラック方程式

そのために，まずディラック方程式に電磁場を導入する．電磁場が，スカラーポテンシャル ϕ とベクトルポテンシャル $\boldsymbol{A}$ で

$$\boldsymbol{E} = -\boldsymbol{\nabla}\phi - \frac{\partial \boldsymbol{A}}{\partial t} \qquad (15.28a)$$

$$\boldsymbol{B} = \boldsymbol{\nabla} \times \boldsymbol{A} \qquad (15.28b)$$

と表されるとき，ディラックのハミルトニアンは

$$\hat{H} = c\hat{\boldsymbol{\alpha}} \cdot (\boldsymbol{p} + e\boldsymbol{A}) - e\phi + \hat{\alpha}_m mc^2 \quad (15.29)$$

（$e > 0$，電子の電荷は $-e$），ディラック方程式は

$$\left(i\hbar\frac{\partial}{\partial t} + e\phi - c\hat{\boldsymbol{\alpha}} \cdot (\boldsymbol{p} + e\boldsymbol{A}) - \hat{\alpha}_m mc^2 \right)\hat{\Psi} = 0$$
$$(15.30)$$

と書ける．式 (15.30) に左から次式を掛けて

$$\left(i\hbar\frac{\partial}{\partial t} + e\phi + c\hat{\boldsymbol{\alpha}} \cdot (\boldsymbol{p} + e\boldsymbol{A}) + \hat{\alpha}_m mc^2 \right)$$

式 (15.4)，(15.8)，および $\boldsymbol{p} = -i\hbar\boldsymbol{\nabla}$，(15.28a)，(15.28b) の諸式を用いると，次式を得ることができる．

$$\left\{ \left(i\hbar\frac{\partial}{\partial t} + e\phi \right)^2 - c^2(\boldsymbol{p} + e\boldsymbol{A})^2 - m^2 c^4 \right.$$
$$\left. + ic\hbar e\hat{\boldsymbol{\alpha}} \cdot \boldsymbol{E} - c^2\hbar e\hat{\boldsymbol{\sigma}} \cdot \boldsymbol{B} \right\}\hat{\Psi} = 0 \quad (15.31)$$

ここで，$[\hat{\boldsymbol{\alpha}} \cdot (\boldsymbol{p} + e\boldsymbol{A})]^2 = (\boldsymbol{p} + e\boldsymbol{A})^2 + \hbar e\hat{\boldsymbol{\sigma}} \cdot \boldsymbol{B}$ は

$$[\hat{\boldsymbol{\alpha}} \cdot (\boldsymbol{p} + e\boldsymbol{A})]^2 = \sum_{\lambda\mu} \hat{\alpha}_\lambda \hat{\alpha}_\mu (p_\lambda + eA_\lambda)(p_\mu + eA_\mu)$$
$$= (\boldsymbol{p} + e\boldsymbol{A})^2 + \sum_{\lambda\mu} \epsilon_{\lambda\mu\nu} i\hat{\sigma}_\nu (p_\lambda + eA_\lambda)(p_\mu + eA_\mu)$$

とし，$p_\lambda = -i\hbar\nabla_\lambda$ と式 (15.28b) を用いて証明できる．また，$ic\hbar e\hat{\boldsymbol{\alpha}} \cdot \boldsymbol{E} = c\hat{\boldsymbol{\alpha}} \cdot (i\hbar e\boldsymbol{E})$ の $i\hbar e\boldsymbol{E}$ の部分は

$$-i\hbar e\left(\frac{\partial}{\partial t}\boldsymbol{A} - \boldsymbol{A}\frac{\partial}{\partial t} \right) + e\left(\boldsymbol{p}\phi - \phi\boldsymbol{p} \right)$$
$$= -i\hbar e\frac{\partial \boldsymbol{A}}{\partial t} + e(\boldsymbol{p}\phi) = -i\hbar e\left(\frac{\partial \boldsymbol{A}}{\partial t} + \boldsymbol{\nabla}\phi \right)$$

において，式 (15.28a) を用いて導かれる．

$\hat{\Psi}$ が定常状態で，エネルギー固有値 ε をもつとして

$$\hat{\Psi}(\boldsymbol{r}, t) = e^{-i\varepsilon t/\hbar}\hat{\psi}(\boldsymbol{r}) \qquad (15.32)$$

を式 (15.31) に代入して，次式を得る．

$$\left\{ (\varepsilon + e\phi)^2 - c^2(\boldsymbol{p} + e\boldsymbol{A})^2 - m^2 c^4 \right.$$
$$\left. + ic\hbar e\hat{\boldsymbol{\alpha}} \cdot \boldsymbol{E} - c^2\hbar e\hat{\boldsymbol{\sigma}} \cdot \boldsymbol{B} \right\}\hat{\psi}(\boldsymbol{r}) = 0 \quad (15.33)$$

15.3.2 非相対論的極限

電子の速さ v が光速 c に比べて非常に遅い（$v \ll c$）場合，すなわち非相対論的極限を考えよう．そのために，まず波動関数 $\hat{\psi}(\boldsymbol{r})$ を，電子部分 $\hat{\psi}_e(\boldsymbol{r})$ と反粒子（陽電子）部分 $\hat{\psi}_p(\boldsymbol{r})$ に，次のように分ける．

$$\hat{\psi} = \begin{pmatrix} \hat{\psi}_e \\ \hat{\psi}_p \end{pmatrix}, \quad \hat{\psi}_e \equiv \begin{pmatrix} \psi_1 \\ \psi_2 \end{pmatrix}, \quad \hat{\psi}_p \equiv \begin{pmatrix} \psi_3 \\ \psi_4 \end{pmatrix} \quad (15.34)$$

電子部分 $\hat{\psi}_e$ が主要項になる条件と，そのときの $\hat{\psi}_e$ と $\hat{\psi}_p$ の関係を求めるために，定常解 (15.32) をディラック方程式 (15.30) に代入し，$\hat{\alpha}_m = \hat{\rho}_z$，$\hat{\boldsymbol{\alpha}} = \hat{\rho}_x\hat{\boldsymbol{\sigma}}$ を用いて，次式を得る．

$$(\varepsilon + e\phi - \hat{\rho}_z mc^2)\hat{\psi} = c\hat{\rho}_x\hat{\boldsymbol{\sigma}} \cdot (\boldsymbol{p} + e\boldsymbol{A})\hat{\psi} \quad (15.35)$$

ここで，$\varepsilon + e\phi = (\varepsilon + e\phi)\hat{1}^{(4)}$，$\hat{\rho}_z$，$\hat{\rho}_x$ は式 (15.6b) で与えられるので，式 (15.35) は $\hat{\psi}_e$，$\hat{\psi}_p$ を用いて

$$(\varepsilon + e\phi - mc^2)\hat{\psi}_e = \{c\hat{\boldsymbol{\sigma}}^{(2)} \cdot (\boldsymbol{p} + e\boldsymbol{A})\}\hat{\psi}_p \quad (15.36)$$

$$(\varepsilon + e\phi + mc^2)\hat{\psi}_p = \{c\hat{\boldsymbol{\sigma}}^{(2)} \cdot (\boldsymbol{p} + e\boldsymbol{A})\}\hat{\psi}_e \quad (15.37)$$

のように，二つの式に分けて書くことができる．

ディラック方程式のエネルギー固有値 ε を

$$\varepsilon = \varepsilon' + mc^2 \qquad (15.38)$$

とおく．電子が速さ v（$\ll c$）で運動しているときは，$\varepsilon' = mv^2/2$（$\ll mc^2$）なので，式 (15.36) および式 (15.37) の各項の大きさは，次のように評価される．

$$\varepsilon + e\phi - mc^2 = \varepsilon' + e\phi \approx mv^2/2$$
$$\varepsilon + e\phi + mc^2 = \varepsilon' + e\phi + 2mc^2 \approx 2mc^2$$
$$|c\hat{\boldsymbol{\sigma}}^{(2)} \cdot (\boldsymbol{p} + e\boldsymbol{A})| \approx cmv$$

したがって，式 (15.36)，(15.37) から

$$(mv^2/2)\hat{\psi}_e \simeq mcv\hat{\psi}_p, \quad 2mc^2\hat{\psi}_p \simeq mcv\hat{\psi}_e$$
$$\therefore \ v\hat{\psi}_e \simeq 2c\hat{\psi}_p \quad \therefore \ \hat{\psi}_p \simeq \frac{v}{2c}\hat{\psi}_e \ll \hat{\psi}_e$$

となり，$\hat{\psi}_e$ が主要項になることが示される．

式 (15.33) に戻って，$\hat{\psi}_e$ が主要項の場合，$\hat{\boldsymbol{\alpha}} \cdot \boldsymbol{E} = \hat{\rho}_x\hat{\boldsymbol{\sigma}} \cdot \boldsymbol{E}$ の項は $\hat{\rho}_x$ のために $\hat{\psi}_p$ の項になる．また，$(\varepsilon + e\phi)^2 - m^2 c^4 = (\varepsilon + e\phi + mc^2)(\varepsilon + e\phi - mc^2) \approx 2mc^2(\varepsilon' + e\phi)$ とできるので，式 (15.33) は

$$\{2mc^2(\varepsilon' + e\phi) - c^2(\boldsymbol{p} + e\boldsymbol{A})^2 - c^2\hbar e\hat{\boldsymbol{\sigma}}^{(2)} \cdot \boldsymbol{B}\}\hat{\psi}_e$$
$$+ (ic\hbar e\hat{\boldsymbol{\sigma}}^{(2)} \cdot \boldsymbol{E})\hat{\psi}_p = 0 \qquad (15.39)$$

と表される．

15.3.3 スピン磁気モーメントのゼーマン項

式 (15.39) で，$\hat{\psi}_{\mathrm{e}}$ の部分は，$-2mc^2$ で割って

$$\left\{\frac{1}{2m}(\boldsymbol{p}+e\boldsymbol{A})^2 - e\phi + \frac{e\hbar}{2m}\hat{\boldsymbol{\sigma}}^{(2)}\cdot\boldsymbol{B}\right\}\hat{\psi}_{\mathrm{e}} = \varepsilon'\hat{\psi}_{\mathrm{e}} \tag{15.40}$$

となる．これは，非相対論的量子力学の固有値方程式であり，ハミルトニアンが次のように求められた．

$$\hat{H} = \frac{1}{2m}(\boldsymbol{p}+e\boldsymbol{A})^2 - e\phi - \boldsymbol{\mu}_s\cdot\boldsymbol{B} \tag{15.41}$$

$$\boldsymbol{\mu}_s = -(e\hbar/2m)\hat{\boldsymbol{\sigma}}^{(2)} = -\mu_{\mathrm{B}}\hat{\boldsymbol{\sigma}}^{(2)} = -2\mu_{\mathrm{B}}\boldsymbol{s}$$

ここで，$\mu_{\mathrm{B}} = e\hbar/2m$ は式 (13.10) で定義されたボーア磁子，$\boldsymbol{\mu}_s = -2\mu_{\mathrm{B}}\boldsymbol{s}$ は式 (13.11) で定義されたスピン角運動量 $\hbar\boldsymbol{s}$ による磁気モーメント，$-\boldsymbol{\mu}_s\cdot\boldsymbol{B}$ はゼーマンエネルギーのスピン部分である．このようにして，スピン磁気モーメントによるゼーマンエネルギー項（ゼーマン項）が，相対論的量子力学によって導かれた．

15.3.4 軌道磁気モーメントのゼーマン項

なお，軌道角運動量 $\hbar\boldsymbol{l} = \boldsymbol{r}\times\boldsymbol{p}$ の磁気モーメントによるゼーマンエネルギーは，非相対論項 $(\boldsymbol{p}+e\boldsymbol{A})^2/2m$ に含まれる．今，式 (15.28b) の $\boldsymbol{B} = \boldsymbol{\nabla}\times\boldsymbol{A}$ が一様な磁束密度 $\boldsymbol{B}$（定数ベクトル）を与えるとき，ベクトルポテンシャルは $\boldsymbol{A} = (1/2)\boldsymbol{B}\times\boldsymbol{r}$ としてよい．$(\boldsymbol{p}+e\boldsymbol{A})^2$ の $\boldsymbol{A}$ の 1 次の項は，$2\boldsymbol{A}\cdot\boldsymbol{p}+(\boldsymbol{p}\cdot\boldsymbol{A})$ であるが，$\boldsymbol{p}\cdot\boldsymbol{A} = 0$（$\boldsymbol{\nabla}\cdot\boldsymbol{A} = 0$）なので，$\hat{H}$ の $\boldsymbol{A}^1$ の項は

$$\frac{e}{m}\boldsymbol{A}\cdot\boldsymbol{p} = \frac{e}{2m}(\boldsymbol{B}\times\boldsymbol{r})\cdot\boldsymbol{p} = \frac{e}{2m}(\boldsymbol{r}\times\boldsymbol{p})\cdot\boldsymbol{B}$$

$$= \frac{e\hbar}{2m}\boldsymbol{l}\cdot\boldsymbol{B} = \mu_{\mathrm{B}}\boldsymbol{l}\cdot\boldsymbol{B} = -\boldsymbol{\mu}_l\cdot\boldsymbol{B}$$

となり，軌道磁気モーメント $\boldsymbol{\mu}_l = -\mu_{\mathrm{B}}\boldsymbol{l}$ によるゼーマンエネルギー項が得られる．

15.3.5 負のエネルギー部分からくる補正項

式 (15.39) に戻って，左辺の第 2 項 $(ic\hbar e\,\hat{\boldsymbol{\sigma}}\cdot\boldsymbol{E})\hat{\psi}_{\mathrm{p}}$ の寄与を評価する．ここで（以降も），簡単化のため $\hat{\boldsymbol{\sigma}}^{(2)}$ を $\hat{\boldsymbol{\sigma}}$ と書く．$\boldsymbol{E}$ が静電場の場合を考えて $\boldsymbol{A} = \boldsymbol{0}$ とする．式 (15.37) から（$(\varepsilon+e\phi+mc^2) \approx 2mc^2$ として）

$$\hat{\psi}_{\mathrm{p}} \approx \frac{(\hat{\boldsymbol{\sigma}}\cdot\boldsymbol{p})}{2mc}\hat{\psi}_{\mathrm{e}} \tag{15.42}$$

とできるので，これを $(ic\hbar e\,\hat{\boldsymbol{\sigma}}\cdot\boldsymbol{E})\hat{\psi}_{\mathrm{p}}$ に代入して

$$(ic\hbar e\,\hat{\boldsymbol{\sigma}}\cdot\boldsymbol{E})\hat{\psi}_{\mathrm{p}} \approx \frac{i\hbar e}{2m}(\hat{\boldsymbol{\sigma}}\cdot\boldsymbol{E})(\hat{\boldsymbol{\sigma}}\cdot\boldsymbol{p})\hat{\psi}_{\mathrm{e}} \tag{15.43}$$

を得る．ここで，$(\hat{\boldsymbol{\sigma}}\cdot\boldsymbol{E})(\hat{\boldsymbol{\sigma}}\cdot\boldsymbol{p})$ は

$$\left(\sum_\lambda\hat{\sigma}_\lambda E_\lambda\right)\left(\sum_\mu\hat{\sigma}_\mu p_\mu\right) = \sum_{\lambda\mu}\hat{\sigma}_\lambda\hat{\sigma}_\mu E_\lambda p_\mu$$

$$= \sum_{\lambda\mu}\left(\hat{1}^{(2)}\delta_{\lambda\mu} + i\sum_\nu\epsilon_{\lambda\mu\nu}\hat{\sigma}_\nu\right)E_\lambda p_\mu$$

$$= \boldsymbol{E}\cdot\boldsymbol{p} + i\hat{\boldsymbol{\sigma}}\cdot(\boldsymbol{E}\times\boldsymbol{p})$$

と 2 項に分けられる．$\hat{\psi}_{\mathrm{e}}$ に対するハミルトニアンへの寄与は，$(i\hbar e/2m)(\hat{\boldsymbol{\sigma}}\cdot\boldsymbol{E})(\hat{\boldsymbol{\sigma}}\cdot\boldsymbol{p})/(-2mc^2)$ なので

$$-i\frac{e\hbar}{4m^2c^2}(\boldsymbol{E}\cdot\boldsymbol{p}) + \frac{e\hbar}{4m^2c^2}\hat{\boldsymbol{\sigma}}\cdot(\boldsymbol{E}\times\boldsymbol{p}) \tag{15.44}$$

が補正項として与えられる．

15.3.6 スピン軌道相互作用ハミルトニアン

スカラーポテンシャル ϕ は，電子に対して静電ポテンシャル $V = -e\phi$ を与える．今，V が中心力ポテンシャル $V(r)$ で与えられる場合を考えると，電場ベクトルは，V を用いて次式で置き換えられる．

$$\boldsymbol{E} = -\frac{d\phi}{dr}\frac{\boldsymbol{r}}{r} = \frac{1}{e}\frac{dV}{dr}\frac{\boldsymbol{r}}{r} \tag{15.45}$$

式 (15.44) の第 2 項において，$\hat{\boldsymbol{\sigma}}$ をスピン角運動量 $\boldsymbol{s} = (\hbar/2)\hat{\boldsymbol{\sigma}}$ で，$\boldsymbol{E}$ を式 (15.45) で置き換え，$\boldsymbol{r}\times\boldsymbol{p} = \boldsymbol{l}$ を用いると，スピン軌道相互作用ハミルトニアン

$$\hat{H}_{\mathrm{so}} = \frac{1}{2m^2c^2}\frac{1}{r}\frac{dV}{dr}\boldsymbol{l}\cdot\boldsymbol{s} \tag{15.46}$$

が得られる．第 13 章では，この $\hat{H}_{\mathrm{so}}$ の動径関数 $R_{nl}(r)$ による期待値をとった式，式 (13.1) および式 (13.2)，をあらかじめ与えて，原子の多重項構造を議論した．（注意：12–13 章と 15.3.3–4 項では，角運動量を $\hbar\boldsymbol{l}, \hbar\boldsymbol{s}$ と定義している．）

15.3.7 ダーウィン項

また，式 (15.44) の第 1 項はエルミートではないが，この項に関連した項を再評価してエルミート項を引き出すと，次のダーウィン項（Darwin term）を得る．

$$\hat{H}_{\mathrm{D}} = \frac{e\hbar^2}{8m^2c^2}\boldsymbol{\nabla}\cdot\boldsymbol{E} = \frac{\hbar^2}{8m^2c^2}\boldsymbol{\nabla}^2 V \tag{15.47}$$

ここで，V として水素様原子のクーロンポテンシャル（式 (7.1)）を代入し，$\boldsymbol{\nabla}^2(1/r) = -4\pi\delta(\boldsymbol{r})$ を用いると

$$\hat{H}_{\mathrm{D}} = \frac{\hbar^2}{8m^2c^2}\frac{Ze^2}{\varepsilon_0}\delta(\boldsymbol{r}) \tag{15.48}$$

が得られる．この項は $\delta(\boldsymbol{r})$ の因子を含み，微細構造における s 軌道のエネルギーシフトを与える．

なお，ダーウィン項を導くためには，上記の計算を手直しする必要があるが，やや面倒なので，その概略のみを記す．まず，式 (15.42) が $\hat{\psi}_{\mathrm{e}}$ に加えられたので，$(1 + \hat{\boldsymbol{\sigma}} \cdot \boldsymbol{p}/2mc)\hat{\psi}_{\mathrm{e}}$ を規格化する条件を考慮すると，式 (15.39) に $(1 - \boldsymbol{p}^2/8m^2c^2)$ を掛ける必要がある．さらに，式 (15.42) は，$\varepsilon + e\phi + mc^2 = 2mc^2 + \varepsilon' + e\phi$ から，次の次数までとって

$$\hat{\psi}_{\mathrm{p}} \approx \frac{1}{2mc}\left(1 - \frac{\varepsilon' + e\phi}{2mc^2}\right)(\hat{\boldsymbol{\sigma}} \cdot \boldsymbol{p})\hat{\psi}_{\mathrm{e}}$$

とする．方程式を整理すると，式 (15.44) の項に

$$\frac{e}{8m^2c^2}[\boldsymbol{p}^2, \phi] = \frac{ie\hbar}{4m^2c^2}(\boldsymbol{E} \cdot \boldsymbol{p}) + \frac{e\hbar^2}{8m^2c^2}\boldsymbol{\nabla} \cdot \boldsymbol{E}$$

が付け加わることになり，右辺第 1 項の非エルミート項はキャンセルされて，第 2 項のダーウィン項が残る．後にみるように，電子の震え運動 (Zitterbewegung) がダーウィン項の起源である．

15.3 節のまとめ

- 電磁場 $\boldsymbol{E} = -\boldsymbol{\nabla}\phi - \dfrac{\partial \boldsymbol{A}}{\partial t}$，$\boldsymbol{B} = \boldsymbol{\nabla} \times \boldsymbol{A}$ のもとでのディラック方程式は，次式で与えられる．

$$\left(i\hbar\frac{\partial}{\partial t} + e\phi - c\hat{\boldsymbol{\alpha}} \cdot (\boldsymbol{p} + e\boldsymbol{A}) - \hat{\alpha}_m mc^2\right)\hat{\Psi}(\boldsymbol{r}, t) = 0$$

  左から $i\hbar\dfrac{\partial}{\partial t} + e\phi + c\hat{\boldsymbol{\alpha}} \cdot (\boldsymbol{p} + e\boldsymbol{A}) + \hat{\alpha}_m mc^2$ を掛け $\hat{\Psi}(\boldsymbol{r}, t) = e^{-i\varepsilon t/\hbar}\hat{\psi}(\boldsymbol{r})$ として，次式が得られる．

$$\{(\varepsilon + e\phi)^2 - c^2(\boldsymbol{p} + e\boldsymbol{A})^2 - m^2c^4 + ic\hbar e\hat{\boldsymbol{\alpha}} \cdot \boldsymbol{E} - c^2\hbar e\hat{\boldsymbol{\sigma}} \cdot \boldsymbol{B}\}\hat{\psi}(\boldsymbol{r}) = 0$$

- 非相対論的極限：$\varepsilon' = \varepsilon - mc^2 = (1/2)mv^2 \ll mc^2$ を考える．$\hat{\psi}(\boldsymbol{r}) = (\psi_1, \psi_2, \psi_3, \psi_4)^t$ の正のエネルギー（電子）部分 $\hat{\psi}_{\mathrm{e}} = (\psi_1, \psi_2)^t$ と負のエネルギー（陽電子）部分 $\hat{\psi}_{\mathrm{p}} = (\psi_3, \psi_4)^t$ について，$\hat{\psi}_{\mathrm{p}} \approx \dfrac{(\hat{\boldsymbol{\sigma}} \cdot \boldsymbol{p})}{2mc}\hat{\psi}_{\mathrm{e}} \ll \hat{\psi}_{\mathrm{e}}$ が成り立つことから，

$$\{2mc^2(\varepsilon' + e\phi) - c^2(\boldsymbol{p} + e\boldsymbol{A})^2 - c^2\hbar e\hat{\boldsymbol{\sigma}}^{(2)} \cdot \boldsymbol{B}\}\hat{\psi}_{\mathrm{e}} + (ic\hbar e\hat{\boldsymbol{\sigma}}^{(2)} \cdot \boldsymbol{E})\hat{\psi}_{\mathrm{p}} = 0$$

  を得る．

- [スピン磁気モーメント] $\left\{\dfrac{1}{2m}(\boldsymbol{p} + e\boldsymbol{A})^2 - e\phi + \dfrac{e\hbar}{2m}\hat{\boldsymbol{\sigma}}^{(2)} \cdot \boldsymbol{B}\right\}\hat{\psi}_{\mathrm{e}} = \varepsilon'\hat{\psi}_{\mathrm{e}}$

$$\Rightarrow \boldsymbol{\mu}_s = -\frac{e\hbar}{2m}\hat{\boldsymbol{\sigma}}^{(2)} = -2\mu_{\mathrm{B}}\boldsymbol{s}.$$

- [スピン軌道相互作用] $\hat{H}_{\mathrm{so}} = \dfrac{1}{2m^2c^2}\dfrac{1}{r}\dfrac{dV}{dr}\boldsymbol{l} \cdot \boldsymbol{s}$

- [ダーウィン項] $\hat{H}_{\mathrm{D}} = \dfrac{\hbar^2}{8m^2c^2}\boldsymbol{\nabla}^2 V = \dfrac{\hbar^2}{8m^2c^2}\dfrac{Ze^2}{\varepsilon_0}\delta(\boldsymbol{r})$

15.4 粒子と反粒子（電子と陽電子）

ディラック方程式のハミルトニアン $\hat{H}$，式 (15.9)，の固有状態 4 成分を，式 (15.34) で電子部分 $\hat{\psi}_{\mathrm{e}}(\boldsymbol{r})$ と反粒子（陽電子）部分 $\hat{\psi}_{\mathrm{p}}(\boldsymbol{r})$ に分けた．それらの固有値は

$$E_{\boldsymbol{p}}^{(\pm)} = \pm c\sqrt{\boldsymbol{p}^2 + m^2c^2} \qquad (15.49)$$

であり，$\hat{\psi}_{\mathrm{e}}$ が $E_{\boldsymbol{p}}^{(+)}$，$\hat{\psi}_{\mathrm{p}}$ が $E_{\boldsymbol{p}}^{(-)}$ の固有値をもつ．$\hat{\psi}_{\mathrm{e}}(\boldsymbol{r})$ と $\hat{\psi}_{\mathrm{p}}(\boldsymbol{r})$ の成分を

$$\hat{\psi}_{\mathrm{e}} = \begin{pmatrix} \psi_1 \\ \psi_2 \end{pmatrix} \rightarrow \begin{pmatrix} \psi_{\boldsymbol{p}\uparrow}^{(+)} \\ \psi_{\boldsymbol{p}\downarrow}^{(+)} \end{pmatrix}, \quad \hat{\psi}_{\mathrm{p}} = \begin{pmatrix} \psi_3 \\ \psi_4 \end{pmatrix} \rightarrow \begin{pmatrix} \psi_{\boldsymbol{p}\uparrow}^{(-)} \\ \psi_{\boldsymbol{p}\downarrow}^{(-)} \end{pmatrix}$$

のように書き換えて，エネルギーの正負（±）とスピン（↑, ↓）の状態がわかるようにする．

15.4.1 真空（ディラックの海）

図 15.1 は，$E_{\boldsymbol{p}}^{(\pm)} = \pm c\sqrt{\boldsymbol{p}^2 + m^2c^2}$ を $\boldsymbol{p}$（のある成分）の関数として描いたものである．ディラックは，真空 (vacuum) においては，$E_{\boldsymbol{p}}^{(-)}$ の状態はすべて電子によって占有されており，$E_{\boldsymbol{p}}^{(+)}$ の状態はまったく占有されていない，と仮定した．この状態は，ディラッ

クの海（Dirac sea）とよばれる．

エネルギー，電荷などはすべて真空を基準に取り，ディラックの海の状態では，$E_{\boldsymbol{p}}^{(-)}$ を占有している電子間には，パウリの排他原理を満たすというフェルミ統計性以外の相互作用はないと仮定される．この一見不自然とも思える仮定は，後で議論する荷電共役（charge conjugation）の概念，荷電共役変換に対する対称性に関連している．

15.4.2 空孔理論と電子陽電子対の生成

真空の状態から，$2mc^2 \sim 1.0\,\mathrm{MeV}$ より大きいエネルギー $\hbar\omega$ と運動量 $\hbar\boldsymbol{k}$ をもつ γ 線（光子）を吸収して，状態 $\psi_{\boldsymbol{p}\uparrow}^{(-)}$ にある電子が状態 $\psi_{\boldsymbol{p}'\uparrow}^{(+)}$ へ遷移することが予見され，実際に観測された．（この過程を，図 15.1 に示した．）エネルギーおよび運動量保存則 $E_{\boldsymbol{p}}^{(-)} + \hbar\omega = E_{\boldsymbol{p}'}^{(+)}$，$\boldsymbol{p} + \hbar\boldsymbol{k} = \boldsymbol{p}'$ などより

（エネルギー）$\hbar\omega = E_{\boldsymbol{p}'}^{(+)} - E_{\boldsymbol{p}}^{(-)}$
$= c\sqrt{\boldsymbol{p}'^2 + m^2c^2} + [c\sqrt{\boldsymbol{p}^2 + m^2c^2}\,]$
$= E_{\boldsymbol{p}'}^{(\mathrm{e})} + [E_{\boldsymbol{p}}^{(\mathrm{p})}]$

（運動量）$\hbar\boldsymbol{k} = \boldsymbol{p}' - \boldsymbol{p} = \boldsymbol{p}' + [-\boldsymbol{p}]$

（電荷）$0 = -e - (-e) = -e + [e]$

（スピン）$0 = \uparrow - \uparrow = \uparrow + [\downarrow]$

と表すことができる．ここで，$\psi_{\boldsymbol{p}\uparrow}^{(-)}$ が非占有状態になった空孔に対する量を [ ] で囲んだ．これらから，この空孔は，正のエネルギー $E_{\boldsymbol{p}}^{(\mathrm{p})} = c\sqrt{\boldsymbol{p}^2 + m^2c^2}$，質量 m，運動量 $-\boldsymbol{p}$，正電荷 e，スピン ↓ をもつ反粒子とみなせる．この反粒子は陽電子と名付けられた．

自由電子系で $\xi_{\boldsymbol{k}} = \varepsilon_{\boldsymbol{k}} - \mu \leq 0$ の状態が占有された基底状態は，フェルミ球（Fermi sphere）またはフェルミの海（Fermi sea）とよばれる．空孔の概念は，フェルミの海から電子を取り除いた状態が正電荷 e を運ぶ

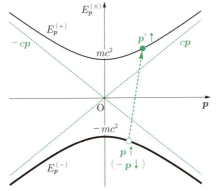

図 15.1　ディラック方程式の固有値 $E_{\boldsymbol{p}}^{(\pm)}$ の $\boldsymbol{p}$ 依存性

として用いられる．この場合は，フェルミ面にギャップはなく，フェルミ縮退の効果が顕著になる．

ディラックの海と陽電子に対する空孔理論は，自由電子系よりもむしろ，14.5 節で議論した超伝導の BCS 状態と類似している．BCS の基底状態では，式 (15.49) と同様にギャップをもつ固有値 $\pm E_{\boldsymbol{k}} = \pm\sqrt{\xi_{\boldsymbol{k}}^2 + \Delta^2}$ の電子状態のうち，$-E_{\boldsymbol{k}}$ の分枝は電子によって（その半分が）占有されている．準粒子励起は，$-E_{\boldsymbol{k}}$ の状態から電子を取り除くか，$E_{\boldsymbol{k}}$ の状態に電子を励起するかであり，どちらの場合も正の励起エネルギー $E_{\boldsymbol{k}}$ を与える．$-E_{\boldsymbol{k}}$ の $\boldsymbol{k}\uparrow$ の状態から電子を取り除くと，$-\boldsymbol{k}\downarrow$ の準粒子が生成されることからわかるように，ディラック理論の電子と陽電子は，ともに BCS 理論の準粒子に対応している．

15.4.3　荷電共役対称性

電子は $-e$ の電荷をもつ粒子であり，陽電子はその反粒子で $+e$ の電荷をもつ．このような電荷をもつ粒子とその反粒子を交換することを，荷電共役変換とよぶ．15.4.1 項で述べたように，「エネルギーや電荷などは真空を基準にとって測る」という要請は，荷電共役変換に対する対称性が成り立ち，電子と陽電子は対等であることに起因する．

荷電共役対称性は，電子の代わりに陽電子を基準となる粒子として理論を構成する，すなわち，空間には陽電子が充満しており，電子は陽電子の空孔として記述しても，まったく同じ結果が得られるということである．そのためには，電子または陽電子を基準となる粒子としたとき，負のエネルギーを満たす粒子間の相互作用はないと仮定する必要がある．このやや不自然な仮定をせずに，電子と陽電子を完全に対等に扱うためには，荷電共役に関して普遍な方程式から出発して，14.4 節で議論したような場の演算子を用いて，場の量子論に移る必要がある．

また，真空は完全に静的ではなく，$2mc^2$ 以上の γ 線などが入射しなくても，仮想的な電子・陽電子対の生成が絶えず起こりうる．ディラックの海にできた仮想空孔に電子が移り，その電子の状態を他の電子が占有する過程は電子間の交換相互作用であり，これが 15.2.6 項で述べた Zitterbewegung を引き起こす．さらに，真空に外部から電磁場を導入すると，真空自体が変形して分極する，いわゆる真空分極が起こりうる．

15.4.4　Zitterbewegung と不確定性関係

この宇宙には，電子が過剰にある．その電子の自由な運動について，15.2.5 項と 15.2.6 項で調べた．そ

こで，電子は静止しようとしても，振動数 $2mc^2/\hbar \sim 10^{21}$ Hz，振幅 $\hbar/2mc = \lambda_{\mathrm{C}}/4\pi$（$\lambda_{\mathrm{C}}$ はコンプトン波長）$\sim 10^{-13}$ m の振動運動（Zitterbewegung）をすることをみた．この振幅 $\hbar/2mc$ を 2.5.3 項の不確定性関係 (2.23)（$\Delta x \to \Delta r_\lambda$，$\Delta p \to \Delta p_\lambda$ とした式）

$$(\Delta r_\lambda)(\Delta p_\lambda) \geq \frac{\hbar}{2} \qquad (15.50)$$

の位置座標のゆらぎ Δr_λ に等しいとおく，すなわち

$$\Delta r_\lambda \simeq \frac{\hbar}{2mc} \quad (\sim 10^{-13}\,\mathrm{m}) \qquad (15.51)$$

（$\lambda = x,\, y,\, z$）として，式 (15.50) に代入すると

$$\Delta p_\lambda \geq \frac{\hbar}{2}\frac{2mc}{\hbar} = mc \qquad (15.52)$$

を得る．$\Delta p_x \sim \Delta p_y \sim \Delta p_z \geq mc$ なので，エネルギーのゆらぎ，あるいはエネルギーの不確定性は

$$\Delta E = c\sqrt{(\Delta \boldsymbol{p})^2 + m^2c^2} - mc^2$$
$$\geq c\sqrt{3m^2c^2 + m^2c^2} - mc^2 = mc^2 \qquad (15.53)$$

また，振動数の逆数 $\hbar/2mc^2$ は時間 t の不確定性

$$\Delta t \simeq \frac{\hbar}{2mc^2} \quad (\sim 10^{-21}\,\mathrm{s}) \qquad (15.54)$$

を与えると考えて，辺々を $\Delta E \geq mc^2$ に掛けると

$$(\Delta E)(\Delta t) \geq \frac{\hbar}{2} \qquad (15.55)$$

すなわち，エネルギーと時間に関する不確定性関係を得る．この関係式をここでは Zitterbewegung から導いたが，（$p_\lambda = -i\hbar\partial/\partial r_\lambda$ から式 (15.50) が導かれるのと同様に）$E = i\hbar\partial/\partial t$ から導くこともできる．また，Zitterbewegung では $\Delta t \simeq \hbar/2mc^2 \sim 10^{-21}$ s，$\Delta E \sim mc^2$ であるが，式 (15.55) は，より短い時間 Δt では ΔE が電子・陽電子解のエネルギーギャップ $2mc^2$ を超えることができ，仮想的な電子・陽電子対の生成・消滅が可能であることを示唆している．

15.2.6 項で，Zitterbewegung は正のエネルギー（電子）解と負のエネルギー（陽電子）解の干渉効果であると述べたが，この項の上記の議論を踏まえると，電子状態について，あらためて次のような知見が導かれる．

電子は静止しようとしても，Zitterbewegung により $\Delta r_\lambda \sim \hbar/2mc \sim 10^{-13}$ m 程度の空間的な広がりをもつ．これを波動関数として表すと，$\boldsymbol{p} = \boldsymbol{0}$ のまわりの $\Delta p_\lambda = \hbar\Delta k_\lambda \simeq \pm mc$ 程度の幅の平面波を重ね合わせてできた波束として記述される．この運動量のゆらぎは，$\Delta E \sim mc^2$ のエネルギーゆらぎに対応しており，この波束には，正のエネルギー解と負のエネルギー解が同じオーダーで含まれることになる．（15.2.6 項で

述べたように，正のエネルギー解だけで波束を作ると，Zitterbewegung は消える．）この電子の描像は，相対論的な場の量子論を用いるとさらに明確になる．その概略についてはあらためて次項で述べる．

この項を閉じる前に，Zitterbewegung がダーウィン項の起源であることを示しておく．クーロン（電磁）ポテンシャル $V(\boldsymbol{r})$ は，Zitterbewegung の振動運動によって変動を受ける．振動の 1 周期あたりの変動は

$$\langle \delta V \rangle = \langle V(\boldsymbol{r} + \delta \boldsymbol{r}) - V(\boldsymbol{r}) \rangle$$
$$\simeq \frac{1}{2}\sum_{\lambda=x,y,z}\frac{\partial^2 V}{\partial r_\lambda^2}\langle (\delta r_\lambda)^2 \rangle \simeq \frac{\hbar^2}{8m^2c^2}\boldsymbol{\nabla}^2 V$$

と見積もられる．ここで，$\langle \delta r_\lambda \rangle = 0$，また式 (15.51) より $\langle (\delta r_\lambda)^2 \rangle = (\Delta r_\lambda)^2 = (\hbar/2mc)^2$ を用いた．この結果は，式 (15.48) の $\hat{H}_{\mathrm{D}}$ と一致する．

15.4.5 場の量子論における電子の描像

相対論的な場の量子論は，電子などの荷電粒子と光子（電磁場）についての電磁相互作用を扱う場合，特に量子電磁力学（quantum electrodynamics）とよばれる．量子論においてはプランク定数 $\hbar$ [Js] が，相対論においては光速 c [m/s] が基本量である．また，電子の挙動を議論する場合はその静止質量 m [kg] が基本量に加わる．これら三つの物理定数で，電子に関わる種々の次元をもつ量を作ると，長さが $\hbar/mc$（$\equiv r_{\mathrm{e}}$），時間が $\hbar/mc^2$（$\equiv t_{\mathrm{e}}$），運動量が mc（$\equiv p_{\mathrm{e}}$），エネルギーが mc^2（$\equiv E_{\mathrm{e}}$）となる，これらはこの章で頻繁に現れている．電子についてのもう一つの基本的な物理量は素電荷 e（電子の電荷は $-e$）である．電荷 e は電磁（クーロン）相互作用の大きさを決定する量なので，量子電磁力学では e そのものではなく，r_{e} だけ離れた電子間の電磁相互作用の大きさを E_{e} で割った値

$$\alpha \equiv \frac{e^2}{4\pi\varepsilon_0}\frac{1}{r_{\mathrm{e}}}\frac{1}{E_{\mathrm{e}}} = \frac{e^2}{4\pi\varepsilon_0}\frac{1}{\hbar c} \simeq \frac{1}{137} \quad (15.56)$$

を用いる．これを，微細構造定数（fine-structure constant）という．α を用いると，水素原子の固有エネルギーは，$E_n = -(1/2)mc^2\alpha^2/n^2$ と表される．

$\alpha \simeq 1/137$ は観測値だが，それは r_{e} より離れている電子間に働く相互作用の漸近的な値であることがわかっている．その理由を含め，量子電磁力学における電子の描像を概観しよう．

場の量子論（量子電磁力学）においては，電子や光子などの素粒子はすべて量子化された場（波動場）として記述される．量子化されているということは，一つ二つと数えられる，すなわち粒子的に振る舞うということであり，1 個単位で生成または消滅しうる．電

荷をもつ粒子同士は，光子を交換することで電磁気力（クーロン力）を及ぼしあう．電子を正の時間方向（順方向）に進む粒子とした場合，陽電子は負の時間方向（逆方向）に進む粒子として記述される．電子と陽電子は荷電共役変換で互いに入れ替わる対等な関係にあり，時間の逆方向に進む電子は，順方向に進む反粒子，すなわち陽電子とみなされる．

粒子・反粒子は対として生成または消滅しうる．これは，相対論においては，エネルギー E と質量 m (mc^2) は等価であり，互いに変換しうるからである．電子と陽電子の場合，電磁気力により，エネルギーを運ぶ光子が消滅して電子・陽電子が対で生成したり，電子・陽電子対が消滅して光子を生成したりする．

前項で，不確定性関係 (15.55) に関連して触れたように，非常に短い時間間隔 Δt では，大きなエネルギーゆらぎ $\Delta E \sim \hbar/\Delta t$ が生じ，仮想的な電子・陽電子対の生成・消滅が頻繁に起こる．その結果，電子は単独で存在するのではなく，そのまわりに電子や陽電子および光子の雲をまとっている．電子の電荷は負なので，その雲のうち陽電子の方が電子の中心方向により引き寄せられて，中心の負電荷を遮蔽する．この遮蔽された電荷の総体が観測される電荷であり，微細構造定数 $\alpha \simeq 1/137$ の値である．高エネルギー実験などで，r_e より電子の中心に近いところまで到達できれば，電子の電荷を遮蔽していた主に陽電子からなる雲を通り抜

け，より大きな電荷が測定されると予想されている．

ディラック方程式を用いて，15.3.3 項で，電子のスピン磁気モーメントが $\boldsymbol{\mu}_s = -2\mu_{\mathrm{B}}\boldsymbol{s}$ で与えられることを導いた．この係数 2 は g 因子とよばれるが，実際は 2 からわずかにずれている．その原因も電子のまわりの仮想的な電子・陽電子対の生成・消滅である．量子電磁力学による詳細な解析によれば

$$g = 2.002319\cdots = 2 + \frac{\alpha}{\pi} - + \cdots \quad (15.57)$$

となっており，$(\alpha/\pi)^5$ までの理論計算値と実験値とは，10^{-12} の精度で一致している．

最後に，電子を含めた素粒子の質量の起源について一言触れておく．超伝導の BCS 理論についての 14.5 節では，超伝導体中での光子（電磁波）の挙動については触れなかったが，超伝導のマイスナー効果のために，光子は超伝導体の表面付近までしか入り込めない．これは，真空中では質量をもたない光子が，超伝導体中では質量があるように振る舞うと解釈できる．この超伝導についての議論は，素粒子の質量の起源に拡張された．クーパー対のボース凝縮が，ボース粒子であるヒッグス粒子のボース凝縮に対応し，質量を獲得する光子が電子などの素粒子に対応する．この質量獲得の機構を，アンダーソン・ヒッグス（Anderson-Higgs）機構という．

15.4 節のまとめ

- 電子部分 (+) と陽電子部分 (−)：$E_{\boldsymbol{p}}^{(\pm)} = \pm c\sqrt{\boldsymbol{p}^2 + m^2c^2}$, $\hat{\psi}_{\mathrm{e}} = (\psi_{\boldsymbol{p}\uparrow}^{(+)}, \psi_{\boldsymbol{p}\downarrow}^{(+)})^t$, $\hat{\psi}_{\mathrm{p}} = (\psi_{\boldsymbol{p}\uparrow}^{(-)}, \psi_{\boldsymbol{p}\downarrow}^{(-)})^t$

- 真空（ディラックの海）と空孔理論：

  真空は $E_{\boldsymbol{p}}^{(-)}$ の状態 $\hat{\psi}_{\mathrm{p}}$ がすべて電子によって占有されたディラックの海．

  $E_{\boldsymbol{p}}^{(-)}$ を占有する電子間にはフェルミ統計性（パウリの排他原理）以外の相互作用はない［荷電共役対称性］．

  $\psi_{\boldsymbol{p}\uparrow}^{(-)}$ の状態の電子が励起された空孔が，$(-E_{\boldsymbol{p}}^{(-)} = c\sqrt{\boldsymbol{p}^2 + m^2c^2} > 0, -\boldsymbol{p}, +e, \downarrow)$ をもつ陽電子を表す．

- Zitterbewegung と不確定性関係：Zitterbewegung の振幅を $\hbar/2mc \simeq \Delta r_\lambda$，振動数を $2mc^2/\hbar \simeq 1/\Delta t$ とすると，不確定性関係 $\Delta r_\lambda \Delta p_\lambda \geq \dfrac{\hbar}{2}$ より

  $$\Delta p_\lambda \geq mc, \quad \Delta E = c\sqrt{(\Delta \boldsymbol{p})^2 + m^2c^2} - mc^2 \geq mc^2 \quad \therefore \ \Delta E \Delta t \geq \frac{\hbar}{2}$$

  短い時間 Δt では $\Delta E \geq 2mc^2$ となり仮想的な電子・陽電子対の生成・消滅が起こりうる［真空のゆらぎ］．

- 場の量子論における電子の描像：$\hbar$, c, m, e から

  $$\frac{\hbar}{mc} \ (r_{\mathrm{e}}), \quad \frac{\hbar}{mc^2} \ (t_{\mathrm{e}}), \quad mc \ (p_{\mathrm{e}}), \quad \alpha = \frac{e^2}{4\pi\varepsilon_0} \frac{1}{r_{\mathrm{e}}} \frac{1}{E_{\mathrm{e}}} \simeq \frac{1}{137}$$

電子は時間の順（正）方向に進む粒子，陽電子は時間の逆（負）方向に進む電子で順方向に進む反粒子である．電子のまわりでは光子や電子・陽電子対の仮想的な生成・消滅が頻繁に起こり，電子はそれらの雲をまとう．電子の電荷は遮蔽されて $\alpha \simeq 1/137$ の値をとり，スピンの g 因子は $g = 2 + (\alpha/\pi) + \cdots = 2.002319 \cdots$ となる．

第II部
熱統計力学

1. 熱平衡状態と温度

この章では，まず熱力学で使う必要最小限の基礎数学について説明する．偏微分，全微分，完全微分，線積分の方法を確認することで，熱力学で登場するさまざまな関係式を導出し，それらを理解することができる．後半では，熱平衡状態，温度と熱，状態方程式と熱力学関数，準静的過程と可逆過程，などの熱力学が対象とする系の基本的な性質と熱力学が前提とする考え方についてまとめる．

1.1 熱力学で使う数学のまとめ

1.1.1 偏微分と全微分

ここでは，熱力学でよく出てくる基本的な公式を復習する．

偏微分：$\dfrac{\partial f}{\partial x} \equiv \lim\limits_{\Delta x \to 0} \dfrac{f(x+\Delta x, y, \cdots) - f(x, y, \cdots)}{\Delta x}$

$\equiv f_x, \quad \left(\dfrac{\partial f}{\partial x}\right)_y$

全微分：$df(x, y) = f(x+dx, y+dy) - f(x, y)$

$= \left(\dfrac{\partial f}{\partial x}\right)_y dx + \left(\dfrac{\partial f}{\partial y}\right)_x dy$

$y = y(x, t) \quad x, t \;$：独立変数
$z = z(x, t) \quad y, z \;$：従属変数

(1) $\left(\dfrac{\partial x}{\partial y}\right)_t = 1 \Big/ \left(\dfrac{\partial y}{\partial x}\right)_t$

(2) $\left(\dfrac{\partial y}{\partial x}\right)_t \left(\dfrac{\partial x}{\partial t}\right)_y \left(\dfrac{\partial t}{\partial y}\right)_x = -1$

(3) $\left(\dfrac{\partial y}{\partial x}\right)_z = \left(\dfrac{\partial y}{\partial x}\right)_t + \left(\dfrac{\partial y}{\partial t}\right)_x \left(\dfrac{\partial t}{\partial x}\right)_z$

(4) $\left(\dfrac{\partial y}{\partial z}\right)_x = \left(\dfrac{\partial y}{\partial t}\right)_x \left(\dfrac{\partial t}{\partial z}\right)_x$

(1)–(4) の証明は以下のとおりである．

(1) $\qquad dy = \left(\dfrac{\partial y}{\partial x}\right)_t dx + \left(\dfrac{\partial y}{\partial t}\right)_x dt \qquad$ (1.1)

で $t = $ 一定の条件を課して $dt = 0$．両辺を dy で割り，

$t = $ 一定の条件を添え字にして与式が得られる．

(2) 式 (1.1) で，$y = $ 一定，$dy = 0$ の場合を考えると $0 = \left(\dfrac{\partial y}{\partial x}\right)_t + \left(\dfrac{\partial y}{\partial t}\right)_x \left(\dfrac{\partial t}{\partial x}\right)_y$ が得られ，(1) を用いると，(2) が得られる．

(3) $z = z(x, t)$ の見方を変えて，$t = t(x, z)$．$dt = \left(\dfrac{\partial t}{\partial x}\right)_z dx + \left(\dfrac{\partial t}{\partial z}\right)_x dz$．これを (1.1) へ代入すると，

$$dy = \left[\left(\dfrac{\partial y}{\partial x}\right)_t + \left(\dfrac{\partial y}{\partial t}\right)_x \left(\dfrac{\partial t}{\partial x}\right)_z\right] dx$$
$$+ \left(\dfrac{\partial y}{\partial t}\right)_x \left(\dfrac{\partial t}{\partial z}\right)_x dz$$

となる．ここで，$z = $ 一定，$dz = 0$ にすると (3) が得られ，$x = $ 一定，$dx = 0$ にすると (4) が得られる．

1.1.2 完全微分と線積分

$P(x, y)dx + Q(x, y)dy$ は，ある関数 $f(x, y)$ の全微分になっているとき，完全微分であるといい，そうでない場合は不完全微分という．完全微分であることの必要十分条件は $\partial P/\partial y = \partial Q/\partial x$ である．なぜなら，$df = (\partial f/\partial x)dx + (\partial f/\partial y)dy$ より $P = \partial f/\partial x$，$Q = \partial f/\partial y$ であるからである．完全微分は積分可能 (*) で f が求められる．不完全微分であっても，積分因子（integrating factor）$\phi(x, y)$ がみつかれば積分可能になる．すなわち，$\phi P dx + \phi Q dy = dg$ となるような ϕ，つまり $\partial(\phi P)/\partial y = \partial(\phi Q)/\partial x$ を満たす ϕ が求められると積分して g が求められる．完全微分量と不完全微分量は，物理量としては，それぞれ状態量と非状態量に対応している（第 2 章で説明する）．

* の証明

$I \equiv \displaystyle\int_1^2 \{Pdx + Qdy\}$ を考える．今，ストークスの定理（Stokes' theorem）$\displaystyle\oint \boldsymbol{F} \cdot d\boldsymbol{l} = \iint_S dS(\boldsymbol{\nabla} \times \boldsymbol{F})_n$ を使う．$\boldsymbol{F}$ として 2 次元ベクトル場 $\boldsymbol{F} = (P(x, y), Q(x, y))$ を選び，図 1.1 の経路を選ぶと，

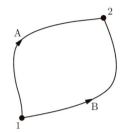

図 1.1　途中が異なる二つの積分経路

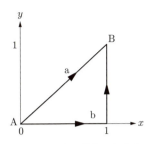

図 1.2　経路に依存した積分

$$\left(\int_{1A}^{2} + \int_{2B}^{1}\right)\{Pdx + Qdy\}$$
$$= \iint_S dS\left(\frac{\partial Q}{\partial x} - \frac{\partial P}{\partial y}\right)$$

となり，完全微分条件が満たされると右辺 $= 0$ となる．したがって

$$\int_{1A}^{2}\{Pdx + Qdy\} = \int_{1B}^{2}\{Pdx + Qdy\}$$

となって，始点と終点のみによって経路によらない積分値が得られる．不完全微分の積分は $\int_{1A}^{2}\{Pdx + Qdy\} \neq \int_{1B}^{2}\{Pdx + Qdy\}$ となり経路に依存する．

例題 1-1　積分因子

微分形式 $dz = (x/y + 1)dx + (y/x + x/(2y))dy$ が不完全微分であること，またこれに xy を掛けた $xydz$ が完全微分であることを示す．すなわち $\lambda = xy$ は dz に対する積分因子である．

$$\frac{\partial(x/y + 1)}{\partial y} = -x/y^2,$$
$$\frac{\partial(y/x + x/(2y))}{\partial x} = -y/x^2 + 1/(2y)$$

となり，等しくないので，不完全微分である．$xydz$ について同様な計算をすると，

$$\frac{\partial(x^2 + xy)}{\partial y} = x, \quad \frac{\partial(y^2 + x^2/2)}{\partial x} = x$$

と等しくなるので，完全微分になる．

例題 1-2　線積分

図 1.2 にあるように，点 A $= (0, 0)$ から B $= (1, 1)$ までの線積分

$$I = \int_A^B [(x^2 + y^2)dx + 2xydy],$$
$$J = \int_A^B [(x^2 - y^2)dx + 2xydy]$$

を図の経路 a，b に沿って行う．

I と J を

$$\int_A^B [Pdx + Qdy],$$

とおくと，I については，$\partial P/\partial y = 2y$, $\partial Q/\partial x = 2y$ となり，完全微分であるが，J については，$\partial P/\partial y = -2y$, $\partial Q/\partial x = 2y$ となり，不完全微分である．

$$I_a = \int_0^1 (2x^2 + 2x^2)dx = \frac{4}{3}$$
$$I_b = \int_0^1 x^2 dx + \int_0^1 2ydy = \frac{4}{3}$$
$$J_a = \int_0^1 2x^2 dx = \frac{2}{3}$$
$$J_b = \int_0^1 x^2 dx + \int_0^1 2ydy = \frac{4}{3}$$

このように I は経路によらない一定値をとるが，J は経路ごとに異なる値をとることがわかる．

1.1 節のまとめ

- 偏微分：

$$\frac{\partial f}{\partial x} \equiv \lim_{\Delta x \to 0} \frac{f(x + \Delta x, y, \cdots) - f(x, y, \cdots)}{\Delta x}$$

- 全微分：

$$df(x, y) = \left(\frac{\partial f}{\partial x}\right)_y dx + \left(\frac{\partial f}{\partial y}\right)_x dy$$

- 完全微分：$P(x,y)dx + Q(x,y)dy$ が完全微分であることの必要十分条件は，$\partial P/\partial y = \partial Q/\partial x$ である．
- 積分因子：$P(x,y)dx + Q(x,y)dy$ が不完全微分でも，$\partial(\phi P)/\partial y = \partial(\phi Q)/\partial x$ を満たす ϕ が存在するとき，$\phi(x,y)$ を積分因子とよび，$\phi P dx + \phi Q dy$ は積分可能となる．

1.2 熱力学第 0 法則

熱力学は，物質を構成する原子や分子などの粒子の運動の状態を調べることはせずに，つまりは物質のミクロな状態に立ち入らず，少数の物理変数で空間的に一様で時間的にも一定な物質のマクロな状態を調べる学問である．この空間的に一様で時間的にも一定な物質のマクロな状態のことを熱平衡状態（thermal equilibrium state）という．異なる熱平衡状態にある物質を接触させると，その接触直後は全体としては平衡状態になく，文字どおり非平衡状態（nonequilibrium state）にある．しかし，非平衡状態にある物質も十分長い時間が経過すると，最終的には一つの平衡状態に落ち着く．熱力学が扱う状態は，この熱平衡状態である．熱力学には柱となる四つの重要な法則がある．それらは，熱力学第 0 法則，熱力学第 1 法則，熱力学第 2 法則，熱力学第 3 法則，の四つである．ここでは，熱力学第 0 法則について説明する．

熱力学第 0 法則（zeroth law of thermodynamics）は：
「物体 A と物体 B，物体 B と物体 C がそれぞれ熱平衡状態にあるとき，物体 A と物体 C を接触するとそのまま熱平衡状態になっている」である．これは熱平衡に関する経験法則である．ここで，A，B，C に共通の性質として温度（temperature）が使われる．

1.2 節のまとめ
- 熱力学第 0 法則とは熱平衡に関する経験法則で，平衡にある物体間の共通の性質に温度が使われる．

1.3 温度と熱

ここでは，温度と熱について説明する．

1.3.1 温度とは

熱平衡状態にある物質の温度は温度計で測る．液体温度計は温度計内の熱膨張率が温度とともに一定であることを想定しているが，実際はそうではないので正確ではない．そこで，1 気圧の水の凝固点を 0℃，水の沸点を 100℃ とし，その間を 100 等分して 1℃ の温度目盛りを決めてそれを標準として使うことが考えられる．しかし，水それ自身もその熱膨張率は温度とともに一定ではないので，水を温度計として使うことはできない．なので，何か他の物質で温度計を作ることが考えられるが，これらはあくまで便宜的なもので，経験的温度（empirical temperature）とよばれる．今後は，経験的温度として t [℃] を使うこととする．体積一定の気体温度計を使って得られた実験結果を温度 t と圧力 p のグラフ（図 1.3）に示す．3 本の直線は気体の種類も体積もそれぞれ異なっている気体を使っての結果である．ただし，低温領域では p–T の間に直線関係が得られないので，破線で書かれている．3 本の直線を低温まで外挿すると，すべて同じ温度 $t = -273.15$ ℃ で

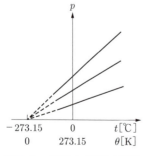

図 1.3　t [℃] と θ [K] の関係

ウィリアム・トムソン（ケルビン卿）

英国の物理学者．電磁気学，流体力学など研究分野は多岐にわたる．特に絶対温度の概念の導入，熱力学の第 2 法則の定式化など熱力学分野で多大な功績を残し，絶対温度の単位にその名をとどめる．10 歳でグラスゴー大学に学び，のちに母校の教授を 53 年にわたって務めた．(1824–1907)

圧力がゼロになる．そこで，$\theta\,[\mathrm{K}] = t\,[{}^\circ\mathrm{C}] + 273.15$として，（経験的）理想気体絶対温度$\theta\,[\mathrm{K}=\mathrm{ケルビン}]$を定義する．今後，簡単のために理想気体温度とよぶ．第3章の熱力学第2法則で熱力学的絶対温度Tが導入されるが，そこで，二つの温度定点を決める必要があり，一つは絶対零度$-273.15\,{}^\circ\mathrm{C}$で，もう一つは水の三重点の温度$0.01\,{}^\circ\mathrm{C}$であることが示される．

さらに，$pV/\theta = R =$ 一定，$R = 8.3144\,\mathrm{J\,K^{-1}\,mol^{-1}}$と表され，気体定数$R$が与えられる．理想気体温度$\theta$は熱力学第2法則で得られる熱力学的絶対温度（thermodynamic absolute temperature）に一致することが後に示される．

1.3.2 熱とは

歴史的には，ラボアジェによるカロリック説によって熱には原因物質があるとされていたが，後に実験的に否定された．熱はそれぞれの状態で指定できる物理量（状態量）ではなく，移動する物理量（非状態量）であるので，"熱が多い，少ない"ということはできず，"移動した熱量は多い，少ない"ということになる（インフルエンザに感染して"熱がある"と言いがちであるが，物理的に正しくは"体温が高い"と言うべきなのである）．熱の単位は，歴史的な経緯からcal［カロリー］が使われることがあるが，次章で説明するように，熱もエネルギーの一形態であることから，J［ジュール］を使う．ただし，1 calは標準大気圧下で水1 gを$1\,{}^\circ\mathrm{C}$上げるのに必要なエネルギーと定義されて馴染みやすい単位ではあるので，この本では用いることがある．

1.3節のまとめ
- 経験的温度$t\,[{}^\circ\mathrm{C}]$と理想気体温度$\theta\,[\mathrm{K}]$は，$\theta\,[\mathrm{K}] = t\,[{}^\circ\mathrm{C}] + 273.15$の関係にある．
- 熱はそれに原因物質があるのではなく，移動する物理量（非状態量）である．

1.4 状態方程式と熱力学変数

1.4.1 状態変数と状態方程式

物質の状態はアボガドロ数（Avogadro's number）(6.02×10^{23})程度の数の粒子の位置と運動量によって決まると考えるのが自然であるが，熱平衡状態に限っていえば，三つの変数$p,\ V,\ \theta$でそのマクロな状態を指定することができる．それら三つの変数も独立ではなく互いに関係しあっている．その関係式が状態方程式（equations of state）$p = p(V, \theta)$である．

$$pV = nR\theta : 理想気体$$

$$\left(p + \frac{n^2 a}{V^2}\right)(V - nb) = nR\theta$$

：ファン・デル・ワールス気体（van der Waals gas）

ここで，nはモル数である．理想気体については次章で，ファン・デル・ワールス気体については，第4章で説明する．

1.4.2 示量変数と示強変数

熱力学変数は，示強変数と示量変数に分かれる．示強変数（intensive variable）は系の大きさ（量）によらずに強さを表す変数で，例えば圧力p，温度T，化学ポテンシャルμなどである．一方，示量変数（extensive variable）は系の大きさ（量）の一次に比例した変数で，例えば体積V，粒子数N，内部エネルギーU，エントロピーSなどである．示強変数と示量変数の間に特徴的関係がある．例えば，示量変数は示強変数だけで表すことができない，種々の熱力学関数の全微分表現には示量変数と示強変数が積となって表れる，などである．これについては3.7節で説明する．

アメデオ・アボガドロ

イタリアの物理学者，化学者．大学で法律を修めたのちに数学，物理学を学んだ．1811年アボガドロの法則を発表した．ヴェルチェッリ王立大学物理学教授，トリノ大学数理物理学教室の初代教授を務めた．（1776–1856）

1.4 節のまとめ
- 熱平衡状態では，系の p, V, θ が一つの関係式で決定される．これが状態方程式である．
- 熱力学変数には，系の大きさにはよらない示強変数と系の大きさに比例して変化する示量変数の二つの変数がある．

1.5 準静的過程

この章のはじめで説明したように，熱力学は調べる物質が熱平衡状態にあることを前提にしている．しかし，状態変化を考えるとき，系は過程の途中で非平衡状態を経なければならない．そうしなければ，別の平衡状態へ移ることができないからである．そこで，その非平衡状態になることを回避するために，系の状態変化を"十分にゆっくり"させることで，限りなく平衡状態に近付けながら状態変化をさせることにする．"十分にゆっくり"とは，無限小に壊れた熱平衡状態が次の熱平衡状態に近づく速さよりもゆっくり，という意味である．この状態変化のことを，準静的過程（quasistatic process）とよぶ．"準"は純粋ではないが限りなく平衡状態に近いことを意味している．第 2 章で詳しく説明する可逆過程（reversible process）と準静的過程の関係について図 1.4 を使って少し触れておく．図 1.4 をみてほしい．可逆過程は，例えば系が状態 A から状

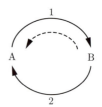

図 1.4 準静的過程と可逆過程の関係

態 B へ，また状態 B から状態 A に戻り，その際に外界もすべて元に戻るような過程のことを指す．その際に，行き（A→1→B）と帰り（B→2→A）が異なる経路でもよい．しかし，準静的過程は行きと帰りが同一経路になるような過程（B→1→A）である．つまり，準静的過程は可逆過程であるが，可逆過程は準静的過程であるとは限らないことになる．このように，準静的過程の条件は厳しく，厳密な意味では実際には成り立っていないが，準静的過程のもとで導き出される熱力学関係式は自然現象を正しく説明している．

1.5 節のまとめ
- 熱力学的状態変化は，熱平衡状態に限りなく近い状態を保ち続けながら十分にゆっくり変化する準静的過程をたどると仮定する．準静的過程は可逆過程である．

2. 熱力学第 1 法則

この章では，熱力学第 1 法則が生まれた経緯と第 1 法則から得られる基本的な関係式と熱力学量について説明する．

2.1 熱と仕事とエネルギー

2.1.1 熱力学第 1 法則誕生までの背景

熱には原因物質があるというカロリック説は，大砲の砲身削り作業時に熱が発生した実験事実（ルンホード（Rumford）の実験（1798 年））によって否定された．その後，熱はある状態で決まる物理量ではなく，"移動する"物理量であって，それはエネルギーの一形態であることがわかった．この考え方が正しいことは，ジュールの羽根車の実験（1843 年）で示された．実験の概念図を図 2.1 に示す．重力下で落下するおもりの運動エネルギーがプロペラの回転エネルギーに変わり，それによって容器内液体の温度が上昇したのである．このとき，外力による仕事 W [J] と液体に生じた熱量 Q [cal] の比は容器内液体の種類に無関係に一定となっていた．

$$\frac{W}{Q} = J = 4.186 \, \text{J cal}^{-1}, \quad J = 仕事当量.$$

つまり，1 cal の熱量に相当するのは 4.186 J の仕事ということである．力学的仕事が熱というエネルギー移動を生じさせ，その結果液体の温度が上昇したということになる．液体の温度を上昇させる方法としては，液体を直接熱する方法もある．いずれの方法でも，液体の内部エネルギー（internal energy）は増加して温度が上昇することになる．ここで，内部エネルギーとは，物体がもつ全エネルギーから，並進や回転運動による力学的エネルギーと外場中のポテンシャルエネルギーを引いたものである．

2.1.2 熱力学第 1 法則の誕生

1847 年にヘルムホルツ（Helmholtz）が提唱した「系の内部エネルギー U の変化量は，外部から系にした仕事 W の変化と系への熱 Q の移動量に等しい」を式に表すと，

$$dU = d'W + d'Q \qquad (2.1)$$

になる．ここで，$d'Q$ は仕事 $d'W$ 以外で系が受け取るエネルギーである．したがって，熱力学第 1 法則は，熱の移動があるときのエネルギー保存則（law of conservation of energy）を表している．ここで，移動量 Q や W の微分は $d'Q$ や $d'W$ とダッシュを付けて（不完全微分量），状態量 U の微分 dU（完全微分量）と区別している（表 2.1）．それは，変化の始状態と終状態のみで決まる U と違って，熱や仕事は変化の過程によってもその変化量が異なるからである．このことを具体的な状態変化でみてみよう．

図 2.2 の p–V 図で，A→B→C と A→D→C の二つの過程を考える．A→B（ΔQ_1 を吸収）と D→C（ΔQ_2

ジェームズ・プレスコット・ジュール

英国の物理学者．学術的な地位には就かず，生涯を一醸造業者として過ごした．羽根車による実験から熱の仕事当量や電流と抵抗による熱の量の算出，ケルビン卿との共同実験でジュール・トムソン効果などを発見した．（1818–1889）

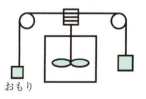

図 2.1 ジュールの羽根車の実験の概念図

表 2.1 状態量と移動量

U	状態量	完全微分量 dU
Q, W	移動量	不完全微分量 $d'Q, d'W$

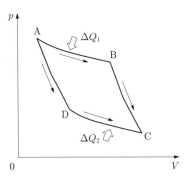

図 2.2 二つの状態変化

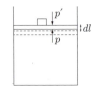

図 2.3 準静的過程での仕事

を吸収) は等温過程，A→D と B→C は断熱過程とする．
A→B→C：
$$\Delta W_1 = \int_{ABC} pdV$$
$$\Delta U_1 = \Delta Q_1 - \Delta W_1$$

A→D→C：
$$\Delta W_2 = \int_{ADC} pdV$$
$$\Delta U_2 = \Delta Q_2 - \Delta W_2$$

始状態 A と終状態 C は上の二つの過程で同じなので，$\Delta U_1 = \Delta U_2$ である．また，図 2.2 から明らかなように，$\Delta W_1 \neq \Delta W_2$ であるから，$\Delta Q_1 \neq \Delta Q_2$ が得られる．このように，二つの過程の始状態と終状態が同じであっても，途中でなされた仕事と移動した熱量は異なることがある．

このように，熱と仕事のような移動量は不完全微分量であるので，熱力学関係式の定式化には向かない．そこで，準静的過程を考えることによって，それらを状態量で表現できるようにする．ここでは，仕事について説明する．

図 2.3 に示すように，外部が圧力 p' をピストンにかけて気体を圧縮する準静的過程を考える．熱平衡状態が保たれているので，気体の圧力 p は $p = -p'$ となる．外部が気体にする仕事は，
$$d'W = p'Sdl = -pdV$$
になる．したがって，熱力学第 1 法則 (2.1) は，

$$dU = d'Q - pdV \tag{2.2}$$

となる．$d'Q$ も TdS として状態量を使って表現できることは，第 3 章で説明する．ここで，S はエントロピー（entropy）である．

2.1.3 熱力学第 1 法則と状態変化

熱力学第 1 法則 $dU = d'Q - pdV$ から，以下の状態変化で得られる簡単な性質がある．

a. 等圧過程

$dp = 0$ より，$d'Q = d(U + pV)$ となるので，積分して，
$$\Delta Q = (U_2 + pV_2) - (U_1 + pV_1)$$
ここから，等圧過程で移動した熱量は，エンタルピー（enthalpy）$H = U + pV$ と定義される状態量になる．

b. 等積過程

$dV = 0$ より $d'Q = dU$ となるので，積分して
$$\Delta Q = U_2 - U_1 = mc(\theta_2 - \theta_1)$$
m は質量である．比熱 c は後に説明される．ここで注意することは，$\Delta U = mc\Delta\theta$ であって，カロリック説で用いられた関係式 $Q = mc\theta$ が正しいということではない．

c. 断熱過程

$d'Q = 0$ より $dU = -pdV$ が得られる．
さらに等圧条件が加わると，$dH = dU + pdV + Vdp = 0$ となるので，等エンタルピー過程になる．

2.1 節のまとめ

- 熱というエネルギー移動量：熱と仕事は同じく移動するエネルギー量である．熱の元々の単位 cal とエネルギーの単位 J には 1 cal = 4.186 J の関係がある．
- 熱力学第 1 法則，$dU = d'W + d'Q$ は熱の移動量も含めたエネルギー保存則である．dU は状態量（完

全微分量）で始状態と終状態で決まる量であるが，$d'W$ と $d'Q$ は非状態量（不完全微分量）で，変化の過程によって異なる値をもつ．準静的操作を行うことによって，非状態量である $d'W$ は $d'W = -pdV$ のように状態量で表すことができる．$d'Q = TdS$ は次の章で説明される．

2.2 熱力学第 1 法則の関係式

2.2.1 比熱の式

a. 熱容量と比熱

熱容量（heat capacity）とは物質の温度を 1 K 上昇させるための熱量 $C\,[\mathrm{J\,K^{-1}}]$ である．比熱（specific heat）は物質 1 g（単位質量あたり）の熱容量で，$c\,[\mathrm{J\,g^{-1}\,K^{-1}}]$ と書く．熱力学第 1 法則を使って，熱容量の関係式が得られる．

$$d'Q = dU + pdV, \quad U = U(\theta, V)$$
$$= \left(\frac{\partial U}{\partial \theta}\right)_V d\theta + \left(\frac{\partial U}{\partial V}\right)_\theta dV + pdV$$
$$= \left(\frac{\partial U}{\partial \theta}\right)_V d\theta + \left[\left(\frac{\partial U}{\partial V}\right)_\theta + p\right] dV \quad (2.3)$$

熱容量 C は以下のように定義される．

$$C \equiv \frac{d'Q}{d\theta}$$
$$= \left(\frac{\partial U}{\partial \theta}\right)_V + \left[\left(\frac{\partial U}{\partial V}\right)_\theta + p\right] \frac{dV}{d\theta} \quad (2.4)$$

b. 等積熱容量 C_V

$$C_V = \left(\frac{d'Q}{d\theta}\right)_V = \left(\frac{\partial U}{\partial \theta}\right)_V \quad (2.5)$$

c. 等圧熱容量 C_p

$p = $ 一定（$dp = 0$）の場合には，θ と V を独立変数にできないから，θ と p を独立変数にして $V = V(\theta, p)$ と表す．

$dV = (\partial V/\partial p)_\theta dp + (\partial V/\partial \theta)_p d\theta$．これを式 (2.3) に代入すると，

$$d'Q = C_V d\theta$$
$$+ \left[\left(\frac{\partial U}{\partial V}\right)_\theta + p\right]\left[\left(\frac{\partial V}{\partial p}\right)_\theta dp + \left(\frac{\partial V}{\partial \theta}\right)_p d\theta\right]$$

ここで $dp = 0$ とすると，

$$\left(\frac{d'Q}{d\theta}\right)_p \equiv C_p = C_V + \left[p + \left(\frac{\partial U}{\partial V}\right)_\theta\right]\left(\frac{\partial V}{\partial \theta}\right)_p$$
$$(2.6)$$

が得られる．今，体膨張率（coefficient of cubical expansion）$\beta \equiv (1/V)(\partial V/\partial \theta)_p$ を使って，$dU = $

$(\partial U/\partial \theta)_V d\theta + (\partial U/\partial V)_\theta dV$ に式 (2.5)，(2.6) を代入すると，内部エネルギーの変化と移動熱量は以下のように表現できる．

$$dU = C_V d\theta + \left[\frac{C_p - C_V}{\beta V} - p\right] dV$$
$$d'Q = C_V d\theta + \frac{C_p - C_V}{\beta V} dV,$$

等温過程のときはさらに

$$d'Q = \frac{C_p - C_V}{\beta V} dV,$$

と表される．

2.2.2 理想気体への応用

理想気体（ideal gas）とは，構成粒子が質点とみなされ，粒子間の相互作用はなく，かつ状態方程式 $pV = nR\theta$ で表される気体のことである．理想気体の状態方程式は後の章で統計力学によって導出される．

a. ジュールの法則

ここでは，ジュールの実験とそこから導き出されたジュールの法則を説明する．図 2.4 にあるように，断熱容器に液体が入っていて，はじめ容器 A に気体が入っていた．コックを開いて B にも気体が流入した．この過程で液体の温度は変化しなかった．このことから，以下の関係式が得られる．

自由膨張なので $d'W = 0$ で，液体の温度は変化しなかったので，$d'Q = 0$ となる．熱力学第 1 法則より，$dU = U(V_2, \theta) - U(V_1, \theta) = 0$，となる．したがって，

$$\left(\frac{\partial U}{\partial V}\right)_\theta = 0 \quad (2.7)$$

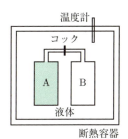

図 2.4　ジュールの実験の概念図

表 2.2　気体のモル比熱と比熱比. 単位は $\mathrm{J\,mol^{-1}\,K^{-1}}$.
ヘリウムは 18°C, 水は 100°C, 他は 15°C のときの実測値である.

	定積比熱 C_V	定圧比熱 C_p	比熱比 $\gamma = C_p/C_V$
He	12.6	21.0	1.67
Ar	12.5	20.8	1.66
H_2	20.1	28.4	1.41
N_2	20.3	28.7	1.41
O_2	20.8	29.2	1.41
CO	20.7	29.0	1.40
H_2O	27.5	35.8	1.30
CO_2	28.1	36.5	1.30

これが **ジュールの法則（Joule's law）** である. 式 (2.7) を (2.6) に代入すると,

$$C_p - C_V = p\left(\frac{\partial V}{\partial \theta}\right)_p$$

が得られる. これに理想気体の状態方程式 $pV = nR\theta$ を使うと, **マイヤーの関係式（Mayer's relation）**

$$C_p - C_V = nR \tag{2.8}$$

が得られる. また,

$$dU = \left(\frac{\partial U}{\partial \theta}\right)_V d\theta + \left(\frac{\partial U}{\partial V}\right)_\theta dV$$

に,

$$\left(\frac{\partial U}{\partial V}\right)_\theta = 0 \quad \text{と} \quad C_V = \left(\frac{\partial U}{\partial \theta}\right)_V$$

を代入すると, **ルニョーの法則（Regnault's law）**

$$dU = C_V d\theta \tag{2.9}$$

が得られる.

b. 多原子分子気体の比熱

エネルギー等分配則 (law of equipartition of energy, 後に出てくる統計力学の第 11 章で学ぶ) より,

$$U = \frac{f}{2}nR\theta, \quad f = \text{運動の自由度}$$

$$C_V = \frac{f}{2}nR$$

が得られる. $C_p/C_V = \gamma$ は **比熱比** とよばれ, マイヤーの関係式 (2.8) から, γ は f で表される.

$$\gamma = \frac{f+2}{f} \tag{2.10}$$

理論値は以下のとおりである.

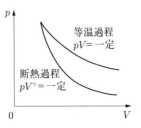

図 2.5　等温過程と断熱過程の p–V 図

He, Ar : $f = 3$, $\gamma = 5/3 = 1.66\cdots$

H_2, N_2, O_2 : $f = 3 \times 2 - 1 = 5$, $\gamma = 7/5 = 1.4$

H_2O, CO_2 : $f \geq 6$, $\gamma = 8/6 = 1.33\cdots$

この理論値と実際の気体の測定値 (表 2.2) を比べてわかるように, 両者はきわめてよい一致をみせている.

c. 断熱過程の関係式

熱力学第 1 法則より,

$$0 = d'Q = dU + pdV$$
$$= C_V d\theta + \frac{nR\theta}{V}dV$$

が得られる. 比熱比 γ と式 (2.8) より, $d\theta/\theta + (\gamma - 1)dV/V = 0$, $\ln\theta + (\gamma - 1)\ln V = $ 一定となる. これと, $pV = nR\theta$ より, **ポアソンの法則（Poisson's law）**

$$\theta V^{\gamma-1} = \text{一定}$$
$$pV^\gamma = \text{一定}$$
$$\theta p^{\frac{1-\gamma}{\gamma}} = \text{一定} \tag{2.11}$$

が得られる. 図 2.5 の p–V 図で示したように, 断熱過程と等温過程の違いがわかるだろう.

2.2.3　理想気体のする仕事

理想気体が等圧変化, 等温変化, 断熱膨張するときの気体がする仕事 W はそれぞれ以下のように求められる.

a. 等圧変化

$$W = \int_{V_1}^{V_2} pdV = p(V_2 - V_1)$$
$$= nR(\theta_2 - \theta_1)$$

b. 等温変化

$$W = \int_{V_1}^{V_2} pdV = nR\theta \int_{V_1}^{V_2} \frac{dV}{V}$$

$$= nR\theta \ln\left(\frac{V_2}{V_1}\right)$$

$p_1 V_1 = p_2 V_2$ より

$$= nR\theta \ln\left(\frac{p_1}{p_2}\right)$$

c. 断熱膨張

$$W = \int_{V_1}^{V_2} p\,dV$$

ポアソンの法則より $pV^\gamma = p_1 V_1^\gamma = p_2 V_2^\gamma$ であるから

$$W = p_1 V_1^\gamma \int_{V_1}^{V_2} \frac{dV}{V^\gamma} = \frac{p_1 V_1^\gamma}{\gamma - 1}(V_1^{1-\gamma} - V_2^{1-\gamma})$$

$$= \frac{1}{\gamma - 1}(p_1 V_1 - p_2 V_2)$$

$$= \frac{nRC_V}{C_p - C_V}(\theta_1 - \theta_2)$$

$$= U_1 - U_2$$

外にした仕事の分だけ，内部エネルギーが減少している．このように，変化の過程の違いによって，理想気体のする仕事が異なっていることが理解できたと思う．

　この章でみてきたように，熱を含めたエネルギー保存則を表現する熱力学第 1 法則は，経験法則ではあるが，熱容量（比熱）を含むさまざまな熱力学関係式を与え，基本的な実験事実をよく説明していることは重要である．

2.2 節のまとめ

- 比熱の定義：定積熱容量 C_V と定圧熱容量 C_p

$$C \equiv \frac{d'Q}{d\theta}, \ C_V = \left(\frac{\partial U}{\partial \theta}\right)_V$$

$$C_p = C_V + \left[p + \left(\frac{\partial U}{\partial V}\right)_\theta\right]\left(\frac{\partial V}{\partial \theta}\right)_p$$

- 理想気体への応用：

$$\left(\frac{\partial U}{\partial V}\right)_\theta = 0; \qquad\qquad\qquad \text{ジュールの法則}$$

$$C_p - C_V = nR; \qquad\qquad\qquad \text{マイヤーの関係式}$$

$$dU = C_V\,d\theta; \qquad\qquad\qquad \text{ルニョーの法則}$$

$$C_V = \frac{fnR}{2}; \qquad\qquad \text{多原子分子気体の熱容量．} f \text{ は運動の自由度}$$

$$\frac{C_p}{C_V} = \gamma = \frac{f+2}{f}; \qquad\qquad\qquad \text{比熱比 } \gamma \text{ と } f \text{ の関係}$$

断熱過程の関係式はポアソンの法則とよばれる．

$$\theta V^{\gamma-1} = \text{一定}$$

$$pV^\gamma = \text{一定}$$

$$\theta p^{\frac{1-\gamma}{\gamma}} = \text{一定}$$

3. 熱力学第2法則

　ワット（J. Watt）らによって蒸気機関が広く使われ始められたとき，カルノー（S. Carnot, 1796–1832）は熱機関の効率を上げるためにはどうしたらよいのか，またその限界があるかを問い，結果的にカルノーサイクルの発見に至った．カルノーサイクル発見30年後に熱力学第2法則が確立した．カルノーサイクルをもとに，熱力学的絶対温度とエントロピーが導入され，熱現象の不可逆性を表現する熱力学第2法則は，物理学以外の分野であっても多く引用される重要な法則となった．"熱機関の効率を上げるため"という実用的な目的から始まった研究が最も重要な自然法則の発見につながったことは示唆的である．熱素説（カロリック説, caloric theory）という後にジュールの実験で否定される理論に立脚したカルノーであったが，発見したカルノーサイクルはきわめて重要なものとなり，それに関係した定理は正しかった．この章では，カルノーサイクルとそれから導き出されたカルノーの定理，熱力学的絶対温度，エントロピー，熱の不可逆性について説明する．

3.1 永久機関とカルノーサイクル

3.1.1 第1種永久機関と第2種永久機関

　熱力学第1法則は熱の移動がある場合も考慮したエネルギー保存則である．系がある状態から変化してまた元の状態に戻る過程をサイクル（循環過程，cycle〈cyclic process〉）とよぶ．サイクルの間に外部に仕事をするような系は機関（engine，または熱機関〈heat engine〉）とよぶ．系が1サイクルの間に外部に対して正の仕事をして，機関自身も外界もすべて元の状態に戻るような機関があるとすると，それを第1種永久機関とよぶ．しかし，熱力学第1法則からそのような機関は存在しない．無から有を生むことはありえないので，これは自然な帰結である．では，1サイクルの間に系が熱を受け取り，それをすべて仕事に変える機関は存在するだろうか．この1サイクルでエネルギーは保存されるので第1法則に矛盾せず，これは第2種永久機関とよばれる．しかし，この機関も存在しない．これが熱力学第2法則の一つの表現である．熱力学第2法則にいきつく道を与えたのがカルノーサイクル（Carnot cycle）である．

3.1.2 カルノーサイクル

　一般的な熱機関は温度差を利用して動力に変換している．しかし，この温度差は熱伝導（conduction of heat）を生じさせるので，エネルギー消費につながる．カルノーは温度差を作ることなく，つまり熱伝導を生じさせずに熱移動が起こる熱機関を考案した．それがカルノー機関である．以下で，カルノー機関が行う循環過程（カルノーサイクル）を説明する．

　まず，シリンダーを高熱源上に置いて透熱板を通して熱移動させて作業物質（気体としておく）の温度を θ_1 にしておく．準静的に以下の四つの過程を行う．図3.1と図3.2をみていただきたい．

① A→B: ピストンを静かに引き上げて気体は等温膨張（isothermal expansion）（θ_1）する．高熱源

ニコラ・レオナール・サディ・カルノー

フランスの物理学者．熱を仕事に換える熱機関の効率を分析した論文『火の動力』は，のちのクラウジウスやトムソンの研究に大きな影響を与えた．コレラにより36歳の若さで死去した．
（1796–1832）

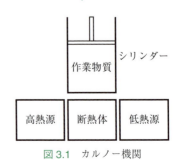

図3.1　カルノー機関

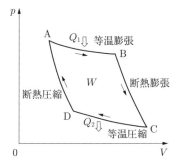

図 3.2 カルノーサイクルの p–V 図

からの熱量 Q_1 は仕事に使われる．
② B→ C: シリンダーを断熱体上に置き，ピストンを上に引き上げて**断熱膨張（adiabatic expansion）**させる．これを温度が θ_2（$<\theta_1$）になるまで続ける．内部エネルギーの減少分は仕事に使われる．

③ C→ D: θ_2 の低熱源において**等温圧縮（isothermal compression）**させる．このとき，気体から低熱源に Q_2 の熱が移動する．
④ D→ A: シリンダーを断熱体上に乗せ，温度が θ_1 になるまで**断熱圧縮（adiabatic compression）**させて A に戻る．

このサイクルで重要なことは，両熱源に接触させたとき**温度差がなく熱移動**したことである．1 サイクル後に作業物質は元に戻っているが，高熱源は Q_1 を失い，低熱源は Q_2 を吸収しているので，外界には変化が生じている．しかし，カルノー機関は準静的可逆機関であるので，逆サイクルを行うことによって外界も元に戻ることになる．1 サイクルでした仕事 W は $W = Q_1 - Q_2$ である．W は図 3.2 の 4 本の曲線で囲まれた面積に相当する．

3.1節のまとめ
- **第 1 種永久機関**：系が 1 サイクルの間に外部に正の仕事をして機関自身も外界も元の状態に戻る機関を，第 1 種永久機関という．この機関は熱力学第 1 法則より存在しない．
- **第 2 種永久機関**：系が 1 サイクルの間に受け取った熱をすべて仕事に変える機関を，第 2 種永久機関という．この機関は熱力学第 2 法則より存在しない．
- **カルノーサイクル**：系が温度差なしに，等温膨張 → 断熱膨張 → 等温圧縮 → 断熱圧縮で 1 サイクルを行うものをカルノーサイクルという．カルノー機関は高熱源と低熱源の温度が決まっているときに最も高い熱効率をもつ機関である．

3.2 熱力学第 2 法則の二つの原理

3.2.1 クラウジウスの原理とトムソンの原理

前節で説明したカルノーサイクルの性質から，熱力学第 2 法則の二つの等価な表現；**クラウジウスの原理**と**トムソンの原理**が導き出されることをみてみよう．ここで，熱機関の**効率（efficiency）** η を定義する．

$$\eta = \frac{\text{外部にした仕事量}}{\text{吸収した熱量}} = \frac{W}{Q_1} = 1 - \frac{Q_2}{Q_1} \quad (3.1)$$

もし Q_2 がゼロであれば $\eta = 1$ になるが，実際にはそのようなことはない．トムソン（ケルビン卿）は $Q_2 \neq 0$ の理由を考えたが，答えには至らなかった．一方，ク

ラウジウスはこれを熱力学の基本**原理**とすることにした．つまり，証明されたものではなく経験的（自然の）事実であるとしたのである．

クラウジウスの原理（Clausius' principle）：
　他に何の変化をも残すことなく，熱を低温の物体から高温の物体に移すことはできない（低温 $\not\to$ 高温）．

ルドルフ・クラウジウス

ドイツの物理学者．熱力学の第 2 法則をケルビン卿とは独立して定式化した．ほかに熱力学の第 1 法則や，エントロピーの概念の確立など，熱力学の体系化に寄与した．ベルリンやチューリヒの大学で教授職を歴任した．（1822–1888）

図 3.3 命題と証明

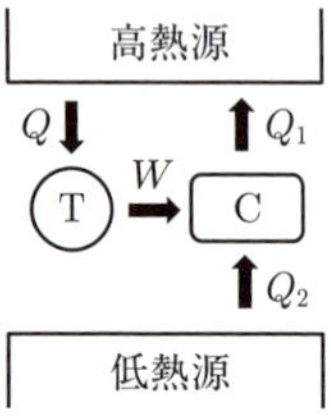

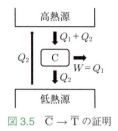

図 3.5 $\overline{C} \to \overline{T}$ の証明

ノー）では
$$Q_1 - Q = Q_2 + W - Q$$
$$= Q_2 + Q - Q$$
$$= Q_2$$

となり，結局低熱源から吸収した Q_2 をすべて高熱源に放出したことになる．これは $\overline{C}$ に他ならない．

(2) $\overline{C} \to \overline{T}$ の証明（図 3.5）

低熱源から高熱源へ Q_2 を移動させる $\overline{C}$ があるとする．その後，カルノー機関を運転し，図 3.5 のように熱の吸収，放出，仕事をしたとする．そうすると，全体として高熱源から吸収した Q_1 をすべて仕事に変えたことになって，$\overline{T}$ となる．

(1)，(2) より，T = C が証明された．

3.2.3 可逆過程と不可逆過程

熱力学第 2 法則（クラウジウスの原理とトムソンの原理）は熱が関与する系の不可逆性の法則である．一つの体系がある状態から出発して他の状態に移ったとき，何らかの方法によって，この系と系の状態変化に関係した外界のすべての物体が元に戻り，そのうえ，この元に戻すために新しく必要になるかもしれない他の物体も元の状態に帰るようにすることができるとき，はじめの過程を**可逆過程（reversible process）**とよび，そうでない過程を**不可逆過程（irreversible process）**とよぶ．厳密には，熱が関係する自然には可逆過程現象は存在しないといってよい．不可逆過程であることがわかりやすい現象として，2 種類の気体（液体）の混合，温度の異なる物質間の接触（熱伝導），理想気体の真空への自由膨張，などがある．

図 3.4 $\overline{T} \to \overline{C}$ の証明

トムソンの原理（Thomson principle）：
1 個だけの熱源を利用して，その熱源から熱を吸収してそれを全部仕事に変えることのできる熱機関（第 2 種永久機関）は存在しない（熱 $\not\to$ 仕事）．

この二つの原理のことを**熱力学第 2 法則（second law of thermodynamics）**とよぶ．

注意 準静的等温過程（例えば，カルノーサイクルの一部 A→B）では，吸収した熱量 Q_1 が気体の膨張による仕事にすべて使われた．これは一見トムソンの原理に反するようにみえるが，膨張した気体の体積を元に戻さなければならず，そのときに Q_2 を放出する必要がある．

3.2.2 等価性の証明

クラウジウスの原理とトムソンの原理が等価であることを，次の 2 ステップで証明する（図 3.3 を参照）．T ≡ トムソンの原理が成り立つこと，C ≡ クラウジウスの原理が成り立つこととし，$\overline{T}$ と $\overline{C}$ は，それぞれの原理が成り立たないことを意味するものとする．

(1) $\overline{T} \to \overline{C}$ の証明（図 3.4）

Q をすべて W に変える機関 $\overline{T}$ があるとする．逆カルノー機関が W と低熱源から Q_2 を吸収して Q_1 を高熱源に放出する．そうすると，結合系（$\overline{T}$ + 逆カル

3.2 節のまとめ

熱力学第 2 法則は，二つの等価な原理，クラウジウスの原理とトムソンの原理からなる．

- クラウジウスの原理：他に何の変化をも残すことなく，熱を低温の物体から高温の物体に移すことはできない（低温 $\not\to$ 高温）．
- トムソンの原理：1 個だけの熱源を利用して，その熱源から熱を吸収してそれを全部仕事に変えること

のできる熱機関（第２種永久機関）は存在しない（熱 $\not\to$ 仕事）.
- 二つの原理が等価であることが証明される.

3.3 カルノーの定理

熱機関の効率 η に関する次の二つの重要な定理が導かれる.

カルノーの第１定理（Carnot's first theorem）：
可逆機関の効率 η はその作業物質によらず一定である.

カルノーの第２定理（Carnot's second theorem）：
不可逆機関の効率 η' は可逆機関の効率 η より小さい.

この二つの定理を証明しよう．まず，第２定理を証明する．図 3.6 のような二つの熱機関，可逆機関 R と可逆もしくは不可逆機関 E を考える．$Q'_1/Q_1 = N/N'$ と近似的に（限りなく正しく）成り立つような自然数 N, N' を選ぶことは可能である．R を逆 N 回サイクル（R は可逆機関なので逆運転可能である），E を順 N' 回サイクルさせて結合系 R+E のした仕事は

$$
\begin{aligned}
W_{\rm tot} &= N'W' - NW \\
&= N'(Q'_1 - Q'_2) - N(Q_1 - Q_2) \\
&= (N'Q'_1 - NQ_1) - (N'Q'_2 - NQ_2)
\end{aligned}
$$

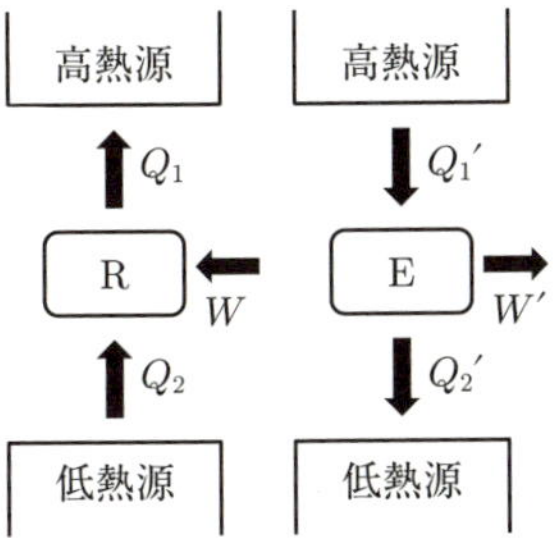

図 3.6 カルノーの定理の証明

$$
\begin{aligned}
&= Q_{1\rm tot} - Q_{2\rm tot} \\
&= -Q_{2\rm tot}\ （上の条件より）
\end{aligned}
$$

になる．R+E は元に戻っている．ここで，$W_{\rm tot} \le 0$ でなければならない．なぜなら，$W_{\rm tot} > 0$ とすると低熱源から $-Q_{2\rm tot}$ (> 0) を吸収し，すべてを仕事に変えてしまう $(Q_{1\rm tot} = 0)$ ことになり，トムソンの原理に反するから，$Q_{2\rm tot} \ge 0$ である．したがって，$N'Q'_2 \ge NQ_2$ になる．上の条件より

$$
\frac{Q'_2}{Q'_1} \ge \frac{Q_2}{Q_1} \tag{3.2}
$$

したがって，

$$
\eta = 1 - \frac{Q_2}{Q_1} \ge 1 - \frac{Q'_2}{Q'_1} = \eta'
$$

よって，第２定理が証明された．

次に，第１定理を証明する．ここで，E も可逆とすると，逆運転可能になるので，R を順 N 回サイクル，E を逆 N' 回サイクルさせる．

$$
\begin{aligned}
W_{\rm tot} &= NW - N'W' \\
&= Q_{2\rm tot} \le 0 \text{ でなければならない．したがって，}
\end{aligned}
$$

$$
\frac{Q'_2}{Q'_1} \le \frac{Q_2}{Q_1} \tag{3.3}
$$

である．このとき，式 (3.2) と (3.3) が同時に成り立たなければならないので，

$$
\frac{Q_2}{Q_1} = \frac{Q'_2}{Q'_1} \qquad \text{となり} \qquad \eta = \eta'.
$$

これで第１定理が証明された．

3.3 節のまとめ

熱機関の効率に関する二つの重要な定理がある.
- カルノーの第１定理：可逆機関の効率 η はその作業物質によらず一定である.
- カルノーの第２定理：不可逆機関の効率 η' は可逆機関の効率 η より小さい.

3.4 熱力学的絶対温度 T

第２章までは，理想気体温度 θ [K] $(= t\,[℃] + 273.15)$ を使用してきた．カルノーサイクルとカルノーの定理の説明では，その作業物質が何であるかを特定していなかったので，理想気体である必要もなかった．ここでは，①カルノーの定理から普遍的温度スケールが得られ，それを熱力学的絶対温度 T [K] とすると，②理

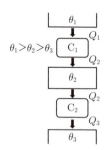

図 3.7 結合した二つのカルノーサイクル

想気体温度 θ[K] が $\theta = T$ となることを示す。
① カルノーの第 1 定理から絶対温度 T が導かれる
（ここで用いる経験的温度 θ は理想気体温度である必要はない）。
次のように**熱比** f を定義する。

$$\eta = 1 - \frac{Q_2}{Q_1} \equiv 1 - \frac{1}{f} \quad (3.4)$$

$$f \equiv \frac{Q_1}{Q_2} : 熱比 \quad (3.5)$$

カルノーの第 1 定理より，熱効率は作業物質によらずに一定なので，高温源（θ_1）と低温源（θ_2）の温度にのみよることになり，$f(\theta_1, \theta_2)$ と書けることになる。式 (3.5) を図 3.7 のような結合した二つのカルノーサイクルに適用すると，

$$C_1 : \frac{Q_1}{Q_2} = f(\theta_1, \theta_2)$$

$$C_2 : \frac{Q_2}{Q_3} = f(\theta_2, \theta_3)$$

$$C_1 + C_2 : \frac{Q_1}{Q_3} = f(\theta_1, \theta_3)$$

$$\longrightarrow f(\theta_1, \theta_2) = \frac{f(\theta_1, \theta_3)}{f(\theta_2, \theta_3)}$$

のように f の関係式が得られる。左辺に θ_3 依存性がなくなるから，$f(\theta_1, \theta_3) = g(\theta_3)h(\theta_1)$ と書ける。すると，$f(\theta_1, \theta_2) = h(\theta_1)/h(\theta_2) = Q_1/Q_2$，$Q_1 > Q_2$ で $\theta_1 > \theta_2$ なので，$h(\theta)$ は θ の単調増加関数である。上式より，$Q_2 \to 0$ のとき $h(\theta_2) \to 0$ となる。$h(\theta)$ は 0 からスタートする半無限の正の数となる。

$\to h(\theta) \propto T$；**熱力学的絶対温度**（thermodynamical absolute temperature）とする。

ただし，$Q_2/Q_1 = T_2/T_1$ の関係があるだけで T の絶対値は決まらない。そこで T の基準点とスケールを決める。大気圧での水の凝固点をもつ低熱源の温度を T_2^0 とし水の沸点の温度 $T_1^0 = T_2^0 + 100$ の高熱源を使って，Q_1 と Q_2 を測ると，$Q_2/Q_1 = T_2^0/(T_2^0 + 100)$ から，T_2^0 は 273.15 になる。（正確には，基準の温度としては第 6 章で学ぶ水の三重点（0.006 気圧，273.16 K）が選ばれる）。このようにして，基準点とスケールの決まった T によって，

$$\eta = 1 - \frac{Q_2}{Q_1} = 1 - \frac{h(\theta_2)}{h(\theta_1)} = 1 - \frac{T_2}{T_1} \quad (3.6)$$

となり，効率は両熱源の熱力学的絶対温度できまる。
注意 $\eta = 1$ を実現するためには，$Q_2 = 0$，つまり $T_2 = 0$（絶対 0 度）の低熱源が必要である。しかし，$T = 0$ は達成できないので，熱効率が 1 になることはない。
② $\theta = T$ になることを示す（ここの θ は理想気体温度である）。
図 3.2 の p–V 図から，
等温過程で：

$$Q_1 = W_{AB} = \int_{V_A}^{V_B} p dV = R\theta_1 \ln\left(\frac{V_B}{V_A}\right)$$

$$Q_2 = -W_{CD} = -\int_{V_C}^{V_D} p dV = R\theta_2 \ln\left(\frac{V_C}{V_D}\right) \quad (3.7)$$

断熱過程のポアソンの法則：

$$B \to C : \theta_1 V_B^{\gamma-1} = \theta_2 V_C^{\gamma-1}$$

$$D \to A : \theta_2 V_D^{\gamma-1} = \theta_1 V_A^{\gamma-1}$$

$$\longrightarrow \frac{V_B}{V_A} = \frac{V_C}{V_D} \quad (3.8)$$

ここで，γ は比熱比である。式 (3.8) を式 (3.7) に代入すると，$Q_2/Q_1 = \theta_2/\theta_1$ が得られ，式 (3.6) より $\theta_2/\theta_1 = T_2/T_1$ が得られ，$\theta = T$ となる。すなわち，理想気体温度は熱力学的絶対温度に等しいことがわかる。したがって，今後は温度として θ を使わずに T のみを用いることにする。この熱力学的絶対温度 T を使うと，カルノーの第 1 定理は

$$\frac{Q_1}{T_1} = \frac{Q_2}{T_2} \quad (3.9)$$

カルノーの第 2 定理は

$$\frac{Q_2'}{Q_1'} > \frac{Q_2}{Q_1} = \frac{T_2}{T_1} \to \frac{Q_1'}{T_1} < \frac{Q_2'}{T_2} \quad (3.10)$$

と表現できる。

3.4 節のまとめ
- カルノーの第 1 定理から熱力学的絶対温度が与えられる。

- 理想気体温度は熱力学的絶対温度に等しいことが示される．

3.5 クラウジウスの不等式とエントロピー

3.5.1 クラウジウスの不等式

カルノーの定理から得られた式 (3.9) と (3.10) を一般化（連続極限に）すると，クラウジウスの不等式 (Clausius inequality) が導かれる．これを示そう．系が吸収したとき正に，放出したとき負となるように熱量 Q を定義し直すと，式 (3.9) と (3.10) はまとめて，

$$\frac{Q_1}{T_1} + \frac{Q_2}{T_2} < 0 \quad \text{（不可逆過程）}$$

$$\frac{Q_1}{T_1} + \frac{Q_2}{T_2} = 0 \quad \text{（可逆過程）} \quad (3.11)$$

になる．図 3.8 のように，連続サイクルへ一般化する．E：A→B は準静的可逆過程か不可逆過程かいずれかとする．R：B→A は準静的可逆過程とする．

式 (3.11) を連続カルノーサイクルに適用すると，次のようになる．

$$\sum_{i=1}^{n}\frac{d'Q_i}{T_i} = \frac{d'Q_1}{T_1} + \frac{d'Q_2}{T_2} + \cdots + \frac{d'Q_{n-1}}{T_{n-1}} + \frac{d'Q_n}{T_n}$$
$$= \left(\frac{d'Q_1}{T_1} + \frac{d'Q_n}{T_n}\right) + \left(\frac{d'Q_2}{T_2} + \frac{d'Q_{n-1}}{T_{n-1}}\right)$$
$$+ \cdots + \left(\frac{d'Q_i}{T_i} + \frac{d'Q_{i+1}}{T_{i+1}}\right)$$
$$= \ \leq 0 \ + \ \leq 0 \ + \cdots \ + \leq 0$$
$$n \to \infty \ \text{で}$$

$$\oint \frac{d'Q}{T} < 0 \quad \text{（不可逆過程）}$$

$$\oint \frac{d'Q}{T} = 0 \quad \text{（準静的可逆過程）} \quad (3.12)$$

関係式 (3.12) をクラウジウスの不等式という．次項で，この関係式から状態量エントロピーが導入され，エントロピー増大の原理が導かれる．

3.5.2 エントロピー

クラウジウスの不等式 (3.12) とサイクル図 3.8 を準静的可逆過程（R）と不可逆過程（I）に分ける．

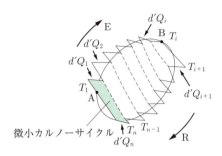

図 3.8 連続カルノーサイクル

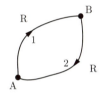

図 3.9 準静的可逆過程

a. 準静的可逆過程のとき

クラウジウスの不等式を図 3.9 の準静的可逆過程に適用すると，$\oint d'Q/T = 0$ である．

$$\oint = \int_{\text{A1B}} + \int_{\text{B2A}} = 0 \ \text{より}$$
$$\int_{\text{A1B}} \frac{d'Q}{T} = -\int_{\text{B2A}} \frac{d'Q}{T} = \int_{\text{A2B}} \frac{d'Q}{T}$$
= 積分経路によらず積分の上下限値で決まる量．
つまり，完全微分量（物理的には状態量）で
$$= S(B) - S(A) \quad (3.13)$$

が自然と導入される．S をエントロピー (entropy) とよぶ．

b. 不可逆過程のとき

図 3.10 のように行きに I（不可逆過程）を含むサイクルを考える．クラウジウスの不等式より，$\oint d'Q/T < 0$. したがって，

$$\int_{\text{A1B}} \frac{d'Q}{T} < \int_{\text{A2B}} \frac{d'Q}{T} = S(B) - S(A) \quad (3.14)$$

式 (3.13) と (3.14) をまとめて書くと，

$$\int_{\text{A}}^{\text{B}} \frac{d'Q}{T} \leq S(B) - S(A)$$
＜ は不可逆過程を含むとき，

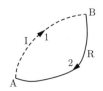

図 3.10 不可逆過程

$=$ は可逆過程のとき，成り立つ． (3.15)

準静的可逆過程での微小変化では，式 (3.13) より $d'Q/T = dS$ または，$d'Q = TdS$ が得られる．この定義は，熱（非状態量）の移動 $d'Q$ によってエントロピー（状態量）が $dS = d'Q/T$ だけ変化することを意味する．

c. エントロピー増大の原理

断熱過程を考えると，式 (3.15) で $d'Q = 0$ とおくことができ，$S(A) \leq S(B)$ となる．つまり，断熱不可逆過程ではエントロピーは増大し，断熱可逆過程ではエントロピーは不変である．したがって，孤立系の状態変化ではエントロピーが増大し，熱平衡状態に達するとエントロピーは極大値をとることになる．また，式 (3.15) の微分形は

$$TdS \geq d'Q$$

となり，熱力学第1法則 $d'Q = dU + pdV$ より

$$TdS \geq dU + pdV \quad (3.16)$$

が得られる．この式は，熱力学第1法則と第2法則を結合し，可逆，不可逆過程の両過程について成り立つ式であるので，熱力学で最も重要な式といえる．

d. 熱機関のエントロピー

簡単のために二つの熱源間で動作する熱機関を考える．まず，可逆機関としてカルノーサイクルを考えると，作業物質が高熱源 (T_1) から吸収したエントロピー S_1 は Q_1/T_1，低熱源に放出したエントロピー S_2 は Q_2/T_2 で，クラウジウスの不等式（等号の場合）から $S_1 = S_2$ が得られる．つまり，可逆サイクルでは，作業物質が吸収した熱量は放出した熱量より大きいが，エントロピーは同じなので，作業物質と熱源を含む全系のエントロピーは保存される．一方，不可逆過程では，クラウジウスの不等式から，$Q_2/T_2 - Q_1/T_1 \equiv \Delta S > 0$ となり，また，作業物質は1サイクル後に元に戻っているので作業物質のエントロピーの変化はなく，全系のエントロピーは増加することになる．

e. エントロピーとは何だろうか？

クラウジウスは式 (3.13) でエントロピーを導入した．その物理的な意味を考えるために，式 (3.16) を使って準静的可逆過程にある理想気体のエントロピーを求めてみよう．

$$TdS = dU + pdV$$

に

$$pV = Nk_BT \quad \left(= nRT, n = \frac{N}{N_A}, k_B = \frac{R}{N_A}\right)$$

$$dU = C_V dT$$

を代入すると，

$$dS = C_V \frac{dT}{T} + Nk_B \frac{dV}{V}$$

$$S = C_V \ln T + Nk_B \ln V + a$$

ここで，$C_V = \frac{3Nk_B}{2}$, $a =$ 定数

が得られる．このエントロピーの式で二つ問題がある．まず，エントロピー S は状態量で示量変数のはずであるが，そうはなっていない．もう一つは，定数 a が不定でエントロピーの値が決まらないことである．このように，クラウジウスが式 (3.13) でエントロピーを導入した時点では，その式が不完全でまたその物理的意味も曖昧であった．しかし，後にボルツマン（Boltzmann）がエントロピー S を

$$S = k_B \ln W \quad (3.17)$$

として，系のミクロな状態数 W を使って表した（ボルツマンのエントロピー（Boltzmann entropy））．このボルツマンのエントロピーが統計力学の基礎となるのである．系のミクロな状態数を決めるときに，構成粒子は互いに区別がつかないことを考慮すること（ギブスの修正因子）で示量性が保証され，系の量子性を考慮することで定数 a が決まることになる．これについては，統計力学で学ぶ．W はある体積の中に多くの粒子が配置（座標と運動量で指定）されるときの場合の数を意味している．つまり，配置の数が多くなればな

ルートヴィッヒ・ボルツマン

オーストリアの物理学者．熱平衡状態における分子の各状態の確率分布を示す関係式を示したこと，クラウジウスが導入したエントロピーの概念を明確化したことなどで知られる．原子論を否定するマッハらと激しく対立した．（1844–1906）

るほど大きくなる量なので，S は無秩序さを表す量と解釈することができる．また，$dS = d'Q/T$ によって移動熱量に比例する状態量であるので，熱が移動することでその無秩序さが増加することになる．したがっ て，熱移動を伴う過程では系の無秩序さが増加してしまい，それを力学的エネルギーとして回収できなくなることが生じる．これが，トムソンの原理，すなわち熱力学第2法則に他ならない．

3.5節のまとめ

- カルノーの第1定理と第2定理を連続カルノーサイクルにあてはめると，クラウジウスの不等式，

$$\oint \frac{d'Q}{T} \leq 0 \quad (<: 不可逆過程, =: 準静的可逆過程)$$

が得られる．

- クラウジウスの等式を準静的可逆過程に適用すると，状態量エントロピーが導入される．
- クラウジウスの不等式を不可逆過程に適用すると，エントロピー増大の原理が得られる．
- 熱力学第1法則と第2法則を含む最も重要な関係式

$$TdS \geq dU + pdV$$

が得られる．

- エントロピーを具体的にみるために理想気体を例にすると

$$S = C_V \ln T + N k_B \ln V + a$$

$$ここで，C_V = 3Nk_B/2, \ a = 定数$$

となる．示量的でなく不定性が残るので完全ではない．しかし，ボルツマンによって

$$S = k_B \ln W \quad (W は微視的状態数)$$

の統計力学的エントロピーが導入され，かつ粒子が区別できないことと低温での量子性が考慮され，上記の問題は解決する．熱移動によって生成されるエントロピー $dS = d'Q/T$ は無秩序さを表す物理量である．

3.6 熱機関と熱効率

3.6.1 オットーサイクルとディーゼルサイクル

カルノーサイクルは理想的な準静的可逆サイクルである．一方，車のエンジンなど現実に使われている熱機関（サイクル）は何であろうか．ここでは，二つの代表的なサイクルを紹介する．一つ目の理論サイクルとしてオットーサイクル（Otto cycle）を図3.11にあげる．1→2：断熱圧縮，2→3：等積加熱，3→4：断熱膨張，4→1：等積冷却，の四つの過程からなる．カルノーサイクルの熱効率を計算するときと同様にして計算すると，オットーサイクルの熱効率は，

$$\eta = 1 - \frac{1}{(V_1/V_2)^{\gamma-1}} \quad (3.18)$$

となって，比熱比 γ と圧縮比（V_1/V_2 は通常10前後）で決まる．

エンジンのもう一つの理論サイクルにディーゼルサイクル（Diesel cycle）がある．図3.12のように，1→2：断熱圧縮，2→3：等圧加熱，3→4：断熱膨張，4→1：等積冷却，の四つの過程からなる．同様に熱効率を計

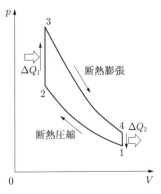

図 3.11　オットーサイクル

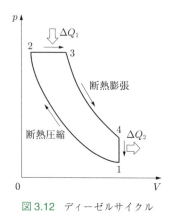

図 3.12 ディーゼルサイクル

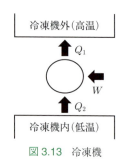

図 3.13 冷凍機

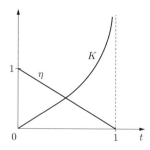

図 3.14 効率と性能指数の関係

算すると，

$$\eta = 1 - \frac{1}{(V_1/V_2)^{\gamma-1}} \frac{(V_3/V_2)^\gamma - 1}{\gamma((V_3/V_2) - 1)} \quad (3.19)$$

となる．ディーゼルサイクルの熱効率はオットーサイクルの熱効率の第2項に因子が掛かった形になっており，この因子は1より大きいので，圧縮比が同じ場合はディーゼルサイクルの熱効率はオットーサイクルの熱効率よりも小さくなる．しかし，ディーゼルサイクルの圧縮比は高くできるために，オットーサイクルの熱効率よりも高くなる．

3.6.2 冷凍機の性能指数

ここまで説明してきた熱機関は，熱を仕事に変えるものであった．逆に仕事を熱に変える熱機関は冷凍機（または冷蔵庫）である．冷凍機は電気を使って外部から仕事 W をして，機内（低温 T_2）から Q_2 を取り機外（高温 T_1 の空中）へ熱 Q_1 を移動させ，機内の温度を下げている（図3.13）ので，今までに使ってきた熱機関の効率 η に代えて，性能指数 K が使われる．

$$K = \frac{Q_2}{W} = \frac{Q_2}{Q_1 - Q_2}$$

もしカルノーサイクルの逆過程とみると，$Q_2/Q_1 = T_2/T_1$ となるので

$$K = \frac{T_2}{T_1 - T_2} = \frac{t}{1 - t}, \quad t \equiv \frac{T_2}{T_1}$$
$$\eta = 1 - t$$

$t \to 0$ で，熱機関の効率は1に近づくが，冷凍機の性能指数はゼロになる．逆に $t \to 1$ では，熱機関の効率は0になるが，冷凍機の性能指数は無限大になる（図3.14）．つまり，二つの熱源の温度差が小さいと熱機関の効率は悪くなるが，機内と機外の温度差が小さければ冷凍機は性能がよくなる．家庭でのエアコン（冷房使用時）の性能指数は3程度である．

3.6節のまとめ
- ガソリンエンジンの理論サイクルとしてオットーサイクル，ディーゼルエンジンの理論サイクルとしてディーゼルサイクルがある．
- 冷凍機（カルノーサイクルの逆過程）の効率は性能指数 $K = T_2/(T_1 - T_2)$ で測定する．

3.7 熱力学関数

この節では，熱力学で導入される熱力学ポテンシャルとそれらに成り立つ関係式をまとめる．エントロピーの導入によって，熱力学的状態はすべて状態量で記述される．状態量変化の関係が熱力学恒等式（熱力学第1法則）で表されることになる．独立変数を選び，ルジャンドル変換（Legendre transformation）によって

種々の熱力学ポテンシャル（熱力学関数）が得られる．状態量が熱力学ポテンシャルの微分係数で表され，それらの間に**マクスウェルの関係式**（Maxwell relation）がある．

3.7.1 熱力学ポテンシャルとルジャンドル変換

a. ルジャンドル変換

$L(x, y, z, \cdots)$ の全微分が以下の式で与えられているとき，独立変数 x を X に変えて新しい関数 $\overline{L}(X, y, z, \cdots)$ を定義することができる．

$$dL = X dx + Y dy + Z dz + \cdots$$
$$\overline{L} \equiv L - Xx$$
$$d\overline{L} = -x dX + Y dy + Z dz + \cdots$$

熱力学関数は独立変数の種類によって異なる．実際には，外部から制御することができる物理量を独立変数とした熱力学関数を使って，各過程での熱力学状態を考えることになる．以下に，ルジャンドル変換を使って，指定した独立変数によって熱力学関数が定義されることをみる．なお，一般には粒子数 N が変化しない系（過程）を考えることが多いが，ここでは N が変化する場合の関係式を求める．

内部エネルギー（internal energy）：
$$U(S, V, N), \quad dU = T dS - p dV + \mu dN$$
$$\downarrow$$

ヘルムホルツの自由エネルギー（Helmholtz free energy）：
$$F = U - TS, \quad dF = dU - T dS - S dT$$
$$dF = -S dT - p dV + \mu dN, \quad F(T, V, N)$$
$$\downarrow$$

ギブスの自由エネルギー（Gibbs free energy）：
$$G = F + pV, \quad dG = dF + p dV + V dp$$
$$dG = -S dT + V dp + \mu dN, \quad G(T, p, N)$$
$$\downarrow$$

エンタルピー（enthalpy）：
$$H = U + pV, \quad dH = dU + p dV + V dp$$
$$dH = T dS + V dp + \mu dN, \quad H(S, p, N)$$
$$\downarrow$$

大きな熱力学ポテンシャル：
$$\Omega = F - \mu N, \quad d\Omega = dF - \mu dN - N d\mu$$
$$d\Omega = -S dT - p dV - N d\mu, \quad \Omega(T, V, \mu)$$

熱力学では，対象とする系の熱力学関数 U, F, G, H, Ω を，それぞれの独立変数の物理量を使って具体的に書き表すことはしない．後の第 10 章，第 11 章で統計力学の方法を学ぶことによって，対象とする系を決めてそれぞれの熱力学関数の具体的な表式を求めることが可能になる．

3.7.2 マクスウェルの関係式

熱力学関数 U, F, G, H を使って，それらの微分係数の関係式 12 個が得られる．それを**マクスウェルの関係式**（Maxwell relations）とよぶ．以下に導出法を示す．

$$dU = T dS - p dV + \mu dN$$
$$= \left(\frac{\partial U}{\partial S}\right)_{V,N} dS + \left(\frac{\partial U}{\partial V}\right)_{S,N} dV$$
$$+ \left(\frac{\partial U}{\partial N}\right)_{S,V} dN$$

より

$$T = \left(\frac{\partial U}{\partial S}\right)_{V,N} \tag{3.20}$$

$$-p = \left(\frac{\partial U}{\partial V}\right)_{S,N} \tag{3.21}$$

$$\mu = \left(\frac{\partial U}{\partial N}\right)_{S,V} \tag{3.22}$$

が得られる．連続で微分に跳びがない関数の場合は，2 変数の 2 階微分はその順序を変えても同じである．これを式 (3.20) と (3.21) に使うと，

$$\left(\frac{\partial T}{\partial V}\right)_{S,N} = -\left(\frac{\partial p}{\partial S}\right)_{V,N} \tag{3.23}$$

が得られる．同様にして，式 (3.21) と (3.22)，(3.20) と (3.22) を使って，

$$\left(\frac{\partial p}{\partial N}\right)_{V,S} = -\left(\frac{\partial \mu}{\partial V}\right)_{N,S} \tag{3.24}$$

$$\left(\frac{\partial T}{\partial N}\right)_{S,V} = \left(\frac{\partial \mu}{\partial S}\right)_{N,V} \tag{3.25}$$

が得られる．U の全微分表現から 3 個のマクスウェルの関係式が得られたことになる．F, G, H についても同様の計算を行って，他のマクスウェルの関係式が得られる．結局，U, F, G, H から $3 \times 4 = 12$ 個のマクスウェルの関係式が得られる．ギブスの自由エネルギーから得られるマクスウェルの関係式の一つ，

$$\left(\frac{\partial S}{\partial p}\right)_{T,N} = -\left(\frac{\partial V}{\partial T}\right)_{p,N}$$

がある．この左辺の量を実験的に得ようとすると難し

144　3. 熱力学第2法則

いが, 右辺の量は簡単に測定することができる. これは, マクスウェルの関係式が有用となる例である.

1.4.2項で示量変数と示強変数の定義を述べたので, ここではそれを少し具体的にみてみる. 3.7.1項で説明した熱力学ポテンシャルとここで求めたマクスウェルの関係式をみてみる. 熱力学ポテンシャルは示量変数で, その全微分の各項は示量変数と示強変数の積になっている. マクスウェルの関係式を導く過程で得られた式 (3.20)～(3.22) から, 分母と分子が示量変数ならその分数は示強変数になっていることがわかる.

一般に, 分子から分母の示量変数のべきを引いたものが1のときはその分数は示量変数で, ゼロのときは示強変数となる. ただし, マクスウェルの3個の関係式 (3.23)～(3.25) は示量変数, 示強変数のいずれでもない. また, 状態方程式を書いてみるとわかるが, 示強変数は示強変数のみで表されるが, 示量変数は示強変数だけで表すことができず示量変数が入っている. このように, 熱力学量をみるとき, 特にそれが複雑な関係式で書かれているとき, まずはそれが示強変数であるか示量変数であるかを意識することによって, 物理的イメージを付けるヒントになる.

3.7.3　ギブス・デュエムの関係

ここでは, ギブスの自由エネルギーから得られる重要な関係式について説明する. 3.7.1項でみたように,

$$dG = -SdT + Vdp + \mu dN \qquad (3.26)$$

$$G = G(T, p, N) \qquad (3.27)$$

である. G は示量変数であるから, $G(T, p, nN) = nG(T, p, N)$ である. この両辺を n で微分し, 左辺はまず nN を n で微分し次に nN で微分し (微分の鎖則), 最後に $n = 1$ とし, 式 (3.26) から得られる $\mu = (\partial G/\partial N)_{T,p}$ を使うと,

$$G = \mu N \qquad (3.28)$$

が得られる. 式 (3.26) と (3.28) から,

$$SdT - Vdp + Nd\mu = 0 \qquad (3.29)$$

が得られる. これが, ギブス・デュエムの関係 (Gibbs-Duhem equation) である. この関係から, 示強変数

T, p, μ はそれぞれ独立に変わることはできないことがわかる. したがって, T, p, μ を独立変数とする熱力学ポテンシャルもない.

3.7.4　系がする仕事と状態変化の方向

ここでは, 簡単のために粒子数 N が変化しない場合を考える. 種々の条件のもとで状態が変化して平衡状態に達する方向は, 関係する熱力学関数の増減で表現することができる. すでに説明したように, 熱力学第1法則 (エネルギー保存則) と熱力学第2法則 (不可逆の法則) を同時に表現する式は,

$$TdS \geq dU + pdV \qquad (3.30)$$

である.

a.　系がする仕事

断熱過程で系がする仕事は内部エネルギーの減少分 $pdV = -dU$ に相当する.

等温過程で系がする仕事は $pdV = -d(U - TS) = -dF$ であり, ヘルムホルツの自由エネルギーの減少分に相当する. したがって, 等温過程では内部エネルギーをすべて仕事に使うことができず, エントロピー生成 (または熱移動) に伴う無秩序なエネルギー TS が使えず, 正味使えるのがヘルムホルツの自由エネルギー $F = U - TS$ ということができる.

b.　状態変化の方向

$F = U - TS$, $dF = dU - TdS - SdT$ を式 (3.30) へ代入すると, $dF \leq -pdV - SdT$. したがって, 等温・等積過程で $dF \leq 0$ となるので, 不可逆過程で系の F は減少し, F が最小値をとったとき, 安定な熱平衡状態になる.

$G = F + pV = U - TS + pV$ で dG を式 (3.30) に代入すると, $dG \leq -SdT + Vdp$. したがって, 等温・等圧過程で $dG \leq 0$ となるので, 不可逆過程で系の G は減少し, G が最小値をとったとき, 安定な熱平衡状態になる. 結局, 状態変化の方向と安定な熱平衡状態を決定するためには, 外部条件 (あるいは実験条件) に合った F や G の熱力学関数を選んで, その最小状態を探さなければならないことがわかる.

3.7 節のまとめ

- 独立変数を変えるルジャンドル変換によって, 異なる変数の熱力学ポテンシャルに変わる.

$$\overline{L}(X, y, z, \cdots) \equiv L(x, y, z, \cdots) - Xx$$

- 熱力学ポテンシャルを全微分で表したときの係数関係から，マクスウェルの関係式という熱力学関係式が得られる．
- 熱力学ポテンシャルは示量変数で，その全微分の各項は示量変数と示強変数の積である．分子から分母の示量変数のべきを引いたものが1のときはその分数は示量変数で，ゼロのときは示強変数となる．
- ギブス・デュエムの関係

$$SdT - Vdp + Nd\mu = 0$$

から，三つの示強変数 T, p, μ はそれぞれ独立に変わることはできない．
- 熱力学第1法則（エネルギー保存則）と熱力学第2法則（不可逆の法則）を同時に表現する重要な式，

$$TdS \geq dU + pdV$$

を dF と dG の全微分表現に使うと，

等温・等積過程では $dF \leq 0$ となるので，F が最小値で安定状態になり，

等温・等圧過程では $dG \leq 0$ となるので，G が最小値で安定状態になることがわかる．

3.8 熱力学第3法則

　エントロピー S を考えるときは，その変化量が本質的意味をもつのであって，エントロピーの値それ自身が重要な役割を果たすことはあまりない．しかし，低温あるいは絶対零度（$T = 0$）近くでのエントロピーの値が比熱などの実験によって観測可能であること，$T = 0$ での S の値は熱力学的状態ではなく本質的には力学状態（量子状態）で決まるという意味で，エントロピーの絶対値は重要な物理量である．3.5.2 項 e. のエントロピーとは何だろうか？で，エントロピー定数 a について触れたことを思い出してほしい．

　熱力学第3法則は，ネルンストの熱定理（Nernst's theorem of heat）（1906）に基礎をおく．ネルンストの熱定理「液相，固相での等温・等圧過程では，エントロピーは $T \to 0$ とともにゼロに近付く」．このネルンストの定理が発展したネルンスト・プランクの定理（Nernst-Planck's theorem）がいわゆる熱力学第3法則である．

ネルンスト・プランクの定理＝熱力学第3法則：

$$\lim_{T \to 0} S(T) = S_0 = 0$$

　熱力学第3法則を統計力学の立場（$T = 0$ なので量子統計力学）から表現すると，$\lim_{T \to 0} S = \lim_{T \to 0} k_B \ln W = 0$ より W（$T = 0$ の状態数＝量子力学的基底状態の数）は1となる．しかし，"すべての量子力学的基底状態の数が1である" ことは証明されているわけではない．定圧熱容量 C_p とエントロピー S の関係は，$C_p = T(\partial S / \partial T)_p$ より

$$S = \int^T \frac{C_p}{T} dT + 定数$$

が得られ，熱力学第3法則 $\lim_{T \to 0} S(T) = 0$ を使うと，定数 $= -\int^0 C_p/T dT$ となるので，$S(T) = \int_0^T C_p/T dT$．$T \to 0$ で S が有限であるためには，$\lim_{T \to 0} C_p = 0$ でなければならない．比熱が $T \to 0$ でゼロに近付く様子は硫黄などの物質でも観測されているので，熱力学第3法則は固体にも当てはまることがわかっている．

3.8節のまとめ
- 熱力学第3法則はネルンスト・プランクの定理「エントロピーは絶対零度でゼロになる」である．定温での定圧比熱を測定することで低温でのエントロピーが決定できる．

4. 実在気体の熱力学

　ここまでは，熱力学第 1 法則，第 2 法則のもと，熱力学関数を理想気体に応用して熱力学の基礎を学んできた．理想気体は構成する粒子（原子，分子）を質点とみなし，粒子間の相互作用がないとしたあくまで仮想的なものである．高温・低圧では理想気体の方程式は現実の気体の性質をよく表しているが，気体が凝縮状態の近くにあるような温度，圧力のもとでは，理想気体の法則からのずれが大きくなってくる．この章では，粒子間相互作用の効果が現れる実際の現象を理解するために，実在気体のモデルを使って熱力学的性質を調べてみよう．

4.1 ファン・デル・ワールスの状態方程式

4.1.1 分子間力

　ファン・デル・ワールス（van der Waals）の状態方程式は広範囲の温度，圧力にわたって多くの物質の性質と現象を定性的に正しく記述する．ファン・デル・ワールスの状態方程式の導出は，古典統計力学のカノニカル集団の方法で行われるので，詳しくは第 11 章をみてほしい．ここでは，得られた式からスタートする．

　図 4.1 で表したように，現実の粒子の間には相互作用 v がある．その相互作用 v は粒子間距離 r によっている．図 4.2 に，中性粒子間の典型的な相互作用が描かれている．近距離では斥力が，遠距離では引力が働く．引力効果を表す定数 a と斥力効果を表す定数 b（とも

ヨハネス・ファン・デル・ワールス

オランダの物理学者．分子の体積と引力を考慮した気体の状態方程式を発見し，1910 年にノーベル物理学賞を受賞した．これは水素やヘリウムの液化の方法の発見につながった．分子間力の一つにもその名を残している．（1837–1923）

に正の値）が定義されて，このような相互作用のある多粒子系の状態方程式は，

$$\left(p + \frac{a}{v^2}\right)(v - b) = RT \tag{4.1}$$

で表される．ここの v はモル体積 $v = V/n$ で，相互作用の v ではないことに注意する．これが**ファン・デル・ワールスの状態方程式**（van der Waals equation of state）である．もちろん，a と b をともにゼロにすると，理想気体の状態方程式に帰着する．実在気体を構成する粒子が異なると，a と b も異なる値をとることになる．

4.1.2 ファン・デル・ワールス気体の熱力学量

　理想気体で得られた種々の関係式が実在気体でどう変わるかをみる．ファン・デル・ワールスの状態方程式 (4.1) を使って，熱力学量を計算する．ここでは，1 mol の気体とする（$v = V$）．

　熱力学第 1 法則を書くと，$TdS = dU + pdV$，これに

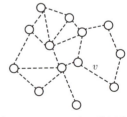

図 4.1　ポテンシャル v で相互作用する多粒子系

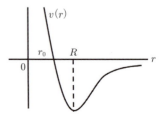

図 4.2　2 粒子間ポテンシャル

$$dU = \left(\frac{\partial U}{\partial T}\right)_V dT + \left(\frac{\partial U}{\partial V}\right)_T dV$$

を代入すると，

$$dS = \frac{1}{T}\left(\frac{\partial U}{\partial T}\right)_V dT + \frac{1}{T}\left[\left(\frac{\partial U}{\partial V}\right)_T + p\right]dV$$

が得られる．ここで，全微分条件，

$$\frac{\partial}{\partial V}\left\{\frac{1}{T}\left(\frac{\partial U}{\partial T}\right)_V\right\}_T = \frac{\partial}{\partial T}\left\{\frac{1}{T}\left[\left(\frac{\partial U}{\partial V}\right)_T + p\right]\right\}_V \quad \text{と}$$

$\dfrac{\partial^2 U}{\partial V \partial T} = \dfrac{\partial^2 U}{\partial T \partial V}$ を使って両辺に T^2 を掛けると

$$\left(\frac{\partial U}{\partial V}\right)_T = T\left(\frac{\partial p}{\partial T}\right)_V - p$$

が得られる．これに式 (4.1) を使うと，

$$\left(\frac{\partial U}{\partial V}\right)_T = \frac{a}{V^2}$$

となる．したがって，実在気体では ジュールの法則 (Joule law，式 (2.7)) は成り立たず，内部エネルギー は体積に依存する．これを V で積分すると，次式を 得る．

$$U = -\frac{a}{V} + g(T)$$

$$C_V = \left(\frac{\partial U}{\partial T}\right)_V = g'(T) \quad \therefore \ g(T) = C_V T + \text{定数}$$

したがって，

$$U = -\frac{a}{V} + C_V T + \text{定数} \tag{4.2}$$

が得られる．

次に，エントロピー を計算する．$dS = (1/T)(dU + pdV)$ に

$$dU = \left(\frac{\partial U}{\partial T}\right)_V dT + \left(\frac{\partial U}{\partial V}\right)_T dV = C_V dT + \frac{a}{V^2}dV$$

を代入し，式 (4.1) を使うと，

$$dS = C_V \frac{dT}{T} + R\frac{dV}{V-b}$$

が得られる．これを積分して，

$$S = C_V \ln T + R\ln(V-b) + \text{定数} \tag{4.3}$$

が得られる．定圧熱容量 C_p を計算すると，

$$C_p = T\left(\frac{\partial S}{\partial T}\right)_p$$

$$= C_V + RT\left(\frac{\partial V}{\partial T}\right)_p \frac{1}{V-b}$$

ここで式 (4.1) を使うと，

$$= C_V + R\left(1 - \frac{2a(V-b)^2}{V^3 N k_B T}\right)^{-1}$$

が得られる．ここでわかることは，マイヤーの関係式 （Mayer's relation，式 (2.8)) が成り立たないことであ る．したがって，定積モル比熱と定圧モル比熱は，

$$C_V = \left(\frac{\partial U}{\partial T}\right)_V = \frac{3}{2}R = C_V^{\text{理想気体}}, \ C_p \neq C_p^{\text{理想気体}}$$

の関係に変わる．次に，ファン・デル・ワールス気体 が断熱変化をする場合を考える．$d'Q = TdS = 0$ より $S = $ 定数である．式 (4.3) から，$T^{C_V}(V-b)^R = $ 定数 となり

$$T(V-b)^{\gamma'} = \text{定数}$$

$$\left(p + \frac{a}{V^2}\right)(V-b)^{\gamma'+1} = \text{定数}$$

$$\left(p + \frac{a}{V^2}\right)^{-\gamma'} T^{\gamma'+1} = \text{定数} \tag{4.4}$$

が得られる．理想気体のポアソンの法則と比較する． $\gamma' = R/C_V$．単原子分子理想気体の場合，比熱比 $\gamma = C_p/C_V = (5R/2)\cdot\{2/(3R)\} = 5/3 = \gamma' + 1$ の関係 がある．

4.1.3 ファン・デル・ワールス気体がする カルノーサイクル

第 3 章で紹介したカルノーサイクルでは，作業物質 が何であるかは特定されていなかった．したがって， 得られたカルノーの定理も作業物質によらずに成り立 つはずである．ここでは，ファン・デル・ワールス気 体を作業物質としてカルノーの定理を導いてみる．カ ルノーサイクルの p–V 図 (図 3.2) をみていただきた い．1 mol のファン・デル・ワールス気体を考える．

$$\left(p + \frac{a}{V^2}\right)(V-b) = RT \tag{4.5}$$

熱力学第 1 法則より，$Q_1 = \Delta U + \displaystyle\int_A^B pdV$．これに 式 (4.2) と式 (4.5) を代入すると，

$$Q_1 = \left(\frac{1}{V_A} - \frac{1}{V_B}\right)a + \int_{V_A}^{V_B}\left(\frac{RT_1}{V-b} - \frac{a}{V^2}\right)dV$$

よって，

$$Q_1 = RT_1 \ln\left(\frac{V_B - b}{V_A - b}\right)$$

$$-Q_2 = RT_2 \ln\left(\frac{V_D - b}{V_C - b}\right) \tag{4.6}$$

一方，断熱変化 B→C，D→A では式 (4.4) が成り立 つので

$$\text{B} \to \text{C} : T_1(V_B - b)^{\gamma'} = T_2(V_C - b)^{\gamma'}$$

148   4. 実在気体の熱力学

$$D \to A \ : \ T_2(V_D - b)^{\gamma'} = T_1(V_A - b)^{\gamma'}$$

$$\to \frac{V_C - b}{V_D - b} = \frac{V_B - b}{V_A - b} \qquad (4.7)$$

が得られる. 熱機関の効率 η は, 式 (4.6), (4.7) より

$$\eta = 1 - \frac{Q_2}{Q_1}$$

$$= 1 - \frac{T_2}{T_1} \cdot \frac{\ln\left(\dfrac{V_C - b}{V_D - b}\right)}{\ln\left(\dfrac{V_B - b}{V_A - b}\right)}$$

$$= 1 - \frac{T_2}{T_1}$$

となり, カルノーの第 1 定理が導かれる.

4.1 節のまとめ

- ファン・デル・ワールスの状態方程式

$$\left(p + \frac{a}{v^2}\right)(v - b) = RT$$

  の定数 a と b は, それぞれ分子間力の引力効果と斥力効果を表す. ここで, v はモル体積 $v = V/n$. 以下では 1 mol ($n = 1$) とする.

- 実在気体では,

$$\left(\frac{\partial U}{\partial V}\right)_T = \frac{a}{V^2}$$

  となって, 理想気体で成り立つジュールの法則は成り立たない.

- 実在気体では, 理想気体のポアソンの法則に似た関係式が成り立つ.

$$T(V - b)^{\gamma'} = 定数$$

$$\left(p + \frac{a}{V^2}\right)(V - b)^{\gamma'+1} = 定数$$

$$\left(p + \frac{a}{V^2}\right)^{-\gamma'} T^{\gamma'+1} = 定数$$

  ここで, $\gamma' = R/C_V$.

- ファン・デル・ワールス気体にカルノーサイクルをさせると, カルノーの定理

$$\eta = 1 - \frac{T_2}{T_1}$$

  が成り立つ. カルノーの定理は作業物質によらないので, 自然な結果である.

▌4.2 マクスウェルの等面積則

　実在気体で複数の異なる相が共存する場合を考える. 例として, 液体と気体が平衡にある系にファン・デル・ワールスの状態方程式を応用する. 図 4.3 は液体 (実線 ℓ)–気体 (破線 g) の等温線で, 高温 (等温線 1) では常に気体 (g) であるが, 温度を下げると臨界温度 (critical temperature) T_c で臨界等温線 2 になる. 点 K での圧力を臨界圧力 (critical pressure), 体積を臨界体積 (critical volume) という. 温度が T_c 以下になると, 液体 (ℓ) と気体 (g) が 2 相に分かれて共存 (実線と破線 (ℓ+g)) するようになる. その 2 相の成分比は共存線上の位置による. 例えば, X 点での 気体:液体

の成分比が, $\overline{FX} : \overline{XB}$ になることは, 液体と気体の体積比の違いからわかる. 点線曲線から下は 2 相共存の領域である.

　図 4.4 はファン・デル・ワールスの状態方程式 (4.5) を図 4.3 の高温 1, 臨界温度 2, 低温 3 に対応したときに描いたものである. 等温線 3 が図 4.3 の実際の等温線 3 とは異なっており, 式 (4.5) は ℓ+g 共存状態を正しく説明できていない. しかし, 図 4.3 の ℓ+g 共存水平等温線 (B-F) はファン・デル・ワールスの等温線 3 を使って以下の方法で求められる.

　図 4.4 の低温 3 の場合の等温曲線を図 4.5 に描いた. BCDEFIDHB を考える. これは準静的可逆等温サイクルであるので,

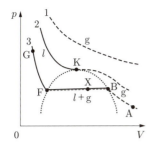

図 4.3　実際の等温線

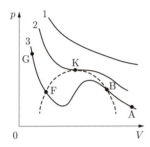

図 4.4　ファン・デル・ワールスの状態方程式の等温線

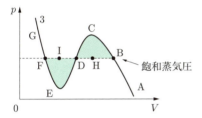

図 4.5　2相共存線とマクスウェルの等面積則

$$\oint \frac{d'Q}{T} = 0 = \frac{1}{T} \int d'Q$$

より $Q = W$ から仕事 $W = 0$ である．

$$W = \int p dV$$
$$= -(\text{BCDHB の面積}) + (\text{DEFID の面積}) = 0$$

となるので，図 4.5 の二つの緑色の部分の面積が等しくなるように水平等温度 BF，すなわち**飽和蒸気圧（saturated vapor pressure）**が決まる．これを**マクスウェルの等面積則（Maxwell equal area rule）**という．このように，ファン・デル・ワールスの状態方程式は p–V 図での実際の状態変化を表すことはしないが，マクスウェルの等面積則が示すように，飽和蒸気圧の値を決定することができる．その意味で，ファン・デル・ワールスの状態方程式は実在気体の熱力学的性質を説明する有用な方程式といえる．第 6 章で相転移現象の理解にも役立つことをみる．

例題 4–1　ファン・デル・ワールスの状態方程式の表現

ファン・デル・ワールス気体が凝縮し始める温度 T_C で，ファン・デル・ワールスの状態方程式(4.5)は図 4.3 の臨界等温曲線 2 になる．図中の点 $K(V_C, p_C)$ は変曲点になっている．簡単のために 1 mol を仮定する．式 (4.5) に p_C, V_C, T_C を代入すると，

$$p_C = \frac{RT_C}{V_C - b} - \frac{a}{V_C^2} \quad (4.8)$$

$\frac{\partial p_C}{\partial V_C} = 0$ と $\frac{\partial^2 p_C}{\partial V_C^2} = 0$ から

$$\frac{-RT_c}{(V_C - b)^2} + \frac{2a}{V_C^3} = 0 \quad (4.9)$$

$$\frac{2RT_c}{(V_C - b)^3} - \frac{6a}{V_C^4} = 0 \quad (4.10)$$

が得られる．以上 3 式から

$$p_C = \frac{a}{27b^2}, \quad V_C = 3b, \quad T_C = \frac{8a}{27Rb},$$

が得られる．

$$\overline{p} = \frac{p}{p_C}, \ \overline{V} = \frac{V}{V_C}, \ \overline{T} = \frac{T}{T_C},$$

を使って，式 (4.5) を書き換えると

$$\left(\overline{p} + \frac{3}{\overline{V}^2}\right)\left(\overline{V} - \frac{1}{3}\right) = \frac{8\overline{T}}{3}$$

という物質パラメータ a, b を含まない普遍的なファン・デル・ワールスの状態方程式になる．物質は異なっていても，$\overline{p}, \overline{V}, \overline{T}$ が等しいときは同じ状態にあるとみることができるので，**対応状態の法則（law of corresponding state）**があるという．$\overline{V} > 1/3$ は $V > b$ のことである．これは，系の体積 V は有限の大きさの原子あるいは分子が占める体積よりも大きくなければならないという当たり前のことを意味している．a, b の具体的な定義は第 11 章で与えられる．

4.2 節のまとめ

- 2 相共存する飽和蒸気圧（例えば液体と気体）は，ファン・デル・ワールスの状態方程式から描かれる曲線の凹凸の面積が等しくなる値である．これがマクスウェルの等面積則の意味することである．

- ファン・デル・ワールスの状態方程式は，臨界圧力，臨界体積，臨界温度でスケールした，$\bar{p}, \bar{V}, \bar{T}$ を使って，

$$\left(\bar{p} + \frac{3}{\bar{V}^2}\right)\left(\bar{V} - \frac{1}{3}\right) = \frac{8\bar{T}}{3}$$

で表される．物質パラメータ a, b を含まない普遍的な状態方程式（対応状態の法則）である．

4.3 クラペイロン・クラウジウスの式

次に，液体–気体の（一般には2相）共存等温線の飽和蒸気圧が温度とともにどのように変化するかをみる．図 4.6 に，図 4.3 にある温度が少し異なる場合の等温線 3 を 2 本描いてある．

Gにある液体を膨張させると，Fで気体成分が混じってきてBですべて気体になる．Q_1 を温度 T における液体の気化熱（潜熱）とする．準静的可逆サイクル FBB′F′F を考える．系がした仕事 $W = \Delta p (V_B - V_F)$．熱力学第 1 法則と第 2 法則から $W/Q_1 = (Q_1 - Q_2)/Q_1 = \{T - (T - \Delta T)\}/T = \Delta T/T$．これら 2 式から，

$$\frac{dp}{dT} = \frac{Q_1}{V_B - V_F} \cdot \frac{1}{T}$$

$TdS = d'Q$ より

$$\frac{dp}{dT} = \frac{\Delta S}{\Delta V} \tag{4.11}$$

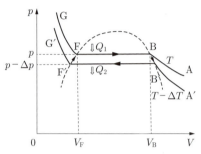

図 4.6　温度が少し異なる場合の 2 本の 2 相共存等温線

が得られる．これが，**クラペイロン・クラウジウスの式（Clapeyron–Clausius equation）**である．ΔS はエントロピー変化である．クラペイロン・クラウジウスの式は，物質が液体から気化するときの温度，あるいは固体が液体に融解するときの温度の圧力依存性も与えてくれる．6.2 節で具体的に説明する．

4.3 節のまとめ

- 2 相共存曲線の傾きは，相変化するときのエントロピーの跳びと体積の跳びの比，

$$\frac{dp}{dT} = \frac{\Delta S}{\Delta V}$$

で与えられる．これが，クラペイロン・クラウジウスの式である．

4.4 ジュール・トムソン効果

理想気体では起こらず，実在気体で起こる重要な現象にジュール・トムソン効果がある．まず，ジュール・トムソンの実験について説明する．

4.4.1 ジュール・トムソンの実験

図 4.7 のような断熱性のシリンダーが細孔栓（フェルトや綿）で分かれ，両側にピストン A と B がある．ピストン A を右側に押し，A 側の気体 (p_A, V_A, T_A) を B 側に押し出して気体 B (p_B, V_B, T_B) になったとする．この押し込みで外部がした仕事 $W = p_A V_A - p_B V_B$ は，断熱過程なので内部エネルギーの変化 $U_B - U_A$ に等しく，$p_A V_A + U_A = p_B V_B + U_B = H$ となり，エンタルピー一定となる過程になっている．気体が希薄なときは $T_A = T_B$ であるが，気体の密度が大きくなると $T_A - T_B$ が $p_A - p_B$ に比例することが実験でわかっている．この理由を以下に説明する．

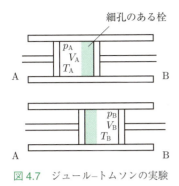

図 4.7 ジュール–トムソンの実験

4.4.2 ジュール・トムソン効果の理論

ジュール・トムソンの実験は等エンタルピー過程であるので、エンタルピー H の全微分の式から始める。

$$H = U + pV$$
$$\begin{aligned}
dH &= dU + pdV + Vdp \\
&= TdS + Vdp \\
&= T\left[\left(\frac{\partial S}{\partial T}\right)_p dT + \left(\frac{\partial S}{\partial p}\right)_T dp\right] + Vdp \\
&= T\left(\frac{\partial S}{\partial T}\right)_p dT + \left[V + T\left(\frac{\partial S}{\partial p}\right)_T\right]dp
\end{aligned}$$

ここで、等エンタルピー過程を考えると、

$$\begin{aligned}
\left(\frac{\partial T}{\partial p}\right)_H &= -\frac{V + T\left(\frac{\partial S}{\partial p}\right)_T}{T\left(\frac{\partial S}{\partial T}\right)_p} \\
&= \frac{T\left(\frac{\partial V}{\partial T}\right)_p - V}{C_p} \quad (4.12)
\end{aligned}$$

式 (4.12) を得るときに二つの関係式を使った：$dG = -SdT + Vdp$ から得られるマクスウェルの関係式 $(\partial S/\partial p)_T = -(\partial V/\partial T)_p$ と、定圧熱容量 C_p の定義 $T(\partial S/\partial T)_p$ である。理想気体の場合 $pV = RT$ より式 (4.12) の分子 $= 0$ となり、ジュール・トムソン係数 (Joule-Thomson coefficient) $(\partial T/\partial p)_H = 0$ となる。つまり、理想気体と考えられる希薄気体でジュール・トムソンの実験を行うと、$T_A = T_B$ になった理由がこれである。では、実在気体ではどうなるか。

4.4.3 ジュール・トムソン冷却

実在気体を想定しファン・デル・ワールスの状態方程式を使って、ジュール・トムソン係数 (4.12) を計算する。実在気体は 1 mol とする。

$$[p + (a/V^2)](V - b) = RT$$ から

表 4.1 気体の逆転温度

気体	逆転温度 (K)
CO_2	1165
O_2	1044
Ar	800
N_2	648
H_2	230
He	38

$$\begin{aligned}
\left(\frac{\partial V}{\partial T}\right)_p &= \left(\frac{\partial T}{\partial V}\right)_p^{-1} \\
&= R\left[p + \frac{a}{V^2} + (V-b)\left(-\frac{2a}{V^3}\right)\right]^{-1} \\
&\simeq \frac{V}{T}\left[1 + \frac{1}{V}\left(\frac{2a}{RT} - b\right)\right]
\end{aligned}$$

第 2 行から第 3 行へは、a, b は微少量として a, b の 1 次の項まで残した。これを式 (4.12) に代入すると、

$$\left(\frac{\partial T}{\partial p}\right)_H = \frac{2a}{C_p RT}\left(1 - \frac{T}{T_i}\right),$$
$$T_i \equiv \frac{2a}{Rb} = \frac{27}{4}T_C \quad (4.13)$$

が得られる。この結果は重要である。a と b、つまり気体の種類によって決まる T_i （逆転温度 (inversion temperature) とよぶ）より高温 $(T > T_i)$ で実験を行うか低温 $(T < T_i)$ で行うかによって、押し出された気体 B の温度 T_B は $T_B > T_A$ になるか $T_B < T_A$ になるか変わるのである。$\Delta p = p_B - p_A < 0$ であることに注意する。一般の気体の逆転温度 T_i を表 4.1 に与えた。室温（〜300 K）でジュール・トムソン実験をすると、N_2 気体は冷却されるが、H_2 気体や He 気体は逆に加熱されてしまうことになる。逆転温度は一般に圧力に依存するが、式 (4.13) も表 4.1 の数値も圧力がゼロに近い場合の値である。このように、ジュール・トムソン冷却は液化装置の原理である。

4.4 節のまとめ

- 細孔のある栓の一方側から他方側へ気体を押し出す実験（ジュール・トムソンの実験）を行うと，押し出された気体の温度は理想気体では変化しないが，実在気体では気体固有の逆転温度より低い温度で行うと，下がる．気体の冷却に利用されるので，液化装置の原理でもある．

5. 常磁性体の熱力学

5.1 常磁性体のエントロピーと断熱消磁法

この章では常磁性体の熱力学について学ぶ．図 5.1 をみてほしい．磁性体は多くの磁気モーメント (magnetic moment, ベクトル量) からなっていて, 磁気モーメントの総和が磁化 M である．磁場 H が印加されていないときは磁気モーメントの向きはランダムなので, 磁化 M はゼロである (図 5.1 上図)．しかし, 磁場が印加されると, 磁化と磁場の相互作用は $-MH$ の形であるので, 磁気モーメントは磁場の方向を向くようになる (図 5.1 下図)．結果として, 磁化 M は有限な値をもつ．このような磁性体を常磁性体 (paramagnet) という．この系の熱力学的性質は 11.5 節の統計力学の方法で再び学ぶ．高温, 弱磁場では, 磁化 M は温度と磁場によって,

$$M = \chi(T)H = \frac{C}{T}H \quad (5.1)$$

と表されることが実験で示され, これをキュリーの法則 (Curie's law) という．この関係は, 常磁性体の状態方程式とみることができる．

この常磁性体が行う準静的微小変化に対する熱力学第 1 法則は,

$$dU = TdS + HdM \quad (5.2)$$

の形に表される．まず, キュリーの法則 (式 (5.1)) と熱力学第 1 法則 (式 (5.2)) からエントロピーを導出する．今, 磁性体の内部エネルギーは $U = aT^4$ であることを仮定する．ここで, a は正の定数．式 (5.2) に式 (5.1) を代入すると,

$$dS = 4aT^2 dT - C\frac{H}{T}d\left(\frac{H}{T}\right)$$

$$S = \frac{4}{3}aT^3 - \frac{C}{2}\left(\frac{H}{T}\right)^2$$

ここで, 2 行目への積分で出てくる定数はゼロとした．2 行目のエントロピーの式を

$$S(T, H) = S(T, 0) - \frac{C}{2}\left(\frac{H}{T}\right)^2 \quad (5.3)$$

とおく．図 5.2 に異なる磁場での S の温度依存性の定性的な振る舞いを描いた．磁場 H_1 は H_2 より大きいとしている．後の第 11 章で明らかになるが, $S(0, H)$ は H の大きさにかかわらず, ゼロになることがわかる．(キュリーの法則 (式 (5.1)) は低温では成り立たないことに注意する．) これは熱力学第 3 法則を満たしている．断熱過程は等エントロピー過程であるから, $S(T_1, H_1) = S(T_2, H_2)$ と式 (5.3) から,

$$\left(\frac{H_2}{T_2}\right)^2 = \left(\frac{H_1}{T_1}\right)^2 + \frac{2}{C}(S(T_2, 0) - S(T_1, 0)) \quad (5.4)$$

が得られる．$H_1 - H_2 \ll H_1$ の場合, $S(T_2, 0) - S(T_1, 0)$ は無視できるくらい小さいとみなせるから, $H_2/T_2 = H_1/T_1 = $ 一定となる．図 5.2 の矢印の変化

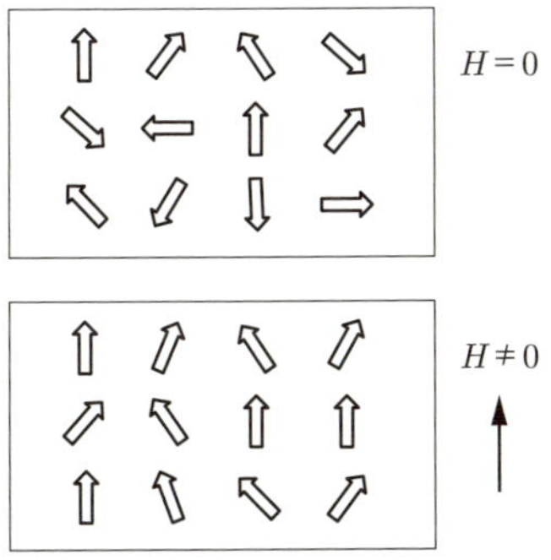

図 5.1 磁場中の常磁性体の磁気モーメント

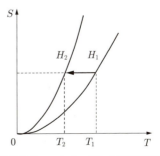

図 5.2 常磁性体のエントロピーと断熱消磁法の原理

でわかるように，磁場を減少（$H_1 \to H_2$）させると，温度が下がる（$T_1 \to T_2$）ことがわかる．これを断熱消磁法（magnetic refrigeration）という．この方法は，1K以下の極低温を作り出すのに利用される．この方法によって，常磁性体の温度を絶対零度にできると思うかもしれないが，図5.2からわかるように，つまり，エントロピーは絶対零度でゼロであることから，物質を絶対零度にすることはできない．

5.1節のまとめ
- 常磁性体に対する熱力学第1法則は，
$$dU = TdS + HdM$$
で，キュリーの法則，$M = CH/T$ に従う常磁性体のエントロピーは，
$$S(T, H) = S(T, 0) - \frac{CH^2}{2T^2}$$
となる．断熱過程で印加磁場を下げると，常磁性体の温度が減少する．これは断熱消磁法とよばれ，極低温を作り出す一つの方法である．

5.2 常磁性体のカルノーサイクルとカルノーの定理

この節では，常磁性体にカルノーサイクルをさせてみる．第3章で説明したカルノーサイクルでは，作業物質を特定していなかったことを思い起こそう．5.1節でみたように，等温過程での常磁性体の状態方程式は $M = CH/T$ で，断熱過程では $H/T =$ 一定なので，M 一定になる．カルノーサイクルを M–H グラフとして図5.3に示す．A→BとC→Dが等温過程で，常磁性体はそれぞれの過程で熱 $Q_1 (>0)$ を吸収，$Q_2 (>0)$ を放出する．B→CとD→Aは断熱過程である．

以下に四つの過程で成り立つ関係式を書く．
A→B：第1法則 (5.2) から，
$$Q_1 = -\int_A^B HdM$$
$$= \frac{C}{2T_1}(H_A^2 - H_B^2) \quad (5.5)$$

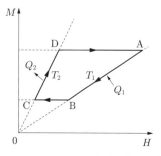

図5.3 常磁性体のカルノーサイクル

ここで，$A \to B$ は等温過程なので内部エネルギーの変化はゼロである．
C→D：同じく第1法則 (5.2) から，
$$-Q_2 = -\int_C^D HdM$$
$$= \frac{C}{2T_2}(H_C^2 - H_D^2) \quad (5.6)$$

B→CとD→Aはともに断熱過程であるから，
$$\frac{H_B}{T_1} = \frac{H_C}{T_2}, \quad \frac{H_D}{T_2} = \frac{H_A}{T_1}, \quad (5.7)$$

以上の三つの関係式 (5.5)，式 (5.6)，式 (5.7) から，
$$\frac{Q_2}{Q_1} = \frac{T_2}{T_1} \quad (5.8)$$

が得られる．結局，カルノーの第1定理から得られる式 (3.9) が導かれた．ここでは説明しないが，作業物質に電磁波（統計力学の章で光子気体（photon gas）と定義される）を選んでも，カルノーの定理は成り立つことがわかる．

5.2節のまとめ

- 常磁性体にカルノーサイクルをさせると，カルノーの定理が成り立つ．カルノーサイクルでは作業物質によらずにカルノーの定理が成り立つので自然な結論である．

6. 相転移の熱力学

　この章では，自然界のあらゆるところ，状況下で生じる相転移の熱力学の一般論を学ぶ．気体，液体，固体のように一様に存在する形態で，一つの熱力学的関数で表される状態を相（phase）という．外部変数（条件）によって，化学的には同一の物質がその存在形態を変える現象を相転移（phase transition）という．例えば，温度を変えて水が氷や蒸気になるような変化をいう．一般には，高温の相は高い対称性（symmetry）をもち，相転移点（温度）以下では対称性が低くなる．対称性が低くなるとき，ある秩序が現れる．例えば，凝固，強磁性，超伝導相転移に伴って系固有の秩序変数（order parameter）が定義される．

6.1 ギブスの相律

　多くの熱力学量の中で，独立に変化（制御）できる量はどれだけあるのだろうか？ この問いに対する答えが，ギブスの相律（Gibbs phase rule）である．今までの説明では，1種類の物質からなる系の熱力学的性質を調べてきた．では，塩水のように塩と水の2成分からなる系ではどうなるのか？ 一般に，n個の複数種類（成分）の物質からなる混合系がα個の相に分かれて熱平衡で共存するとき，外部から独立に変化させることのできる状態変数の数fを求めてみよう．

　一つの成分について考えると，平衡状態の条件より各相の化学ポテンシャルが等しくなることから$\alpha-1$個の条件がある．それがn個の成分について成り立つことから全体で$n(\alpha-1)$個の条件がある．一方，状態変数はT, pのほかに，一つの相の中のn成分の混合の割合（比）を表す変数は$(n-1)$個あり，それがα倍あることになり，状態変数の総数は$2+\alpha(n-1)$になる．したがって，変化させることのできる状態変数の数fは

$$f = 2 + \alpha(n-1) - n(\alpha-1)$$
$$= n + 2 - \alpha$$

となる．これが，ギブスの相律である．以下に，ギブスの相律からわかることをまとめる．水の相図（図6.1）を使うとわかりやすい．

① $f \geq 0$より，$\alpha \leq n+2$．すなわち，n成分系で共存できる相の数の最大値は$n+2$である．

② 化学的に1種類の一様な液体のとき，$\alpha=1$, $n=1$であるので，$f=2$．つまり，T, pの2変数を独立に変えることができる．

③ 水と飽和水蒸気が平衡に共存するとき，$n=1$, $\alpha=2$になるので，$f=1$．つまり，Tかpが自由に選べる（図6.1の水と水蒸気の境界線上の点）．

④ 水の3相共存状態（図6.1の三重点（0.01℃, 0.006気圧））では，$n=1$, $\alpha=3$より$f=0$．つまり，変数は選べず，決まったTとpにおいてのみ共存する．

　図6.1の臨界点を超えると，2相が共存するというよりは一様になり両相の区別がなくなる．

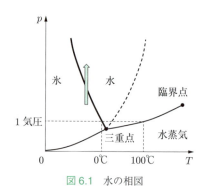

図6.1 水の相図

6.1 節のまとめ

- 一般に，n 個の複数種類（成分）の物質からなる混合系が α 個の相に分かれて熱平衡で共存するとき，外部から独立に変化させることの（制御）できる状態変数の数 f は，
$$f = n + 2 - \alpha$$
で与えられる．これをギブスの相律という．

6.2　1 次相転移

系に含まれる粒子数を一定にして，外部から温度と圧力を制御して現れる相転移を記述する最も自然な熱力学ポテンシャルはギブスの自由エネルギー（Gibbs free energy）$G(T, p, N)$ である．相転移の境界では，G は種々の特異性（折れ曲がり，不連続，発散）を示す．温度を制御するとき，G の温度に関する 1 階微分に不連続性（跳び）が現れる場合を，1 次相転移（first order phase transition），2 階微分に不連続性が現れる場合を 2 次相転移（second order phase transition）という（図 6.2）．1 次相転移の例として，固相–液相，液相–気相相転移が代表的である．特徴として潜熱，ヒステリシスが現れる．2 次相転移の例として，超伝導–常伝導相転移，強（反強）磁性–常磁性相転移がある．強誘電体–常誘電体相転移には 1 次，2 次相転移の両方がある．

ここでは，対象とする系のギブスの自由エネルギー（図 6.2(a), (d)）は与えられているものとして話を進める．ギブスの自由エネルギーの具体的な形は，統計力学の方法（第 10 章あるいは第 11 章）で求められる．まず，1 次相転移を，液相-気相の相転移を例にとり，ギブスの自由エネルギーと p–V 図を使って理解してみよう．

6.2.1　ギブスの自由エネルギーから

a. 圧力一定の条件下の G–T グラフ

図 6.3(a) と (b) をみてほしい．低温側（液相 (ℓ)）から高温側（気相 (g)）に変化するとき，$T = T_C$ でエントロピーの跳び ΔS があることがわかる（図 6.2(b) も参照）．

$$\Delta S = S_g - S_\ell$$
$$= -\left(\frac{\partial G_g}{\partial T}\right)_p + \left(\frac{\partial G_\ell}{\partial T}\right)_p > 0$$

b. 温度一定の条件下の G–p グラフ

図 6.3(b) から，$p = p_C$ で体積の跳び ΔV があることがわかる．

$$\Delta V = V_g - V_\ell$$
$$= \left(\frac{\partial G_g}{\partial p}\right)_T - \left(\frac{\partial G_\ell}{\partial p}\right)_T > 0$$

c. a と b から決めた相境界線（相図）

相境界線上で成り立つ関係式がクラペイロン・クラウジウスの式 $dT/dp = \Delta V/\Delta S$（第 4 章の式 (4.11)）になることを以下で示す．

図 6.3(a) と (b) から，図 6.3(c) が得られる．図 6.3(c) の相境界線上で

$$G_\ell(T, p) - G_g(T, p) = G_\ell(T + \delta T, p + \delta p) - G_g(T + \delta T, p + \delta p)$$
$$= 0$$
$$G(T + \delta T, p + \delta p) \simeq G(T, p) + \left(\frac{\partial G}{\partial T}\right)_p \delta T$$

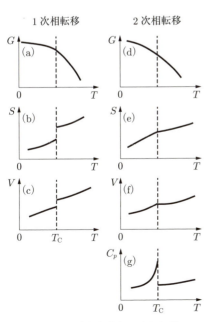

図 6.2　1 次相転移と 2 次相転移

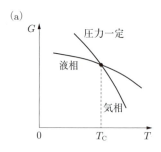

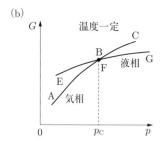

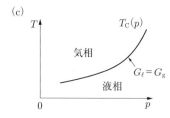

図 6.3 ギブスの自由エネルギーと相図

$$+ \left(\frac{\partial G}{\partial p}\right)_T \delta p \qquad (6.1)$$

$(\partial G/\partial T)_p = -S$, $(\partial G/\partial p)_T = V$ より，$-S_\ell \delta T + V_\ell \delta p + S_g \delta T - V_g \delta p = 0$. したがって，

$$\frac{\delta T}{\delta p} = \frac{V_\ell - V_g}{S_\ell - S_g} = \frac{T\Delta V}{\Delta Q}. \qquad (6.2)$$

1次相転移は**潜熱（latent heat）** ΔQ を伴う相変化である．$\Delta Q = T\Delta S$ を使うと，クラペイロン・クラウジウスの式 (4.11) が得られる．水の相図（図 6.1）をみてみよう．破線は通常の物質の固相と液相の境界位置である．この相図の実線から，水-氷の相転移が他に比べ特異であることを示す．一般に液体に圧力を加えると相境界では固体に変化するが，水の場合は（太線）逆に，氷に圧力を加えると水になる（図 6.1 の矢印）．

$$\frac{dp}{dT} = \frac{S_\ell - S_s}{V_\ell - V_s} = \frac{\Delta S}{\Delta V} \quad \text{と } \Delta S > 0$$

から，水は $dp/dT < 0$, $V_\ell < V_s$ なので，氷は水に浮き，他は $dp/dT > 0$, $V_\ell > V_s$ なので，固体は液体に沈むことがわかる．

なお，ΔQ は水から蒸気の変化の場合，$2256\,\mathrm{J\,g^{-1}}$（蒸発熱，気化熱）で，氷から水の変化の場合，$335\,\mathrm{J\,g^{-1}}$（融解熱）である．

6.2.2 p-V 図とファン・デル・ワールスの状態方程式から

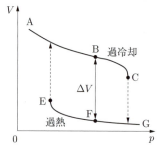

図 6.4 p-V 図（実際）

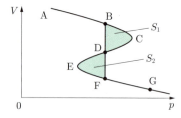

図 6.5 p-V 図（ファン・デル・ワールスの状態方程式）

$V(p, T) = (\partial G/\partial p)_T$ を使って，図 6.3(b) の G-p グラフから V-p グラフを描くと，図 6.4 になる．

気相状態 A から圧力を上げていくときを考えると，熱平衡状態を保つと B から F へ，その後 G へと変化する．しかし，熱平衡が保たれない場合，B を行きすぎて C へ至ることがある．これが**準安定状態（過冷却）**である．一方，液相状態 G から圧力を下げていくと，熱平衡状態では F から B へ変化するが，上と同様 F から E へ至ることがある．これも**準安定状態（過熱）**である．準安定状態の限界点 C と E では，$(\partial V/\partial p)_T = \infty$ になる．この1次相転移の振る舞いはファン・デル・ワールスの状態方程式によりよく記述される．図 6.5（図 4.5 の p, V 軸の入れ換え）にあるように熱平衡状態での相変化 B-F は，マクスウェルの等面積則を満足するように起こる．

図 6.5 で，

$$G_F(p, T) = G_B + \int_{p_B}^{p_F} \left(\frac{\partial G}{\partial p}\right)_T dp$$
$$= G_B + \int_{p_B}^{p_F} V(p, T) dp$$

で，$G_F = G_B$ なので，

$$\int_{p_B}^{p_F} V(p,T) dp = 0$$

つまり，面積 $S_1 = S_2$ となる．すなわち，実際の熱平衡の相転移は図 6.4 の B↔F で生じ，図 6.5 のファン・デル・ワールスの状態方程式ではマクスウェルの等面積則を満たすように相転移が起こる．

6.2 節のまとめ

- 相転移とは，気体，液体，固体のように一様に存在する形態で，一つの熱力学的関数で表される状態（これを相という）が，外部変数（条件）によって，化学的には同一の物質がそのマクロな存在形態を変える現象のことである．
- 相転移の境界では，熱力学ポテンシャル G は種々の特異性（折れ曲がり，不連続，発散）を示す．温度を制御するとき，G の温度に関する 1 階微分に不連続性（跳び）が現れる場合 1 次相転移，2 階微分に不連続性が現れる場合を 2 次相転移という．
- 1 次相転移の相境界ではクラペイロン・クラウジウスの関係式が成り立つ：

$$\frac{dp}{dT} = \frac{S_\ell - S_g}{V_\ell - V_g} = \frac{\Delta S}{\Delta V} = \frac{\Delta Q}{T \Delta V}$$

6.3　2 次相転移とランダウの理論

6.3.1　エーレンフェストの関係式

1 次相転移では G が連続であること（図 6.2(a)）を使って相境界線上で成り立つクラペイロン・クラウジウスの式を導出した．2 次相転移ではエントロピー S の連続性（図 6.2(e)）からエーレンフェストの関係式が導出される．G に対する式 (6.1) で $G \to S$ とし，各相でのエントロピーを S, S' とすると，次式が得られる．

$$\left(\frac{\partial S}{\partial T}\right)_p \delta T + \left(\frac{\partial S}{\partial p}\right)_T \delta p$$
$$- \left(\frac{\partial S'}{\partial T}\right)_p \delta T - \left(\frac{\partial S'}{\partial p}\right)_T \delta p = 0$$

$C_p = T(\partial S/\partial T)_p$ とマクスウェルの関係式 $(\partial S/\partial p)_T = -(\partial V/\partial T)_p$ を使うと，

$C_p \delta T/T - (\partial V/\partial T)_p \delta p = C_p' \delta T/T - (\partial V'/\partial T)_p \delta p$

となる．体積膨張率 $\beta = (1/V)(\partial V/\partial T)_p$ を使うと，

$$\frac{dp}{dT} = \frac{C_p' - C_p}{T(V'\beta' - V\beta)}$$
$$= \frac{\Delta C_p}{TV\Delta\beta} \quad (\text{2 次相転移では } V' = V)$$

が得られる．これがエーレンフェストの関係式 (Ehrenfest equations) である．2 次相転移点での比熱の跳び ΔC_p と体積膨張率の跳び $\Delta \beta$ の比が相境界線の傾きに等しくなることを意味している．

6.3.2　ランダウの理論

この項で扱うランダウの理論は 2 次相転移の一般論の美しい表現になっているが，今までの記述法と異なっていてはじめて読む人にとってはわかりづらいかもしれないので，この項ははじめは読み飛ばしてかまわない．

a.　ギブスの自由エネルギーとオーダーパラメータ

相転移点を境に系の対称性が変わること，一般に低温相で対称性が下がり同時にある秩序が現れることは前にも述べた．ランダウは秩序変数（オーダーパラメータ η）を導入し，自由エネルギーをオーダーパラメータで展開することにより，相転移点近傍の熱力学的性質をわかりやすく説明した．

レフ・ランダウ

ロシアの物理学者．1962 年液体ヘリウムの絶対零度近くでの理論的研究でノーベル物理学賞を受賞．磁性理論，フェルミ液体理論，場の量子論の研究など理論物理学の多岐にわたる分野で活躍．（1908–1968）

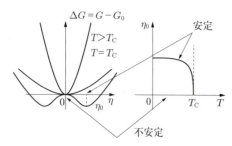

図6.6　G とオーダーパラメータ

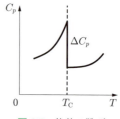

図6.7　比熱の跳び

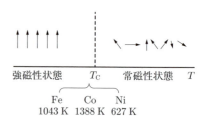

図6.8　強磁性相転移

オーダーパラメータ η は各現象に対して，

　　P（分極）　　　　　　　　　強誘電体
　　M（磁化）　　　　　　　　　強磁性体
　　Δ（電子対結合エネルギー）　　超伝導体

を表し

　　$= 0$　　　　　　　　無秩序相（高温相）
　　$\neq 0$　　　　　　　　秩序相（低温相）

の値をもっている．相転移温度以下の温度でのギブスの自由エネルギー $G(p,T)$ を η で展開すると，

$$G(p,T) = G_0(p,T) + A(p,T)\eta + \alpha(p,T)\eta^2/2 \\ + B(p,T)\eta^3 + \beta(p,T)\eta^4/4 + \cdots$$

ここで，$G_0(p,T)$ は高温相の G である．$\eta \to -\eta$ としても系の性質は不変であるべきだから，$A = B = 0$ となる．G は，$T < T_C$ のとき $\eta \neq 0$ で最小値をとり，$T > T_C$ のとき $\eta = 0$ で最小値をとることを前提とする．この条件から，$(\partial G/\partial \eta) = \alpha\eta + \beta\eta^3 = \alpha\eta(1 + \beta\eta^2/\alpha) = 0$ を要求する．これより，$\eta^2 = -\alpha/\beta$．$T = T_C$ で $\eta = 0$ となるので，$\alpha(T_C) = 0$，$\beta(T_C) \neq 0$ のはずであるから，$\alpha = a(T - T_C)$ とおき，$a > 0$，$\beta = $ 定数 > 0 としたモデルを考える．結局，G の展開形は

$$G = G_0 + \frac{a}{2}(T - T_C)\eta^2 + \frac{\beta}{4}\eta^4 \quad (6.3)$$

となる．平衡状態から $(\partial G/\partial \eta) = 0$ なので，$a(T - T_C)\eta_0 + \beta\eta_0^3 = 0$．したがって，$T > T_C$ のときは $\eta_0 = 0$．$T < T_C$ のときは $\eta_0 = 0, \pm\sqrt{a(T_C - T)/\beta}$ となる．$\eta_0 = 0$ で G は極大値になっているので，

$$\eta_0 = \sqrt{a(T_C - T)/\beta} \quad (6.4)$$

がここでの解である．G の η 依存性と η_0 の T 依存性を図6.6に示す．2次相転移温度 T_C よりも高温のときはオーダーパラメータがゼロ（$\eta = 0$）であるが，T_C よりも低温になると η が成長しはじめることが，図6.6からわかる．

b. 秩序相のエントロピーと比熱

$T \leq T_C$ のときのエントロピーと比熱を求める．式(6.3)に式(6.4)を代入する．

$$G = G_0 - \frac{a^2}{4\beta}(T_C - T)^2$$

$$S = -\left(\frac{\partial G}{\partial T}\right)_p$$

$$= S_0 - \frac{a^2}{2\beta}(T_C - T)$$

S_0 は高温相の S で $S \leq S_0$ である．エントロピーは T_C で跳びを示さず温度の減少とともに連続的に減少する．比熱は，

$$C_p = T\left(\frac{\partial S}{\partial T}\right)_p$$

$$= C_p^0 + T\frac{a^2}{2\beta}$$

$$\Delta C_p = T_C\frac{a^2}{2\beta}, \quad C_p > C_p^0$$

となる．したがって，図6.7にあるように比熱は T_C で跳ぶ（図6.2(g)）．

c. 強磁性相転移の例

以上の一般論を強磁性相転移に適用する．図6.8には，T_C 前後の温度での磁気モーメントの向きを示している．$\eta = M$ とし，

$$G(T, M) = G_0(T) + \frac{a}{2}(T - T_C)M^2 + \frac{\beta}{4}M^4 - MH$$

で，外部磁場 H との相互作用も考慮する．G_0 は非磁性状態の自由エネルギーである．

$T > T_C$ のとき:

平衡条件 $\partial G/\partial M = 0$ より, $a(T - T_C)M + \beta M^3 - H = 0$. 左辺第 2 項目は微小量として 0 とすれば

$$M = \frac{H}{a(T - T_C)} = \chi H$$

磁化率は

$$\chi = \frac{1/a}{T - T_C}$$

これを**キュリー・ワイスの法則（Curie-Weiss law）**という. T_C の起源は磁気モーメント間の相互作用である. 第 5 章で扱った常磁性体は相互作用のない自由な磁気モーメントからなるものだったので, $T_C = 0$ となって, キュリーの法則に従う.

$T \leq T_C$ のとき:

$H = 0$ のときを考える. $\partial G/\partial M = 0$ より, $a(T - T_C)M + \beta M^3 = 0$, $M_0 = \sqrt{a(T_C - T)/\beta}$. M_0 の温度依存性を図 6.9 に示す. これは, 図 6.6 右図と同じである.

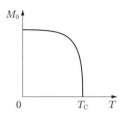

図 6.9　磁化の温度依存性

$$S = S_0 - \frac{a^2}{2\beta}(T_C - T)$$

は前述の一般論の結果と同じで, 比熱も同様に書くことができる.

以上みてきたように, オーダーパラメータを用いたランダウの 2 次相転移の理論は, 相転移の種類によることなく適用できるという普遍的な理論構造になっている点で美しい. 1 次転移にも拡張することができるが, ここでは省略する.

6.3 節のまとめ

- 2 次相転移の相境界ではエーレンフェストの関係式が成り立つ:

$$\frac{dp}{dT} = \frac{\Delta C_p}{TV\Delta\beta}$$

- 高温での相は高い対称性をもち, 相転移点（温度）以下の領域では対称性が低くなる. 対称性が低くなるとき, ある秩序が現れる. ランダウは系固有の秩序を定量化する秩序変数を導入し, 2 次相転移点（温度）以下での系の自由エネルギーを秩序変数（オーダーパラメータ）のべき級数で展開し, それを用いて, 相転移点近傍の熱力学量の振る舞いを簡明に説明した.

7. 確率論とエントロピー

すでに学んできた熱力学は公理的理論である．つまり，微視的（ミクロ）な力学にその基礎をおかない．一方，統計力学はミクロな力学と統計学（確率）を基礎におく．確率の概念が必要になる理由は，私たちが扱う巨視的体系は莫大な数（～10^{23}）の粒子あるいは自由度をその中に含むために，各粒子の運動を追跡することは不可能であることと，私たちが観測する物理量（熱力学量）は各粒子の運動の直接の結果ではないことである．むしろ，巨視的（マクロ）な熱力学量とそれらの関係を理解することが必要である．ミクロ状態からマクロな物理量，つまり熱力学量を求めるものは熱平衡状態で存在する熱平均値である．その熱平均値を計算するときに必要な物理量が確率分布（関数）である．後の章で，特徴的な統計集団（ミクロカノニカル集団，カノニカル集団，グランドカノニカル集団）のもとでそれぞれの確率分布が得られる．この章では，熱平均値の計算に必要な範囲の確率論の基礎を学ぶ．

■ 7.1 離散的確率事象

7.1.1 コイン投げ

コインを投げ，表が出るか裏が出るかを占う実験を考える．経験によれば，このような観測を多数回行うと，表が出る回数と裏が出る回数はほぼ等しくなる．このことを，裏と表が出る確率は等しく1/2であると表現する．ここで，確率論を構成する要素を説明する．
(1) 確率実験（試行）
   上の例では，コインを投げ，そのつど表か裏かをみるという実験（試行あるいは観測）が，無限回繰り返して行われるものと仮定されている．
(2) 単純事象
   コインを投げたとき，表が出るとか裏が出るというように，実験で実現する結果の一つひとつを単純事象といい，これらのいくつかを組み合わせたものは，合成事象という．
(3) 確率
   上の例では，表 (H)，裏 (T) という二つの単純事

象に対して，$P_{\mathrm{H}} = 1/2$，$P_{\mathrm{T}} = 1/2$ のように確率を与える．このように単純事象の各々には，経験や観測に基づき一定の確率が割り当てられる．この確率は理論の出発点においてすでに与えられている．ちょうど，質点力学の出発点で，質量や電荷が質点の特徴として与えられており，力学はその起源について何ら立ち入らないように，確率論も単純事象の確率の起源については説明しない．

7.1.2 サイコロ振り

一つのサイコロを振って出る目を占うという実験を考える．単純事象は，「1 から 6 までの何らかが出る」ことで合計 6 個あり，それぞれに確率1/6を与える．こうして，確率論の舞台は，一定の確率 P_i が与えられた単純事象 E_i の集合 $\{E_i, P_i\}$ であることがわかる．このような集合を確率空間とよぶ．一つの確率空間は，一つの確率実験（試行）に対応している．確率論の目的は，これらの前提条件から出発して，各種の合成事象の確率を見出し，これに伴う種々の平均値を求めることである．

サイコロを 2 度続けて振り，1，2 回目に出る目 x，y の組 (x, y) をみる実験について考える．
(1) 単純事象としては，$(x, y); x = 1, 2, \cdots\cdots, 6$，$y = 1, 2, \cdots\cdots, 6$ の合計 36 個があり，それぞれの確率は $P_0 = 1/36$ である．
(2) 次の各条件で定義される合成事象の確率を求めてみる．
   (i) $x = y$：条件 $x = y$ を満たす単純事象は 6 個ある．$P = 6P_0 = 1/6$
   (ii) $x > y$：条件 $x > y$ を満たす単純事象は $(36 - 6)/2 = 15$ 個ある．$P = 15P_0 = 5/12$
   (iii) $x + y = 10$：条件 $x + y = 10$ を満たす単純事象は 3 個ある．$P = 3P_0 = 1/12$
   (iv) $x^2 + y^2 = 10$：条件 $x^2 + y^2 = 10$ を満たす単純事象は 2 個ある．$P = 2P_0 = 1/18$

この実験を合成実験とよぶ．一般に，二つの α と β があり，先に行われる実験 α の結果が後の実験 β の結果に影響をおよぼさないとき，これらは互いに統計的

に独立である，あるいは相関していないという．互いに独立な実験 α と β の合成 $\alpha\beta$ の単純事象は各々の単純事象 $\{E_{i\alpha}\}$，$\{E_{j\beta}\}$ の組合せ $\{E_{i\alpha}E_{j\beta}\}$ で与えられ，その確率は

$$P_{i\alpha,j\beta} = P_{i\alpha}P_{j\beta} \tag{7.1}$$

である．しかし，先行する実験 α の結果によって次の実験 β の結果が影響を受けることがある．

7.1.3 統計的に相関した実験

一つの壺の中に，白玉 m 個と黒玉 $n-m$ 個の合計 n 個の玉が入っている．α，β をそれぞれ次のように定義する．

(1) α：壺から1個の玉を取り出し，色をみる．取り出した玉を壺には戻さずに次の実験を行う．

(2) β：壺からさらにもう1個の玉を取り出し色をみる．ここで，α，β で取り出された玉を壺に戻す．

以上の観測を繰り返し行う．容易にわかるように，実験 α の確率表は

事象	白玉	黒玉
確率	m/n	$(n-m)/n$

と与えられる．β の結果は，先立つ α の結果により影響される．これをまとめると

E	白玉	黒玉	条件
P	$(m-1)/N$	$(n-m)/N$	α で白
	m/N	$(n-m-1)/N$	α で黒

のような行列型の確率表を得る．ここで，$N \equiv n-1$ を使った．この例のように，互いに独立でない実験 α，β は統計的に従属あるいは相関しているという．相関している実験 α，β の合成 $\alpha\beta$ において，事象 $E_{i\alpha}E_{j\beta}$ の確率は

$$P_{i\alpha,j\beta} = P_{i\alpha}P_{i\alpha;j\beta}$$

のように表される．ここで，$P_{i\alpha;j\beta}$ は，実験 α の結果が $E_{i\alpha}$ のときに，実験 β で結果 $E_{j\beta}$ を得る確率で，条件付き確率とよばれる．これは

$$\sum_j P_{i\alpha;j\beta} = 1 \tag{7.2}$$

という規格化条件を満たす．上の表を使って確かめるとよい．

7.1 節のまとめ

- 確率論は，確率実験（試行），単純事象，確率の要素からなる．可付番有限個の単純事象からなる離散的確率事象の基本例として，コイン投げやサイコロ振りがある．
- 合成実験の場合，それらが互いに影響をおよぼさないときは，統計的に独立である，あるいは相関していないという．一方，先行する実験が引き続き行う実験に影響を与えるようなときは，統計的に従属あるいは相関しているという．この場合は，条件付き確率を考えることになる．

7.2 連続的確率事象

前節で議論した確率事象は，いずれも可付番有限個の単純事象からなるものばかりである．物理学では，しばしば連続的かつ無限個の事象からなる確率試行を考える必要がある．この場合の単純事象は，確率的にさまざまな値をとりうる連続変数で特徴付けられる．このような変数を確率変数という．

7.2.1 ブラウン運動

細い管に水を封じ込めて，これに少量のコロイド粒子を混濁させると，各々のコロイド粒子は，いわゆるブラウン運動を行う．特定の1個のコロイド粒子に注目するとき，その位置座標 x' は確率的にしか決まらない．このような場合に，コロイド粒子を座標軸上の特定の区間に見出す確率を議論する．確率変数が x 軸上の区間 $[x, x+dx]$ の値をとる確率を

$$\mathrm{Prob}(x < x' < x + dx) = P(x)dx \tag{7.3}$$

と表すとき，$P(x)$ を確率密度（probability density．確率分布（probability distribution））という．確率密度は，離散的な場合の確率表に対応した情報をもっている．確率そのものとは異なり，確率密度 $P(x)$ は，x として選ぶ物理量の次元に応じて，その逆の次元をもつことに注意する．

連続的確率分布に対しても，7.1 節で述べた統計的独立性や条件付きの確率の考えが拡張できる．確率密度 $P(x)$，$P(y)$ をもつ二つの確率試行 α，β に対して

$$\mathrm{Prob}(x < x' < x + dx, y < y' < y + dy)$$
$$= P(x,y)dxdy = P(x)dxP(y)dy$$

$$P(x,y) = P(x)P(y)$$

が成り立つとき，α，β は互いに独立である．また，α，β が相関をもつときには

$$\text{Prob}(x < x' < x + dx, y < y' < y + dy)$$
$$= P(x,y)dxdy = P(x)dxP(x|y)dy$$

$$P(x,y) = P(x)P(x|y)$$

のように，先行する試行 α の結果（$x < x' < x + dx$）に依存する条件付き確率密度 $P(x|y)$ を用いなければならない．

7.2 節のまとめ

- 物理学では，連続的かつ無限個の事象からなる連続的確率事象を考えることが多い．例えば，ブラウン運動が挙げられる．
- 離散的確率事象では確率分布として点関数 P_j を使うが，連続的確率事象では確率密度関数 $P(x)$ を使う．

7.3 平均値とモーメント

7.3.1 確率空間，確率変数，確率関数

一定の確率が割り振られた単純事象の集合を，確率空間（probability space）とよぶことにする．また，これらの単純事象の名前を確率変数（random variable）といい，確率変数の関数を確率関数（probability function）という．例えば，7.1.2 項のサイコロ振りの場合，サイコロを振るたびに出る目（$j = 1, 2, \cdots, 6$）が確率変数である．また，サイコロゲームを考えて，出た目 j に応じてコイン M_j 枚を配る場合，M_j は確率関数である．あるいは，前項のブラウン運動の場合には，時々刻々のブラウン粒子の位置座標 x が確率変数であり，このブラウン運動が重力場の中で起こるときには，ブラウン粒子の位置エネルギー $U(x)$ は確率関数である．

7.3.2 平均値

われわれが興味あるのは，このような確率関数 f_j あるいは $f(x)$ の平均値

$$\langle f \rangle = \sum_j f_j P_j$$

または

$$\int f(x)P(x)dx$$

である．種々の平均値の中で特に基本的なものは，確率変数自身のべき乗の平均値

$$M_n = \langle j^n \rangle = \sum_j j^n P_j$$

または $\quad M_n = \langle x^n \rangle = \int x^n P(x)dx$

である．これらは，n 次のモーメントとよばれる．中でも最もよく用いられるのは，1 次のモーメント M_1（$= j$，x の平均値）と分散

$$V = M_2 - M_1^2$$

である．モーメントに関する知識から，逆に確率分布に関する推測をすることができる．1 次のモーメントの値からは分布の中心の位置がわかるし，分散は分布がこの中心のまわりにどの程度広がりをもっているかの目安を示している．さらに，高次のモーメントは分布のより詳細な形状の情報をもっている．この考えを進めていけば，「すべてのモーメントを知ることは，分布そのものを知ることに等しい」ことがわかる．実際，このことは，次の特性関数を用いて示すことができる．

7.3.3 特性関数

特性関数 $\Phi(\xi)$ を

$$\Phi(\xi) = \sum_j \exp(ij\xi)P_j$$

または

$$\int \exp(ix\xi)P(x)dx$$

で定義する．すなわち，特性関数は確率分布のフーリエ変換なので，$\Phi(\xi)$ を知れば，フーリエ逆変換によって分布 $P(x)$ を求めることができる．したがって，特性関数 $\Phi(\xi)$ は分布 $P(x)$ とまったく同等の情報をもつ．上式をパラメータ ξ でべき乗展開すると

$$\Phi(\xi) = \sum_n \frac{(i\xi)^n}{n!} M_n, \quad M_n = \frac{1}{i^n} \frac{\partial^n \Phi}{\partial \xi^n}\bigg|_{\xi=0}$$

となる. すなわち, すべてのモーメント M_n を知れば特性関数 $\Phi(\xi)$ がわかり, したがって分布関数 $P(x)$ もわかる.

例題 7-1　ガウス分布

物理現象で最も多く現れる確率分布は, ガウス (正規) 分布

$$P(x) = \frac{1}{\sqrt{2\pi}\,\sigma} \exp\left(-\frac{x^2}{2\sigma^2}\right)$$

である. この分布について

(1) 特性関数は, $\Phi(\xi) = \exp(-\sigma^2\xi^2/2)$ である.

(2) 平均値と分散は, $\langle x \rangle = 0$, $\langle x^2 \rangle = \sigma^2$, $V = \sigma^2$ である.

(3) すべてのモーメントは, $\langle x^{2n+1} \rangle = 0$, $\langle x^{2n} \rangle = (2n)!\,\sigma^{2n}/(2^n n!)$ である.

7.3 節のまとめ

- 確率空間での確率関数 $f(x)$ の平均値と n 次のモーメントはそれぞれ,

$$\langle f \rangle = \int f(x) P(x) dx$$

$$M_n = \langle x^n \rangle = \int x^n P(x) dx$$

である. (ここでは連続的確率事象のみ)

- 平均値や n 次のモーメントを計算するとき, 分布関数 $P(x)$ のフーリエ変換である特性関数とその微分を用いると効率的である.

$$\Phi(\xi) = \int \exp(ix\xi) P(x) dx = \sum_n \frac{(i\xi)^n}{n!} M_n,$$

$$M_n = \frac{1}{i^n} \frac{\partial^n \Phi}{\partial \xi^n}\bigg|_{\xi=0}$$

- 確率分布関数としてよく使われるものにガウス分布がある.

$$P(x) = \frac{1}{\sqrt{2\pi}\,\sigma} \exp\left(-\frac{x^2}{2\sigma^2}\right) : \text{ガウス分布}$$

7.4　エントロピー

7.4.1　エントロピーの基本的性質

例えば, 7.1.1 項に挙げたコイン投げの実験と 7.1.2 項でのサイコロ振りの実験を比べよう. これら二つの実験で, ある特定の結果 (単純事象) の実現を予測しようとするとき, この予測の的中率は, 明らかにコイン投げの場合の方が高い. また, 二つのサイコロ a, b があって, a は六つの目が公平に 1/6 の確率で出るが, b には, 偶数の目の方が奇数の目よりも出やすく細工してあるとする. この場合に, a, b を振って結果を予測しようとすれば b の結果の方が予測しやすい.

したがって, 任意の二つの確率実験 (あるいは, これらに対応する確率分布) を比べた場合, それぞれに付随した不確定性に差があることがわかる. そこで, このような確率分布に伴う不確定性 (不規則性, 無秩序性) を量的に表す方法を考えたい.

まず, 最も簡単な確率分布として等確率分布について考える. k 個の単純事象が等しい確率で実現するような確率実験 α である. この実験に伴う不確定性をエントロピー (entropy) とよび, 記号 $\sigma_\alpha(k)$ で表す. この量が単純事象の数 k の関数となることは明らかだろう. ここで, $\sigma_\alpha(k)$ が次の性質をもつことを要求する.

① $\sigma_\alpha(k)$ は k の単純増加関数である.

$$\frac{\partial \sigma_\alpha(k)}{\partial k} \geq 0 \tag{7.4}$$

② 確定試行（$k=1$）も確率試行の一つとみたとき，その不確定性はゼロである．

$$\sigma_\alpha(k=1) = 0 \qquad (7.5)$$

③ α と同時に，これと統計的に独立なもう一つの確率試行 β を考える．β は n 個の単純事象からなるとする．二つの独立な確率分布の合成 $\alpha\beta$ のエントロピー $\sigma_{\alpha\beta}(kn)$ は，α と β のそれぞれのエントロピー σ_α と σ_β の和に等しい．

$$\sigma_{\alpha\beta}(kn) = \sigma_\alpha(k) + \sigma_\beta(n) \qquad (7.6)$$

これら式 (7.4)〜(7.6) の性質をもつ関数系としては，定数 × 対数関数（$\log_a k$）以外にはない（ここではその導出は省略する）．こうして，等確率事象のみからなる確率試行のエントロピーとして

$$\sigma_\alpha(k) = \log_n k \qquad (7.7)$$

を考えるのが適切である（ここでは，定数を 1 と選んだ．後に，定数を $k_{\mathrm{B}} =$ ボルツマン定数になることを学ぶ）．対数の底 a は，エントロピーの単位に選ばれた確率試行に伴う単純事象の数を表す．例えば，$a = 2$ をとれば，われわれは硬貨投げの確率分布が含むエントロピーを単位に選ぶことを意味する．計算の都合上最も便利なのとして，$a = e =$ 自然対数の底を用いる．

等確率分布のエントロピーの表現式 (7.7) はまた

$$\sigma_\alpha(k) = -\sum_i P_i \ln P_i, \quad P_i = 1/k, \quad i = 1, 2, \cdots, k$$

とも読むことができることに注意しよう．このことは，一様でない確率分布 $\alpha; \{E_i, P_i\}$ に対しても

$$\sigma_\alpha[P_i] = -\sum_{i=1}^{k} P_i \ln P_i \qquad (7.8)$$

によって，エントロピーを導入できることを意味している．このエントロピーの式は元は情報理論の中で導入されたもので，シャノンエントロピーとよばれる．系が独立した複数の部分系からなる場合，エントロピー（式 (7.8)）は相加性（示量性）を満たすことはすぐにわかる．また，次の項で詳しくみるように，エントロピー（式 (7.8)）は確率分布が一様なものからどれだけ乱れているかを表す指標とみなすことができる．実際，この式はボルツマンによって導入されたエントロピーの一般的な確率分布に伴うエントロピーの表現といえる．ここで，式 (7.7) と式 (7.8) の重要な違いについて注意しておく．式 (7.7) では，σ は単純事象の数 k の関数であるのに比べ，式 (7.8) では σ は確率分布 $\{P_i\} = \{P_1, P_2, \cdots\cdots, P_k\}$ 全体の関数である．確率

分布はそれ自身一つの関数である（今の場合，点関数）．任意の関数の全域的な振る舞いを与えて，初めてその値が定まる量を汎関数（functional）という．$\sigma_\alpha[P_i]$ は確率分布の汎関数である．

7.4.2 エントロピーと変分

エントロピー $\sigma_\alpha[P_i]$ の重要な性質をみるために，次の変分問題を考える．

規格化条件

$$\sum_{j=1}^{k} P_j = 1 \qquad (7.9)$$

のもとにエントロピー (7.8) を最大とするような確率分布 $\overline{P}_j$ を求める．求める分布 $\overline{P}_j$ とわずかに異なる仮想的な分布 $\overline{P}_j + \delta P_j$ を考え，二つの分布に対するエントロピーの差を求める．

$$\delta\sigma = \sigma[\overline{P}_j + \delta P_j] - \sigma[\overline{P}_j] = -\sum_{j=1}^{k} \delta P_j(1 + \ln \overline{P}_j)$$

今，条件 (7.9) より，δP_j $(j = 1, 2, \cdots, k)$ のうち，独立にとれるのは $k-1$ 個である．例えば

$$\delta P_k = -\sum_{j=1}^{k-1} \delta P_j$$

を用いると

$$\delta\sigma = -\sum_{j=1}^{k-1} \delta P_j \ln\left(\frac{\overline{P}_j}{\overline{P}_k}\right)$$

を得る．$\{\overline{P}_j\}$ が σ を最大にする分布なら，$\delta\sigma = 0$ でなければならない．このことより，

$$\ln(\overline{P}_j/\overline{P}_k) = 0 \rightarrow \overline{P}_j/\overline{P}_k = 1, \quad j = 1, 2, \cdots, k$$

が得られる．すなわち，同数の単純事象を有するさまざまな分布の中で一様分布（等確率分布）は最大のエントロピーをもつことが示された．ここでは，$\delta\sigma = 0$ を要求しただけなので，極値条件を満たしているが極大であるとは限らない．2 次までの変分を求めて $\delta\sigma = 0$ を満たす P_j，すなわち $P_j = 1/k$ を代入すると，係数は負になることがわかる．つまり，極大になっている．

次に，この変分問題をラグランジュの未定乗数法（Lagrange's method of undetermined multipliers）を用いて解いてみる．確率の規格化条件 $\sum_j P_j = 1$ を考慮するためのラグランジュ未定乗数を λ として，σ の代わりに変分関数

$$\overline{\sigma} = \sigma - \lambda\left\{\sum_j P_j\right\} = -\sum_j \{\ln P_j + \lambda\} P_j$$

を考え，これを副条件なしに最大にする．すなわち，

$$\delta\overline{\sigma} = -\sum_j \{\ln P_j + 1 + \lambda\}\delta P_j = 0$$

より，$\overline{P}_j = \exp(-1-\lambda)$ を得る．これを確率の規格化条件に代入して λ を消去すると，$\overline{P}_j = 1/k$ が導かれる．

7.4.3 ガウス分布とエントロピー

連続的分布をもつ確率試行のエントロピーも式 (7.8) と同様に

$$\sigma[P(x)] = -\int P(x)\ln P(x)dx \quad (7.10)$$

と与えられる．区間 $[-L/2, L/2]$ で定義された連続分布 $P(x)$ に対するエントロピー (7.10) は，一様分布 $P(x) = 1/L = $ 定数に対して最大になることを，以下に示す．

確率の規格化条件 $\int_{-L/2}^{L/2} P(x)dx = 1$ を考慮して，変分関数

$$\overline{\sigma} = \sigma - \lambda \int_{-L/2}^{L/2} P(x)dx$$
$$= -\int_{-L/2}^{L/2} \{\ln P(x) + \lambda\}P(x)dx$$

を最大化すると，$P(x) = \exp(-1-\lambda)$ を得る．この式を規格化条件に入れて λ を消去すると，一様な確率密度 $P(x) = 1/L$ が導かれる（$\overline{P}$ のバーは省略する）．

次に，$L \to \infty$ とし，規格化条件のほかに 2 次のモーメントが d^2 になる条件を付け加えたとき，σ を極大にする分布とそのときのエントロピーを求めてみる．

規格化条件：$\displaystyle\int_{-\infty}^{\infty} P(x)dx = 1$

2 次のモーメント条件：$\displaystyle\int_{-\infty}^{\infty} x^2 P(x)dx = d^2$

拘束条件付きエントロピー：

$$\overline{\sigma} = \sigma - \alpha \int_{-\infty}^{\infty} P\,dx - \beta \int_{-\infty}^{\infty} x^2 P\,dx$$

を使うと，極値条件は

$$\delta\overline{\sigma} = -\int_{-\infty}^{\infty} (\ln P + 1 + \alpha + \beta x^2)\delta P\,dx = 0$$

で表される．よって，

$$P = \exp(-1 - \alpha - \beta x^2)$$

が得られる．規格化条件に代入して，

$$1 = \int_{-\infty}^{\infty} P\,dx = \exp(-1-\alpha)\int_{-\infty}^{\infty} \exp(-\beta x^2)dx$$
$$= \exp(-1-\alpha)\sqrt{\frac{\pi}{\beta}}$$

よって，$\exp(-1-\alpha) = \sqrt{\beta/\pi}$，したがって，$P = \sqrt{\beta/\pi}\exp(-\beta x^2)$ が得られる．2 次のモーメントの条件より，

$$d^2 = \int_{-\infty}^{\infty} x^2 P(x)dx = \int_{-\infty}^{\infty} x^2 \sqrt{\frac{\beta}{\pi}}\exp(-\beta x^2)dx$$
$$= \sqrt{\frac{\beta}{\pi}}\frac{\sqrt{\pi}}{2\beta^{3/2}}$$
$$= \frac{1}{2\beta}$$

なので，ガウス分布

$$P = \frac{1}{\sqrt{2\pi}\,d}\exp\left(-\frac{x^2}{2d^2}\right)$$

が得られる．このときのエントロピー σ は，

$$\sigma$$
$$= -\int_{-\infty}^{\infty} P(x)\ln P(x)dx$$
$$= -\int_{-\infty}^{\infty} P(x)\ln\left[\frac{1}{\sqrt{2\pi}\,d}\exp\left(-\frac{x^2}{2d^2}\right)\right]dx$$
$$= -\int_{-\infty}^{\infty} P(x)\ln\frac{1}{\sqrt{2\pi}\,d}dx - \int_{-\infty}^{\infty} P(x)\left(-\frac{x^2}{2d^2}\right)dx$$
$$= \ln(\sqrt{2\pi}\,d) + \frac{1}{2d^2}\int_{-\infty}^{\infty} x^2 P(x)dx$$
$$= \ln(\sqrt{2\pi}\,d) + \frac{1}{2}$$

となる．この結果は，ボルツマンのエントロピーの式 (7.7)（熱力学では 3 章の式 (3.17)）と関係している．d が大きくなることは，その確率現象の不確定さが増すことを意味する．いい換えると，事象数（k あるいは W）が多くなって無秩序さが増大するといえる．このように，ここで定義した確率論的エントロピーと熱力学的エントロピーとは密接な関係にあることがわかる．このことは，後の章で詳しく取り扱う．

168   7. 確率論とエントロピー

7.4 節のまとめ

• エントロピーとして満たすべき三つの性質を満たす関数は対数関数である.

$$\sigma_\alpha(k) = \ln k : \qquad\qquad\qquad \text{一様確率事象の時} \qquad\qquad (7.11)$$

$$\sigma_\alpha(k) = -\sum_i^k P_i \ln P_i : \qquad\qquad \text{非一様確率事象の時} \qquad\qquad (7.12)$$

式 (7.11) は 3 章の式 (3.17) で出てきたボルツマンのエントロピーと同じ形をしている. 式 (7.12) のエントロピーをエントロピー規格化条件のもとに最大にする確率分布は一様確率分布 $P_j = 1/k$ である.

8. 微視的力学状態

統計力学の目的は，多数の要素からなる物理体系（表 8.1）の巨視的（マクロ）性質を，個々の構成要素が従う運動法則から許される微視的（ミクロ）状態に関する統計平均として説明・解釈することである．当面，粒子系に即して話を進める．このとき，体系の微視的状態とは多粒子系の力学状態である．よって，多粒子系の力学について復習するが，統計力学との関連では，実際に運動方程式を解くことは重要ではない．むしろ，力学状態を指定するための原理や形式，これらの微視的力学状態に関する理解が必要である．

8.1 古典力学：正準形式理論と位相空間

8.1.1 1 粒子の力学

a. ニュートン力学

1 次元の 1 粒子の力学状態は，各時刻 t における粒子の位置と速度 $\{x(t), v(t)\}$ あるいは位置と運動量 $\{x(t), p(t)\}$ の組によって完全に指定される．エネルギーや角運動量など，これ以外の物理量はすべて，これらの力学変数の組から導かれるからである．したがって，1 粒子の力学状態は，座標 x と運動量 p を軸とする 1 粒子 位相空間（μ 空間）中の点で表され，粒子の運動は μ 空間中での代表点の軌跡として表される．（図 8.1 は長さ L の 1 次元の箱の中で一定のエネルギーの 1 粒子が往復運動する運動の軌跡）保存量のポテンシャル $U(x)$ 場の中を運動する粒子を考える．この粒子の運動（すなわち，μ 空間中の代表点の運動）は，適当な初期条件のもとにニュートンの運動方程式

$$\frac{d\boldsymbol{p}}{dt} = -\nabla U = \boldsymbol{F} \qquad (8.1)$$

表 8.1　統計力学で扱う代表的な体系

<体系>	<構成要素>	<運動法則>
気体/液体/固体	原子/分子/電子	古典/量子力学
空洞放射	光子	電磁気学
磁性体/誘電体	双極子	古典/量子力学

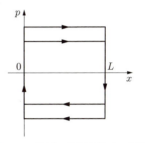

図 8.1　1 粒子の位相空間（μ 空間）

を解いて決定される．

b. ラグランジュ形式の力学

量子力学や統計力学との関連では，ニュートン形式の力学よりも，ラグランジュ形式の力学，あるいは次に説明するハミルトン形式（正準形式）の力学が重要になる．この形式では，運動の基本法則は次の変分原理で表される．今，時刻 t_1 に空間の点 x_1 から出発し，時刻 t_2 に点 x_2 に達する粒子の運動の途中経路は，作用積分

$$S[x_1, x_2] = \int_{t_1}^{t_2} \mathcal{L}(x(t), \dot{x}(t)) dt \qquad (8.2)$$

を最小にするように定まる（最小作用の原理 (principle of least action)，ハミルトンの原理 (Hamilton's principle)）．ただし，$\mathcal{L}(x, \dot{x})$ はラグランジアン (Lagrangian) あるいはラグランジュ関数 (Lagrangian function) とよばれ

$$\mathcal{L}(x(t), \dot{x}(t)) = \frac{m\dot{x}^2}{2} - U(x) \qquad (8.3)$$

のように，運動エネルギーと位置エネルギーの差として定義される．$\mathcal{L}(x, \dot{x})$ は一般化座標 x と一般化速度 $\dot{x}$ で表される（例題 8–1，例題 8–2 参照）．

上の変分原理の立場では，実際に実現する運動と古典物理的には実現不可能な仮想的な運動を並べて考え，「作用 S に最小値を与える」という条件を課して，実現する運動を選び出す．すなわち，古典的には最小作用をもつ運動経路のみが選ばれる．この条件から，ニュー

トンの運動方程式に等価なラグランジュの運動方程式

$$\frac{d}{dt}\left(\frac{\partial \mathcal{L}}{\partial \dot{x}}\right) = \frac{\partial \mathcal{L}}{\partial x} \tag{8.4}$$

が導かれる．

例題 8–1 調和振動子のラグランジアン

質量 m，固有角振動数 ω の調和振動子のラグランジアン $\mathcal{L}$ と運動方程式は，それぞれ，

$$\mathcal{L} = \frac{m\dot{x}^2}{2} - \frac{m\omega^2 x^2}{2}$$

$$m\frac{d\dot{x}}{dt} = -m\omega^2 x$$

になる．

例題 8–2 ケプラー運動のラグランジアン

質量 M の太陽の万有引力ポテンシャル $U(r) = -GM/r$ 中をケプラー運動する質量 m の惑星があり，その位置を平面極座標 (r, θ) で表すと，ラグランジアン $\mathcal{L}(r, \dot{r}, \theta, \dot{\theta})$ と動径方向および角度方向の運動方程式は次のようになる．

$$\mathcal{L} = \frac{m\dot{r}^2}{2} + \frac{mr^2\dot{\theta}^2}{2} - \left(-\frac{GMm}{r}\right)$$

$$\frac{d}{dt}\frac{\partial \mathcal{L}}{\partial \dot{r}} = \frac{\partial \mathcal{L}}{\partial r} \to m\frac{d^2 r}{dt^2} = -\frac{GMm}{r^2} + mr\dot{\theta}^2$$

$$\frac{d}{dt}\frac{\partial \mathcal{L}}{\partial \dot{\theta}} = \frac{\partial \mathcal{L}}{\partial \theta} \to \frac{d}{dt}(mr^2\dot{\theta}) = 0$$

最後の式は，面積速度一定の法則あるいは角運動量保存則である．

c. ハミルトン形式の力学

すでに述べたように，ラグランジアンは粒子の一般化座標 x とその速度 $\dot{x} = dx/dt$ で表される．ここで，一般化座標 x に共役な一般化運動量 p を

$$p = \frac{\partial \mathcal{L}}{\partial \dot{x}} \quad \to \quad \dot{x} = \dot{x}(x, p) \tag{8.5}$$

で定義する．この式を用いると，速度 $\dot{x}$ を x, p の関数として表すことができる．一般化座標 x と一般化運動量 p で表された粒子の力学エネルギーを**ハミルトニアン** (Hamiltonian) とよび，記号 $H(x, p)$ で表す．$H(x, p)$ はラグランジアン $\mathcal{L}(x, \dot{x})$ から

$$H = \{\dot{x}p - \mathcal{L}(x, \dot{x})\}_{\dot{x} = \dot{x}(x, p)} \tag{8.6}$$

で導かれる．ここで，$\{\cdots\}_{\dot{x} = \dot{x}(x, p)}$ は中括弧の中の一般化速度を一般化座標と運動量で表せという意味である．ハミルトンは，一般化座標 x と一般化運動量 p を各々独立変数とみなし，これらが微分方程式

$$\frac{dx}{dt} = \frac{\partial H}{\partial p}, \quad \frac{dp}{dt} = -\frac{\partial H}{\partial x} \tag{8.7}$$

に従って運動することを示した．この運動方程式の組を**ハミルトンの運動方程式**あるいは**正準運動方程式**という．ハミルトンの運動方程式の特徴は時間に関して一階の微分方程式になっているので扱いやすく，歴史的には古典力学系の運動を記述する最も均整のとれた形式として用いられると同時に，量子力学や統計力学の定式化においても重要である．しかし，この簡単化と引き換えに独立変数の数がニュートンあるいはラグランジュ方程式の場合に比べて 2 倍になっている．当然のことながら，これら三つは古典粒子の運動法則として等価である．

例題 8–3 ケプラー運動のハミルトニアン

ケプラー問題のハミルトニアンを座標 (r, θ)，および運動量 (p_r, p_θ) で表すと，

$$H = \frac{p_r^2}{2m} + \frac{p_\theta^2}{2mr^2} - \frac{GMm}{r}$$

になる．これより，動径および接線方向の運動方程式

$$\frac{\partial H}{\partial p_r} = \frac{dr}{dt} = \frac{p_r}{m}, \quad \frac{dp_r}{dt} = -\frac{GMm}{r^2} + \frac{p_\theta^2}{mr^3}$$

$$\frac{\partial H}{\partial p_\theta} = \frac{d\theta}{dt} = \frac{p_\theta}{mr^2}, \quad \frac{dp_\theta}{dt} = 0$$

が導かれる．

8.1.2 多粒子系の力学

1 次元的な運動の場合，N 個の古典粒子からなる系の力学状態は，正準力学変数の組 $\Gamma = \{x_j, p_j; j =$

ジョゼフ＝ルイ・ラグランジュ

フランスの数学者．物理学への多くの業績がある．著書「解析力学」により物理学への寄与は著しい．(1736–1813)

ウィリアム・ローワン・ハミルトン

アイルランドの理論物理学者．1834 年にハミルトンの原理を発見．正準方程式を作り，解析力学の基礎を確立した．(1805–1865)

$1, 2, \cdots$ } で指定される.これらの変数を用いて,系のハミルトニアンを

$$H = H(x_1, p_1, x_2, p_2, \cdots) = H(\{x_j, p_j\}) \quad (8.8)$$

と表すとき,各粒子の運動方程式は次の形をとる.

$$\frac{dx_j}{dt} = \frac{\partial H}{\partial p_j}, \quad \frac{dp_j}{dt} = -\frac{\partial H}{\partial x_j}; \; j = 1, 2, \cdots, N \tag{8.9}$$

例題 8-4　連成振動子のハミルトニアン

ハミルトニアン

$$H = \frac{p_1^2}{2m} + \frac{p_2^2}{2m} + \frac{kx_1^2}{2} + \frac{kx_2^2}{2} + \frac{k'(x_1 - x_2)^2}{2}$$

で表された連成振動子のハミルトンの運動方程式は,

$$\frac{dx_1}{dt} = \frac{\partial H}{\partial p_1} = \frac{p_1}{m}$$

$$\frac{dp_1}{dt} = -\frac{\partial H}{\partial x_1} = -kx_1 - k'(x_1 - x_2)$$

$$\frac{dx_2}{dt} = \frac{\partial H}{\partial p_2} = \frac{p_2}{m}$$

$$\frac{dp_2}{dt} = -\frac{\partial H}{\partial x_2} = -kx_2 - k'(x_2 - x_1)$$

になる.

8.1 節のまとめ

- 古典力学の基礎方程式は,ニュートンの運動方程式,ラグランジュの運動方程式,ハミルトンの運動方程式である.それぞれ,

$$\frac{dp}{dt} = -\nabla U = F$$

$$\frac{d}{dt}\left(\frac{\partial \mathcal{L}}{\partial \dot{x}}\right) = \frac{\partial \mathcal{L}}{\partial x}$$

$$\frac{dx}{dt} = \frac{\partial H}{\partial p}, \quad \frac{dp}{dt} = -\frac{\partial H}{\partial x}$$

である.この 3 者は古典粒子の運動法則として等価である.古典系を扱う統計力学では,ハミルトンの運動方程式の中のハミルトニアンを使う.

8.2　量子力学

8.2.1　不確定性原理

すでにみたように,古典力学では時々刻々粒子の力学状態を正準力学変数を組 $(x(t), p(t))$ で指定する.すなわち,われわれは古典力学において

①「観測は粒子の力学状態を乱さない」

②「位置座標とこれと共役な運動量成分は,同時にいくらでも正確に測定しうる」

という仮定をしてきた.この仮定がなければ,粒子の力学状態を位相空間中の点として,またその運動をこの空間中の軌跡として表すことができない.しかし,粒子の大きさが原子サイズ程度あるいはそれ以下になると,上の古典力学の根本仮定が成り立たなくなる.すなわち,ミクロな粒子に対しては

③「一つの物理量(座標)の測定が,ほかの物理量(運動量)に制御不可能で無視できない影響を与える」

④「位置座標とこれに共役な運動量成分の値を,同時に測定することは不可能である」

ことが本質的に重要である.ハイゼンベルクの不確定性原理(Heisenberg uncertainty principle)は,このようなミクロな世界における運動の特徴を述べている.

⑤「座標成分 x とこれに共役な運動量成分 p の同時確定精度を Δx, Δp とするとき,これらは不等式

$$\Delta x \Delta p \geq \frac{\hbar}{2} \tag{8.10}$$

を満たさなければならない.」

8.2.2　量子状態とシュレーディンガー方程式

運動が不確定性原理によって支配されるミクロな粒子の力学状態は,正準力学変数の組 (x, p) を用いて指定できない.また,その運動力学変数の記述法も古典力学とは異なったものになるが,その詳細については量子力学の第 2 章で説明される.ここでは,今後の議論に必要な事項を最小限度にまとめる.

172　8. 微視的力学状態

① 「ミクロな粒子の位置 x や運動量 p は測定ごとに異なる値をとる確率量である．われわれが知りうるのは，これらの測定値の確率分布 $P(x, t)$, $P(p, t)$ のみである．」

② 「ミクロな粒子線は干渉効果を示すから，波の性質をもつ．したがって，その状態は複素確率振幅（波動関数）$\Psi(x, t)$, $\Psi(p, t)$ で表される．波動関数 $\Psi(x, t)$, $\Psi(p, t)$ は，確率分布 $P(x, t)$, $P(p, t)$ と

$$P(x, t) = |\Psi(x, t)|^2, \quad P(p, t) = |\Psi(p, t)|^2 \tag{8.11}$$

の関係にある．」

③ 「波動関数 $\Psi(x, t)$ はシュレーディンガー方程式（Schrödinger equation）

$$i\hbar \frac{\partial \Psi}{\partial t} = \hat{H}(x, \hat{p} = -i\hbar\nabla_x)\Psi(x, t) \tag{8.12}$$

に従って運動する．ここに，$\hat{H}(x, \hat{p} = -i\hbar\nabla_x)$ はエネルギー演算子で，ハミルトニアンとよばれる．」

④ 特に定常状態（確率が時間によらない場合）では，波動関数は $\Psi(x, t) = \exp(-iEt/\hbar)\phi(x)$ の形をとり，$\phi(x)$ は時間にはよらないシュレーディンガー方程式

$$\hat{H}\phi(x) = E\phi(x) \tag{8.13}$$

を満たす．この方程式を適当な境界条件のもとに解けば，一連の固有状態とエネルギー固有値

$$\{\phi_n(x), E_n; n = 1, 2, \cdots\} \tag{8.14}$$

が得られる．われわれは，これらの固有状態の一つひとつを（古典系の位相点に対応させて）ミクロな粒子がとる力学状態とみなす．」

⑤ 「古典力学系の位相空間に対応させて，量子的な系の状態を量子的 Γ 空間（エネルギー固有値や固有関数を特徴付ける量子数の組 n が張る空間）中の点として表すことができる．量子数 n としては，問題に応じて波数ベクトル（自由粒子）やエネルギーと角運動量の量子数（中心力場中の粒子）などをとればよい．」

統計力学の基本的な課題は，与えられたマクロな体系のエネルギー分布を決定することである．この意味で，体系がとるエネルギー固有値とこれらを特徴付ける量子数の組を知ることが特に重要である．ここでは，初等量子力学でよく扱われる簡単な力学系の量子状態についてまとめる．

例題 8-5　箱の中の 1 個の自由粒子：1 次元

x 軸上の区間 $[0, L]$ を自由に運動する質量 m の粒子を考えると，ハミルトニアンは

$$\hat{H} = \frac{p^2}{2m} = -\frac{\hbar^2}{2m}\frac{d^2}{dx^2} \tag{8.15}$$

で与えられ，対応するシュレーディンガー方程式は

$$-\frac{\hbar^2}{2m}\frac{d^2\phi}{dx^2} = E\phi \tag{8.16}$$

である．この方程式を
(i) 固定端境界条件（FBC と略記）：$\phi(0) = \phi(L) = 0$
(ii) 周期境界条件（PBC と略記）：$\phi(0) = \phi(L) \neq 0$
のもとに解けば，エネルギー固有値，波数 k がとりうる値および固有関数はそれぞれ

$$E_k = \frac{\hbar^2 k^2}{2m} \tag{8.17}$$

$$k = \begin{cases} \dfrac{n\pi}{L}, & n = 1, 2, \cdots, \quad \text{FBC} \\[2mm] \dfrac{2n\pi}{L}, & n = 0, \pm 1, \pm 2, \cdots, \quad \text{PBC} \end{cases} \tag{8.18}$$

$$\phi_k(x) = \begin{cases} \sqrt{\dfrac{2}{L}} \sin(kx), & \text{FBC} \\[2mm] \sqrt{\dfrac{1}{L}} \exp(ikx), & \text{PBC} \end{cases} \tag{8.19}$$

となる．

例題 8-6　箱の中の 1 個の自由粒子：2 次元，3 次元

一辺の長さが L の 2 次元，3 次元の箱の中を運動する質量 m の 1 個の粒子がある．周期境界条件のもとに，この粒子のエネルギー固有値と対応する波動関数は，空間の次元を $d\ (= 2, 3)$ と表すと，

$$E_{\boldsymbol{k}} = \frac{\hbar^2 \boldsymbol{k}^2}{2m}, \quad \phi_{\boldsymbol{k}}(\boldsymbol{r}) = L^{-d/2}\exp(i\boldsymbol{k}\boldsymbol{r}) \tag{8.20}$$

$$\boldsymbol{k} = (k_1, k_2, \cdots, k_d), \ k_j = \frac{2n_j\pi}{L}$$

$$n_j = 0, \pm 1, \pm 2, \cdots \tag{8.21}$$

となる．ここで，粒子の運動領域の面積，体積はそれぞれ $A = L^2$, $V = L^3$ である．

例題 8-7　箱の中の N 個の自由粒子系

1 次元の箱 $[0, L]$ 中を自由に運動する質量 m の N 個の粒子 $1, 2, \cdots, N$ がある．周期境界条件のもとで，この粒子系のとりうるエネルギー固有値と対応する波動関数は，

$$E_{k_1, k_2, \cdots} = \sum_{j=1}^{N} \frac{\hbar^2 k_j^2}{2m} \tag{8.22}$$

$$\Phi_{k_1, k_2, \cdots}(x_1, x_2, \cdots) = L^{-N/2}\prod_{j=1}^{N}\exp(ik_j x_j) \tag{8.23}$$

である．

例題 8-8　1 次元の 1 個の調和振動子

ポテンシャル $U(x) = m\omega^2 x^2/2$ の中を運動する質

量 m の粒子を扱う．この粒子に対するシュレーディンガー方程式は

$$-\frac{\hbar^2}{2m}\frac{d^2\phi}{dx^2}+\frac{m\omega^2 x^2}{2}\phi = E\phi \quad (8.24)$$

である．この固有値問題の解法については，量子力学の章をみていただくことにして，ここでは結果のみを示す．

$$E_n = \hbar\omega\left(n+\frac{1}{2}\right),\ \phi_n(x) = N_n H_n(\xi)\exp(-\xi^2/2)$$

$$\xi = \sqrt{\frac{m\omega}{\hbar}}x,\ n=0,\ 1,\ 2,\cdots \quad (8.25)$$

ここで，N_n は規格化因子，$H_n(\xi)$ は n 次のエルミート（Hermite）多項式である．

例題 8-9　1 次元の N 個の調和振動子系

それぞれ異なる位置 x_j^0 のまわりを振動する N 個の

1 次元調和振動子 $1, 2, \cdots, N$ がある（すべて等しい質量 m をもつとする）．各振動子の変位を $x_j - x_j^0$，またこれらの固有角振動数を ω_j として，この振動子系がとりうるエネルギー固有値と対応する固有関数は，無次元化された変位 $\xi_j = \sqrt{m\omega_j/\hbar}(x_j - x_j^0)$ を用いて，

$$E_{n_1,n_2,\cdots,n_N} = \sum_{j=1}^{N}\hbar\omega_j\left(n_j+\frac{1}{2}\right),\ n_j=0, 1, 2,\cdots$$
$$(8.26)$$

$$\Phi_{n_1,n_2,\cdots,n_N}(x_1, x_2, \cdots, x_N) = \prod_{j=1}^{N}\phi_{n_j}(\xi_j)$$
$$(8.27)$$

$$\phi_{n_j}(\xi_j) = N_{n_j}H_{n_j}(\xi_j)\exp(-\xi_j^2/2) \quad (8.28)$$

となる．

8.2 節のまとめ

- 量子力学の基礎方程式は，時間に依存したシュレーディンガー方程式と時間に依存しない（定常的な）シュレーディンガー方程式である．それぞれ，

$$i\hbar\frac{\partial\Psi}{\partial t} = \hat{H}\Psi(x,t)$$
$$\hat{H}\phi(x) = E\phi(x)$$

である．

- 量子系を扱う統計力学では，時間に依存しないシュレーディンガー方程式の固有状態の情報，特に固有値を使う．

$$\{\phi_n(x),\ E_n;\ n=1, 2,\cdots\cdots\}$$

8.3　状態数と状態密度

8.3.1　古典粒子系の状態数

先に述べたように，古典力学では粒子の力学状態を位相 μ 空間中の点として表す．位相点 (x, p) は連続的に分布するから，μ 空間の微小面積要素 $dxdp$ の中には連続無限個の力学変数が含まれる．しかし，量子力学の不確定性原理 $\Delta x\Delta p \geq \hbar/2$ を考慮すると，位相空間を面積 h 程度の細胞に分割するとき，同一の細胞内の任意の 2 点 A，B で表される二つの力学状態を区別して観測することは不可能である．もし可能だとすれば，$\Delta x = x_A - x_B$，$\Delta p = p_A - p_B$ に対して

$$\Delta x\Delta p = (x_A - x_B)(p_A - p_B) \leq h \quad (8.29)$$

となり，不確定性原理を破ることになる．この事情を

考慮して，今後，同一細胞内の位相点はすべて同一の力学状態を表す，いい換えれば，一つの細胞に一つの力学状態が対応するものとする．したがって，位相空間の中には

$$\frac{1}{h}\int d\mu = \frac{1}{h}\int dxdp \quad (8.30)$$

個の力学状態が含まれる．ここで，一つの細胞の大きさが正確に h であることによって量子系の状態数に一致する．このことは，ボーア・ゾンマーフェルトの量子化条件（本書では触れていない）と関係している．多粒子系の力学状態についても，同様である．d 次元空間の中を運動する N 個の粒子からなる粒子系の力学状態は，$f = Nd$ 本の座標軸およびこれと同様の運動量軸を含む $2f$ 次元の位相（Γ）空間の点として表され，この空間の中に

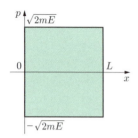

図 8.2　自由粒子の状態数

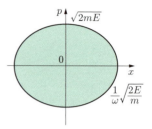

図 8.3　調和振動子の状態数

$$\frac{1}{h^f}\int d\Gamma = \frac{1}{h^f}\int dx_1 dp_1 dx_2 dp_2 \cdots dx_f dp_f \tag{8.31}$$

だけの状態が含まれる．Γ空間の有限体積の領域 Λ が含む力学状態の数 w_c は，式 (8.31) を領域 Λ にわたって積分して得られる．そうすると，状態数は

$$w_c = \int_\Lambda \frac{d\Gamma}{h^f} = \frac{\text{領域 }\Lambda\text{ の体積}}{h^f}$$

である．

8.3.2　量子状態数

量子状態の数は文字どおりシュレーディンガー方程式の固有状態の総数であるので，

$$w_q(E) = \sum_{n(E_n \le E)} 1$$

と書くことができる．以下で，自由粒子系と調和振動子系での状態数（古典 w_c と量子 w_q）を求める．

例題 8–10　1個の古典自由粒子（1，2，3次元）の状態数

古典自由粒子のエネルギー E は $E = p^2/2m$ である．1次元の場合：エネルギー E 以下の状態の位相空間の面積は図 8.2 の影の領域である．したがって，E 以下の状態数 $w_c(E)$ と E と $E+dE$ の間の状態数 $W_c(E)$ は

$$w_c(E) = \int_0^L dx \int_{|p|\le\sqrt{2mE}} dp \frac{1}{h} = \frac{2\sqrt{2mE}}{h}L$$

$$W_c(E) = \frac{\partial w_c}{\partial E}dE = \rho_c(E)dE = \frac{L}{h}\sqrt{\frac{2m}{E}}dE$$

で与えられる．ここで，$\rho_c(E)$ は**状態密度（density of states）**である．状態密度は統計力学ではきわめて重要な物理量である．これについては後の章で詳しく説明する．

2次元の場合：$E = p_x^2/2m + p_y^2/2m$ であるから，

$$w_c(E) = \int_0^L dx \int_0^L dy \int dp_x \int_{|p|\le\sqrt{2mE}} dp_y \frac{1}{h^2}$$

$$= \left(\frac{L}{h}\right)^2 2\pi mE$$

$$W_c(E) = \left(\frac{L}{h}\right)^2 2\pi m\, dE$$

で与えられる．

3次元の場合：$E = p_x^2/2m + p_y^2/2m + p_z^2/2m$ であるから，2次元の場合と同様に（ここで球の体積を計算する），

$$w_c(E) = \left(\frac{L}{h}\right)^3 \frac{4\pi}{3}(2mE)^{3/2}$$

$$W_c(E) = \left(\frac{L}{h}\right)^3 4\pi m\sqrt{2mE}\, dE$$

となる．

例題 8–11　1個の古典調和振動子（1次元）の状態数

1次元の古典的調和振動子のハミルトニアンは，$H = p^2/2m + (m\omega^2/2)x^2$ で，$H = E$ から，

$$\frac{p^2}{2mE} + \frac{x^2}{2E/(m\omega^2)} = 1$$

状態数は図 8.3 の楕円形の影の領域の面積から，

$$w_c(E) = \iint_{p^2/2m+(m\omega^2/2)x^2\le E} dp\, dx \frac{1}{h}$$

$$= \frac{E}{\hbar\omega}$$

$$W_c(E) = \frac{1}{\hbar\omega}dE$$

となる．

量子系の状態数と状態密度については，第12章以降の量子統計力学の章で詳述される．ここでは，1次元自由粒子と1次元調和振動子（ともに1個）についてのみ説明する．

例題 8–12　1個の量子系自由粒子（1次元）の状態数

例題 8–5 の結果を使う．定数 $\alpha = \hbar^2/(2m)(\pi/L)^2$ とおき，式 (8.17) と (8.18) を使うと，エネルギー固有

値と量子数は次のようになる.

$$E_n = \alpha n^2, \quad \text{FBC}$$
$$= 4\alpha n^2, \quad \text{PBC}$$
$$n = \sqrt{\frac{E_n}{\alpha}}, \quad \text{FBC}$$
$$= \pm\frac{1}{2}\sqrt{\frac{E_n}{\alpha}}, \quad \text{PBC}$$

したがって，エネルギー E 以下のそれぞれの状態数は以下のようになる．最後の古典粒子については，例題 8–10 で得られた結果である．

$$w(E) = \left[\sqrt{\frac{E}{\alpha}}\right], \quad \text{FBC}$$
$$= 2\left[\frac{1}{2}\sqrt{\frac{E}{\alpha}}\right], \quad \text{PBC}$$
$$= \sqrt{\frac{E}{\alpha}}, \quad \text{古典}$$

ここで，[ ] はガウス記号である．$w(E)$ のグラフを描いてみるとわかるが，エネルギー E が小さいときは FBC と PBC の階段形状が目立ってそれぞれの違いははっきりしているが，E が大きくなるにつれて古典の w に相対的に漸近していくのがわかる．

例題 8–13　1 次元の量子論的調和振動子系の状態数

量子論的調和振動子のエネルギー固有値は式 (8.25)

なので，

$$w_{\mathrm{q}}(E) = \sum_{E_n \leq E} 1 = \sum_{(n+1/2)\hbar\omega \leq E} 1$$
$$= \left[\frac{E}{\hbar\omega} - \frac{1}{2}\right] + 1$$

E を大きくすると

$$w_{\mathrm{q}}(E) \to \frac{E}{\hbar\omega}$$

となる．最下行の漸近形は例題 8–11 の古典的調和振動子の結果 $w_{\mathrm{c}}(E)$ と同じである．図 8.4 でわかるように，エネルギー E が大きくなるにつれて，w_{q} と w_{c} の相対値の違いは小さくなる．この傾向は，自由粒子系（例題 8–12）についても同じである．

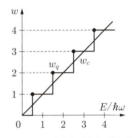

図 8.4　調和振動子の状態数（古典系と量子系の比較）

8.3 節のまとめ

- 古典系の状態数は，Γ 空間の該当するエネルギー E 以下の領域の位相体積をハイゼンベルクの不確定性原理を考慮して，プランク定数 h の $f\ (=Nd)$ 乗で割ったものになる．

$$w_{\mathrm{c}} = \int_\Lambda \frac{d\Gamma}{h^f} = \frac{\text{領域 }\Lambda\text{ の体積}}{h^f}$$

- 量子系の状態数は，シュレーディンガー方程式の固有状態の総数であるので，

$$w_{\mathrm{q}}(E) = \sum_{n(E_n \leq E)} 1$$

である．

9. 巨視的体系と統計集団

9.1 統計力学の基本的な考え方

　熱力学も統計力学も対象とする物理体系は膨大な数（～10^{23}）の要素（粒子数，自由度）からなり，扱う現象は巨視的な熱平衡状態である．熱力学は，少数の状態変数からなる経験的に現象を説明しうる状態方程式を用いて，巨視的（あるいはマクロな）物理現象を説明する．一方，統計力学は，系の微視的（あるいはミクロな）状態，つまり構成要素の力学の原理とそれから得られる力学状態に立脚して巨視的な物理現象を説明する．統計力学は，扱う系が古典系である場合は古典力学に基づくので古典統計力学，量子系である場合は量子力学に基づくので量子統計力学とよばれる．したがって，正確さを気にしなければ，熱力学は帰納法的手法で統計力学は演繹的手法と，区別することができる．

　統計力学が微視的な力学に基づいて巨視的な物理現象を記述するときに，二つの方法が考えられる．ここでは古典系を例とする．前章で学んだように，多粒子（簡単のために，今後は多自由度については触れない）は時間–空間で運動しその軌跡は位相空間（Γ 空間）でみることができる．その時々刻々の情報から，熱平衡状態の物理量は時間平均によって得られると考える．これが一つの方法，力学的記述である．ビリアル定理（virial theorem）によれば，この方法で状態方程式などの限定的な場合に限り巨視的な物理現象が記述できる．

　もう一つの方法は，統計的記述である．これは，時間平均を確率の概念を使って統計平均（あるいはアンサンブル平均）に置き換えて，巨視的な物理現象を記述する．この方法では，時間平均を統計平均に置き換えることの妥当性（エルゴード仮説（ergode hypothesis））と確率分布の具体形（リウヴィルの定理（Liouville's theorem））を知る必要が出てくる．統計力学では，主として後者の統計的記述を行うことになる．外部条件（外部変数）で変わる熱平衡条件によって，考える統計集団（アンサンブル）が変わり，各アンサンブル固有の確率分布（ミクロカノニカル分布，カノニカル分布，グランドカノニカル分布）を使って，巨視的物理量を求めることになる．

　この章では，統計的記述の一般論について説明し，次章から具体的に，アンサンブル固有の定式化と物理現象の記述法をみていく．

9.1 節のまとめ

- 統計力学が微視的な力学に基づいて巨視的な物理現象を記述するときに，二つの方法がある．多粒子は時間–空間で運動し，その軌跡は Γ 空間でみることができる．その時々刻々の情報から熱平衡状態の物理量を時間平均によって決定する力学的記述である．もう一つの方法の統計的記述は，時間平均を確率の概念を使い統計平均（あるいはアンサンブル平均）に置き換えて，巨視的な物理現象を記述する．この方法では，時間平均を統計平均に置き換えることの妥当性（エルゴード仮説）と確率分布の具体形（リウヴィルの定理）を知る必要が出てくる．統計力学では，主として統計的記述を行う．

9.2 巨視的体系の力学的記述

9.2.1 時間に依存した多粒子系の微視的力学状態

$\{x_1(t), x_2(t), \cdots, x_N(t); p_1(t), \cdots, p_N(t)\}$

または $\Psi(x,t) = \Psi(x_1, x_2, \cdots, x_N; t)$ (9.1)

が,正準方程式 (8.9) あるいはシュレーディンガー方程式 (8.12) の与えられた初期条件

$x_i = x_i(0),\ p_i = p_i(0)$ または

$\Psi = \Psi(x_1, x_2, \cdots, x_N; t=0)$ (9.2)

のもとでの解として,すでに決定されているとする.ここで,体系の任意の巨視的物理量 $A(t) = A(x_1(t), x_2(t), \cdots, p_N(t))$ を考える.気体を念頭に話をすれば,このような物理量として,例えば次式で定義されるハミルトニアン H や粒子数密度 $\rho(\boldsymbol{x}, t)$ あるいは粒子流密度 $\boldsymbol{J}(\boldsymbol{x}, t)$ を考えるのがよい.

$$H = \sum_i \frac{\boldsymbol{p}_i^2}{2m} + \sum_{i,j(>i)} V(\boldsymbol{x}_i - \boldsymbol{x}_j) \quad (9.3)$$

$$\rho(\boldsymbol{x}, t) = \sum_i \delta(\boldsymbol{x} - \boldsymbol{x}_i(t)) \quad (9.4)$$

$$\boldsymbol{J}(\boldsymbol{x}, t) = \sum_i \frac{\boldsymbol{p}_i(t)}{m} \delta(\boldsymbol{x} - \boldsymbol{x}_i(t)) \quad (9.5)$$

例題 9-1 連続の式

正準方程式 (8.9) を用いて,粒子数の保存則(連続の式(equation of continuity))

$$\frac{\partial \rho}{\partial t} + \nabla \cdot \boldsymbol{J} = 0 \quad (9.6)$$

が以下のように導かれる.粒子数密度 $\rho(\boldsymbol{x}, t)$ の時間変化率を計算する.$x - x_i(t) \equiv X$, $y - y_i(t) \equiv Y$, $z - z_i(t) \equiv Z$ とおくと,

$$\rho(\boldsymbol{x}, t) = \sum_i \delta(X)\delta(Y)\delta(Z)$$

$$\left(\frac{\partial \rho}{\partial t}\right)_{x項} = \sum_i \frac{\partial x_i}{\partial t} \frac{\partial}{\partial x_i} \delta(X)\delta(Y)\delta(Z)$$

$$= -\sum_i \frac{dx_i}{dt} \frac{\partial}{\partial x} \delta(X)\delta(Y)\delta(Z)$$

$$= -\sum_i \dot{x}_i \frac{\partial}{\partial x} \delta(X)\delta(Y)\delta(Z)$$

$$\frac{\partial \rho}{\partial t} = -\sum_i \left(\dot{x}_i \frac{\partial}{\partial x} + \dot{y}_i \frac{\partial}{\partial y} + \dot{z}_i \frac{\partial}{\partial z}\right)$$
$$\times \delta(\boldsymbol{x} - \boldsymbol{x}_i(t))$$

$$= -\sum_i \dot{\boldsymbol{x}}_i \cdot \nabla \delta(\boldsymbol{x} - \boldsymbol{x}_i(t))$$

$$= -\sum_i \frac{\boldsymbol{p}_i}{m} \cdot \nabla \delta(\boldsymbol{x} - \boldsymbol{x}_i(t))$$

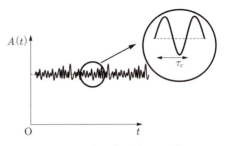

図 9.1 巨視的物理量のゆらぎ

$$= -\nabla \cdot \sum_i \frac{\boldsymbol{p}_i}{m} \delta(\boldsymbol{x} - \boldsymbol{x}_i(t))$$

$$= -\nabla \cdot \boldsymbol{J}$$

を得る.これは,微視的な力学状態から作られる巨視的な物理量がある特徴的な時間変化を示す例である.

もし力学状態がわかれば,任意の時刻 t の巨視的物理量 A の値

$A(t)$
$= A(x_1(t), x_2(t), \cdots, x_N(t); p_1(t), p_2(t), \cdots, p_N(t))$
または
$= \langle \Psi(t) | A(x_1, x_2, \cdots, x_N; -i\hbar \frac{\partial}{\partial x_1}, -i\hbar \frac{\partial}{\partial x_2}, \cdots$
$| \Psi(t) \rangle$ (9.7)

を知ることができる.まず,このような巨視的な物理量 $A(t)$ の時間変化について考える.われわれは,定常的な外部条件のもとにある系のみを考える.しかし,この条件は $A(t)$ が定常的に振る舞うことを意味しない.われわれが静止して平衡にあるとみる系の中でも,各粒子は活発に運動しており,互い同士あるいは容器の壁その他の外界と衝突を繰り返している.このような衝突の起こる平均時間間隔を τ_c とし,これを相関時間(correlation time)とよぼう.すると,$A(t)$ の時間的挙動について,次のように考えることができる.τ_c あるいはそれ以下の時間スケールでは $A(t)$ はスムーズな力学運動をしているようにみえるが,τ_c より長い時間スケールでは,$A(t)$ はブラウン運動(Brownian motion)のような激しいジグザグ運動をしているとみてよい.このような状況は,「$A(t)$ がゆらいでいる」と表現される.しかし,巨視的観測ではこのようなゆらぎまで含めて $A(t)$ が測られるのではない.測定系自身が巨視的体系であり,測定対象の性質が測定系に反映されるには τ_c に比べて桁違いに長い時間を要するからである.したがって,巨視的性質の測定値は $A(t)$ そのものではなく,その長時間平均

$$\overline{A} = \lim_{T \to \infty} \int_0^T \frac{1}{T} A(x_i(t), p_i(t)) dt$$

または

$$\lim_{T \to \infty} \int_0^T \frac{1}{T} \langle \Psi(t) | \hat{A} | \Psi(t) \rangle dt \qquad (9.8)$$

である．ここで，T は測定時間のオーダーの量で τ_c に比べてはるかに長いというのが上式の極限の意味である．

例題 9-2　理想気体分子の相関時間

気体の場合の τ_c のオーダーを知るために，後の章で扱うエネルギー等分配則を理想気体に適用する．体積 22.4 L の箱の中に 300 K のヘリウム（理想気体とみなしてよい）が 1 mol 入っているとする．このときの，平均分子間隔 d，平均分子速度 $\overline{v}$，相関時間（衝突時間）τ_c を見積もってみる．

$$\frac{V}{N} = \frac{4\pi}{3}\left(\frac{d}{2}\right)^3 \text{ より}$$

$$d = 2\left(\frac{3}{4\pi}\left(\frac{V}{N}\right)\right)^{1/3}$$

$V = 22.4 \times 10^{-3}\,\mathrm{m^3}, \quad N = 6 \times 10^{23}$ より

$$d = 4.1 \times 10^{-9}\,\mathrm{m}$$

エネルギー等分配則：$m\overline{v}^2/2 = 3k_{\mathrm{B}}T/2$ から

$$\overline{v} = \sqrt{\frac{3k_{\mathrm{B}}T}{m}} = 1.4 \times 10^3\,\mathrm{m\,s^{-1}}$$

$$\tau_c \sim \frac{d}{\overline{v}} = 2.9 \times 10^{-12}\,\mathrm{s}$$

が得られる（粒子の大きさを考慮したより正確な計算を行うと $\sim 10^{-11}\,\mathrm{s}$ になる）．このように，相関時間 τ_c は観測時間（$\sim 1\,\mathrm{s}$）に比べてきわめて小さな値であることがわかる．したがって，観測にかかる巨視的な物理量を調べるために，微視的な力学状態で決まる物理量の長時間平均を計算することが自然な方法といえる．

9.2.2　ビリアル定理

ニュートンの運動方程式（あるいは正準方程式）から得られる微視的な力学運動は，一般には複雑な時間変動をする．その運動の長時間平均をとることで，巨視的な物理量の間に簡単な関係式が得られる．ビリアル定理はその道筋を与えてくれる．時間変動するある物理量 A の長時間平均を $\overline{A}$（式 (9.8) で定義）とする．運動方程式 $d\boldsymbol{p}_i/dt = -\nabla_i U = \boldsymbol{F}_i$ に従って動く粒子に対して定義される長時間平均

$$\mathcal{V} = -\frac{1}{2}\sum_i \overline{\boldsymbol{F}_i(t)\boldsymbol{r}_i(t)} \qquad (9.9)$$

をビリアル（virial）という．粒子が有限の空間内を運動するとき，$\mathcal{V}$ が運動エネルギーの長時間平均と一致すること，すなわち

$$\mathcal{V} = \overline{K} \equiv \sum_i \overline{\frac{m}{2}\left(\frac{d\boldsymbol{r}_i}{dt}\right)^2}$$

がビリアル定理（virial theorem）である．これは以下に示すように簡単に証明できる．

運動方程式を用いると，$d(\boldsymbol{p}_i\boldsymbol{r}_i)/dt = -\boldsymbol{r}_i\nabla_i U + p_i^2/m = -\boldsymbol{r}_i\nabla_i U + 2K_i$．この両辺の長時間平均をとる．特に，左辺の長時間平均は

$$\overline{\frac{d(\boldsymbol{p}_i\boldsymbol{r}_i)}{dt}} = \lim_{T \to \infty} \frac{\boldsymbol{p}_i(T)\boldsymbol{r}_i(T) - \boldsymbol{p}_i(0)\boldsymbol{r}_i(0)}{T}$$

である．座標と速度がすべての質点に対して有限の値をもつとすると，$\boldsymbol{r}_i(0)$, $\boldsymbol{r}_i(T)$ は有限であり，エネルギー保存則から $\boldsymbol{p}_i(0)$, $\boldsymbol{p}_i(T)$ も有限である．したがって，この長時間平均はゼロとなる．ゆえに，粒子に対する和 $\sum_i$ を実行して，

$$0 = -2\mathcal{V} + 2\overline{K} \rightarrow \mathcal{V} = \overline{K}$$

が得られ，ビリアル定理が証明される．

ビリアル定理から次のようなことが示される．粒子のポテンシャルが距離の n 乗に比例する場合；$U = \sum_i cr_i^n$ から粒子 i に働く力 $\boldsymbol{F}_i$ は $-cnr_i^{n-1}\boldsymbol{r}_i$ になるので，ビリアルは $\mathcal{V} = (n/2)\overline{U}$ となる．よって，ビリアル定理から，$\overline{K} = (n/2)\overline{U}$ の関係式が得られる．例えば，調和振動子系では $n = 2$ なので，$\overline{K} = \overline{U}$ となる．すなわち，運動エネルギーとポテンシャルエネルギーの長時間平均は等しくなる．クーロン引力系や万有引力系では $n = -1$ なので，ビリアル定理から $\overline{K} = -(1/2)\overline{U}$ となる．この場合，全エネルギーは $\overline{K} + \overline{U} = (1/2)\overline{U}$ と書ける．引力なので，c の符号は負で全エネルギーも負になる．引力ポテンシャルの中の有界な運動（束縛状態）の全エネルギーが負になるということである．また，ここでは示さないが，理想気体の状態方程式や実在気体の状態方程式（ファン・デル・ワールスの状態方程式）もビリアル定理を応用して導出することが可能である．

以上示してきたように，ビリアル定理を使うことによって，運動の長時間平均が巨視的な物理量の間に簡単な関係式を導くことがわかった．しかし，ビリアル定理がすべての場合に利用できるわけではなく，したがって得られる関係式も限定的なものである．力学状態によっては長時間平均が困難あるいは不可能な場合がある．$N \sim 10^{23}$ 個のような莫大な数の要素を含む粒子系に対して式 (8.9) あるいは式 (8.12) を解くことは，

特に簡単な系（相互作用していない系）を除いてはまったく見込みがない．また，たとえ運動が解けたとしても，系に課された外部条件や初期条件を粒子個々の条件に読み替えることができない．

熱平衡状態に限れば，この困難を避けて，統計的な記述をすることが可能である．これについて，次節で説明する．もちろん，動的な外力の作用によって誘起される系の巨視的性質の時間変動も，統計力学の重要な研究対象である．この意味の非平衡状態を扱う際には，上記のような力学的観点に立ち戻る必要がある．

9.2 節のまとめ

- 巨視的物理量の力学的記述は，きわめて短い時間間隔（相関時間）で運動する物理量 $A(t)$ を長時間平均することで巨視的性質の測定値に対応させることである．

$$\overline{A} = \lim_{T \to \infty} \int_0^T \frac{1}{T} A(x_i(t), p_i(t)) dt$$

または

$$\overline{A} = \lim_{T \to \infty} \int_0^T \frac{1}{T} \langle \Psi(t)|\hat{A}|\Psi(t)\rangle dt$$

- ビリアル定理は，系の運動エネルギーとポテンシャルエネルギーの長時間平均の相対値の関係を与えてくれる．

9.3 統計集団と統計的記述

前節の物理量の長時間平均に替わって，集団平均の意味とその性質について説明する．

9.3.1 時間平均から集団平均へ

すでに触れたように，古典的多粒子系の微視的状態は Γ 空間中の代表点の軌跡として表示される．この微視的状態は，先に述べた τ_c 程度の時間にある一つの状態にとどまった後，次々と隣りの状態へ移り変わっていく．量子的体系についても，その微視的状態は，τ_c の時間ごとに一つの定常状態から他へと遍歴していくと考えることができる．位相空間の微視的状態のこのような動きを，一定の時間（$\sim \tau_c$）ごとにスナップ写真に収めることができるものとしよう．十分長い時間（$\sim$ 観測時間 T）にわたってこのような写真をとれば，1 枚 1 枚に写っている微視的状態の情報から写したときの体系のすべての力学量を知ることができる．また，こうして得られたたくさんの写真を比較すると，写した時刻は異なっていても似たような情景が写っているものが何枚も見出されるであろう．こうした類似の写真をグループにして，たくさんのスナップ写真を並べ替えると，式 (9.8) の長時間平均を

$$\sum_a \frac{\text{情景 } a \text{ の写真の枚数} \times \text{情景 } a \text{ での } A \text{ の値}}{\text{総枚数}}$$

(9.10)

と計算することもできるはずである．大切なことは，このように表した場合，平均値が写真の撮影順序（すなわち位相点の運動の記憶）にまったくよらずに定められることである．このようにして，われわれは統計集団（確率集団）という考え方に導かれる．

統計的記述の立場では，系が時々刻々とる微視的状態の時間的順序についての情報を捨てる．これに替わって，系の運動の過程で実現しうる微視的状態の集団を考える．この集団に含まれる微視的状態個々の実現確率が与えられれば，巨視的物理量の平均値を求めることができる．第 7 章と第 8 章の議論から，統計力学の確率論的構造が表 9.1 のように整理できる．

表 9.1 に示すように，体系の巨視的物理量 A は 7.3 節で述べた意味での確率関数であり，その平均値は式 (9.10) で表して

$$\langle A \rangle = \int \frac{1}{h^{3N}} P(\Gamma) A(\Gamma) d\Gamma$$

または

表 9.1 確率論と統計的記述

確率論	古典統計	量子統計
確率試行	$\{x,p\}$ の観測	$\{\varepsilon_n, \Psi_n\}$ の観測
確率空間	統計集団 = Γ	統計集団 = Γ_q
単純事象 E_j	$\{x,p\}$ の実現	$\{\varepsilon_n, \Psi_n\}$ の実現
確率変数 j	$\Gamma \equiv \{x,p\}$	n
確率分布 p_j	Γ での $P(\Gamma)$	Γ_p での P_n
合成事象 確率関数 f_j	巨視的物理量 位相関数 $A(\Gamma) \equiv$ $A(x_1,..;p_1,..)$	巨視的物理量 量子的期待値 $A_n \equiv$ $\langle \Psi_n \| \hat{A} \| \Psi_n \rangle$
平均値 $\sum_j f_j p_j$	観測量 $\int \dfrac{d\Gamma}{h^{3N}}$ $A(\Gamma)P(\Gamma)$	観測量 $\sum_n A_n P_n$

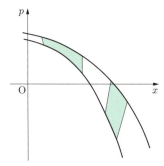

図 9.2 リウヴィルの定理：位相体積が時間的に不変

$$= \frac{\partial A}{\partial t} + \{A, H\} \quad (9.12)$$

が得られる．式 (9.12) の第 2 項はポアソン括弧式である．確率分布関数 $P(\Gamma;t) = P(x_i, p_i; t)$ も位相関数なので，

$$\frac{dP}{dt} = \frac{\partial P}{\partial t} + \{P, H\} \quad (9.13)$$

が成り立つ．位相空間のある有限領域 Λ から流れ出ていく状態の割合は Λ の境界を通過する流束で表されるから，

$$\frac{\partial}{\partial t}\int_\Lambda P d\Gamma = -\int_s P\boldsymbol{v}\cdot\boldsymbol{n}dS$$

ここで，$\boldsymbol{v} = (\dot{x}_i, \dot{p}_i)$ は流れの速度，$\boldsymbol{n}$ は領域境界 s からの外向き法線ベクトルである．ガウスの法則から，

$$\int_\Lambda \left(\frac{\partial P}{\partial t} + \mathrm{div}(P\boldsymbol{v})\right)d\Gamma = 0$$

領域 Λ は任意に選べるから，

$$\frac{\partial P}{\partial t} + \mathrm{div}(P\boldsymbol{v}) = 0; \ \text{連続の方程式} \quad (9.14)$$

が得られる．

$$\mathrm{div}(P\boldsymbol{v}) = \sum_i \left(\frac{\partial(P\dot{x}_i)}{\partial x_i} + \frac{\partial(P\dot{p}_i)}{\partial p_i}\right)$$

これに式 (8.9) を使うと

$$= \{P, H\} \quad (9.15)$$

となる．式 (9.14) と式 (9.15) を式 (9.13) に代入すると，

$$\frac{dP}{dt} = \frac{\partial P}{\partial t} + \{P, H\} = 0 \quad (9.16)$$

が得られる．これがフランスの数学者リウヴィルによって導出された リウヴィルの定理 である．ギブスはこれをもとに集団平均の方法を確立した．リウヴィルの定理の意味することは，系がハミルトンの方程式に従って運動するときは位相体積の大きさが時間的に不変であるということである（図 9.2）．これは，湧出しや吸込み

$$\langle A \rangle = \sum_n P_n A_n \quad (9.11)$$

と与えられる．このような平均値を長時間平均値 $\overline{A}$ と区別して，集団平均 あるいは アンサンブル平均，統計平均 とよぶ．さて，位相空間 Γ で確率分布関数 $P(\Gamma)$ はどのようなものかを知る必要がある．

9.3.2 リウヴィルの定理

確率分布関数 $P(\Gamma)$ が満たすべき条件を明らかにしたのが リウヴィルの定理 (Liouville's theorem) である．このリウヴィルの定理を導出してみよう．位相関数（巨視的物理量）を一般に $A(x_i(t), p_i(t); t)$ とすると，

$$\frac{dA}{dt} = \frac{\partial A}{\partial t} + \sum_i \left(\frac{\partial A}{\partial x_i}\dot{x}_i + \frac{\partial A}{\partial p_i}\dot{p}_i\right)$$

これに，式 (8.9) を使うと

$$\frac{dA}{dt} = \frac{\partial A}{\partial t} + \sum_i \left(\frac{\partial A}{\partial x_i}\frac{\partial H}{\partial p_i} - \frac{\partial A}{\partial p_i}\frac{\partial H}{\partial x_i}\right)$$

ジョゼフ・リウヴィル

フランスの物理学者，数学者．物理学・解析学・数論の分野においてリウヴィルの定理として業績を残した．物理学の分野では確率分布がどう時間発展するかを予言する定理である．数学者のガロアの群論における功績を発見したことでも有名．（1809–1882）

のない非圧縮性流体の運動と似ている．系が熱平衡状態にあるときは，$\partial P/\partial t = 0$ であるから，$\{P, H\} = 0$ の関係式を満たし，P は定数か H の汎関数 $P(H)$ になることがわかる．前者はミクロカノニカル分布関数，後者はカノニカル分布関数に対応している．

9.3.3 エルゴード仮説

熱平衡状態の巨視的物理量を力学から求めるときに，時間平均を集団平均に置き換えることはもっともらしいことを 9.3.1 項でみた．これは，ボルツマンが系の代表点が位相空間の等エネルギー曲面のすべてをたどるとしたエルゴード仮説（ergodic hypothesis）を仮定して行きついた結論である．ただ，実際には位相点軌道が交わって等エネルギー曲面を覆いつくすのではなく，限りなく近付くだけであるという準エルゴード性が満たされているというのが正しいという考え方がある．

しかし，一方で，エルゴード仮説を前提にする必要はないという考え方もある．これについて，少し触れる．今，ある物理量 A の観測値を $A_{観測}$，長時間平均値を $\overline{A}$，集団平均値を $\langle A \rangle$ とする．

$$A_{観測} = \overline{A} \tag{9.17}$$
$$\langle A \rangle = \overline{A} \tag{9.18}$$
$$A_{観測} = \langle A \rangle \tag{9.19}$$

式 (9.17) が成り立っている（はず）なので，式 (9.19) を使うためにはエルゴード仮説（式 (9.18)）を前提にしなければならない，と考えるのが今までの説明である．まず，式 (9.17) は常に正しい（もっともらしい）と思いがちである．しかし，それは違う．9.2.2 項でみたビリアル定理は運動が有界であることが条件で，そうでなければ成り立たない．また，多粒子系（$N \sim 10^{23}$）全体の運動の 1 周期は観測時間に比較できないくらい長い．したがって，式 (9.17) は自明ではない．エルゴード仮説 (9.18) は常に成り立つのだろうか？ 以下の調和振動子の例題のように厳密に証明できる系は限られており，多くの系で証明されているわけではない．これに関連した一連の研究はエルゴード理論として統計力学（あるいは数学）のきわめて難解な一研究分野である．結局，関係式 (9.17) とエルゴード仮説（式 (9.18)）を前提にせずに，式 (9.19) を使うという考え方は意味をもつ．実際，次章で説明するミクロカノニカル分布を導くための作業仮説である等重率の仮説には，厳密な意味で式 (9.17) と式 (9.18) は前提になっていない．これ以上詳細には立ち入らないが，いずれにしても，平衡統計力学は関係式 (9.19) を正しいものとして作られ

ている．

例題 9-3 1 次元の古典調和振動子のエルゴード性

ここでは，1 次元古典調和振動子の運動がエルゴード仮説を保証していることをみる．考える位相空間の領域を $\mathcal{D}(E): E \leq H \leq E + dE$ とする．これは，例 8-11 の図 8.3 の楕円形からリング形状に切り出した領域である．

$$E \leq \frac{p^2}{2m} + \frac{1}{2}m\omega^2 x^2 \leq E + dE$$

つまり

$$1 \leq \frac{p^2}{2mE} + \frac{m\omega^2 x^2}{2E} \leq 1 + \frac{dE}{E}$$

変数変換

$$p' = \frac{p}{\sqrt{2mE}}, \qquad x' = \sqrt{\frac{m\omega^2}{2E}}\, x$$

を行う．すると，考える位相空間の領域は，横軸 x'，縦軸 p' としたとき，半径 $r_a = 1$ と半径 $r_b = \sqrt{1 + dE/E}$ の円にはさまれた領域で，つまり，$S_b - S_a = \pi r_b^2 - \pi r_a^2 = \pi(r_b^2 - r_a^2)$ となる．この位相空間の面積は，

$$\begin{aligned}
\int_{\mathcal{D}(E)} dx\,dp &= \int_{E \leq H \leq E + dE} dx\,dp \\
&= \int_{r_a \leq r \leq r_b} \sqrt{2mE}\sqrt{\frac{2E}{m\omega^2}}\, dp'\,dx' \\
&= \frac{2E}{\omega} \int_{r_a \leq r \leq r_b} dp'\,dx' \\
&= \frac{2E}{\omega}\pi\left[\left(\sqrt{1 + \frac{dE}{E}}\right)^2 - 1^2\right] \\
&= \frac{2\pi}{\omega} dE = T\,dE
\end{aligned} \tag{9.20}$$

となる．変数変換した位相空間 (x', p') での極座標表示において，θ を用いる．$d\theta$ だけ動いたとき，位相空間 x'–p' 上では半径 1 の円周上を $ds = 1 \cdot d\theta = d\theta$ だけ動く．半径 $r_a = 1$ と半径 $r_b = \sqrt{1 + dE/E}$ の円にはさまれた領域において，$d\theta$ 動いたときの微小面積は，$rd\theta dr = dsdr$ である．今，$r = r_a = 1$ かつ $dr = r_b - r_a$ より，

$$\begin{aligned}
dsdr &= ds(r_b - r_a) \\
&= ds\left(\sqrt{1 + \frac{dE}{E}} - 1\right) \\
&\simeq \frac{dEds}{2E}
\end{aligned} \tag{9.21}$$

面積素の関係は，$dx'dp' = dsdr \simeq dEds/2E$ である．ここで，位相空間上の速度は，

$$\frac{ds}{dt} = \sqrt{\dot{x}'^2 + \dot{p}'^2}$$

$$\dot{x}'^2 = \left(\sqrt{\frac{m\omega^2}{2E}}\,\dot{x}\right)^2 = \omega^2 \frac{1}{E}\frac{p^2}{2m}$$

$$\dot{p}'^2 = \left(\frac{1}{\sqrt{2mE}}\,\dot{p}\right)^2 = \omega^2 \frac{1}{E}\frac{m\omega^2}{2}x^2 \quad (9.22)$$

である．ここで，2番目の等号ではハミルトン方程式を使った．式 (9.22) より，

$$\frac{ds}{dt} = \sqrt{\dot{x}'^2 + \dot{p}'^2} = \omega$$

$ds = \omega dt$ より，

$$dxdp = \frac{2E}{\omega}dp'dx' = \frac{2E}{\omega}\frac{dEds}{2E} = dEdt \quad (9.23)$$

式 (9.20) と (9.23) から，

$$\frac{dxdp}{\int_{\mathcal{D}(E)} dxdp} = \frac{dtdE}{TdE} = \frac{dt}{T}$$

が得られる．つまり，位相平均と時間平均が等しくなることが確かめられた．

9.3節のまとめ

- 巨視的物理量の統計的記述は，物理量 A の測定値は集団平均あるいは統計平均

$$\langle A \rangle = \int \frac{1}{h^{3N}} P(\Gamma)A(\Gamma)d\Gamma \quad \text{または} \quad \langle A \rangle = \sum_n P_n A_n$$

で与えられるとする．エルゴード仮説は $\overline{A} = \langle A \rangle$ である．

- 巨視的物理量の統計的記述には，長時間平均を集団平均あるいはアンサンブル（統計）平均に置き換えることができるとするエルゴード仮説は十分条件であるが，必要条件ではない．いずれにしても，確率分布関数を求めなければならない．リウヴィルの定理は，確率分布関数の満たすべき条件を明らかにする．

- エルゴード仮説がすべての系で成り立つとは限らない．調和振動子の運動はエルゴード仮説を満たすことが証明される．

10. ミクロカノニカル集団

前章で述べたように，統計力学は微視的な力学量の集団平均をとることにより，巨視的な物理量を求める．集団平均をとるときは，外部条件に合わせた確率分布関数の具体的な形が必要になる．9.3.2 項のリウヴィルの定理から得られたように，確率分布関数は定数とハミルトニアンの汎関数になることがわかった．この章では，確率分布関数が定数となるミクロカノニカル分布関数について学ぶ．

10.1 ミクロカノニカル分布

孤立系は外界とエネルギーのやりとりをしないから，その全エネルギーは保存される．古典力学的には，孤立系を代表する位相点 (x, p) は Γ 空間中の等エネルギー面

$$\begin{aligned}H(\Gamma) &= H(x, p) \\ &= H(\boldsymbol{x}_1, \boldsymbol{x}_2, \cdots, \boldsymbol{x}_N; \boldsymbol{p}_1, \boldsymbol{p}_2, \cdots, \boldsymbol{p}_N) \\ &= E = \text{定数} \end{aligned} \quad (10.1)$$

上を動く．したがって，この系の統計的性質を記述する確率分布もこの面上でのみ値をもつ．このような孤立系に対する統計分布をミクロカノニカル分布 (microcanonical distribution) という．ここで，エネルギーの測定精度 ΔE と測定時間 Δt の間の不確定性関係 $\Delta E \times \Delta t \geq h$ を考慮すると，巨視的体系のエネルギーには必然的にある程度の不確定性 δE が伴う．したがって，巨視的孤立系の位相点は等エネルギー殻

$$D_\text{c}: \quad E \leq H(\Gamma) \leq E + \delta E \quad (10.2)$$

の内部を運動すると考える．

10.1.1 古典系に対する等重率の仮定

孤立系の位相点は，等エネルギー殻 (10.2) 内にどのように分布するのだろうか？ このような問いにまともに答えるのは容易ではないが，等エネルギー殻内の特定の位置に位相点が集中するという積極的な理由もない．このことから，孤立系の統計分布＝ミクロカノニカル分布を導くための作業仮説として，次の等重率の仮説をおく．

古典系に対する等重率の仮定：

> 熱平衡にある孤立系の微視的状態は
> 等エネルギー殻内のすべての点に
> 等しい確率で見出される． (10.3)

等重率の仮定を認めると，等エネルギー殻 (図 10.1) 内にある微視的状態の総数（たんに状態数という）

$$W_\text{c} = \int_{D_\text{c}} \frac{1}{h^{3N}} d\Gamma \quad (10.4)$$

を用いて，ミクロカノニカル分布の確率密度 $P(\Gamma)$ を

$$P(\Gamma) = \frac{1}{W_\text{c}} \quad (10.5)$$

と表すことができる．明らかに，$P(\Gamma)$ は位相座標 Γ には依存しない．

10.1.2 量子系に対する等重率の仮定

古典系 (10.2) に対応して，孤立した量子多粒子系の微視的状態は Γ_q 空間（量子数の組 n の空間）中の領域

$$D_\text{q}: \quad E \leq E_n \leq E + \delta E \quad (10.6)$$

の中を動くと考えられるので，これに対しても

量子系に対する等重率の仮定：

> 熱平衡にある量子孤立系の微視的状態は
> Γ_q 空間中の等エネルギー殻内のすべての点 n に
> 等しい確率で見出される (10.7)

ことを仮定する．このとき，量子系に対するミクロカ

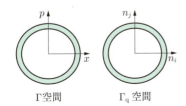

図 10.1 古典および量子孤立系の等エネルギー殻

184 10. ミクロカノニカル集団

ノニカル分布の確率は，状態数

$$W_{\mathrm{q}} = \sum_{n \in D_{\mathrm{q}}} 1 \qquad (10.8)$$

を用いて

$$P_n = \frac{1}{W_{\mathrm{q}}} \qquad (10.9)$$

と表すことができる．式 (10.8) における和は，Γ_{q} 空間の等エネルギー殻 D_{q} についてとる．ここでも，P_n は量子数 n に依存しない．

10.1 節のまとめ

- ミクロカノニカル分布の基本的な前提は，等重率の仮定：熱平衡にある孤立系の微視状態は等エネルギー殻内のすべての点に等しい確率で見出される，である．
- 等エネルギー殻内にある微視的状態数，古典系では位相空間（Γ 空間）での状態数 W_{c}，量子系では量子状態数 W_{q}（Γ_{q} 空間での状態数）によって，確率分布が与えられる．

$$\text{古典系}: P(\Gamma) = \frac{1}{W_{\mathrm{c}}}$$

$$\text{量子系}: P_n = \frac{1}{W_{\mathrm{q}}}$$

10.2 ミクロカノニカル分布のエントロピー

10.2.1 状態数とエントロピー

7.4 節で，任意の確率分布に伴うエントロピーを定義した．この定義と 10.1 節に与えた対応関係を考慮すれば，確率分布 (10.5) あるいは (10.9) で表されるミクロカノニカル分布のエントロピーが

$$\sigma_{\mathrm{c}} = -\int_{D_{\mathrm{c}}} \frac{1}{h^{3N}} P(\Gamma) \ln P(\Gamma) d\Gamma = \ln W_{\mathrm{c}} \quad (10.10)$$

$$\sigma_{\mathrm{q}} = -\sum_{n \in D_{\mathrm{q}}} P_n \ln P_n = \ln W_{\mathrm{q}} \qquad (10.11)$$

と与えられることがわかる．結局，ミクロカノニカル分布のエントロピーは，古典的にも量子論的にも，状態数の対数

$$\sigma(E, V, N) = \ln W(E, V, N) \qquad (10.12)$$

として求められる．

状態数は，考えられる系の全エネルギー E，体積 V と全粒子数 N の関数であるから，エントロピーもまたこれらの巨視的物理量の関数である．このとき，(E, V, N) をミクロカノニカル分布の自然な独立変数とよぶ．式 (10.12) と式 (7.7) との類似性に注意しよう．7.4 節で

述べたことから，エントロピー (10.12) は，孤立系がもちうるエントロピーの最大値を与えていることがわかる．このようにして，孤立系の熱平衡条件を次の変分原理の形に表現することができる．

エントロピー最大の原理：

孤立系は，そのエントロピーが最大値に達したときに熱平衡状態に至る． (10.13)

エントロピー最大条件からミクロカノニカル分布の確率密度 (10.5) が得られることをみる．

$$\sigma_{\mathrm{c}} = -\int \frac{1}{h^{3N}} P(\Gamma) \ln P(\Gamma) d\Gamma = \text{最大} \quad (10.14)$$

$$\text{規格化条件}: \int P(\Gamma) \frac{1}{h^{3N}} d\Gamma = 1$$

をラグランジュの未定乗数法（未定乗数を λ として）に適用し，σ の代わりに条件なしの変分問題

$$\overline{\sigma} \equiv \sigma_{\mathrm{c}} - \lambda \int \frac{1}{h^{3N}} P(\Gamma) d\Gamma$$

$$= -\int \frac{1}{h^{3N}} P(\Gamma) \{\ln P(\Gamma) + \lambda\} d\Gamma$$

$$\delta\overline{\sigma} = -\int \frac{1}{h^{3N}} \delta P(\Gamma) \{\ln P(\Gamma) + 1 + \lambda\} d\Gamma$$

を解く．これより，求める分布関数は

$$P(\Gamma) = \exp(-1 - \lambda) = 定数$$

である．この表式を規格化条件に代入して，λ あるいは $\exp(-1 - \lambda)$ を定めると，ミクロカノニカル分布 (10.5) が導かれる．

以下，具体例として，理想気体，調和振動子，スピン系のエントロピー σ を求める．

10.2.2　理想気体のエントロピー

a. 古典系

体積 V の箱の中の N 個の粒子からなり，区間 $[E, E + \delta E]$ に全エネルギーをもつ古典理想気体を考える．そのハミルトニアンは

$$H = \sum_j^N \frac{\boldsymbol{p}_j^2}{2m} = \sum_j^N \left\{ \frac{p_{jx}^2}{2m} + \frac{p_{jy}^2}{2m} + \frac{p_{jz}^2}{2m} \right\} \quad (10.15)$$

である．この系に対するエネルギー殻 D_c は条件

$$E \le \frac{p_{1x}^2}{2m} + \frac{p_{1y}^2}{2m} + \cdots + \frac{p_{Nz}^2}{2m} \le E + \delta E \quad (10.16)$$

から定められる．これは，$3N$ 次元運動量空間中の球殻を表す．個々の粒子の位置は体積 V 中に一様に分布することに注意すれば，位置座標についての積分は1粒子ごとに体積 V になる．したがって，状態数は

$$W_c = \left(\frac{V}{h^3} \right)^N \int_{D_c} d^3 p_1 d^3 p_2 \cdots d^3 p_N \quad (10.17)$$

となる．積分は式 (10.16) で定まる運動量空間の二つの超球面で囲まれる球殻の体積である．これらの球の半径はそれぞれ

$$r = \sqrt{2mE}, \quad r + \delta r = \sqrt{2m(E + \delta E)} \sim r \left(1 + \frac{\delta E}{2E} \right) \quad (10.18)$$

である．f 次元空間の超球の表面積 $S_f(r)$ が

$$S_f(r) = \frac{2\pi^{f/2}}{\Gamma(f/2)} r^{f-1} \quad (10.19)$$

で与えられていること（例題 10–1 で導出）に注意すると，この体積は

$$\int_{D_c} d^3 p_1 d^3 p_2 \cdots d^3 p_N = S_{3N}(r) \delta r$$

$$= \frac{2\pi^{3N/2}}{\Gamma\left(\frac{3N}{2}\right)} (2mE)^{3N/2} \frac{\delta E}{2E} \quad (10.20)$$

となる．よって

$$W_c = \frac{1}{\Gamma\left(\frac{3N}{2}\right)} \left(\frac{2\pi mE}{h^2} \right)^{3N/2} V^N \frac{\delta E}{E} \quad (10.21)$$

を得る．これより，エントロピーは

$$\sigma = N \left\{ \frac{3}{2} \ln\left(\frac{2\pi mE}{h^2} \right) + \ln V - \frac{1}{N} \ln \Gamma\left(\frac{3N}{2} \right) \right.$$

$$\left. + \frac{1}{N} \ln \frac{\delta E}{E} \right\} \quad (10.22)$$

となる．これらの式に現れる $\Gamma(x)$ はガンマ関数で，$x = $ 整数のときには $\Gamma(x) = (x-1)!$ である．$x \gg 1$ のときには $\Gamma(x)$ に対して漸近評価式

$$\ln \Gamma(x) \sim x(\ln x - 1) + \frac{1}{2} \ln(2\pi x) \quad (10.23)$$

を用いることができる．これはスターリングの公式（Stirling formula）とよばれ，統計力学で最も頻繁に用いられる公式のうちの一つである（例題 10–2 で導出）．$x \sim 10^{23}$ のような大きい数 x に対しては，式 (10.23) の第2項は無視してよい．このときには，エントロピー (10.22) の最後の項もまた無視できる．こうして，古典理想気体のエントロピーは

$$\sigma(E, V, N) = N \left\{ \frac{3}{2} + \ln\left[\left(\frac{4\pi mE}{3h^2 N} \right)^{3/2} V \right] \right\} \quad (10.24)$$

となることがわかった．すでに述べたように，σ は E, V, N の関数になっており，E や V の増加関数である．

例題 10–1　超球の表面積

超球の表面積の式 (10.19) を導出する．まず，積分

$$I = \int_{-\infty}^{+\infty} dx_1 \int_{-\infty}^{+\infty} dx_2 \cdots \int_{-\infty}^{+\infty} dx_f$$
$$\times \exp(-x_1^2 - x_2^2 - \cdots - x_f^2)$$

を考える．

ガウスの積分公式；$\displaystyle\int_{-\infty}^{+\infty} \exp(-x^2) dx = \sqrt{\pi}$

から，$I = \pi^{f/2}$ となることは明らかである．また，f 次元空間の超球の表面積が半径 r の $(f-1)$ 乗に比例することは明らかであるから，$S_f(r) = a_f r^{f-1}$ とおいて積分 I を極座標で計算すると，

$$I = a_f \int_0^{+\infty} r^{f-1} \exp(-r^2) dr$$
$$= \frac{1}{2} a_f \int_0^{+\infty} \exp(-t) t^{f/2-1} dt = \frac{1}{2} a_f \Gamma(f/2)$$

となる．両結果を比較して，公式 (10.19) が導かれる．

例題 10–2　スターリングの公式

ここでは，スターリングの公式 (10.23) の2項目のないものを導く．この近似では，$\ln(x-1)!$ と $\ln x!$ は同じ漸近式を与える．図 10.2 にあるように，$\ln x$ を 1 から x まで積分する．

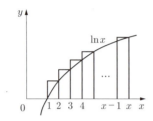

図10.2 スターリングの公式の証明

$$\int_1^x \ln x\, dx = x\ln x - x + 1 \simeq x\ln x - x$$

一方，図 10.2 にあるように長方形の面積の和として積分を近似すると，

$$1\ln 2 + 1\ln 3 + 1\ln 4 + \cdots + 1\ln x$$
$$= \ln(1\times 2\times 3\times 4\times \cdots \times x) = \ln x!$$

したがって，

$$\ln x! \sim x\ln x - x$$

が得られる．

b．ギブスのパラドクス

さて，エントロピーの式 (10.24) は次のような欠陥を含んでいることに気づく．今，粒子数密度 N/V を一定に保ちながら，系のサイズを 2 倍にしたとする．このとき，示量変数 N，V，E の値は当然 2 倍となり，エントロピーも示量変数であるから 2 倍になるはずである．ところが，式 (10.24) はこの性質をもっていない．これがギブスのパラドクス（Gibbs paradox）とよばれるものである．ボルツマンが指摘したように，この困難は，これまで述べてきた状態数の数え方において，われわれが本来区別のつかない同一粒子系の微視的状態を区別しうるものと扱ってきたことによるものである．すなわち，微視的状態 $(\boldsymbol{x}_1, \boldsymbol{p}_1, \cdots, \boldsymbol{x}_N, \boldsymbol{p}_N)$ に粒子 $1, 2, \cdots, N$ を勝手な順序で配列して得られる $N!$ 個の状態は，物理的にはみな同一の状態とみなされるべきである．この数え過ぎを正すと，区別できない

ジョサイア・ウィラード・ギブス

米国の数学者，物理学者．相律や自由エネルギーなど熱力学分野で業績を残した．ベクトル解析や統計集団（ギブスのアンサンブル）の概念など，数学，統計力学分野にも寄与した．その功績から，ギブスと名付けられた小惑星がある．(1839–1903)

N 個の粒子からなる系の状態数は

$$W_{\rm c} = \frac{1}{N!}\int \frac{d\Gamma}{h^{3N}}, \quad W_{\rm q} = \frac{1}{N!}\sum_n 1 \quad (10.25)$$

となる．この場合の $N!$ をギブスの修正因子，この状態数の数え方をボルツマンカウンティングという．今，ボルツマンカウンティング前の式 (10.4) の $W_{\rm c}$ を W^0，式 (10.24) の σ を σ^0 とおくと，ボルツマンカウンティング後の $W_{\rm c}$ は $W_{\rm c} = W^0/N!$ と書けるので，$\sigma_{\rm c} = \ln(W_{\rm c}) = \ln(W^0/N!) = \ln(W^0) - \ln N! = \sigma^0 - N\ln N + N$ となる．最後の等式でスターリングの公式を使った．そうすると，エントロピーの式 (10.24) は

$$\sigma_{\rm c} = N\left\{\frac{5}{2} + \ln\left[\left(\frac{4\pi mE}{3h^2 N}\right)^{3/2}\frac{V}{N}\right]\right\} \quad (10.26)$$

となり，$\sigma_{\rm c}$ は先に述べた意味での示量変数となる．

では，一般にどのような場合にボルツマンカウンティングが必要になるかというと，ハミルトニアンの中の複数の粒子について，その座標，運動量を交換してもハミルトニアンが不変であるような系についてである．したがって，後に出てくる振動中心の異なる複数の調和振動子やスピンの位置が固定されている複数スピン系では，ボルツマンカウンティングは必要ない．

c．量子系

体積 $V = L^3$ の箱に閉じ込められた N 個の粒子からなる理想気体を量子論的に扱い，エントロピー $\sigma_{\rm q}$ を導出する（ここでは，統計性（第 14 章で学ぶ）を考慮に入れない多粒子系を考える）．i 番目の気体分子の量子状態は波数 $\boldsymbol{k}_i$ で指定され，そのエネルギーは $E_{\boldsymbol{k}_i} = \hbar^2 \boldsymbol{k}_i^2/2m$ で与えられているものとする．また，波数ベクトル $\boldsymbol{k}_i$ は，周期境界条件から許される

$$\boldsymbol{k}_i = \frac{2\pi}{L}(n_{ix}, n_{iy}, n_{iz}): \quad n_{ix,iy,iz} = 整数$$

をとる．等エネルギー殻 $D_{\rm q}$ を決定する条件は

$$E \leq \sum_i^N \frac{\hbar^2 \boldsymbol{k}_i^2}{2m} \leq E + \delta E$$

であるから，状態数 $W_{\rm q}$ はボルツマンカウンティングを考慮して

$$W_{\rm q} = \frac{1}{N!}\sum_{D_{\rm q}\ni\{\boldsymbol{k}_1,\boldsymbol{k}_2,\cdots,\boldsymbol{k}_N\}} 1$$
$$= \frac{V^N}{(2\pi)^{3N}N!}\int d^3k_1 \int d^3k_2 \cdots \int d^3k_N$$
$$= \frac{V^N}{(2\pi)^{3N}N!}\frac{2\pi^{3N/2}}{\Gamma\left(\frac{3N}{2}\right)}\left(\frac{\sqrt{2mE}}{\hbar}\right)^{3N}\frac{\delta E}{2E}$$

$$= V^N \left(\frac{2\pi m E}{h^2}\right)^{3N/2} \frac{\delta E}{E} \frac{1}{N! \, \Gamma\left(\dfrac{3N}{2}\right)}$$

となる．これは，ボルツマンカウンティングを考慮した古典的状態数 W_c の表現と完全に一致している．したがって，これより導かれるエントロピー σ_q の表式も古典的表現と一致する．その理由は，上の計算の2行目の等式への計算で，離散的な状態 n の足し合わせを系の大きさ（$L,\,V$）を大きいとして連続な波数 k の積分に置き換えたことにある．したがって，もし系が小さい場合には，連続な波数 k の積分に置き換えることができず，$W_q \neq W_c$ になる．

10.2.3　1次元調和振動子系のエントロピー

a.　古典系

エントロピーを簡単に求めることができるもう一つの系として，N 個の調和振動子を考える．それぞれ異なる振動中心からの変位を x_j とすれば，ハミルトニアンは

$$H = \sum_j \left\{ \frac{p_j^2}{2m} + \frac{m}{2}\omega_j^2 x_j^2 \right\} \tag{10.27}$$

と表される．まず，古典的調和振動子系の状態数を求める．そのためには，Γ 空間の等エネルギー殻

$$D_c; \ E < \sum_j \left\{ \frac{p_j^2}{2m} + \frac{m}{2}\omega_j^2 x_j^2 \right\} < E + \delta E \tag{10.28}$$

の体積を求めればよい．これは，本質的には理想気体に対して行った計算と同様である．$\{x_j, p_j; j = 1, 2, \cdots, N\}$ の代わりに新しい変数

$$\xi_j = \frac{p_j}{\sqrt{2mE}}, \ \xi_{j+N} = \sqrt{\frac{m}{2E}}\omega_j x_j, \ j = 1, 2, \cdots, N \tag{10.29}$$

を導入すると，Γ 空間の領域 (10.28) は，ξ_j 空間の球殻

$$D'_c : 1 < \sum_{j=1}^{2N} \xi_j^2 < 1 + \frac{\delta E}{E} \tag{10.30}$$

に写像される．この領域の体積が $S_{2N}(1)\delta E/2E$ で与えられていることはすぐにわかる．変数変換 (10.29) を考慮すれば，求める状態数は

$$\begin{aligned}
W_c &= \frac{1}{h^N} \int dp_1 \cdots \int dp_N \int dx_1 \cdots \int dx_N \\
&= \left(\frac{E}{\pi\hbar}\right)^N \frac{\int d\xi_1 \cdots \int d\xi_{2N}}{\omega_1 \omega_2 \cdots \omega_N} \\
&= \left(\frac{E}{\hbar}\right)^N \frac{1}{\omega_1 \omega_2 \cdots \omega_N \Gamma(N)} \frac{\delta E}{E} \tag{10.31}
\end{aligned}$$

となり，エントロピーとして

$$\sigma_c = N + N \ln\frac{E}{N} - \sum_j \ln(\hbar\omega_j) = \sum_j \left(\ln\frac{E}{N\hbar\omega_j} + 1\right) \tag{10.32}$$

を得る．これより，j 番目の振動子は $\ln(E/N\hbar\omega_j) + 1$ だけのエントロピーをもつことがわかる．格子振動のアインシュタイン（Einstein）模型（第12章で学ぶ）のように，すべての振動子が等しい角振動数 ω をもつときには

$$\sigma_c = N\left(\ln\frac{E}{N\hbar\omega} + 1\right) \tag{10.33}$$

となる．

b.　量子系

量子論的な振動子系の状態数とエントロピーの計算は少し異なる．簡単のため，すべての振動子が等しい角振動数 ω をもつとし，振動子系は確定したエネルギー E をもつとする．量子力学から第 j 番目の振動子は $\hbar\omega(n_j + 1/2)$ の形をした離散的なエネルギー準位をもつ．そこで，条件

$$\sum_j \hbar\omega\left(n_j + \frac{1}{2}\right) = E \tag{10.34}$$

を満たす異なる量子数の組 $\{n_1, n_2, \cdots, n_N\}$ の総数 W_q が状態数となる．そのため

$$M = \sum_{j=1}^{N} n_j = \frac{E}{\hbar\omega} - \frac{N}{2} \tag{10.35}$$

で整数 M を定義すると，求める状態数は，重複を許しながら N 個の準位に M 個の量子を配る仕方の数に等しい．すなわち，W_q は

$$W_q = {}_{(N-1+M)}C_M \sim {}_{(N+M)}C_M = \frac{(N+M)!}{N!\,M!} \tag{10.36}$$

で与えられる．スターリングの公式を用いて，エントロピーを求めると

$$\begin{aligned}
\sigma_q &= N\left\{\left(1 + \frac{M}{N}\right)\ln\left(1 + \frac{M}{N}\right) - \frac{M}{N}\ln\frac{M}{N}\right\} \\
&= N\left\{\left(\frac{E}{N\hbar\omega} + \frac{1}{2}\right)\ln\left(\frac{E}{N\hbar\omega} + \frac{1}{2}\right)\right. \\
&\quad \left. - \left(\frac{E}{N\hbar\omega} - \frac{1}{2}\right)\ln\left(\frac{E}{N\hbar\omega} - \frac{1}{2}\right)\right\} \tag{10.37}
\end{aligned}$$

となる．

高エネルギー極限（$E \gg N\hbar\omega/2$，これが高温の極限であることはやがてわかる）では，この式は式 (10.33) に移行する．逆に，低エネルギー（低温）極限（$E \to N\hbar\omega/2$）

では，熱力学第 3 法則（third law of thermodynamics）に合致して $\sigma_q \to 0$ となる．

10.2.4 スピン系のエントロピー

磁気モーメントの大きさが μ のスピン N 個からなるスピン系が磁場 H の磁場中に置かれて，外界から孤立している場合を考える．各スピンは磁場に平行あるいは反平行な向きのみが許され，各々の場合に $\mp\mu H$ というエネルギーをもつとする．この体系が，$(N \pm L)/2$ 個の平行/反平行向きのスピンをもつ場合を考えて，全エネルギー E，磁化 M，状態数 W，エントロピー σ を計算すると，以下のようになる．

$$E = -\mu H \times \frac{N+L}{2} + \mu H \times \frac{N-L}{2}$$
$$= -\mu H L$$
$$M = \mu \times \frac{N+L}{2} - \mu \times \frac{N-L}{2}$$
$$= \mu L = -\frac{E}{H}$$

$$W = {}_N C_{\frac{N+L}{2}} = \frac{N!}{\left(\frac{N+L}{2}\right)!\left(\frac{N-L}{2}\right)!} \tag{10.38}$$

W が求められたので，エントロピーは

$$\begin{aligned}\sigma = \ln W &= -\left(\frac{N+L}{2}\right)\ln\left(\frac{N+L}{2}\right) \\ &\quad - \left(\frac{N-L}{2}\right)\ln\left(\frac{N-L}{2}\right) + N \ln N \\ &= -\left(\frac{N}{2} - \frac{E}{2\mu H}\right)\ln\left(\frac{N}{2} - \frac{E}{2\mu H}\right) \\ &\quad - \left(\frac{N}{2} + \frac{E}{2\mu H}\right)\ln\left(\frac{N}{2} + \frac{E}{2\mu H}\right) + N \ln N\end{aligned} \tag{10.39}$$

となる．次節で温度が定義されると，スピン系は負の温度をもつ興味深い系であることがわかる．

10.2 節のまとめ

- ミクロカノニカル分布は孤立系のエントロピーを最大にする．

$$\text{古典系}: \sigma_c = \ln W_c$$
$$\text{量子系}: \sigma_q = \ln W_q$$

- 状態数 W_c あるいは W_q の計算で粒子を区別した計算を行うと，エントロピーが示量的でなくなる問題が生じ，それをギブスのパラドクスという．粒子は区別できないことを考慮して状態数を $N!$（= ギブスの修正因子）で割ることをボルツマンカウンティングという．その結果，エントロピーは示量的になる．粒子が位置交換しないスピン系や調和振動子系では，ボルツマンカウンティングは必要ない．

10.3 温度，圧力，化学ポテンシャルの統計力学的定義

10.3.1 熱平衡条件

10.2 節で述べたように，孤立系の平衡状態は

エントロピー最大の原理：

$$\text{孤立系の平衡状態} \iff \sigma(E, V, N) = \text{最大} \tag{10.40}$$

を満たす．この項では，互いに接触している二つの部分系 I と II からなる孤立系 I + II にこの原理を適用し，二つの系の間の平衡条件とこれらを特徴付ける熱力学関数を求める．

次のような思考実験を考える．図 10.3 のように，固く気密性の断熱壁で囲まれた体積 $V_1 + V_2$ の箱を仕切り B で V_1，V_2 の部分 I，II に分け，それぞれエネルギー E_1，E_2，粒子数 N_1，N_2 の気体を入れる．合成系 I + II に対しては，常に

$$E_1 + E_2 = E = \text{一定}, \quad V_1 + V_2 = V = \text{一定},$$
$$N_1 + N_2 = N = \text{一定} \tag{10.41}$$

が成り立つ．

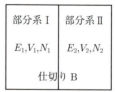

図 10.3　接触している二つの部分系からなる孤立系

ここで，仕切り B が次の性質をもつと仮定する：

(i) 断熱性：部分系 I，II はエネルギー（熱）のやりとりをしない．

(ii) 不動性：部分系 I，II は仕事（力学的エネルギー）のやりとりをしない．

(iii) 気密性：部分系 I，II は粒子のやりとりをしない．

このように準備された部分系 I，II は，仕切り板 B が性質 (i)～(iii) をもつ限り，相互にも独立しているから，各々与えられた条件のもとで個別に式 (10.40) を満たす平衡状態にある．

今，突然仕切り B が性質 (i)～(iii) を失い，I と II 間に接触が許されたとする．一般には，接触直後に合成系 I＋II が式 (10.40) を満たす平衡状態にあることは期待できない．したがって，いずれか一方から他方へエネルギーが流れ，仕切りは移動し，粒子の流れが生じて，新しい平衡状態へと移行するだろう．式 (10.40) によれば，このような変化（過程）は合成系のエントロピー

$$\sigma = \sigma_1(E_1, V_1, N_1) + \sigma_2(E_2, V_2, N_2) \quad (10.42)$$

を増大させる向きにのみ不可逆的に起こり，σ が最大値に達したときに止まる．こうして実現された平衡状態での部分系 I，II のエネルギー，体積，粒子数を $\overline{E}_j$，$\overline{V}_j$，$\overline{N}_j$; $j = 1, 2$ と記す．変分法によって，これら平衡値まわりの微小変化

$$\delta E_j = E_j - \overline{E}_j, \ \delta V_j = V_j - \overline{V}_j, \ \delta N_j = N_j - \overline{N}_j \quad (10.43)$$

を考えると，これらに対応する全エントロピーの変化は

$$\delta\sigma = \left\{ \frac{\partial\sigma_1}{\partial E_1} - \frac{\partial\sigma_2}{\partial E_2} \right\}\delta E_1 + \left\{ \frac{\partial\sigma_1}{\partial V_1} - \frac{\partial\sigma_2}{\partial V_2} \right\}\delta V_1$$
$$+ \left\{ \frac{\partial\sigma_1}{\partial N_1} - \frac{\partial\sigma_2}{\partial N_2} \right\}\delta N_1 \quad (10.44)$$

である．ここで，式 (10.41) から導かれる条件 $\delta E_1 = -\delta E_2, \cdots$ を用いた．また，$\partial\sigma_1/\partial E_1|_{V_1,N_1}$ などと書くべきところを $\partial\sigma_1/\partial E_1$ と略記した．以後もしばしば同様の省略を行うが，どの条件のもとで偏微分を行っているかを常に意識しておくことが重要である．

熱力学関数 τ，p，μ を次のように定義する．

$$\frac{1}{\tau} = \left(\frac{\partial\sigma}{\partial E}\right)_{V,N}, \ \frac{p}{\tau} = \left(\frac{\partial\sigma}{\partial V}\right)_{E,N},$$
$$\frac{\mu}{\tau} = -\left(\frac{\partial\sigma}{\partial N}\right)_{E,V} \quad (10.45)$$

これらの変数を用いると，式 (10.44) は

$$\delta\sigma = \left(\frac{1}{\tau_1} - \frac{1}{\tau_2}\right)\delta E_1 + \left(\frac{p_1}{\tau_1} - \frac{p_2}{\tau_2}\right)\delta V_1$$
$$- \left(\frac{\mu_1}{\tau_1} - \frac{\mu_2}{\tau_2}\right)\delta N_1 \quad (10.46)$$

と表される．式 (10.40) より，熱平衡状態では $\delta\sigma = 0$ でなくてはならない．$\delta E_1, \delta V_1, \delta N_1$ はそれぞれ独立な変化とみなせるから，部分系 I と II の間の平衡条件として

熱平衡：$\tau_1 = \tau_2$，力学的平衡：$p_1 = p_2$，
化学平衡：$\mu_1 = \mu_2$ （10.47）

が得られる．

10.3.2 τ，p，μ の物理的意味について

ここでは，τ，p，μ がそれぞれ熱力学での温度，圧力，化学ポテンシャルという物理的意味をもつことがわかる．まず，τ の意味を考えるために，エネルギー変化 $\delta E_1 = -\delta E_2$ のみが許される（$\delta V_j, \delta N_j = 0, j = 1, 2$）場合を考える．このとき，式 (10.44) は

$$\delta\sigma = \left\{ \frac{\partial\sigma_1}{\partial E_1} - \frac{\partial\sigma_2}{\partial E_2} \right\}\delta E_1 \quad (10.48)$$

となる．I と II の間がいまだ平衡に至らず，$\tau_1 > \tau_2$ であったとする．このとき，式 (10.40) の条件から $\delta\sigma > 0$ を満たす変化のみが許される．この条件と $\tau_1 > \tau_2$ という条件から，$\delta E_1 = -\delta E_2 < 0$ となる．すなわち，エネルギーは τ の値の大きな部分から小さな部分へ流れる．これは温度の高いところから低いところへ流れるという熱の本性にほかならず，τ が熱力学的温度と解釈されることを意味している．

変数 p や μ に対しても同様の議論をして，これらが圧力，化学ポテンシャルの性質を備えていることが示される．

体積変化 $\delta V_1 = -\delta V_2$ のみが許される過程では

$$\delta\sigma = \left\{ \frac{\partial\sigma_1}{\partial V_1} - \frac{\partial\sigma_2}{\partial V_2} \right\}\delta V_1 = \frac{p_1 - p_2}{\tau}\delta V_1 \geq 0$$

が成り立たなければならない．ただし，系はすでに熱平衡に達しており，$\tau_1 = \tau_2 = \tau$ という条件が満たされているものとする．したがって，$p_1 \geq p_2$ ならば $\delta V_1 \geq 0$，すなわち p が大きな（小さな）部分系の体積は増大（減少）する．p を圧力とすれば，これは当然の結果である．

同様に，粒子数変化 $\delta N_1 = -\delta N_2$ のみが許される場合を考えると，$(\mu_1 - \mu_2)\delta N_1 \leq 0$，すなわち μ の大きな領域から小さな領域へ向かってる粒子の移動が起こる．熱力学によれば，この性質を有する量は化学ポテンシャルにほかならない．

190　10.　ミクロカノニカル集団

10.3 節のまとめ

● エントロピー最大となる熱平衡条件から温度，化学ポテンシャル，圧力の統計力学的定義が与えられる：

$$\frac{1}{\tau} = \left(\frac{\partial \sigma}{\partial E}\right)_{V,N}, \ \frac{p}{\tau} = \left(\frac{\partial \sigma}{\partial V}\right)_{E,N}, \ \frac{\mu}{\tau} = -\left(\frac{\partial \sigma}{\partial N}\right)_{E,V}$$

10.4　ミクロカノニカル分布の熱力学関係式

10.4.1　理想気体

τ, p, μ の意味をさらに具体的にみるためには，理想気体に対して式 (10.45) の関係を具体的に書き下す．

式 (10.26) の理想気体に対するエントロピー

$$\sigma_c(E,V,N) = N\left\{\frac{5}{2} + \ln\left[\left(\frac{4\pi mE}{3h^2N}\right)^{3/2}\left(\frac{V}{N}\right)\right]\right\}$$

を用いると

$$\frac{1}{\tau} = \frac{3N}{2E} \implies E = \frac{3}{2}N\tau \qquad (10.49)$$

$$\frac{p}{\tau} = \frac{N}{V} \implies pV = N\tau \qquad (10.50)$$

が導かれる．これらを，理想気体に対してよく知られている熱力学関係式

$$pV = Nk_BT = \frac{2}{3}E \qquad (10.51)$$

と比べることで，

$$\tau = k_BT \equiv \frac{1}{\beta}, \ T：熱力学的絶対温度 \qquad (10.52)$$

$$k_B = ボルツマン定数 = 1.38 \times 10^{-23}\,\mathrm{J\,K^{-1}}$$
$$\qquad (10.53)$$

という関係が得られる．このように，式 (10.45) が，温度や圧力，化学ポテンシャルという熱力学変数に対して微視的かつ統計的な解釈を与えていることがわかる．もう一つ重要なものに，統計力学的（確率論的）エントロピー σ と熱力学的エントロピー S の関係がある．10.3.1 項で示したように，エントロピーの全微分表現は

$$d\sigma(E,V,N) = \frac{1}{\tau}dE + \frac{p}{\tau}dV - \frac{\mu}{\tau}dN$$

であるので，エネルギーについて書くと

$$dE = \tau d\sigma - pdV + \mu dN$$

になる．一方，熱力学第 1 法則は

$$dU = TdS - pdV + \mu dN$$

であるので，$TdS = \tau d\sigma$ の関係が成り立ち，式 (10.52) の $\tau = k_BT$ より，

$$S = k_B\sigma \qquad (10.54)$$

が得られる．

ここで，内部エネルギー E と U の関係について述べておく．まず，E, U ともに系全体の並進運動と回転運動の力学的エネルギーは含まれていない．E は変化する量（変数）として，U は統計平均した量，あるいは観測量として使うことが一般的である．よって，熱力学での内部エネルギーは U を使ってきた．これは，$U = \langle E \rangle$ と表現できることを，第 11 章以降のカノニカル集団平均，グランドカノニカル集団平均のところで学ぶ．ただし，この章のミクロカノニカル集団の方法では，エネルギー E は変数ではなく確定値（観測値）であるので U と同じと考えてよい．このように，厳密には E と U に違いはあるが，両者を区別しないで使うテキストも多く実質上問題はない．

次に，理想気体の化学ポテンシャル μ を具体的に求める．エントロピーの式 (10.26) を N で偏微分すれば，

$$\mu = -\frac{\tau}{N}\left\{\sigma - \frac{5N}{2}\right\}$$

$$= -\tau\ln\left[\left(\frac{4\pi mE}{3h^2N}\right)^{3/2}\left(\frac{V}{N}\right)\right] \quad (10.55)$$

が得られる．状態方程式 $pV = Nk_BT$ と $E = 3Nk_BT/2$ を用いて，E と V を消去すると，

$$\mu = -\tau\ln\left[\left(\frac{2\pi m\tau}{h^2}\right)^{3/2}\left(\frac{\tau}{p}\right)\right]$$

が得られる．

10.4.2　調和振動子系

a.　古典系

古典調和振動子系のエントロピーは，式 (10.32)，式 (10.33) に与えられる．これより，この系の内部エネルギーと温度の関係として

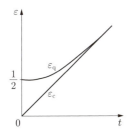

図 10.4　調和振動子のエネルギーの温度依存性

$$\frac{1}{\tau} = \frac{\partial \sigma}{\partial E} = \frac{N}{E} \implies E = N\tau = Nk_B T \quad (10.56)$$

が導かれる．この結果は第 11 章で説明するエネルギー等分配則から得られるものと一致する．

b. 量子系

量子的調和振動子系の場合は，エントロピーの表現は式 (10.37) のように若干複雑である．この場合の内部エネルギーと温度の関係は

$$\frac{1}{\tau} = \frac{\partial \sigma}{\partial E} = \frac{1}{\hbar\omega} \ln \frac{E/N\hbar\omega + 1/2}{E/N\hbar\omega - 1/2}$$

になるから

$$E = N\hbar\omega \left\{ \frac{1}{2} + \frac{1}{\exp(\hbar\omega/k_B T) - 1} \right\} \quad (10.57)$$

となる．プランクが空洞放射場のエネルギー密度に関連してこの式を導いたので，プランクの公式とよばれる（第 12 章で詳しく説明する）．ここで，古典系と量子系の調和振動子のエネルギーの温度依存性をみる．無次元のエネルギー $\varepsilon = E/(N\hbar\omega)$ と温度 $t = \tau/(\hbar\omega)$ を使うと，式 (10.56) と式 (10.57) から 1 調和振動子あたりのエネルギーは，

$$\varepsilon_c = t \quad (10.58)$$
$$\varepsilon_q = \frac{1}{2} + \frac{1}{\exp(1/t) - 1} \quad (10.59)$$

となる．ε_c が古典系，ε_q が量子系それぞれのエネルギーである．それぞれの温度依存性を図 10.4 に示す．低温で，古典系と量子系は大きな違いがみられ，$t=0$ での量子系にみられる $1/2$ は零点振動エネルギーに相当する．高温極限では，両者は漸近する．

10.4.3　スピン系

式 (10.39) より，磁場中のスピン系のエントロピーは

$$\frac{\sigma}{N} = -\left(\frac{1}{2} - \frac{E}{2\mu HN}\right) \ln\left(\frac{N}{2} - \frac{E}{2\mu H}\right)$$
$$- \left(\frac{1}{2} + \frac{E}{2\mu HN}\right) \ln\left(\frac{N}{2} + \frac{E}{2\mu H}\right)$$

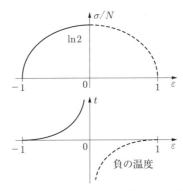

図 10.5　スピン系のエントロピーと負の温度

$$+ \ln N \quad (10.60)$$

となる．ここに，エネルギー E と磁化 M の間には $E = -MH$ という関係があることに注意する．エントロピー σ をエネルギー E で偏微分することにより

$$\frac{1}{\tau} = \frac{\partial \sigma}{\partial E}$$
$$= \frac{1}{2\mu H} \ln\left(\frac{N - E/(\mu H)}{N + E/(\mu H)}\right) \quad (10.61)$$

を得る．これより

$$E = -N\mu H \tanh(\mu H/\tau) \quad (10.62)$$
$$M = N\mu \tanh(\mu H/\tau) \quad (10.63)$$
$$\chi \equiv \left.\frac{\partial M}{\partial H}\right|_{H=0} = \frac{N\mu^2}{\tau} \quad \text{（キュリーの法則）} \quad (10.64)$$

が導かれる．

ここで，エントロピーと温度とエネルギーの関係をグラフで示す．そのために，無次元のエネルギーと温度を定義する．$\varepsilon = E/(N\mu H)$ とおくと，式 (10.60) は，

$$\frac{\sigma}{N} = -\frac{1+\varepsilon}{2} \ln \frac{1+\varepsilon}{2} - \frac{1-\varepsilon}{2} \ln \frac{1-\varepsilon}{2} \quad (10.65)$$
$$= -n_d \ln n_d - n_u \ln n_u \quad (10.66)$$

となる．ここで，10.2.4 項で得られた関係式を使って，すべてのスピンの数で規格化された磁場に平行なスピンの数 n_u は $(1-\varepsilon)/2$，磁場に反平行なスピンの数 n_d は $(1+\varepsilon)/2$ を使った．$t = \tau/(2\mu H)$ を使うと，式 (10.61) から，

$$\frac{1}{t} = \ln\left(\frac{1-\varepsilon}{1+\varepsilon}\right) \quad (10.67)$$

が得られる．エネルギー ε の関数としてエントロピー (10.65) と温度 (10.67) を描くと，図 10.5 になる．破線が負の温度領域を示している．$\varepsilon > 0$ の条件は磁場と反平行のスピンの数の方が多い場合で，熱力学的に不安定である．$\varepsilon = -1$ は $n_u = 1$, $n_d = 0$ に対応し最

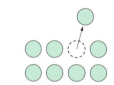

図 10.6 空孔欠陥のある表面

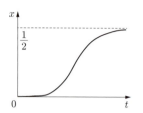

図 10.7 空孔欠陥数の温度依存性

も安定であるが，$\varepsilon=1$ は $n_\mathrm{u}=0, n_\mathrm{d}=1$ に対応して最も不安定である．また，エネルギー ε が小さい方から大きい方へ変わるにつれ ($\varepsilon=-1\to 0\to 1$)，温度 t は $+0\to\infty\to-\infty\to-0$ と変化する．-0 がエネルギーが最も大きな，不安定な状態である．

系がこのような負の温度状態をとるためには以下の条件がある．
(i) 準安定状態をある程度維持するために，系は孤立系であること．
(ii) エネルギー準位に上限があること．
(iii) 高いエネルギー準位が多く占有されていること（反転分布 (population inversion) という）．

具体的な現象として，次の二つがよく知られている．
- LiF の核スピンを強い磁場で一方向にそろえた後に磁場の向きを急に逆向きにすると，瞬間的に反転分布が実現し，周囲との相互作用によって 10^{-5} s 程度で熱平衡状態に緩和する．
- 分子系に電磁波を照射することで，電子を高い準位に励起させる（ポンピング (pumping) という）．この過渡的状態が該当する．その後，励起電子が下の準位に落ちるときに，誘導放出によって位相のそろった放射が起こる．これはレーザーの原理である．

例題 10-3 表面の空孔欠陥

原子が規則正しく並んだ完全結晶があり，この表面は N 個の原子からなっている．表面原子 1 個が真空側に移動（脱離）すると，表面に空孔欠陥ができる（図 10.6）．原子を 1 個移すのに必要なエネルギーを ε とする．n 個の欠陥ができたときの欠陥の配置の数 W を求め，エントロピー $\sigma=\ln W$ をエネルギー $E(=n\varepsilon)$ の関数として表し，欠陥の数を温度の関数として求める．

場合の数 $W={}_N C_n=N!/(n!(N-n)!)$ をエントロピー $\sigma=\ln W$ に代入して，スターリングの公式を使うと

$$\frac{\sigma(x)}{N}=-\ln\left(1-\frac{n}{N}\right)+\frac{n}{N}\ln\left(\frac{N}{n}-1\right)$$
$$=-(1-x)\ln(1-x)-x\ln x$$

が得られる．ここで，$x\equiv n/N=E/(N\varepsilon)$ を使った．$\sigma(1/2+x)=\sigma(1/2-x)$ なので，$\sigma(x)/N$ は $x=1/2$ に対称な上に凸の曲線で，図 10.5 の上図のようになる．

$$\frac{1}{\tau}=\frac{\partial\sigma}{\partial E}$$
$$=\frac{1}{\varepsilon}\ln\left(\frac{N}{n}-1\right)$$

$t\equiv\tau/\varepsilon$ とおくと

$$\frac{n}{N}(=x)=\frac{1}{\exp(1/t)+1}$$

が得られる．これを図に表すと，図 10.7 になる．高温極限では，原子が表面にあるときと真空に脱離したときのエネルギー差 ε が温度に相当するエネルギーに比べ（$\varepsilon\ll k_\mathrm{B}T$）無視できるので，空孔欠陥の数は表面原子数 N の半分になる．

10.4 節のまとめ

- 各物理系のエントロピー σ が E, V, N の関数 $\sigma(E,V,N)$ で与えられ，それに，上記の温度 τ，圧力 p，化学ポテンシャル μ を使うことで，各系の状態方程式が得られる．
- $\tau=k_\mathrm{B}T, S=k_\mathrm{B}\sigma$ で統計力学量と熱力学量がボルツマン定数によって結び付いている．
- 一般に，低温では古典系と量子系の物理量の差異は大きいが，高温になるにつれ小さくなる．
- 2 準位系のように系のエネルギー準位に上限がある場合，熱力学的に安定ではない負の温度領域が現れる．負の温度に該当する現象は実際に観測されている．

10.5 種々の熱力学ポテンシャル

ミクロカノニカル集団の方法では，微視的な状態数が計算されると，式 (10.12) からエントロピー $S = k_{\rm B}\sigma(E, V, N)$ が求められ，それから内部エネルギー $E(S, V, N)$ をはじめとする熱力学ポテンシャル，$F(T, V, N)$，$G(T, p, N)$，$H(S, p, N)$，$\Omega(T, V, \mu)$ がルジャンドル変換を経て計算される．ここでは，理想気体を例に各熱力学ポテンシャルを示す．

理想気体のエントロピーは式 (10.26) から

$$S(E, V, N)$$
$$= Nk_{\rm B}\left\{\frac{5}{2} + \ln\left[\left(\frac{E}{N}\right)^{3/2} C\left(\frac{V}{N}\right)\right]\right\} \quad (10.68)$$

で与えられる．ここで，$C \equiv \left(\dfrac{4\pi m}{3h^2}\right)^{3/2}$．これから，

$$E(S, V, N)$$
$$= N\left\{\frac{N}{VC}\exp\left(\frac{S}{Nk_{\rm B}} - \frac{5}{2}\right)\right\}^{2/3}$$
$$F(T, V, N)$$
$$= -Nk_{\rm B}T\left\{1 + \ln\left[C\left(\frac{3k_{\rm B}T}{2}\right)^{3/2}\frac{V}{N}\right]\right\}$$
$$G(T, p, N)$$
$$= -Nk_{\rm B}T\ln\left[C\left(\frac{3k_{\rm B}T}{2}\right)^{3/2}\frac{k_{\rm B}T}{p}\right] \equiv N\mu$$
$$H(S, p, N)$$
$$= \frac{5}{2}\left(\frac{2}{3}\right)^{3/5}N\left(\frac{p}{C}\right)^{2/5}\exp\left(\frac{2S}{5Nk_{\rm B}} - 1\right)$$
$$\Omega(T, V, \mu) = -Ck_{\rm B}TV\left(\frac{3k_{\rm B}T}{2}\right)^{3/2}\exp\left(\frac{\mu}{k_{\rm B}T}\right)$$

が得られる．変数の置き換えに多少の計算が必要であるが，各自確かめてほしい．

10.5節のまとめ

- ミクロカノニカル分布からエントロピーが決まると，温度，圧力，化学ポテンシャルなどがすべてが決まり，ルジャンドル変換を経て熱力学ポテンシャル，$F(T, V, N)$，$G(T, p, N)$，$H(S, p, N)$，$\Omega(T, V, \mu)$ が計算される．

11. カノニカル集団

11.1 序

前章でみたように、ミクロカノニカル集団は孤立系に対して導入された。また、このような孤立系の内部に仕切りを入れて、それ自身は孤立していない部分系の熱的性質を説明することができる。したがって、このミクロカノニカル集団の方法は、それだけで原理的にはすべての巨視的体系の熱的性質を記述できる。

しかし、もっと直接に部分系（熱浴と接触している系）の性質を導く方法が望ましい。というのも、現実にわれわれが日常的に実験で扱う体系は、孤立系よりも熱浴と接しているものが圧倒的に多いからである。さらに、ミクロカノニカル集団の方法は数学的にみても柔軟性に欠ける。なぜなら、この方法で必要となる多体系の状態数あるいはエントロピーの計算はきわめて簡単な系以外には実行できない。例えば、エネルギー分散関係、$\varepsilon_p = cp$（$p =$ 運動量ベクトルの長さ）をもつ超相対論的粒子 N 個からなる理想気体がエネルギー E をもつときの状態数 $W(E)$ を考えてみる。相対論的エネルギーは

$$\varepsilon = \sqrt{m^2 c^4 + p^2 c^2} = mc^2 \sqrt{1 + \left(\frac{v}{c}\right)^2}$$

$$\simeq mc^2 + \frac{1}{2} mv^2 : 非相対論$$

$$\simeq cp \qquad\qquad : 超相対論$$

である。超相対論的 N 粒子系に対して、ミクロカノニカル集団の方法でこの問題を解こうとすると、

$$D(E): E < \sum_j cp_j < E + \delta E;$$

$$p_j = \sqrt{p_{jx}^2 + p_{jy}^2 + p_{jz}^2} \qquad (11.1)$$

を満たすようなエネルギー殻を考え、その体積を求めなければならない。これはきわめて難しい問題である。一方、カノニカル集団の方法では、この気体の取り扱いは普通の分散関係 $\varepsilon_p = p^2/2m$ をもった理想気体の場合よりもむしろ簡単になることがわかる（例題 11–2 参照）。

11.1 節のまとめ

- ミクロカノニカル集団の方法は、エネルギーを保存量とする孤立系の状態数を数え上げてエントロピーを求めた。しかし、状態数の計算に困難を伴うだけでなく、そもそも系は孤立系であることよりも温度 T の外界と熱平衡状態にあることが自然であるので、使いやすい方法とはいえない。カノニカル集団の方法は、系のエネルギー移動を許し、温度 T の熱平衡状態のもとで確率分布関数を求める。

11.2 カノニカル分布の導出

11.2.1 確率分布と分配関数

そこで、孤立系ではなく、一定温度 T の熱浴 b と接して、これとエネルギーのやりとりをしている系 s を記述する分布、すなわちカノニカル分布を考える。ここでは、系 s の全エネルギー $H(x,p)$ あるいは E_n をもはや確定量ではなく、確率的にゆらいでいる量として扱わなくてはならない。

カノニカル分布を導くために、対象とする系 s と熱浴 b の合成系 $s+b$ を孤立系とみなし、この合成系にエントロピー極大の原理を適用する。合成系 $s+b$ が一定のエネルギー E^*、体積 V^*、粒子数 N^* をもち、これらに対応して状態数 $W_{b+s}(E^*, V^*, N^*)$ をもつものとする。熱浴および対象系のエネルギーを E_b, E, 体積を V_b, V, 粒子数を N_b, N とすれば、

$$E + E_b = E^* \quad (E \ll E_b \sim E^*),$$

$$V + V_b = V^* \quad (V \ll V_b \sim V^*),$$

$$N + N_b = N^* \quad (N \ll N_b \sim N^*) \quad (11.2)$$

の関係がある．系 s の体積と粒子数は一定に保つものとし，エネルギーのゆらぎのみを考える（熱接触系）．s が量子系の場合を考えることにして，s が特定のエネルギー準位 E_n に見出される確率は

$$P(E_n) = \frac{W_b(E^* - E_n)}{W_{s+b}} \quad (11.3)$$

と与えられる．ここで，不等式 $E_n \ll E_b \sim E^*$ に注意して，熱浴のエントロピー $\sigma_b(E^* - E_n) = \ln\{W_b(E^* - E_n)\}$ を

$$
\begin{aligned}
\ln\{W_b(E^* - E_n)\} &= \ln W_b(E^*) - \frac{\partial \ln W_b(E^*)}{\partial E^*} E_n \\
&\quad + \cdots \\
&= \ln W_b(E^*) - \frac{E_n}{\tau} + \cdots
\end{aligned}
$$
$$(11.4)$$

と展開する．この結果を式 (11.3) に戻すと，

$$P(E_n) = \frac{W_b(E^*)}{W_{s+b}} \exp\left(-\frac{E_n}{\tau}\right) \equiv \frac{\exp(-E_n/\tau)}{Z}$$
$$(11.5)$$

を得る．ここで，指数関数の前に現れた係数 $1/Z = W_b(E^*)/W_{s+b}$ は，熱浴 b と対象とする系 s の両方の性質に依存する量であるが，その値を知ることは難しい．しかし，確率 $P(E)$ の規格化条件

$$\sum_n P(E_n) = 1 \quad (11.6)$$

を考慮すれば，この係数の逆数 Z を

$$Z(\tau, V, N) = \sum_n \exp(-E_n/\tau) \quad (11.7)$$

のように，熱浴の温度 τ と対象系 s がとりうるエネルギー固有値 $E_n(V, N)$ の関数として表すことができる．$Z(\tau, V, N)$ を，分配関数（partition function）あるいは状態和（sum over states）とよぶ．後にみるように，分配関数は熱接触系の熱力学母関数として，きわめて重要な物理量である．同様の考察から，古典系に対するカノニカル分布が

$$
P(\Gamma) = \frac{\exp\left(-\dfrac{H(\Gamma)}{\tau}\right)}{Z_c},
$$
$$Z_c(\tau, V, N) = \int \frac{1}{h^{3N}} \exp\left\{-\frac{H(\Gamma)}{\tau}\right\} d\Gamma \quad (11.8)$$

で与えられることがわかる．

11.2.2 カノニカル分布とヘルムホルツの自由エネルギー

まず，温度が τ の熱浴と接している系の平衡状態では，ヘルムホルツの自由エネルギー $F = E - \tau\sigma = E - TS$ が最小となることが，次のように示される．

熱浴 b と対象系 s のエントロピーをそれぞれ σ_b，σ，またこれらの合成系のエントロピーを σ_{s+b} とする．合成系は孤立しているから，その平衡状態は

$$\sigma_{s+b} = \sigma + \sigma_b = 最大 \quad (11.9)$$

から決まる．また，対象系におけるエネルギー変化 $E \longrightarrow E + \delta E$ を考えると

$$\delta\sigma_{s+b} = \delta\sigma + \delta\sigma_b = \delta\sigma - \frac{\delta E}{\tau} \geq 0 \quad (11.10)$$

が成り立たなければならない（ここで，$\delta\sigma_b = -\delta E/\tau$ を使っている）．熱浴の温度は一定に保たれているので

$$
\begin{aligned}
\delta\sigma - \frac{\delta E}{\tau} &= -\frac{\delta(E - \tau\sigma)}{\tau} = -\frac{\delta F}{\tau} \geq 0 \\
&\longrightarrow \delta F \leq 0
\end{aligned}
\quad (11.11)
$$

を得る．すなわち，一定温度のもとで起こる熱過程はヘルムホルツの自由エネルギー F を減らす方向にのみ起こり，F が最小値に達したときに平衡状態に落ち着く．これは熱力学の 3.7.4 項で説明されている．

次に，カノニカル分布 (11.5)，式 (11.8) はヘルムホルツの自由エネルギーを最小とする確率分布であることを示そう．内部エネルギーおよびエントロピーの定義に従えば，F は分布関数 P を用いて

$$
\begin{aligned}
F &= \int \{H(\Gamma) + \tau \ln P(\Gamma)\} \frac{P(\Gamma)}{h^{3N}} d\Gamma ：古典系 \\
&= \sum_n \{E_n + \tau \ln P_n\} P_n \qquad ：量子系
\end{aligned}
$$
$$(11.12)$$

と表される．これを規格化条件

$$\int \frac{P(\Gamma)}{h^{3N}} d\Gamma = 1 \quad または \quad \sum_n P_n = 1 \quad (11.13)$$

のもとに最小にする分布 P を求める．ラグランジュの未定乗数 λ を用いて，F の代わりに

$$
\overline{F} = \int \{H(\Gamma) + \tau \ln P(\Gamma) - \lambda\} \frac{P(\Gamma)}{h^{3N}} d\Gamma
$$
$$：古典系$$
$$= \sum_n \{E_n + \tau \ln P_n - \lambda\} P_n \qquad ：量子系$$
$$(11.14)$$

を条件なしに最小化する．すると，分布 P の決定方程式

196　11.　カノニカル集団

$$0 = \delta\overline{F}$$
$$= \int \{H(\Gamma) + \tau[\ln P(\Gamma) + 1] - \lambda\}\frac{\delta P(\Gamma)}{h^{3N}}d\Gamma$$
$$\qquad\qquad\qquad\qquad\qquad\qquad :古典系$$
$$= \sum_n \{E_n + \tau[\ln P_n + 1] - \lambda\}\delta P_n \qquad :量子系$$
$$\tag{11.15}$$

が導かれ，分布関数として

$$P(\Gamma) = \exp\left(-\frac{H(\Gamma)}{\tau}\right)\exp\left(-1 + \frac{\lambda}{\tau}\right) \quad (11.16)$$

$$P_n = \exp\left(-\frac{E_n}{\tau}\right)\exp\left(-1 + \frac{\lambda}{\tau}\right) \quad (11.17)$$

を得る．規格化条件 (11.13) より，未定乗数 $\exp(-1 + \lambda/\tau)$ を定めると，カノニカル分布 (11.5) あるいは (11.8) が得られる．

11.2 節のまとめ

- カノニカル集団の確率分布関数（カノニカル分布）は，系と熱浴からなる合成系のエントロピーを最大にするものとして求められる．それは，同時にヘルムホルツの自由エネルギーを最小にする分布関数になっている．確率分布関数 P は分配関数 Z を使って表される．

$$古典系：P(\Gamma) = \frac{\exp\left(-\dfrac{H(\Gamma)}{\tau}\right)}{Z_{\mathrm{c}}}, \quad Z_{\mathrm{c}}(\tau, V, N) = \int \frac{1}{h^{3N}}\exp\left(-\frac{H(\Gamma)}{\tau}\right)d\Gamma$$

$$量子系：P(E_n) = \frac{\exp\left(-\dfrac{E_n}{\tau}\right)}{Z}, \quad Z(\tau, V, N) = \sum_n \exp\left(-\frac{E_n}{\tau}\right)$$

▌11.3　分配関数の性質

11.3.1　多粒子（多自由度）系の分配関数とボルツマンカウンティング

　分配関数の一つ目の性質をみてみよう．われわれが扱う初等的な問題では，体系を構成する微視的要素（分子，電子，磁気モーメントなど）の間の相互作用を無視することが多い．この場合には，全系のエネルギーは各要素のエネルギーの単純和

$$E_n \equiv E_{n_1, n_2, \cdots, n_N} = \sum_j \varepsilon_{n_j},$$

または　$H(\Gamma) = \sum_j h(\gamma_j), \; \gamma_j = (x_j, p_j)$　(11.18)

の形に表される．このとき，分配関数は

$$Z(\beta) = \sum_n \exp(-\beta E_n)$$
$$= \sum_{n_1}\sum_{n_2}\cdots\exp\left(-\beta\sum_j \varepsilon_{n_j}\right)$$
$$= \prod_j^N \sum_{n_j}\exp(-\beta\varepsilon_{n_j})$$

となる．したがって，

$$Z(\beta) = [\zeta(\beta)]^N \tag{11.19}$$
$$\zeta(\beta) = \int \frac{1}{h^3}\exp[-\beta h(\gamma)]d\gamma：古典系$$

$$= \sum_n \exp(-\beta\varepsilon_n) \qquad :量子系(11.20)$$

のように単純化される．

　二つ目の性質として，気体に対するボルツマンカウンティングの問題がある．分配関数の計算に際しても，気体の全分配関数 Z を数えすぎの因子 $N!$ で割ることが必要である．この場合は，式 (11.19) の右辺分母に $N!$ が入る．この因子を考慮しないと，ヘルムホルツの自由エネルギーが示量変数にならない．

11.3.2　分配関数と状態密度の関係

　三つ目の性質も重要である．エネルギーが E 以下である状態数 $w(E)$ と $\rho(E) \equiv dw/dE$ で定義される状態密度を用いれば，式 (11.7)，式 (11.8) は統一的に

$$Z(\beta) = \int \rho(E)\exp(-\beta E)dE \quad (11.21)$$

のように書くことができる．ここで，$\rho(E)$ は状態密度で，量子系では $\rho(E) = \sum_n \delta(E - E_n)$ と書ける．式 (11.21) から，$Z(\beta)$ は $\rho(E)$ のラプラス変換（Laplace transform）といえるので，

$$\rho(E) = \frac{1}{2\pi i}\int_{c-i\infty}^{c+i\infty} Z(\beta)\exp(\beta E)d\beta \quad (11.22)$$

となって，$\rho(E)$ は $Z(\beta)$ の逆ラプラス変換（Laplace inversion integral）となる．式 (11.21) の意味するところはきわめて重要である．理由を量子系で説明する．状態密度 $\rho(E)$ は，シュレーディンガー方程式の固有値が与えられれば決まる量である．そのラプラス変換 (11.21) から分配関数 $Z(\beta)$ が求まる．次節でわかるように，分配関数 $Z(\beta)$ からすべての熱力学ポテンシャルが決まる．つまり，シュレーディンガー方程式を解くことができれば，その系の熱力学の基本的性質がわかることになる．これで，式 (11.21) がいかに重要な関係式であるかがわかると思う．

11.3 節のまとめ

- 体系を構成する要素が互いに相互作用していない場合の分配関数 Z は各要素の分配関数 ζ の積で表される．

$$Z(\beta) = [\zeta(\beta)]^N$$

粒子の位置交換などがある場合には，状態数の数え上げのときと同様に，分配関数 Z も $N!$ で割らなければならない．

- 分配関数 Z はエネルギー状態密度 ρ とラプラス変換の関係にある．状態密度はエネルギーが E 以下である状態数 $w(E)$ と $\rho(E) \equiv dw/dE$ で定義され，量子系では $\rho(E) = \sum_n \delta(E - E_n)$ と書ける．

$$Z(\beta) = \int \rho(E) \exp(-\beta E) dE$$

$$\rho(E) = \frac{1}{2\pi i} \int_{c-i\infty}^{c+i\infty} Z(\beta) \exp(\beta E) d\beta$$

11.4 カノニカル分布による熱力学関係式の導出

11.4.1 分配関数とヘルムホルツの自由エネルギー

以後の議論は量子系の場合について行うが，古典系の場合もほとんど同じ議論が成り立つ．まず，カノニカル分布 (11.5) をエントロピーの式

$$\sigma = -\sum_n P_n \ln P_n \qquad (11.23)$$

に代入してみると，

$$\sigma = -\sum_n P_n \left\{ -\frac{E_n}{\tau} - \ln Z \right\} = \frac{U + \tau \ln Z}{\tau}$$

$$\longrightarrow S = \frac{U + k_B T \ln Z}{T} \qquad (11.24)$$

ここで，$U \equiv \langle E \rangle = \sum_n E_n P_n$ を使った．この結果を熱力学関係式 $S = (U - F)/T$ と比較すれば

$$F = -k_B T \ln Z \qquad (11.25)$$

であることがわかる．ここで，前節で述べたボルツマンカウンティングについて説明する．今，一つの体系（1 粒子であってもよいし，あるいは粒子の集合であってもよい）の分配関数 $Z^{(i)}(\beta)$ は式 (11.7) のように与えられたとする．このような N 個の体系が，無視できる程度の相互作用をしながら接触している．このとき，全系の分配関数は

$$Z = \frac{1}{N!} \prod_i Z^{(i)} \qquad (11.26)$$

となる．これは，式 (11.19) の一般的な表現である．式 (11.25) に代入すると，

$$F = \sum_i F^{(i)} + \tau \ln N! \qquad (11.27)$$

が得られる．ここで，$F^{(i)}$ は i 番目の体系の自由エネルギーである．ただし，ここでは系のハミルトニアンが粒子の位置，運動量（あるいは自由度）の交換に対して，不変である場合を考えているが，そうでない場合はボルツマンカウンティングは必要ない．

11.4.2 熱力学関数のヘルムホルツの自由エネルギーによる表現

内部エネルギー U も分配関数 Z で表現されることを次のように示すことができる．

198 11. カノニカル集団

$$U = \sum_n E_n P_n = \sum_n E_n \frac{\exp(-\beta E_n)}{Z}$$

$$= \frac{-\frac{\partial}{\partial \beta} \sum_n \exp(-\beta E_n)}{Z} = -\frac{\partial}{\partial \beta} \ln Z$$

$$= \frac{\partial(\beta F)}{\partial \beta} \tag{11.28}$$

このように分配関数 $Z(T, V, N)$ を知れば，ただちにヘルムホルツの自由エネルギー $F(T, V, N)$ や内部エネルギーが求まる．さらに，F を独立変数 T, V, N のどれかで偏微分することによって，エントロピー，圧力や化学ポテンシャルを導くことができる．例えば，エントロピーは以下のように求まる．

$$-\frac{\partial F}{\partial T} = -\frac{\partial \beta}{\partial T} \frac{\partial F}{\partial \beta}$$

$$= k_B \beta^2 \frac{\partial}{\partial \beta}\left(-\frac{1}{\beta} \ln Z\right)$$

$$= k_B \left(\ln Z - \beta \frac{\partial \ln Z}{\partial \beta}\right)$$

$$= k_B \left[\ln Z - \beta\left(-TS + \frac{1}{\beta} \ln Z\right)\right]$$

$$= S$$

以上をまとめると，ヘルムホルツの自由エネルギー

$$F = -\frac{1}{\beta} \ln Z \tag{11.29}$$

を使って，

内部エネルギー $\qquad U = \dfrac{\partial(\beta F)}{\partial \beta}$ (11.30)

圧力 $\qquad p = -\dfrac{\partial F}{\partial V}$ (11.31)

エントロピー $\qquad S = -\dfrac{\partial F}{\partial T}$ (11.32)

化学ポテンシャル $\qquad \mu = \dfrac{\partial F}{\partial N}$ (11.33)

が得られる．

11.4 節のまとめ

- 分配関数 Z を使ってヘルムホルツの自由エネルギー F が得られ，F を使って熱力学量が得られる．

$$F = -\frac{1}{\beta} \ln Z$$

内部エネルギー $\qquad U = \dfrac{\partial(\beta F)}{\partial \beta}$

圧力 $\qquad p = -\dfrac{\partial F}{\partial V}$

エントロピー $\qquad S = -\dfrac{\partial F}{\partial T}$

化学ポテンシャル $\qquad \mu = \dfrac{\partial F}{\partial N}$

▌11.5 種々の物理学系への応用

この節では，今まで学んできた分配関数から熱力学ポテンシャルを求める方法をいくつか具体的な物理系に応用して，各系の熱力学的性質をみていく．

例題 11-1 古典理想気体

3 次元古典理想気体の熱力学ポテンシャルと状態方程式を求める．

まず，一体分配関数を計算する．

$$\zeta(\beta, V) = \int \frac{1}{h^3} \exp\left(-\frac{\beta \boldsymbol{p}^2}{2m}\right) d^3p \, d^3x$$

$$= \frac{V}{h^3} \int \exp\left(-\frac{\beta \boldsymbol{p}^2}{2m}\right) d^3p$$

$$= \frac{V}{h^3}\left(\frac{2\pi m}{\beta}\right)^{3/2} \tag{11.34}$$

したがって，全分配関数は

$$Z(\beta, V, N) = \frac{1}{N!}\left(\frac{V}{h^3}\right)^N \left(\frac{2\pi m}{\beta}\right)^{3N/2} \tag{11.35}$$

となる．よって，ヘルムホルツの自由エネルギー，内部エネルギー，状態方程式としてよく知られた表現

$$F = -\frac{1}{\beta}\ln Z$$
$$= -\frac{N}{\beta}\left[\frac{3}{2}\ln\left\{\left(\frac{V}{Nh^3}\right)^{2/3}\frac{2\pi m}{\beta}\right\} + 1\right] \quad (11.36)$$
$$U = -\frac{\partial \ln Z}{\partial \beta} = \frac{3N}{2\beta} = \frac{3}{2}Nk_B T \quad (11.37)$$
$$p = -\frac{\partial F}{\partial V} = \frac{1}{\beta}\frac{\partial \ln Z}{\partial V} = \frac{N}{\beta V} = \frac{Nk_B T}{V} \quad (11.38)$$

を得る.

例題 11-2 超相対論的理想気体

11.1 節で少し触れた超相対論的理想気体の熱力学ポテンシャルと状態方程式を求める.

一体分配関数は
$$\zeta(\beta, V) = \int \frac{1}{h^3} \exp(-\beta c p) d^3 p d^3 x$$
$$= \frac{V}{h^3}\int_0^\infty 4\pi p^2 \exp(-\beta c p) dp$$
$$= \frac{4\pi V}{(\beta c h)^3}\int_0^\infty t^2 \exp(-t) dt$$
$$= \frac{8\pi V}{(\beta c h)^3} \quad (11.39)$$

となる. ボルツマンカウンテング $1/N!$ を考慮すると, 全分配関数は
$$Z(\beta, V, N) = \frac{\zeta^N}{N!} = \frac{1}{N!}\left(\frac{8\pi V}{(\beta c h)^3}\right)^N \quad (11.40)$$
$$\ln Z(\beta, V, N) = N\left\{\ln\left(\frac{8\pi V}{N(\beta c h)^3}\right) + 1\right\} \quad (11.41)$$

が得られる. よって
$$F = -\frac{1}{\beta}\ln Z = -\frac{N}{\beta}\left\{\ln\left(\frac{8\pi V}{N(\beta c h)^3}\right) + 1\right\} \quad (11.42)$$
$$U = -\frac{\partial \ln Z}{\partial \beta} = \frac{3N}{\beta} = 3Nk_B T \quad (11.43)$$
$$p = \frac{\partial \ln Z}{\beta \partial V} = \frac{N}{\beta V} = \frac{Nk_B T}{V} \quad (11.44)$$
$$S = \frac{U - F}{T} = Nk_B\left\{4 + \ln\left(\frac{8\pi V}{N(\beta c h)^3}\right)\right\} \quad (11.45)$$

が導かれる. 状態方程式 (11.44) は古典理想気体のものと同じである. 11.1 節で述べたように, これら熱力学ポテンシャルをミクロカノニカル集団の方法で求めることは困難である.

例題 11-3 ファン・デル・ワールスの状態方程式

ここでは, ファン・デル・ワールスの状態方程式を

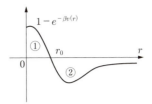

図 11.1　2 体ポテンシャルの成分

導出する.

分配関数に現れる多重積分と近似計算が出てきて少し込み入っているがていねいに読むとわかる. 分子間に相互作用のある場合の実在気体 (第 4 章の図 4.1) のハミルトニアンは
$$H = \sum_{i=1}^N \frac{\boldsymbol{p}_i^2}{2m} + \sum_i \sum_{j(>i)} v(|\boldsymbol{r}_i - \boldsymbol{r}_j|) \quad (11.46)$$
である. この全系の分配関数 Z は
$$Z = \frac{1}{h^{3N} N!}$$
$$\times \int d\boldsymbol{r}_1 d\boldsymbol{r}_2 \cdots d\boldsymbol{r}_N \int d\boldsymbol{p}_1 d\boldsymbol{p}_2 \cdots d\boldsymbol{p}_N e^{-\beta H}$$
$$= \left(\frac{2\pi m}{\beta h^2}\right)^{3N/2}\frac{1}{N!}$$
$$\times \int d\boldsymbol{r}_1 \int e^{-\beta v_{12}} d\boldsymbol{r}_2 \int e^{-\beta(v_{13}+v_{23})} d\boldsymbol{r}_3$$
$$\cdots \int e^{-\beta(v_{1N}+v_{2N}+\cdots+v_{N-1,N})} d\boldsymbol{r}_N$$
$$\quad (11.47)$$

ここで, $e^{-\beta v_{jN}} \equiv 1 + \Delta_{jN}$ とおき, 希薄気体のとき $\Delta_{jN} \ll 1$ であることを使って, 式 (11.47) の最下行の式は
$$= \int \prod_{j=1}^{N-1}(1 + \Delta_{jN}) d\boldsymbol{r}_N$$
$$= \int\left(1 + \sum_{j=1}^{N-1}\Delta_{jN} + \sum_{i\neq j}\Delta_{iN}\Delta_{jN} + \cdots\right) d\boldsymbol{r}_N$$
$$\simeq V + \sum_{j=1}^{N-1}\int \Delta_{jN} d\boldsymbol{r}_N$$
$$\equiv V - (N-1)A$$
$$A \equiv \int(1 - e^{-\beta v_{1N}}) d\boldsymbol{r}_N$$

となる.

したがって
$$Z = \left(\frac{2\pi m}{\beta h^2}\right)^{3N/2}\frac{1}{N!}\prod_{j=0}^{N-1}(V - jA)$$

200　11.　カノニカル集団

$$= \left(\frac{2\pi m}{\beta h^2}\right)^{3N/2} \frac{V^N}{N!} \prod_{j=0}^{N-1}\left(1 - j\frac{A}{V}\right)$$

の形になる．ヘルムホルツの自由エネルギー F は，理想気体のヘルムホルツの自由エネルギーを F_0（式 (11.36)）とすると，

$$F = -\frac{1}{\beta}\ln Z$$

$$= F_0 - \frac{1}{\beta}\sum_{j=0}^{N-1}\ln\left(1 - j\frac{A}{V}\right)$$

$$\simeq F_0 + \frac{1}{\beta}\frac{A}{V}\sum_{j=0}^{N-1}j, \quad NA \ll V$$

$$\simeq F_0 + \frac{1}{\beta}\frac{A}{V}\frac{N^2}{2}$$

のようになる．図 11.1 のように積分 A を①と②に分割する．

$$A = ① + ②$$

$$\simeq \frac{4\pi}{3}r_0^3 + \int_{r_0}^{\infty}[1 - (1 - \beta v_{1N})]4\pi r^2 dr$$

$$= \frac{4\pi}{3}r_0^3 + \beta\int_{r_0}^{\infty}v_{1N}4\pi r^2 dr$$

$$\equiv \frac{2}{N_A}b - \frac{2}{N_A^2}\beta a$$

とおく．ここで，N_A はアボガドロ数である．b は分子間の斥力効果，a は引力効果を表すパラメータである．A を F の式に戻して圧力を計算すると，

$$p = -\left(\frac{\partial F}{\partial V}\right)_T$$

$$= \frac{N}{\beta V} + \frac{1}{2\beta}\left(\frac{N}{V}\right)^2 A$$

$$= \frac{N}{\beta V}\left(1 + \frac{b}{v}\right) - \frac{a}{v^2}$$

$$\simeq \frac{RT}{v}\left(1 - \frac{b}{v}\right)^{-1} - \frac{a}{v^2}$$

これより

$$\left(p + \frac{a}{v^2}\right)(v - b) = RT \qquad (11.48)$$

このようにして，ファン・デル・ワールスの状態方程式 (4.1) が得られる．この v はモル体積 $v = V/n$ である（相互作用の v ではない）．これより，

$$pv = RT\left(1 + \frac{B}{v} + \frac{C}{v^2} + \cdots\right)$$

$$B = b - \frac{a}{RT}$$

$$C = b^2$$

のように，理想気体の状態方程式からのずれを $1/v$ の

べきで展開できる．$B, C, \cdots$ をビリアル係数という．

例題 11-4　常磁性体

ここでは，常磁性体の熱力学ポテンシャルをカノニカル集団の方法で求める（同様な系について，10.2.4 項ではミクロカノニカル集団の方法で解いた）．

z 軸方向の磁場 $\boldsymbol{H} = (0, 0, H)$ の中にあって，磁場に平行か反平行かのいずれかの方向のみを取りうる大きさ μ の相互作用しない磁気モーメント N 個が，温度 $\tau (= k_B T)$ の熱浴と接触しているとする．まず，磁場中の磁化が分配関数を使って表されることをみる．

$$dU = TdS + HdM \qquad (11.49)$$

$$F = U - TS$$

$$dF = dU - TdS - SdT$$

$$= -SdT + HdM$$

$$G = F - MH$$

$$dG = -SdT - MdH$$

となるので，

$$M = -\frac{\partial G}{\partial H} = \frac{1}{\beta}\frac{\partial(\ln Z)}{\partial H} = \frac{1}{\beta Z}\frac{\partial Z}{\partial H} \quad (11.50)$$

ここで，式 (11.49) は磁場中の磁性体に対する熱力学第 1 法則である（式 (5.2) を参照）．磁化がする仕事は $+HdM$ と書くことができる．1 個の磁気モーメントの分配関数を ζ，全体の分配関数を Z とすると，

$$\zeta = \sum_n \exp(-\beta\varepsilon) = \exp(\beta\mu H) + \exp(-\beta\mu H)$$

$$= 2\cosh(\beta\mu H)$$

$$Z = \zeta^N = [2\cosh(\beta\mu H)]^N$$

である．Z を式 (11.50) に代入すると，

$$M = \mu N\tanh(\beta\mu H) \qquad (11.51)$$

が得られる．したがって，U, G, C, S は以下のように求められる（ここの G を習慣で F と書いている文献も多い）．

$$U = -N\Delta\tanh(\beta\Delta) \qquad (11.52)$$

$$G = -\frac{N}{\beta}\ln[2\cosh(\beta\Delta)] \qquad (11.53)$$

$$C = k_B N(\beta\Delta)^2\cosh^{-2}(\beta\Delta) \qquad (11.54)$$

$$S = Nk_B\{\ln(2\cosh(\beta\Delta)) - \beta\Delta\tanh(\beta\Delta)\}$$

$$\qquad (11.55)$$

ここで，$\Delta \equiv \mu H$ とおいた．弱磁場 $\mu H \ll k_B T$ では，式 (11.51) から

$$M = \frac{N\mu^2}{k_B T}H = \chi H \qquad (11.56)$$

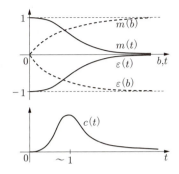

図 11.2 磁化, 内部エネルギーの温度依存性と磁場依存性, 比熱の温度依存性

$$\chi = \frac{N\mu^2}{k_B T} \quad (11.57)$$

となり, 帯磁率 χ が得られる. これは**キュリーの法則** (Curie's law) とよばれる (第5章では, 式 (11.56) と式 (11.57) を仮定して, 常磁性体の熱力学的性質を調べた).

磁化と内部エネルギーの磁場, 温度依存性, 比熱の温度依存性を図 11.2 に示す. ただし, 無次元の変数 $m = M/(\mu N)$, $\varepsilon = U/(\mu H N)$, $c = C/(k_B N)$, $b = \mu H/(k_B T)$, $t = k_B T/(\mu H)$ を使った. 低温では多くの磁気モーメントが磁場に平行になってエネルギーも小さくなるが, 高温では磁場に平行と反平行の磁気モーメントの数が近くなり, エネルギーも大きくなってゼロに近づく. 磁場と温度は $b = 1/t$ の関係にあるから, 全エネルギーや磁化に対して, 磁場効果と温度効果は逆に働く. 比熱は, 温度が $t \sim 1$ のとき極大値を示す. これは, それ以下の低温では系がエネルギーを吸収しづらいが, 1 程度で吸収しやすくなるからである. これは, **ショットキー (Schottky) 型比熱異常**とよばれる. 2準位系 (3準位系) など, エネルギー準位に上限があるときに現れる現象である.

例題 11-5 調和振動子

ここでは, N 個の 1 次元調和振動子系の熱力学ポテンシャルを, 古典系と量子系に分けて求める.

・**古典系**

一体分配関数は

$$\zeta(\beta) = \int \frac{dxdp}{h} \exp\left\{-\beta\left(\frac{p^2}{2m} + \frac{m\omega^2 x^2}{2}\right)\right\}$$

$$= \frac{1}{h}\sqrt{\frac{2\pi m}{\beta}}\sqrt{\frac{2\pi}{m\omega^2\beta}} = \frac{1}{\beta\hbar\omega} \quad (11.58)$$

である. したがって, 全分配関数は

$$\ln Z(\beta, N) = N \ln\left(\frac{1}{\beta\hbar\omega}\right) \quad (11.59)$$

となる. 振動子系の場合には, 各振動子が同じ固有振動数をもっていても, 異なる中心のまわりを振動しており互いに区別しうるので, ボルツマンカウンティング $1/N!$ は不要である. 上の分配関数より, すでにミクロカノニカル分布を用いて導いた熱力学関数

$$F = -\frac{\ln Z}{\beta} = -\frac{N}{\beta}\ln\left(\frac{1}{\beta\hbar\omega}\right) \quad (11.60)$$

$$U = -\frac{\partial \ln Z}{\partial \beta} = \frac{N}{\beta} = Nk_B T \quad (11.61)$$

$$S = \frac{U - F}{T} = Nk_B\left\{1 + \ln\left(\frac{1}{\beta\hbar\omega}\right)\right\} \quad (11.62)$$

が得られる.

・**量子系**

一体分配関数は

$$\zeta(\beta) = \sum_0^\infty \exp\left(-\beta\hbar\omega\left[n + \frac{1}{2}\right]\right)$$

$$= \frac{\exp\left(-\frac{\beta\hbar\omega}{2}\right)}{1 - \exp(-\beta\hbar\omega)}$$

$$= \frac{1}{2\sinh\left(\frac{\beta\hbar\omega}{2}\right)} \quad (11.63)$$

で与えられる. よって, 全分配関数は

$$Z(\beta, N) = \left(\frac{1}{2\sinh\left(\frac{\beta\hbar\omega}{2}\right)}\right)^N \quad (11.64)$$

と与えられる. これより, 内部エネルギーの表式

$$U(\beta, N) = -\frac{\partial \ln Z(\beta, N)}{\partial \beta}$$

$$= N\frac{\partial}{\partial \beta}\ln\left[2\sinh\left(\frac{\beta\hbar\omega}{2}\right)\right]$$

$$= N\hbar\omega\left\{\frac{1}{2} + \frac{1}{\exp(\beta\hbar\omega) - 1}\right\} \quad (11.65)$$

が得られる (ミクロカノニカル集団の方法で得られた式 (10.57) と同じである). これを温度で微分すれば, 熱容量の式

$$C(T) = Nk_B(\beta\hbar\omega)^2$$
$$\times \frac{1}{(\exp[\beta\hbar\omega] - 1)(1 - \exp[-\beta\hbar\omega])} \quad (11.66)$$

を得る. エントロピー S は式 (11.32) から,

$$S = Nk_B\left[\frac{\beta\hbar\omega}{2}\coth\left(\frac{\beta\hbar\omega}{2}\right)\right.$$

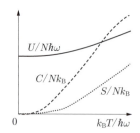

図 11.3 量子系振動子系の内部エネルギー，比熱，エントロピーの温度依存性（低温領域）

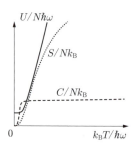

図 11.4 図 11.3 と同じ物理量を高温領域で

$$-\ln\left\{2\sinh\left(\frac{\beta\hbar\omega}{2}\right)\right\}\right] \quad (11.67)$$

となる．量子系の内部エネルギー（$U/(N\hbar\omega)$），比熱（$C/(Nk_B)$），エントロピー（$S/(Nk_B)$）を温度（$k_B T/(\hbar\omega)$）の関数として図 11.3 に描いた．$T=0$ で

の内部エネルギーの値 1/2 は零点振動エネルギーである．また，エントロピーが（比熱も）$T=0$ でゼロになることは熱力学第 3 法則を意味している．高温（図 11.4）では，三つの物理量はそれぞれ古典系の曲線（比熱は定数 1）に漸近する．

11.5 節のまとめ

- 分配関数から熱力学ポテンシャルを求める方法を次に挙げる代表的な物理系に応用して，各系の熱力学的性質を学んだ：古典理想気体，超相対論的理想気体，ファン・デル・ワールスの状態方程式，磁性体，調和振動子（古典系と量子系）．

11.6 ミクロカノニカル集団とカノニカル集団の方法の関係

この節では，カノニカル集団の方法と前章で学んだミクロカノニカル集団の方法で得られた熱力学量の関係について学ぶ．

11.6.1 カノニカル分布におけるゆらぎ

この項では，カノニカル分布におけるエネルギーのゆらぎについて考える．カノニカル集団では，系は熱浴と接していて温度は一定に保たれているが，両者間のエネルギー移動はあるので，ミクロカノニカル集団のようにエネルギーは一定とはならない．平均値があるだけである．ここでは，エネルギーの平均値 U は $\langle E\rangle = \sum_n P_n E_n = \sum_n E_n \exp(-\beta E_n)/Z$，（$Z = \sum_n \exp(-\beta E_n)$）である．エネルギーのゆらぎは，

$$\langle \varepsilon^2\rangle \equiv \langle (E-\langle E\rangle)^2\rangle = \langle E^2\rangle - \langle E\rangle^2$$

で与えられる．$\langle E\rangle = \sum_n E_n \exp(-\beta E_n)/Z$ を β で微分すると，

$$\frac{d\langle E\rangle}{d\beta} = \langle E\rangle^2 - \langle E^2\rangle = -\langle \varepsilon^2\rangle$$

が得られる．$\langle E\rangle = CT$（C は熱容量）であるから，

$$\frac{d\langle E\rangle}{d\beta} = \frac{dT}{d\beta}\frac{d\langle E\rangle}{dT} = -k_B T^2 C$$

なので，

$$\langle \varepsilon^2\rangle = k_B T^2 C$$

となる．つまり，熱量（比熱）はエネルギーのゆらぎということになる．$\langle E\rangle \propto NT$ で $C \propto N$ より，

$$\frac{\sqrt{\langle \varepsilon^2\rangle}}{\langle E\rangle} = \frac{\sqrt{k_B T^2 C}}{\langle E\rangle} = \frac{\sqrt{k_B T\langle E\rangle}}{\langle E\rangle}$$
$$= \sqrt{\frac{k_B T}{\langle E\rangle}} \propto \sqrt{\frac{k_B}{N}} \propto \frac{1}{\sqrt{N}} \to 0$$

となる．つまり，熱力学極限，$N \to 10^{23}$ では，系のエネルギーのゆらぎの相対値は実質ゼロということである．この意味することは重要である．つまり，熱力学極限において（統計力学ではこの状況を想定している），エネルギー移動を許して定式化されたカノニカル分布では，実質的なエネルギー移動量の相対値はゼロになっていて，系のエネルギーは一定という条件で定式化されたミクロカノニカル集団の条件に一致すると

いうことである．であるならば，この二つの集団の方法で得られた熱力学量は同じになるのではないか，と考えるのも自然である．11.6.3 項で，磁性体と調和振動子を例に二つの集団から得られた熱力学量が一致することをみる．その前に，次項で二つの方法論を分配関数と状態密度の関係から理解してみる．

11.6.2　分配関数と状態密度

話を具体的にみた方がわかりやすいので，量子論的調和振動子を例にとる．この系の分配関数 Z（式 (11.64)）は，

$$Z(\beta, V, N) = \left(\frac{1}{2\sinh(\beta\hbar\omega/2)} \right)^N$$
$$= \left(\frac{\exp(-\beta\hbar\omega/2)}{1 - \exp(-\beta\hbar\omega)} \right)^N$$

である．ここで，公式

$$(1-x)^{-N} = \sum_{M=0}^{M=\infty} {}_{N-1+M}C_M x^M \quad (11.68)$$

を使うと，

$$Z = \sum_{M=0}^{M=\infty} {}_{(N-1+M)}C_M \exp\left[-\beta\hbar\omega\left(M + \frac{N}{2}\right) \right]$$

になる．ここで，

$$W(E_M) \equiv {}_{(N-1+M)}C_M, \quad E_M \equiv \hbar\omega\left(M + \frac{N}{2}\right)$$

を使うと，

$$Z = \int \sum_M W(E_M)\delta(E - E_M)\exp(-\beta E)dE$$
$$= \int \rho(E)\exp(-\beta E)dE,$$
$$\rho(E) = \sum_M W(E_M)\delta(E - E_M) \quad (11.69)$$

と書ける．この結果 (11.69) は，Z を逆ラプラス変換式 (11.22) することによっても求められる（少し難しいが試していただきたい）．11.3 節で，微視的な力学状態が熱力学量を決定するという点から，式 (11.21) と式 (11.22) が重要であることを述べたが，ここでは，$\rho(E)$ あるいは $W(E_M)$ がミクロカノニカル分布の情報をもち，$Z(\beta)$ がカノニカル分布の情報をもっていて，互いに関係していることに注意しよう．ミクロカノニカル集団の方法では，エントロピー σ が $\sigma = \ln W(E_M)$ から計算され，温度などの定義式 (10.45) を使って他の熱力学ポテンシャルが決定される．ここで，状態数 $W(E_M)$ は量子力学では縮退度に相当している．一方，カノニカル集団の方法では，$Z(\beta)$ からヘルムホルツの自由エネルギー F が計算され，F からほかの熱力学ポテンシャルが決定されることになる．

11.6.3　等価な熱力学ポテンシャル

磁性体の磁化 M は，ミクロカノニカル集団の方法によって 10.4.3 項の式 (10.63) で与えられた．一方，カノニカル集団の方法では，式 (11.51) で与えられている．両者は一致している．

次に，量子系調和振動子のヘルムホルツの自由エネルギーを例にみてみる．ミクロカノニカル集団の方法では，エントロピーの式 (10.37) とエネルギーの式 (10.57) を $F = U - \tau\sigma$ に代入すると，

$$F = \frac{N}{\beta}\ln\left\{ 2\sinh\left(\frac{\beta\hbar\omega}{2}\right) \right\}$$

が得られる．これは，カノニカル集団の方法の式 (11.29) と式 (11.64) で得られたものと一致している．他の物理系の熱力学量でも同じことがいえる．

以上この節で示したように，状態数を使って定義したエントロピーという熱力学ポテンシャルからスタートするミクロカノニカル集団の方法と，分配関数で表現したヘルムホルツの自由エネルギーという熱力学ポテンシャルからスタートするカノニカル集団の方法で得られた熱力学量は等しくなることがわかった．

11.6 節のまとめ

- 熱力学極限（$N, V \to \infty$）を考えるとき，熱平衡物理量に対してミクロカノニカル集団とカノニカル集団の方法は同じ結果を導く．分配関数 Z（カノニカル集団の物理量）と状態密度 ρ（ミクロカノニカル集団の物理量）がラプラス変換

$$Z(\beta) = \int \rho(E)\exp(-\beta E)dE$$

でつながっていることから，両者は密接に関係していることがわかる．

11.7 マクスウェル速度分布則とエネルギー等分配則

カノニカル集団の方法の種々の物理学系への応用を 11.5 節で学んだ．カノニカル集団の方法から得られる重要な性質にマクスウェルの速度分布則とエネルギー等分配則がある．この節では，多数原子から構成される気体や固体を例にそれらの関係を導く．

11.7.1 マクスウェル速度分布則

温度 T の環境にある古典理想気体を考える．気体分子の間に相互作用があってもよい．このような気体中での，各分子の速度あるいは運動量の分布を問題にする（H_2 や O_2 のように，球状分子ではなく回転や振動の自由度をもつ場合には，並進運動の自由度のみを考える）．

古典カノニカル分布においては，位相点 $\Gamma = (x,p) = (\boldsymbol{x}_1, \boldsymbol{p}_1, \cdots, \boldsymbol{x}_N, \boldsymbol{p}_N)$ における確率密度は

$$P(\Gamma) = P(x,p) = \frac{\exp\{-\beta H(x,p)\}}{Z_c} \quad (11.70)$$

で与えられる．今問題にしている気体のハミルトニアン（正準座標と運動量で与えられたエネルギー）は

$$H = \sum_i \frac{\boldsymbol{p}_i^2}{2m} + \sum_{i,j(>i)} v(\boldsymbol{x}_i - \boldsymbol{x}_j) \quad (11.71)$$

の形をもっている．式 (11.70) を位置座標について積分すれば，（多体の）運動量分布関数が得られる．分布関数 Z_c は，運動エネルギーによる部分 Z_k とポテンシャルからの部分 Z_p とに分けられることに注意しよう．

$$Z_c = Z_k Z_p$$
$$Z_k = (2\pi m \tau)^{3N/2}$$
$$Z_p = \frac{1}{N!} \int \frac{1}{h^{3N}} \exp\left[-\beta \sum_{i,j(>i)} v(\boldsymbol{x}_i - \boldsymbol{x}_j)\right] d^{3N}x \quad (11.72)$$

こうして，運動量分布は

$$P(p) = P(\boldsymbol{p}_1, \boldsymbol{p}_2, \cdots, \boldsymbol{p}_N) = \frac{\exp\left\{-\beta \sum_i \frac{\boldsymbol{p}_i^2}{2m}\right\}}{Z_k}$$
$$= \prod_i \frac{\exp\left(-\frac{\boldsymbol{p}_i^2}{2m\tau}\right)}{(2\pi m\tau)^{3/2}} \quad (11.73)$$

となる．これはまた，一つの分子の運動量が分布則

$$f(\boldsymbol{p}) = \frac{\exp\left(-\frac{\boldsymbol{p}^2}{2m\tau}\right)}{(2\pi m\tau)^{3/2}} \quad (11.74)$$

に従っていることを表している．これを速度 $\boldsymbol{v}$ の分布則に直すと

$$f(\boldsymbol{v}) = \left(\frac{m}{2\pi\tau}\right)^{3/2} \exp\left(-\frac{m\boldsymbol{v}^2}{2\tau}\right) \quad (11.75)$$

となる（$f(\boldsymbol{p})$ と $f(\boldsymbol{v})$ のボルツマン因子の前のそれぞれの係数は，規格化条件；$\int f(\boldsymbol{p})d\boldsymbol{p} = 1$, $\int f(\boldsymbol{v})d\boldsymbol{v} = 1$ からくるものである）．

式 (11.75) は，古典統計力学の最も重要な成果として有名なマクスウェルの速度分布則である．マクスウェルの速度分布則（式 (11.74)，あるいは式 (11.75)）から得られる最も重要な結論は，エネルギー等分配則である．重心運動エネルギー ε_p の統計平均を考えると

$$\langle \varepsilon_p \rangle = \frac{1}{(2m\pi\tau)^{3/2}} \int d^3p \frac{\boldsymbol{p}^2}{2m} \exp\left(-\frac{\boldsymbol{p}^2}{2m\tau}\right)$$
$$= -\frac{\partial \ln\left\{\left(\frac{2m\pi}{\beta}\right)^{3/2}\right\}}{\partial \beta} = \frac{3}{2\beta} = \frac{3}{2}\tau \quad (11.76)$$

すなわち

$$\left\langle \frac{p_x^2}{2m} \right\rangle = \left\langle \frac{p_y^2}{2m} \right\rangle = \left\langle \frac{p_z^2}{2m} \right\rangle = \frac{\tau}{2} \quad (11.77)$$

が得られる．この関係式は次項で一般化され，多くの系に適用される．

11.7.2 一般化されたエネルギー等分配則

カノニカル分布 (11.70) から，エネルギー等分配則を次のように一般化された形に表すことができる．これを定理の形で述べて，すぐに証明を与える．

> **定理**
>
> ハミルトニアン
> $H(x,p) = H(p_1, p_2, \cdots, p_{3N}; x_1, x_2, \cdots, x_{3N})$
> が $p_i \to \pm\infty$ で $+\infty$ へ発散するとき

ジェームズ・クラーク・マクスウェル

英国の物理学者．ファラデーの理論から方程式を導き，古典電磁気学を確立した．また電磁波の存在を予言し，その伝搬速度が光の速度に等しいことを証明した．多くの分野で功績を残し，19世紀の偉大な物理学者の一人に数えられる．(1831–1879)

$$\left\langle p_i \frac{\partial H}{\partial p_i} \right\rangle = \tau = \frac{1}{\beta} \tag{11.78}$$

が成り立ち，同様に，$x_i \to \pm\infty$ で H が発散するとき

$$\left\langle x_i \frac{\partial H}{\partial x_i} \right\rangle = \tau = \frac{1}{\beta} \tag{11.79}$$

が成り立つ．

式 (11.78) は式 (11.77) の一般化である．また，式 (11.79) より，振動子のように，2 次形式のポテンシャルエネルギーをもつ場合，ここにも 1 自由度あたり $\tau/2$ のエネルギーが分配されることがわかる．

上の定理の証明はやさしい．ここでは，式 (11.78) を証明する．まず，平均の定義より

$$\left\langle p_i \frac{\partial H}{\partial p_i} \right\rangle = \frac{1}{Z} \int \exp\{-\beta H(x,p)\} p_i \frac{\partial H}{\partial p_i} d\overline{\Gamma},$$

$$Z = \frac{1}{N! \, h^{3N}} \int e^{-\beta H} d\Gamma \equiv \int e^{-\beta H} d\overline{\Gamma}$$

である．ここに現れた多重積分のうち変数 p_i に関する積分にのみ注目して，部分積分を行えば

$$\int_{-\infty}^{+\infty} p_i \frac{\partial H}{\partial p_i} \exp\{-\beta H(x,p)\} dp_i$$

$$= -\frac{1}{\beta} \int_{-\infty}^{+\infty} p_i \frac{\partial \exp\{-\beta H(x,p)\}}{\partial p_i} dp_i$$

$$= -\frac{1}{\beta} p_i \exp\{-\beta H(x,p)\} \Big|_{-\infty}^{+\infty}$$

$$\quad + \frac{1}{\beta} \int_{-\infty}^{+\infty} \exp\{-\beta H(x,p)\} dp_i$$

となる．仮定により，第 1 項は消える．第 2 項を元の積分に戻せばこれは分配関数を与えるから，式 (11.78) が得られる．

11.7.3　固体比熱，デュロン・プティの法則

一般化されたエネルギー等分配則式 (11.78)，式 (11.79) を用いて，相互作用する結晶格子の振動による比熱を考える．そのためには，まず，結晶格子（を構成している原子）の振動を記述するハミルトニアンを知らねばならない．点 $\boldsymbol{x}_i$, $\boldsymbol{x}_j$ に位置する原子間の相互作用を $V(\boldsymbol{x}_i - \boldsymbol{x}_j)$ とするとき，ハミルトニアンは式 (11.71) で与えられる．ただし，気体原子と異なって，低温では，ポテンシャルエネルギーが最小になるように，原子は周期的に規則正しく格子点 $\boldsymbol{r}_i$ 上に並ぶ．温度が上昇するにつれ，各原子は格子点を中心にして微小振動を始めるが，その変位 $\boldsymbol{u}_i = \boldsymbol{x}_i - \boldsymbol{r}_i$ は，格子間隔 a に比べて小さいとみなせる．したがって，ポテンシャルエネ

ルギーをこれらの変位に関してテイラー展開できる：

$$v(\boldsymbol{x}_i - \boldsymbol{x}_j) = v(\boldsymbol{r}_i - \boldsymbol{r}_j + \boldsymbol{u}_i - \boldsymbol{u}_j)$$

$$= v(\boldsymbol{r}_i - \boldsymbol{r}_j)$$

$$\quad + \sum_\alpha (\boldsymbol{u}_i - \boldsymbol{u}_j)_\alpha \partial_\alpha v(\boldsymbol{r}_i - \boldsymbol{r}_j)$$

$$\quad + \frac{1}{2} \sum_\alpha \sum_\beta (\boldsymbol{u}_i - \boldsymbol{u}_j)_\alpha (\boldsymbol{u}_i - \boldsymbol{u}_j)_\beta$$

$$\quad \times \partial_\alpha \partial_\beta v(\boldsymbol{r}_i - \boldsymbol{r}_j) + \cdots \tag{11.80}$$

上式右辺第 2 項は，結晶格子の安定性の条件からゼロになる．変位に関する 3 次以上の項（非調和項という）を無視すると，ハミルトニアン (11.71) は

$$H = H_{\mathrm{vib}} + \sum_{i>j} v(\boldsymbol{r}_i - \boldsymbol{r}_j) \tag{11.81}$$

$$H_{\mathrm{vib}} = \sum_{i,\alpha} \frac{p_{i,\alpha}^2}{2m} + \sum_{i,\alpha;j,\beta} C_{i,\alpha;j,\beta} u_{i,\alpha} u_{j,\beta} \tag{11.82}$$

の形にまとまる．ここで，$\sum_{i>j} v(\boldsymbol{r}_i - \boldsymbol{r}_j)$ は定数で状態に影響を与えないので無視して，2 次形式のハミルトニアン H_{vib} を考える．格子振動に注目する限り，結晶は連成振動子系に等しい．ただし，添え字 i, j は原子番号を，α, β は x, y, z 方向の成分名を表すものとする．このハミルトニアン (11.82) に，一般化された等分配則を適用する．

$$\sum_{i,\alpha} \left\langle p_{i,\alpha} \frac{\partial H_{\mathrm{vib}}}{\partial p_{i,\alpha}} \right\rangle = \sum_{i,\alpha} \left\langle \frac{p_{i,\alpha}^2}{m} \right\rangle = \sum_{i,\alpha} \tau = 3N\tau$$

$$\sum_{i,\alpha} \left\langle u_{i,\alpha} \frac{\partial H_{\mathrm{vib}}}{\partial u_{i,\alpha}} \right\rangle$$

$$= \sum_{i,\alpha} \left\langle u_{i,\alpha} \sum_{j,\beta} (C_{i,\alpha;j,\beta} u_{j,\beta} + C_{j,\beta;i,\alpha} u_{j,\beta}) \right\rangle$$

$$= 2 \sum_{i,\alpha} \sum_{j,\beta} \langle C_{i,\alpha;j,\beta} u_{i,\alpha} u_{j,\beta} \rangle = \sum_{i,\alpha} \tau$$

$$= 3N\tau \tag{11.83}$$

になる．これらを加えると

$$2\langle H_{\mathrm{vib}} \rangle = 2U = 3N\tau + 3N\tau \longrightarrow U = 3N\tau \tag{11.84}$$

となるので，

$$U = 3N\tau = 3Nk_{\mathrm{B}}T, \quad C = \frac{\partial U}{\partial T} = 3Nk_{\mathrm{B}},$$

$$C_{\mathrm{mol}} = 3R \tag{11.85}$$

が得られる．これは，固体比熱に対するデュロン・プティの法則（Dulong-Petit's law）とよばれ，高温（$T > 500\,\mathrm{K}$）での固体比熱に対して，固体の種類によらずに一般的に成り立つ．一方，低温では，次章で述べるように量子効果が支配的になり，固体比熱は温度に強く依存す

> **ピエール・ルイ・デュロン**
> フランスの化学者, 物理学者. パリにて開業医を始めたがその後, リン, 窒素の酸化物や金属の触媒作用などの化学研究に転向. 固体の定積モル比熱は高温では物質によらずに一定の値をとるというデュロン・プティの法則を発見. (1785–1838)

> **アレクシス・テレーズ・プティ**
> フランスの物理学者. 23歳の若さでパリのエコール・ポリテクニカの教授を務める. カルノーの熱機関の研究にも大きな影響を与えた. デュロンとともに, 固体の定積モル比熱は高温では物質に依らずに一定の値をとるというデュロン・プティの法則を発見. (1791–1820)

るようになる.

11.7 節のまとめ

- カノニカル集団の方法を古典理想気体(相互作用があってよい)に適用すると, マクスウェルの速度分布則が得られる.

$$f(\boldsymbol{v}) = \left(\frac{m}{2\pi\tau}\right)^{3/2} \exp\left(-\frac{m\boldsymbol{v}^2}{2\tau}\right)$$

- カノニカル分布から, 一般化されたエネルギー等分配則が得られる.

$$\left\langle p_i \frac{\partial H}{\partial p_i} \right\rangle = \tau = \frac{1}{\beta}, \quad \left\langle x_i \frac{\partial H}{\partial x_i} \right\rangle = \tau = \frac{1}{\beta}$$

- 一般化されたエネルギー等分配則を用いることで, 固体の原子振動に起因する内部エネルギーと比熱が求められる. 温度によらない(高温で正しい)比熱が得られることをデュロン・プティの法則とよぶ.

$$U = 3N\tau = 3Nk_\text{B}T, \quad C = \frac{\partial U}{\partial T} = 3Nk_\text{B}$$

12. 格子振動と空洞放射

　この章では，固体中の格子振動と空洞中の電磁場の熱力学的性質を統計力学の手法を用いて議論する．結晶格子の微小振動はいわゆる基準振動に分解され，さまざまな振動数をもつ独立な調和振動子の集まりと等価になる．また，同様にして，空洞中の電磁波の基準振動も調和振動子の集まりとして表すことができる．ここに現れる調和振動子系はいずれも類似したエネルギー分散関係をもつことから，熱力学的性質も似通ったものになる．

12.1 格子振動

　第 11 章の 11.7.3 項で，古典的カノニカル分布を用いて格子振動を扱い，比熱を論じた．その結果として，固体の比熱が高温では固体の種類によらず $3Nk_B$ になること（デュロン・プティの法則）を見出した．これは，古典的な調和振動子の平均エネルギーが角振動数によらず $k_B T$ に等しく，比熱への寄与は k_B であることに起因する．一方，実際の固体の比熱は温度に依存することが実験的にわかっており，高温ではデュロン・プティの法則 $C = 3Nk_B$ に一致するが，温度が低くなるとしだいに減少し，$T \to 0$ で $C \to 0$ になる．これは，格子振動を励起するために必要なエネルギーの最小単位があって，温度 $\tau = k_B T$ がこれを下回ると，外界からエネルギーを受ける能力を失うという量子効果による．

12.1.1 格子比熱：アインシュタイン模型

　量子効果を取り入れて固体の低温比熱をはじめて論じたのはアインシュタイン（1905 年）である．アインシュタインは，結晶を構成する原子が各々自分の平衡位置のまわりで，他の原子とは独立に一定の振動数 ω_E で振動しているという，最も簡単化されたモデル（アインシュタイン模型）を用いた．結晶中の原子数を N とすると，個々の原子は x, y, z 3 方向に振動するので，格子振動の問題は振動数 ω_E をもつ $3N$ 個の振動子の問題と等価になる．したがって，11.5 節の例題 11-5 で与えた量子的調和振動子の結果を用いると，アインシュ

タイン模型の分配関数は式 (11.63)，式 (11.64)（零点振動を含んだ式であることに注意）より

$$Z(\beta) = \left[\sum_{n=0}^{\infty} \exp(-\beta\hbar\omega_E n) \right]^{3N}$$
$$= \left[\frac{1}{1 - \exp(-\beta\hbar\omega_E)} \right]^{3N} \quad (12.1)$$

となる．ただし，零点振動は熱現象には何ら効果をもたないので，これを省いた．これより，内部エネルギー $U(T)$ や比熱 $C(T)$ を計算すると

$$U(T) = -\frac{\partial \ln Z(\beta)}{\partial \beta} = \frac{3N\hbar\omega_E}{\exp(\beta\hbar\omega_E) - 1} \quad (12.2)$$
$$C(T) = \frac{\partial U}{\partial T} = 3Nk_B(\beta\hbar\omega_E)^2 \frac{\exp(\beta\hbar\omega_E)}{[\exp(\beta\hbar\omega_E) - 1]^2} \quad (12.3)$$

となる．

a. 高温極限

　$k_B T \gg \hbar\omega_E$ で式 (12.2)，式 (12.3) は $e^{\beta\hbar\omega_E} \simeq 1 + \beta\hbar\omega_E$ より

$$U(T) \simeq 3Nk_B T \quad (12.4)$$
$$C(T) \simeq 3Nk_B \quad (12.5)$$

となり，デュロン・プティの法則が再現されることがわかる．

b. 低温極限

　$k_B T \ll \hbar\omega_E$ では，$e^{\beta\hbar\omega_E} \gg 1$ より

$$U(T) \simeq 3N\hbar\omega_E \exp(-\beta\hbar\omega_E) \quad (12.6)$$
$$C(T) \simeq 3Nk_B(\beta\hbar\omega_E)^2 \exp(-\beta\hbar\omega_E) \quad (12.7)$$

となる．絶対零度の極限 $T \longrightarrow 0$ では，熱力学第 3 法則と合致して格子比熱はゼロとなる．

12.1.2 格子比熱：デバイモデル

　アインシュタインの公式 (12.2) と式 (12.3) は，高温から低温にかけての現実の固体の比熱の移り変わりをかなりよく説明する．しかし，実験的には，極低温（～数十 K）での固体比熱の振る舞いは，デバイの 3 乗則

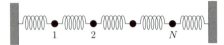

図 12.1 1次元格子模型

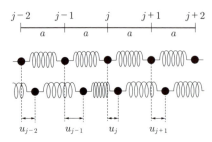

図 12.2 1次元格子模型における原子の変位

$$C(T) \propto T^3 \quad (12.8)$$

に従うことがよく知られており、式 (12.7) の理論的結果とは食い違っている。デバイは、この食い違いが、アインシュタインモデルにおける「結晶中の各原子が他の原子とは独立に振動している」という仮定によるものであることを明らかにした。現実の結晶では各原子は隣接原子と弾性的に結合しており、結晶格子の微小振動は 11.7.3 項の式 (11.82) のように連成振動子として表される。その結果、原子系は全体として連成振動を行い、一つの原子に加えられた変位は波動として結晶全体に伝わる。この波動の基準モードの各々が独立の振動子の役割をすると考えなくてはならない。以下ではまず、結晶中の原子間相互作用も考慮した最も簡単な模型として 1 次元格子模型を用いて、格子振動の基準モードを考えよう。その後で 3 次元的な固体への拡張を考える。

a. 1次元格子模型

簡単のため、N 個の原子（質量 m）が直線上に並んでいるとする 1 次元格子模型を考える（図 12.1）。両端は固定されており（固定端境界条件）、原子は 1 次元方向のみに運動するものと仮定する。平衡状態では原子は間隔 a で並んでいるものとして、時刻 t における j 番目の原子の変位（平衡位置からのずれ）を $u_j(t)$ とする（図 12.2）。ただし、0 番目と $N+1$ 番目については両端が固定されているので、時刻によらず $u_0 = u_{N+1} = 0$ と定義する。

各原子は互いに隣りあう原子とのみ相互作用をし、その相互作用はばね定数 K の調和振動子で近似できるものとする。このとき、全系の運動エネルギーは

$$T = \sum_{j=1}^{N} \frac{1}{2} m \dot{u}_j^2 \quad (12.9)$$

で与えられ、ポテンシャルエネルギーは

$$V = \sum_{j=0}^{N} \frac{1}{2} K (u_{j+1} - u_j)^2 \quad (12.10)$$

で与えられる。これは、一般的な格子振動のハミルトニアン (11.82) において $C_{j,j+1} = K/2$ などとおくことに相当する。以下で、この系が N 個の独立な調和振動子のハミルトニアンによって表されることを示そう。

この系のラグランジアンは

$$\mathcal{L} = T - V = \sum_{j=1}^{N} \frac{1}{2} m \dot{u}_j^2 - \sum_{j=0}^{N} \frac{1}{2} K (u_{j+1} - u_j)^2$$

$$(12.11)$$

で与えられる。u_i に対する運動方程式はラグランジュの方程式

$$\frac{d}{dt} \frac{\partial \mathcal{L}}{\partial \dot{u}_j} - \frac{\partial \mathcal{L}}{\partial u_j} = 0 \quad (12.12)$$

より

$$m \ddot{u}_j = K (u_{j-1} - 2 u_j + u_{j+1}) \quad (12.13)$$

となる。運動方程式 (12.13) の基準振動解は

$$u_j(t) = A \sin(kaj) e^{i \omega_k t} \quad (12.14)$$

の形で与えられる。式 (12.14) を式 (12.13) に代入すると、ω と k の間に

$$\omega_k^2 = \frac{2K}{m}(1 - \cos ka) = \frac{4K}{m} \sin^2\left(\frac{ka}{2}\right) \quad (12.15)$$

の関係が成り立っていれば、これが解であることが確認できる。ただし、固定端境界条件 $\psi_0 = \psi_{N+1} = 0$ より、k としてとりうる値は

$$k_n = \frac{\pi}{(N+1)a} n, \quad n = 1, 2, \cdots, N \quad (12.16)$$

に限られる。特に、小さな k に対して分散関係 (12.15) は

$$\omega_k \simeq \sqrt{\frac{K}{m}} ka = ck, \quad c = \sqrt{\frac{K}{m}} a \quad (12.17)$$

ピーター・デバイ

オランダの物理学者、化学者。1940 年に渡米、その後米国に帰化。低温領域の比熱を扱ったデバイの比熱式の発見、また X 線構造解析におけるデバイ・シェラー法を開発。1936 年、分子構造の研究への貢献でノーベル化学賞を受賞。(1884–1966)

で与えられる．ここで，c は結晶中の音速を表す．

$u_j(t)$ を基準モードの重ね合わせ

$$u_j(t) = \sqrt{\frac{2}{N+1}} \sum_k q_k(t) \sin(kaj) \quad (12.18)$$

で表そう．ここで，展開係数 $q_k(t)$ は基準座標とよばれる．三角関数の性質と k_n に対する条件式 (12.16) を用いると，基準振動解は「直交関係」

$$\sum_{j=1}^{N} \sin(k_n aj) \sin(k_m aj) = \frac{1}{2} \delta_{nm}(N+1)$$

$$(12.19)$$

を満たすことが示される．これを利用すると，ラグランジアンを基準座標 q_k を用いて書き直すことができて

$$\mathcal{L} = \sum_k \left(\frac{1}{2} m \dot{q}_k^2 - \frac{1}{2} m \omega_k^2 q_k^2 \right) \quad (12.20)$$

を得る．これは角振動数 ω_k をもつ N 個の独立な調和振動子のラグランジアンと同じ形をもつ．基準座標 q_k に共役な正準運動量を

$$p_k = \frac{\partial \mathcal{L}}{\partial \dot{q}_k} = m \dot{q}_k \quad (12.21)$$

で定義し，ハミルトニアンを通常の定義

$$H = \sum_k p_k \dot{q}_k - \mathcal{L} \quad (12.22)$$

によって与えると，

$$H = \sum_k \left(\frac{1}{2m} p_k^2 + \frac{1}{2} m \omega_k^2 q_k^2 \right) \quad (12.23)$$

となる．以上より，1次元格子の運動は角振動数 ω_k をもつ N 個の独立な調和振動子のハミルトニアンによって表されることが示された．

b. 固体の比熱の温度変化

以上の考察では，1次元的に配列された原子が1方向にのみ運動する場合を仮定していた．実際の固体中では原子は3次元的に配列されており，原子の運動は x, y, z の3方向に起こりうる．そのため，1次元格子模型における波数 k は実際の固体では波数ベクトル $\mathbf{k} = (k_x, k_y, k_z)$ に置き換えられ，一つの波数ベクトル $\mathbf{k}$ に対して三つの独立な基準モードが存在する．これらを $\alpha = 1, 2, 3$ で区別して，固有振動数を $\omega_{\mathbf{k}\alpha}$ と記すことにする．現実の結晶に対して一般の $\mathbf{k}$ での振動数 $\omega_{\mathbf{k}\alpha}$ を見出すことは困難であるが，$|\mathbf{k}|a \ll 1$ となる小さな波数ベクトルの振動に対しては，1次元格子の場合と同様に式 (12.17) のような分散関係をもつ．等方的な固体では，波数 $\mathbf{k}$ をもつ三つのモードは一つの縦波（振動方向が $\mathbf{k}$ に平行）と二つの横波（振動方向が

$\mathbf{k}$ に垂直）からなり，音波はそれぞれ異なる速さ（c_l, c_t）で伝わる．したがって，基準振動数は（$\alpha = 1$ を縦波，$\alpha = 2, 3$ を横波とすると）

$$\omega_{\mathbf{k}1} = c_l |\mathbf{k}|, \quad \omega_{\mathbf{k}2} = \omega_{\mathbf{k}3} = c_t |\mathbf{k}| \quad (12.24)$$

となる．

振動モード $\mathbf{k}\alpha$ による内部エネルギーや比熱への寄与は，アインシュタインモデルを用いた計算式 (12.2)，(12.3) で $\omega_E \longrightarrow \omega_{\mathbf{k}\alpha}$ という置き換えをして

$$U_{\mathbf{k}\alpha}(T) = \frac{\hbar \omega_{\mathbf{k}\alpha}}{\exp(\beta \hbar \omega_{\mathbf{k}\alpha}) - 1} \quad (12.25)$$

$$C_{\mathbf{k}\alpha}(T) = k_B (\beta \hbar \omega_{\mathbf{k}\alpha})^2 \frac{\exp(\beta \hbar \omega_{\mathbf{k}\alpha})}{[\exp(\beta \hbar \omega_{\mathbf{k}\alpha}) - 1]^2}$$

$$(12.26)$$

のように得られる．これらを $\mathbf{k}$ の異なるすべてのモードについて加え合わせることにより，内部エネルギーや比熱が

$$U(T) = \sum_{\mathbf{k}} \sum_{\alpha} \frac{\hbar \omega_{\mathbf{k}\alpha}}{\exp(\beta \hbar \omega_{\mathbf{k}\alpha}) - 1} \quad (12.27)$$

$$C(T) = \sum_{\mathbf{k}} \sum_{\alpha} k_B (\beta \hbar \omega_{\mathbf{k}\alpha})^2 \frac{\exp(\beta \hbar \omega_{\mathbf{k}\alpha})}{[\exp(\beta \hbar \omega_{\mathbf{k}\alpha}) - 1]^2}$$

$$(12.28)$$

のように求まる．$\mathbf{k}$ に関する和を実行するためには，状態密度（振動数分布関数）

$$\rho(\omega) = \sum_{\mathbf{k}} \sum_{\alpha} \delta(\omega - \omega_{\mathbf{k}\alpha}) \quad (12.29)$$

を導入するのが便利である．境界条件から許される波数ベクトル $\mathbf{k}$ は1次元格子の場合の波数に対する条件式 (12.16) を3次元に拡張して

$$k_{ni} = \frac{\pi}{(N_i + 1)a} n_i, \quad n_i = 1, 2, \cdots, N_i$$

$$(i = x, y, z) \quad (12.30)$$

で与えられる．全原子数は $N = N_x N_y N_z$ で与えられる．簡単のため，結晶は1辺 L の立方体であるとすると，許される波数ベクトルの値は

$$\mathbf{k} = \frac{\pi}{L}(n_x, n_y, n_z)$$

$$n_x, n_y, n_z = 1, 2, 3, \cdots, L/a \quad (12.31)$$

と書ける．L が巨視的な大きさで $L \gg a$ であれば波数ベクトルの間隔 $\Delta k = \pi / L$ は非常に小さくなり $\mathbf{k}$ のとりうる値はほとんど連続的となる．このとき波数ベクトルに関する和を

$$\sum_{\mathbf{k}} = \frac{1}{(\Delta k)^3} \sum_{n_x} \sum_{n_y} \sum_{n_z} (\Delta k)^3$$

$$\to \left(\frac{L}{\pi}\right)^3 \int_0^{\pi/a} dk_x \int_0^{\pi/a} dk_y \int_0^{\pi/a} dk_z \tag{12.32}$$

のように積分に置き換えることができる．したがって，式 (12.29) の和を振動数に関する積分に書き換えると

$$\rho(\omega) = \sum_\alpha \frac{V}{\pi^3} \int_0^{\pi/a} \delta(\omega - \omega_{\mathbf{k}\alpha}) d\mathbf{k} \tag{12.33}$$

となる．ただし，式 (12.32) の波数ベクトルに関する 3 重積分を単純に $\int d\mathbf{k}$ と記している．特に，式 (12.24) が成り立つ低振動数領域では式 (12.33) の積分は

$$\rho(\omega) = \frac{V}{\pi^3} \int_0^{\pi/a} [\delta(\omega - c_l k) + 2\delta(\omega - c_t k)] d\mathbf{k}$$

$$= \frac{V}{(2\pi)^3} \int_{-\pi/a}^{\pi/a} [\delta(\omega - c_l k) + 2\delta(\omega - c_t k)] d\mathbf{k} \tag{12.34}$$

となる．ただし，被積分関数が $\mathbf{k}$ の偶関数であることを利用して積分範囲を広げ，その分全体を 8 で割っている．波数空間で球座標を用いて積分を実行すると

$$\int \delta(\omega - ck) d\mathbf{k} = 4\pi \int k^2 \delta(\omega - ck) dk = \frac{4\pi\omega^2}{c^3} \tag{12.35}$$

であるから，この低振動数領域における状態密度は

$$\rho(\omega) = \frac{3V}{2\pi^2 \bar{c}^3} \omega^2 = AV\omega^2 \tag{12.36}$$

$$\frac{3}{\bar{c}^3} = \frac{1}{c_l^3} + \frac{2}{c_t^3}, \quad A = \frac{3}{2\pi^2 \bar{c}^3} \tag{12.37}$$

で与えられることがわかる．振動数が高い領域における $\rho(\omega)$ の振る舞いは単純ではないが，デバイは，内部エネルギーや比熱の計算の際に，音波の分散関係（式 (12.17)）がすべての $\mathbf{k}$ に対して成り立つと仮定し，状態密度の表式 (12.36) がすべての振動数に対して適用できるものとした（デバイ近似）．ただし，1 次元格子の分散関係（式 (12.15)）からも明らかなように固有振動数 $\omega_{\mathbf{k}\alpha}$ には上限が存在し，ある振動数 ω_D よりも大きな ω に対しては $\rho(\omega) = 0$ としなければならない．N 個の原子からなる結晶の基準モードの総数は，格子の力学的自由度 $3N$ に等しくなければならないことから，この振動数 ω_D は

$$\int_0^{\omega_D} \rho(\omega) d\omega = \frac{AV}{3} \omega_D^3 = 3N \tag{12.38}$$

を満たすように決定される．これより

$$\omega_D = \left(\frac{9N}{AV}\right)^{1/3} = \left(\frac{6N\pi^2 \bar{c}^3}{V}\right)^{1/3} \tag{12.39}$$

となる．この ω_D はデバイの切断振動数とよばれる．

また，$k_B\Theta = \hbar\omega_D$ で決まる温度 Θ をデバイ温度とよぶ．状態密度 (12.36) を用いて式 (12.27)，式 (12.28) の和を積分に置き換えると

$$U(T) = AV \int_0^{\omega_D} \frac{\hbar\omega^3}{\exp(\beta\hbar\omega) - 1} d\omega$$

$$= 9N\hbar\omega_D \left(\frac{T}{\Theta}\right)^4 \int_0^{\Theta/T} \frac{x^3}{e^x - 1} dx \tag{12.40}$$

$$C(T) = AV k_B \int_0^{\omega_D} \frac{\beta^2 \hbar^2 \omega^4 \exp(\beta\hbar\omega)}{[\exp(\beta\hbar\omega) - 1]^2} d\omega$$

$$= 9N k_B \left(\frac{T}{\Theta}\right)^3 \int_0^{\Theta/T} \frac{x^3 e^x}{(e^x - 1)^2} dx \tag{12.41}$$

となる．

c. 高温極限

高温の極限 $T \gg \Theta$ で，式 (12.27) からデュロン・プティの法則が導かれることを示そう．この極限では，$\beta\hbar\omega_D = \hbar\omega_D/k_B T$ は微小量であるから，式 (12.27) の最終行の積分における被積分関数 $x^3/(e^x - 1)$ を x^2 で近似してもよい．

$$U(T) = \frac{AV}{\hbar^3 \beta^4} \int_0^{\beta\hbar\omega_D} x^2 dx = \frac{AV}{\hbar^3 \beta^4} \frac{(\beta\hbar\omega_D)^3}{3} \tag{12.42}$$

となる．ここで，$AV\omega_D^3/3 = 3N$ という関係を用いると，デュロン・プティの法則

$$U(T) = 3N k_B T, \quad C = \frac{\partial U}{\partial T} = 3N k_B$$

が導かれる．

d. 低温極限

低温の極限 $T \ll \Theta$ では，積分の上限を $\beta\hbar\omega_D \to \infty$ とすることができる．このときは積分公式

$$\int_0^\infty \frac{x^3}{e^x - 1} dx = \frac{\pi^4}{15} \tag{12.43}$$

を用いると

$$U(T) = \frac{3\pi^4}{5} N\hbar\omega_D \left(\frac{T}{\Theta}\right)^4 \tag{12.44}$$

$$C(T) = \frac{12\pi^4}{5} N k_B \left(\frac{T}{\Theta}\right)^3 \tag{12.45}$$

が得られる．こうして，確かに温度の 3 乗に比例する低温比熱（デバイの 3 乗則）を導くことができた．

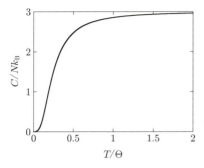

図 12.3 デバイ理論による固体の比熱の温度変化

中間の温度領域における内部エネルギーと比熱を求めるためには，式 (12.41) の積分を数値的に実行する必要がある．図 12.3 に数値積分の結果を示す．デバイ理論の結果は，典型的な固体の比熱の実験結果と広い温度領域においてよく一致することが知られている．

12.1 節のまとめ

- **格子振動のアインシュタイン模型**
1. 格子振動のアインシュタイン模型では，N 個の原子からなる結晶の格子振動を一定の振動数 ω_E をもつ N 個の独立な3次元調和振動子とみなす．
2. アインシュタイン模型による内部エネルギーと比熱はそれぞれ

$$U(T) = 3N \frac{\hbar \omega_E}{\exp(\beta \hbar \omega_E) - 1}$$

$$C(T) = 3N k_B (\beta \hbar \omega_E)^2 \frac{\exp(\beta \hbar \omega_E)}{[\exp(\beta \hbar \omega_E) - 1]^2}$$

で与えられる．

3. 高温極限 $k_B T \gg \hbar \omega_E$ では $U \simeq 3N k_B T$，$C \simeq 3N k_B$ となり，デュロン・プティの法則が再現される．一方，低温極限 $k_B T \ll \hbar \omega_E$ では

$$C(T) \simeq 3N k_B (\beta \hbar \omega_E)^2 \exp(-\beta \hbar \omega_E)$$

となる．これは実験的に観測されているデバイの3乗則 $C(T) \propto T^3$ とは一致しない．

- **格子振動のデバイ模型**
1. デバイ模型では格子振動の振動数分布（状態密度）が

$$\rho(\omega) = \begin{cases} \dfrac{V}{2\pi^2} \left(\dfrac{1}{c_l^3} + \dfrac{2}{c_t^3} \right) \omega^2 & (\omega < \omega_D) \\ 0 & (\omega > \omega_D) \end{cases}$$

で与えられる．ここで，c_l, c_t はそれぞれ縦波，横波の音速であり，ω_D（デバイ振動数）は基準モードの総数が $3N$ である条件 $\int \rho(\omega) d\omega = 3N$ より

$$\omega_D = \left(\frac{6N \pi^2 \bar{c}^3}{V} \right)^{1/3}, \quad \frac{1}{\bar{c}^3} = \frac{1}{3}\left(\frac{1}{c_l^3} + \frac{2}{c_t^3} \right)$$

で与えられる．

2. 内部エネルギーと比熱はそれぞれ

$$U(T) = \int_0^{\omega_D} \frac{\rho(\omega) \hbar \omega}{e^{\beta \hbar \omega} - 1} d\omega = 9N \hbar \omega_D \left(\frac{T}{\Theta} \right)^4 \int_0^{\Theta/T} \frac{x^3}{e^x - 1} dx$$

$$C(T) = \frac{\partial U}{\partial T} = 9N k_B \left(\frac{T}{\Theta} \right)^3 \int_0^{\Theta/T} \frac{x^3 e^x}{(e^x - 1)^2} dx$$

で与えられる．ただし，$\Theta = \hbar\omega_D/k_B$ はデバイ温度である．

3. 高温極限での比熱は $C \simeq 3Nk_B$ となり，デュロン・プティの法則を再現する．一方，低温極限では

$$C(T) \simeq \frac{12\pi^4}{5} Nk_B \left(\frac{T}{\Theta}\right)^3$$

となり，デバイの3乗則に従う比熱が得られる．

12.2 空洞放射

一定の温度の壁に囲まれた空洞内において，壁と熱平衡状態にある電磁放射を空洞放射とよぶ．例えば，金属の壁で囲まれた空洞を考え，壁を熱して温度 T にすると，壁から電磁波が放出されて空洞内にはさまざまな波長の電磁波が存在している．壁は電磁波の放射と吸収を繰り返し，ちょうど釣り合ったところで熱平衡状態となる．この節では，このような空洞放射の熱力学的性質を議論する．空洞放射の問題は19世紀終わりから20世紀初頭にかけて重要な研究課題であり，量子力学の発展に寄与した．

12.2.1項では，空洞中の電磁場が格子振動に類似した調和振動子のハミルトニアンによって表されることを示す．このハミルトニアンを用いて，12.2.2項で空洞中の電磁場の熱力学的性質について調べる．

12.2.1 空洞中の電磁場のハミルトニアン

a. 立方形空洞中の平面電磁波

1辺 L の立方体の空洞中の電磁場を考える．空洞内の電磁場はマクスウェル方程式

$$\nabla \cdot \mathbf{E} = 0, \quad \nabla \times \mathbf{E} = -\frac{\partial \mathbf{B}}{\partial t}$$

$$\nabla \cdot \mathbf{B} = 0, \quad \nabla \times \mathbf{B} = \varepsilon_0\mu_0 \frac{\partial \mathbf{E}}{\partial t} \quad (12.46)$$

に従う．第2式と第4式を時間で微分し，第1式と第3式を用いると，$\mathbf{E}$ と $\mathbf{B}$ に対する波動方程式

$$\nabla^2\mathbf{E} = \frac{1}{c^2}\frac{\partial^2\mathbf{E}}{\partial t^2}, \quad \nabla^2\mathbf{B} = \frac{1}{c^2}\frac{\partial^2\mathbf{B}}{\partial t^2}, \quad c^2 = \frac{1}{\varepsilon_0\mu_0} \tag{12.47}$$

が得られる．この波動方程式は平面進行波解

$$\mathbf{E}(\mathbf{r}, t) = \mathbf{E}_0 \exp[i(\mathbf{k}\cdot\mathbf{r} - \omega_k t)] \quad (12.48)$$

をもつ．振動数 ω と波数ベクトル $\mathbf{k}$ の間に分散関係

$$\omega_k = c|\mathbf{k}| \tag{12.49}$$

が成り立つとき，式 (12.48) が波動方程式 (12.47) の解であることは容易に確かめられる．

波数ベクトル $\mathbf{k}$ がとりうる値は境界条件によって制限される．系の巨視的な性質は境界条件には依存しないので，ここでは計算が最も簡単な周期境界条件を仮定しよう．x, y, z 方向にそれぞれ周期 L の周期的境界条件を課すと，境界条件を満たす波動ベクトル $\mathbf{k}$ は

$$k_x = \frac{2\pi}{L}n_x, \quad k_y = \frac{2\pi}{L}n_y, \quad k_z = \frac{2\pi}{L}n_z$$
$$(n_x, n_y, n_z = 0, \pm1, \pm2, \cdots) \tag{12.50}$$

で与えられる．

b. 電磁場のハミルトニアン

前節の固体の格子振動と同様に，空洞内の電磁場も一般に基準モード，すなわち平面波の重ね合わせとして表すことができる．格子振動の場合，基準モードを用いて表されたハミルトニアンは独立な調和振動子の集まりと等価であった．空洞中の電磁場も同様に，調和振動子のハミルトニアンによって表すことができる．まず先に結果だけを示すことにすると，空洞中の電磁場のハミルトニアンは

$$H = \sum_{\mathbf{k}} \sum_{\sigma=1,2} \left(\frac{1}{2}P_{\mathbf{k}\sigma}^2 + \frac{1}{2}\omega_k^2 Q_{\mathbf{k}\sigma}^2\right) \quad (12.51)$$

で与えられる．ここで，σ は電磁波の偏りの方向を表し，$Q_{\mathbf{k}\sigma}$ は波数ベクトル $\mathbf{k}$，偏り σ の平面電磁波を表す一般化座標，$P_{\mathbf{k}\sigma}$ は $Q_{\mathbf{k}\sigma}$ に共役な一般化運動量である．ハミルトニアン（式 (12.51)）を電場 $\mathbf{E}$ と磁場 $\mathbf{B}$ を使って表すと

$$H = \frac{1}{2}\int\left(\varepsilon_0\mathbf{E}^2 + \frac{1}{\mu_0}\mathbf{B}^2\right)d\mathbf{r} \quad (12.52)$$

となる．これは電磁場のエネルギーの表式と一致する．格子振動と同様に，11.5節の量子系調和振動子の結果を適用すれば，電磁場の熱力学量，例えばエネルギーの期待値を計算することができる．

c. ハミルトニアンの導出

ハミルトニアン（式 (12.51)）を導出するために，電場 $\mathbf{E}$ と磁場 $\mathbf{B}$ を平面電磁波の重ね合わせで表そう．ただし，平面波解（式 (12.48)）がマクスウェル方程式 (12.46) の第1式を満たすためには $\mathbf{E}\cdot\mathbf{k} = 0$，すなわ

ち電磁波の偏りの方向は $\mathbf{k}$ に垂直でなければならない. そこで, $\mathbf{k}$ に垂直な二つの単位ベクトル $\mathbf{e}_{k1}$, $\mathbf{e}_{k2}$ を導入し

$$\mathbf{k} \cdot \mathbf{e}_{k\sigma} = 0, \quad \mathbf{e}_{k\sigma} \cdot \mathbf{e}_{k\sigma'} = \delta_{\sigma\sigma'} \quad (\sigma, \sigma' = 1, 2) \tag{12.53}$$

とする. これらを用いて, 電場は

$$\mathbf{E}(\mathbf{r}, t) = \frac{1}{V^{1/2}} \sum_{\mathbf{k}} \sum_{\sigma=1,2} \mathbf{e}_{k\sigma} a_{\mathbf{k}\sigma}(t) \exp(i\mathbf{k} \cdot \mathbf{r}) \tag{12.54}$$

と表される. ただし, $\mathbf{E}$ が実数であるためには $a_{-\mathbf{k}\sigma} = a_{\mathbf{k}\sigma}^*$ である必要がある. また, $\mathbf{e}_{-k\sigma} = \mathbf{e}_{k\sigma}$ とする.

次に, マクスウェル方程式 (12.46) の第 2 式に式 (12.54) を使うと

$$\frac{\partial \mathbf{B}}{\partial t} = -\frac{1}{V^{1/2}} \sum_{\mathbf{k}} \sum_{\sigma=1,2} i(\mathbf{k} \times \mathbf{e}_{k\sigma}) a_{\mathbf{k}\sigma}(t) \exp(i\mathbf{k} \cdot \mathbf{r}) \tag{12.55}$$

となる. そこで, $\dot{b}_{\mathbf{k}\sigma} = -a_{\mathbf{k}\sigma}$ を満たす変数 $b_{\mathbf{k}\sigma}$ を導入して, 磁場を

$$\mathbf{B}(\mathbf{r}, t) = \frac{1}{V^{1/2}} \sum_{\mathbf{k}} \sum_{\sigma=1,2} i(\mathbf{k} \times \mathbf{e}_{k\sigma}) b_{\mathbf{k}\sigma}(t) \exp(i\mathbf{k} \cdot \mathbf{r}) \tag{12.56}$$

と表すことができる. $b_{\mathbf{k}\sigma}$ が満たすべき運動方程式を導くために, 式 (12.46) の第 4 式の両辺にそれぞれ式 (12.56), 式 (12.54) を代入し, $\mathbf{k} \times (\mathbf{k} \times \mathbf{e}_{k\sigma}) = -k^2 \mathbf{e}_{k\sigma}$ を用いると

$$\sum_{\mathbf{k}} \sum_{\sigma=1,2} \mathbf{e}_{k\sigma} \exp(i\mathbf{k} \cdot \mathbf{r}) \left[k^2 b_{\mathbf{k}\sigma}(t) + \frac{1}{c^2} \ddot{b}_{\mathbf{k}\sigma}(t) \right] = 0 \tag{12.57}$$

が得られる. この式が恒等的に成り立つためには, 各フーリエ成分の係数 (つまり [ ] の中身) がゼロであることが要求されるので,

$$\ddot{b}_{\mathbf{k}\sigma} = -c^2 k^2 b_{\mathbf{k}\sigma} \tag{12.58}$$

を得る.

運動方程式 (12.58) を導くラグランジアンは

$$\mathcal{L} = \frac{1}{2} \int \left(\varepsilon_0 \mathbf{E}^2 - \frac{1}{\mu_0} \mathbf{B}^2 \right) d\mathbf{r} \tag{12.59}$$

で与えられることを示そう. ただし, 積分は空洞内の全領域について行う. 式 (12.59) に平面波による展開式 (12.54), 式 (12.56) を代入して, 平面波の直交関係

$$\frac{1}{V} \int e^{i(\mathbf{k}-\mathbf{k}') \cdot \mathbf{r}} d\mathbf{r} = \delta_{k_x k_x'} \delta_{k_y k_y'} \delta_{k_z k_z'} \equiv \delta_{\mathbf{k}\mathbf{k}'} \tag{12.60}$$

および $\mathbf{e}_{k\sigma} \cdot \mathbf{e}_{k\sigma'} = \delta_{\sigma\sigma'}$ $(\mathbf{k} \times \mathbf{e}_{k\sigma}) \cdot (\mathbf{k} \times \mathbf{e}_{k\sigma'}) =$

$k^2 \delta_{\sigma\sigma'}$ を用いると

$$\mathcal{L} = \frac{1}{2} \sum_{\mathbf{k}} \sum_{\sigma} \left(\varepsilon_0 |\dot{b}_{\mathbf{k}\sigma}|^2 - \frac{k^2}{\mu_0} |b_{\mathbf{k}\sigma}|^2 \right) \tag{12.61}$$

を得る. 力学変数を実数で表すため, Q_1, Q_2 を実数として以下の変数変換を行う.

$$b_{\mathbf{k}\sigma} = \frac{1}{\sqrt{2\varepsilon_0}} (Q_{1\mathbf{k}\sigma} + iQ_{2\mathbf{k}\sigma})$$

$$b_{-\mathbf{k}\sigma} = \frac{1}{\sqrt{2\varepsilon_0}} (Q_{1\mathbf{k}\sigma} - iQ_{2\mathbf{k}\sigma}) \tag{12.62}$$

ただし, $Q_{1\mathbf{k}\sigma} = Q_{1-\mathbf{k}\sigma}$, $Q_{2\mathbf{k}\sigma} = -Q_{2-\mathbf{k}\sigma}$ である. すると, $|b_{\mathbf{k}\sigma}|^2 = b_{\mathbf{k}\sigma} b_{-\mathbf{k}\sigma} = (Q_{1\mathbf{k}\sigma}^2 + Q_{2\mathbf{k}\sigma}^2)/(2\varepsilon_0)$ より

$$\mathcal{L} = \sum_{\mathbf{k}}' \sum_{\sigma} \left[\frac{1}{2} (\dot{Q}_{1\mathbf{k}\sigma}^2 + \dot{Q}_{2\mathbf{k}\sigma}^2) \right.$$
$$\left. - \frac{1}{2} c^2 k^2 (Q_{1\mathbf{k}\sigma}^2 + Q_{2\mathbf{k}\sigma}^2) \right] \tag{12.63}$$

となる. ここで, $\sum_{\mathbf{k}}'$ は全波数ベクトル空間の半分の領域, 例えば $k_x \geq 0$ の領域についてのみとることにする. これは同じ $Q_{1\mathbf{k}\sigma}$, $Q_{2\mathbf{k}\sigma}$ が 2 回数えられることを避けるためである. ここで, 新たに $Q_{\mathbf{k}}$ を

$$Q_{\mathbf{k}} = Q_{1\mathbf{k}}, \quad Q_{-\mathbf{k}} = Q_{2\mathbf{k}} \tag{12.64}$$

と定義して, $\mathbf{k}$ に関する和を元の全波動ベクトルについての和に戻せば

$$\mathcal{L} = \sum_{\mathbf{k}} \sum_{\sigma} \left(\frac{1}{2} \dot{Q}_{\mathbf{k}\sigma}^2 - \frac{1}{2} \omega_k^2 Q_{\mathbf{k}\sigma}^2 \right) \quad \omega_k = ck \tag{12.65}$$

を得る. これは振動数 ω_k の振動子の集まりと等価であるから, このラグランジアンから導かれる $Q_{\mathbf{k}\sigma}$ に対する運動方程式は

$$\ddot{Q}_{\mathbf{k}\sigma} = -\omega_k^2 Q_{\mathbf{k}\sigma} \tag{12.66}$$

で与えられる. この運動方程式を $b_{\mathbf{k}\sigma}$ に対する運動方程式に書き換えれば, 式 (12.58) が導かれる.

空洞中の電磁場をカノニカル分布で扱うためには, 系を記述するハミルトニアンが必要である. 通常の手続きに従って正準運動量

$$P_{\mathbf{k}\sigma} = \frac{\partial \mathcal{L}}{\partial \dot{Q}_{\mathbf{k}\sigma}} = \dot{Q}_{\mathbf{k}\sigma} \tag{12.67}$$

を導入して, ハミルトニアンの定義式

$$H = \sum_{\mathbf{k}} \sum_{\sigma} P_{\mathbf{k}\sigma} \dot{Q}_{\mathbf{k}\sigma} - \mathcal{L}$$

を用いると, 式 (12.51) を得ることができる.

12.2.2 空洞中の電磁場の熱力学的性質

格子振動の場合と同様に, 空洞放射場は式 (12.49) の振動数をもつ振動子の集合とみなせることがわかっ

た．ただし，格子振動の場合と違い，分散関係 (12.49) は近似ではなく任意の大きさの **k** に対して成り立ち，振動子の数は無限個である．これらの違いに注意すれば，空洞内の電磁場のエネルギーの計算はデバイモデルにおけるものと本質的に同じであり，

$$U(T) = \int \rho(\omega) \frac{\hbar\omega}{\exp(\beta\hbar\omega) - 1} d\omega \quad (12.68)$$

で与えられる．ここで，基準モードの状態密度は式 (12.34) と同様の計算より

$$\rho(\omega) = 2\frac{V}{(2\pi)^3}\int \delta(\omega - ck)d\mathbf{k} = \frac{V\omega^2}{\pi^2 c^3} \quad (12.69)$$

で与えられる．ただし，波数ベクトル **k** に対して，偏りの異なる $\sigma = 1, 2$ の二つのモードがあることに対応して因子 2 を掛けたこと，また，式 (12.69) は切断振動数をもたず，全領域 $0 < \omega < \infty$ で成り立つことに注意する．こうして，エネルギー密度は

$$\frac{U}{V} = \int \frac{1}{\pi^2 c^3} \frac{\hbar\omega^3}{e^{\beta\hbar\omega} - 1} d\omega \quad (12.70)$$

によって与えられる．積分変数を $x = \beta\hbar\omega$ とすると

$$\begin{aligned}\frac{U}{V} &= \frac{\hbar}{\pi^2 c^3}\left(\frac{k_\mathrm{B}T}{\hbar}\right)^4 \int_0^\infty \frac{x^3}{e^x - 1} dx \\ &= \frac{\pi^2}{15\hbar c^3}(k_\mathrm{B}T)^4 \equiv aT^4\end{aligned} \quad (12.71)$$

となる．ただし，最後に積分公式 (12.43) を用いた．定数 a は

$$a = \frac{\pi^2}{15\hbar c^3}k_\mathrm{B}^4 = 7.63 \times 10^{-6}\,\mathrm{J\,m^{-3}\,K^{-4}} \quad (12.72)$$

で与えられる．このように，空洞放射のエネルギー密度が T^4 に比例するという結果は<u>ステファン・ボルツマンの法則（Stefan-Boltzmann law）</u>として知られている．

エネルギー密度 (12.70) を振動数別にみると，被積分関数

$$u(\omega) = \frac{\hbar\omega^3}{\pi^2 c^3}\frac{1}{e^{\beta\hbar\omega} - 1} \quad (12.73)$$

は単位体積，単位振動数あたりのエネルギー（エネルギースペクトル密度）を表している．空洞放射のスペクトル密度の式 (12.73) はマックス・プランクにより最初に導出されたもので，<u>プランクの熱放射式（Planck radiation formula）</u>とよばれている．無次元の変数 $x = \beta\hbar\omega$ を導入すると，プランクの熱放射式は

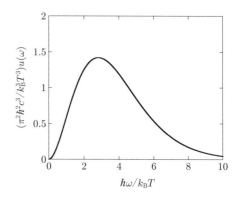

図 12.4 プランクの熱放射式

$$u(\omega) = \frac{(k_\mathrm{B}T)^3}{\pi^2 \hbar^2 c^3}\frac{x^3}{e^x - 1} \equiv \frac{(k_\mathrm{B}T)^3}{\pi^2 \hbar^2 c^3}\bar{u}(x) \quad (12.74)$$

$$\bar{u}(x) = \frac{x^3}{e^x - 1} \quad (12.75)$$

と表すことができる．

図 12.4 はプランクの熱放射式をグラフにプロットしたものである．低温極限 $k_\mathrm{B}T \ll \hbar\omega$ では，$e^x \gg 1$ より $\bar{u}(x) \simeq x^3 e^{-x}$ であるから

$$u(\omega) = \frac{\hbar\omega^3}{\pi^2 c^3}\exp\left(-\frac{\hbar\omega}{k_\mathrm{B}T}\right) \quad (12.76)$$

となる．これは<u>ウィーン（Wien）の放射式</u>とよばれる．逆の，高温極限 $k_\mathrm{B}T \gg \hbar\omega$ では，$e^x \simeq 1 + x$ より $\bar{u}(x) \simeq x^3/(1 + x - 1) = x^2$ であるから

$$u(\omega) = \frac{(k_\mathrm{B}T)^3}{\pi^2 \hbar^2 c^3}\left(\frac{\hbar\omega}{k_\mathrm{B}T}\right)^2 = \frac{k_\mathrm{B}T}{\pi^2 c^3}\omega^2 \quad (12.77)$$

となる．これは<u>レイリー・ジーンズ（Reyleigh-Jeans）の放射式</u>とよばれる．

図より明らかなように，スペクトル密度 u はある振動数で最大値をとる．u が最大となる振動数 ω_max は温度 T に比例することを示そう．スペクトル密度が極大となる条件は

ヴィルヘルム・ウィーン

ドイツの物理学者．熱力学において業績を残し，とくに黒体放射の定式化は，のちのマックス・プランクによる量子論に結実する．熱放射の諸法則に関する発見により，1911 年にノーベル物理学賞を受賞．（1864–1928）

$$\bar{u}(x)\frac{d}{dx} = \frac{1}{(e^x-1)^2}[3x^2(e^x-1) - x^3 e^x] = 0 \quad (12.78)$$

である．したがって

$$x + 3e^{-x} - 3 = 0 \quad (12.79)$$

の解 $x \simeq 2.822$ を用いて

$$\frac{\hbar\omega_{\max}}{k_{\rm B}} \simeq 2.822T \quad (12.80)$$

を得る．このように，エネルギースペクトル密度が最大となる振動数が温度 T に比例するという事実はウィーンの変位則（Wien's displacement law）として知られ

ている．$\omega_{\max}$ に対応する波長を $\lambda_{\max} = 2\pi c/\omega_{\max}$ とすると，

$$\lambda_{\max} T = \frac{hc}{2.822 k_{\rm B}} = 5.1 \times 10^{-3}\,\mathrm{m\,K} \quad (12.81)$$

となる（ここでは $\lambda_{\max}$ は電磁波の波長分布ではなく，振動数分布の最大を与えるものとして定義していることに注意しよう）．これは，物体から放射される電磁波が温度が高いほど波長が短く（青く）なり，温度が低いほど波長が長く（赤く）なることを示している．例えば，室温（300 K）程度の物体から放射される電磁波の特徴的な波長は 10^{-5} m 程度の赤外線（遠赤外線）であることがわかる．

a. **その他の熱力学量**

空洞放射の比熱は

$$C = \frac{\partial U}{\partial T} = 4aVT^3 \quad (12.82)$$

で与えられる．格子比熱とは異なり，低温領域だけでなくすべての温度領域で3乗則が成り立つ．また，$C = T(\partial S/\partial T)$ よりエントロピーが

$$S = \int_0^T \frac{C}{T}dT = \int_0^T 4aVT^2 dT = \frac{4}{3}aVT^3 \quad (12.83)$$

のように求められる．これより，ヘルムホルツの自由エネルギーが

$$F = E - TS = -\frac{aVT^4}{3} \quad (12.84)$$

となる．また，圧力は

$$p = -\frac{\partial F}{\partial V} = \frac{a}{3}T^4 \quad (12.85)$$

で与えられる．

> **ジョン・ウィリアム・ストラット**
>
>
>
> 英国の物理学者．古典力学の広範にわたる業績があり，なかでもラムゼーとの共同研究により希ガスのアルゴンの発見があり，その功績から1904年にノーベル物理学賞を受賞した．1873年の父親の死から爵位を継承し，レイリー卿（第3代レイリー男爵）となる．（1842–1919）

> **ジェームズ・ジーンズ**
>
>
>
> 英国の物理学者，天文学者，数学者．1905年に黒体輻射の波長分布に関するレイリー・ジーンズの法則を発表．天文学分野では，太陽系の起源に関する潮汐説を唱えたり，星間雲の収縮に関連したジーンズ質量の概念を提唱した．（1877–1946）

12.2 節のまとめ

- 温度 T の熱平衡状態にある空洞中の電磁場のエネルギー密度スペクトルは，プランクの熱放射式

$$u(\omega) = \frac{\hbar\omega^3}{\pi^2 c^3}\frac{1}{e^{\beta\hbar\omega} - 1}$$

  で与えられる．

- エネルギー密度スペクトルは低温極限 $k_{\rm B}T \ll \hbar\omega$ では

$$u(\omega) = \frac{\hbar\omega^3}{\pi^2 c^3}\exp\left(-\frac{\hbar\omega}{k_{\rm B}T}\right) \quad (\text{ウィーンの放射式})$$

  高温極限 $k_{\rm B}T \gg \hbar\omega$ では

216   12. 格子振動と空洞放射

$$u(\omega) = \frac{k_B T}{\pi^2 c^3} \omega^2 \quad \text{（レイリー・ジーンズの放射式）}$$

で与えられる.

- エネルギースペクトル密度が最大となる振動数は

$$\omega_{max} = \frac{2.822 k_B T}{\hbar}$$

で与えられ，対応する波長は

$$\lambda_{max} = \frac{hc}{2.822 k_B T}$$

で与えられる（ウィーンの変位則）.

13. 縮退量子気体

金属電子系やヘリウムの気体などは，近似的に理想気体とみなすことができるが，低温におけるこれらの系の熱力学的な性質は古典気体の法則から予測されるものとは著しく異なる．例えば，低温での1粒子あたりの電子比熱は $3k_\mathrm{B}/2$ に比べてはるかに小さく，しかも温度に比例して $C \simeq \gamma T$ のように変化する．このようなことが起こる理由は，低温になると電子の波動性が顕著になり，これらが作る集団の性質（エネルギー分布など）が古典統計力学で与えられるものとは大いに異なってくるからである．

質量 m の粒子からなり，粒子数密度 n で温度 T の熱平衡状態にある気体を考えてみよう．古典統計力学から予想される1粒子あたりの平均運動エネルギーは $3k_BT/2$ であるから，平均運動量の大きさは $p_T \simeq (3mk_BT)^{1/2}$ である．この運動量に対応するド・ブロイ波長は $\lambda_T \sim h/p_T \simeq h/(3mk_BT)^{1/2}$ である（λ_T を熱的ド・ブロイ波長とよぶ．λ_T の正確な定義は 13.3.4 項の式 (13.102) で与える）．気体中の粒子は，λ_T 程度の広がりをもつ波束として振る舞う．この系が古典気体とみなせるか量子的に振る舞うかは，熱的ド・ブロイ波長 λ_T と密度 n から定まる平均粒子間距離 $d \sim n^{-1/3}$ との比較によって決まる．

1. $d \gg \lambda_T$ ならば，粒子の波動性が無視できて，粒子を質点とみなす古典力学および古典統計力学が成り立つ．

2. 逆の極限 $d \lesssim \lambda_T$ では，各粒子に伴うド・ブロイ波は互いに重なりあって粒子の波動性が支配的になり，1粒子の力学のレベルで点粒子という見方ができなくなるばかりでなく，これらの粒子が作る集団の状態の指定の仕方を変更しなくてはならない．すなわち，$\lambda_T \simeq d$ が成り立つ低温もしくは低密度領域

$$
\lambda_T \begin{cases} > d \\ \ll d \end{cases} \longrightarrow k_B T \begin{cases} < \dfrac{h^2 n^{2/3}}{m} & : 量子的 \\[2mm] \gg \dfrac{h^2 n^{2/3}}{m} & : 古典的 \end{cases}
$$

$$(13.1)$$

においては，電子気体やヘリウムの気体の熱的性質は，古典統計力学の法則から大きくずれ始めることが予想できる．このような $\lambda_T \gtrsim d$ の条件下にある量子気体を，統計的に縮退している（statistically degenerate）という．

この章では，同種粒子からなる量子気体の統計力学的な取り扱い方法について学ぶ．まず 13.1 節では，同種粒子系の微視的状態の記述について概説し，その後に，13.2 節では，同種粒子系を扱う際に便利なグランドカノニカル分布を導入する．

▌13.1 同種粒子系の量子状態

この節で説明する内容は，第 I 部量子力学でも述べられているが，ここでも簡単に解説しておく．ただし，波動関数の記法など細かい記述には I 部と異なっている点もあることを注意しておく．

13.1.1 同種粒子の波動関数

互いにまったく区別がつかない（すなわち，同一の質量，電荷，$\cdots$ をもつ）粒子を同種粒子とよぶ．一般に，N 個の同種粒子からなる系の量子力学的状態は多体波動関数

$$\Psi = \Psi(x_1, x_2, \cdots, x_j, \cdots, x_N, t) \quad (13.2)$$

によって記述される．ここに，j は粒子に付けた "仮の" 名前であり，x_j は j 番目の粒子の位置座標（スピン角運動量をもつ粒子の場合には，スピン座標も含む）を表す．ここで注意すべきことは，同種粒子の系ではそもそも x_1 にある粒子を 1，x_2 にある粒子を 2，といった具合にラベル付けすることはできず，添え字 j はあくまでも "仮の" 名前にすぎないということである．このように「粒子が区別できない」という性質から同種粒子系の波動関数 Ψ には，以下で示すような特別な対称性が要求される．

最も簡単な場合として，二つの同種粒子からなる系を考える．2粒子波動関数は一般に

$$\Psi = \Psi(x_1, x_2) \quad (13.3)$$

という形をもつ（簡単のため時間 t に対する依存性は省略する）．二つの粒子が区別できないことから，すべての物理的性質，特に粒子 1 を x_1，粒子 2 を位置 x_2 に見出す確率密度 $P(x_1, x_2) = |\Psi(x_1, x_2)|^2$ は 1，2 の変数を交換する操作に対して不変でなければならない．よって

$$|\Psi(x_1, x_2)| = |\Psi(x_2, x_1)| \quad (13.4)$$

である．式 (13.4) が満たされるためには，1 と 2 の交換によって波動関数が

$$\Psi(x_2, x_1) = c\Psi(x_1, x_2) \quad (13.5)$$

となることが要請される．ここで，c は $|c| = 1$ の任意の複素数である．ここで 1，2 の変数をもう一度入れ替えると

$$\Psi(x_1, x_2) = c\Psi(x_2, x_1) = c^2\Psi(x_1, x_2) \quad (13.6)$$

となるので

$$c^2 = 1 \Rightarrow c = \pm 1 \quad (13.7)$$

という条件が得られる．よって，2 体波動関数は 1，2 の変数の入れ替えによって

$$\Psi(x_2, x_1) = \pm \Psi(x_1, x_2) \quad (13.8)$$

となる．+ 符号か − 符号かは粒子の種類によって決まっており，相対論的な場の量子論によれば，以下のような，いわゆる「スピン統計定理」が一般に成り立つことがわかっている．

整数スピン（$0, 1, 2, \cdots$）をもつ同種粒子の波動関数は変数の入れ替えに関して対称（+ 符号）である．このような粒子を**ボース粒子（boson）**という．

半奇整数スピン（$\frac{1}{2}, \frac{3}{2}, \frac{5}{2}, \cdots$）をもつ同種粒子の波動関数は変数の入れ替えに関して反対称（− 符号）である．このような粒子を**フェルミ粒子（fermion）**という．

以上を三つ以上の多粒子の場合に一般化すると，多体の波動関数は二つの同種粒子の座標をすべて同時に交換する操作に関して，ボース粒子（整数スピン）の場合は不変，フェルミ粒子（半奇整数スピン）の場合

> **サティエンドラ・ボース**
>
>
>
> インドの物理学者．1924 年，プランクの放射法則と光量子仮説に関する論文をアインシュタインに送った．アインシュタインはこの論文を高く評価し，光子の統計法が広まることとなった．（1894–1974）

は符号を変える．つまり

$$\Psi(x_1, x_2, \cdots, x_i, \cdots, x_j, \cdots, x_N, t)$$
$$= \pm \Psi(x_1, x_2, \cdots, x_j, \cdots, x_i, \cdots, x_N, t) \quad (13.9)$$

となる．電子，陽子，中性子（スピン 1/2）はフェルミ粒子であり，光子（スピン 1）はボース粒子である．

原子や分子は複数の電子，陽子，中性子から構成される複合系であるが，統計力学ではこれらを一つの粒子（複合粒子）とみなして扱うことが多い．一般に，偶数個のフェルミ粒子から構成される複合粒子はボース統計に従い，奇数個のフェルミ粒子から構成される複合粒子はフェルミ統計に従うことが知られている．例としてヘリウムの 2 種類の同位体 ^{4}He，^{3}He を考えてみよう．^{4}He 原子は二つの陽子，二つの中性子，二つの電子を含んでおり，計 6 個のフェルミ粒子から構成されているので複合粒子としてはボース粒子として振る舞う．一方で，^{3}He は二つの陽子，一つの中性子，二つの電子を含んでおり，計 5 個のフェルミ粒子から構成されているのでフェルミ粒子である．

a. フェルミ粒子系におけるパウリの排他原理

フェルミ粒子の波動関数の対称性に負符号が現れることの帰結としてよく知られているのは，パウリの排他原理である．式 (13.9) のフェルミ粒子（− 符号）の場合において，$x_i = x_j = x$ とおくと

$$\Psi(x_1, x_2, \cdots, x, \cdots, x, \cdots, x_N, t)$$
$$= -\Psi(x_1, x_2, \cdots, x, \cdots, x, \cdots, x_N, t) = 0$$
$$(13.10)$$

となる．よって，2 個以上のフェルミ粒子は同じ位置（スピンをもつ場合はスピン状態も含む）に同時に存在することはできない．

13.1.2 自由粒子の波動関数

a. ハートリー波動関数

ここでは，N 個の同種粒子からなる系において，相互作用が無視できる自由粒子の場合を考える．このとき，系のハミルトニアンは

$$\hat{H} = \sum_{i=1}^{N}\left[-\frac{\hbar^2}{2m}\nabla_i^2 + U(x_i)\right] \equiv \sum_{i=1}^{N}\hat{h}(x_i) \quad (13.11)$$

で与えられる．ここで，$\hat{h}$ は 1 粒子ハミルトニアンである．エネルギー固有状態 $\Psi = \Phi e^{-iEt/\hbar}$ を仮定すると，Φ に対する（時間に依存しない）シュレーディンガー方程式は

$$\sum_{i=1}^{N} \hat{h}_i \Phi(x_1, x_2, \cdots, x_N) = E\Phi(x_1, x_2, \cdots, x_N)$$
$$(13.12)$$

となる．この方程式の解は，1体問題

$$\hat{h}(x)\phi_k(x) = \varepsilon_k \phi_k(x) \qquad (13.13)$$

の解を用いて，次の形に表される．

$$\Phi_{k_1, k_2, \cdots, k_N}^{\text{ハートリー}}(x_1, x_2, \cdots, x_N)$$
$$= \phi_{k_1}(x_1)\phi_{k_2}(x_2)\cdots\phi_{k_N}(x_N) \quad (13.14)$$
$$E = \varepsilon_{k_1} + \varepsilon_{k_2} + \cdots + \varepsilon_{k_N} \qquad (13.15)$$

このような形の波動関数をハートリー波動関数（Hartree wave function）という．ハートリー波動関数が相互作用がないときの多体シュレーディンガー方程式の解であることは容易に証明できる．

b. 同種粒子系の波動関数

ハートリー波動関数 (13.14) は，一般には同種粒子系の波動関数がもつべき対称性をもっていない（すなわち，式 (13.9) を満たしていない）．正しい対称性をもつ波動関数は，ハートリー波動関数において変数を入れ替えたものを組み合わせることにより構成できる．そのために，粒子の名前を表す数列 $1, 2, \cdots, N$ を並べ替えて $j_1, j_2, \cdots, j_N$ を作る置換演算子 $\hat{P}$ を導入すると便利である．

$$\hat{P}(1, 2, \cdots, N) = (j_1, j_2, \cdots, j_N) \quad (13.16)$$

このような演算子は全部で $N!$ 個ある．また，任意の置換演算子は互換（二つの数字の入れ替え）の積で表すことができる．同種粒子の波動関 $\Psi(x_1, x_2, \cdots, x_N, t)$ の対称性は，置換演算子 $\hat{P}$ を作用させたとき

$$\hat{P}\Psi(x_1, x_2, \cdots, x_N, t)$$
$$= \Psi(x_{j_1}, x_{j_2}, \cdots, x_{j_N}, t)$$
$$= (\pm 1)^{\hat{P}} \Psi(x_1, x_2, \cdots, x_N, t) \quad (13.17)$$

となることを要求する．ここで，$(-1)^{\hat{P}}$ は置換演算子 $\hat{P}$ が偶数個の互換演算子の積に分解できるときは $+1$，奇数個の互換演算子の積に分解できるときは -1 の値をとるものとする．式 (13.14) の波動関数において粒子の名前を適当に入れ替えたものは置換演算子を用いて

$$\hat{P}[\phi_{k_1}(x_1)\phi_{k_2}(x_2)\cdots\phi_{k_N}(x_N)]$$
$$= \phi_{k_1}(x_{j_1})\phi_{k_2}(x_{j_2})\cdots\phi_{k_N}(x_{j_N}) \quad (13.18)$$

と表される．

ハートリー波動関数に置換演算子を作用させたものも，同じエネルギー固有値をもつ固有関数であることは明らかであろう．そこで，以下のような線形結合に

よって，ボース粒子系，フェルミ粒子系に対して正しい対称性をもつ多体波動関数が構成できる．

ボース粒子系： $\Phi_{k_1, k_2, \cdots, k_N}^{\text{ボース}}(x_1, x_2, \cdots, x_N)$
$$= \frac{1}{\sqrt{N!}} \sum_{\hat{P}} \hat{P}[\phi_{k_1}(x_1)\phi_{k_2}(x_2)\cdots\phi_{k_N}(x_N)]$$
$$(13.19)$$

フェルミ粒子系： $\Phi_{k_1, k_2, \cdots, k_N}^{\text{フェルミ}}(x_1, x_2, \cdots, x_N)$
$$= \frac{1}{\sqrt{N!}} \sum_{\hat{P}} (-1)^{\hat{P}} \hat{P}[\phi_{k_1}(x_1)\phi_{k_2}(x_2)\cdots\phi_{k_N}(x_N)]$$
$$(13.20)$$

c. スレーター行列式

フェルミ粒子系の波動関数を行列式の定義

$$\det A = \sum_{\hat{P}} (-1)^{\hat{P}} A_{1\hat{P}(1)} A_{2\hat{P}(2)} \cdots A_{N\hat{P}(N)}$$
$$(13.21)$$

と見比べると，これは以下の形に表すことができることがわかる．

$$\Phi^{\text{フェルミ}}$$
$$= \frac{1}{\sqrt{N!}} \begin{vmatrix} \phi_{k_1}(x_1) & \phi_{k_1}(x_2) & \cdots & \phi_{k_1}(x_N) \\ \phi_{k_2}(x_1) & \phi_{k_2}(x_2) & \cdots & \phi_{k_2}(x_N) \\ \vdots & \vdots & \cdots & \vdots \\ \phi_{k_N}(x_1) & \phi_{k_N}(x_2) & \cdots & \phi_{k_N}(x_N) \end{vmatrix}$$
$$(13.22)$$

これをスレーター行列式という．行列式の一般的な性質より，以下のことがわかる．

(1) 任意の二つの行の量子数が一致したとき，$\Phi^{\text{フェルミ}} = 0$ となる．つまり，一つの量子状態には一つの粒子しか入れない．

(2) 任意の二つの列の座標が一致したとき，$\Phi^{\text{フェルミ}} = 0$ となる．つまり，二つの同一スピンをもつ粒子が空間の同一点を占めることはできない．

以上の二つの性質は，式 (13.10) で一般的に示したパウリの排他原理の表れである．

d. 数表示；量子気体の状態指定法

ボース粒子系，フェルミ粒子系に対して対称化または反対称化された波動関数は，各1粒子準位の占有数の組

$$\alpha = \{n_k\} = (n_1, n_2, \cdots, n_k, \cdots) \quad (13.23)$$

220 13. 縮退量子気体

によって指定することができる. ここで, n_i は多体波動関数 (13.19), (13.20) において k 番目の 1 粒子波動関数 ϕ_k が積の中に何回含まれているかを表し, $n_1 + n_2 + \cdots = N$ を満たす. ボース粒子系の場合 $0 \leq n_k \leq N$ であるが, フェルミ粒子系の場合はパウリの排他原理により $n_k = 0, 1$ である. 物理的には n_k は考えている系の 1 粒子準位 ε_k における粒子の占有数と解釈できる. よって, 多体波動関数は

$$\Phi_\alpha = \Phi_{n_1, n_2, \cdots}(x_1, x_2, \cdots, x_N) \quad (13.24)$$

と記すことができて, 多粒子系の量子状態を α によって指定することができる. また, 量子状態 α における系のエネルギーは

$$E = E_\alpha = E_{n_1, n_2, \cdots, n_i, \cdots} = \sum_k n_k \varepsilon_k \quad (13.25)$$

で与えられ, 全粒子数は

$$N = N_\alpha = \sum_k n_k \quad (13.26)$$

で与えられる. このような多体状態の表し方を数表示 (number representation) とよぶ. 量子気体の系全体としてのエネルギー準位を指定するには, このような数表示を用いると便利である.

13.1 節のまとめ

- 同種粒子系の波動関数 $\Psi(x_1, x_2, \cdots, x_N, t)$ は, 座標変数の入れ替えに対して以下の対称性をもつ.

$$\Psi(x_1, x_2, \cdots, x_i, \cdots, x_j, \cdots, x_N, t) = \Psi(x_1, x_2, \cdots, x_j, \cdots, x_i, \cdots, x_N, t) \quad (ボース粒子系)$$

$$\Psi(x_1, x_2, \cdots, x_i, \cdots, x_j, \cdots, x_N, t) = -\Psi(x_1, x_2, \cdots, x_j, \cdots, x_i, \cdots, x_N, t) \quad (フェルミ粒子系)$$

- フェルミ粒子系では, 2 個以上の粒子が同一の 1 粒子状態を占有することができない (パウリの排他原理).

- 同種粒子からなる理想量子気体の微視的状態は, 1 粒子準位の占有数の組

$$\alpha = (n_1, n_2, \cdots, n_k, \cdots)$$

によって指定できる (数表示). 各 1 粒子準位のエネルギー固有値を ε_j とすると, 量子状態 α における全系のエネルギー固有値は

$$E_\alpha = \sum_k n_k \varepsilon_k$$

で与えられる. また, 全粒子数は占有数の和

$$N = N_\alpha = \sum_k n_k$$

で与えられる.

13.2 グランドカノニカル分布

13.1 節で述べたような質量 m の同一粒子 N 個からなる量子気体の平衡状態を調べたい. この系に対してカノニカル分布を適用するならば, 分配関数

$$Z(\beta) = \sum_\alpha \exp(-\beta E_\alpha) \quad (13.27)$$

を計算する必要がある. ここに, 添え字 α は N 粒子状態のエネルギーを指定する量子数 (式 (13.23)) を表す. このとき, 分配関数は

$$Z(\beta) = \sum_{n_1} \sum_{n_2} \cdots \exp\left(-\beta \sum_j n_j \varepsilon_j\right) \quad (13.28)$$

と表され, 各 n_j についての和は, フェルミ統計あるいはボース統計によって許される値

$$n_j = 0, 1 \qquad :フェルミ粒子系$$
$$= 0, 1, \cdots, \infty \quad :ボース粒子系$$

にわたってとる. (この節以降では, 添字 i, j を 1 粒子状態を指定する量子数として用いることにする.) この和を全粒子数に対する条件 (式 (13.26)) のもとに実行することが必要であるが, これはたいへん厄介な問題である. この意味で, 量子気体の平衡状態を考える際には, 粒子数一定という制約を外した統計分布を考えることが望ましい. そこで, 粒子総数の変動が許されるような状況, つまり外界と粒子のやりとりをして

いる粒子系を考えることにする．これは，巨視的体系からそれ自身巨視的なサイズをもつ部分系を切り取って，そのエネルギー分布を考えることに相当する．このような統計分布をグランドカノニカル分布という．

13.2.1 グランドカノニカル分布の導出

グランドカノニカル分布の具体的な表式を導出するために，エネルギーおよび粒子のやりとりを行う二つの系を考える．例えば，図 13.1 のように，気体の入った大きな容器 (II) の中に孔のあいた小さな容器 (I) があるとして，その小さな容器の中の気体に注目する．

この系の平衡状態における統計分布は，カノニカル分布を導いたときと同様にして導くことができる．容器内部の粒子系 (I) とその外部の粒子系 (II) は弱い相互作用によりエネルギーと粒子のやりとりをしているものの，全系の微視的状態（エネルギー固有状態およびエネルギー固有値）を考える際には相互作用を無視できるものと仮定する．このとき，部分系 I，II のエネルギー固有値をそれぞれ $E_n^{(1)}$, $E_m^{(2)}$ と表せば，全系のエネルギー固有値は

$$E_{nm} = E_n^{(1)} + E_m^{(2)} \quad (13.29)$$

で与えられる．ここで n, m はそれぞれ部分系 I，II の量子状態のラベルである．ここでは部分系 I，II の間の粒子のやりとりを考えているので，部分系のエネルギー固有状態としてはさまざまな粒子数に対する状態を考えることにする．量子状態 n, m にあるときの部分系 I，II の粒子数を $N_n^{(1)}$, $N_m^{(2)}$ とすると，全系の粒子数の固有値は

$$N_{nm} = N_n^{(1)} + N_m^{(2)} \quad (13.30)$$

で与えられる．

部分系 I，II を合わせた全系を孤立系と考え，系の微視的状態がとりうるエネルギー固有値は E から $E + \delta E$ の間に収まっていると考える．このような微視的状態，すなわち条件式 (13.30) および

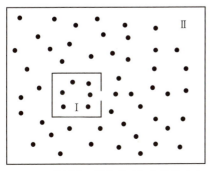

図 13.1 注目する部分系 (I) と外界 (II)

$$E \le E_n^{(1)} + E_m^{(2)} \le E + \delta E \quad (13.31)$$

を満たす量子状態 (n, m) の総数は系の状態密度

$$\rho(E, N) = \sum_n \sum_m \delta(E - E_n^{(1)} - E_m^{(2)}) \delta_{N_{nm}, N}$$
$$(13.32)$$

を用いて

$$W(E, N, \delta E) = \rho(E, N) \delta E \quad (13.33)$$

で与えられる．ここで，部分系 II の状態密度を

$$\rho_2(E_2, N_2) = \sum_m \delta(E_2 - E_m^{(2)}) \delta_{N_2, N_m^{(2)}} \quad (13.34)$$

と書くと，全系の状態密度は，式 (13.32) と式 (13.34) の比較により

$$\rho(E, N) = \sum_n \rho_2(E - E_n^{(1)}, N - N_n^{(1)}) \quad (13.35)$$

と書けることがわかる．

ここで，部分系 I にのみ注目することにして，部分系 I がエネルギー $E_n^{(1)}$，粒子数 $N_n^{(1)}$ の量子状態 n にある確率 $P(E_n^{(1)}, N_n^{(1)})$ を考えることにする．このとき，部分系 II はエネルギーと粒子数が

$$E - E_n^{(1)} \le E_2 \le E - E_n^{(1)} + \delta E, \quad N_2 = N - N_n^{(1)}$$
$$(13.36)$$

であるような量子状態のうちのどれかをとっているはずである．この条件を満たす量子状態の総数は部分系 II の状態密度を用いると

$$\rho_2(E - E_n^{(1)}, N - N_n^{(1)}) \delta E \quad (13.37)$$

で与えられる．これを全微視的状態数 $\rho(E, N) \delta E$ で割ったものが求める確率であり，

$$P(E_n^{(1)}, N_n^{(1)}) = \frac{\rho_2(E - E_n^{(1)}, N - N_n^{(1)})}{\rho(E, N)}$$
$$(13.38)$$

となる．ここで熱浴 (II) が注目している部分系 (I) よりも十分に大きいという条件を考慮すると，部分系 I がとりうる微視的状態においてエネルギー固有値 $E_n^{(1)}$ および粒子数 $N_n^{(1)}$ はほとんどの場合，それぞれ全エネルギー E および全粒子 N よりもはるかに小さいであろう．そこで，

$$E_n^{(1)} \ll E, \quad N_n^{(1)} \ll N \quad (13.39)$$

である場合を考えて，$P(E_n^{(1)}, N_n^{(1)})$ の式を展開しよう．ただし，巨視的な系では，一般に ρ_2 はエネルギーと粒子数に関する急激な増加関数となるため，ρ_2 そのものを展開することはできない（例えば，10.2.2 項の理想気体に対する状態数の式 (10.21) をみよ）．そこで，ρ_2 よりも緩やかに変化する関数 $\ln \rho_2$ を以下のように

222　13. 縮退量子気体

展開する．

$$\ln \rho_2(E - E_n^{(1)})$$

$$\simeq \ln \rho_2(E) - \frac{\partial \ln \rho_2}{\partial E} E_n^{(1)} - \frac{\partial \ln \rho_2}{\partial N} N_n^{(1)} + \cdots \tag{13.40}$$

本来粒子数は離散変数であるが，N_2 が巨視的な数であるときは連続変数とみなして微分を行っている．10.3.1 項の式 (10.45) を用いると，上の表式は温度と化学ポテンシャルを用いて

$$\ln \rho_2(E - E_n^{(1)})$$

$$\simeq \ln \rho_2(E) - \frac{1}{k_{\rm B}T} E_n^{(1)} + \mu N_n^{(1)} + \cdots \tag{13.41}$$

ただし，T，μ は部分系 II がエネルギー E，粒子数 N をもつときの温度と化学ポテンシャルである．部分系 II は部分系 I よりもはるかに大きいので，粒子数やエネルギーが N，E から多少変化しても T，μ は一定に保たれると考えてよい．以上より，

$$\rho_2(E - E_n^{(1)}) \simeq \rho_2(E) \exp\left[-\frac{E_n^{(1)} - \mu N_n^{(1)}}{k_{\rm B}T} \right] \tag{13.42}$$

となる．この近似式を用いて全系の状態密度を計算すると

$$\rho(E, N) = \sum_n \rho_2(E - E_n^{(1)}, N - N_n^{(1)})$$

$$\simeq \rho_2(E) \sum_n \exp\left[-\frac{E_n^{(1)} - \mu N_n^{(1)}}{k_{\rm B}T} \right] \tag{13.43}$$

となる．以上を用いると，部分系 I が量子状態 n にある確率は

$$P(E_n^{(1)}, N_n^{(1)}) = \frac{\exp\left[-\dfrac{E_n^{(1)} - \mu N_n^{(1)}}{k_{\rm B}T} \right]}{\displaystyle\sum_n \exp\left[-\dfrac{E_n^{(1)} - \mu N_n^{(1)}}{k_{\rm B}T} \right]} \tag{13.44}$$

で与えられる．

今，部分系 I にのみ注目しているので，$E_n^{(1)}$，$N_n^{(1)}$ を改めて E_α，N_α と書くことにすると，

$$P(E_\alpha, N_\alpha) = \frac{\exp\left(-\dfrac{E_\alpha - \mu N_\alpha}{k_{\rm B}T} \right)}{\displaystyle\sum_\alpha \exp\left(-\dfrac{E_\alpha - \mu N_\alpha}{k_{\rm B}T} \right)}$$

$$\equiv \frac{1}{\Xi} \exp\left(-\frac{E_\alpha - \mu N_\alpha}{k_{\rm B}T} \right) \tag{13.45}$$

$$\Xi \equiv \sum_\alpha \exp\left(-\frac{E_\alpha - \mu N_\alpha}{k_{\rm B}T} \right) \tag{13.46}$$

となる．式 (13.45) は系が量子状態 α にある確率を表し，グランドカノニカル分布（grand canonical distribution）とよばれる．また，Ξ は大分配関数（grand partition function）とよばれる．カノニカル分布の分配関数を状態密度で表した式 (11.21) と同様に，対象とする系の状態密度を $\rho(E, N)$ とすると大分配関数は

$$\Xi = \sum_N \int dE \rho(E, N) \exp\left(-\frac{E - \mu N}{k_{\rm B}T} \right) \tag{13.47}$$

と書くことができる．

13.2.2　グランドカノニカル分布における熱力学関係式

大分配関数 Ξ は，カノニカル分布における分配関数 Z と同様の働きをする．すなわち，グランドカノニカル分布におけるすべての熱力学関数は，Ξ の対数として表される熱力学ポテンシャル

$$\Omega(\beta, V, \mu) = -\frac{1}{\beta} \ln \Xi(\beta, V, \mu) \tag{13.48}$$

を用いて，以下の関係式から求めることができる．

内部エネルギー	$U = \mu N + \dfrac{\partial(\beta\Omega)}{\partial \beta}$	(13.49)
圧力	$p = -\dfrac{\partial \Omega}{\partial V}$	(13.50)
エントロピー	$S = -\dfrac{\partial \Omega}{\partial T}$	(13.51)
粒子数	$N = -\dfrac{\partial \Omega}{\partial \mu}$	(13.52)

ただし，ここでの独立変数は，気体を収容する箱の体積 V，および外界（＝熱浴にして粒子浴）の温度 T と化学ポテンシャル μ であることに注意する．以下で，確かに式 (13.48) が熱力学ポテンシャルを表しており，熱力学関係式 (13.49) から式 (13.52) が成り立っていることを示そう．

a. 熱力学ポテンシャル

まず，エントロピーの定義式として式 (7.8) および式 (10.54) を用いる．確率分布 P_i としてグランドカノニカル分布（式 (13.45)）を用いることにより

$$S = -k_{\rm B} \sum_\alpha P(E_\alpha, N_\alpha) \Big[\ln e^{-\beta(E_\alpha - \mu N_\alpha)} - \ln \Xi \Big]$$

$$= \frac{1}{T} \sum_{\alpha} P(E_\alpha, N_\alpha)(E_\alpha - \mu N_\alpha) + k_\mathrm{B} \ln \Xi$$

$$= \frac{1}{T}(\langle E \rangle - \mu \langle N \rangle) + k_\mathrm{B} \ln \Xi \qquad (13.53)$$

を得る．ここで，エネルギーおよび粒子数の平均値は

$$\langle E \rangle = \sum_{\alpha} P_\alpha E_\alpha, \quad \langle N \rangle = \sum_{\alpha} P_\alpha N_\alpha \quad (13.54)$$

である．式 (13.53) を書き換えると

$$-k_\mathrm{B} T \ln \Xi = \langle E \rangle - TS - \mu \langle N \rangle \quad (13.55)$$

となる．ここで，カノニカル分布を用いた 11.4 節の議論と同様に，エネルギーの平均値を熱力学的な内部エネルギー U とみなし，$U = \langle E \rangle$ とする．同様に，粒子数の平均値 $\langle N \rangle$ を熱力学的な粒子数 N とみなせば，式 (13.55) の右辺は $U - TS - \mu N$ となる．ここで熱力学ポテンシャルを式 (13.48) で与えれば，式 (13.55) は熱力学における関係式

$$\Omega = U - TS - \mu N \qquad (13.56)$$

と一致する．

b. 内部エネルギー

熱力学ポテンシャルが式 (13.48) で与えられているとき，式 (13.49) の右辺第 2 項目は

$$\frac{\partial(\beta\Omega)}{\partial\beta} = -\frac{\partial \ln \Xi}{\partial\beta} = -\frac{1}{\Xi}\frac{\partial\Xi}{\partial\beta}$$

$$= -\frac{1}{\Xi}\frac{\partial}{\partial\beta}\sum_{\alpha}\exp[-\beta(E_\alpha - \mu N_\alpha)]$$

$$= \frac{1}{\Xi}\sum_{\alpha}(E_\alpha - \mu N_\alpha)\exp[-\beta(E_\alpha - \mu N_\alpha)]$$

$$= U - \mu N \qquad (13.57)$$

となる．したがって，内部エネルギー U は，

$$U = \frac{\partial(\beta\Omega)}{\partial\beta} + \mu N \qquad (13.58)$$

と表される．

c. 圧力

式 (13.50) の右辺に式 (13.48) を用いると

$$-\frac{\partial\Omega}{\partial V} = \frac{\partial}{\partial V}\left(\frac{1}{\beta}\ln\Xi\right) = \frac{1}{\beta}\frac{1}{\Xi}\frac{\partial\Xi}{\partial V}$$

$$= -\frac{1}{\Xi}\sum_{\alpha}\exp[-\beta(E_\alpha - \mu N_\alpha)]\frac{\partial E_\alpha}{\partial V} \qquad (13.59)$$

となる．ここで，

$$p_\alpha = -\frac{\partial E_\alpha}{\partial V} \qquad (13.60)$$

を微視的状態 α における圧力とすると

$$-\frac{\partial\Omega}{\partial V} = \frac{1}{\Xi}\sum_{\alpha}p_\alpha\exp[-\beta(E_\alpha - \mu N_\alpha)] = \langle p \rangle \qquad (13.61)$$

となる．平均値 $\langle p \rangle$ を熱力学的な圧力 p とみなせば，関係式 (13.50) が導かれる．

d. エントロピー

式 (13.51) の右辺に式 (13.48) を用いると

$$-\frac{\partial\Omega}{\partial T} = k_\mathrm{B}\beta^2\left(\frac{1}{\beta^2}\ln\Xi - \frac{1}{\beta}\frac{1}{\Xi}\frac{\partial\Xi}{\partial\beta}\right) \quad (13.62)$$

となる．ここで，式 (13.57) の結果を用いると

$$-\frac{\partial\Omega}{\partial T} = k_\mathrm{B}[\ln\Xi + \beta(U - \mu N)] \quad (13.63)$$

となる．熱力学ポテンシャルの表式 (13.48) と関係式 (13.56) より

$$\ln\Xi = -\beta\Omega = -\beta(U - TS - \mu N) \quad (13.64)$$

であることを用いると

$$-\frac{\partial\Omega}{\partial T} = k_\mathrm{B}[-\beta(U - TS - \mu N) + \beta(U - \mu N)]$$

$$= k_\mathrm{B}(\beta TS) = S \qquad (13.65)$$

を得る．

13.2 節のまとめ

- グランドカノニカル集団の平衡状態において，エネルギー E_α，粒子数 N_α の状態が現れる確率はグランドカノニカル分布関数

$$P(E_\alpha, N_\alpha) = \frac{1}{\Xi}\exp\left[-\frac{E_\alpha - \mu N_\alpha}{k_\mathrm{B} T}\right], \quad \Xi = \sum_{\alpha}\exp\left[-\frac{E_\alpha - \mu N_\alpha}{k_\mathrm{B} T}\right]$$

で与えられる．ここで，Ξ は大分配関数とよばれる．

- 大分配関数 Ξ を使って熱力学ポテンシャルが Ω が与えられ，Ω を使って熱力学量が与えられる．

$$\text{熱力学ポテンシャル} \quad \Omega = -\frac{1}{\beta}\ln\Xi$$

$$\text{内部エネルギー} \quad U = \mu N + \frac{\partial(\beta\Omega)}{\partial\beta}$$

$$\text{圧力} \quad p = -\frac{\partial\Omega}{\partial V}$$

$$\text{エントロピー} \quad S = -\frac{\partial\Omega}{\partial T}$$

$$\text{粒子数} \quad N = -\frac{\partial\Omega}{\partial\mu}$$

13.3 理想量子気体

13.3.1 縮退量子気体の大分配関数と熱力学ポテンシャル

この節では，温度 T の熱平衡状態にある同種粒子の理想気体を考える．同一フェルミ粒子あるいはボース粒子からなる縮退量子気体の大分配関数は，気体のエネルギーや粒子数に対する数表示を用いると

$$\Xi = \sum_{n_1}\sum_{n_2}\cdots\sum_{n_i}\cdots\exp\{-\beta\sum_i(\varepsilon_i - \mu)n_i\}$$
$$= \prod_i\Xi_i \tag{13.66}$$

と表される．ただし，

$$\Xi_i = \sum_{n_i}\exp\{-\beta(\varepsilon_i - \mu)n_i\} = \sum_{n_i}[e^{-\beta(\varepsilon_i-\mu)}]^{n_i} \tag{13.67}$$

であり，ボース粒子系の場合 $n_i = 0, 1, 2, \cdots, \infty$，フェルミ粒子系の場合は $n_i = 0, 1$ である．占有数 n_i に関する和をボース粒子系，フェルミ粒子系それぞれの場合について具体的に計算しよう．ボース粒子系の場合は $n_i = 0, 1, 2, \cdots, \infty$ であるから，無限等比級数の和の公式 $\sum_{n=0}^{\infty}r^n = (1-r)^{-1}$（$|r| < 1$）を用いると

$$\Xi_i = \sum_{n_i=0}^{\infty}[e^{-\beta(\varepsilon_i-\mu)}]^{n_i} = [1 - e^{-\beta(\varepsilon_i-\mu)}]^{-1} \tag{13.68}$$

となる．フェルミ粒子系の場合は $n_i = 0, 1$ であるから

$$\Xi_i = \sum_{n_i=0,1}[e^{-\beta(\varepsilon_i-\mu)}]^{n_i} = 1 + e^{-\beta(\varepsilon_i-\mu)} \tag{13.69}$$

となる．よって，大分配関数は

$$\Xi = \prod_i\{1 - \exp[-\beta(\varepsilon_i - \mu)]\}^{-1} : \text{ボース} \tag{13.70}$$

$$\Xi = \prod_i\{1 + \exp[-\beta(\varepsilon_i - \mu)]\} \quad : \text{フェルミ} \tag{13.71}$$

となる．ただし，式 (13.68) の無限和は $\varepsilon_i > \mu$ の場合にのみ収束することに注意しよう．これより，ボース粒子系においては最低 1 粒子準位を ε_0 とすると，$\mu < \varepsilon_0$ でなければならない．式 (13.70)，式 (13.71) を式 (13.48) に用いると，ボース粒子系，フェルミ粒子系それぞれに対して熱力学ポテンシャル Ω は

$$\Omega = \beta^{-1}\sum_i\ln\{1 - \exp[-\beta(\varepsilon_i - \mu)]\} \quad : \text{ボース} \tag{13.72}$$

$$\Omega = -\beta^{-1}\sum_i\ln\{1 + \exp[-\beta(\varepsilon_i - \mu)]\} : \text{フェルミ} \tag{13.73}$$

で与えられる．

13.3.2 ボース分布とフェルミ分布

1 粒子状態 i の占有数 n_i の平均値 $\langle n_i\rangle$ を求めよう．これは定義に従って

$$\langle n_i\rangle = \frac{1}{\Xi}\sum_{n_1}\sum_{n_2}\cdots\sum_{n_i}\cdots n_i\exp[-\beta\sum_j(\varepsilon_j - \mu)n_j] \tag{13.74}$$

で与えられる．ここで，大分配関数の計算のときと同様に指数関数を積に分解すると

$$\langle n_i\rangle = \frac{1}{\Xi}\prod_{j\neq i}\sum_{n_j}\exp[-\beta(\varepsilon_j - \mu)n_j]$$
$$\times \sum_{n_i}n_i\exp[-\beta(\varepsilon_i - \mu)n_i] \tag{13.75}$$

となる．式 (13.75) において，分子の $j \neq i$ の寄与は明らかに Ξ_j に等しいので，分母と打ち消しあう．よって

$$\langle n_i\rangle = \frac{1}{\Xi_i}\sum_{n_i}n_i\exp[-\beta(\varepsilon_i - \mu)n_i] \tag{13.76}$$

となる．後は n_i に関する和を実行すればよいのだが，式 (13.67) を μ で微分すると

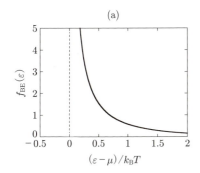

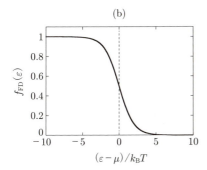

図 13.2 ボース・アインシュタイン分布関数 (a) とフェルミ・ディラック分布関数 (b).

$$\frac{\partial \Xi_i}{\partial \mu} = \sum_{n_i} \beta n_i \exp[-\beta(\varepsilon_i - \mu)n_i] = \beta \Xi_i \langle n_i \rangle \quad (13.77)$$

となることを利用すると, 占有数の平均値は Ξ_i の計算結果を用いて

$$\langle n_i \rangle = \frac{1}{\beta \Xi_i} \frac{\partial \Xi_i}{\partial \mu} \quad (13.78)$$

と表すことができる. これをボース, フェルミそれぞれの系について計算すると

$$\langle n_i \rangle = \frac{1}{e^{\beta(\varepsilon_i - \mu)} - 1} \equiv f_{\mathrm{BE}}(\varepsilon_i) : \text{ボース} \quad (13.79)$$

$$\langle n_i \rangle = \frac{1}{e^{\beta(\varepsilon_i - \mu)} + 1} \equiv f_{\mathrm{FD}}(\varepsilon_i) : \text{フェルミ} \quad (13.80)$$

となる. $f_{\mathrm{BE}}(\varepsilon)$ をボース・アインシュタイン分布関数 (Bose-Einstein distribution fucntion) (または, たんにボース分布関数), $f_{\mathrm{FD}}(\varepsilon)$ をフェルミ・ディラック分布関数 (Fermi-Dirac distribution function) (または, たんにフェルミ分布関数) とよぶ. 図 13.2 に f_{BE}, f_{FD} をそれぞれ $(\varepsilon - \mu)/k_{\mathrm{B}}T$ の関数としてプロットする. 化学ポテンシャル $\mu(T)$ は条件

$$\sum_i \langle n_i(\mu, T) \rangle = N \quad (13.81)$$

によって定められる. ボース粒子系の場合, 表式 (13.79) は $\mu < \varepsilon_0$ の場合にのみ意味をもつ. この条件がいかなる温度領域でも成り立つかどうかについては, 第 15 章で詳しく考察する. 高温極限 $T \to \infty$ ($\beta \to 0$) では $\mu \to -\infty$ とすることによって, 条件（式 (13.81)）を満たすことができる. この極限では

$$e^{\beta(\varepsilon_i - \mu)} = e^{\beta(\varepsilon_i + |\mu|)} \gg 1 \quad (13.82)$$

であることより, 式 (13.79), 式 (13.80) ともに古典的なマクスウェル・ボルツマン分布

$$f_{\mathrm{MB}}(\varepsilon) = \exp[-\beta(\varepsilon - \mu)] \quad (13.83)$$

に帰着する.

13.3.3 1 粒子状態密度

今後, われわれは熱力学ポテンシャルに基づいて, 理想量子気体の種々の熱力学関数を計算したい. 多くの場合, ある物理量が 1 粒子準位 ε_i の適当な関数 $A(\varepsilon_i)$ の i に関する和 $\sum_i A(\varepsilon_i)$ で与えられるような場合が問題になる. この和を求めるためには, 1 粒子状態密度を用いるのが便利である. 1 粒子準位 ε_i が ε と $\varepsilon + d\varepsilon$ の間にある 1 粒子状態の数が $\rho(\varepsilon)d\varepsilon$ で与えられるとき, $\rho(\varepsilon)$ を 1 粒子状態密度とよぶ. 1 粒子状態密度は形式的には以下で定義される.

$$\rho(\varepsilon) = \sum_i \delta(\varepsilon - \varepsilon_i) \quad (13.84)$$

これを用いると, 量子状態に関する和は

$$\sum_i A(\varepsilon_i) = \int \sum_i \delta(\varepsilon - \varepsilon_i) A(\varepsilon) d\varepsilon = \int \rho(\varepsilon) A(\varepsilon) d\varepsilon \quad (13.85)$$

のように, エネルギー積分で表すことができる.

1 粒子状態密度を用いて式 (13.72), 式 (13.73) の熱力学ポテンシャルを表すと

$$\Omega = \beta^{-1} \int \rho(\varepsilon) \ln\{1 - \exp[-\beta(\varepsilon - \mu)]\} d\varepsilon$$

$$: \text{ボース} \quad (13.86)$$

$$\Omega = -\beta^{-1} \int \rho(\varepsilon) \ln\{1 + \exp[-\beta(\varepsilon - \mu)]\} d\varepsilon$$

$$: \text{フェルミ} \quad (13.87)$$

となる. また, 粒子数および内部エネルギーは

$$N = \int \rho(\varepsilon) f(\varepsilon) d\varepsilon \quad (13.88)$$

$$U = \int \rho(\varepsilon) \varepsilon f(\varepsilon) d\varepsilon \quad (13.89)$$

となる. ただし $f(\varepsilon)$ はボースまたはフェルミ分布関数

である.

a. 3次元自由粒子の状態密度

1辺が L の立方体の箱の中の自由粒子の状態密度を求めてみよう. 波動関数には周期境界条件を課すことにする. このとき, 1粒子エネルギー準位は

$$\varepsilon_{\mathbf{k}} = \frac{\hbar^2}{2m}(k_x^2 + k_y^2 + k_z^2) \quad (13.90)$$

$$k_i = \frac{2\pi n_i}{L}, \quad n_i = 0, \pm 1, \pm 2, \pm 3, \cdots, \quad i = x, y, z \quad (13.91)$$

で与えられるので, 1スピン自由度あたりの状態密度は

$$\rho_{3\mathrm{D}}(\varepsilon) = \sum_{\mathbf{k}} \delta(\varepsilon - \varepsilon_{\mathbf{k}}) \quad (13.92)$$

で与えられる. ここで, 系の大きさ L が十分に大きく, 問題となるエネルギーが $\varepsilon \gg \hbar^2/mL^2$ である状況では波数ベクトルの間隔 $\Delta k = 2\pi/L$ は非常に小さくなり, 波数ベクトル $\mathbf{k}$ に関する和を

$$\sum_{\mathbf{k}} = \frac{1}{(\Delta k)^3} \sum_{n_x} \sum_{n_y} \sum_{n_z} (\Delta k)^3$$

$$\to \frac{L^3}{(2\pi)^3} \int_{-\infty}^{\infty} dk_x \int_{-\infty}^{\infty} dk_y \int_{-\infty}^{\infty} dk_z \quad (13.93)$$

のように積分で置き換えることができる. よって

$$\rho_{3\mathrm{D}}(\varepsilon) = \frac{L^3}{(2\pi)^3} \int_{-\infty}^{\infty} dk_x \int_{-\infty}^{\infty} dk_y \int_{-\infty}^{\infty} dk_z \delta(\varepsilon - \varepsilon_{\mathbf{k}})$$

$$= \frac{L^3}{(2\pi)^3} 4\pi \int_0^{\infty} k^2 \delta\left(\varepsilon - \frac{\hbar^2 k^2}{2m}\right) dk \quad (13.94)$$

となる. ここでデルタ関数の公式

$$\delta(ax^2 - b) = \frac{1}{2\sqrt{ab}}\left[\delta\left(x - \sqrt{\frac{b}{a}}\right) + \delta\left(x + \sqrt{\frac{b}{a}}\right)\right]$$

$$(a, b > 0) \quad (13.95)$$

を使うと, 3次元自由粒子の1スピン自由度あたりの1粒子状態密度が ($V = L^3$ として)

$$\rho_{3\mathrm{D}}(\varepsilon) = \frac{V m^{3/2}}{\sqrt{2}\,\pi^2 \hbar^3} \sqrt{\varepsilon} \quad (13.96)$$

と求められる.

b. 低次元系の場合の状態密度

最後に, 1次元自由粒子, 2次元自由粒子についても (1スピン自由度あたりの) 1粒子状態密度を与えておこう. 1次元では

$$\rho_{1\mathrm{D}}(\varepsilon) = \frac{L}{2\pi} \int_{-\infty}^{\infty} \delta\left(\varepsilon - \frac{\hbar^2 k^2}{2m}\right) dk = \frac{L}{\pi\hbar}\sqrt{\frac{m}{2\varepsilon}} \quad (13.97)$$

となる. 2次元では

$$\rho_{2\mathrm{D}}(\varepsilon) = \frac{L^2}{(2\pi)^2} \int_{-\infty}^{\infty} dk_x \int_{-\infty}^{\infty} dk_y \delta\left(\varepsilon - \frac{\hbar^2 k^2}{2m}\right)$$

$$= \frac{L^2}{4\pi^2} 2\pi \int_0^{\infty} k \delta\left(\varepsilon - \frac{\hbar^2 k^2}{2m}\right) dk$$

$$= \frac{L^2 m}{2\pi\hbar^2} \quad (13.98)$$

となる. 特に2次元自由粒子の場合は状態密度がエネルギーによらず一定になる.

13.3.4 理想量子気体の熱力学量

体積 V の箱の中にある3次元理想量子気体の内部エネルギー, 圧力などの熱力学量の具体的表式を求めよう. 簡単のため, 粒子のスピン自由度は考慮しないものとする.

a. 全粒子数と化学ポテンシャル

全粒子数を化学ポテンシャル μ と温度の関数として表そう. $z = e^{\beta\mu}$ とおくと, ボースおよびフェルミ分布関数は

$$f(\varepsilon) = \frac{1}{z^{-1}e^{\beta\varepsilon} \mp 1} = \frac{ze^{-\beta\varepsilon}}{1 \mp ze^{-\beta\varepsilon}} \quad (13.99)$$

と書ける. ただし, 上の符号はボース, 下の符号はフェルミを表す. このとき, 全粒子数は

$$N = \frac{V m^{3/2}}{\sqrt{2}\,\pi^2 \hbar^3} \int_0^{\infty} \varepsilon^{1/2} \frac{ze^{-\beta\varepsilon}}{1 \mp ze^{-\beta\varepsilon}} d\varepsilon \quad (13.100)$$

となる. ここで, 積分変数を無次元化して $x = \beta\epsilon$ とすると

$$N = \frac{2V}{\sqrt{\pi}\,\lambda_T^3} \frac{1}{\Gamma\left(\frac{3}{2}\right)} \int_0^{\infty} x^{1/2} \frac{ze^{-x}}{1 \mp ze^{-x}} dx \quad (13.101)$$

となる. ただし

$$\lambda_T \equiv \left(\frac{2\pi\hbar^2}{mk_{\mathrm{B}}T}\right)^{1/2} \quad \text{(熱的ド・ブロイ波長)} \quad (13.102)$$

である. ここで, 以下のように z の関数を無次元の積分によって定義しよう.

$$g_\alpha^{\mathrm{B}}(z) = \frac{z}{\Gamma(\alpha)} \int_0^{\infty} \frac{x^{\alpha-1}e^{-x}}{1 - ze^{-x}} dx \quad (13.103)$$

$$g_\alpha^{\mathrm{F}}(z) = \frac{z}{\Gamma(\alpha)} \int_0^\infty \frac{x^{\alpha-1}e^{-x}}{1+ze^{-x}}dx \quad (13.104)$$

ただし，$\Gamma(\alpha)$ はガンマ関数

$$\Gamma(\alpha) = \int_0^\infty y^{\alpha-1}e^{-y}dy \quad (13.105)$$

であり，$\Gamma(1/2) = \sqrt{\pi}$，$\Gamma(3/2) = \sqrt{\pi}/2$ などである．これらを用いると

$$\frac{N}{V} = \frac{1}{\lambda_T^3}g_{3/2}^{\mathrm{B}}(z) \quad :ボース$$

$$\frac{N}{V} = \frac{1}{\lambda_T^3}g_{3/2}^{\mathrm{F}}(z) \quad :フェルミ \quad (13.106)$$

を得る．式 (13.106) を z について解くことができれば，粒子数一定の条件のもとで化学ポテンシャルの温度依存性を求めることができる．

b. 内部エネルギー

式 (13.100) と同様に内部エネルギー U を g_α^{B} または g_α^{F} を用いて表すと

$$U = \frac{Vm^{3/2}}{\sqrt{2}\,\pi^2\hbar^3}(k_{\mathrm{B}}T)^{5/2}\int \frac{x^{3/2}}{z^{-1}e^x \mp 1}dx$$

$$= \frac{3}{2}V\frac{k_{\mathrm{B}}T}{\lambda_T^3}g_{5/2}^{\mathrm{B,F}}(z) \quad (13.107)$$

となる．

c. 熱力学ポテンシャル

3 次元自由粒子の状態密度 (13.96) に対しては

$$\frac{d}{d\varepsilon}[\varepsilon\rho_{3\mathrm{D}}(\varepsilon)] = \frac{3}{2}\rho_{3\mathrm{D}}(\varepsilon) \quad (13.108)$$

が成り立つことを利用して，熱力学ポテンシャルの表式 (13.86)，式 (13.87) を部分積分すると

$$\Omega = -\frac{2}{3}\beta^{-1}\int \varepsilon\rho(\varepsilon)\frac{\beta\exp[-\beta(\varepsilon-\mu)]}{1\mp\exp[-\beta(\varepsilon-\mu)]}d\varepsilon$$

$$= -\frac{2}{3}\int \varepsilon\rho(\varepsilon)f(\varepsilon)d\varepsilon = -\frac{2}{3}U \quad (13.109)$$

となる．式 (13.107) の結果を用いると，

$$\Omega = -V\frac{k_{\mathrm{B}}T}{\lambda_T^3}g_{5/2}^{\mathrm{B,F}}(z) \quad (13.110)$$

を得る．

d. 圧力

圧力は，

$$p = -\frac{\partial\Omega}{\partial V} = \frac{k_{\mathrm{B}}T}{\lambda_T^3}g_{5/2}^{\mathrm{B,F}}(z) \quad (13.111)$$

となる．したがって，圧力 p と内部エネルギー U の間には，粒子の統計性によらず

$$pV = \frac{2}{3}U \quad (13.112)$$

が成り立つことがわかる．この関係はベルヌーイの関係式として知られている．

e. 高温，低密度での状態方程式

粒子数の式 (13.106) と圧力の式 (13.110) を組み合わせると，圧力 p と密度 $n = N/V$，温度 T の関係式，すなわち状態方程式を得ることができる．一般の温度領域ではその解析的表式を得ることはできないが，高温または低密度では以下のように近似的な表式を得ることができる．まず，位相空間密度 ρ_{ps} を

$$\rho_{\mathrm{ps}} \equiv \frac{N}{V}\lambda_T^3 \quad (13.113)$$

によって定義すると，式 (13.100) は

$$\rho_{\mathrm{ps}} = g_{3/2}^{\mathrm{B}}(z):ボース，\quad \rho_{\mathrm{ps}} = g_{3/2}^{\mathrm{F}}(z):フェルミ$$
$$(13.114)$$

と書ける．式 (13.114) の右辺，つまり積分式 (13.103) または式 (13.104) が小さくなるためには，明らかに $z \ll 1$ でなければならない．そこで，$z < 1$ を仮定して，展開式 $1/(1\pm x) = \sum_{n=0}^\infty(\mp 1)^n x^n$ を用いると

$$g_\alpha(z) = \frac{1}{\Gamma(\alpha)}\sum_{n=1}^\infty(\pm 1)^{n-1}z^n\int_0^\infty x^{\alpha-1}e^{-nx}dx$$
$$(13.115)$$

となる．ただし，プラス符号がボース粒子系 (g_α^{B})，マイナス符号がフェルミ粒子系 (g_α^{F}) に対応する．積分変数を $y = nx$ とすると

$$g_\alpha(z) = \frac{1}{\Gamma(\alpha)}\sum_{n=1}^\infty(\pm 1)^{n-1}\frac{z^n}{n^\alpha}\int_0^\infty y^{\alpha-1}e^{-y}dy$$
$$(13.116)$$

となり，ガンマ関数の定義式 (13.105) を用いると最終的に

$$g_\ell^{\mathrm{B}} \equiv \sum_{n=1}^\infty\frac{z^n}{n^\ell}, \quad g_\ell^{\mathrm{F}} \equiv \sum_{n=1}^\infty(-1)^{n-1}\frac{z^n}{n^\ell} \quad (13.117)$$

を得る．

ここで，$z \ll 1$ を仮定して，展開式 (13.117) において z の 2 次までとると

$$g_\alpha(z) \simeq z \pm \frac{z^2}{2^\alpha} \qquad (13.118)$$

となる．まず，式 (13.114) は ρ_{ps} に関する最低次の近似では $z \simeq \rho_{\mathrm{ps}}$ となるので，化学ポテンシャルの温度依存性は

$$\mu = k_{\mathrm{B}} T \ln\left[\frac{N}{V}\left(\frac{2\pi\hbar^2}{mk_{\mathrm{B}}T}\right)^{3/2}\right] \qquad (13.119)$$

となる．これを圧力 p の表式 (13.111) に代入すると，高温（または低密度）領域における理想量子気体の状態方程式

$$pV = Nk_{\mathrm{B}}T\left(1 \mp \frac{1}{2^{3/2}}\rho_{\mathrm{ps}}\right) \qquad (13.120)$$

を得る．$\rho_{\mathrm{ps}} \to 0$ の極限では古典理想気体の状態方程式 $pV = Nk_{\mathrm{B}}T$ が再現される．一方で，ρ_{ps} が無視できない温度領域では古典理想気体からのずれが生じ，ボース粒子系には統計的な引力が働き，フェルミ粒子系には統計的な斥力が働くことがわかる．これらの量子統計性は低温，高密度になるにつれて，より顕著になり，量子縮退領域（$\rho_{\mathrm{ps}} \sim 1$）ではボース粒子系，フェルミ粒子系それぞれに特有の物理現象が現れる．低温の量子縮退領域については，第 14 章で理想フェルミ気体の，第 15 章で理想ボース気体の性質を調べる．

13.3 節のまとめ

- 理想量子気体の熱力学ポテンシャルは

$$\Omega = \beta^{-1}\sum_i \ln\{1 - \exp[-\beta(\varepsilon_i - \mu)]\} \quad \text{：ボース粒子系}$$

$$\Omega = -\beta^{-1}\sum_i \ln\{1 + \exp[-\beta(\varepsilon_i - \mu)]\} \text{：フェルミ粒子系}$$

で与えられる．

- 理想ボース気体と理想フェルミ気体の 1 粒子エネルギー準位の平均占有数はそれぞれ

$$f_{\mathrm{BE}}(\varepsilon) = \frac{1}{e^{\beta(\varepsilon-\mu)} - 1} \equiv \text{ボース分布関数}$$

$$f_{\mathrm{FD}}(\varepsilon) = \frac{1}{e^{\beta(\varepsilon-\mu)} + 1} \equiv \text{フェルミ分布関数}$$

で与えられる．

14. 縮退理想フェルミ気体

この章では，低温における理想フェルミ気体の性質について説明する．13.3.4 項では，$n\lambda_T^3 \ll 1$ が成り立つ高温領域における理想量子気体の状態方程式 (13.120) を導出し，フェルミ粒子系では統計的な斥力が働くことを示した．$n\lambda_T^3 > 1$ となるような低温領域（量子縮退領域）ではこのような量子統計性がさらに顕著となり，古典気体はまったく異なるフェルミ粒子系特有の性質が現れる．

14.1 理想フェルミ気体の基底状態と熱励起状態

1 辺が L の箱（体積 $V = L^3$）の中に質量 m，スピン 1/2 のフェルミ粒子が N 個閉じ込められており，粒子間には相互作用はないとする．金属中の電子ガスは，近似的にこのようなフェルミ粒子系と考えることができる．この系が温度 T の熱平衡状態にあるときの粒子数（式 (13.88)）と内部エネルギー（式 (13.89)）は

$$N = 2\int \rho_{3D}(\varepsilon)f(\varepsilon)d\varepsilon \qquad (14.1)$$

$$U = 2\int \rho_{3D}(\varepsilon)d\varepsilon\varepsilon f(\varepsilon) \qquad (14.2)$$

で与えられる．ここに，$f(\varepsilon) = 1/\{\exp[\beta(\varepsilon - \mu)] + 1\}$ はフェルミ分布関数（この章では簡単のため添字 FD は省略する）であり，$\rho_{3D}(\varepsilon)$ は 3 次元理想気体の 1 スピン自由度あたりの 1 粒子状態密度（式 (13.96)）である．右辺に因子 2 が付くのは，スピンを考慮すると波数状態 **k** に 2 個の粒子が収容できるからである．

14.1.1 フェルミ球

このフェルミ気体の基底状態（絶対零度における状態）は，波数ベクトル **k** で指定される 1 粒子状態（式 (13.90)）を，エネルギーの低い方から順に粒子を 2 個ずつ詰めていくことにより得られる．このようにして占有された 1 粒子状態は **k** 空間において球状に分布しており，この球をフェルミ球（Fermi sphere）とよぶ．フェルミ球の半径 k_F（これをフェルミ波数とよぶ）は

$$\left(\frac{4\pi}{3}k_F^3\right) \div \frac{(2\pi)^3}{V} = \frac{N}{2} \Longrightarrow k_F^3 = 3\pi^2\frac{N}{V} \quad (14.3)$$

で与えられる．右辺を $N/2$ としたのは，スピンを考慮すると波数状態 **k** に 2 個の粒子を収容しうるからである．こうして決定されたフェルミ波数 k_F に対応するエネルギー

$$\varepsilon_F = \frac{\hbar^2 k_F^2}{2m} = \frac{\hbar^2}{2m}\left(\frac{3\pi^2 N}{V}\right)^{2/3} \quad (14.4)$$

をフェルミエネルギー（Fermi energy）という．また，フェルミエネルギーに対応する特徴的な温度

$$T_F = \frac{\varepsilon_F}{k_B} \qquad (14.5)$$

をフェルミ温度（Fermi temperature）とよぶ．

絶対零度の極限でフェルミ分布関数は

$$\lim_{T\to 0} f(\varepsilon) = \begin{cases} 1 & (\varepsilon < \mu) \\ 0 & (\varepsilon > \mu) \end{cases} \qquad (14.6)$$

のような階段状の関数となる．この場合には，式 (14.1) は

$$\frac{N}{V} = \frac{m}{\pi^2\hbar^2}\sqrt{\frac{2m}{\hbar^2}}\int_0^\mu \sqrt{\varepsilon}d\varepsilon = \frac{(2m\mu)^{3/2}}{3\pi^2\hbar^3} \quad (14.7)$$

となるので，

$$\mu(T = 0) = \frac{\hbar^2}{2m}\left(\frac{3\pi^2 N}{V}\right)^{2/3} = \varepsilon_F \quad (14.8)$$

を得る．つまり，絶対零度の化学ポテンシャルはフェルミエネルギーそのものであることがわかる．

ε_F，k_F，T_F はフェルミ粒子の数密度 $n = N/V$ のみから決まり，系を特徴付ける重要なパラメータである．典型的な金属では，電子数密度は $n \sim 10^{29}$ m^{-3} であり，対応するフェルミエネルギーとフェルミ温度は $\varepsilon_F \sim 1$ eV，$T_F \sim 10^5$ K となる．したがって，室温（~ 300 K）における金属中の電子系では，常に $T \ll T_F$ が成り立っている．このような低温領域におけるフェルミ気体を縮退フェルミ気体（degenerate Fermi gas）とよぶ．

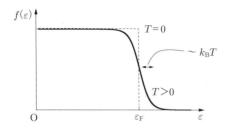

図 14.1 絶対零度（$T=0$）と低温（$T>0$）におけるフェルミ分布関数

14.1.2 理想フェルミ気体の熱励起状態

次に，$T \ll T_F$ の低温領域における理想フェルミ気体の性質を調べよう．絶対零度 $T=0$ ではフェルミ球状態にあるフェルミ気体は $T>0$ ではフェルミ球の表面（フェルミ面という）近くの粒子が k_BT 程度のエネルギーを得てフェルミ球外へ飛び出し，その内部に脱け殻の孔を残す．このときのフェルミ分布関数 $f(\varepsilon)$ の振る舞いを示したのが図 14.1 である．フェルミ分布関数は絶対零度では階段状に振る舞うが，$T<T_F$ の低温領域では，フェルミ面近く（$\varepsilon \sim \varepsilon_F$）の幅 k_BT 程度の領域で滑らかに変化する．

まず，温度 T の熱平衡状態にあるフェルミ気体の化学ポテンシャルを求めよう．そのためには，粒子数 N を与える関係式

$$N = 2\int_0^\infty \frac{\rho_{3D}(\varepsilon)}{\exp\{\beta(\varepsilon-\mu)\}+1}d\varepsilon \quad (14.9)$$

を考える．$T \neq 0$ の場合には，式 (14.9) のエネルギー積分を初等的に求めることができない．しかし，$k_BT \ll \varepsilon_F$ が成り立つ低温の場合には，次のゾンマーフェルト (Sommerfeld) の公式（フェルミ分布関数の導関数 $-\partial f/\partial\varepsilon$ を含む積分）を用いることができる．

$$I = \int_0^{+\infty} F(\varepsilon)\left(-\frac{\partial f}{\partial \varepsilon}\right)d\varepsilon \quad (14.10)$$

において，関数 $F(\varepsilon)$ が $\varepsilon \simeq \mu$ で滑らかに変化するものとする．このとき

アルノルト・ゾンマーフェルト

ドイツの物理学者．量子条件の定式化，微細構造定数の導入，金属の電子論などの業績を残すとともに，ハイゼンベルク，パウリ，デバイなど多くの優れた物理学者を育てた．(1868–1951)

$$I = F(\mu) + \frac{(\pi k_B T)^2}{6}F''(\mu) + \cdots \quad (14.11)$$

が成り立つ．

このゾンマーフェルトの公式は以下のように導くことができる．$\xi = \varepsilon - \mu$ とすると，フェルミ分布関数の導関数

$$-\frac{\partial f}{\partial \varepsilon} = \frac{\beta}{[\exp(\beta\xi)+1][1+\exp(-\beta\xi)]} \quad (14.12)$$

は低温では $\xi=0$（$\varepsilon=\mu$）に鋭いピークをもつ関数となるので，関数 $F(\varepsilon)$ を $\varepsilon=\mu$ のまわりでテーラー展開する．

$$F(\varepsilon) = F(\mu+\xi) = F(\mu) + F'(\mu)\xi + \frac{F''(\mu)}{2!}\xi^2 + \cdots \quad (14.13)$$

この展開形を積分 I に代入すると

$$I = F(\mu)J_0 + F'(\mu)J_1 + \frac{F''(\mu)}{2!}J_2 + \cdots \quad (14.14)$$

を得る．ここで

$$J_i = \int_{-\infty}^{+\infty} \xi^i \left(-\frac{\partial f}{\partial \xi}\right)d\xi \quad (14.15)$$

である．ただし，明らかに

$$J_0 = \int_{-\infty}^{+\infty}\left(-\frac{\partial f}{\partial \xi}\right)d\xi = f(-\infty) - f(+\infty) = 1 \quad (14.16)$$

である．また，J_1 は被積分関数が奇関数なのでゼロとなる．J_2 の計算は，次のように行う．

$$J_2 = \int_{-\infty}^{\infty}\xi^2\left(-\frac{\partial f}{\partial \xi}\right)d\xi = 4\int_0^\infty \frac{\xi}{[\exp(\beta\xi)+1]}d\xi$$
$$= 4(k_BT)^2 \int_0^\infty \frac{y}{e^y+1}dy = \frac{\pi^2}{3}(k_BT)^2 \quad (14.17)$$

ただし，最後の表式を得る際に，積分公式

$$\int_0^\infty \frac{y}{e^y+1}dy = \frac{\pi^2}{12} \quad (14.18)$$

を用いた．

ゾンマーフェルトの公式を用いると，全粒子数の式 (14.9) は

$$N = 2\int_0^\infty d\varepsilon \rho_{3D}(\varepsilon)f(\varepsilon) = \frac{4}{3}\int_0^\infty [\varepsilon\rho_{3D}(\varepsilon)]\left(-\frac{\partial f}{\partial \varepsilon}\right)$$
$$\simeq \frac{4}{3}\left\{\mu\rho_{3D}(\mu) + \frac{1}{6}(\pi k_BT)^2[2\rho_{3D}(\mu)' + \mu\rho_{3D}''(\mu)]\right\} \quad (14.19)$$

と計算できる．ただし，式 (14.19) の形に変形するために，ρ_{3D} に対して成り立つ関係式 (13.108) を用いた．ここで，状態密度 ρ_{3D} が粒子総数 N とフェルミエネルギー ε_F を用いて

$$\rho_{3D}(\varepsilon) = \frac{3N}{4} \frac{\varepsilon^{1/2}}{\varepsilon_F^{3/2}} \quad (14.20)$$

と表されることに注意すると

$$N = N \left(\frac{\mu}{\varepsilon_F}\right)^{3/2} \left[1 + \frac{1}{8}\left(\frac{\pi k_B T}{\mu}\right)^2\right] \quad (14.21)$$

となる．$\mu = \varepsilon_F(1+\delta)$ とおいて，上の式を微小量 δ に関して展開し，最低次の項を残せば

$$0 = \frac{1}{8}\left(\frac{\pi k_B T}{\varepsilon_F}\right)^2 + \left[\frac{3}{2} - \frac{1}{16}\left(\frac{\pi k_B T}{\varepsilon_F}\right)^2\right]\delta \quad (14.22)$$

となる．これを δ について解き直して T で展開し，最低次の項を残せば

$$\delta = -\frac{1}{12}\left(\frac{\pi k_B T}{\varepsilon_F}\right)^2 \quad (14.23)$$

となるので，低温における化学ポテンシャルの温度依存性

$$\mu = \varepsilon_F\left[1 - \frac{1}{12}\left(\frac{\pi k_B T}{\varepsilon_F}\right)^2\right] \quad (14.24)$$

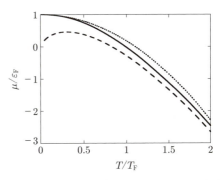

図 14.2　理想フェルミ粒子系の化学ポテンシャルの温度変化

が得られる．

図 14.2 に理想フェルミ粒子系の化学ポテンシャルの温度変化を示す．図の実線は式 (14.9) の積分を数値的に実行し，全粒子数 N 一定の条件のもとで μ の温度変化を数値的に計算した結果であり，点線はゾンマーフェルト展開を用いた低温の近似式 (14.24)，破線は高温極限での近似式 (13.119) をプロットしたものである．$T < 0.6 T_F$ では低温の近似式がよく成り立っていることがわかる．

14.1 節のまとめ

- 理想フェルミ気体の基底状態は，1 粒子状態をエネルギーの低い方から順に粒子を詰めていくことにより得られる．占有されている 1 粒子準位のうちで，最高の準位のエネルギー ε_F をフェルミエネルギーとよぶ．体積 V の箱に質量 m，スピン 1/2 のフェルミ粒子が N 個閉じ込められている場合，フェルミエネルギーは

$$\varepsilon_F = \frac{\hbar^2}{2m}\left(\frac{3\pi^2 N}{V}\right)^{2/3}$$

で与えられる．

- フェルミエネルギーに対応する波数

$$k_F = \left(\frac{2m\varepsilon_F}{\hbar^2}\right)^{1/2} = \left(3\pi^2 \frac{N}{V}\right)^{1/3}$$

をフェルミ波数とよび，温度 $T_F = \varepsilon_F/k_B$ をフェルミ温度とよぶ．

- $T \ll T_F$ が成り立つ低温領域におけるフェルミ気体を縮退フェルミ気体とよぶ．縮退フェルミ気体の化学ポテンシャルの温度変化はゾンマーフェルトの公式を用いて

$$\mu = \varepsilon_F\left[1 - \frac{1}{12}\left(\frac{\pi k_B T}{\varepsilon_F}\right)^2\right]$$

14.2 縮退理想フェルミ気体の熱力学量

この節では，理想フェルミ気体の低温領域 $T \ll T_F$ における内部エネルギーや比熱などの熱力学量の温度依存性を調べる．

a. 内部エネルギー

内部エネルギーは，式 (14.2) にゾンマーフェルトの公式を適用すると，粒子数の計算 (14.19) と同様の計算により

$$\begin{aligned} U &= \frac{3N}{2\varepsilon_F^{3/2}} \int_0^\infty \varepsilon^{3/2} f(\varepsilon) d\varepsilon \\ &= \frac{3N}{5\varepsilon_F^{3/2}} \int_0^{+\infty} \varepsilon^{5/2} \left(-\frac{\partial f}{\partial \varepsilon}\right) d\varepsilon \\ &= \frac{3N}{5\varepsilon_F^{3/2}} \left[\mu^{5/2} + \frac{(\pi k_B T)^2}{6} \frac{15}{4} \mu^{1/2}\right] \quad (14.25) \end{aligned}$$

と得られる．ここで，化学ポテンシャル μ の温度変化（式 (14.24)）を用いると

$$U(T) = \frac{3N\varepsilon_F}{5}\left[1 + \frac{5}{12}\left(\frac{\pi k_B T}{\varepsilon_F}\right)^2\right] \quad (14.26)$$

となる．特に，$T=0$ で 1 粒子あたりの内部エネルギーは有限の値 $3\varepsilon_F/5$ をもつ．これは，パウリの排他原理のためにすべての粒子が $\mathbf{k}=0$ の状態を取ることが許されないことを反映している．

図 14.3 は内部エネルギーの温度変化をプロットしたものである．図の実線は式 (14.2) の積分を数値的に実行した結果，点線はゾンマーフェルト展開を用いた低温の近似式 (14.26)，破線は高温極限での近似式 $U=(3/2)Nk_B T$ をプロットしたものである．$T<0.5T_F$ では低温極限の近似式が成り立っており，$T>T_F$ では高温極限の表式（古典気体）に漸近することがわかる．

b. 圧力

低温のフェルミ気体においてもベルヌーイの関係式 $pV=2U/3$ が成り立つので，状態方程式は

$$pV = \frac{2N\varepsilon_F}{5}\left[1 + \frac{5}{12}\left(\frac{\pi k_B T}{\varepsilon_F}\right)^2\right] \quad (14.27)$$

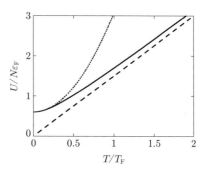

図 14.3　理想フェルミ粒子系の内部エネルギーの温度変化

となる．古典理想気体の状態方程式と異なり，絶対零度の極限 $T \to 0$ でも圧力はゼロにならず有限な値をもつ．これは，パウリの排他原理によって粒子間に統計的な斥力が働いているからである．このような，フェルミ統計性からくる圧力をフェルミ縮退圧（Fermi pressure）とよぶ．

c. 比熱

定積比熱 $C=\partial U/\partial T$ は

$$C = \frac{N}{2}\frac{(\pi k_B)^2 T}{\varepsilon_F} \equiv \gamma T \quad (14.28)$$

のように，温度に比例して変化する．比例定数 γ は

$$\gamma = \frac{N}{2}\frac{(\pi k_B)^2}{\varepsilon_F} \quad (14.29)$$

で定義され，ゾンマーフェルト係数とよばれる．式 (14.28) で与えられるフェルミ気体の比熱と，古典理想気体に等分配則を適用して求めた比熱 $3Nk_B/2$ とを比べると

$$\frac{\gamma T}{3Nk_B/2} = \frac{\pi^2}{3}\frac{k_B T}{\varepsilon_F} = \frac{\pi^2}{3}\frac{T}{T_F} \quad (14.30)$$

となる．典型的な金属に対しては $T_F \sim 10^5$ K であるから，室温（$T \sim 300$ K）で考えると $T/T_F \sim 10^{-3}$ であり，電子気体の比熱は古典気体のものに比べると格段に小さい．（格子振動による比熱は，典型的な固体のデバイ温度が数百 K 程度であることから，室温程度の温度では古典値と同程度の大きさをもつ．比較すべき特性エネルギーに応じて「低温」条件が異なってくることに注意しよう．）

図 14.4 は比熱の温度変化をプロットしたものである．図の実線は内部エネルギーの図 14.3 の実線のデータを

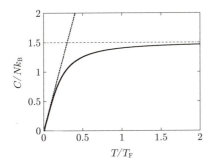

図 14.4 理想フェルミ粒子系の比熱の温度変化

数値的に微分した結果，点線は低温の近似式 (14.28)，破線は高温極限での近似式 $C = (3/2)Nk_B$ をプロットしたものである．低温領域 $T \ll T_F$ では近似式 (14.28) が成り立っており，$T > T_F$ では高温極限の表式（古典理想気体）に漸近することがわかる．

d. 常磁性（パウリ）磁化率

電子気体が一様磁場 $\mathbf{H} = (0, 0, H)$ の中にあるとする．電子の磁気モーメントは，磁場に平行か反平行の二つの向きのみをとり，各々の場合にポテンシャルエネルギー $-\mu_B H$ あるいは $+\mu_B H$ をもつ．ただし，$\mu_B = e\hbar/2m$ はボーア磁子である．このとき，1電子エネルギーは

$$\varepsilon_{\mathbf{k},s} = \varepsilon_{\mathbf{k}} - s\mu_B H, \quad s = \pm 1 \quad (14.31)$$

で与えられる．磁場に平行あるいは反平行の向きのスピンをもつ電子数を N_s とすれば，これは

$$N_s = \int_0^\infty \frac{\rho_{3D}(\varepsilon)}{\{\exp[\beta(\varepsilon - s\mu_B H - \mu)] + 1\}} d\varepsilon$$
$$= \int_0^\infty \rho_{3D}(\varepsilon) f(\varepsilon - s\mu_B H) d\varepsilon \quad (14.32)$$

と表され，磁化は

$$M = \mu_B(N_+ - N_-) \quad (14.33)$$

で与えられる．特に，弱磁場の極限を考えて H の1次まで展開すると

$$M = \mu_B \int_0^{+\infty} \rho_{3D}(\varepsilon) \Big[f(\varepsilon - \mu_B H) - f(\varepsilon + \mu_B H) \Big] d\varepsilon$$
$$\simeq 2\mu_B^2 H \int_0^{+\infty} d\varepsilon \rho(\varepsilon) \left(-\frac{\partial f}{\partial \varepsilon} \right) \equiv \chi_P(T) H \quad (14.34)$$

となり，磁化率 χ_P が

$$\chi_P(T) = 2\mu_B^2 \int_0^\infty \rho(\varepsilon) \left(-\frac{\partial f}{\partial \varepsilon} \right) d\varepsilon \quad (14.35)$$

で与えられる．低温領域 $T \ll T_F$ では，ゾンマーフェルトの公式 (14.11) を用いると

$$\chi_P(T) = 2\mu_B^2 \left[\rho(\mu) + \frac{(\pi k_B T)^2}{6} \rho''(\mu) \right] \quad (14.36)$$

となる．化学ポテンシャル μ の温度変化（式 (14.24)）を用いると，最終的に

$$\chi_P(T) = \frac{3N\mu_B^2}{2\varepsilon_F V} \left[1 - \frac{\pi^2}{12} \left(\frac{T}{T_F} \right)^2 \right] \quad (14.37)$$

を得る．第 11 章で求めた，局在モーメントをもつ常磁性体の磁化率 $\chi \propto 1/T$ と比較すると，自由電子気体の常磁性磁化率は低温ではほとんど温度によらない．このような縮退フェルミ気体の常磁性を **パウリ常磁性**（Pauli paramagnetism）とよぶ．仮に，すべてのモーメントが磁場の方向に向いたとすれば，磁化は飽和値 $M_s = N\mu_B/V$ をもつはずである．この値と 1 T の磁場中の自由電子気体の絶対零度における磁化との比は

$$\frac{\chi_P B}{M_s} = \frac{3\mu_B B}{2\varepsilon_F} \sim 10^{-5} \quad (14.38)$$

である．すなわち，1 T の磁場が引き起こす磁場方向およびこれと反対方向の磁気モーメントのアンバランスは，わずか 10 万分の 1 にすぎない．

14.2 節のまとめ

- 縮退理想フェルミ気体の熱力学量の低温極限での温度依存性をゾンマーフェルトの公式を用いて求めることができる．
- 内部エネルギーと圧力はそれぞれ

$$U = \frac{3N\varepsilon_F}{5} \left[1 + \frac{5}{12} \left(\frac{\pi k_B T}{\varepsilon_F} \right)^2 \right]$$

$$pV = \frac{2N\varepsilon_F}{5} \left[1 + \frac{5}{12} \left(\frac{\pi k_B T}{\varepsilon_F} \right)^2 \right]$$

で与えられる．古典理想気体と異なり，絶対零度の極限 $T \to 0$ でも圧力は有限値 $2n\varepsilon_F/5$ をもつ．こ

234　14. 縮退理想フェルミ気体

れはフェルミ統計性に起因するものであり，フェルミ縮退圧とよばれる．

- 比熱は

$$C = \frac{N}{2}\frac{(\pi k_B)^2 T}{\varepsilon_F}$$

で与えられる．古典理想気体や固体の比熱と比べると，縮退電子気体の比熱はきわめて小さい．

- 常磁性磁化率は

$$\chi_P = \frac{3N\mu_B^2}{2\varepsilon_F V}\left[1 - \frac{\pi^2}{12}\left(\frac{T}{T_F}\right)^2\right] \tag{14.39}$$

で与えられる．局在モーメントをもつ常磁性体の磁化率と比べると，縮退電子気体の常磁性磁化率はきわめて小さい．このような，フェルミ統計性に起因する常磁性をパウリ常磁性とよぶ．

14.3　自由電子気体の応用：白色矮星，半導体

　自由フェルミ気体の統計力学を用いて，いくつかの物理系の性質を議論することができる．この節では，実際の応用例として，白色矮星，半導体を紹介する．

14.3.1　白色矮星

　縮退したフェルミ気体の性質が重要な役割を果たす例は，金属のほかにも星の進化の最終段階で現れる白色矮星にみられる．白色矮星はほとんどヘリウムから構成されており，質量 $M \sim 10^{30} \simeq M_\odot$（太陽質量），温度 $T \sim 10^7$ K，質量密度 $\rho \sim 10^{10}$ kg m^{-3} である．この温度をエネルギーに換算すると $k_B T \sim 1$ keV であるから，ヘリウム原子は完全にイオン化している．そこで，白色矮星をヘリウム原子核と自由電子から構成される気体の球とする模型を考える．式 (14.27) で示したように，非相対論的なフェルミ気体の絶対零度における圧力は有限の値（フェルミ縮退圧）$pV = 2N\varepsilon_F/5$ をもつ．

　まず，自由電子は非常に低い温度（$< T_F \equiv \varepsilon_F/k_B$）で強く縮退していることを示そう．そのために，式(14.4)を用いて電子系のフェルミエネルギーを見積ってみる．電子の質量を m_e，総数を N_e とすると，フェルミエネルギーは

$$\varepsilon_F = \frac{\hbar^2}{2m_e}\left(\frac{3\pi^2 N_e}{V}\right)^{2/3} \tag{14.40}$$

で与えられる．ヘリウム原子1個あたりの電子数は2なので，電子の総数はヘリウム原子の質量を m_{He} とすると

$$N_e = 2\frac{M}{m_{He}} \tag{14.41}$$

で与えられる．よって，フェルミエネルギーは

$$\varepsilon_F = \frac{\hbar^2}{2m_e}\left(\frac{6\pi^2 M}{m_{He}V}\right)^{2/3} \simeq 7.6\,\text{MeV} \tag{14.42}$$

となる．白色矮星の温度 $\sim 10^7$ K をエネルギーに換算すると $k_B T \sim 1$ keV $\ll \varepsilon_F$ であるから，電子系は非常に低温で強く縮退していることがわかる．ちなみに，ヘリウム原子核の運動エネルギーは $k_B T$ のオーダーであるから，電子系のエネルギーよりもはるかに小さく，無視してよい．また，電子の静止エネルギーは

$$m_e c^2 \simeq 5.1\,\text{MeV} \tag{14.43}$$

であるから，高密度の星の内部では電子の運動エネルギーは大きくなり，ある半径以下の星では電子を非相対論的粒子として取り扱うことはもはや正しくない．

　以下では，絶対零度 $T = 0$ を仮定して，白色矮星が電子気体の縮退圧による膨張と重力による収縮との力学的平衡状態にあるときの，半径と質量の関係を調べよう．そのために，電子系のエネルギー U_E と重力のエネルギー U_G を求め，系の全エネルギー $U = U_E + U_G$ が最小となる条件を求める．

a. 電子系のエネルギー

　最初に電子系のエネルギーを求めよう．電子系のエネルギーを計算するために，1粒子エネルギーの相対論的な表式

$$\varepsilon_{\mathbf{k}} = \sqrt{m_e^2 c^4 + c^2\hbar^2 k^2} \tag{14.44}$$

を用いる．上でも述べたように，$T \ll \varepsilon_F$ であるから，ここでは $T = 0$ とすると，電子系のエネルギーは

$$U_E = 2\sum_{\mathbf{k}}\varepsilon_{\mathbf{k}}$$

$$= 2\frac{4\pi V}{(2\pi)^3}\int_0^{k_F} k^2\sqrt{m_e^2 c^4 + c^2\hbar^2 k^2}\,dk \tag{14.45}$$

で与えられる．ここで，フェルミ波数 k_F は式 (14.3) より

$$k_F = \left(\frac{3\pi^2 N_e}{V}\right)^{1/3} \qquad (14.46)$$

である．積分変数を

$$x = \frac{\hbar k}{m_e c} \qquad (14.47)$$

とすると，電子系のエネルギーは

$$U_E = \frac{V m_e^4 c^5}{\pi^2 \hbar^3} A(x_F) \qquad (14.48)$$

と表される．ただし，変数 x_F と関数 $A(x_F)$ はそれぞれ

$$x_F = \frac{\hbar k_F}{m_e c} = \frac{\hbar}{m_e c}\left(\frac{3\pi^2 N_e}{V}\right)^{1/3} \qquad (14.49)$$

$$A(x_F) = \int_0^{x_F} x^2 \sqrt{1+x^2}\, dx \qquad (14.50)$$

で定義される．式 (14.50) の積分はやや難しいが，実は解析的に実行できて

$$A(x_F) = \frac{1}{8}\Big[(2x_F^3 + x_F)\sqrt{1+x_F^2}$$
$$- \ln\Big(x_F + \sqrt{1+x_F^2}\Big)\Big] \qquad (14.51)$$

で与えられることが知られている．

星の半径を R として体積を $V = 4\pi R^3/3$ と表し，電子の総数の表式 (14.41) を使うと電子系のエネルギーを

$$U_E = \frac{4}{3}\frac{R^3 m_e^4 c^5}{\pi \hbar^3} A(x_F) = \frac{4 m_e c^2}{3\pi}\overline{R}^3 A(x_F) \qquad (14.52)$$

$$x_F = \frac{\hbar}{m_e c}\frac{1}{R}\left(\frac{9\pi}{4}\right)^{1/3}\left(\frac{2M}{m_{He}}\right)^{1/3} = \frac{\overline{M}^{1/3}}{\overline{R}} \qquad (14.53)$$

$$\overline{R} = \frac{R}{(\hbar/m_e c)}, \quad \overline{M} = \frac{9\pi M}{2 m_{He}} \qquad (14.54)$$

と表すことができる．

b. 重力エネルギー

簡単のため，星は一様な質量密度をもつ球であるとしよう．このときの重力エネルギーは，電磁気学における一様に帯電した球の静電エネルギーの計算とまったく同じ方法によって求めることができる．重力定数を G とすると，半径 R，質量 M の星の重力エネルギーは

$$U_G = -\frac{3G}{5}\frac{M^2}{R} = -\frac{4 m_e c^2}{3\pi}\gamma\frac{\overline{M}^2}{\overline{R}} \qquad (14.55)$$

で与えられる．ここで，γ は無次元化された重力定数であり

$$\gamma = \frac{G m_{He}^2}{45\pi}\frac{1}{c\hbar} \simeq 6.596 \times 10^{-40} \qquad (14.56)$$

で与えられる．

ここで式 (14.55) の導出を考える．まず，半径 r，質量 M の一様な球の表面に置かれた質量 m の物体のポテンシャルエネルギーは，一様に帯電した球の静電ポテンシャルとまったく同様に求めることができて

$$U(r) = -\frac{GMm}{r} \qquad (14.57)$$

で与えられる．これは質量 m の物体を無限遠方から球の表面まで運んでくるために必要とされる仕事である．この物体が球面状に厚さ dr で一様に貼り付けられた質量密度 ρ の物体であったとすると，$m = 4\pi \rho r^2 dr$ である．これはすなわち，球の半径を r から $r + dr$ に増加させるために必要な仕事が

$$dU_G = -\frac{G}{r}\left(\frac{4\pi r^3}{3}\rho\right)4\pi \rho r^2 dr = -\frac{16\pi^2 G \rho^2 r^4}{3} dr \qquad (14.58)$$

であることを意味する．よって，半径 R の星の重力エネルギーは式 (14.58) を 0 から R まで積分することにより

$$U_G = -\int_0^R \frac{16\pi^2 G \rho^2 r^4}{3} dr = -G\frac{16\pi^2 \rho^2}{15} R^5 \qquad (14.59)$$

で与えられる．この結果を星の全質量 $M = 4\pi \rho R^3/3$ を用いて表すと，式 (14.55) が得られる．

c. 力学的平衡状態

白色矮星の力学的エネルギーは電子系のエネルギーと重力エネルギーの和

$$U = U_E + U_G = \frac{4 m_e c^2}{3\pi}\overline{M}\left[\frac{1}{x_F^3}A(x_F) - \gamma\overline{M}^{2/3}x_F\right] \qquad (14.60)$$

で与えられる．平衡状態は力学的エネルギーが最小となる条件

$$\frac{\partial U}{\partial x} = \left[\frac{1}{x^3}A(x) - \gamma\overline{M}^{2/3}x\right]\frac{d}{dx} = 0 \qquad (14.61)$$

によって与えられる．この条件式は，新しい関数 $B(x)$ を

$$B(x) = \left[\frac{1}{x^3}A(x)\right]\frac{d}{dx} = \frac{1}{x}\sqrt{1+x^2} - \frac{3}{x^4}A(x)$$
$$= \frac{1}{8x^4}\Big[(2x^3 - 3x)\sqrt{1+x^2}$$
$$+ 3\ln(x + \sqrt{1+x^2})\Big] \qquad (14.62)$$

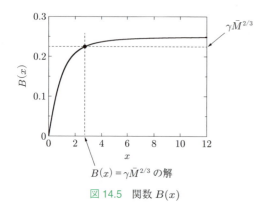

図 14.5 関数 $B(x)$

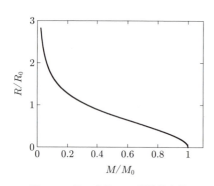

図 14.6 星の半径 R の質量依存性

によって定義すると

$$B(x) = \gamma \overline{M}^{2/3} \quad (14.63)$$

と表すことができる．図14.5の実線は，方程式 (14.63) の解の振る舞いを調べるために，関数 $B(x)$ をグラフにプロットしたものである．図よりわかるように，$B(x)$ は x の単調増加関数であり $x \to 0$ で $B(x) \to 0$, $x \to \infty$ で $B = 1/4$ に漸近する．水平な破線が方程式 (14.63) の右辺の値 $\gamma \overline{M}^{2/3}$ を表すものとすると，実線と水平な破線の交点が方程式の解を与える．図より，$\gamma \overline{M}$ を大きくすると解 x が増加することがわかる．関係式 (14.53) より $\overline{R}$ は x_F の減少関数なので，星の半径 R は質量 M の増加とともに単調に減少することがわかる．ただし，$\overline{M}$ が $B(x)$ の上限値 $\overline{M}_0 = (1/4\gamma)^{3/2}$ より大きいときは図14.5のグラフが交点をもたないため，方程式 (14.63) は解をもたない．これは，$\overline{M} > \overline{M}_0$ のときは力学的平衡状態が存在しないことを意味する．力学的平衡状態が存在する上限の質量

$$M_0 = \frac{2m_{\text{He}}}{9\pi} \overline{M}_0 = \left(\frac{1}{4\gamma}\right)^{3/2} \frac{2m_{\text{He}}}{9\pi}$$
$$\simeq 3.469 \times 10^{30} \, \text{kg} \quad (14.64)$$

をチャンドラセカール限界（Chandrasekhar limit）とよぶ．

図 14.6 は，式 (14.63) を数値的に解いて星の半径の質量依存性を求めた結果をグラフにプロットしたものである．特に，$x_F \ll 1$（低密度，非相対論的極限）と $x_F \gg 1$（高密度，超相対論的極限）における振る舞いを詳しく調べるためには，$A(x_F)$ を x_F または $1/x_F$ で展開した近似式

$$A(x_F) \simeq \begin{cases} \dfrac{1}{3} x_F^3 \left(1 + \dfrac{3}{10} x_F^2 + \cdots\right) & (x_F \ll 1) \\[2mm] \dfrac{1}{4} x_F^4 \left(1 + \dfrac{1}{x_F^2} + \cdots\right) & (x_F \gg 1) \end{cases}$$
$$(14.65)$$

を使うとよい．この両極限での力学的エネルギーを x_F の関数として表すと

$$U = \frac{4m_e c^2}{9\pi} \overline{M} \left[1 + \frac{3}{10} x_F^2 - \frac{3}{4} \left(\frac{\overline{M}}{\overline{M}_0}\right)^{2/3} x_F\right]$$
$$(x_F \ll 1) \quad (14.66)$$

$$U = \frac{m_e c^2}{3\pi} \overline{M} \left\{\left[1 - \left(\frac{\overline{M}}{\overline{M}_0}\right)^{2/3}\right] x_F + \frac{1}{x_F}\right\}$$
$$(x_F \gg 1) \quad (14.67)$$

となる．式 (14.66) は $x_F = (5/4)(\overline{M}/\overline{M}_0)^{2/3}$ において極小値をもつので，星の質量がチャンドラセカール限界よりもはるかに小さいとき，半径は

$$\frac{R}{R_0} = \frac{4}{5} \left(\frac{M_0}{M}\right)^{1/3} \quad (14.68)$$

$$R_0 = \frac{\hbar}{2\gamma^{1/2} m_e c} \quad (14.69)$$

で与えられる．質量が増大すると，半径は減少し，フェルミエネルギーは増大する．超相対論的極限の近似式 (14.67) は $M < M_0$ のとき，

$$\frac{R}{R_0} = \left(\frac{M}{M_0}\right)^{1/3} \left[1 - \left(\frac{M}{M_0}\right)^{2/3}\right]^{1/2} \quad (14.70)$$

において極小値をとる．

星の質量がチャンドラセカール限界より大きいとき ($M > M_0$)，式 (14.67) は x_F の単調増加関数（つまり $\overline{R}$ の単調減少関数）となり，極小値をもたない．この状況では星の半径が小さくなるほどエネルギーが下がるため縮退圧では支えられなくなり，超新星爆発を起こす．

式 (14.64) で導いた M_0 の値を具体的に計算すると

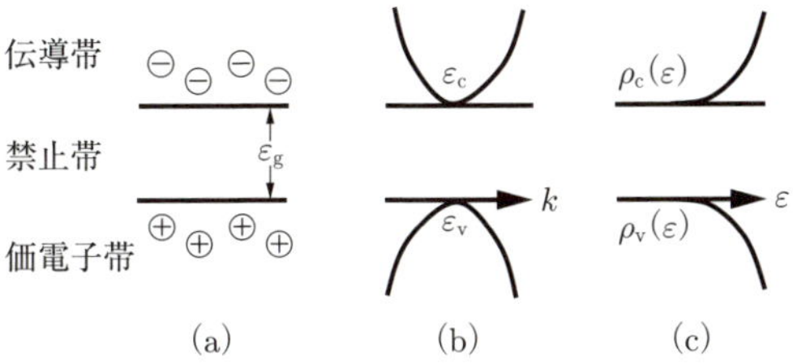

図 14.7 半導体のバンド構造

$$M_0 \simeq 3.469 \times 10^{30}\,\mathrm{kg} \qquad (14.71)$$

となる．これを太陽の質量 $M_\odot \simeq 1.988 \times 10^{30}\,\mathrm{kg}$ と比較すると，$M_0 \simeq 1.74 M_\odot$ となる．これは，星の質量密度が一様だと仮定して求めた重力エネルギー（式(14.55)）を用いて得られた結果であるが，より詳しい研究によると星の中で質量密度が一様でないことによる補正を考慮すると

$$M_0 \simeq 1.44 M_\odot \qquad (14.72)$$

となることが知られている．

14.3.2　半導体

　固体のバンド理論によると，結晶中の電子のエネルギー準位は擬運動量 $\hbar\mathbf{k}$ によって特徴付けられ，エネルギー ε と波数ベクトル $\mathbf{k}$ の関係（分散関係）$\varepsilon = \varepsilon(\mathbf{k})$ はエネルギーバンド（またはバンド構造）とよばれる．結晶構造がもつ並進対称性によって，バンド構造において電子が存在できないエネルギー領域が存在する．そのようなエネルギー領域をバンドギャップ（band gap）とよぶ．エネルギーギャップ内にフェルミ準位が存在する物質で，バンドギャップが数 eV 以下のものを半導体（semiconductor）とよぶ．フェルミ準位より下のバンドを価電子帯（valence band），上のバンドを伝導帯（conduction band）とよぶ．ここでは，図 14.7(a)，(b) のようなバンド構造をもった半導体を考える．

　純粋な（不純物がない）Si, Ge などを真性半導体という．真性半導体の基底状態では，価電子帯がすべて電子で詰まっており，伝導帯は空になっている．この状態で弱い電場をかけても電子は動くことはできないため，電流が流れない．有限温度（$T > 0$）では，価電子帯の電子が伝導帯に飛び移り，価電子帯に抜け殻の孔を残す．この孔を荷電正孔とよぶ．荷電正孔は，電気的に中性な状態から電子が出ていった後の抜け殻なので，正の電荷をもつとみなすことができる．また，伝導帯に出てきた電子を伝導電子とよぶ．この状態に電場をかけると，伝導電子と荷電正孔が動き回ることによって電流が流れる．

a. キャリア密度

　伝導電子の数密度 n を伝導電子密度，荷電正孔の数密度 p を荷電正孔密度とよび，n, p をまとめてキャリア密度とよぶ．温度 T の熱平衡状態にある半導体のキャリア密度の温度依存性を調べよう．以下では，伝導電子と価電子帯電子のエネルギーがそれぞれ

$$\varepsilon_{\mathrm{c}}(\mathbf{k}) = \varepsilon_{\mathrm{c}} + \frac{\hbar^2 k^2}{2m_{\mathrm{e}}}, \quad \varepsilon_{\mathrm{v}}(\mathbf{k}) = \varepsilon_{\mathrm{v}} - \frac{\hbar^2 k^2}{2m_{\mathrm{h}}} \tag{14.73}$$

で与えられるとする（これを有効質量近似という．m_{e} と m_{h} は伝導電子と価電正孔の有効質量である）．温度 T での伝導電子密度 n と価電正孔密度 p はそれぞれ

$$n = 2\sum_{\mathbf{k}} f_{\mathrm{c}}(\varepsilon_{\mathrm{c}}(\mathbf{k})) \tag{14.74}$$

$$p = 2\sum_{\mathbf{k}} f_{\mathrm{v}}(\varepsilon_{\mathrm{v}}(\mathbf{k})) \tag{14.75}$$

で与えられる．ただし，f_{c}, f_{v} はそれぞれ伝導電子と荷電正孔の分布関数

$$f_{\mathrm{c}}(\varepsilon) = \frac{1}{\exp[\beta(\varepsilon - \mu)] + 1} \tag{14.76}$$

$$f_{\mathrm{v}}(\varepsilon) = 1 - f_{\mathrm{c}}(\varepsilon) = \frac{\exp[\beta(\varepsilon - \mu)]}{\exp[\beta(\varepsilon - \mu)] + 1} \tag{14.77}$$

である．

　$\mathbf{k}$ に関する和を実行するために，1 粒子状態を用いる．有効質量近似 (14.73) のもとでは，伝導電子と価電子帯電子に対する 1 スピン自由度あたりの 1 粒子状態密度 $\rho_{\mathrm{c}}(\varepsilon)$, $\rho_{\mathrm{v}}(\varepsilon)$ はそれぞれ

$$\rho_{\mathrm{c}}(\varepsilon) = \sum_{\mathbf{k}} \delta\!\left(\varepsilon - \varepsilon_{\mathrm{c}} - \frac{\hbar^2 k^2}{2m_{\mathrm{e}}}\right) \tag{14.78}$$

$$\rho_{\mathrm{v}}(\varepsilon) = \sum_{k} \delta\!\left(\varepsilon - \varepsilon_{\mathrm{v}} + \frac{\hbar^2 k^2}{2m_{\mathrm{h}}}\right) \tag{14.79}$$

で与えられる．これらは 3 次元自由粒子の状態密度の表式 (13.96) において，それぞれ $\varepsilon \to \varepsilon - \varepsilon_{\mathrm{c}}$, $\varepsilon \to \varepsilon_{\mathrm{v}} - \varepsilon$ としたものである．よって

$$\rho_{\mathrm{c}}(\varepsilon) = \frac{V m_{\mathrm{e}}^{3/2}}{\sqrt{2}\,\pi^2 \hbar^3} \sqrt{\varepsilon - \varepsilon_{\mathrm{c}}} \tag{14.80}$$

$$\rho_{\mathrm{v}}(\varepsilon) = \frac{V m_{\mathrm{h}}^{3/2}}{\sqrt{2}\,\pi^2 \hbar^3} \sqrt{\varepsilon_{\mathrm{v}} - \varepsilon} \tag{14.81}$$

となる（図 14.7(c)）．これらの状態密度を用いると，温度 T での伝導電子密度 n と価電正孔密度 p が

$$n = \frac{2}{V} \int_{\varepsilon_{\mathrm{c}}}^{\infty} \rho_{\mathrm{c}}(\varepsilon) f_{\mathrm{c}}(\varepsilon)\,d\varepsilon \tag{14.82}$$

$$p = \frac{2}{V} \int_{-\infty}^{\varepsilon_{\mathrm{v}}} \rho_{\mathrm{v}}(\varepsilon) f_{\mathrm{v}}(\varepsilon)\,d\varepsilon \tag{14.83}$$

238   14. 縮退理想フェルミ気体

と計算できる. ただし, 価電子帯の頂上をエネルギー原点に取って $\varepsilon_{\mathrm{v}} = 0$ としている. ここで, フェルミエネルギーがバンドギャップ内にあり, 両方のバンド端から十分大きく離れているものと仮定する. さらに, $\varepsilon_{\mathrm{c}} - \mu,\ \mu - \varepsilon_{\mathrm{v}} \gg k_{\mathrm{B}}T$ であるとする. 実際に, Si におけるバンドギャップは $\varepsilon_{\mathrm{g}} = 1.1\,\mathrm{eV}$ であり, 室温 300 K においては $k_{\mathrm{B}}T \simeq 0.026\,\mathrm{eV} \ll \varepsilon_{\mathrm{g}}$ である. ここで, $\varepsilon_{\mathrm{v}} = 0$ より $f_{\mathrm{c}}(\varepsilon)$ に対しては $\varepsilon > \varepsilon_{\mathrm{c}} = \varepsilon_{\mathrm{g}} \gg k_{\mathrm{B}}T$ なので, 伝導帯 ($\varepsilon > \varepsilon_{\mathrm{c}}$) に対しては

$$f_{\mathrm{c}}(\varepsilon) = \frac{1}{\exp[\beta(\varepsilon - \mu)] + 1} \simeq \exp[-\beta(\varepsilon - \mu)] \tag{14.84}$$

が成り立つ. $f_{\mathrm{v}}(\varepsilon)$ に対しては $\mu - \varepsilon$ であるが, 不純物のない真性半導体の場合, 化学ポテンシャルは通常エネルギーギャップの半分 $\mu \simeq \varepsilon_{\mathrm{g}}/2 \gg k_{\mathrm{B}}T$ なので, 荷電子帯 ($\varepsilon > \varepsilon_{\mathrm{c}}$) に対しては

$$f_{\mathrm{v}}(\varepsilon) \simeq \exp[\beta(\varepsilon - \mu)] \tag{14.85}$$

となる. つまり, 今考えている領域ではフェルミ分布関数を古典的なマクスウェル・ボルツマン分布で近似することができる. このとき, 伝導電子密度および荷電正孔密度は

$$n = \frac{2}{V} \int_{\varepsilon_{\mathrm{c}}}^{\infty} \frac{V m_{\mathrm{e}}^{3/2}}{\sqrt{2}\,\pi^2 \hbar^3} \sqrt{\varepsilon - \varepsilon_{\mathrm{c}}}\, \exp[-\beta(\varepsilon - \mu)]\,d\varepsilon$$

$$= \frac{2}{\lambda_{\mathrm{e},T}^3} \exp[\beta(\mu - \varepsilon_{\mathrm{c}})] \tag{14.86}$$

$$p \simeq \frac{2}{V} \int_{-\infty}^{\varepsilon_{\mathrm{v}}} \frac{V m_{\mathrm{h}}^{3/2}}{\sqrt{2}\,\pi^2 \hbar^3} \sqrt{\varepsilon_{\mathrm{v}} - \varepsilon}\, \exp[\beta(\varepsilon - \mu)]\,d\varepsilon$$

$$= \frac{2}{\lambda_{\mathrm{h},T}^3} \exp[\beta(\varepsilon_{\mathrm{v}} - \mu)] \tag{14.87}$$

$$\lambda_{\mathrm{e},T} = \sqrt{\frac{2\pi\hbar^2}{m_{\mathrm{e}} k_{\mathrm{B}}T}}, \quad \lambda_{\mathrm{h},T} = \sqrt{\frac{2\pi\hbar^2}{m_{\mathrm{h}} k_{\mathrm{B}}T}} \tag{14.88}$$

となる. ただし, 積分公式 $\int_0^{\infty} x^{1/2} e^{-x}\,dx = \sqrt{\pi}/2$ を用いた. 電子密度と荷電正孔密度の積は

$$np = \frac{4}{\lambda_{\mathrm{e},T}^3 \lambda_{\mathrm{h},T}^3} \exp[\beta(\varepsilon_{\mathrm{v}} - \varepsilon_{\mathrm{c}})]$$

$$= 4(m_{\mathrm{e}} m_{\mathrm{h}})^{3/2} \left(\frac{k_{\mathrm{B}}T}{2\pi\hbar^2}\right)^3 \exp(-\beta\varepsilon_{\mathrm{g}}) \tag{14.89}$$

となる. これはフェルミエネルギーによらず, 温度のみに依存する. この結果は化学反応における「質量作用の法則」に類似している.

b. 真性半導体の化学ポテンシャル

真性半導体 (純粋な Si, Ge など) では電子密度と荷電正孔密度は等しい ($n = p$) ので,

$$\frac{2}{\lambda_{\mathrm{e},T}^3} \exp[\beta(\mu - \varepsilon_{\mathrm{c}})] = \frac{2}{\lambda_{\mathrm{h},T}^3} \exp[\beta(\varepsilon_{\mathrm{v}} - \mu)] \tag{14.90}$$

が成り立つ. これを μ について解けば

$$\mu = \frac{3k_{\mathrm{B}}T}{4} \ln\left(\frac{m_{\mathrm{h}}}{m_{\mathrm{e}}}\right) + \frac{\varepsilon_{\mathrm{c}} - \varepsilon_{\mathrm{v}}}{2} + \varepsilon_{\mathrm{v}}$$

$$= \frac{\varepsilon_{\mathrm{g}}}{2} + \frac{3}{4} k_{\mathrm{B}}T \ln\left(\frac{m_{\mathrm{h}}}{m_{\mathrm{e}}}\right) \tag{14.91}$$

となる.

c. ドープされた半導体

この半導体に不純物原子を混入した結果, 電子と正孔数のつり合いが破れて $n \neq p$ になったとする. 不純物がないときに $n = p = n_0$ であったとすると, ドナーが入っても質量作用の法則 (式 (14.89)) は変わらないので,

$$np = n_0^2 \tag{14.92}$$

が成り立つ. ここで, $n - p = \Delta n > 0$ とすると,

$$n^2 - n\Delta n - n_0^2 = 0 \tag{14.93}$$

となる. これを解くと, $n,\ p$ を $n_0,\ \Delta n$ を用いて

$$n = \sqrt{n_0^2 + \left(\frac{\Delta n}{2}\right)^2} + \frac{\Delta n}{2} \tag{14.94}$$

$$p = \sqrt{n_0^2 + \left(\frac{\Delta n}{2}\right)^2} - \frac{\Delta n}{2} \tag{14.95}$$

と表すことができる. また, このときの μ の変化を $\Delta\mu \equiv \mu - \mu_0$ とすると,

$$n = \frac{s}{\lambda_{\mathrm{e},T}^3} \exp[\beta(\mu - \varepsilon_{\mathrm{c}})]$$

$$= \frac{s}{\lambda_{\mathrm{e},T}^3} \exp[\beta(\mu_0 - \varepsilon_{\mathrm{c}})] \exp[\beta(\mu - \mu_0)]$$

$$= n_0 \exp(\beta\Delta\mu) \tag{14.96}$$

$$p = \frac{s}{\lambda_{\mathrm{h},T}^3} \exp[\beta(\varepsilon_{\mathrm{v}} - \mu)]$$

$$= \frac{s}{\lambda_{\mathrm{h},T}^3} \exp[\beta(\varepsilon_{\mathrm{v}} - \mu_0)] \exp[-\beta(\mu - \mu_0)]$$

$$= n_0 \exp(-\beta\Delta\mu) \tag{14.97}$$

である. よって, Δn と $\Delta\mu$ の間には

$$\frac{\Delta n}{n_0} = \frac{n - p}{n_0} = 2\sinh\frac{\Delta\mu}{k_{\mathrm{B}}T} \tag{14.98}$$

の関係があることがわかる.

14.3 節のまとめ

- 自由電子気体の統計力学の応用例として，白色矮星と半導体について解説した．

- 白色矮星の半径は，電子気体の縮退圧による膨張と重力による収縮のつり合いによって決まる．星の質量がある臨界質量（チャンドラセカール限界）より大きいときは，縮退圧によって支えられないため力学的平衡状態が存在しない．

- 半導体のキャリア密度は，低温（$k_B T \ll \varepsilon_g$）領域では古典的なマクスウェル・ボルツマン分布を用いて計算できる．

15. 縮退理想ボース気体

13.3.4項では，$n\lambda_T \ll 1$ が成り立つ高温領域での理想量子気体の状態方程式 (13.120) より，ボース系では統計的な引力が働くことを示した．このような量子効果は低温になるにつれて顕著になり，ある温度以下で，突然全粒子数に匹敵する巨視的な数の粒子が最低エネルギーをもつ1粒子状態に落ち込むことが知られている．このような現象をボース・アインシュタイン凝縮（Bose-Einstein condensation）とよぶ．この章では，低温における理想ボース気体の性質，特にボース・アインシュタイン凝縮について説明する．

図15.1は，ボース・アインシュタイン凝縮が起こる様子を概念的に示したものである．第13章の冒頭でも説明したように，位相空間密度 $\rho_{ps} = n\lambda_T^3$ が 1 よりもはるかに小さな値をもつ高温領域では，熱的ド・ブロイ波長 λ_T に比べて平均粒子間隔 $d \sim n^{-1/3}$ がはるかに大きいため，粒子の波動性が無視でき，古典的な粒子として振る舞う（図15.1(a)）．位相空間密度が1程度になると，($\lambda_T \sim d$) 平均粒子間隔と波束の広がりが同程度の大きさになり，量子統計性が無視できなくなる．（図15.1(b)）．低温で位相空間密度が増大し $\rho_{ps} > 1$ となると，波束同士が重なりあい，巨視的な物質波ができる．これがボース・アインシュタイン凝縮である．絶対零度ではすべての粒子が一つの巨視的物質波（純粋なボース凝縮体）として振る舞う（図15.1(d)）．

15.1 ボース・アインシュタイン凝縮転移温度

以下では，具体的な計算を進めるために，体積 V の箱の中にあるスピン自由度をもたない一様ボース粒子系を仮定しよう．13.3.4項で示したように，全粒子数 N と化学ポテンシャル μ の関係は式 (13.106) で与えられる．13.3.4項では高温領域のみを考えたが，ここでは低温を含む全温度領域における化学ポテンシャルの温度依存性を考えたい．そのためには，式 (13.106) を

$$n\lambda_T^3 = g_{3/2}(z) \quad \left(n = \frac{N}{V}\right) \quad (15.1)$$

のように書き直すのが便利である（関数 $g_\alpha(z)$ は式 (13.103) で定義されている．この章では簡単のため g^B の添字 B を省略してたんに g と記す．また，ボース分布関数の添字 BE も省略してたんに f と記すことにする．）．この方程式の解は図15.2のようにグラフ的に求めることができる．図の実線は関数 $g_{3/2}(z)$ をプロットしたものである．この関数は $0 \leq z \leq 1$ の範囲で $g_{3/2}(0) = 0$ から単調に増加し，$z = 1$ において最大値 $g_{3/2}(1) = \zeta(3/2) \approx 2.612$ をとる．ただし，$\zeta(s)$ はリーマンのツェータ関数である．ボース系において許される化学ポテンシャルの値は $-\infty < \mu < 0$ であり，これに対応して，$z = e^{\beta\mu}$ は $0 < z < 1$ の範囲の値をとることに注意しよう．水平な破線が式 (15.1) の左辺の値 $n\lambda_T^3$ を表すものとしたとき，この破線と実線の交

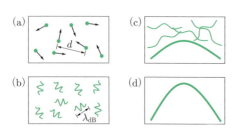

図15.1 ボース・アインシュタイン凝縮の概念図 (a) 高温領域（古典気体），(b) 量子縮退領域，(c) ボース・アインシュタイン凝縮，(d) 絶対零度．

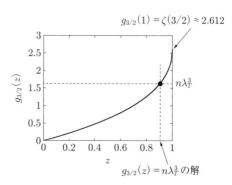

図15.2 方程式 (15.1) のグラフ的解法

点を探せば $z = e^{\beta\mu}$ が求められ，対応する化学ポテンシャル μ が得られる．

$n\lambda_T^3 < \zeta(3/2) = 2.612$ のとき，$0 < z < 1$ の解があり，μ が一意に定まる．$\lambda_T \propto T^{-1/2}$ であることから，この条件は密度があまり高くないか，あまり低温でないときに満たされる．高温 $(n\lambda_T \ll 1)$ では $z = e^{\beta\mu}$ は正の小さな値をとり，これに対応して化学ポテンシャル μ は負の大きな値をとる（式 (13.119)）．温度を下げていくと λ_T が増大するため，z も単調に増加し，対応する μ も増加する．

ある温度 T_c において，位相空間密度 $\rho_{\rm ps} = n\lambda_T^3$ が $g_{3/2}$ の上限値 $\zeta(3/2) \approx 2.612$ に達したとき，$z = 1$ となり対応する化学ポテンシャルは $\mu = 0$ となる．この，$\mu = 0$ となる温度 T_c は以下のようにして求められる．

$$\frac{N}{V} = \frac{1}{\lambda_T^3(T_c)} g_{3/2}(1) = \left(\frac{mk_BT_c}{2\pi\hbar^2}\right)^{3/2}\zeta\left(\frac{3}{2}\right) \tag{15.2}$$

この式を T_c について解くと

$$T_c = \frac{2\pi\hbar^2}{mk_B}\left[\frac{N}{\zeta(3/2)V}\right]^{3/2} \approx \frac{2\pi\hbar^2}{mk_B}\left(\frac{N}{2.612V}\right)^{3/2} \tag{15.3}$$

を得る．

$T < T_c$ では，式 (15.1) の左辺は $n\lambda_T^3(T < T_c) > n\lambda_T^3(T = T_c) = \zeta(3/2)$ であるが，右辺はいかなる $0 < \mu < 1$ に対しても $g_{3/2}(z) < \zeta(3/2)$ であるため，式 (15.1) を満たす化学ポテンシャル μ が存在しない．このとき，化学ポテンシャルは無限小で負の値 $\mu = 0^-$ をとる．最低エネルギー準位の占有数を $N_0 = f(\varepsilon = 0)$ とすると，

$$N_0 = \frac{1}{e^{\beta\mu} - 1} \sim \frac{k_BT}{|\mu|} \tag{15.4}$$

は全粒子数 N と同程度の巨視的な数になると考えられる．ところが粒子数方程式

$$\int_0^\infty \rho(\varepsilon)f(\varepsilon)d\varepsilon \propto \int_0^\infty \varepsilon^{1/2}\frac{d\varepsilon}{e^{\beta\mu} - 1} \tag{15.5}$$

の被積分関数は $\varepsilon = 0$ で 0 となってしまうため，最低エネルギー準位からの巨視的な寄与を含んでいない．このことからも明らかに 1 粒子準位に関する和をエネルギー積分に置き換える手続きが妥当でないことがわかる．そこで，粒子数についての方程式を

$$N = \sum_{\mathbf{k}} f(\varepsilon_{\mathbf{k}})$$
$$= N_0 + \sum_{\mathbf{k}}{}' f(\varepsilon_{\mathbf{k}}) \equiv N_0 + N'(T) \tag{15.6}$$

と書いて，最低準位を特別に扱うことにする．ここで，$\sum_{\mathbf{k}}'$ は波数ベクトルに関する和から $\mathbf{k} = 0$ の寄与を取り除いたものを意味し，

$$N'(T) = \sum_{\mathbf{k}}{}' f(\varepsilon_{\mathbf{k}}) \tag{15.7}$$

は励起準位にある粒子の総数（非凝縮粒子数）を表す．$\mathbf{k} \neq 0$ の準位に対しては f は $\mathbf{k}$ に関する和をエネルギー準位が連続とみなせて積分に置き換えることができる．そこでは，積分の下限をゼロとおいて $\mu = 0$ としてしまってもよい（後で示すように，$\mathbf{k} \neq 0$ に対しては必ず $\varepsilon_{\mathbf{k}} \gg \mu$ となる）．

以上より，T_c 以下では巨視的な（N のオーダーの）数の粒子が最低準位を占有する．この現象はボース・アインシュタイン凝縮（Bose-Einstein condensation）とよばれ，T_c はボース・アインシュタイン凝縮温度とよばれる．最低 1 粒子状態にある粒子を凝縮体（condensate）とよび，N_0 を凝縮粒子数とよぶ．N_0 は全粒子数が N であるという条件

$$N = N_0 + N'(T) = N_0 + \int_0^\infty \frac{\rho_{\rm 3D}(\varepsilon)}{\exp(\beta\varepsilon) - 1}d\varepsilon \tag{15.8}$$

から決められる．非凝縮粒子数 $N'(T)$ は式 (13.106) で $\mu = 0$ とおいたときの粒子数に等しいので，

$$N'(T) = \frac{1}{\lambda_T^3}\zeta\left(\frac{3}{2}\right) \tag{15.9}$$

で与えられる．一方，転移温度 T_c ではこれが全粒子数 N に等しくなることから

$$N = \frac{1}{\lambda_T^3(T_c)}\zeta\left(\frac{3}{2}\right) \tag{15.10}$$

である．よって，非凝縮粒子数と全粒子数の比をとると

$$\frac{N'(T)}{N} = \frac{\lambda_T^3(T_c)}{\lambda_T^3(T)} = \left(\frac{T}{T_c}\right)^{3/2} \tag{15.11}$$

となる．これより，凝縮粒子数は

$$N_0 = N - N'(T) = N\left[1 - \left(\frac{T}{T_c}\right)^{3/2}\right] \tag{15.12}$$

となる．

ところで，1 粒子基底状態 $\mathbf{k} = 0$ 以外の低励起状態の占有数が $T < T_c$ で巨視的になる可能性はないのだろうか？　例えば第 1 励起状態

$$\varepsilon_1 = \frac{\hbar^2}{2m}\left(\frac{2\pi}{L}\right)^2 \tag{15.13}$$

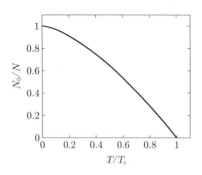

図 15.3　凝縮体粒子数の温度依存性

の占有数は
$$N_1 = \frac{1}{e^{\beta(\varepsilon_1 - \mu)} - 1} \quad (15.14)$$

であるが,
$$\mu = -k_B \frac{T}{N_0} \propto N^{-1},$$
$$\varepsilon_1 \propto L^{-2} = V^{-2/3} \propto N^{-2/3} \quad (15.15)$$

であるから, 熱力学極限 (密度 N/V を一定に保ったまま $N, V \to \infty$ とする極限) では $|\mu|/\varepsilon_1 \propto N^{-1/3} \ll 1$ となる. したがって, 式 (15.14) においては $\mu \to 0$ とおいてよい (つまり, すべての $\mathbf{k} \neq 0$ に対して $\varepsilon_\mathbf{k} \gg |\mu|$ が成り立つ. これより, 非凝縮体粒子数を計算するうえでは $\mu = 0$ とおいてよいことがわかる). また, $e^{\beta \varepsilon_1} - 1 \sim 1 + \beta \varepsilon_1 - 1 = \beta \varepsilon_1$ より
$$N_1 \simeq \frac{k_B T}{\varepsilon_1} \propto N^{2/3} \quad (15.16)$$

となる. これは $N \to \infty$ で発散する. しかしながら, 上式を全粒子数 N で割ったものは
$$\frac{N_1}{N} \propto \frac{N^{2/3}}{N} = N^{-1/3} \quad (15.17)$$

となる. つまり, 全粒子数あるいは凝縮粒子数に比べれば極めて小さい数である. 以上より, $T < T_c$ では, 1 粒子基底状態のみ巨視的な数の粒子が占有することがわかる.

15.1 節のまとめ

- 理想ボース気体において, ある特徴的な温度 T_c 以下では巨視的な数の粒子が最低 1 粒子準位を占有する. この現象をボース・アインシュタイン凝縮とよび, T_c をボース・アインシュタイン凝縮温度とよぶ.
- 体積 V の箱の中にある N 個のボース粒子系では, T_c は
$$T_c = \frac{2\pi \hbar^2}{m k_B} \left[\frac{N}{\zeta(3/2) V} \right]^{3/2}$$

で与えられる.
- $T < T_c$ では, 最低準位の占有数 (凝縮粒子数) N_0 は
$$N_0 = N \left[1 - \left(\frac{T}{T_c} \right)^{3/2} \right]$$

で与えられる.

15.2　理想ボース気体の熱力学量

この節では, 理想ボース気体の化学ポテンシャル, 内部エネルギー, 比熱などの熱力学量の温度依存性を調べる.

a. 化学ポテンシャル

前節で議論したように, $T < T_c$ では化学ポテンシャルは $\mu = 0$ である. 一方, $T > T_c$ では条件式 (15.1) より μ が決まる. 図 15.4 は式 (15.1) を N 一定の条件のもとで μ に対して数値的に解いた結果をプロットしたものである.

b. 内部エネルギー

内部エネルギーは
$$U = \int \rho_{3D}(\varepsilon) \varepsilon f(\varepsilon) d\varepsilon \quad (15.18)$$

で与えられる. 最低 1 粒子準位は系の内部エネルギーに寄与しないので, ここでは最低準位を特別扱いする必要はない. よって, 内部エネルギーは 13.3.4 項で求めた式 (13.109) で与えられる. ただし, $T > T_c$ では粒子数一定の条件で式 (15.1) を z について解いた結果

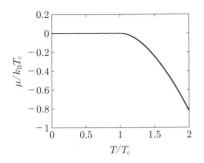

図 15.4 理想ボース気体の化学ポテンシャルの温度依存性

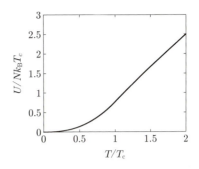

図 15.5 理想ボース気体のエネルギーの温度依存性

を用いなければならない．一方，凝縮相 $T < T_c$ では $\mu = 0$, $z = 1$ より

$$\frac{U}{V} = \frac{3}{2}\frac{k_B T}{\lambda_T^3}\zeta\left(\frac{5}{2}\right) \quad (15.19)$$

となる．エネルギーを $Nk_B T_c$ で規格化し，温度を T_c で規格化すると，$N/V = \zeta(3/2)/\lambda_T^3 (T = T_c)$ であることより

$$\frac{U}{Nk_B T_c} = \frac{3}{2}\frac{g_{5/2}(z)}{\zeta(3/2)}\left(\frac{T}{T_c}\right)^{5/2} \quad (15.20)$$

となる．特に $T < T_c$ では

$$\frac{U}{Nk_B T_c} = \frac{3}{2}\frac{\zeta(5/2)}{\zeta(3/2)}\left(\frac{T}{T_c}\right)^{5/2} \quad (15.21)$$

となる．$T < T_c$ で U が $T^{5/2}$ に比例するのは，内部エネルギーに寄与できる非凝縮粒子数が $N'(T) \propto T^{3/2}$ であるためである．非凝縮粒子 1 個あたりの平均エネルギーが古典理想気体と同じ $3k_B T/2$ で与えられるものと近似して，$T < T_c$ における内部エネルギーを見積もると

$$U \sim \frac{3}{2}N'(T)k_B T = \frac{3}{2}Nk_B \frac{T^{5/2}}{T_c} \quad (15.22)$$

となり，$T^{5/2}$ に比例することがわかる．

図 15.5 はエネルギーの温度依存性をプロットしたものである．$T < T_c$ では $U \propto T^{5/2}$ に従って変化し，高温領域 $T \gg T_c$ ではマクスウェル・ボルツマン気体のエネルギー $U = 3Nk_B T/2$ に漸近することがわかる．

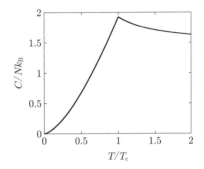

図 15.6 理想ボース気体の比熱の温度依存性．

c. 比熱

比熱は

$$C = \frac{\partial U}{\partial T} \quad (15.23)$$

で与えられる．$T < T_c$ ではこれは式 (15.22) を微分することにより容易に求まって，

$$\frac{C}{Nk_B} = \frac{15}{4}\frac{\zeta(5/2)}{\zeta(3/2)}\left(\frac{T}{T_c}\right)^{3/2} \quad (15.24)$$

となる．$T < T_c$ で比熱が $T^{3/2}$ に比例するのは，比熱に寄与する非凝縮粒子数が $T^{3/2}$ に比例するからである．$T > T_c$ では化学ポテンシャルの温度依存性も考慮しなければならないため，単純な式で比熱を表すことはできない．図 15.6 は比熱の温度依存性をプロットしたものである．高温領域ではマクスウェル・ボルツマン気体の比熱 $C = (3/2)Nk_B$ に漸近することがわかる．

15.2 節のまとめ

- $T < T_c$ では化学ポテンシャルは $\mu = 0$ である．また，内部エネルギーと比熱はそれぞれ

$$\frac{U}{Nk_{\rm B}T_{\rm c}} = \frac{3}{2}\frac{\zeta(5/2)}{\zeta(3/2)}\left(\frac{T}{T_{\rm c}}\right)^{5/2}$$

$$\frac{C}{Nk_{\rm B}} = \frac{15}{4}\frac{\zeta(5/2)}{\zeta(3/2)}\left(\frac{T}{T_{\rm c}}\right)^{3/2}$$

となる.

15.3 その他の縮退ボース粒子系

15.3.1 ボース・アインシュタイン凝縮と超流動, 超伝導

a. 液体ヘリウムの超流動

ヘリウムの同位元素 ^{4}He は, 核スピンがゼロのボース粒子である. ^{4}He のみからなる液体ヘリウム 4 は, 常圧(1 気圧)下では 2.2 K で超流動転移(いわゆる λ 転移)を起こし, 低温相では粘性がゼロとなる超流動状態になる. フリッツ・ロンドンは, 以下の 2 点よりこの液体ヘリウムの超流動転移が, ボース系特有のボース・アインシュタイン凝縮の現れであると考えた.

- 常圧下での分子数密度の実測値 $n(1\text{ 気圧}) = 2.18 \times 10^{28}\,(\text{m}^{-3})$ とヘリウムの原子質量 $m = 6.9 \times 10^{-27}\,(\text{kg})$ を用いて式 (15.3) から転移温度を見積もると, $T_{\rm c} = 3.13\,\text{K}$ を得る. これは, 常圧下での実測超流動転移温度に近い.
- 図 15.6 に示されている理想ボース気体の比熱のピークが, 超流動 ^{4}He の相転移点において観測された比熱の λ 型のピークと類似している.

しかしながら, 液体ヘリウムはきわめて密度が高く相互作用が無視できないため, 理想ボース気体を仮定した理論をそのままヘリウムの超流動に適用することはできない.

b. フェルミ粒子系の超伝導, 超流動

鉛や錫などの金属を $T_{\rm c} \sim$ 数 K 以下に冷やすと, 電気抵抗がゼロの超伝導状態になる. このような超伝導相では, 電位差の助けなしに減衰しない電流(永久電流)が流れる. この超伝導電流を運ぶのは, 2 個の電子の束縛対(クーパー対)であることがわかっている. 個々の電子は, スピン 1/2 のフェルミ粒子であるが, これらが対を作るとボース粒子の性格を帯びる. このように考えると, 金属超伝導も ^{4}He と同様に, ボース凝縮の現れと考えられる. また, 1972 年には, ヘリウムのもう一つの同位元素 ^{3}He のみからなる液体ヘリ

ウムも $T_{\rm c} \sim 2.6\,\text{mK}$ 以下の超低温で超流動性を示すことがわかった. この場合にも, 超流動の担い手は ^{3}He 原子のクーパー対である. さらに, 1986 年末に銅酸化物を舞台にして, 100 K 以上の高温で超伝導が実現することが発見された. 以上の現象は, すべてボース(様)粒子系におけるボース・アインシュタイン凝縮の巨視的な現れとして理解されている.

15.3.2 一般的なべき的依存性をもつ状態密度の場合

15.2 節までは, 3 次元自由粒子を仮定して, 1 粒子状態密度が $\varepsilon^{1/2}$ に比例する場合を考えてきた. ところで, 一般に 1 粒子状態密度の関数形が

$$\rho(\varepsilon) = C\varepsilon^{\alpha-1} \tag{15.25}$$

で与えられている場合はどうなるだろうか? このような状態密度は, 低次元の系や外部ポテンシャルが存在する系で実際に現れる. 例えば, 一般に d 次元自由粒子の状態密度は $\rho(\varepsilon) \propto \varepsilon^{d/2-1}$ となる. また, b 項で示すように, 調和振動子ポテンシャル中の自由粒子の状態密度は $\rho(\varepsilon) \propto \varepsilon^2$ で与えられる. そこで, 3 次元自由粒子以外の場合でも, 一般に 1 粒子状態密度が式 (15.25) で与えられているときにボース・アインシュタイン凝縮が起こるかどうか, 考察してみよう.

全粒子数は(とりあえず BEC は考えないことにする)式 (13.88) より

$$N = C\int_0^\infty \frac{\varepsilon^{\alpha-1}}{e^{\beta(\varepsilon-\mu)}-1}d\varepsilon \tag{15.26}$$

で与えられる. 積分変数の変換 $x = \beta\varepsilon$ により,

$$N = C(k_{\rm B}T)^\alpha \int_0^\infty \frac{x^{\alpha-1}}{z^{-1}e^x-1}d\varepsilon$$
$$= C(k_{\rm B}T)^\alpha \Gamma(\alpha)g_\alpha(z) \tag{15.27}$$

となる. ここで, 式 (13.103) で与えられる関数 $g_\alpha(z)$ は任意の α に対して z の単調増加関数であるが, $\alpha > 1$ であれば $z = 1$ において有限な最大値 $\zeta(\alpha)$ をとる. したがって, 3 次元自由粒子の場合と同様に, $\mu = 0\,(z = 1)$ となる温度 $T_{\rm c}$ が存在する. これは条件

$$N = C(k_B T_c)^\alpha \Gamma(\alpha) \zeta(\alpha) \quad (15.28)$$

より定められる．T_c について解くと

$$T_c = \frac{1}{k_B}\left[\frac{N}{C\Gamma(\alpha)\zeta(\alpha)}\right]^{1/\alpha} \quad (15.29)$$

となる．$T < T_c$ においては

$$N = N_0 + N'(T) \quad (15.30)$$

となる．非凝縮粒子数は式 (15.27) で $\mu = 0$ とおいて

$$N'(T) = C(k_B T)^\alpha \Gamma(\alpha)\zeta(\alpha) = N\left(\frac{T}{T_c}\right)^\alpha \quad (15.31)$$

で与えられるので，凝縮粒子数は

$$N_0(T) = N\left[1 - \left(\frac{T}{T_c}\right)^\alpha\right] \quad (15.32)$$

となる．

一方で，もしも $\alpha \leq 1$ であれば $g_\alpha(z=1) \to \infty$ と発散するため，$g_\alpha(z)$ は上限値をもたない．よって，いかなる温度 T，粒子数 N に対しても，化学ポテンシャル μ を適当に選ぶことによって粒子数方程式を満足させることができる．したがって，$\alpha \leq 1$ の場合は有限な T_c が存在せず，有限温度でボース・アインシュタイン凝縮が起こらないことになる．

以下では，べき的な 1 粒子状態密度をもつ例として 2 次元ボース気体と冷却ボース原子気体を考える．

a. 2 次元ボース気体

2 次元自由粒子の 1 粒子状態密度は式 (13.98) より $\rho(\varepsilon) = L^2 m/2\pi\hbar^2 \equiv 1/\varepsilon_0$（この項では ε_0 を 12.1 節の真空誘電率とは異なる意味で用いていることに注意せよ）と，エネルギーによらない定数となる．これは式 (15.25) で $\alpha = 1$ とした場合に相当するので，有限な温度でボース・アインシュタイン凝縮は起こらない．一方，以下で示すように，状態密度一定の場合，化学ポテンシャルの温度依存性を解析的に求めることができる．粒子数方程式は

$$N = \frac{1}{\varepsilon_0}\int_0^\infty \frac{1}{z^{-1}e^{\beta\varepsilon}-1}d\varepsilon = \frac{1}{\varepsilon_0}\int_0^\infty \frac{ze^{-\beta\varepsilon}}{1-ze^{-\beta\varepsilon}}d\varepsilon \quad (15.33)$$

と書ける．ここで，積分変数を $e^{-\beta\varepsilon} = x$ とすると，$dx = -\beta e^{-\beta\varepsilon}d\varepsilon = -\beta x d\varepsilon$ より以下のように積分が具体的に実行できる．

$$N = \frac{k_B T}{\varepsilon_0}\int_0^1 \frac{z}{1-zx}dx$$

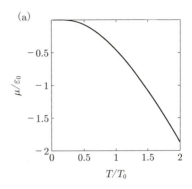

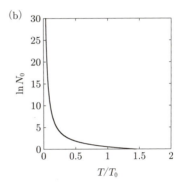

図 15.7 2 次元ボース気体の (a) 化学ポテンシャル μ と (b) 最低準位占有数 N_0

$$= -\frac{k_B T}{\varepsilon_0}\ln(1-z) \quad (15.34)$$

これを z について解くと

$$z = 1 - \exp\left(-\frac{N\varepsilon_0}{k_B T}\right) \quad (15.35)$$

を得る．よって，化学ポテンシャルは

$$\mu(T) = k_B T \ln\left[1 - \exp\left(-\frac{N\varepsilon_0}{k_B T}\right)\right] \quad (15.36)$$

となる．ここで，特徴的な温度スケールを

$$k_B T_0 \equiv N\varepsilon_0 \quad (15.37)$$

によって定義すると，

$$\frac{\mu}{kT_0} = \frac{T}{T_0}\ln\left[1 - \exp\left(-\frac{T_0}{T}\right)\right] \quad (15.38)$$

となる．また，最低エネルギー準位の占有数 $N_0(T)$ は

$$N_0(T) = \frac{1}{\exp[-\mu(T)/k_B T]-1} = \frac{z}{1-z}$$
$$= \exp(T_0/T) - 1 \quad (15.39)$$

と求まる．図 15.7 に化学ポテンシャル μ と最低準位の占有数 N_0 の温度依存性を示す．

246 15. 縮退理想ボース気体

b. 冷却原子気体におけるボース・アインシュタイン凝縮

1980年代に入って，スピン偏極させた水素原子気体を冷却しボース・アインシュタイン凝縮を実現させる試みが精力的に行われた．1990年代に入ってからは，アルカリ原子気体をレーザー冷却技術により極低温まで冷却する技術が発展した．そして，1995年には中性原子気体を用いた実験で，実際にBECが観測された．

多くのBECの実験では，磁気的な力を利用して原子気体を空間的に閉じ込めている．原子が感じるポテンシャルは，近似的に以下のような調和振動子ポテンシャルで表される．

$$U_{\text{ext}}(\mathbf{r}) = \frac{m}{2}(\omega_x^2 x^2 + \omega_y^2 y^2 + \omega_z^2 z^2) \quad (15.40)$$

実験的に用いられるトラップ振動数 ω_x, ω_y, ω_z は典型的には $10 \sim 200\,\mathrm{Hz}$ である．式 (15.41) のような調和ポテンシャル中の1粒子エネルギー準位は

$$\varepsilon(n_x, n_y, n_z) = \varepsilon_x(n_x) + \varepsilon_y(n_y) + \varepsilon_z(n_z) \quad (15.41)$$

$$\varepsilon_i(n_i) = \hbar\omega_i\left(n_i + \frac{1}{2}\right)$$
$$n_i = 0, 1, 2, \cdots, \quad i = x, y, z \quad (15.42)$$

で与えられる．このとき1粒子状態密度は

$$\rho(\varepsilon) = \sum_{n_x=0}^{\infty}\sum_{n_y=0}^{\infty}\sum_{n_z=0}^{\infty} \delta(\varepsilon - \varepsilon(n_x, n_y, n_z)) \quad (15.43)$$

で与えられる．ここで，エネルギー ε が準位間隔 $\hbar\omega_x$, $\hbar\omega_y$, $\hbar\omega_z$ よりもはるかに大きい場合を仮定すると，n_x, n_y, n_z に関する和を

$$\sum_{n_x}\sum_{n_y}\sum_{n_z}$$
$$= \frac{1}{(\hbar\omega_x)(\hbar\omega_y)(\hbar\omega_z)}\sum_{n_x}\sum_{n_y}\sum_{n_z}(\hbar\omega_x)(\hbar\omega_y)(\hbar\omega_z)$$
$$\to \frac{1}{\hbar^3\omega_x\omega_y\omega_z}\int d\varepsilon_x d\varepsilon_y d\varepsilon_z \quad (15.44)$$

のように積分に置き換えることができる．さらに，零点振動エネルギーを無視すると，

$$\rho(\varepsilon) = \int_0^{\infty} d\varepsilon_x \int_0^{\infty} d\varepsilon_y \int_0^{\infty} d\varepsilon_z \delta(\varepsilon - \varepsilon_x - \varepsilon_y - \varepsilon_z) \quad (15.45)$$

となる．デルタ関数の積分が

$$\int_0^{\infty} \delta(x - a)dx = \begin{cases} 1 & (a > 0) \\ 0 & (a < 0) \end{cases} \quad (15.46)$$

であることに注意して積分を実行すると，最終的に

$$\rho(\varepsilon) = \frac{\varepsilon^2}{2\hbar^3\omega_x\omega_y\omega_z} = \frac{\varepsilon^2}{2\hbar^3\bar{\omega}^3}$$
$$\bar{\omega} \equiv (\omega_x\omega_y\omega_z)^{1/3} \quad (15.47)$$

を得る．

式 (15.29) において，$\alpha = 3$, $C = 1/(2\hbar^3\bar{\omega}^3)$ とすると，調和振動子ポテンシャル中のボース・アインシュタイン凝縮温度は

$$T_c = \frac{\hbar\bar{\omega}}{k_B}\left[\frac{N}{\zeta(3)}\right]^{1/3} \quad (15.48)$$

で与えられる．ただし，$\zeta(3) \simeq 1.202$ である．上式より，粒子数 N が十分に大きければ $k_B T_c \gg \hbar\bar{\omega}$ となるため，状態密度 (15.47) を導出する際に導入した仮定 $\varepsilon \gg \bar{\omega}$ が妥当である．$N = 10^5$, $\bar{\omega}/2\pi = 100\,\mathrm{Hz}$ として転移温度を見積もると，$T_c \sim 200\,\mathrm{nK}$ となる．凝縮体粒子数の温度依存性は式 (15.32) より

$$\frac{N_0}{N} = 1 - \left(\frac{T}{T_c}\right)^3 \quad (15.49)$$

で与えられる．実験的に測定された $N_0(T)$ は，相互作用が無視できるような低密度の系では式 (15.49) とよく一致することが確認されている．

15.3節のまとめ

- ヘリウムの超流動や電子系の超伝導はボース・アインシュタイン凝縮の現れとして理解できる．
- 一般に，1粒子状態密度が $\rho(\varepsilon) = C\varepsilon^{\alpha-1}$ で与えられている系ではボース・アインシュタイン凝縮温度が

$$T_c = \frac{1}{k_B}\left[\frac{N}{C\Gamma(\alpha)\zeta(\alpha)}\right]^{1/\alpha}$$

で与えられ，凝縮粒子数は

$$N_0 = N\left[1 - \left(\frac{T}{T_c}\right)^\alpha\right]$$

で与えられる．ただし，$\alpha \leq 1$ ではボース・アインシュタイン凝縮は起こらない．例えば，2次元系では $\alpha = 1$ であるからボース凝縮が起こらない．また，冷却原子気体のような調和振動子ポテンシャルに閉じ込められた系では $\alpha = 3$ である．

索 引

あ

アインシュタイン・ド・ブロイの関係式　5,
　11
アインシュタイン模型　187, 207
圧縮比　142
圧力　189
アボガドロ数　127
アンサンブル平均　176, 180
アンダーソン・ヒッグス機構　121

い

位相空間　169
位相速度　7
一様分布　166
一体分配関数　198
一般化運動量　170
一般化座標　169
一般化されたエネルギー等分配則　204
一般化速度　169
一般の角運動量　62
移動量　129
井戸型ポテンシャル　23

う

ウィーンの公式　2
ウィーンの変位則　2, 215
ウィーンの放射式　214
運動の自由度　132
運動量演算子　13, 45
運動量空間　32
運動量表示　40
運動量保存則　77

え

永年方程式　44, 69
液化装置の原理　151
液相–気相相転移　157
エネルギー固有値　172
エネルギー等分配則　132, 204
エネルギー保存則　75, 129
エネルギー量子の吸収・放出　72
エルゴード仮説　181
エルミート演算子　13, 37, 41
エルミート共役　13, 29, 37, 41, 60
エルミート行列　39, 41
エルミート多項式　27, 173
エルミートの微分方程式　27
エーレンフェストの関係式　159
エーレンフェストの定理　35
演算子　12
エンタルピー　143
エントロピー　127, 145, 165
エントロピー最大の原理　184
エントロピー増大の原理　139

エントロピーの跳び　150

お

オイラー定数　108
オイラーの公式　7
大分配関数　222
大きな熱力学ポテンシャル　143
オーダーパラメータ　159
オットーサイクル　141
温度　126
温度計　126

か

階段関数　22
ガウスの法則　180
ガウス分布　165
化学ポテンシャル　104, 127, 189
可逆過程　128, 136
可逆機関　137
角運動量　47
　——演算子　47
　——保存則　77
核子　95
確率　162
確率関数　164
確率空間　164
確率実験　162
確率の流れ　19
確率分布　163
確率変数　164
確率密度　10, 32, 163
重ね合わせの原理　9
荷電共役　119
　——対称性　119
　——変換　119
価電子帯　237
カノニカル分布　194, 195, 204
可付番無限　103
カルノーサイクル　134, 137, 141, 147,
　154
カルノーの第1定理　137
カルノーの第2定理　137
カルノーの定理　137, 147, 154
カロリック説　127
完全規格直交系　38
完全系　36
完全微分　124
完備性　38, 42

き

奇　25
規格化因子　96
規格化条件　54, 64, 67, 101, 167
規格直交完全系　66
規格直交系　24, 28, 36, 37, 39, 42

気化熱　158
期待値　13
基底　36
基底（表示）の変更　42
基底ケット　38
基底状態　24, 28, 29, 103, 107
基底ベクトル　36
軌道角運動量　59, 61
　——の極座標表示　61
　——の交換関係　59
軌道磁気モーメント　92
　——のゼーマン項　117
奇パリティー　25, 27
ギブス・デュエムの関係　144
ギブスの自由エネルギー　143, 157
ギブスの修正因子　140
ギブスの相律　156
ギブスのパラドクス　186
気密性　189
逆転温度　151
逆ラプラス変換　197
ギャップパラメータ　106
　——の温度依存性　108
キャリア密度　237
球座標　61
球面調和関数　51
キュリーの法則　153, 191, 201
キュリー・ワイスの法則　161
強（反強）磁性–常磁性相転移　157
境界条件　18, 46
強磁性　84
凝縮体　241
極座標系（表示）　47
　——の位置ベクトル　48, 61
　——の線要素　61
　——の体積要素　61
　——の単位ベクトル　48, 61
　——のベクトル偏微分演算子　48, 61
巨視的　162
巨視的体系　177

く

偶　25
空間回転　75
　——の対称操作　77
空間の一様性　75
空間の等方性　75
空間並進　75
　——の対称操作　77
偶奇性　25
空孔理論　119
空洞放射　212
偶パリティー　25, 27
クォーク　95
クーパー対　106

クラウジウスの原理　135, 136
クラウジウスの不等式　139
クラペイロン・クラウジウスの式　150, 157
グランドカノニカル分布　220, 222
グリーン関数　109
クレブシュ・ゴルダン係数　86
クロネッカーのデルタ記号　24
クーロン項　99
クーロン斥力　49
群速度　33

け

経験的温度　126
ケット　36, 101
ケット空間　36
ケットベクトル　36
ケプラー運動　170
原子核　49
原子の多重項構造　90
原子の電子配置　90
原子番号　49, 57
元素の基底電子配置　56, 57

こ

コイン投げ　162
交換演算子　84
交換関係　14, 15, 28, 41, 59, 101
交換項　99
交換子　59
光子　3, 119, 121
光子気体　154
格子振動　207
合成スピン　83
拘束条件　167
光電効果　3
恒等演算子　38
恒等変換　42
高熱源　135
効率　135
光量子　3
光量子仮説　3
黒体放射　2
固相−液相　157
固体比熱　205
固定端境界条件　46, 172
古典調和振動子　174
古典的調和振動子系　187
古典統計力学　146, 176
固有関数　12, 172
固有ケット　36, 37, 38, 101
固有状態　12
固有値　12, 37
固有値スペクトル　38, 39, 40
固有値方程式　12
孤立系　194
コンプトン散乱　3
コンプトン波長　115

さ

サイクル　134
サイコロ振り　162
最小作用の原理　169

座標　36, 38, 42
座標空間　32
座標交換　95
座標表示　39
作用積分　169
三重点　127

し

磁化　153
時間推進　75
　──の対称操作　76
時間の一様性　75, 76
時間平均　179
示強変数　127, 144
磁気量子数　56
試行関数　72
仕事　129, 130
仕事当量　129
自己無撞着計算　99, 107
実在気体　146
質量作用の法則　238
磁場　91, 153
射影演算子　38
シャノンエントロピー　166
周期境界条件　46, 172
周期表　56, 57
周期律　56
終状態　71
従属　163
集団平均　179
自由膨張　136
自由粒子　46, 172
縮退　30, 69, 88
縮退フェルミ気体　229
縮退量子気体　217
主量子数　56
ジュール・トムソン係数　151
ジュール・トムソン効果　150
ジュール・トムソンの実験　150
ジュール・トムソン冷却　151
ジュールの実験　131
ジュールの羽根車の実験　129
ジュールの法則　131
シュレーディンガー表示（描像）　79
シュレーディンガー方程式　8
シュレーディンガー方程式（時間を含まない）
　11
シュレーディンガー方程式（時間を含む）　8,
　32, 34
準エルゴード性　181
循環過程　134
準静的可逆過程　139
準静的過程　128, 130
準粒子　106
　──エネルギー　109
　──スペクトル　109
　──の状態密度　109
　──励起　107
　──励起エネルギー　110
蒸気機関　134
条件付き確率　163
昇降演算子　60

常磁性（パウリ）磁化率　233
常磁性体　153, 200
状態数　140
状態ベクトル　36
状態変化の方向　144
状態変数　127
状態変数の数　156
状態方程式　127, 198
状態密度　196
状態量　127
状態和　195
常伝導状態　108
衝突時間　178
蒸発熱　158
情報理論　166
消滅演算子　101
初期状態　71
ショットキー型比熱異常　201
示量変数　127, 144
真空　101, 118
真空分極　119
進行波　46
真性半導体　238

す

水素原子　49
　──の基底状態エネルギー　54
　──の分極率　68, 73
水素様原子　49
　──の r^k の期待値　55
　──のエネルギースペクトル　56
　──の動径確率分布　54, 55
　──の動径関数　53, 54, 55
数演算子　29, 40, 101, 102
数表示　102, 103, 220
スカラー積　36
スカラーポテンシャル　116
スターリングの公式　185
ステファン・ボルツマンの法則　214
スピン角運動量　63, 114
スピン軌道相互作用　83, 85, 88, 116, 117
スピン磁気モーメント　92
　──のゼーマン項　117
スピン量子数　56
スレーター行列式　97, 219

せ

静止エネルギー　111
正準共役な変数　14
正準形式　169
正準力学変数　170
生成演算子　101
性能指数　142
成分　156
積分因子　125
節（ノード）　24, 54
接続条件　18, 19, 20, 24, 25
絶対零度　145
切断エネルギー　108
摂動論　66
　時間に依存する──　70
　定常状態の──　66, 69

ゼーマンエネルギー　91
ゼーマン効果　91
零行列　112
遷移確率　71
全角運動量　85, 90, 114
　　——保存則　114
漸化式　27, 50, 54
全軌道角運動量　90
全磁気モーメント　92
全スピン角運動量　90
線積分　125
全微分　124
全分配関数　199

そ
相　156
相関　163
相関時間　177
相互作用　146
相互作用表示（描像）　81
相似　43
相対性理論　111
相対論的量子力学　111
双対　36
双対関係　36, 101
相転移　109, 156
相転移現象　149
測定　10
ゾンマーフェルトの公式　230

た
第 1 種永久機関　134
第 2 種永久機関　134
第 2 量子化　101, 102
第 2 量子化法でのハミルトニアン　104
対応原理　9, 35
対応状態の法則　149
対角行列　38, 41, 43
対称関数　94, 95
対称性　75
対称操作　75
対数関数　166
体積　127
体積の跳び　150
体膨張率　131
ダーウィン項　117, 120
多原子分子気体　133
多項係数　96
多重項　88, 90
多粒子系　94, 170
単位行列　112
単純事象　162
弾性散乱　72
断熱過程　130
断熱消磁法　153, 154
断熱性　189
断熱膨張　133, 135

ち
秩序変数　159
チャンドラセカール限界　236
中心力場　49, 172

超関数　21
超球の表面積　185
超相対論的理想気体　199
超伝導　105, 244
超伝導–常伝導相転移　108, 109, 157
超流動　244
調和振動子　170, 173
調和振動子型ポテンシャル　26, 27, 28, 40
直接項　99
直交　24, 36
直交座標系（表示）　45

て
ディ・ガンマ関数　108
定在波　17, 24, 25, 46
定常状態　11, 66, 69, 172
ディーゼルサイクル　141
低熱源　135
ディラック行列　111
ディラックの海　118
ディラック方程式　112
デバイ近似　210
デバイの 3 乗則　207, 210
デバイの切断振動数　210
デバイモデル　207
デュロン・プティの法則　205
デルタ関数　21, 109
転移温度　109
電子　49
　　——の磁気モーメント　113
　　——の速度　114
電磁場　116
電子部分　116
電子陽電子対生成　119
転置複素共役　39, 41
伝導帯　237

と
等圧過程　130
等圧熱容量　131
等圧変化　132
等エネルギー殻　183
等温過程　130
等温線　148
等温変化　132
等温膨張　134
動径確率分布　54
統計集団　179
統計的記述　176
統計平均　176, 180
統計力学　162
統計力学的エントロピー　141, 190
同時固有関数　14
同時固有状態　59, 85
等重率の仮説　181
同種粒子　94, 217
等積過程　130
等積熱容量　131
特性関数　164
ド・ブロイ波　5
トムソンの原理　135, 136, 137
トレース　43

な
内積　36
内部エネルギー　127

に
二重スリットの実験　5
二重性　4
ニュートン力学　169

ね
熱　126, 127, 130
熱伝導　136
熱比　138
熱平均値　162
熱膨張率　126
熱容量　131, 133
熱力学関数　142
熱力学第 0 法則　126
熱力学第 1 法則　129, 134, 144
熱力学第 2 法則　134, 144
熱力学第 3 法則　145, 188
熱力学的エントロピー　190
熱力学的絶対温度　127, 138
熱力学変数　127
熱力学ポテンシャル　143, 144, 198, 200
ネルンスト・プランクの定理　145

は
ハイゼンベルクの運動方程式　80
ハイゼンベルクの交換相互作用　84
ハイゼンベルクの不確定性原理　171
ハイゼンベルク表示（描像）　80
パウリ行列　64, 112
　　——の対角化　64
パウリ常磁性　233
パウリの排他原理　57, 95, 218
白色矮星　234
波数　5
波数空間　32
波数ベクトル　46
波束　9, 32
発散　157
波動関数　8, 172
波動関数の確率解釈　9
波動関数の規格化　10
波動方程式　7
ハートリー波動関数　218
ハートリー・フォック近似　98
　　一般化された——　105
場の演算子　103
ハミルトニアン　12, 172
ハミルトン形式（正準形式）の力学　169
ハミルトンの運動方程式　170
ハミルトンの原理　169
パリティー　25
汎関数　98, 166
反強磁性　84
反交換関係　101
反対称関数　94, 95
反対称単位テンソル　113

反転分布　192
半導体　237
バンドギャップ　237
半分充塡　90
万有引力　170
反粒子　112, 119
反粒子（陽電子）部分　116

ひ

微細構造　88
微細構造定数　120
微視的　162
微視的状態の総数　183
微視的力学状態　169
非状態量　127
非相対論的極限　116
非弾性散乱　72
比熱　131, 133
比熱比　132
非平衡状態　128, 179
表示　38
標準偏差　15
ビリアル　81, 178
ビリアル係数　200
ビリアル定理　81, 100, 176, 178
ヒルベルト空間　36

ふ

ファン・デル・ワールス気体　127
ファン・デル・ワールスの状態方程式　146, 149, 178, 199
フェルミエネルギー　229
フェルミ温度　229
フェルミ気体　229
フェルミ球　119, 229
フェルミ縮退圧　232
フェルミ・ディラック統計　95
フェルミ・ディラック分布関数　108, 225
フェルミの海　119
フェルミの黄金律　72
フェルミ場　104
フェルミ分布関数　225
フェルミ粒子　94, 95, 218
不可逆過程　136
不可逆機関　137
不可逆性　134
不確定性関係　15, 24, 28, 32, 120
不確定性原理　15, 171
不完全微分　124
複素確率振幅　172
物質波　5, 8
物理量　9, 12
不動性　189
負の温度　191
不変性　75
ブラ　36, 101
ブラウン運動　163
ブラ空間　36
ブラベクトル　36, 101
プランク定数　3
プランクの公式　3, 191
プランクの熱放射式　214

フーリエ逆変換　164
フーリエ変換　164
不連続　157
分散　15
分散関係　7
フントの規則　90
フントの第1規則の原因　99
分配関数　194, 195

へ

平均値　164
平均場近似　106
平均分子間隔　178
平均分子速度　178
並進　75, 77
閉包　38
平面波　8, 46
ベクトル空間　36
ベクトルポテンシャル　116
ベルヌーイの関係式　227
ヘルムホルツの自由エネルギー　143, 144
変換関数　43
変換行列　42
変数分離　45, 49
偏微分　124
変分原理　72, 98, 169
変分法　72

ほ

ボーア磁子　92, 117
ポアソン括弧式　14, 180
ポアソンの法則　132
ボーア・ゾンマーフェルトの量子化条件　173
ボーア半径　53
ボーア模型　4
方位量子数　56
飽和蒸気圧　149
ボゴリューボフ変換　106
ボース・アインシュタイン凝縮　103, 240
ボース・アインシュタイン凝縮温度　241
ボース・アインシュタイン統計　95
ボース・アインシュタイン分布関数　225
ボース気体　240
ボース凝縮　108
ボース場　104
ボース分布関数　225
ボース粒子　94, 95, 218
保存則　75
ボルツマン因子　204
ボルツマンカウンティング　186, 197
ボルツマンのエントロピー　140

ま

マイヤーの関係式　132
マクスウェルの関係式　143
マクスウェルの速度分布則　204
マクスウェルの等面積則　148

み

ミクロカノニカル分布　183

む

無限小回転　75

も

モーメント　164
モル体積　146

や

ヤングの実験　5

ゆ

有界　181
融解熱　158
ユニタリー演算子　42
ユニタリー行列　42, 44, 64
ユニタリー変換　43, 64
ゆらぎ　202

よ

陽電子　112, 119

ら

ラグランジュ形式の力学　169
ラグランジュの未定乗数　98
ラグランジュの未定乗数法　166
ラゲールの陪多項式　54
ラプラス変換　196
ランダウの理論　159
ランデの g 因子　91, 92

り

リウヴィルの定理　180
力学的記述　176
力学的仕事　129
離散スペクトル　30
離散的確率事象　162
理想気体　131
理想気体温度　127
立方調和関数　51, 52
粒子数　103, 104, 127
粒子数の保存則　177
粒子の同一性　94
量子　5
量子化　24, 26, 27, 29
量子系調和振動子　203
量子状態数　174
量子数　24, 172
量子数交換　96
量子電磁力学　120
量子統計力学　176
量子力学　171
臨界圧力　148
臨界温度　148
臨界指数　109
臨界体積　148
臨界点　156

る

ルジャンドルの多項式　51
ルジャンドルの陪関数　51
ルジャンドル変換　143, 193

れ

励起状態　24, 28, 29, 103, 108

冷却原子気体　246
零点振動エネルギー　24, 191
冷凍機　142
レイリー・ジーンズの公式　2
レイリー・ジーンズの放射式　214
連成振動子　171
連続スペクトル　39
連続的確率事象　163
連続的確率分布　163
連続の式　177
連続の方程式　19

英・数

1 次元　172
1 次相転移　157
1 重項　83
1 粒子状態密度　225
2 次元　172
2 次相転移　157
2 相共存　148
3 次元　45, 172
3 次元極座標　61
3 重項　83
4 元ベクトル　111
Γ 空間　172
δ 関数　109
μ 空間　169
BCS 基底状態　107
BCS 理論　105
d 次元　173

g 因子　121
G–p グラフ　157
G–T グラフ　157
J 多重項　92
k 空間　32
$\boldsymbol{L}^2$ の極座標表示　61
p 空間　32
p 表示　40
p–V 図　157
x 空間　32
x 表示　39
Zitterbewegung（震え運動）　114, 120

執筆者一覧

齋藤 晃一（さいとう こういち）［第 I 部 1-5 章］

1983 年 東北大学大学院理学研究科博士課程修了，理学博士．1983 年 日本学術振興会奨励研究員（東京大学原子核研究所），1984 年 東北医科薬科大学講師・助教授，この間 1990-1991 年 アデレード大学数理物理学科研究員．2004 年 東京理科大学理工学部物理学科教授．

半澤 克郎（はんざわ かつろう）［第 I 部 6-15 章］

1983 年 東北大学大学院理学研究科博士課程修了，理学博士．1983 年 大阪大学湯川秀樹奨学生，1983 年 マックス・プランク研究所研究員，1985 年 日本学術振興会奨励研究員，1986 年 東京理科大学助手，1991 年 同大講師，1996 年 同大助教授を経て，2001 年より東京理科大学理工学部物理学科教授．

渡辺 一之（わたなべ かずゆき）［第 II 部 1-11 章］

1985 年 東京理科大学大学院理学研究科博士課程修了，理学博士．1986 年 ダルハウジー大学（カナダ）ポストドク研究員，1989 年 東京理科大学理学部第一部助手，1991 年 同大講師，1999 年 同大助教授を経て，2002 年より東京理科大学理学部第一部物理学科教授．

二国 徹郎（にくに てつろう）［第 II 部 12-15 章］

1996 年 東京工業大学大学院理工学研究科博士課程修了，博士（理学）．1996 年 トロント大学客員研究員，1997 年 日本学術振興会特別研究員，2000 年 日本学術振興会海外特別研究員，2002 年 東京理科大学助手，2005 年 同大講師，2010 年 同大准教授を経て，2015 年より東京理科大学理学部第一部物理学科教授．

理工系の基礎　物理学Ⅱ

平成 30 年 3 月 31 日　発　行

編　者　　物理学 編集委員会

著作者　　齋藤　晃一・半澤　克郎
　　　　　渡辺　一之・二国　徹郎

発行者　　池　田　和　博

発行所　　丸善出版株式会社
　　　　　〒101-0051 東京都千代田区神田神保町二丁目17番
　　　　　編 集：電話 (03) 3512-3261／FAX (03) 3512-3272
　　　　　営 業：電話 (03) 3512-3256／FAX (03) 3512-3270
　　　　　https://www.maruzen-publishing.co.jp

© 東京理科大学，2018

組版印刷・製本／三美印刷株式会社

ISBN 978-4-621-30284-2　C 3042　　　　Printed in Japan

JCOPY 〈(社) 出版者著作権管理機構 委託出版物〉
本書の無断複写は著作権法上での例外を除き禁じられています．複写
される場合は，そのつど事前に，(社) 出版者著作権管理機構 (電話
03-3513-6969, FAX 03-3513-6979, e-mail：info@jcopy.or.jp) の許
諾を得てください．